凤梨科植物的分类、鉴赏与应用

Bromeliaceae: Classification and Application

李　萍　胡永红　著

上海科学技术出版社

图书在版编目（CIP）数据
凤梨科植物的分类、鉴赏与应用 / 李萍，胡永红著．
上海 ：上海科学技术出版社，2024．10．-- ISBN 978-7-5478-6839-3
Ⅰ．S682.39
中国国家版本馆CIP数据核字第2024W7N587号

内容提要

本书概述了凤梨科植物（统称凤梨）的栽培历史、起源和分布中心，系统整理了凤梨科的最新分类，涵盖8个亚科的属种数量和全球分布。在总结凤梨生物学特性（特别是构建了凤梨地上部分器官结构模式）、用途、产业状况、研究进展基础上，详细介绍了国内主要引种的6亚科43属288种及种下分类单元，涉及学名、原产地、形态等生物学特性，以及观赏和栽培要点，配以1 500多幅精美的图片。此外，书中还阐述了凤梨在园艺领域的分类和应用技巧。

本书适合从事植物分类研究、资源保护、引种管理、观赏园艺、生产经营的人士参考，花卉爱好者和凤梨收藏者也可借鉴。

凤梨科植物的分类、鉴赏与应用
李　萍　胡永红　著

上海世纪出版（集团）有限公司
上 海 科 学 技 术 出 版 社　出版、发行
（上海市闵行区号景路159弄A座9F-10F）
邮政编码201101　www.sstp.cn
上海展强印刷有限公司印刷
开本 889×1194　1/16　印张 27
字数 800千字
2024年10月第1版　2024年10月第1次印刷
ISBN 978-7-5478-6839-3 / Q·88
定价：448.00元

本书如有缺页、错装或坏损等严重质量问题，请向印刷厂联系调换 电话：021-66366565

序

早在400多年前，凤梨科中的菠萝就已漂洋过海来到了我国，成为当今家喻户晓的热带佳果。目前，我国已是世界重要的菠萝种植国。菠萝不仅丰富了人民的饮食生活，还创造了巨大的经济价值。

近年来，随着国内外植物交流的日益频繁，国人对外域奇花异卉的追捧热情日益高涨，越来越多的凤梨种类作为观赏植物被引入我国。当色彩艳丽、花期持久的果子蔓属和鹦哥凤梨属的商业品种作为观赏凤梨的“当家花旦”在国内中高档盆花舞台上大行其道时，“积水凤梨”、“空气凤梨”、“沙漠凤梨”（通常指雀舌兰属和鳞刺凤梨属植物）等奇特且美丽的凤梨种类逐渐进入人们的视野，深入社会大众的生活。这些新颖的观赏凤梨在日益发达的互联网销售的推波助澜下，成为深受城镇居民（特别是年轻人）喜爱的“网红”植物。

凤梨科植物大多产自南北美洲的热带和亚热带地区，有3 700多种，而且新种还在不断增加。凤梨这个类群不仅物种丰富、形态多变，而且拥有多样的生态习性和较强的环境耐受性，因此具备很高的观赏和科研价值。然而在国内，对于这个并非中国原产但重要的植物类群，除菠萝属外，对其他属的植物学和资源学的关注度并不是很高，相应的研究和科学普及工作都较少，园林上对其应用也很有限，甚至公众有时分不清“凤梨”与“菠萝”的关系。不仅如此，国内的凤梨种苗主要依靠国外种苗公司，栽培品种较为单一，多年来缺乏具有自主知识产权的凤梨新品种。这应该引起我们的思考：为什么不能借鉴在历史上欧洲人对杜鹃、山茶等诸多原产中国的园林植物的态度与做法，很好地利用、开发凤梨这类来自西半球的植物呢？

值得庆幸的是，李萍和胡永红20多年来一直致力于凤梨的引种、繁育和应用工作。他们通过与国内同行进行种类交换，开展课题研究、植物展示和园林实践，积极推动凤梨在我国的普及和应用。与此同步，上海辰山植物园经过多年努力，在凤梨的种质资源收集、保育和展示应用方面走在了国内前列，成果显著。《凤梨科植物的分类、鉴赏与应用》是本园凤梨收集成果阶段性的体现，更是两位作者多年研究成果的结晶。

《凤梨科植物的分类、鉴赏与应用》是目前国内最全面的凤梨专著。它对凤梨的形态结构进行了系统剖析，首次构建了凤梨地上部分器官结构模式（示意图），厘清了凤梨器官相关的术语。同时，书中还较系统地介绍了近几年国内外在凤梨分类方面的成果，将最新的凤梨分类体系呈现给国内读者。在此基础上，书中图文并茂地详细介绍国内已有引种和栽培的6亚科43属288个种及种下分类单元的凤梨。作者还基于在长期实践中积累的第一手资料，阐述了凤梨栽培养护方面的知识；

展示了他们利用植物园这个特殊的平台将观赏凤梨应用于园林的优秀案例，并引介了凤梨在国内外园林中的应用实例。

我相信，此书将有利于国内专业人士和爱好者更全面地了解凤梨科植物。我也期盼，此书能让更多有识之士加入对凤梨科植物的研究和应用中来，使这个不折不扣的“舶来品”能为我国的绿化事业和经济发展增光添彩。

陈晓亚

中国科学院院士、研究员

中国科学院分子植物科学卓越创新中心

上海辰山植物园园长、中国科学院上海辰山植物科学研究中心主任

2024年8月

前　言

在丰富多彩的凤梨科植物(统称凤梨)中,菠萝(*Ananas*‘Comosus’)作为一种果香浓郁、味道甜美的热带佳果早已为世人所熟悉。菠萝是目前唯一被人们广泛食用的凤梨,现已在全球热带地区大规模栽种。除了菠萝的可食用性,凤梨的观赏性也逐渐被人们关注。在目前已发现的3 700多种凤梨中,有些种类拥有美丽的叶片,有些种类拥有鲜艳的花序,还有些种类具有奇特的外形,因此具有很高的观赏价值。

凤梨不仅美丽,而且“善变”。为了适应不断变化的生境,它们极尽所能地变换外形和生活方式,使“子孙后代”得以在地球上繁衍生息。它们是南北美洲大地的精灵,因为有了它们,当地的高山、丛林、荒漠等变得更加丰富和多彩。凤梨不仅为其他生物提供食物和水源,还成为无数生命体临时或永久的家园。对那些生物来说,一株凤梨可能就是它们的天堂,从而诠释了“一花一世界,一草一天堂”的真谛。凤梨的美艳和奇特常常令人赞不绝口,但它们与生俱来的坚忍和慷慨更令人肃然起敬。

凤梨因独树一帜的观赏性、旺盛的生命力和相对持久的观赏期,已在西方国家盛行约300年,被视为吉祥和兴旺的象征。这些优良特性使凤梨逐渐成为世界各地最受关注和欢迎的观赏植物类群之一。最近六七十年,观赏性的凤梨已在国际上普遍流行。早在1950年,美国植物学家L. B. Smith等人成立了国际凤梨协会。如今美国、澳大利亚、日本等国拥有众多凤梨爱好者,并纷纷成立各自的凤梨协会,定期举办凤梨年会和品评比赛。凤梨科植物也是世界各大植物园物种收集的重要内容之一,并以各种形式进行应用和展示。相比之下,凤梨在我国的收集和应用起步较晚,但从20世纪末至21世纪初,北京植物园、上海植物园等机构先后从国外大量引进凤梨,不仅种数和品种数合计达1 000余个,而且开展了栽培、繁育等方面的研究,并进行形式多样的科普展示。此外,国内植物园之间和花卉研究机构之间也进行了广泛的物种交换,不仅促进了大众对凤梨这个类群的了解,也在一定程度上推动了相关产业在国内的发展。

L. B. Simth和R. J. Downs于1974—1979年期间发表的*Flora Neotropica Monograph* No.14 [《新热带植物志(第十四卷)》]被认为是20世纪凤梨科分类的权威专著,共3册。它基于传统的形态学方法将凤梨科分成3个亚科,这一分类方法曾经盛行近30年。从20世纪90年代开始,植物分类进入快速发展的分子生物学研究阶段,这也对凤梨科的系统分类带来深刻的影响,其中最大的变化是凤梨科被分成3个亚科的时代宣告结束。目前国际上普遍接受根据分子生物学、形态学和解剖学证据,将凤梨科分为8个亚科的方法。

最近几年,国外一些研究者又相继发表了凤梨科的部分属间和属下分类单元的分子生物学研究成果,并对原有部分属、亚属和种的分类进行修订,新属如雨后春笋般出现。与此同时,国内刘夙、

刘冰等人建立了“多识植物百科”网站，将国际上对凤梨科等专类植物的最新分类成果引入国人视野，为广大爱好者了解凤梨的分类体系打开了一扇窗。但是该网站仅列出凤梨各亚科、属和亚属的分类框架，尚未深入到种的具体系统分类，而国内已出版的与凤梨相关的图书所采用的分类方法大多引用国外20世纪70年代甚至更早的版本。

笔者团队从1997年开始从事凤梨的系统引种、收集和保育，收集了凤梨科的一些主要类群，并在长期的栽培实践中获得了凤梨生长和繁育等方面的第一手资料，现将这些资料进行归纳、整理并编撰成书。我们希望通过本书，对凤梨科的分类现状、研究进展，以及凤梨的形态特征、生态习性、栽培养护经验和观赏应用等方面的介绍，让国内读者对这类植物有更多了解，一起走进丰富多彩的凤梨世界。

本书重点介绍了国内主要引种的凤梨科6个亚科43个属的种级和种下分类单元（亚种、变种和变型）250个，以及相关联栽培品种38个，其中品种的中文名称通过变换字体表示，即在正文和图注中字体加粗，遇标题和图题等本身已为加粗字体时则用斜体。每个种介绍的主要内容包括物种的学名、原产地、生物学特性（形态特征和生态习性）、观赏特性、实用性、繁殖方法等。描述形态特征的顺序依次为：① 植株高度（通常指开花时含花序的全株高度）；② 叶（叶序、叶鞘、叶片）；③ 花序［花序梗、茎苞、花部形态（包括花序轴上各级苞片和分枝）］；④ 花（萼片、花瓣、雌蕊、雄蕊）；⑤ 果；⑥ 种子；⑦ 花期。另外，在介绍具体叶片、苞片、萼片和花瓣的性状时，原则上按照如下次序：① 整体形状；② 尺寸；③ 质地；④ 颜色和被覆的鳞片；⑤ 叶面（正面）和叶背（背面）；⑥ 叶尖；⑦ 叶缘。根据上下文或有所调整，以不产生歧义为指导思想。

由于凤梨的部分形态特征与其生境息息相关，为提高准确性，书中尽量以各个物种发表时的原始描述或修订后重新发表的描述为基础，必要时加上笔者团队观察和测量的结果：当笔者观察到的性状与原始描述（或正式修订的描述）明显不一致时，则加方头括号（【 】）以示区别，并在文中进行说明。另外，本书根据营养吸收方式，将国外学者提出的凤梨的5种生态类型合并为3种（地生型、兼性附生型和专性附生型），不仅便于读者理解，而且有助于通过植株的外形快速辨别不同的生态类型，并在生产应用上采取相应的栽培措施。

书中未注明摄影者的照片，均由李萍拍摄。

由于时间仓促，加之笔者水平有限，书中难免有不足甚至错误之处，敬请广大读者指正。

2024年9月

部分凤梨科植物属
中文名和专有名词的说明

在尽量保留国内已长期使用并且普遍接受的中文名前提下，对部分属的中文名进行了变更。相关变更说明如下。

1. *Aechmea*属（尖萼荷属）

*Aechmea*由希腊语“aichme”拉丁化而成，指该属植物的苞片和萼片顶端大多具有尖刺这一特征。目前能查到的国内引种该属植物最早的记录在20世纪80年代。根据中国热带亚热带植物学基础数据库（www.tbotany.csdb.cn）上的记录，早期引种时以“尖萼荷”作为该属的中文名，如1983年引种的白尖萼荷（*Aechmea candida*）、1986年引种的苞尖萼荷（*Aechmea bracteata*，即现在的红苞尖萼荷）。然而，现在国内较多使用“光萼荷属”作为该属中文名。笔者经多方考证和对比后认为，这很可能是因“尖”和“光”两个汉字在手写时，笔画非常相似而导致的误读、误写和以讹传讹。为使中文名更符合拉丁文的本义，本书中恢复采用“尖萼荷属”作为*Aechmea*属的正式中文名。

2. *Vriesea*属（鹦哥凤梨属）

在国内，人们以前通常把*Vriesea*称作“丽穗凤梨属”或“鹦哥凤梨属”，其中“丽穗凤梨属”这一中文名是对早期被引入中国的*Vriesea splendens*的称谓。*V. splendens*是一种有鲜红的长剑状花穗、叶片具虎纹的观赏凤梨，种加词“*splendens*”原意为“华美的、华丽的”，因此在国内被叫做“丽穗凤梨”、“丽穗兰”（上海植物园1993的《植物名录》采用此名）。随后，“丽穗凤梨”逐渐扩展为*Vriesea*属的中文名，目前被国内广泛采用。“鹦哥凤梨属”则来源于*Vriesea*属的模式种*Vriesea psittacina*，种加词“*psittacina*”意为“鹦鹉色的”，指该种花序颜色以红色、橘色、黄色和绿色为主，与鹦鹉身上羽毛的颜色相似。

然而近几年，国外研究者对凤梨科进行一系列重新分类和界定后发现，原有的*Vriesea*是一个多系群，从中分离出一些类群并成立了新属，其中以*Vriesea splendens*为代表的一个类群被独立为新的*Lutheria*属，并以*Lutheria splendens*（丽穗凤梨）为该属模式种。因此，本书采用“丽穗凤梨属”为*Lutheria*属的中文名，而*Vriesea*属则以“鹦哥凤梨属”为该属的中文名。

3. “凤梨”与“菠萝”的称谓

菠萝被引入中国后，先后出现了“黄梨”“王梨”“凤梨”“地波罗”“山波罗”“露兜子”“打锣褪”等称谓。本书第1.3.1.2款中有相关名称变化的具体描述。其中，“菠萝”一词首先在广东等地使用，然后扩大至我国大部分地区，成为家喻户晓的名字，而台湾、福建等地似乎更习惯称菠萝为“凤梨”。

然而，国内流行“叶缘有刺的是菠萝，没有刺的是凤梨”的说法，这是不准确的。叶缘是否有刺仅仅是区别众多菠萝品种的外部形态之一，且该形态的产生只是一种表型变异（phenotypic variation），本身并不稳定；当栽培环境发生变化时，这一形态性状有可能发生变化，例如一些原本无刺的品种会重新出现叶刺，或只在同一植株上部分叶片的局部出现叶刺。更何况经过长期的杂交选育，菠萝的商业品种众多，它们在株型、叶形、果形和风味等方面各有差异，不能仅依据叶刺这个单一性状来区分品种之间的差异。

凤梨科植物种类众多，除了作为热带佳果而广泛栽种的菠萝，近年来，越来越多具有较高观赏价值的凤梨科植物以观赏为目的被引入国内。为了与可食用凤梨（即菠萝）进行区别，人们通常称这些观赏用途的凤梨种类为“观赏凤梨”，有时又简称为“凤梨”，这样就造成了混淆。因此，本书倡导将可食用凤梨所在的*Ananas*属称为“菠萝属”，而“凤梨”作为整个凤梨科植物的统称（对应的英文单词为“Bromeliad”），以避免歧义。

4. 关于“空气凤梨”

“空气凤梨”一词虽然经常出现，但它不是植物分类学名称。从字面上理解，只要植株能脱离土壤（或任何其他栽培介质）并在空气中完成其正常生命周期的凤梨都可被称为“空气凤梨”。所有具有附生习性的凤梨都具有这一特性，其中包括两个主要类群。第一个类群的叶丛可蓄水，通常被称为“积水凤梨”。这一类的植株通过叶丛基部具吸收功能的鳞片组织——毛状体（trichome）吸收水分和养分，其根系在适宜的介质中时仍具有吸收功能，暴露在空气中时则主要起到将植株固定在其他物体表面的作用。第二个类群的叶丛不具明显蓄水功能，但叶的表面具有发达的鳞片组织，能帮助吸收水分和营养，根系则几乎没有吸收功能而仅用于固定植株，有的种类甚至根系退化或消失。这类凤梨一般只能在空气中生长，是一类特殊的附生植物，也是真正的气生植物，被称为“气生型凤梨”，人们习惯称之为“空气凤梨”，铁兰属（*Tillandsia*）的许多种类属于这一类群。这两个类群之间也存在一些过渡的形态。

5. 关于花序的定义与花序结构

关于凤梨花序的定义，学术界一直以来未能统一：有的文献把有花分布的部位称为花序，而把花序梗和花序梗上的苞片（简称茎苞）单列出来；有的文献则把花序梗和茎苞与有花分布的部位统称为花序。本书明确了凤梨的花序包括花序梗和有花分布的部位（简称花部），并绘制了凤梨科植物开花时地上部分结构的模式图，也将书中所涉及物种的形态描述进行了相应的统一。

目　录

第5章 凤梨的栽培管理及繁殖方法 351

第6章 观赏凤梨的应用 377

美饰水塔花（*Billbergia decora*）

第1章
凤梨概述

“凤梨”是凤梨科(Bromeliaceae)植物的统称,为多年生草本植物,其中除了菠萝是著名的热带水果,更有数量众多的种类可用于观赏。

凤梨主要产自美洲[①]的热带和亚热带地区。仅有一种凤梨产自非洲西海岸的几内亚,大致在930万年前从美洲远距离传播到非洲(Givnish *et al.*,2007,2011)。

凤梨科分为8个亚科(Givnish *et al.*, 2007, 2011)。目前已确认的凤梨属有82个,外加2个自然杂交属,总数已达3 783种(Luther, 2014; Gouda *et al.*, 2024; Ramírez-Morillo et al., 2018a, 2018b; Romero-Soler, 2022),是世界上数量第五多的单子叶植物科(Brown, 2017)。在52个美洲特有的或近特有的植物科中,凤梨科拥有的种类最为丰富(Ulloa *et al.*, 2017),是美洲热带雨林中附生维管束植物的重要组成部分。随着人们对凤梨原产地的进一步探寻并踏足一些原来无法到达的地方,新的种类仍可能被发现。

凤梨科植物株型各异,有的高大如树,如著名的皇后刺蒲凤梨(*Puya raimondii*),花序高达10 m,不仅是株型最大的凤梨,也是草本植物中的“巨人”,被称为“安第斯山脉皇后”;有的株型矮小,如直径仅2 cm的短叶单鳞凤梨(*Deuterocohnia brevifolia*)(图1-1a),以及更微小的微花铁兰(*Tillandsia*

图1-1 形态各异的凤梨科植物

(a) 手掌中的短叶单鳞凤梨;(b) 微花铁兰;(c) 帝王凤梨。

---

① 为了表述简便,在本书中北美洲和南美洲通常合称“美洲”。

minutiflora)(图1-1b)、毛鳞铁兰(*T. tricholepis*)等，它们的平均叶长仅0.6 cm，叶丛直径0.8 cm，常常如苔藓般密集丛生在一起。凤梨的叶形变化也较大，有的种类叶片非常宽大，如帝王凤梨(*Alcantarea imperalis*)，叶宽达18 cm(图1-1c)；有的种类叶片细如银丝，如松萝凤梨(*Tillandsia usneoides*，俗称"老人须")；有的种类叶片绵薄如纸，如弯叶双花铁兰(*Tillandsia biflora* var. *curvifolia*)；有的种类叶肉肥厚而多锯齿，如雀舌兰属(*Dyckia*)的种类。

凤梨适应多种生境，有的种类附生于高高的雨林树冠或裸露的悬崖峭壁上，有的种类深深地扎根于荒原、草地和沙漠……只要有合适的生存机会，它们就可能迅速发芽并旺盛生长，还为其他生命提供庇护所。凤梨是美洲热带和亚热带地区形态最多变、生态习性最多样的开花植物之一，而形态和习性的多样化有利于它们向新的区域扩散(Sass 和 Specht，2010)。

1.1 起源、分布与资源状况

1.1.1 起源

凤梨的原产地大多局限于美洲的热带和亚热带地区；除美洲之外，仅丝叶翠凤草(*Pitcairnia feliciana*)产自非洲西海岸的几内亚。据此推断，凤梨科植物的出现和进化应该发生在南美洲与非洲分离之后，但目前尚不能明确其祖先的原型何时开始出现。迄今发现的最早的类似凤梨科植物的化石大约出现在3 600万年前，被命名为凤梨叶(*Karatophyllum bromelioides*)(Givnish *et al.*，2011)。

Givnish 等人(2007，2011)通过分子系统发育分析认为，凤梨最早出现在约1亿前的南美洲圭亚那地盾(Shield)区域，然后在1 600万～1 300万年前离心式地向新大陆(即美洲大陆)扩散；随着圭亚那地盾、安第斯山脉和巴西马尔山(Serra do Mar)的隆起和亚马孙盆地的形成，这些区域的气候和环境发生了变化，凤梨的祖先逐渐适应这种变化并发生适应辐射，其中铁兰亚科(Tillandsioideae)的物种更是在安第斯山脉发生爆炸式的增长；丝叶翠凤草约在930 万年前通过长距离扩散的方式到达非洲。

1.1.2 分布范围

凤梨科的种类在美洲的分布范围大致在北纬37°到南纬约44°之间，即美国东南部的弗吉尼亚州(Zanella *et al.*，2012)至智利的首都布宜诺斯艾利斯往南1 000 km处(Williams，1990)。美洲热带和亚热带地区由于受到山系、海洋、大气环流等因素的影响，气候和植被非常多变。凤梨表现出极高的适应能力，从海平面到海拔4 000 m的高山，从干热的沙漠到湿润的雨林，都有它们的存在，被认为是新大陆热带地区适应辐射最成功的典型案例(Benzing，2000)。根据凤梨的分布范围可以明显看出，它们在美洲有3个分布中心，分别为：① 巴西东部地区的大西洋森林；② 秘鲁、哥伦比亚和厄瓜多尔的安第斯山脉；③ 墨西哥及邻近的中美洲区域(Zizka，2009)。其中，巴西是凤梨种类最丰富的国家，凤梨科有39.5%的种类产自巴西；其次为厄瓜多尔和哥伦比亚(Ulloa，2017)。

1.1.3 主要生境类型

1.1.3.1 热带雨林

美洲的热带雨林从墨西哥南部经过中美洲、南美洲北部一直延伸到巴西南部。广阔的亚马孙雨林是世界上最大的热带雨林，这里降水充沛，河流、水系众多，气候终年温暖湿润，年平均温度在18°C以上。良好的水温条件使亚马孙雨林植被茂密，许多植物种类丰富，然而凤梨种类却并不多(Richter，1977；Williams，1990；Benzing，2000)。例如，铁兰亚科的种类在亚马孙低地的热带雨林中几乎缺失(Smith and Downs，1977)，而该地林冠层的凤梨以凤梨亚科(Bromelioideae)的种类为主(Manzanares，2002)。大西洋森林作为南美洲面积第二大的热带雨林，沿巴西东海岸延伸，北起巴西的巴伊亚州南部，向内陆延伸至阿根廷和巴拉圭，既是世界上最重要的生物多样性热点地区之一，也是凤梨科的分布中心之一；原产自巴西的凤梨种类中有26%来自该国的大西洋森林区域，包括31属803种及150个种下分类单元（Martinelli *et al.*，2008），其中卷瓣凤梨属（*Alcantarea*）、葡茎凤梨属（*Canistropsis*）、鸟巢凤梨属（*Nidularium*）、泡果凤梨属（*Portea*）、丽苞凤梨属（*Quesnelia*）和齿苞凤梨属（*Wittrockia*）为巴西大西洋森林特有属。这里也是姬凤梨属（*Cryptanthus*）、直立凤梨属（*Orthophytum*）和彩叶凤梨属（*Neoregelia*）等属的分布中心（Martinelli *et al.*，2008）。另外，南美洲安第斯山脉北部靠近太平洋的低海拔区域热带雨林中的凤梨种类要比亚马孙流域丰富得多，其林冠层的凤梨以铁兰亚科的种类居多。

生长在雨林环境中的凤梨种类通常叶呈绿色，薄而柔软，叶表鳞片不明显，叶与叶相互靠接从而形成明显的叶筒，并且常具颜色鲜艳的花序（Padilla，1966）。翠凤草属（*Pitcairnia*）的种类通常地生，生长在热带雨林的地被层，植株较耐阴（Manzanares，2002），如厄瓜多尔门德斯（Méndez）雨林中的爵床翠凤草（*Pitcairnia aphelandriflora*）（图1–2）。

图1–2　爵床翠凤草及其生境（黄卫昌摄）
（a）花序；（b）生境。

1.1.3.2　山地云雾林

美洲的山地云雾林主要位于中美洲、南美洲的安第斯山脉和巴西东南部的大西洋森林的海拔900～2 500 m的山区地带。这个地带经常云雾环绕，水汽充足，长期稳定的高湿环境和适宜的温度导致苔藓、凤梨等附生植物种类非常丰富，生长茂盛。其中，海拔1 500～2 500 m的山地云雾林中凤梨种类最多（Williams，1990）。例如，猩红四花坛花凤梨（*Racinaea tetrantha* var. *scarlatina*）（图1–3a）生长在委内瑞拉、哥伦比亚和厄瓜多尔的山地云雾林中，分布的海拔通常在2 400 m以上；扁平铁兰（*Tillandsia complanata*）（图1–3b）产自大安的列斯群岛、哥斯达黎加、厄瓜多尔、玻利维亚和巴西（北部），附生于海拔750～3 600 m地带的树上；鲁道夫铁兰（*Tillandsia rudolfii*）（图1–3c，1–3d）产自厄瓜多尔，分布海拔在2 700 m左右。

1.1.3.3　热带稀树草原

美洲的热带稀树草原主要位于南美洲的北部和东部，例如巴西、委内瑞拉、哥伦比亚、圭亚那、苏里南和法属圭亚那，其稀树草原总面积仅次于非洲的稀树草原。由于降水稀少、气候干热，美洲的热带稀树草原由有刺的旱季落叶乔木和灌丛为主组成矮林。其中，巴西热带稀树草原（Cerrado）是南美洲最大的热带草原，位于亚马孙流域、大西洋森林和低地沼泽（Pantanal）之间，占巴西国土面积的20%，巴西首都巴西利亚就处于这片大草原上。巴西热带稀树草原是世界上生物多样性最高的稀树草原，也是地球上5%

图1-3 厄瓜多尔山地云雾森林中的凤梨(黄卫昌摄)

(a) 猩红四花坛花凤梨;(b) 扁平铁兰;(c)—(d) 鲁道夫铁兰。

的动植物的家园(www.worldwildlife.org/places/cerrado);生长着一些耐旱的凤梨种类,如尖萼荷属、菠萝属、直立凤梨属、强刺凤梨属(*Bromelia*)以及部分姬凤梨属的种类等,植株多刺,大部分为地生,喜强光,耐旱。但是由于受到农业和畜牧业活动的严重影响,巴西热带稀树还是世界上生态环境最受威胁的地区之一(wwf.panda.org/discover/knowledge_hub/where_we_work/cerrado/)。

1.1.3.4 高山草甸

安第斯山脉海拔2 700～4 000 m的区域为高山草甸,气温变化较剧烈,白天温度高达30℃,晚上气温低至0℃以下。高山草甸是刺蒲凤梨属(*Puya*)(图1-4a)植物最主要的生境,其中著名的皇后刺蒲凤梨产自玻利维亚和秘鲁海拔3 000～4 800 m的高山上;粗齿刺蒲凤梨(*Puya hamata*)(图1-4b)是厄瓜多尔境内植株最高的凤梨,开花时高约4 m,一般需30年才成熟;花序上布满厚绵毛的大力神刺蒲凤梨(*Puya clava-herculis*)(图1-4c)则生长在哥伦比亚西南部、厄瓜多尔东部海拔3 350～4 200 m的高原上。

1.1.4 资源状况

近年来,由于人类活动如城市扩张、农业和畜牧业用地开发、采矿,凤梨的野外生境正在逐渐消失。21世纪初的研究(White *et al.*, 2001)表明,南美洲原有的热带稀树草原中,约71%变成耕地,5%变成城市,这也导致凤梨的栖息地明显减少,且碎片化现象日益严重,再加上非法野外采集和资源过度利用等原因,凤梨在野外的生存状态不容乐观,有些种类已野外灭绝。在2019年的《濒危野生动植物种国际贸

图1–4　厄瓜多尔境内高山草甸上的凤梨（黄卫昌摄）

（a）刺蒲凤梨属一种（*Puya* sp.）；（b）粗齿刺蒲凤梨；（c）大力神刺蒲凤梨。

易公约》（CITES）附录Ⅱ中收录了3种凤梨，分别为霸王铁兰（*Tillandsia xerographica*）、哈里斯铁兰（*T. harrisii*）和卡姆铁兰（*T. kammii*）。但在《世界自然保护联盟濒危物种红色名录》（2021–3版）中，共有215种凤梨受到不同程度的威胁，其中30种处于极危状态，97种为濒危状态，而同时受到威胁的还有许多依赖于凤梨才能生存的其他生物。

1.2　生态与生物学特性

1.2.1　生态习性

凤梨科植物在美洲的栖息地非常广泛（Smith 和 Downs，1974），尤其对干旱和贫瘠的生境具有超强的忍受力。这主要归功于凤梨科的种类在不断扩张过程中，为了适应新的环境而逐渐发展出来的一系列在生态习性、形态和生理上的变化，其中包括附生、形成积水叶筒（tank rosette）、具有吸收功能的鳞片组织（即毛状体），以及景天酸代谢（crassulacean acid metabolism pathway，CAM）途径等（Crayn *et al.*，2004，2015；Silvestro *et al.*，2014；Givnish *et al.*，2014。同时，与传粉者、种子传播者等密切联系的特征在凤梨的谱系多样化中也起着重要作用（Benzing，2000；Givnish *et al.*，2014），如许多凤梨种类依靠鸟类、昆虫、蝙蝠等传粉者进行传粉，或者同时采用多种传粉方式来提高结实率。此外，有些凤梨种类还进化出与蚂蚁共生的现象，而少数种类甚至出现了食肉植物的部分特性。

1.2.1.1　附生

凤梨科中有很大一部分种类的叶不仅是进行光合作用的场所，还具有吸收水分和养分的功能，并逐渐代替根的作用。叶的上述变化帮助这些凤梨种类摆脱土壤的束缚并形成附生的习性，因而凤梨的小生境就从林地的地被层扩展到树干、树杈甚至林冠层（图1–5），还可生长在悬崖

图1–5　附生类型的凤梨（黄卫昌摄）

（a）具叶筒的类型；（b）无叶筒的类型。

峭壁的岩石表面等大部分其他植物无法生存的地方，从而在当地占据更多的生态位，极大地拓宽了凤梨的生存空间。

1.2.1.2 景天酸代谢

植物通过光合作用将二氧化碳和水合成糖类并释放氧气，大部分植物在白天打开气孔进行气体交换，二氧化碳固定在叶肉组织中。然而，一些生长在热带和亚热带的干旱和半干旱地区的植物（最早发现于景天科植物），为了防止白天气孔打开时水分过度流失，只在较为凉爽的夜间打开气孔进行气体交换，先将空气中的二氧化碳以有机酸的形式固定在叶肉细胞中，白天气孔关闭，有机酸分解产生二氧化碳，从而完成光合作用，这就是景天酸代谢。采取这一代谢途径的植物比采用其他代谢途径的植物最高可节水80%（Ming *et al.*, 2015）。Crayn 等人（2015）通过碳同位素法对比了1 893种凤梨科植物，发现其中有43%的种类采用这种代谢途径，主要是那些生长在相对干旱环境中的种类。在被测试的种类中，鳞刺凤梨亚科（Hechtioideae）的鳞刺凤梨属（*Hechtia*）的所有种类，翠凤草亚科（Pitcairnioideae）的单鳞凤梨属（*Deuterocohnia*）、雀舌兰属和刺叶百合凤梨属（*Encholirium*）的所有种类，凤梨亚科中超过90%的种类，刺蒲凤梨亚科（Puyoideae）的刺蒲凤梨属约21%的种类，以及铁兰亚科中28%的种类采用景天酸代谢途径。还有研究发现，景天酸代谢途径和附生习性在凤梨科中都至少独立进化了三次，以应对新近纪（距今2 350万～260万年）的地理和气候变化（Crayn *et al.*,2004）。

1.2.1.3 蚁栖

一些高等植物在进化过程中形成了一些特殊的构造，可为蚂蚁提供栖息场所，如膨大或中空的茎、刺、叶柄、块根或囊状叶；或为蚂蚁提供食物，如产生可食用的部分或花蜜。与此同时，蚂蚁不仅为这些植物提供授粉或传播种子等帮助，还可以保护植物免受食草动物的啃食，而且它们的猎物残渣和自身代谢产物又为植物提供养分。这类与蚂蚁形成特化的互利共生关系的高等植物被称为喜蚁植物（myrmecophyte，又称适蚁植物）。

部分凤梨种类也进化出了蚁栖的特性，一般由基部膨大的叶鞘形成的中空的假鳞茎（图1-6），供蚂蚁居住。例如，喜蚁雨林凤梨（*Hylaeaicum myrmecophila*）、二列铁兰（*Tillandsia disticha*）、虎斑铁兰（*T. butzii*）、球茎铁兰（*T. bulbosa*）、卷叶铁兰、长叶尖萼荷（*Aechmea longifolia*）和红苞尖萼荷（*A. bracteata*）的成熟植株就具有这样的假鳞茎。

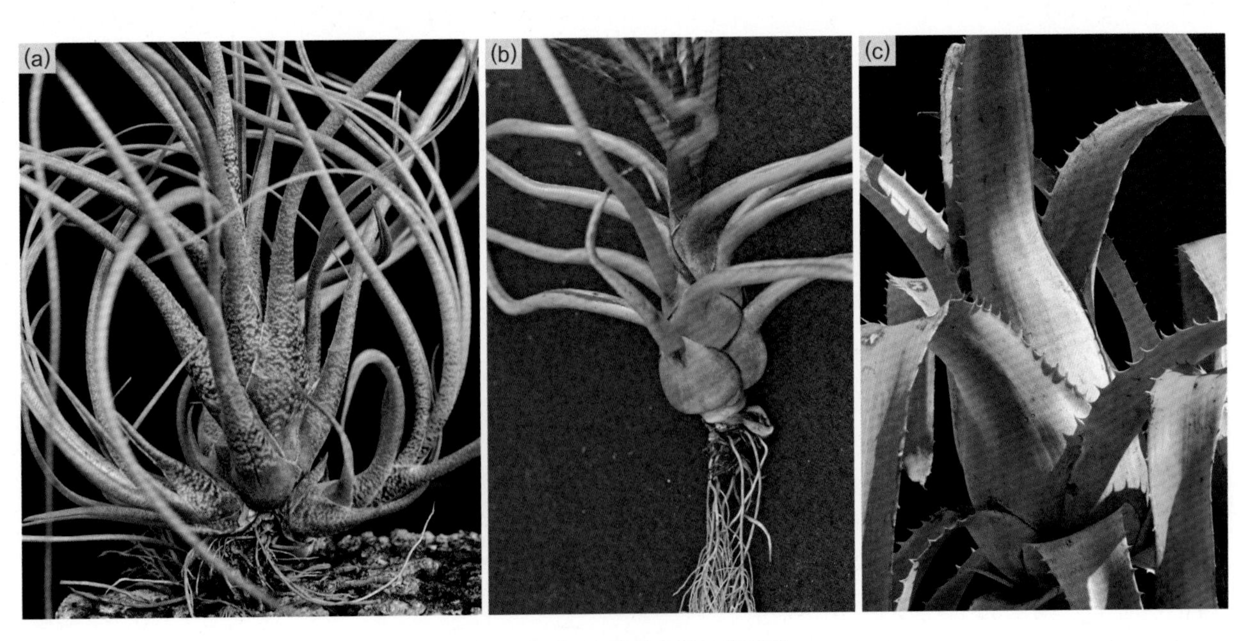

图1-6 蚁栖的凤梨种类的假鳞茎

（a）虎斑铁兰；（b）球茎铁兰；（c）红苞尖萼荷。

1.2.1.4　食肉性

食肉植物（carnivorous plant）是一类特殊的植物，需要同时具备以下两个特征：一是能从接触植株表面的动物尸体上吸收营养物质，用于自身的生长和繁殖；二是在引诱、捕捉、消化和吸收猎物方面具有明确的适应性特征（Givnish *et al.*, 1984）。食肉植物大多生活在阳光充足、潮湿且营养缺乏的生境中，特别是缺少氮素等营养物质，其植株通过捕食动物来补充养分以加速光合作用，并将光合产物更多地转化为新的叶组织。Givnish等人（1984）通过进化的成本/效益模型分析表明，在相同生境下，食肉植物比非食肉植物在生长上更具优势。

很多积水凤梨的叶筒中有一些动物残体，因此有学者曾经提出这类凤梨通过分泌蛋白水解酶以消化淹死在叶筒中的动物的观点（Picado, 1913），也就是它们具有食肉性。但是，其他学者认为，这些蛋白酶由生活在叶筒中的细菌等微生物产生，而非凤梨植株自身产生，因此大部分积水凤梨不属于食肉植物。目前只有3种凤梨被认为具有食虫性，分别为粉叶凤梨属的食虫粉叶凤梨（*Catopsis berteroniana*）（图1-7a）、小花凤梨属的宽筒小花凤梨（*Brocchinia hechtioides*）和瘦缩小花凤梨（*Brocchinia reducta*）（图1-7b）。

食虫粉叶凤梨附生在树梢上，叶上密被白色的蜡质粉末。Fish（1976）观察到在充满液体的食虫粉叶凤梨叶筒中有大量地生节肢动物尸体，推测这种凤梨的叶表所覆盖的蜡质粉末能在白天反射紫外线，从而使昆虫误以为叶表是天空而飞错方向。由于蜡质粉末非常光滑，昆虫通常难以在叶表立足，从而滑向叶筒内并很难逃脱，因此他认为食虫粉叶凤梨具有引诱昆虫的特性。Frank和O'Meara（1984）也证明，这种凤梨具备有效捕捉节肢动物的能力，其捕获的猎物数量明显多于具有相同叶筒体积的其他凤梨。Gaume等人（2004）对食虫粉叶凤梨、瘦缩小花凤梨和红瓶猪笼草（*Nepenthes x ventrata*）进行了叶表蜡质诱捕机制的实验，结果表明蜡质有助于提升这些植物的诱捕能力。

小花凤梨属的上述两种都是地生型，生长在南美洲北部圭亚那高原贫瘠的沼泽土中；都具有直立的叶，叶相互重叠形成管状叶丛，叶的内表面都有白色的蜡质粉末，在强光下叶呈亮黄色，而这些性状会让人联想到猪笼草、瓶子草等陷阱式食肉植物。一些学者针对瘦缩小花凤梨是否具有食肉性开展了较多研究。有的研究将其叶筒中的猎物数量与同一区域的食肉植物——垂花太阳瓶子草（*Heliamphora nutans*）进行比较，发现前者幼株捕获的猎物种类和数量远多于后者（Gonzalez *et al.*, 1991）。瘦缩小花凤梨在野外生长时，其幼株可散发出类似花蜜的香甜气味，说明这种凤梨在发育早期能主动分泌特殊的化学物质以吸引猎物，但是植株长大后那种气味反而消失了（Givnish *et al.*, 1984；Gonzalez *et al.*, 1991）。其他研究表明，瘦缩小花凤梨植株靠近叶基部的腺体分泌物具有微弱的磷酸酶活性，发挥着催化磷酸酯水解的作用，表明植株能直接消化猎物（Plachno *et al.*,2006）。

1.2.2　生物学特性

凤梨科属于单子叶植物纲，多数种类为多年生草本植物，少数种类为灌木。多数凤梨的茎短（图1-8a），少数凤梨有明显的长茎（图1-8b，1-8c）。地生或附生。

不同属种的凤梨外形各不相同，尤其在花序的分枝习性、多级的苞片系统等方面表现出极大的多样性。本书通过梳理

图1-7　具食虫特性的凤梨

（a）食虫粉叶凤梨；（b）瘦缩小花凤梨（红圈内为植株捕获的昆虫残体）。

图1-8　凤梨的外形

(a) 具短茎的凤梨(叶丛纵切面,示短的地上茎)。(b)—(c) 具明显地上茎的凤梨:(b) 爵床翠凤草;(c) 凤尾铁兰(*Tillandsia funckiana*)。

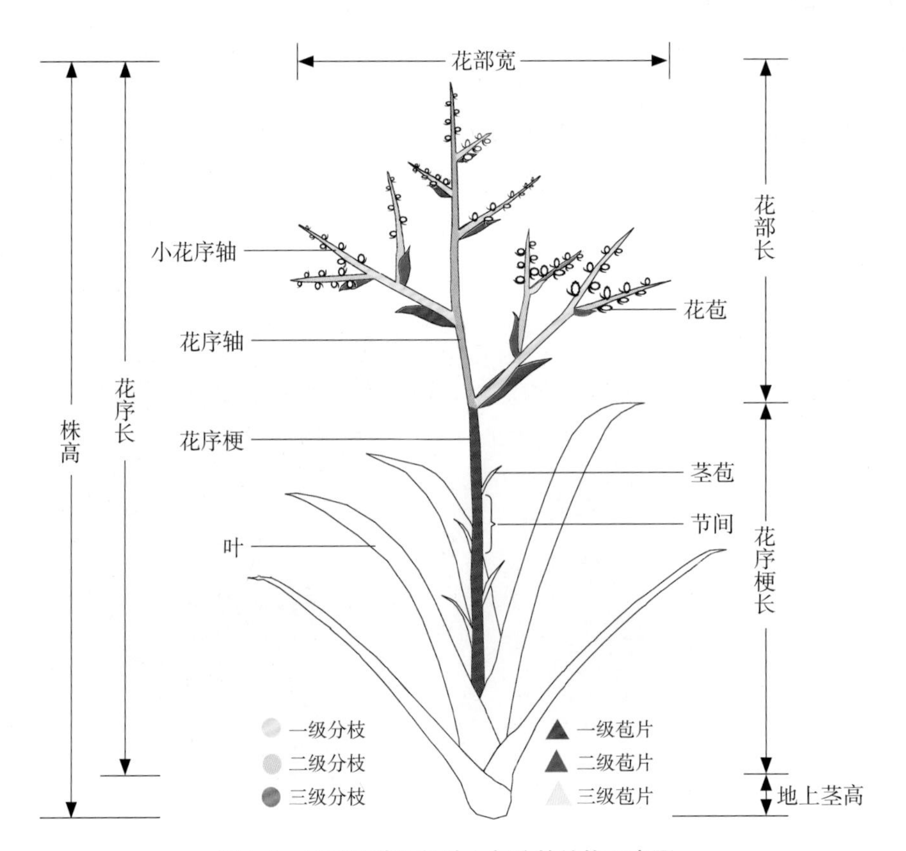

图1-9　凤梨开花植株地上部分的结构示意图

不同凤梨种类在开花时的形态特征，总结出凤梨科植物地上部分的结构模式图（图 1–9），并在后续展开介绍。

凤梨大多为合轴生长方式，即茎的顶芽（terminal bud）生长一段时间后转变为潜在的花芽，并抽升花序，开花后老的叶丛逐渐死亡，由新长出的侧芽（lateral bud）代替母株继续生长。少数凤梨种类为单轴生长方式，即茎的顶芽始终保持活力，花芽腋生，如雀舌兰属、鳞刺凤梨属。

凤梨科中有少数种类属于一次结实植物，即植株一生只开花、结果一次，而后就衰老、死亡，不产生侧芽等营养繁殖体，仅用种子繁殖。一次结实的凤梨通常具有以下特征：叶丛巨大，花序分枝多；大部分自花授粉，产生大量种子；幼苗成活率低；植株及种子成熟所需时间长，结果后植株迅速死亡。这样的凤梨往往几十年默默地生长，只为在生命的巅峰时刻绽放出无数美丽的花朵并结出累累硕果，而母株不遗余力地将养分输入给果实，孕育出成千上万的种子。这是它们应对周遭恶劣环境的策略之一，因为总有一些种子能把握住一丝机会顽强地萌发，开始新的生命的轮回。这些种类集中在刺蒲凤梨属、铁兰属和团花凤梨属（*Glomeropitcairnia*）等属植物中（Benzing，2000）。

1.2.2.1　根

地生型凤梨①（terrestrial bromeliad）的根系发达，根多分枝，且根的表面密布根毛（图 1–10），利于吸收土壤中的水分和养分，在生长范围不受限制的情况下往往可长到 1 ～ 2 m（Benzing，2000）。

附生型凤梨（epiphytic bromeliad）的根的主要作用是将植株附着在树枝上或岩石表面等处，即便这些根在后期死亡，依旧可以起到固定作用（图 1–11）。凤梨亚科的附生种类暴露在空气中时大多产生短而直的根系，如彩叶凤梨、尖萼荷等属的种类（图 1–12）。但是，当它们的植株生长在适宜的介质中时，根会变软、变长并产生较多侧根，且根的表面具有根毛，根系恢复吸收功能（图 1–12d）。

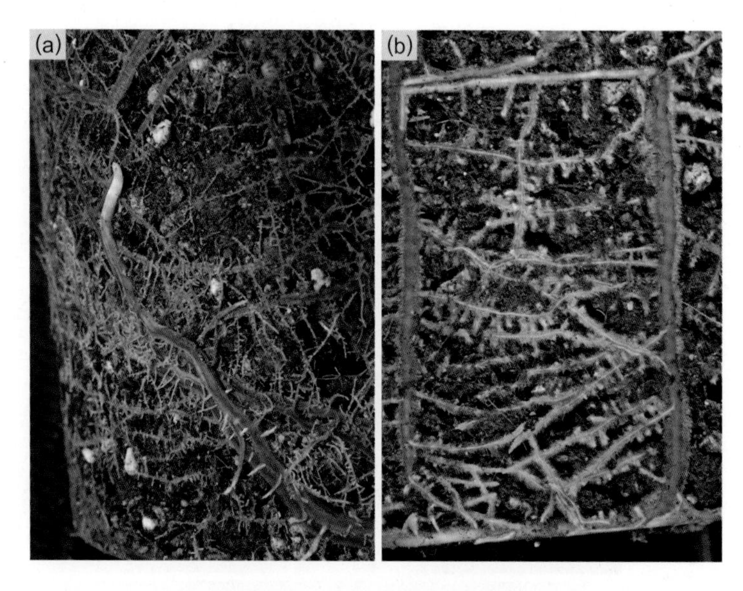

图 1–10　地生型凤梨的根系

（a）翠凤草属植物的根系；（b）雀舌兰属植物的根系。

铁兰亚科的种类多为附生型，暴露在空气中时根的形态因属和种的不同而有差异（图 1–13）。例如，卷瓣凤梨属、鹦哥凤梨属的根短而粗壮，一般不产生分枝（图 1–13a，1–13b）；新长出的根的表面常密生根毛，有时还分泌黏液（图 1–13a）；长期暴露在空气中时根毛消失，根变硬且表面变光滑（图 1–13c）。这类植株生长在疏松透气的介质中时也会形成具吸收功能的根系（图 1–13d，1–13e）。

铁兰属植物的根的形态较多变，或长或短，或疏或密，有侧根或无侧根（图 1–14）。铁兰的根表面通常没有根毛；有的种类虽然新根上有根毛，但根毛逐渐消失，根表面最终变得光滑（图 1–14 b，1–14 c）；气生型铁兰的根一般只起到固定作用，即便在透气性较好的栽培介质中，根系通常也不发达，根的表面缺少根毛，吸收功能有限（图 1–14）。还有一些铁兰种类的根系完全退化，或仅在刚发芽阶段才存在，植株长大后根系消失，如树猴铁兰（*Tillandsia duratii*）、松萝凤梨等。

一些附生型凤梨的种子在萌发时，根系具有非向地性（ageotropic），即并非朝向地心方向生长，而是朝着能接触到固体（树枝、岩石等）的方向生长，从而有利于植株尽快固定（图 1–15）。

① 地生型凤梨等凤梨生态类型的具体划分方式，参见“2.2.1　根据生态类型分类”。

图1-11 附生型凤梨的根系用于固定

图1-12 凤梨亚科部分附生型凤梨的根系

(a) 彩叶凤梨属一个栽培品种的气生根;(b) 尖萼荷属一个栽培品种(*Aechmea* cv.)的气生根。(c)—(d): **优秀乐队**裸茎尖萼荷(*Aechmea nudicaulis* 'Good Bands')在不同栽培方式下的根系: (c) 附生于树皮表面的根系;(d) 生长在介质中的根系。

图 1-13　铁兰亚科部分种类的根系

(a) 黄穗粗蕊鹦哥凤梨(*Vriesea platynema* var. *flava*)的新根；(b) 高大鹦哥凤梨(*Vriesea gigantea*)的新根；(c) 帝王凤梨暴露在空气中的根；(d) 帝王凤梨在疏松介质中长出的新根；(e) 大叶指穗凤梨(*Goudaea ospinae* var. *gruberi*)在栽培介质中的根系。

1.2.2.2　茎

凤梨的茎通常分为地上茎和地下茎两部分，其中地上茎为草质茎，地下茎木质化并着生根系。大部分凤梨种类的地上茎非常短并被叶包裹，因此常隐藏于叶丛中，植株看起来近无茎(图 1-8a)。有一些凤梨种类的地上茎起初很短，但是随着植株的生长，茎也不断伸长，从而变得明显且木质化，起到支撑作用，如帝王凤梨直立的地上茎(图 1-16a)。少数凤梨种类有长且明显的地上茎，如翠凤草属和铁兰属中的某些种类(图 1-8b，1-8c)，其中有的种类甚至可沿树干向上攀缘。还有一些凤梨种类的茎呈叶状，如松萝凤梨(图 1-16b)。此外，部分凤梨种类从叶腋或茎基部长出的侧芽基部常常有一段长短不一、木质化的匍匐茎(stolon)，匍匐茎的上面通常覆盖着鳞片状的芽苞叶，并在顶端长出新的叶丛(图 1-16c，1-16d)。

图1-14 铁兰属植物中气生型种类的根系

(a) 束花铁兰(*Tillandsia fasciculata*)的气生根。(b)—(c) 附生于树皮上的劳伊铁兰(*Tillandsia rauhii*)的根系:(b) 新长出的根;(c) 老根。(d)—(h) 虎斑铁兰在不同种植方式下的根系:(d) 在空气中;(e)—(f) 盆栽(以珍珠岩为介质);(g)—(h) 盆栽(以泥炭藓为介质)。

图1-15 铁兰属植物根的非向地性

图 1-16　凤梨科植物的茎

（a）帝王凤梨伸长的地上茎；（b）松萝凤梨的叶状茎；（c）大齿强刺凤梨（*Bromelia serra*）的匍匐茎；（d）尖萼荷属一种（*Aechmea* sp.）的匍匐茎。

1.2.2.3　芽

一般来说，合轴生长的凤梨种类在进入花期后母株便不再生长，而是在开花的中后期从叶腋或茎基部上产生侧芽并长成新的植株，甚至有些种类的植株在花期前就能产生侧芽。少数单轴生长的凤梨种类的顶芽始终保持生长。

根据芽的位置是否固定，通常可将凤梨的芽分为定芽（normal bud）和不定芽（adventitious bud）两种类型。

1. 定芽

定芽通常是指着生在茎和侧枝顶端的顶芽，以及从叶腋处长出的腋芽（axillary bud），位置相对固定。

大多数凤梨种类通常从叶腋内长出腋芽，例如果子蔓属（*Guzmania*）、鹦哥凤梨属的大部分种类，腋芽一般与主茎贴生（图 1-17a，1-17b）；有的种类腋芽基部具明显的匍匐茎（图 1-17c，1-17d）。腋芽产生的位置因凤梨的种类而异：有的位于外围叶的基部（图 1-17a，1-17c，1-17d），这样的腋芽较容易从母株分离，分株时伤口较小；有些种类的腋芽靠近叶丛中央叶的基部（图 1-17b），与母株结合较紧密，分离时需破坏整个叶丛，且伤口较大，易引起伤口感染，一般要等腋芽较大时才分株。

图1-17　凤梨腋芽的形态

(a)—(b) 贴生的腋芽：(a) 大垂花鹦哥凤梨(*Vriesea simplex* 'Gigante')；(b) 玛拉杯柱凤梨(*Werauhia marnier-lapostollei*)。(c)—(d) 具匍匐茎的腋芽：(c) 红穗鹦哥凤梨(*Vriesea rubyae*)；(d) 基督山鹦哥凤梨(*Vriesea corcovadensis*)。蓝圈内为侧芽。

2. 不定芽

不定芽是从植株的叶、枝或老茎、根、花序梗等位置相对不固定的部位产生的芽，其特点是易于从母株分离而独立生长。从茎基部长出不定芽的现象在凤梨亚科、翠凤草亚科中较普遍，另外还有铁兰亚科中的卷瓣凤梨属、铁兰属的种类。有些凤梨种类的不定芽贴着茎长出(图1-18a，1-18b)，另一些种类的不定芽则长出匍匐茎(图1-18c，图1-18d)。

部分直立凤梨属和铁兰属植物能从花序上长出不定芽并长成新的植株(图1-19)。其中，有些种类的不定芽从小花穗的顶端长出(图1-19a)，有些种类的不定芽位于花序梗上的苞片(简称茎苞)的基部(图1-19b，1-19c)。

为表述简便，本书把凤梨除顶芽之外的其他类型的芽统称为侧芽，但在必要时会指明芽的来源。

3. 菠萝的芽

不同于绝大多数凤梨种类通常只能产生1～2种芽，菠萝最多时能产生4种芽(图1-20)。

菠萝最常见的芽是位于聚花果顶端的冠芽(crown bud)和着生在叶腋的腋芽。在我国南方菠萝产区，果农称冠芽为"尾芽"，称腋芽为"吸芽"。菠萝的冠芽其实是一种比较特殊的顶芽(图1-21)。冠芽通常为单芽，但在菠萝花序形成之初，在外因(如机械损伤或病虫害等)的作用下有时会长出两个或多个冠芽(图1-21b)，有的甚至缀化成鸡冠状(图1-21c)。大多数菠萝会长出冠芽，偶然也会发育失败，形成无冠芽的果实。

有的菠萝品种可从聚花果基部或从果柄上的茎苞处长出芽体，称为"裔芽"(slip)，又称"托芽""菠萝鸡"。菠萝的第四类芽为从地下茎上产生的萌蘖芽(sucker)，又称"蘖芽""地下芽""块茎芽"等。裔芽和萌蘖芽都属于不定芽。

图1-18 不定芽的生长方式

（a）—（b）贴生于茎基部的不定芽：（a）美誉水塔花（*Billbergia euphemiae*）；（b）阿尔维直立凤梨（*Orthophytum alvimii*）。（c）—（d）具匍匐茎的不定芽：（c）红穗直立凤梨（*Orthophytum rubrum*）；（d）马丁彩叶凤梨（*Neoregelia martinellii*）。

图1-19 从花序上长出的不定芽

（a）鳞叶直立凤梨（*Orthophytum leprosum*）的不定芽；（b）旋叶铁兰（*Tillandsia flexuosa*）的不定芽；（c）梦幻铁兰（*Tillandsia somnians*）的不定芽。

图 1-20 菠萝结果后产生的不同类型的芽

图 1-21 菠萝聚花果顶端的冠芽

(a) 单个冠芽；(b) 多个冠芽；(c) 缀化的聚花果及其缀化的冠芽。

通常情况下，菠萝的腋芽比冠芽和裔芽大。但是，不同品种以及植株的长势都会影响菠萝产生新芽的类型和数量，如长势较好的**三色**菠萝（*Ananas* 'Tricolor'）不仅有强壮的腋芽，也容易长出裔芽（通常4～6个）；小菠萝（*A. ananassoides* var. *nanus*）以腋芽和萌蘖芽为主，偶尔在果序基部长出裔芽；**黄金**菠萝（*A.* 'Tai Nong No. 21'）开花后产生腋芽较晚且较少。

1.2.2.4　叶与叶序

1. 叶

凤梨的叶都是单叶。在叶的结构上，多数凤梨种类由叶鞘和叶片两部分组成，不形成叶柄（图1-22a，1-23a—1-23c，1-23e—1-23h）；少数凤梨种类的叶具叶柄，如部分翠凤草属、姬凤梨属的种类（图1-22b，1-23d）。

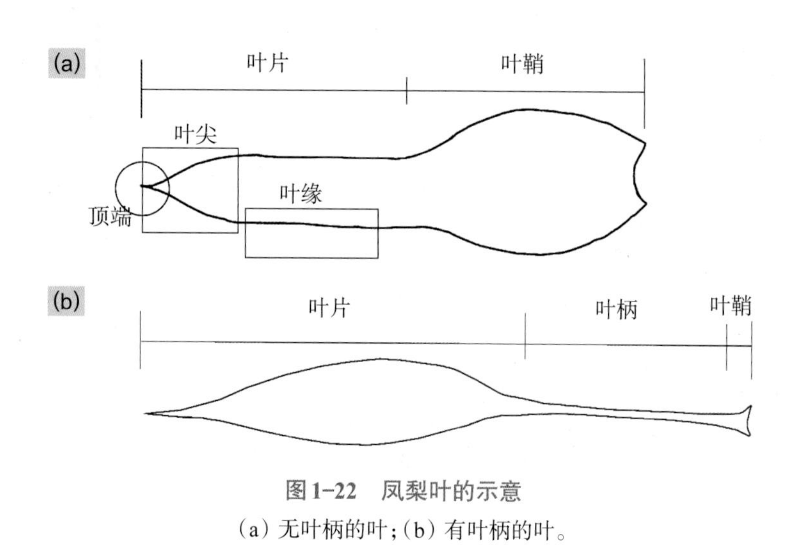

图1-22　凤梨叶的示意

（a）无叶柄的叶；（b）有叶柄的叶。

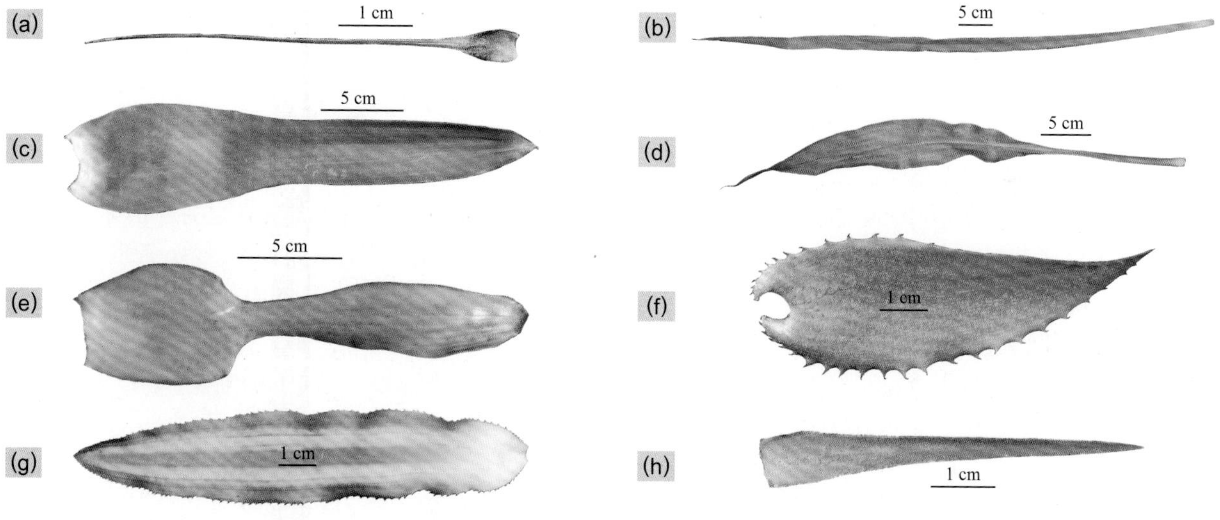

图1-23　几种凤梨的叶

（a）丝叶铁兰（*Tillandsia filifolia*）；（b）全缘翠凤草（*Pitcairnia integrifolia*）；（c）猩红果子蔓（*Guzmania sanguinea*）；（d）扁茎翠凤草（*Pitcairnia altensteinii*）；（e）橙果尖萼荷（*Aechmea capixabae*）；（f）卵叶直立凤梨（*Orthophytum benzingii*）；（g）波缘姬凤梨（*Cryptanthus marginatus*）；（h）精灵铁兰（*Tillandsia ionantha*）。

凤梨叶的形态在种间差异非常大，主要体现在叶鞘、叶片、叶缘、叶尖等方面。有些凤梨种类的叶鞘与叶片连接处不变窄，两部分区分不明显；也有些凤梨种类的叶片在此处呈明显的缢缩状（图1-23f）。不仅如此，即便同一株凤梨，由外而内叶的形状和大小可能也有差异，因此本书以成熟叶作为叶的主要描述对象。另外，在不同的季节，凤梨叶的形态也可能会发生变化，例如部分翠凤草属的种类具有异形叶性(heterophylly)：当旱季来临时，植株长出不含叶绿素的刺状叶，进入休眠期；到了生长季节，植株重新长出含叶绿素的生长叶。

1）叶鞘

叶鞘直接着生在茎上。大部分凤梨种类的叶鞘十分明显，成椭圆形、圆形或三角形，并常呈棕色至黑紫色(图1-23a，1-23c，1-23e，1-24a)；表面光滑或有鳞片，其中附生型凤梨叶鞘上的鳞片具吸收功能(图1-24b)。有的凤梨种类叶鞘不明显(图1-23b，1-23d，1-23f，1-23g)。凤梨的叶鞘通常全缘，只有少数种类具锯齿或仅在与叶片连接处具刺。

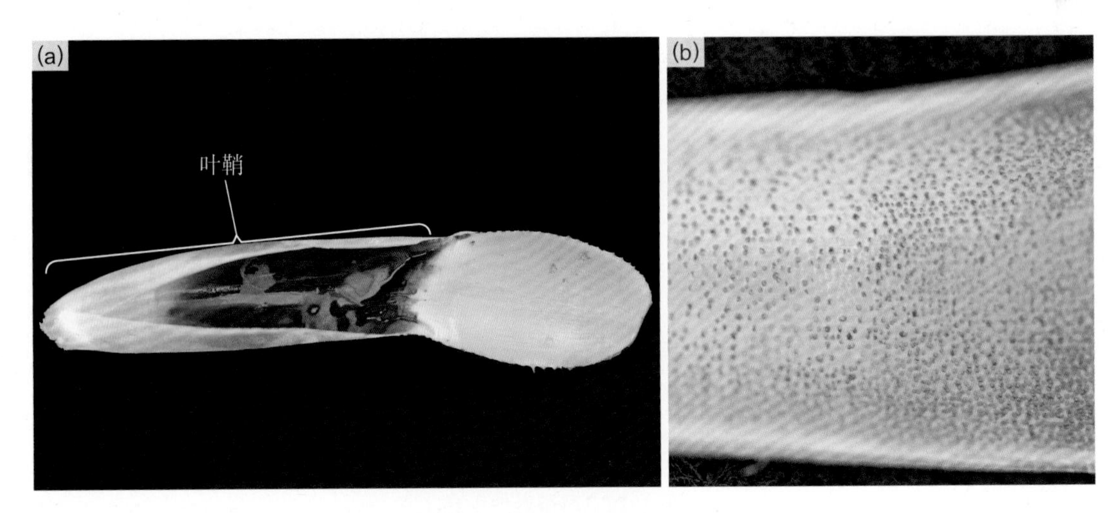

图1-24 部分凤梨叶鞘的形态

(a) 优秀乐队裸茎尖萼荷；(b) 积水凤梨叶鞘表面的鳞片。

2）叶片

一般较直或呈弧状弯曲，也有种类呈扭曲状，如虎斑铁兰、卷叶铁兰(*Tillandsia streptophylla*)。

叶片通常成呈线型、条形、舌形、披针形、卵形、椭圆形、三角形等，也有呈锥形或圆柱形。① 线形叶：叶片长而纤细，整体宽度近相等，不呈薄片状，如丝叶铁兰(图1-23a)、短序刺穗凤梨(*Acanthostachys pitcairnioides*)。② 条形叶：叶片狭长，长为宽的10倍以上，两侧的叶缘近平行，整体宽度近相等，呈薄片状，如全缘翠凤草(图1-23b)，以及部分卷药凤梨属(*Fosterella*)和刺蒲凤梨属的种类。③ 舌形叶：长为宽的3～10倍，两侧的叶缘近平行，整体宽度近相等，基部或略变窄(图1-23c)，其中长宽比超过5的舌形叶称为长舌形叶。舌形叶在凤梨科中十分普遍。④ 披针形叶：叶片中部以下最宽，两端渐狭，这在翠凤草属植物中较常见(图1-23d)。⑤ 倒披针形叶：最宽处位于叶片中部以上，向下则渐狭，如橙果尖萼荷(图1-23e)。⑥ 卵形叶：叶片中部以下最宽，向上渐狭，基部阔圆，如卵叶直立凤梨(1-23f)。⑦ 椭圆形叶：叶片中部最宽，向两端渐狭，两侧的叶缘成弧形，如部分姬凤梨属种类(图1-23g)。⑧ 三角形叶：叶片基部稍宽，从基部向顶端逐渐变细，顶端尖(1-23h)，这在雀舌兰属、直立凤梨属等属的种类中较常见。⑨ 锥形叶：叶片中下部呈肉质，向顶端逐渐变细，呈锥状状，如鼠尾铁兰、方角铁兰(图1-25a，1-25b)。⑩ 其他叶形：部分铁兰属的种类的叶片中下部的横切面呈圆形、半圆形，或叶缘卷起而呈槽形(图1-25c)，甚至内卷呈管状或圆柱形(图1-25d)。

3）叶尖

凤梨叶尖的形状主要呈渐尖状(acuminate)、急尖状(acute)、钝形(obtuse)、圆形(round)、截形(truncate)、微缺(emarginate)等，并在顶端(即末端)形成或硬或软、或长或短、细的尖端，即便在叶尖呈截形或微缺的种类中也是如此。根据尖端的形状和质地，凤梨叶尖的顶端又可分为具短尖的(mucronate)、

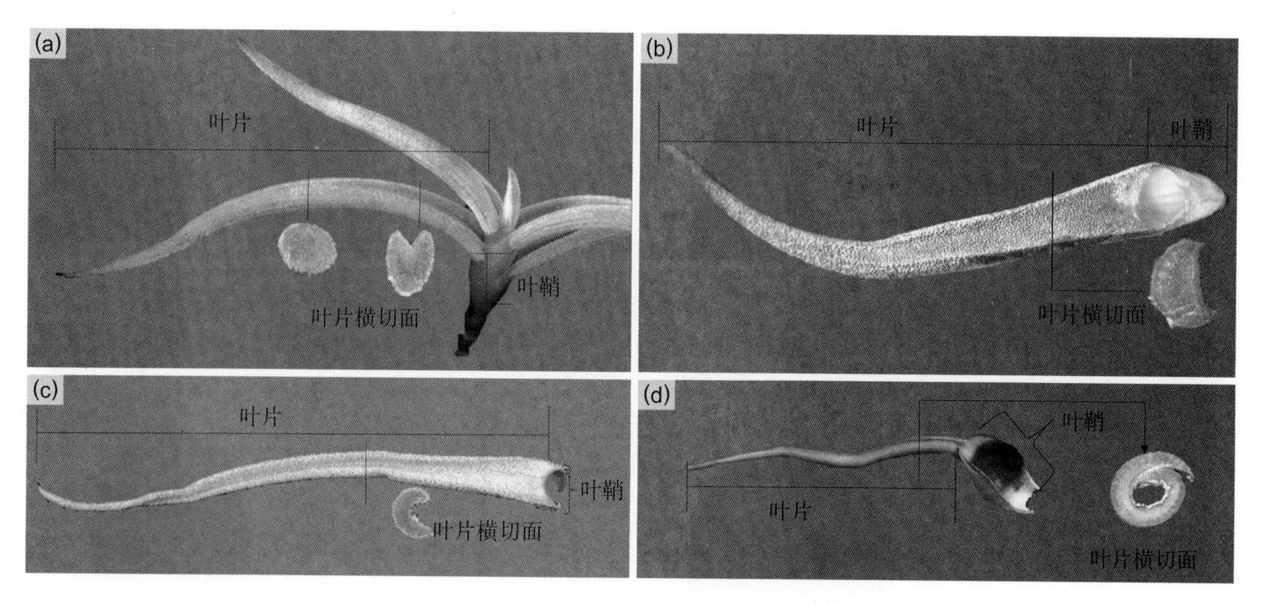

图 1-25　几种铁兰属植物的叶片形态及其横切面

(a) 鼠尾铁兰(*Tillandsia myosura*); (b) 方角铁兰(*T. rectangular*); (c) 赖氏铁兰(*T. reichenbachii*); (d) 球茎铁兰。

具细尖的(apiculate)、具长渐尖的(long attenuate)、具尖刺的(spinescent), 以及具细而尖锐的芒尖的(aristate)、尖而硬的骤尖的(cuspidate), 以及如尾状延长的尾尖状的(caudiform)。

(1) 渐尖　叶尖较长; 顶端逐渐变细, 两侧叶缘形成的夹角通常小于45°, 从而呈渐尖状(Palací, 1997), 并在顶端形成细尖、长渐尖、尖刺、骤尖或尾尖(图 1-26)。

(2) 急尖　又称锐尖。叶尖较短; 顶端突然变细, 形成短尖或骤尖; 两侧的叶缘形成的夹角为45°～90°(图 1-27)(Palací, 1997)。

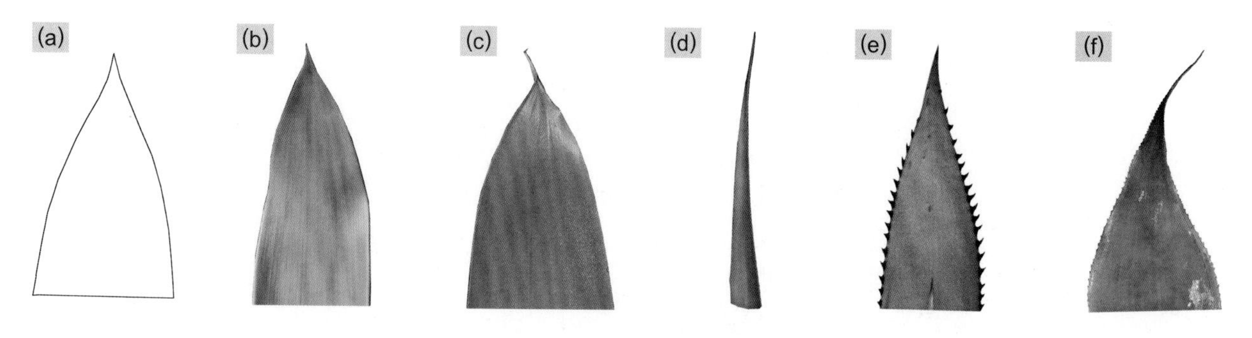

图 1-26　凤梨叶渐尖的类型

(a) 渐尖示意图; (b) 渐尖的基本形状; (c) 具细尖的渐尖; (d) 长渐尖; (e) 具骤尖的渐尖; (f) 具尾尖的渐尖。

(3) 钝形叶尖　又称钝尖。叶尖的叶缘成弧形, 弧度较小; 顶端通常具短尖、骤尖或尖刺(图 1-28)。

(4) 圆形叶尖　叶尖的叶缘成弧形, 但弧度较大; 顶端形成短尖或骤尖(图 1-29)。

(5) 截形叶尖　叶尖如刀切般截平, 顶端通常具小短尖(图 1-30)。

(6) 微缺叶尖　叶尖具浅凹缺, 顶端通常具短尖(图 1-31)。

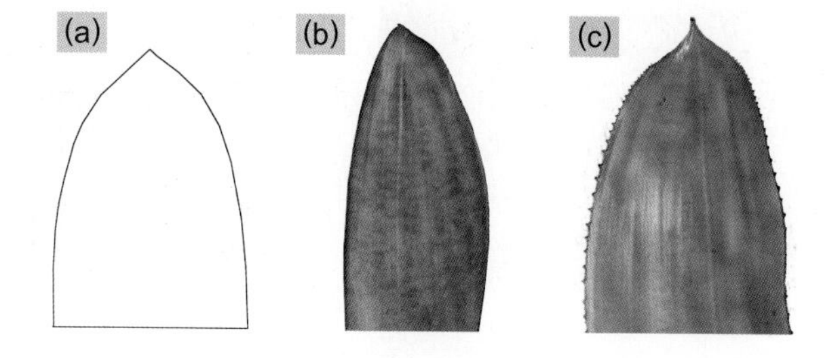

图 1-27　凤梨叶急尖的类型

(a) 急尖示意图; (b) 急尖的基本形状; (c) 具骤尖的急尖。

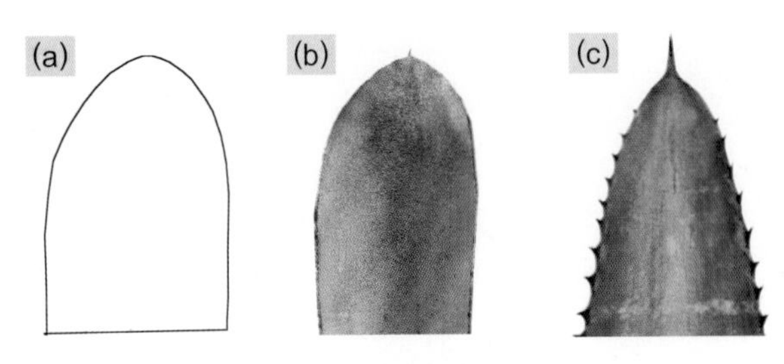

图1-28 凤梨叶钝形叶尖的类型

（a）钝形叶尖示意图；（b）具小短尖的钝形叶尖；（c）具尖刺的钝形叶尖。

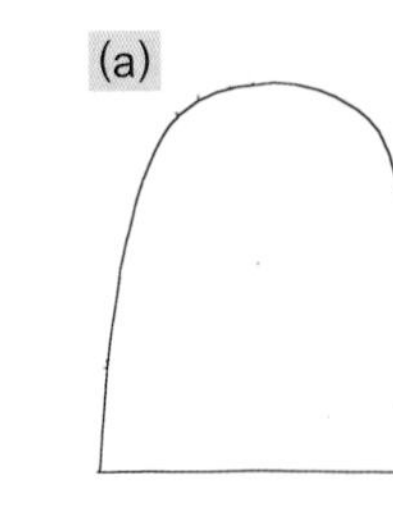

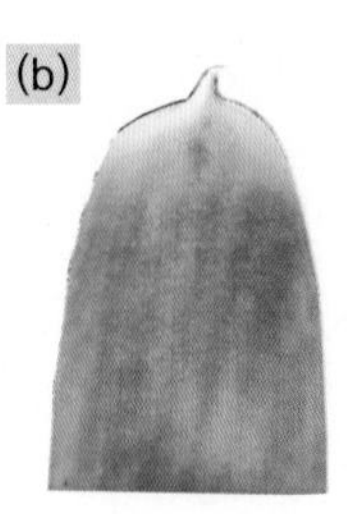

图1-29 凤梨叶圆形叶尖的类型

（a）圆形叶尖示意图；（b）具短尖的圆形叶尖；（c）具骤的圆形叶尖。

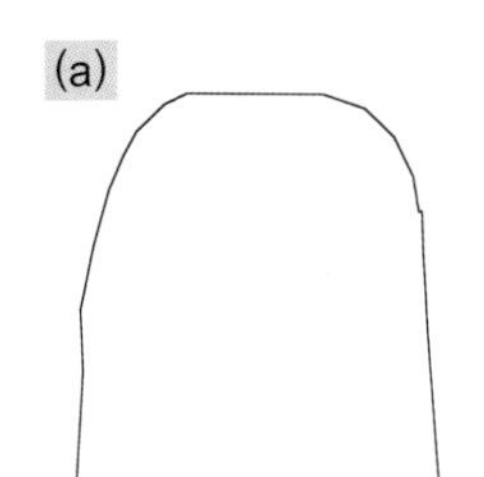

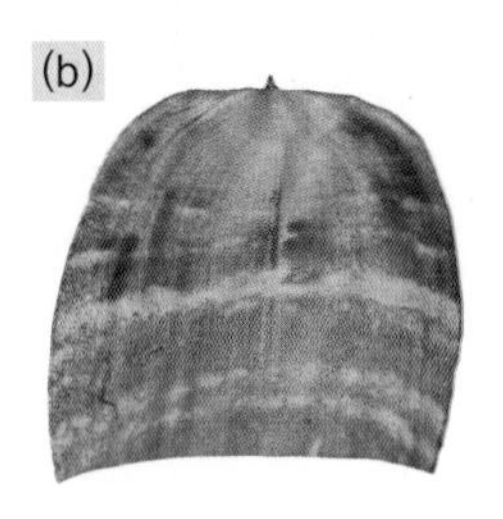

图1-30 凤梨叶截形叶尖

（a）截形叶尖示意图；（b）常见截形叶尖的形状。

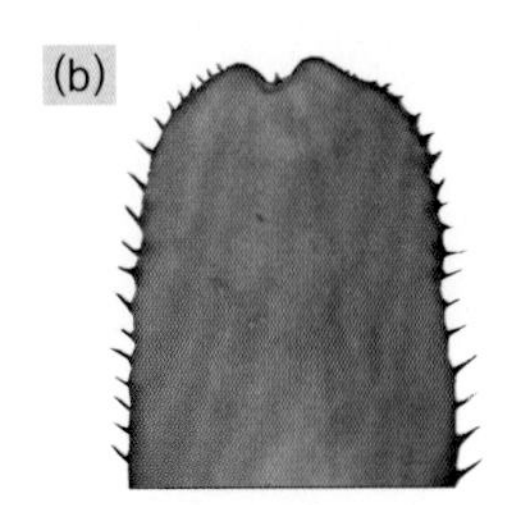

图1-31 凤梨叶微缺叶尖

（a）微缺叶尖示意图；（b）常见微缺叶尖的形状。

4）叶缘

凤梨叶缘主要有全缘、波状、齿状等几种形态。① 全缘（entire）：叶缘光滑，无锯齿、缺刻或裂片（图1-32a），如铁兰亚科和小花凤梨亚科（Brocchinioideae）的所有种类，以及翠凤草亚科卷药凤梨属的所有种类和翠凤草属的部分种类。② 波状（undulate）：叶缘上下弯曲，呈波纹状（图1-32b），如姬凤梨属、卷药凤梨属的部分种类。③ 齿状：叶缘具弯或直的齿状或刺状突起。其中，刺尖锐且刺尖朝向叶尖或反向朝叶的基部的为锯齿状（serrate）（图1-32c—1-32g），尤其是强刺凤梨属的种类的叶缘往往同时具有朝向两个方向的弯钩刺（图1-32c）；当刺尖向外且与叶缘几乎成90°时为牙齿状（dentate）（图1-32h，1-32-i）。此外，刺在叶缘的分布也有疏密差异（图1-32e—1-32g），有的凤梨种类的刺上还被覆鳞片（图1-32d）。

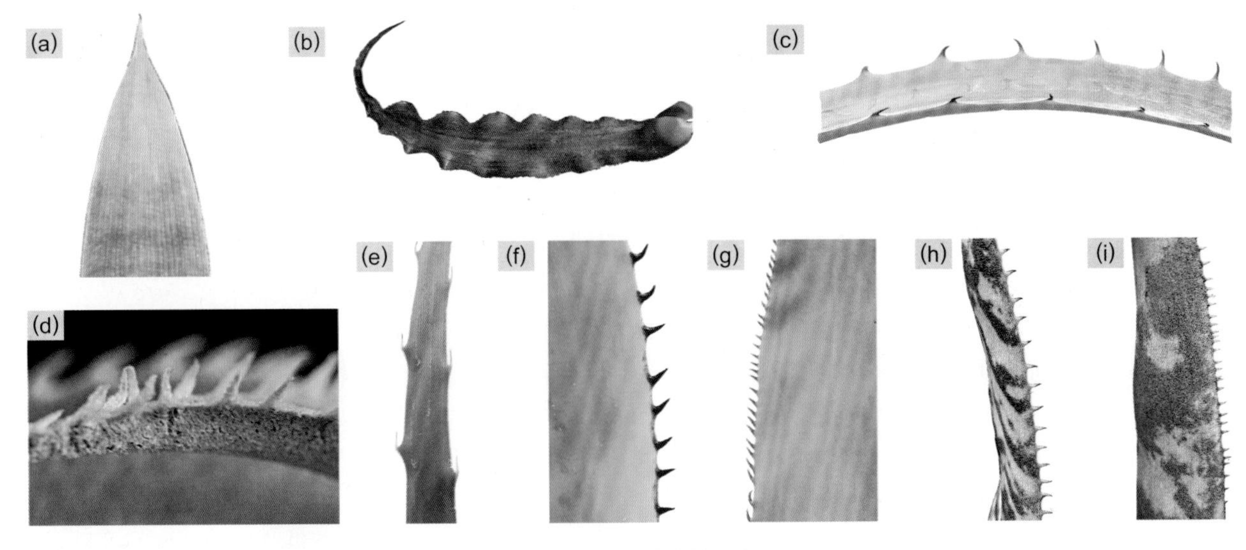

图1-32 凤梨叶缘的形态

（a）全缘；（b）波状叶缘；（c）同时具朝向叶尖和叶基部两个方向的锯齿的锯齿状叶缘；（d）锯齿状叶缘上的鳞片；（e）—（g）锯齿状叶缘的疏密差异（从疏到密）；（h）—（i）牙齿状叶缘。

5）叶质与叶肉组织

为了适应不同生境，凤梨的叶在外形和结构上发生了相应的变化，叶质（即叶的质地）从纸质到革质、厚革质不等。

一般来说，生长在潮湿及庇荫环境下的凤梨种类的叶多为绿色，较薄；叶表鳞片稀少，有时被覆蜡质；叶的横切面扁平，无储水组织（图 1–33a）。生长在半干旱及半阴环境下的凤梨种类的叶片稍厚，叶表通常疏生鳞片，叶的横切面扁平至三棱形，有储水组织但较少（图 1–33b，1–33c，1–33f）。生长在干旱及强光环境下的凤梨种类的叶片通常灰白色，肥厚，叶表密被鳞片；横切面扁平至三棱形、半圆形或圆形，具明显的储水组织（图 1–33d，1–33e，1–33g，1–33h）。此外，旱生型凤梨种类的叶往往还具有角质层发达、气孔密度较小、表皮气孔凹陷、细胞密度大、维管束和栅栏组织发达等特点。

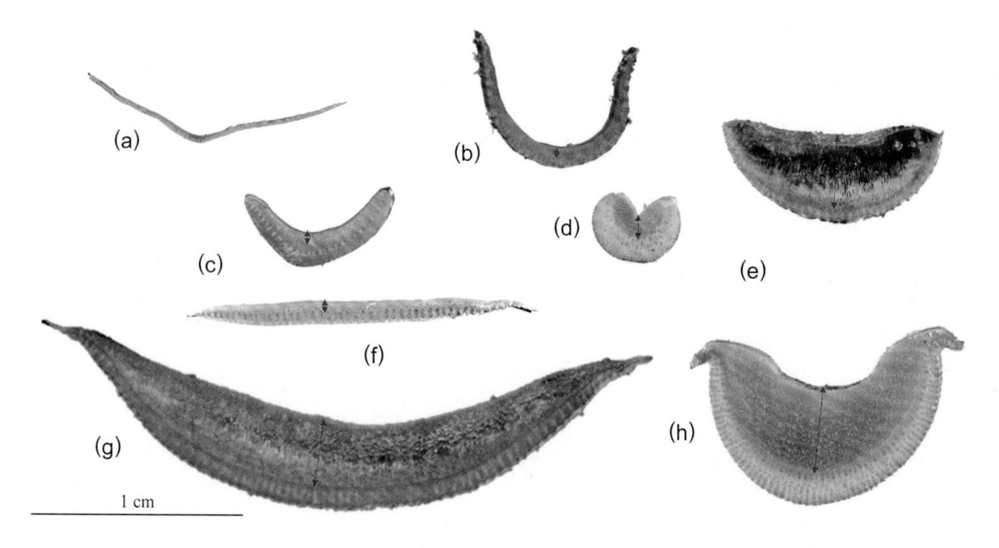

图 1–33　不同生态型的凤梨种类的叶片横切面

（a）翠凤草属一种（*Pitcairnia* sp.）；（b）帕翁翠凤草（*Pitcairnia pavonii*）；（c）鞭叶姬果凤梨（*Araeococcus flagellifolius*）；（d）短序刺穗凤梨；（e）短叶单鳞凤梨；（f）帝王凤梨（绿叶型，局部）；（g）宽叶雀舌兰（*Dyckia platyphylla*）；（h）棒叶凤梨（*Neoglaziovia variegata*）。图中红色箭头所指部分为叶片中含水组织的厚度。

6）叶表附属物

大部分凤梨种类的叶片上覆盖着白色或灰白色的鳞片状或毛状的附属物（图 1–34）。这些附属物仿佛给叶片穿了一件外衣，不仅能反射白天强烈的阳光，避免叶片被灼伤，还具有抵御病虫害的侵袭等作用。铁兰属的大部分种类的叶表覆盖有银白色的鳞片（图 1–34d，1–34e），鳞片的边缘可根据大气湿度高低打开或合起，使之高效地捕获雾气、凝露和降雨带来的水分，并把水分输导到位于叶基的吸水细胞中，让植物体获取生长所需的水分，从而起到辅助吸收的功能（Benzing，2000）。

2. 叶序

叶在茎上按一定规律排列形成叶序。凤梨科中多数种类的叶在茎上呈螺旋状的多列排列（图 1–35a，1–35d），少数种类的叶排成两列（图 1–35e，1–35f）。个别凤梨种类的叶原为多列排列，但有的植株在受到外界某些因素的作用后，其生长点发生缀化，茎呈扁平状，叶沿茎排成两列（图 1–35g）。然而，这样的植株一般无法通过产生种子或侧芽的方式将缀化性状遗传到下一代。

多数凤梨种类的茎很短，叶通常着生在短茎上，呈基生状（图 1–35a—1–35c，1–35e，1–35g），这种叶序被称为莲座状叶序，简称莲座丛。还有一些凤梨具明显的长茎，如翠凤草属和铁兰属的部分种类（图 1–8，1–35d，1–35f）。在形成莲座丛的凤梨中，有些种类的叶的基部较宽大且相邻的叶相互重叠，形成开展或直立的可储水的叶筒；其中又有些种类的叶筒较开阔，呈漏斗状，中央和每一片叶的基部都能蓄积水分，例如果子蔓属、鹦哥凤梨属和卷瓣凤梨属的大部分种类，以及尖萼荷属、绵毛凤梨属和彩叶凤梨属

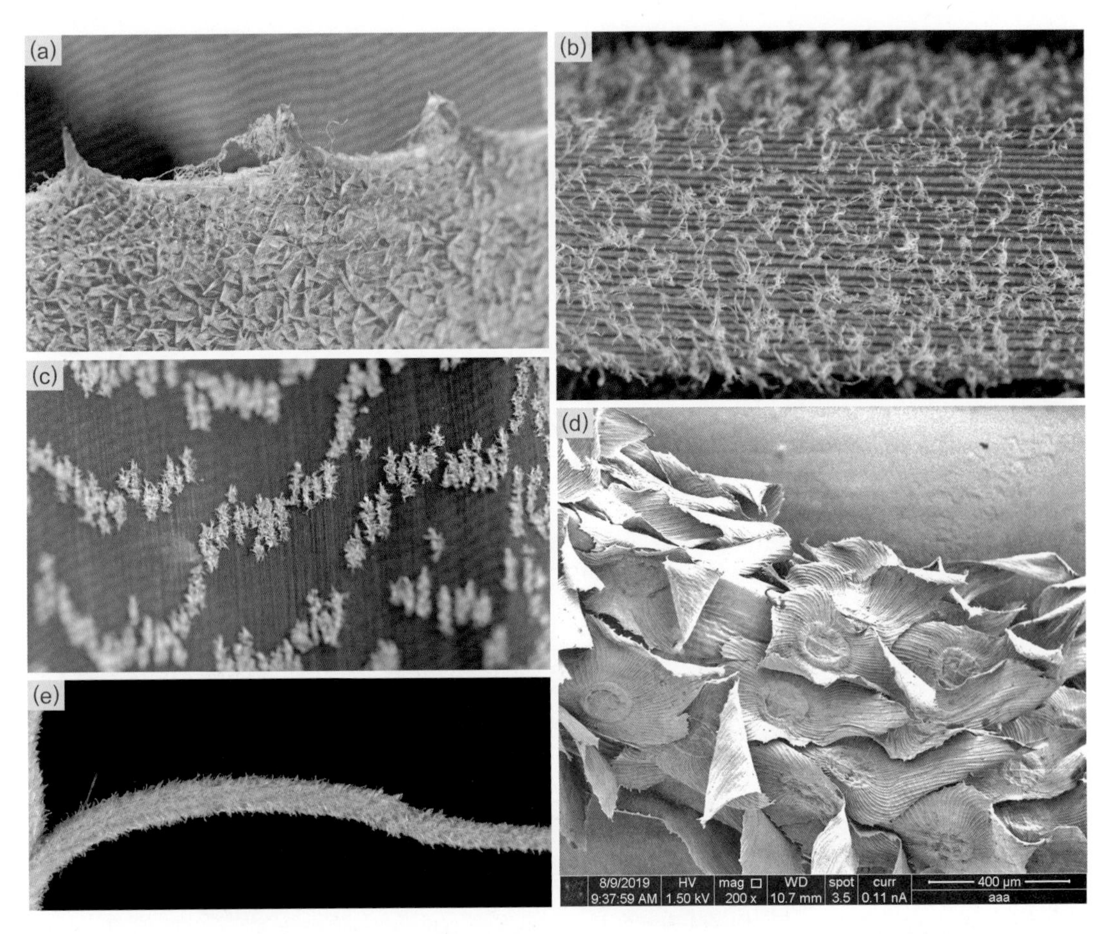

图1-34 凤梨叶表的附属物

(a) 银毛鳞刺凤梨(*Hechtia marnier-lapostollei*)叶表的附属物;(b) 帕翁翠凤草叶表的附属物;(c) 虎纹直立凤梨(*Orthophytun gurkenii*)叶表的附属物;(d) 松萝凤梨叶表鳞片的电镜照片(邵文 摄);(e) 松萝凤梨叶表的鳞片。

图1-35 凤梨的叶序形态

(a)—(d) 螺旋状排列的叶序:(a) 网纹鹦哥凤梨(*Vriesea fenestralis*);(b) 鳞刺凤梨属一种(*Hechtia sp.*);(c) 小精灵铁兰;(d) 石蜈蚣铁兰(*Tillandsia araujei*)。(e)—(f) 排成两列的凤梨叶序:(e) 短颈尖萼荷(*Aechmea brevicollis*);(f) 红花铁兰(*Tillandsia albertiana*);(g) 发生叶序缀化的蛇叶铁兰(*Tillandsia caput-medusae*)。

图1-36 凤梨叶丛的形态

(a) 宽大绵毛凤梨(*Edmundoa lindenii*)的宽漏斗状叶丛;(b) 银鳞尖萼荷(*Aechmea dealbata*)的管状叶丛。

的部分种类(图1-35a,1-36a);还有些种类的叶筒直立,呈管状,水分主要储存在叶筒中央,如大部分水塔花属(*Billbergia*)、部分尖萼荷属和部分彩叶凤梨属的种类(图1-36b)。

地生型凤梨的叶片通常也呈莲座状排列,但没有形成可有效收集雨水的叶筒,其中包括生长在中等温湿度环境下的姬凤梨属、翠凤草属,以及生长在干旱环境下的菠萝属、雀舌兰属、鳞刺凤梨属、直立凤梨属等属的种类(图1-35b)。铁兰属中也有很大一部分种类没有形成叶筒(图1-35c,1-35d,1-35f,1-35g)。

1.2.2.5 花序与苞片

1. 花序

1) 花序的结构

当凤梨植株进入生殖生长阶段时,茎的顶端或叶腋的分生组织按一定的顺序产生花的各个部分。

少数凤梨种类开花时只有单朵花，称为单顶花或单生花，如松萝凤梨。大部分凤梨种类有花多数，花按一定的规律排列在从茎的顶端或叶腋伸出的总花柄上，形成花序（inflorescence）（图1-9）。在花序上，有花分布或有分枝的部分称为花部，而这一段的总花柄称为花序轴（rachis）；花序上各级分枝的花轴即为小花序轴（rachilla）。花序下面没有花分布的部分被称为花序梗（peduncle）。在花序梗上、各级分枝的基部以及每朵花的基部都有具叶片性质的器官，统称为苞片（bract）。

大部分凤梨从茎的顶端进行花芽分化，形成顶生花序（图1-37a，1-37b）。少数凤梨的花芽在叶腋内分化，形成腋生花序，如雀舌兰属的所有种类和鳞刺凤梨属的部分种类（图1-37c，1-37d）。

图1-37 凤梨花序的着生位置

（a）—（b）顶生花序：（a）美丽卷药凤梨（*Fosterella spectabilis*）；（b）凤尾铁兰。（c）—（d）腋生花序：（c）细穗雀舌兰（*Dyckia leptostachya*）；（d）银毛鳞刺凤梨。

2）花序的基本类型

凤梨的花序为无限花序，即花序轴在开花期间可继续生长，并不断产生苞片和花芽；花的开放顺序通常为位于花序轴基部或花序边缘的花先开，然后向顶部或中央依次开放。其中，花序轴无分枝的花序类型为简单花序（simple inflorescence），花着生在花序轴上（图1-38，1-39，1-42）；花序轴具分枝的花序为复合花序（compound inflorescence）（图1-40，1-41，1-43，1-49）。在凤梨的复合花序中，又有多种形态：有的种类仅在花序轴基部或中下部形成分枝，花序轴的上部或顶部不分枝，通常主轴上的花先于分枝上的花开放，基部分枝或外围分枝上的花先于上部分枝或中央分枝上的花开放，并按照从基部往上或从外围向中央的规律开放（图1-40b，1-41b，1-43，1-44）；有的种类整个花序轴都有分枝，花着生在各级分枝的小花序轴上，花朵繁密（图1-40c，1-41c）。根据凤梨的花序上每朵花有无花梗、着生方式等方面的不同，简单花序可分为穗状花序、总状花序、伞房花序等，复合花序可分为复穗状花序、圆锥花序、复伞房花序等，其中穗状花序、总状花序、圆锥花序和复穗状花序最常见。

（1）穗状花序　花序轴不分枝，上面着生许多无花梗的两性花，排成两列或多列，排列紧密或松散（图1-38）。

（2）总状花序　花序轴较长，不分枝，上面着生许多花梗等长的两性花。

（3）复穗状花序（compound spike）　花序轴上有一级或二级分枝，其中每个分枝自成一个穗状花序，称为小穗（陆时万等，1991）（图1-40）。

（4）圆锥花序（panicle）　在花序轴上有一级至二级分枝，甚至更多级的分枝；每个分枝自成一个总状花序（图1-43）。圆锥花序在凤梨科中较为常见，其中一些具大型花序的种类可开出数千朵花，如刺蒲凤梨属中的一些大型种。

图 1-38　凤梨的穗状花序

（a）穗状花序示意图；（b）灰叶雀舌兰（*Dyckia cinerea*）的花排成多列；（c）合萼尖萼荷（*Aechmea gamosepala*）的花排成多列，花序呈圆柱状；（d）刺叶尖萼荷（*A. bromeliifolia*）的花密生，排成多列，花序呈圆柱状；（e）长梗羽扇凤梨（*Wallisia* × *duvalii*）的花排成两列，花序扁平；（f）圆锥翠凤草（*Pitcairnia smithiorum*）的花排成多列，花序成圆锥形。

图 1-39　凤梨的总状花序

（a）总状花序示意图；（b）翠凤草属一种；（c）奇异刺蒲凤梨（*Puya mirabilis*）。

图1-40　凤梨的复穗状花序

（a）复穗状花序示意图；（b）尾苞尖萼荷［黄色型］（*Aechmea caudata*［Yellow］）（花序轴上部不分枝）；（c）朱红珊瑚凤梨（*Aechmea miniata*）（整个花序轴都有分枝）。

图1-41　凤梨的圆锥花序

（a）圆锥花序示意图；（b）莱曼翠凤草（*Pitcairnia lehmannii*）（花序轴顶端不分枝）；（c）紫红尖萼荷（*Aechmea rubrolilacina*）（整个花序轴都有分枝）。

3）花序的变形

凤梨花序的形态非常丰富，有时不能与已描述的被子植物的基本花序类型完全吻合。例如，有的种类的花序轴或小花序轴极短，花序或花序上的分枝缩短成球形、椭圆形、倒圆锥状或圆柱状，常见于果子蔓属、葡茎凤梨属、姬凤梨属、鸟巢凤梨属、直立凤梨属等植物中。由于这些花序的外形呈现出某种程度上的头状或伞状，因此有学者把它们归为头状花序、伞形花序、伞房花序、聚伞圆锥花序等花序类型。

但是，根据笔者的观察，有些凤梨种类的花序轴虽然缩短但并不膨大，也没有形成菊科植物那样的总苞，并不符合头状花序的特征。此外，无论凤梨的整个花序轴还是侧枝的小花序轴都为无限花序，不符合聚伞圆锥花序整体为无限花序、侧轴为有限花序的特征。因此，对于凤梨科中存在的花序轴极短的花序类型，当花具花梗时，可以作为花序轴极度缩短的总状花序或圆锥花序，比较符合伞房花序或复伞花序的特征（图1-42，1-43）；当花无花梗时，则作为花序轴极度缩短的密生的穗状花序或复穗状花序（图1-44）。彩叶凤梨属的花序为简单花序，密生呈头状；花或多或少具花梗，因而为伞房花序（图1-42b）。

雨林凤梨属（*Hylaeaicum*）的花序多为复合花序，花序外围具1～2级分枝，分枝呈束状，花序中央（即花序轴顶端）不分枝，花直接着生在花序轴顶端；花具不太明显的短花梗，整个花序为复伞房花序（图1-43）。

鸟巢凤梨属和莲苞凤梨属（*Canistrum*）的花序为复合花序，花序外围具一级分枝，分枝呈束状，花序中央不分枝；花无花梗，整个花序为密生的复穗状花序（图1-44）。

4）曲轴现象

有一些凤梨种类的花序轴和小花序轴呈“之”字形弯曲（称为膝状弯曲），形成曲轴（geniculate）现

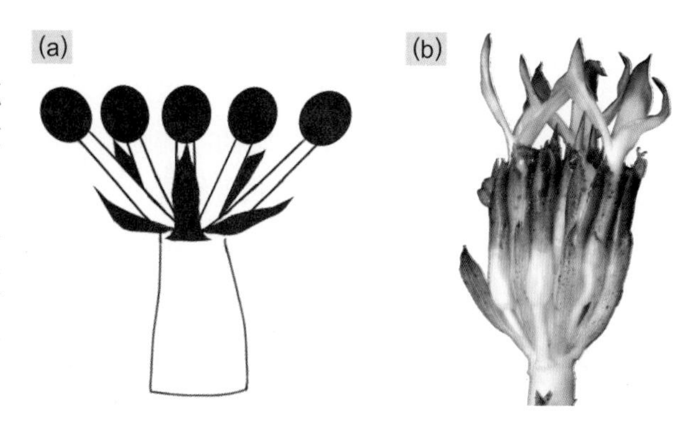

图1-42 彩叶凤梨属的伞房花序

（a）伞房花序示意图；（b）狭瓣彩叶凤梨（*Neoregelia zaslawskyi*）的伞房花序。

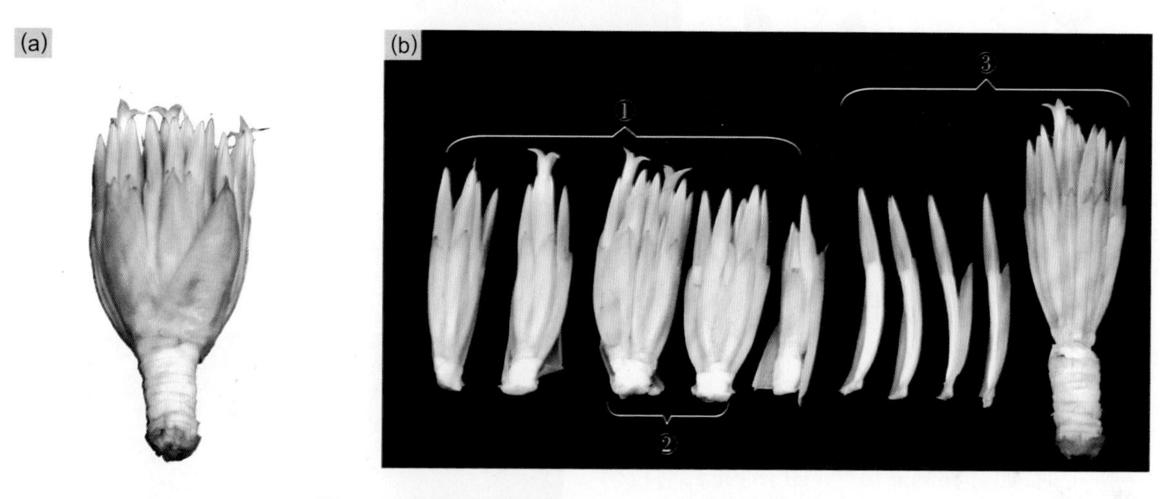

图1-43 雨林凤梨属（*Hylaeaicum*）的复伞房花序

（a）完整的花序；（b）拆解后的花序（① 位于花序外围的分枝；② 花序最外侧的分枝具二级分枝；③ 位于花序中央且不分枝的部分）。

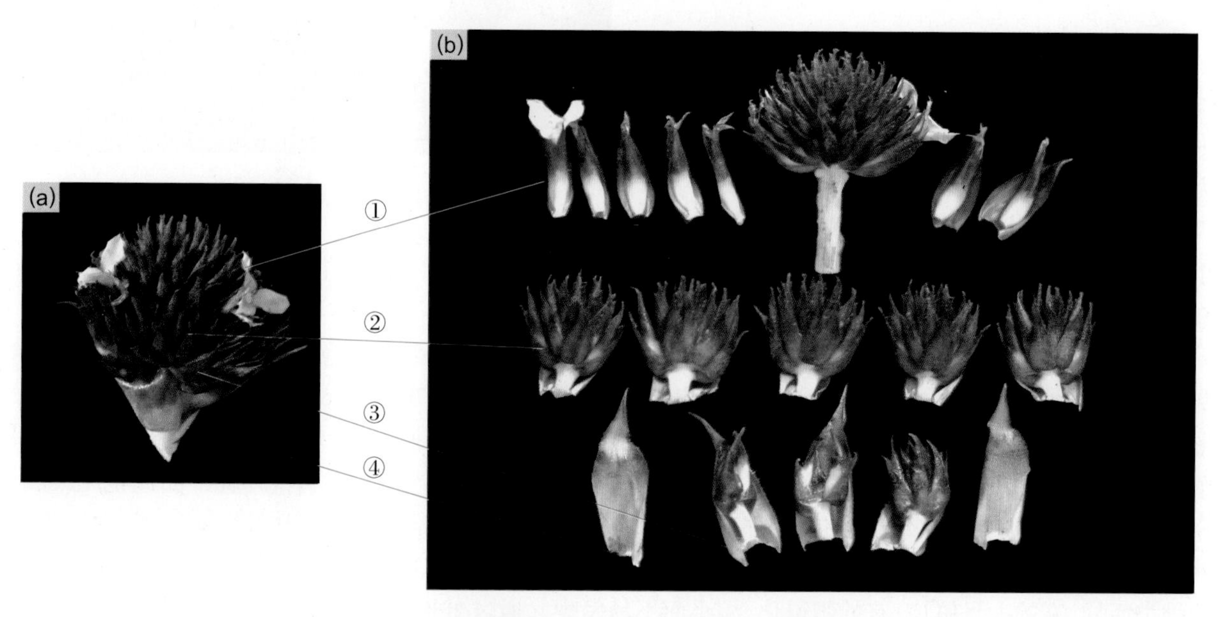

图1-44 葡茎凤梨（*Canistropsis burchellii*）的花序

（a）完整的花序；（b）拆解后的花序（① 位于花序中央且不分枝的部分；② 位于花序轴中部的分枝；③ 位于花序轴基部的分枝；④ 位于花序梗顶端的茎苞）。

象(图1-45)。它虽然在外形上与蝎尾状聚伞花序类似,但前者属于无限花序,花序轴保持单轴生长且其基部的花先开放,顶部的花后开放;后者属于有限花序,花序轴以合轴分枝的方式生长,即花序轴顶端先着生1朵花,顶花下面的主花序轴的一侧随后形成侧枝,侧枝顶端又着生一朵花,再在侧枝上形成新的侧枝,整个花序的花序轴实际上是由各级侧枝组成,各分枝呈左右两侧间隔生出。

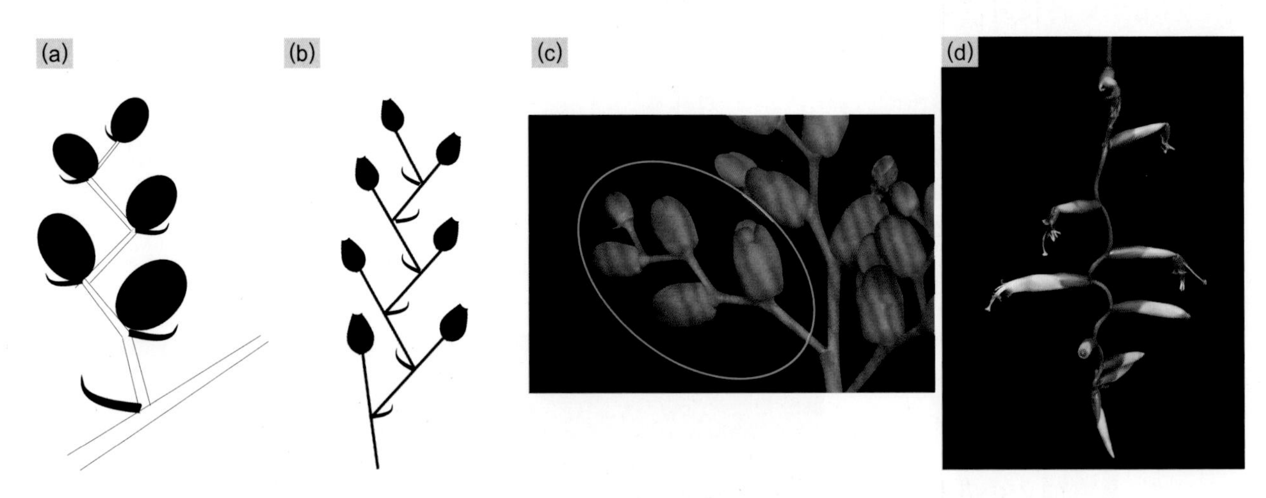

图1-45 凤梨花序的曲轴现象

(a) 曲轴示意图;(b) 蝎尾状聚伞花序示意图;(c) 朱红珊瑚凤梨;(d) 垂梯鹦哥凤梨(*Vriesea scalaris*)。

5) 偏向生长(secund)

有些凤梨种类的分枝或花序轴上的花都朝一个方向生长,或在开花时花发生转向,使花都偏向一侧排列,如奇异刺蒲凤梨(图1-39c)、细枝鹦哥凤梨(*Vriesea philippo-coburgii*)(图1-46)、帝王凤梨。

图1-46 细枝鹦哥凤梨花序上的花都偏向一侧

2. 苞片

苞片是着生在花序或花基部的一种变形叶或叶状结构(图1-9)。其中,位于花序梗上的苞片为茎苞(peduncle bract);位于分枝基部的苞片为分枝苞片,其中位于一级分枝基部的苞片为一级分枝苞片,简称为一级苞片(primary bract),位于二级分枝基部的苞片则为二级苞片(secondary bract),以此类推;位于花基部的苞片为花苞(floral bract)。

凤梨的苞片系统较为发达(图1-9)。茎苞有助于增加花序梗的强度和稳定性,一般呈叶片状,形状和颜色与叶片相似(图1-47a);也有茎苞形如花苞,颜色鲜艳(图1-47b,1-47c)。凤梨茎苞的数量、大小、形状和颜色因种类不同而有变化,有些种类的茎苞纤细且稀疏,花序梗可见;有些种类的茎苞大而密,呈覆瓦状排列,花序梗被遮住而不可见;有些种类的茎苞在花序梗的上部密生,呈总苞状,如莲苞凤梨属。在凤梨的复合花序中,各级分枝的基部都有1枚苞片,通常花序轴基部的一级苞片较大而显著,向上逐渐缩小;二级苞片较小,有时小到不易被发现。凤梨的花苞位于每朵花的基部,起保护花的作用,其大小也因种类而异,有的大且鲜艳,有的则退化、缩小而不易发现。通过分析各级苞片有助于了解凤梨科植物花序的发育模式,辨别花序的不同类型,从而为分类提供依据。另外,色彩艳丽的苞片是许多凤梨种类的主要观赏部位之一。

图 1-47 凤梨茎苞的类型

(a) 叶状茎苞；(b) 花苞状茎苞；(c) 总苞状茎苞。

1.2.2.6 花

凤梨完整的花由花梗（pedicel）、花托（receptacle）、花被（perianth）、雄蕊群（androecium）、雌蕊群（gynoecium）5个部分组成（图1-48）。

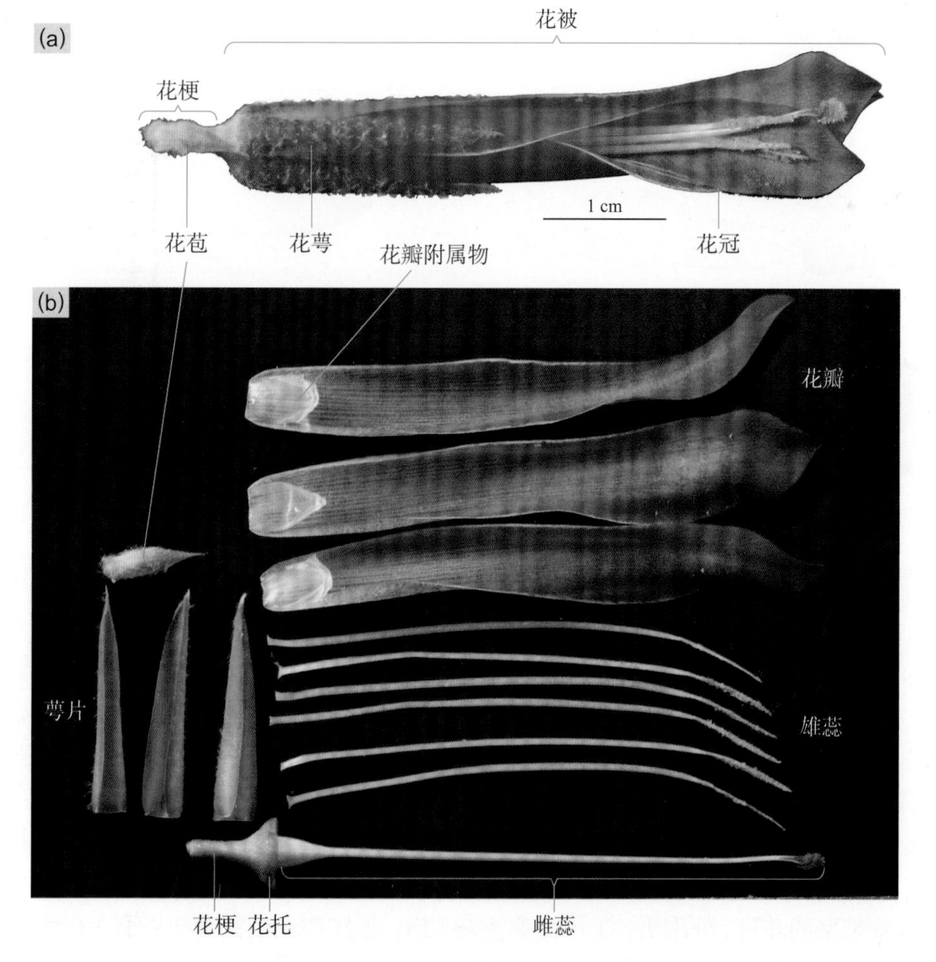

图 1-48 凤梨科花的典型结构——帕翁翠凤草

(a) 一朵完整的花；(b) 拆解后花的各个部分。

1. 花梗和花托

花梗是着生花的小枝，一端与花序轴或小花序轴连接，另一端是膨大的花托，有的种类花梗不明显或无花梗。凤梨的花托大多凹陷呈杯状，上面着生花被、雄蕊群和雌蕊群。在子房处于下位或半下位的种类中，花托与子房壁完全或部分愈合（图1-49a，1-49b）；在上位子房的种类中，花托位于子房基部，蜜腺包埋于凹陷的花托中（图1-49e—1-49h），从外部看花托增粗呈花梗状，其形状和长度因种而异（图1-49c —1-49h）。

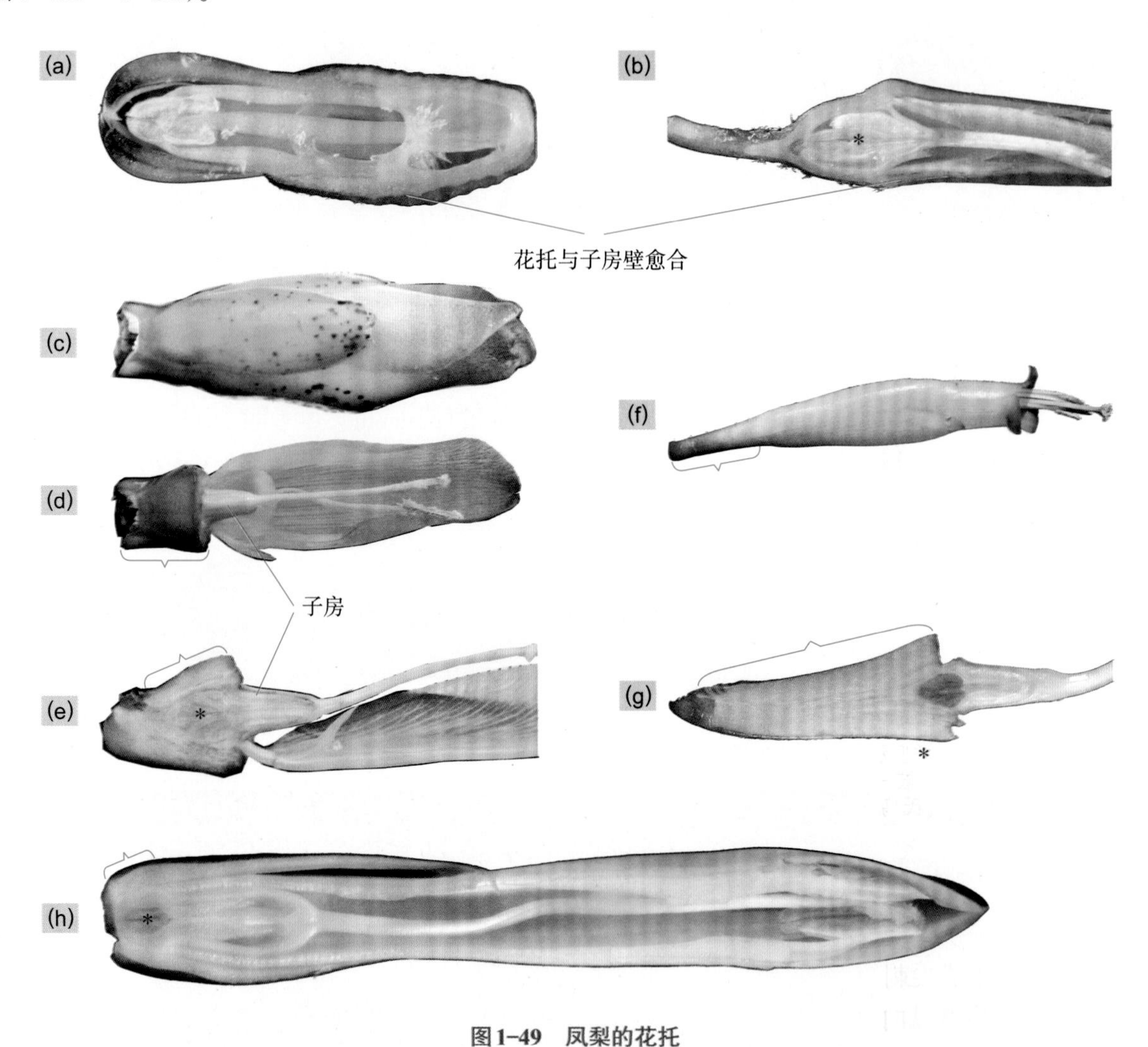

图1-49 凤梨的花托

（a）异色粉叶珊瑚凤梨（*Aechmea farinosa* var. *discolor*）的花托和子房壁完全愈合；（b）穗花翠凤草（*Pitcairnia spicata*）的花托；（c）—（e）栗斑鹦哥凤梨（*Vriesea fosteriana*）的花托；（f）—（g）垂梯鹦哥凤梨的花托；（e）松果果子蔓的花托。图中“*”为隔膜蜜腺所处位置，大括号内为花托。

2. 花被

凤梨的花被由外围的花萼（calyx）和内层的花冠（corolla）组成，起到保护雌蕊和雄蕊的作用（图1-48a）。凤梨的花萼由3枚萼片组成，其中萼片各自分离的花萼为离生萼（图1-50a，1-50e，1-50g），萼片不同程度地联合在一起的花萼为合生萼（图1-50b，1-50f，1-50h）。花冠也由3枚花瓣组成，其中花瓣离生形成离瓣花（图1-50c，1-50e，1-50f），花瓣合生形成合瓣花（图1-50d，1-50g，1-50h）。花萼和花冠组合，可以形成4种类型的花被，分别为：①“离萼离瓣”型：萼片和花瓣都离生；②“合萼离瓣”型：萼片合生，花瓣离生；③“合萼合瓣”型：萼片和花瓣都合生；④“离萼合瓣型”：萼片离生，花瓣合生。这些类型在凤梨科中都可见到（图1-50）。

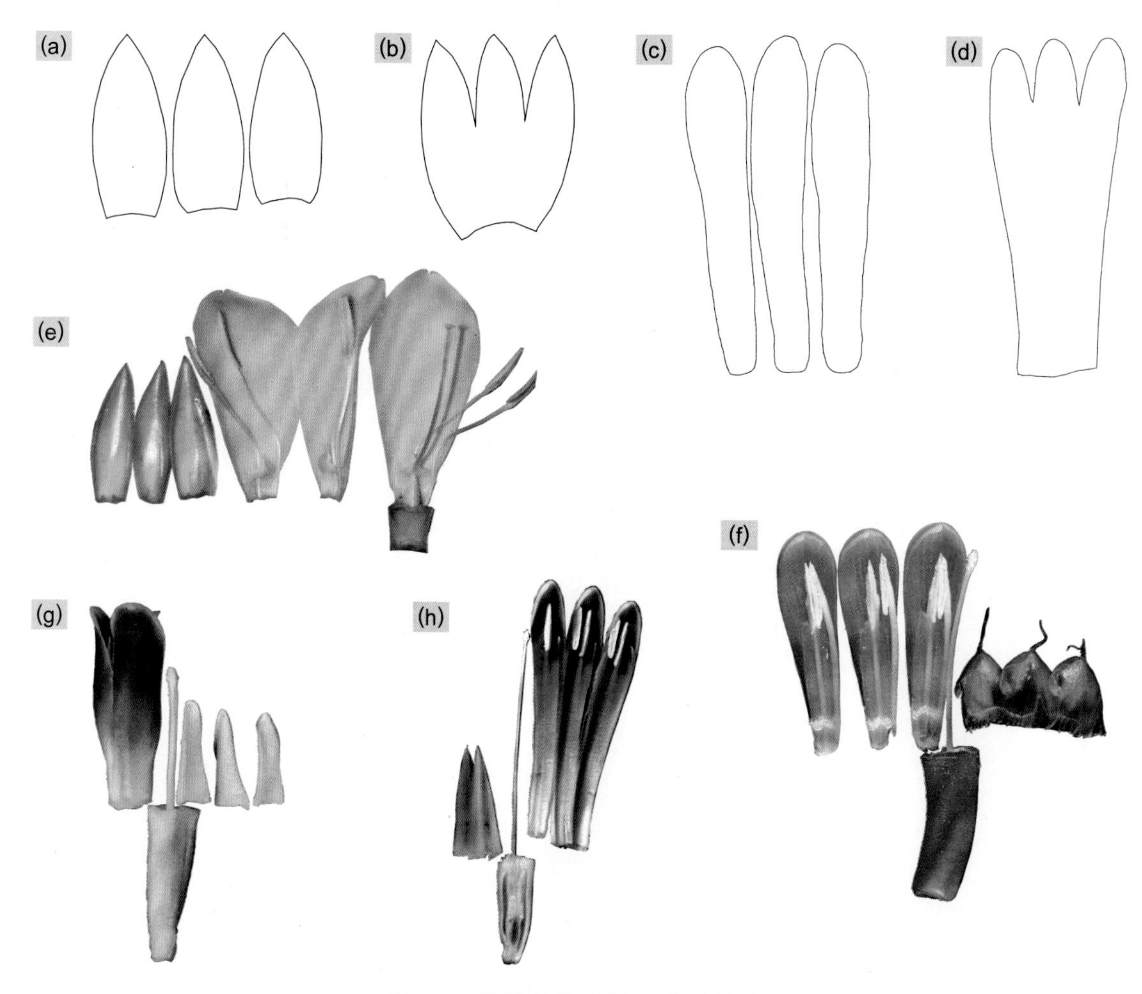

图 1–50　凤梨花被的类型及代表性种类

(a)—(d) 花萼和花冠类型示意图：(a) 萼片离生；(b) 萼片合生；(c) 花瓣分离；(d) 花瓣合生。(e) 离萼离瓣型花被——网纹鹦哥凤梨。(f) 合萼离瓣型花被——天启尖萼荷(*Aechmea apocalyptica*)。(g) 离萼合瓣型花被——森林强刺凤梨(*Bromelia alsode*)。(h) 合萼合瓣型花被——谢氏鸟巢凤梨(*Nidularium scheremetiewii*)。

1）花萼

凤梨的萼片一般成椭圆形、卵形、倒卵形、圆形、长圆形、披针形、三角形等形状(图 1-51)。有些凤梨种类的萼片顶端形成尖刺，对称或不对称，或一侧延展呈翼状(图 1-51d)，厚肉质至薄膜质。有些凤梨种类的萼片背部沿中线纵向呈龙骨状隆起(图 1-51f —1-51h)，形成钝或非常尖锐的脊。凤梨的花萼通常呈绿色或黄色，但有些种类的花萼颜色较鲜艳。

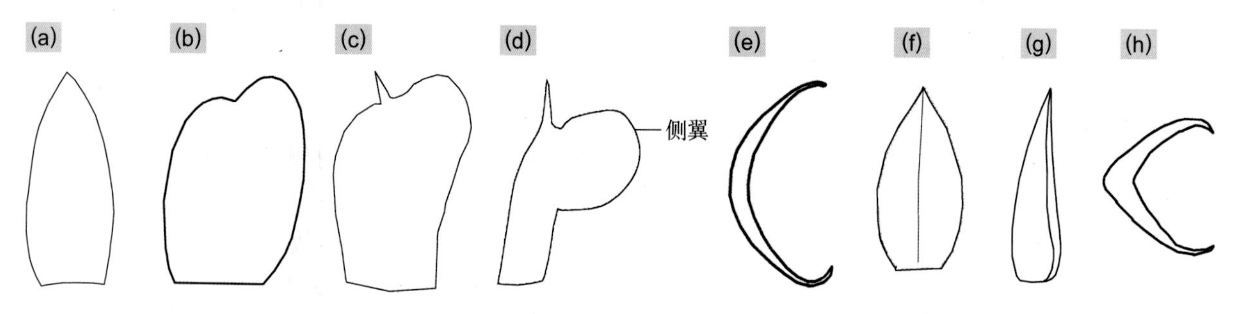

图 1–51　凤梨萼片的类型

(a) 对称的萼片。(b)—(d) 不对称的萼片。(e) 萼片背部不呈龙骨状(横切面)。(f)—(h) 萼片背部呈龙骨状：(f) 背部立面；(g) 侧立面；(h) 横切面。

2）花冠

凤梨的花冠位于花萼的内侧，通常呈辐射对称（图1–52a，1–52b），部分种类的花冠为两侧对称，这种情形多见于翠凤草属、水塔花属等属中（图1–52c）。

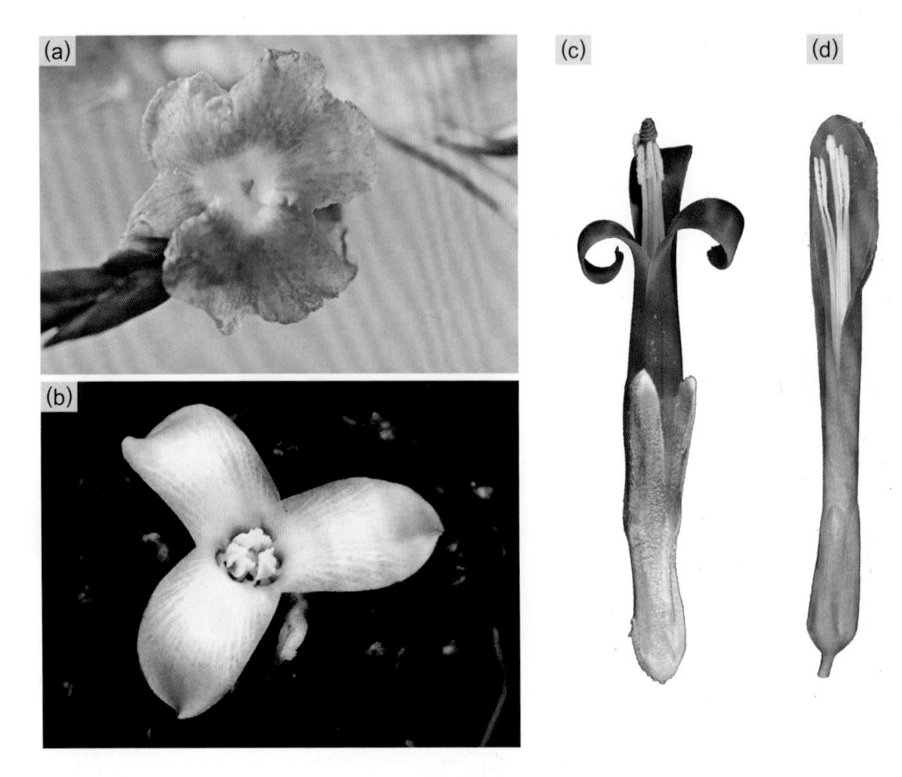

图1–52 凤梨花冠的对称类型

（a）—（b）辐射对称：（a）树猴铁兰的花冠；（b）绿斑彩叶凤梨（*Neoregelia chlorosticta*）的花冠。（c）—（d）两侧对称：（c）火炬水塔花（*Billbergia pyramidalis*）的花冠；（d）莱曼翠凤草的花冠。

凤梨的花瓣离生或合生，分别形成管状花冠（tubular corolla）、高脚碟状花冠（salverform corolla）、钟状花冠（companulate corolla）、辐状花冠（rotate corolla）、坛状花冠（urceolate corolla）（图1–53）。合瓣花的管状部分为花冠筒，顶端分离的部分为花冠裂片。部分凤梨种类的花冠裂片不展开，花冠呈圆柱状或棍棒状（图1–53a）；有的凤梨种类在开花时花冠裂片展开（图1–53b）。离瓣花的花瓣顶端从不展开至不同程度地向后展开甚至卷曲（图1–53c—1–53e）。在离瓣花中的高脚碟状花冠（图1–53f）中，花瓣上部突然扩大并展开形成檐部，其余窄而长的部分为瓣爪（图1–53g）。

凤梨的花瓣通常为卵形、倒卵形、匙形、长圆形、披针形，厚度从较薄至偏肉质。部分凤梨种类的花瓣较厚且顶端向内弯，呈帽兜状，开花时几乎不打开或稍打开，常见于凤梨亚科中（图1–53a，1–54a，1–54b）。有些凤梨种类的花瓣光滑，没有附属物（图1–54c）。有些凤梨种类在花瓣基部（图1–54a，1–54d，1–54e）或靠近基部（图1–54g）的位置具附属物，通常2枚，少数1枚。附属物呈鳞片状、薄片状或撕裂状（图1–55）；长短因种而异，通常基部与花瓣贴生，顶端分离，其中卷瓣凤梨属和雨林凤梨属的花瓣附属物较长，并与花瓣高位贴生（图1–55i，1–55j）；全缘或顶端呈不规则的锯齿状或撕裂状。部分凤梨种类花瓣两侧各有1条纵向的加厚区域，称为胼胝体（callosity）（图1–54e，1–54f），其中间夹着雄蕊的花丝。

在凤梨科中，目前仅发现捧药凤梨属（*Androlepis*）具副花冠（图1–56）。副花冠的中部以下与花冠合生，顶端呈指状二裂；花丝与副花冠愈合，花药背部与副花冠的指状裂片的基部相连，副花冠如合手捧月般将花药合抱于中间。

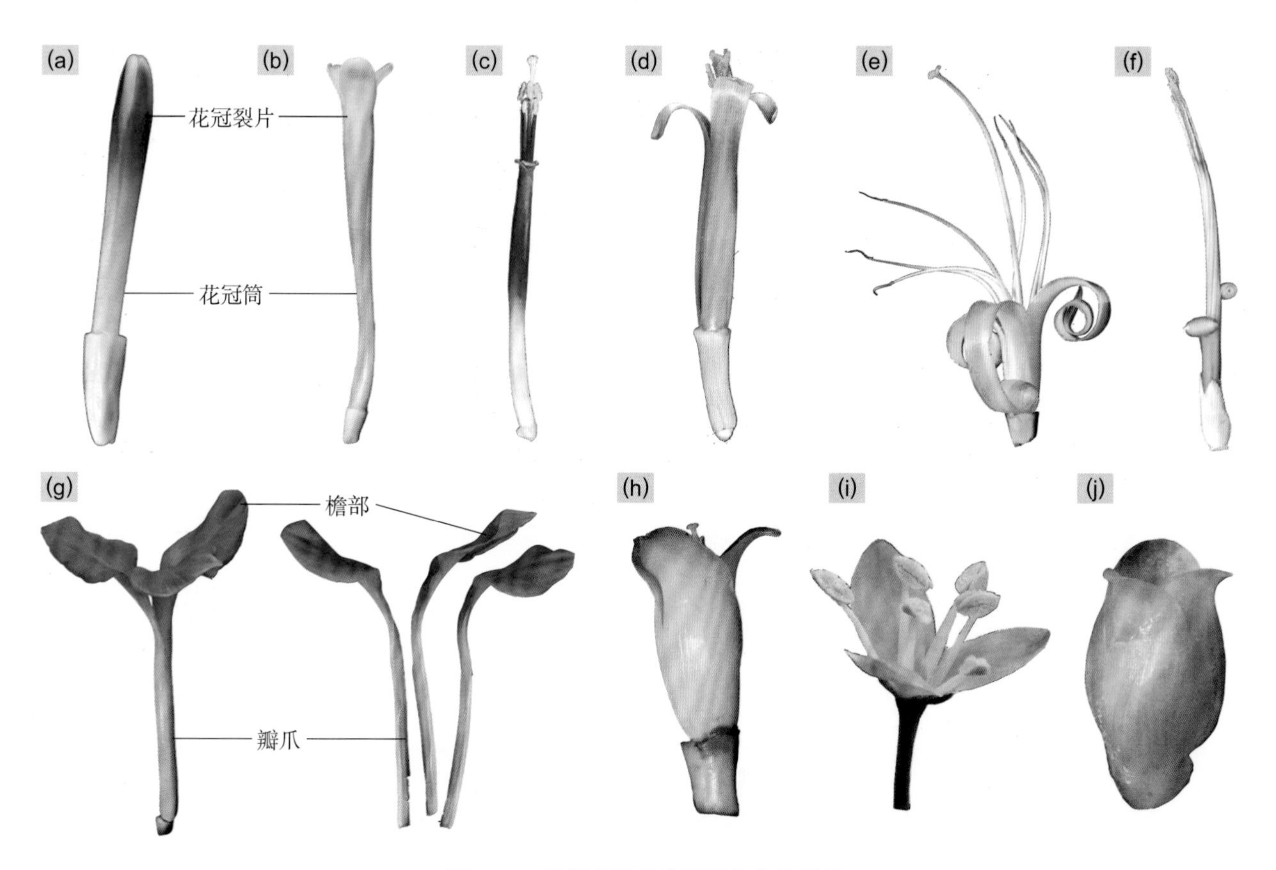

图 1-53　凤梨花冠的类型及代表性种类

(a)—(b) 管状花冠，合生花瓣：(a) 谢氏鸟巢凤梨；(b) 猩红果子蔓。(c)—(f) 管状花冠，离生花瓣：(c) 喷泉铁兰(*Tillandsia exerta*)；(d) 红叶可爱水塔花(*Billbergia amoena* var. *rubra*)；(e) 帝王凤梨；(f) 美饰水塔花(*Billbergia decora*)。(g) 高脚碟状花冠——长梗羽扇凤梨。(h) 钟状花冠——粗蕊鹦哥凤梨(*Vriesea platynema*)。(i) 辐状花冠——希达细叶凤梨(*Bakerantha hidalguense*)。(j) 坛状花冠——迪尔斯坛花凤梨(*Racinaea dielsii*)。

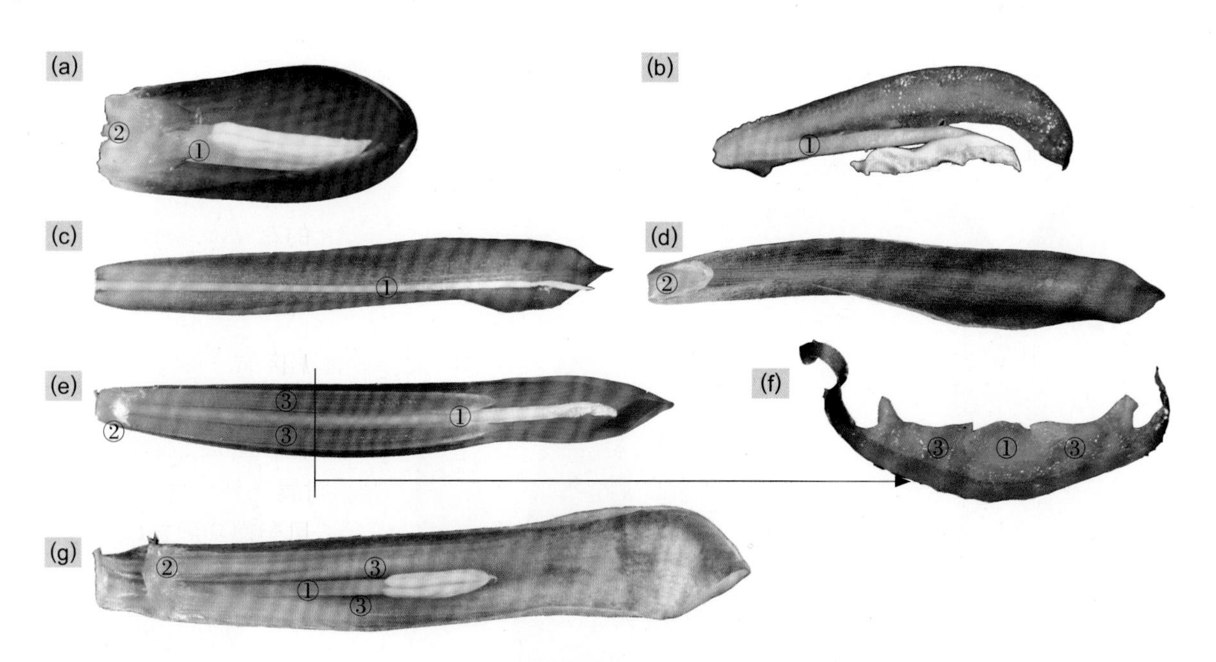

图 1-54　凤梨花瓣的形态及其代表种类

(a)—(b) 花瓣帽兜形——朱红珊瑚凤梨(*Aechmea miniata*)：(a) 花瓣正面；(b) 花瓣纵切侧面。(c) 花瓣无附属物——火焰翠凤草(*Pitcairnia flammea*)。(d) 花瓣附属物基部着生，无胼胝体——帕翁翠凤草。(e)—(f) 花瓣附属物基部着生，两侧具胼胝体——叠瓦丽苞凤梨(*Quesnelia imbricate*)：(e) 花瓣正面；(f) 花瓣横切面。(g) 花瓣附属物离基着生——翠叶直立凤梨(*Orthophytum estevesii*)。图中相关器官名称：① 花丝；② 附属物；③ 胼胝体。

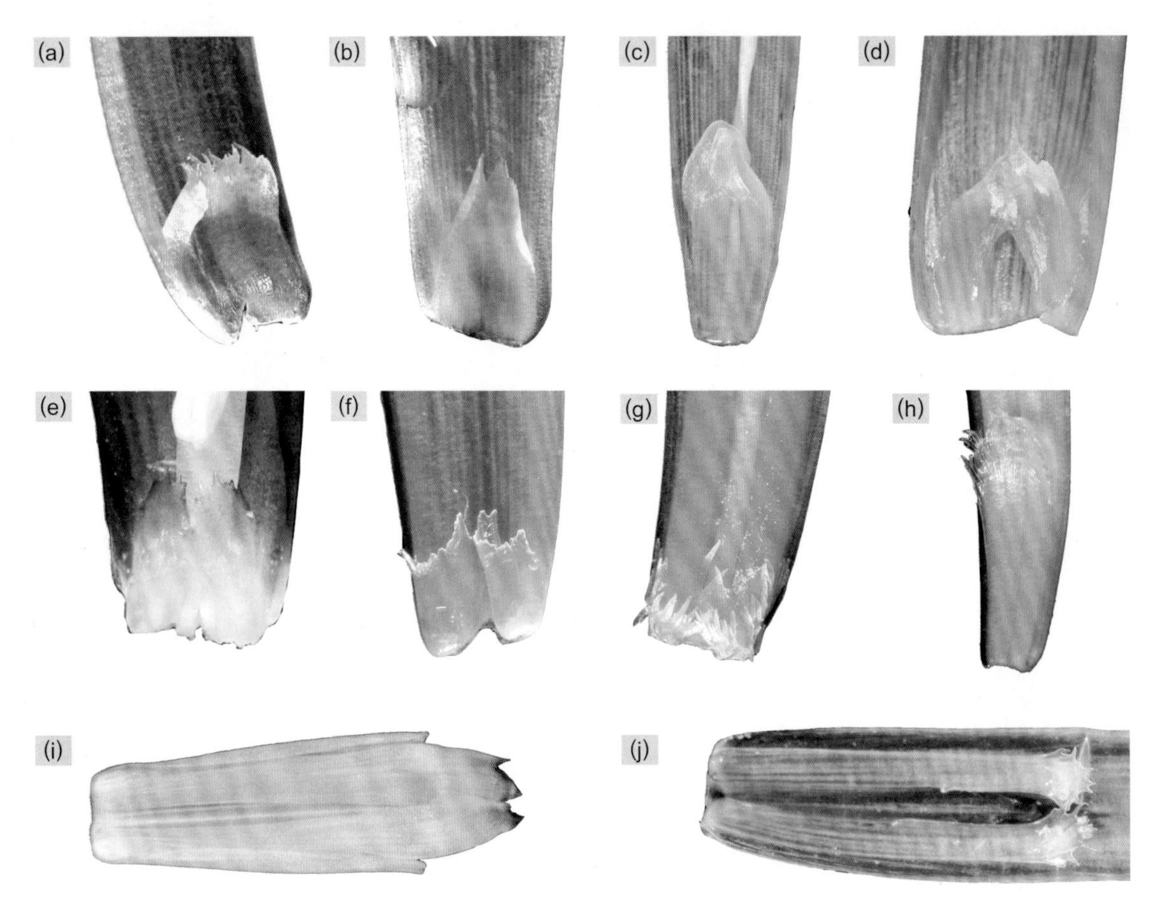

图1-55 凤梨花瓣附属物的部分形态

(a)—(b) 单枚鳞片:(a) 短叶单鳞凤梨;(b) 莱曼翠凤草。(c)—(j) 两枚鳞片:(c) 龙骨鹦哥凤梨(*Vriesea carinata*);(d) 绿剑杯柱凤梨(*Werauhia gladioliflora*);(e) 朱红珊瑚凤梨;(f) 红叶可爱水塔花;(g) 鹅绒凤梨(*Ursulaea macvaughii*);(h) 史蒂芬水塔花(*Billbergia stenopetala*);(i) 帝王凤梨;(j) 玛格丽特雨林凤梨(*Hylaeaicum margaretae*)。

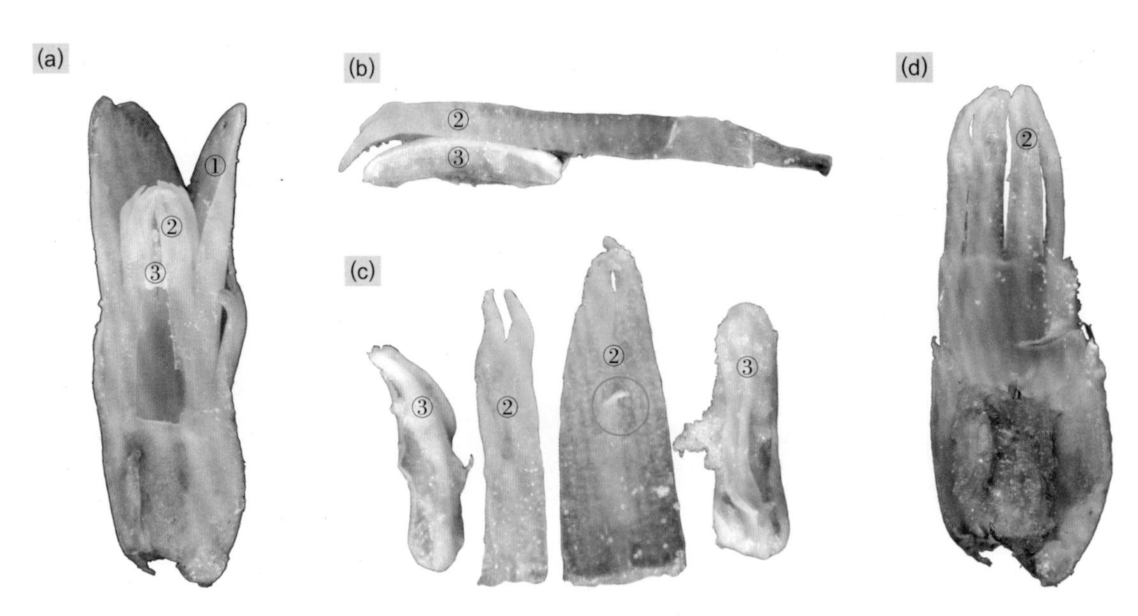

图1-56 捧药凤梨(*Androlepis skinneri*)的雄花

(a) 花的剖面;(b) 雄蕊和副花冠(侧面观);(c) 花药与副花冠分离后(正面观,其中圆圈内为花药与副花冠的着生处);(d) 将花药去除后的副花冠。图中相关数字编号对应的器官名称:① 花冠;② 副花冠;③ 花药。

3. 雄蕊群

凤梨的雄蕊群由6枚雄蕊组成，位于花被的内侧。雄蕊由花丝和花药组成，形状和长度因种而异。花丝通常呈线形（图1-57a）、圆柱形（图1-57b）、薄片状（图1-57c）或扁柱形（图1-57e），铁兰属的部分种类花丝在局部发生折叠（图1-57d）。有些凤梨种类的雄蕊不伸出到花冠外，对外不可见，称为雄蕊内藏。

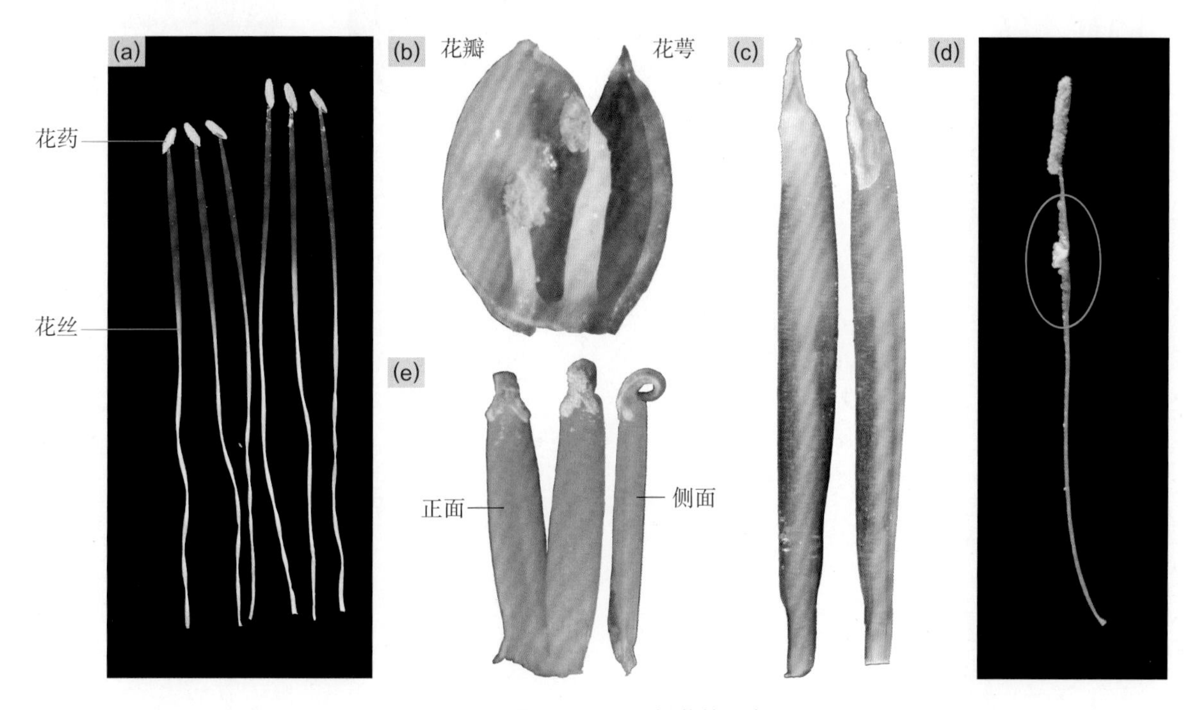

图1-57 凤梨雄蕊的形态

（a）花丝系线形——长梗铁兰；（b）花丝圆柱形，分别着生在萼片和花瓣上——瘦缩小花凤梨；（c）花丝薄片状——紫斑莲苞凤梨（*Canistrum fosterianum*）；（d）花丝具皱褶——漆光铁兰（*Tillandsia vernicosa*）；（e）花丝扁柱形，基部连着[①]，花药卷曲——毛叶雀舌兰。

花丝彼此分离（图1-58a），或不同程度地联合（图1-58b — 1-58d）。花丝着生在花托上（图1-58a），或附着在花被基部（图1-57b）。在花瓣分离的凤梨种类中，雄蕊通常分成2轮，分别附着或着生在相对应的萼片和花瓣上（图1-57b），分别被称为对萼雄蕊（antesepalous stamen）和对瓣雄蕊（antepetalous stamen），两轮雄蕊的花丝等长或不等长。在花瓣上形成胼胝体的凤梨种类中，对瓣雄蕊的花丝常被2条纵向的胼胝体牢牢地夹在中间（图1-54e — 1-54g）。有些种类的花丝还与花冠不同程度地愈合（图1-58b — 1-58d）。

凤梨的花药都由2个花粉囊组成；花粉囊内产生花粉，在花药成熟时纵裂并释放花粉。花药通常有线形、长圆形、椭圆形、卵圆形等不同的形态（图1-59）；有些种类花药的左右两个花粉囊基部叉开，呈戟状；部分种类的花药向后卷曲，如部分雀舌兰属和大部分卷药凤梨属的种类（图1-57e）。根据花药与花丝的着生方式，凤梨的花药大致可分为4种类型。① 底着药（basifixed anther）：花丝顶端与花药基部相连（图1-59a，1-59b）。② 全着药（adnated anther）：花药的背部全部贴着在花丝上（图1-59c）。③ 背着药（dorsifixed anther）：花丝顶端与花药背部的某一点连接，通常花丝与花药连接处不变细，花药与花丝近平行，花药不易摆动（图1-59d，1-59e）。④ 丁字药（versatile anther）：花丝顶端与花药背面的某一点相连，花丝与花药连接处通常变细，花药在附着点处易于摇晃（图1-59f，1-59g）。

---

① 连着：相似部分黏在一起，其结合程度不如合生牢固（哈里斯和哈里斯，2001）。

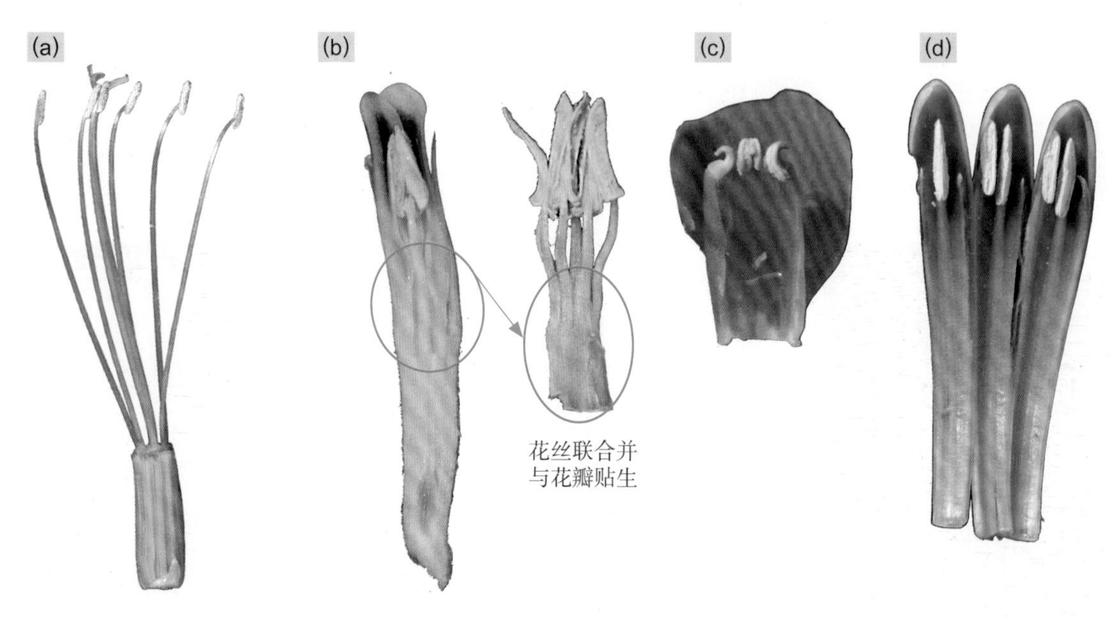

图1-58 凤梨雄蕊的着生方式

(a) 花丝分离——考氏水塔花(*Billbergia kautskyana*)。(b)—(c) 花丝合生:(b) 花丝基部合生[①],并与花瓣下部贴生[②]呈管状——大齿强刺凤梨;(c) 花丝高位合生并与花瓣基部贴生——细叶雀舌兰(*Dyckia pseudococcinea*)。(d) 花丝与花冠高位贴生——谢氏鸟巢凤梨。

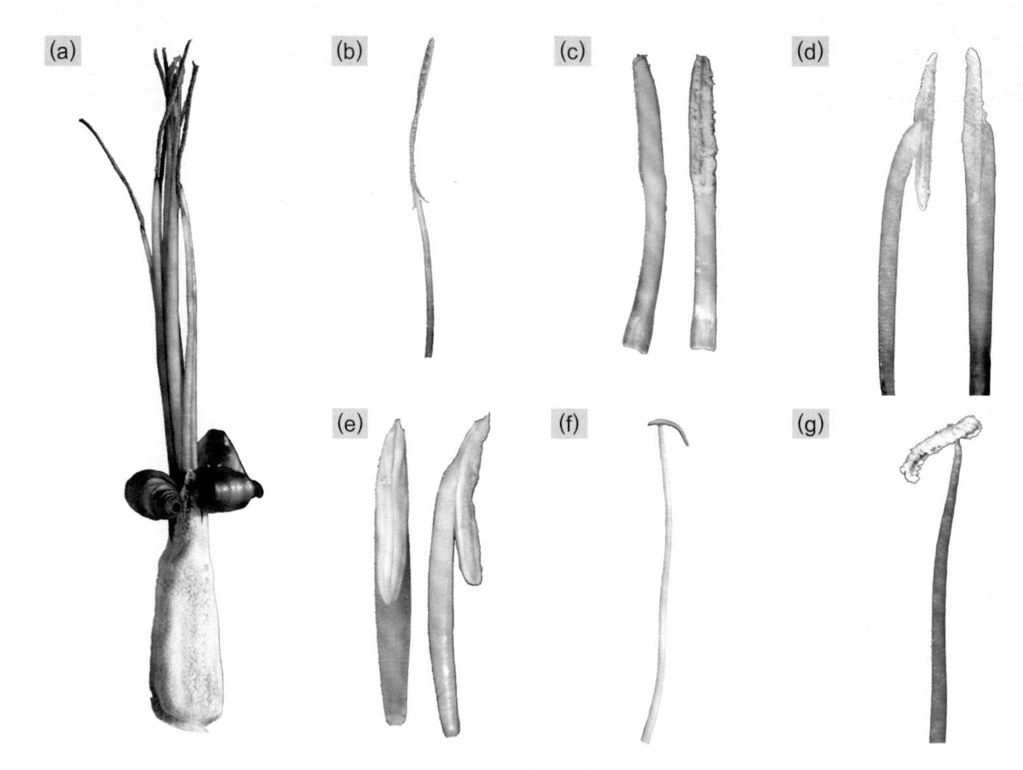

图1-59 凤梨花药的着生位置及部分形态

(a)—(b) 底着药,花药线形:(a) 巴西水塔花(*Billbergia brasiliensis*);(b) 穗花翠凤草。(c) 全着药,花药长圆形——绿剑杯柱凤梨。(d)—(e) 背着药,花药椭圆形:(d) 着生点位于中部——弯叶尖萼荷(*Aechmea recurvata*);(e) 着生点位于上部——朱红珊瑚凤梨。(f)—(g) 丁字形着药:(f) 大旋瓣凤梨(*Pseudalcantarea grandis*);(g) 绿花旋瓣凤梨(*Pseudalcantarea viridiflora*)。

---

① 合生:相似部分结合在一起(哈里斯和哈里斯,2001)。

② 贴生:不同部分愈合,如同雄蕊贴生于花冠上(哈里斯和哈里斯,2001)。

4. 雌蕊群

雌蕊群是一朵花中雌蕊的总称，而构成雌蕊的单位为心皮。每个心皮由柱头、花柱和子房3部分组成（图1-60）。其中，柱头位于雌蕊的顶部，用于接收花粉，通常膨大或扩展成不同的形状；中间是花柱，用于连接柱头和子房，是花粉管进入子房的通道，其粗细、长短因种而异；子房为雌蕊基部膨大的部分，着生在花托上。凤梨的雌蕊由3个心皮合生而成，通常子房合生，花柱也合生，而柱头彼此分离，但也有一些种类的柱头也合生。

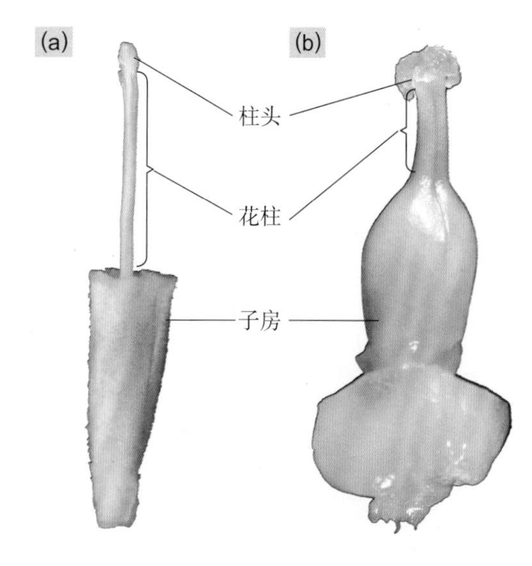

图1-60　凤梨的雌蕊形态

（a）森林强刺凤梨；（b）秀丽坛花凤梨（*Racinaea venusta*）。

1）柱头

凤梨的柱头表面通常具乳突，有时呈细裂状、撕裂状、圆齿状、锯齿状或羽裂状，在成熟时具明显的液体状分泌物，属于湿型柱头。3个柱头彼此分离、部分联合或完全联合。根据形状和联合方式，柱头大致分为简单型、对折型、卷曲型、珊瑚型、杯状、管状、瓮状等类型（Brown 和 Gilmartin，1984，1989；Barfuss，2016）。凤梨科中，较常见的柱头类型有如下几种。

（1）简单型　柱头没发生对折或卷曲，其横切面平或呈“U”形（Brown 和 Gilmartin，1984）；柱头彼此分离，直立、近展开或展开；表面具乳突，有的呈撕裂状或羽裂状（图1-61）。

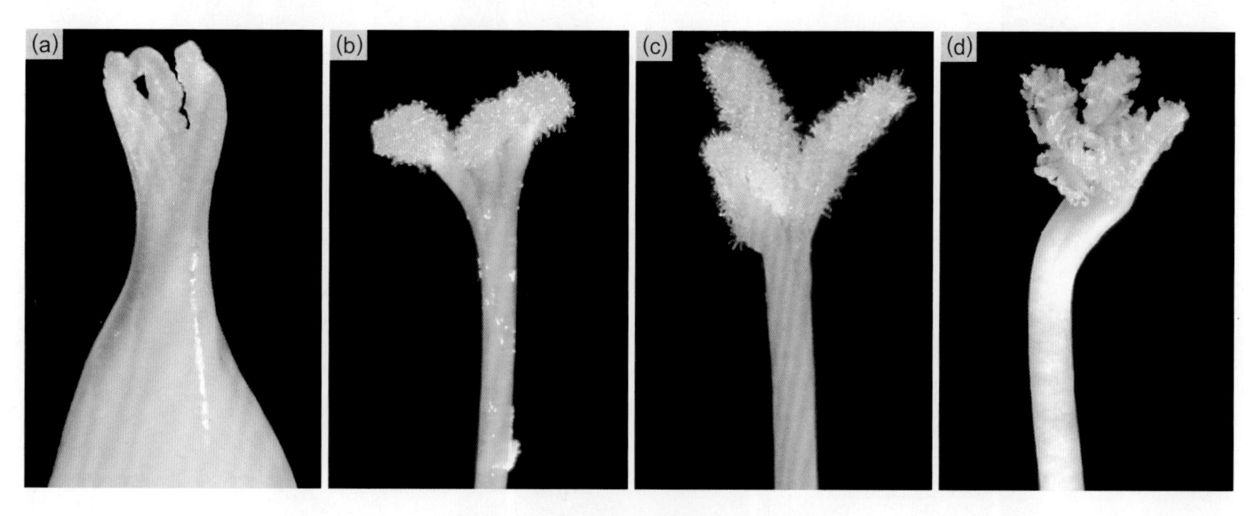

图1-61　凤梨柱头的形态——简单型

（a）神秘粉叶凤梨（*Catopsis occulta*）——柱头简单、直立并具乳突；（b）猩红果子蔓——柱头简单、展开并呈撕裂状；（c）苞鞘果子蔓（*Guzmania wittmackii*）——柱头简单、展开并呈撕裂状；（d）松果果子蔓——柱头简单、展开并呈羽裂状。

（2）对折型　柱头呈薄片状，加宽并发生纵向对折，对折后的边缘形成一对柱头线（Brown 和 Gilmartin，1984）（图1-62a，1-62b）；柱头线边缘常密生乳突或呈羽裂状。对折后的柱头，有的再次发生螺旋状旋转，3个柱头缠绕在一起，为对折—螺旋型（图1-62）；有的从基部展开，彼此不相互缠绕，为对折—展开型（图1-63）；部分柱头直立，不旋转，也不展开，为对折—直立型（图1-64）。对折—螺旋型在凤梨科中较常见，但不同种类因柱头的长度、宽度、相互缠绕和扭曲的程度不同，从整体上呈现出不同的形状，有圆锥形（图1-62c）、椭圆形（图1-62d）、线形（图1-62g）、倒圆锥形（图1-62l）等（Brown 和Gilmartin，1989）。

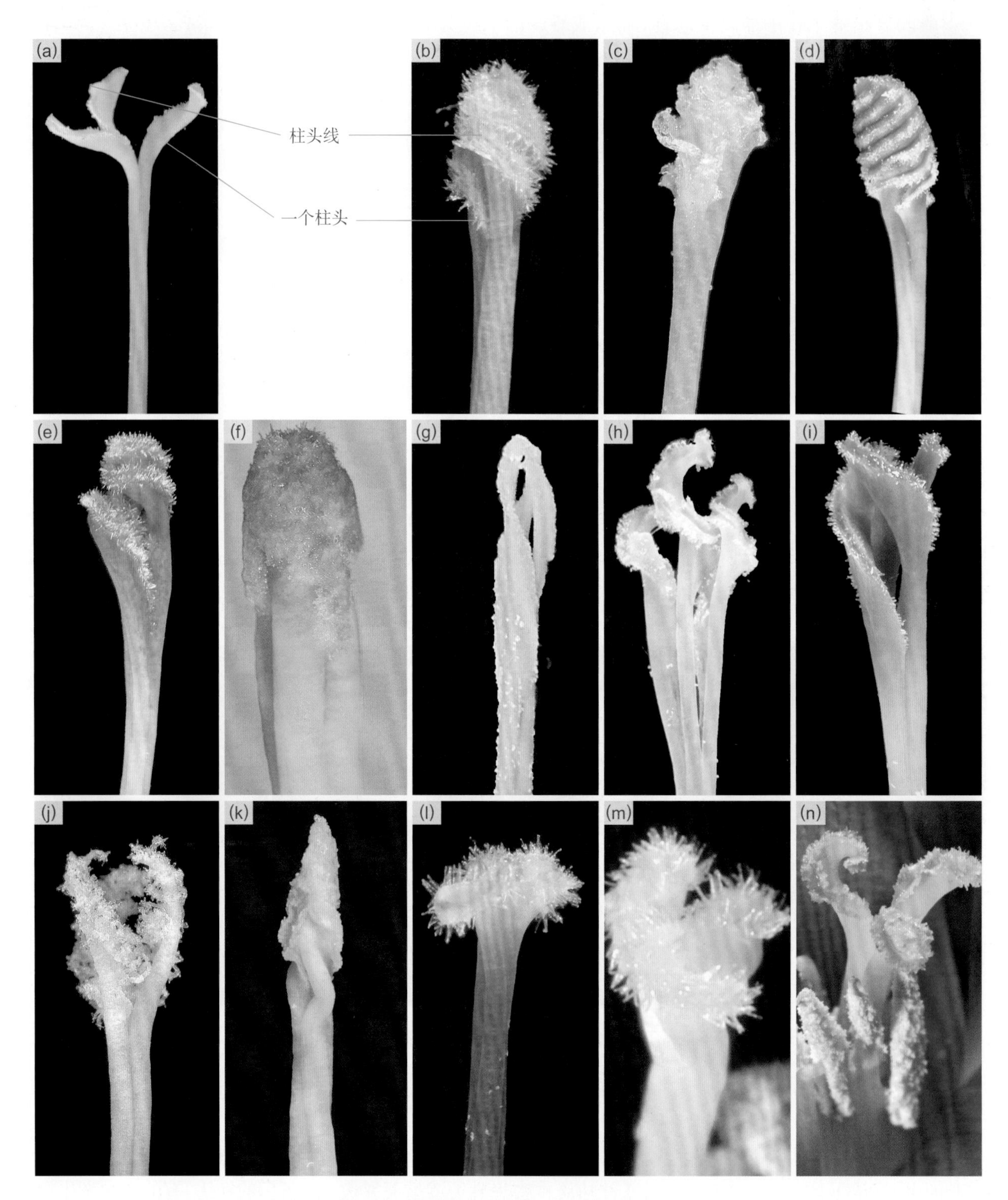

图1-62 凤梨柱头的形态——对折—螺旋型

（a）考氏水塔花；（b）霸王铁兰；（c）收缩尖萼荷（*Aechmea contracta*）；（d）幻想曲水塔花（*Billbergia* 'Fantasia'）；（e）光叶火焰翠凤草（*Pitcairnia flammea* var. *glabrior*）；（f）刺蒲凤梨属一种（*Puya* sp.）；（g）美饰水塔花；（h）弯叶尖萼荷；（i）桑德水塔花（*Billbergia sanderiana*）；（j）长梗羽扇凤梨；（k）塔约尖萼荷（*Aechmea tayoensis*）；（l）小精灵铁兰；（m）长梗铁兰（*Tillandsia exserta*）；（n）鹅绒凤梨。

图1-63 凤梨柱头的形态——对折—展开型

（a）曲轴卷瓣凤梨（*Alcantarea geniculata*）；（b）沃氏姬凤梨（*Cryptanthus warren-loosei*）；（c）银毛鳞刺凤梨（雌株）；（d）凤尾铁兰。

（3）卷曲型 柱头薄片状，以不规则的卷曲方式进行折叠，表面（至少边缘的表面）呈卷曲状（Brown 和Gilmartin，1984）。卷曲型柱头又可细分为两种类型：一是卷曲I型，柱头直立至近展开，或多或少有些加宽，稍卷曲，边缘波浪状，密生乳突，柱头彼此分离，整体呈头状至窄漏斗状，如部分果子蔓属种类（图1-65）；二是卷曲Ⅱ型，柱头明显加宽并展开，卷曲并紧密折叠，边缘呈波浪状，密生乳突，3个柱头在基部联合，整体呈漏斗状或伞状，如鹦哥凤梨属的种类（图1-66）。

（4）珊瑚型 柱头直立、短缩，沿柱头线边缘不规则地增殖而呈蠕虫状；柱头彼此分离，但由于柱头线具长而密集的乳突，使柱头表面看起来连成一体并呈头状（图1-67a）。

（5）杯状 柱头直立，呈浅碗状，顶端截形，边缘全缘，无乳突，3个柱头多少发生联合，如杯柱凤梨属（*Werauhia*）的种类（图1-67b）。

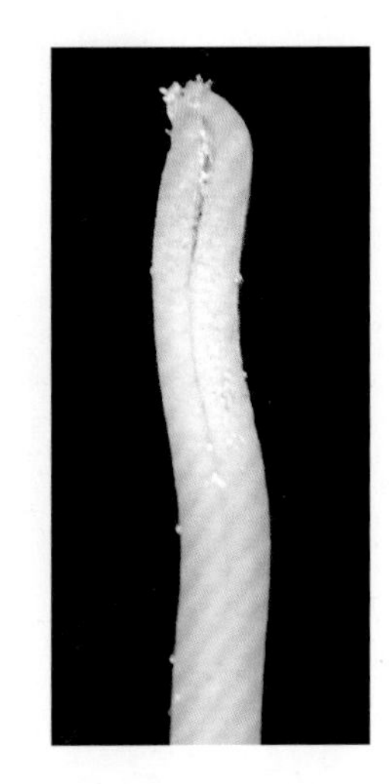

图1-64 果子蔓（*Guzmania monostachia*）柱头的形态——对折—直立型

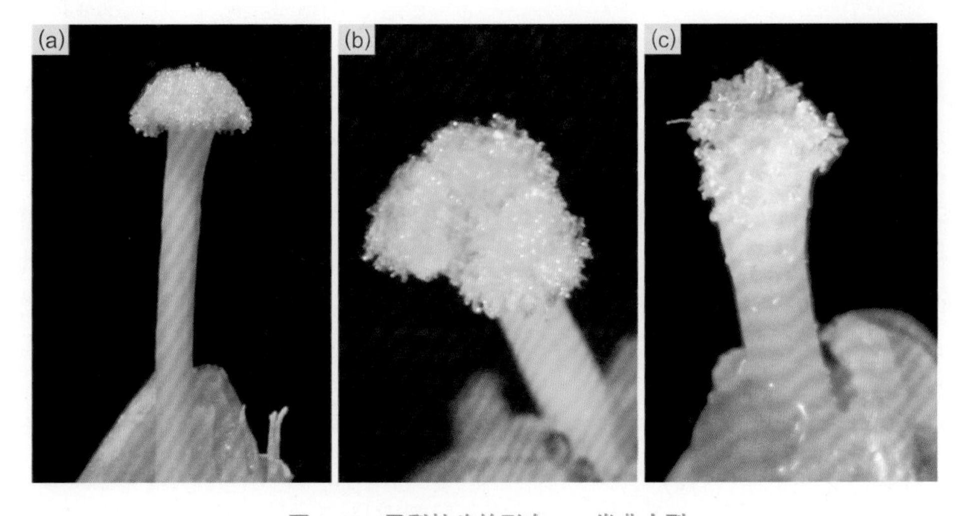

图1-65 凤梨柱头的形态——卷曲Ⅰ型

（a）—（b）微展果子蔓（*Guzmania patula*）：（a）侧面观；（b）俯视。（c）鞭叶姬果凤梨。

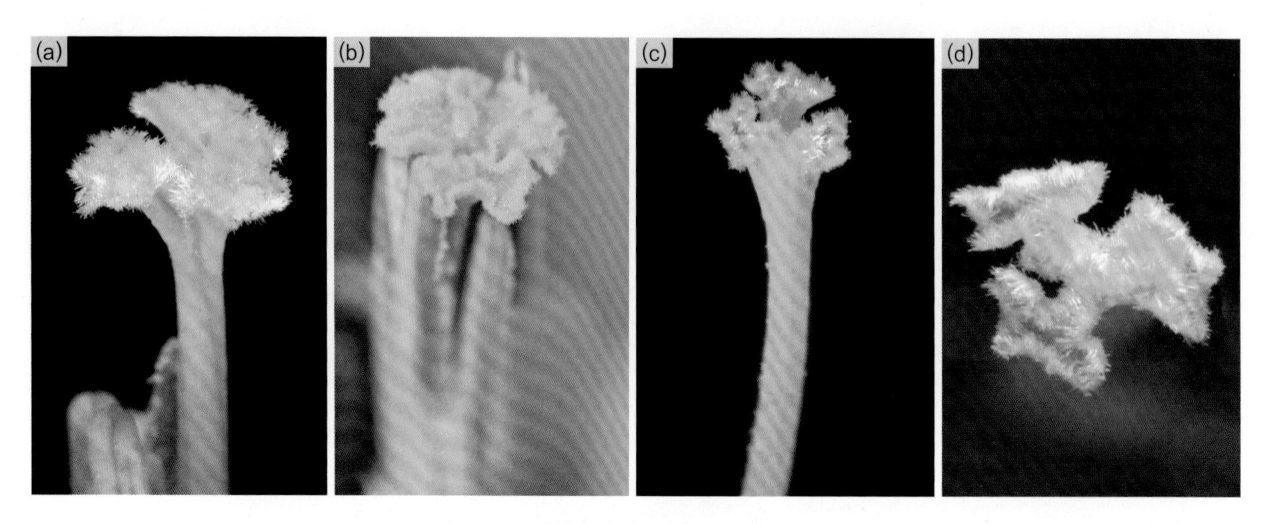

图1-66 凤梨柱头的形态——卷曲Ⅱ型

(a) 龙骨鹦哥凤梨;(b) 红塔鹦哥凤梨(*Vriesea gradata*)。(c)—(d) 瓦明鹦哥凤梨(*Vriesea warmingii*):(c) 侧面观;(d) 俯视。

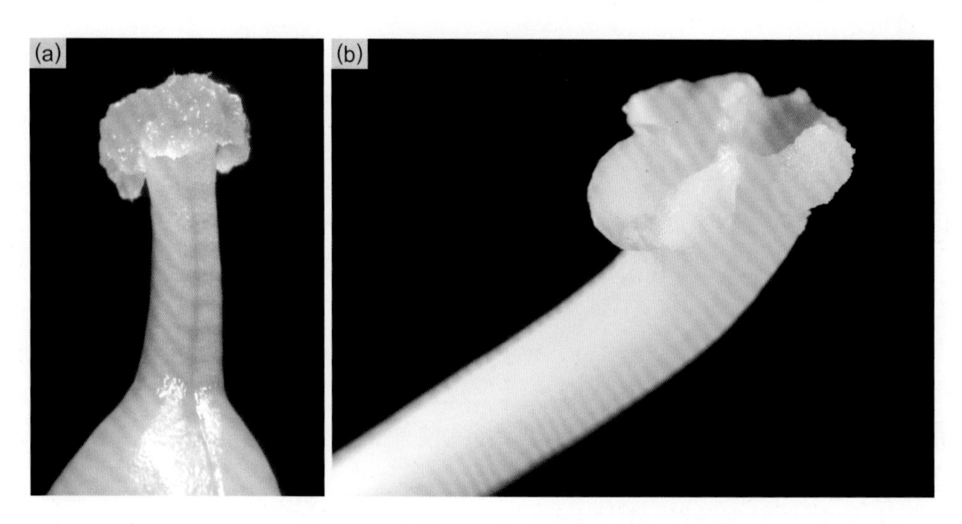

图1-67 其他类型的凤梨柱头形态

(a) 珊瑚型——秀丽坛花凤梨;(b) 杯状——绿剑杯柱凤梨。

2) 子房

凤梨的子房由3个心皮合生而成,各个心皮的边缘向内弯入并愈合,形成一条腹缝;各个心皮在腹缝处彼此愈合,形成中轴和3个小室(图1-68)。有些种类相邻的心皮完全愈合,弯入的心皮成为子房内的隔膜,子房从外表看是一个整体,如凤梨亚科所有种类和铁兰亚科中的部分种类(图1-68g — 1-68o)。也有的种类心皮腹缝处愈合,弯入的心皮部分贴生,心皮之间形成或深或浅的沟槽(图1-68a,1-68e,1-68f),如翠凤草亚科和刺蒲凤梨亚科的所有种类以及铁兰亚科的部分种类。有些凤梨种类的子房仅心皮腹缝处愈合,心皮其余部分离生,横切面形如三叶草的叶片(图1-68b — 1-68d)。凤梨的子房颜色通常呈绿色、浅绿色、浅黄色、白色等,其中凤梨亚科的子房颜色较丰富,有些种类的子房呈红色、粉红色、橘色等。种子表面光滑或被毛(图1-68)。有些种类的子房表面具纵向的沟槽,横切面显示子房外壁凹凸不平(图1-68o)。

根据在花中的位置,凤梨的子房大致可分为3种类型:上位子房、下位子房和半下位子房。

(1) 上位子房 子房位于花托顶部,花被和雄蕊群着生在雌蕊的基部,雌蕊的位置高于其他各个部分(图1-69),这样的花为下位花。刺蒲凤梨亚科、旋萼凤梨亚科(Lindmanioideae)、聚星凤梨亚科的所有种类,以及铁兰亚科中除团花凤梨属外的其余种类都为上位子房类型。

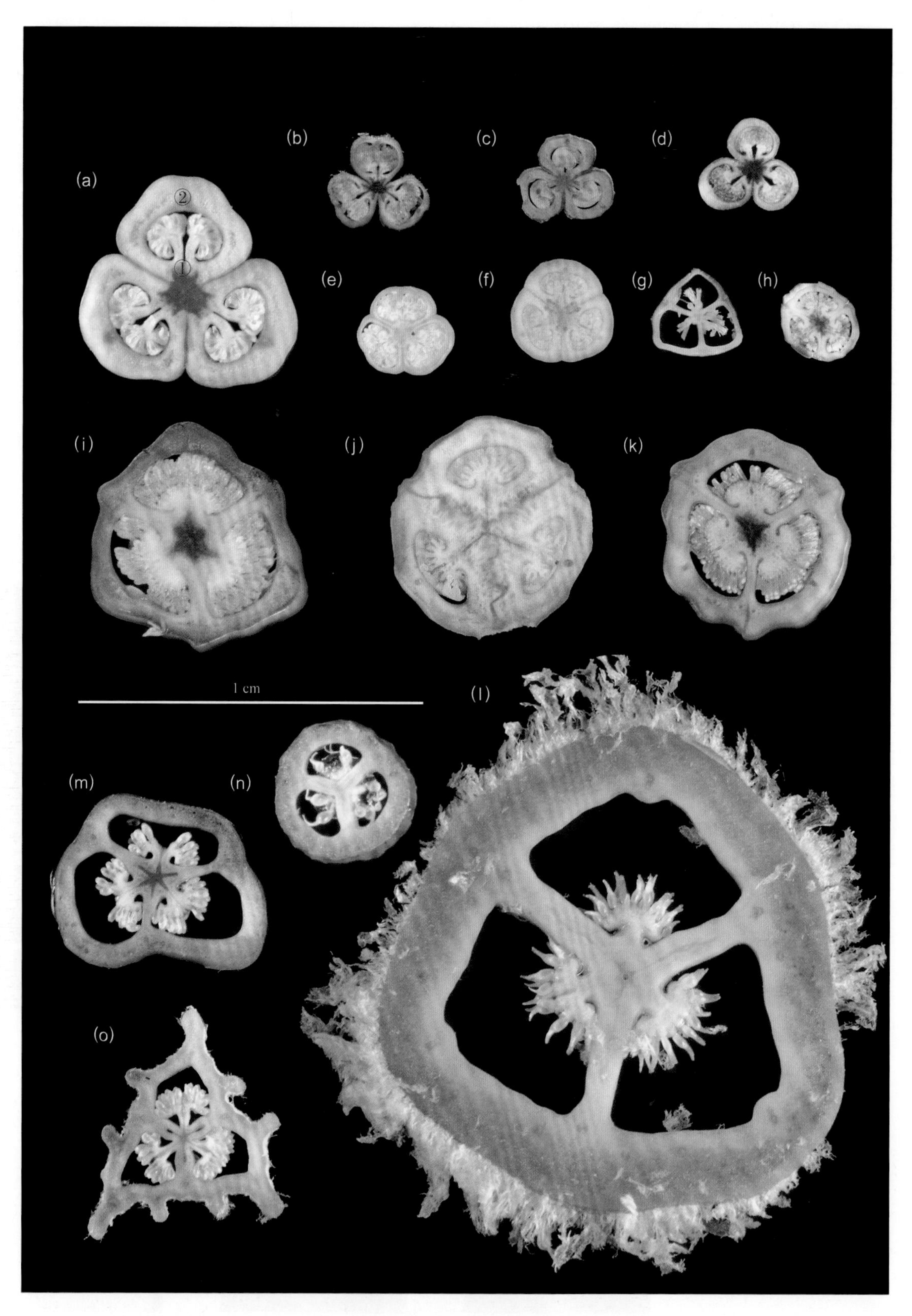

图1–68　凤梨子房横切面

（a）奇异刺蒲凤梨；（b）光滑火焰翠凤草（*Pitcairnia flammea* var. *glabrior*）；（c）疏花雀舌兰（*Dyckia remotiflora*）；（d）瓦明鹦哥凤梨；（e）长梗羽扇凤梨；（f）猩红果子蔓；（g）白边粉叶凤梨（*Catopsis morreniana*）；（h）雷米果子蔓（*Guzmania remyi*）；（i）栗斑鹦哥凤梨；（j）优雅卷瓣凤梨（*Alcantarea*'Grace'）；（k）绿剑杯柱凤梨；（l）鹅绒凤梨；（m）弯叶尖萼荷；（n）粉叶珊瑚凤梨（*Aechmea farinosa*）；（o）叠瓦丽苞凤梨。图中数字代表的部位：① 腹缝；② 背缝。

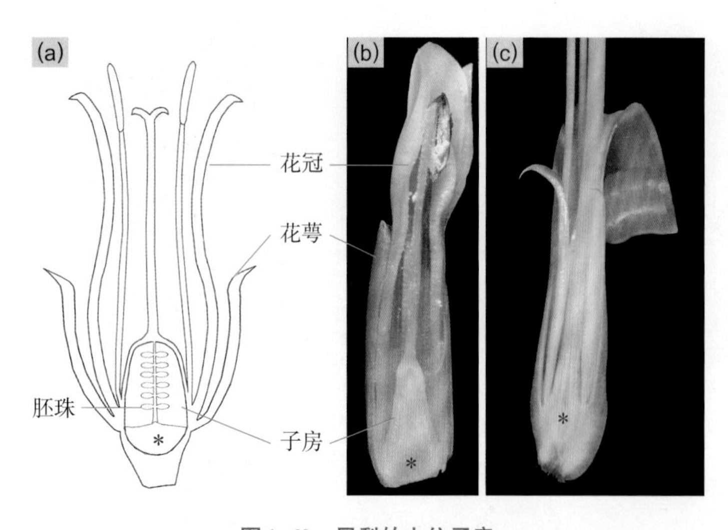

图1-69 凤梨的上位子房

(a) 上位子房示意图;(b) 果子蔓;(c) 曲轴卷瓣凤梨。图中"*"为室下隔膜蜜腺所处位置。

(2) 下位子房 子房位于凹陷的花托底部;子房壁与花托的内壁完全愈合,花托的延伸部分与花被和雄蕊的基部愈合,形成被丝托(hypanthium)并位于子房的上部(图1-70),这样的花为上位花。凤梨亚科、小花凤梨亚科、鳞刺凤梨亚科的大部分种类,以及翠凤草亚科翠凤草属的部分种类为下位子房类型。此外,凤梨亚科的子房顶端或多或少向下凹陷,与上位花被的基部形成一个呈盘状、碗状、杯状或漏斗状的空间,通常称为上位管(epygious tube)(图1-70)。凤梨的上位管深浅不一,有的种类上位管明显,有的种类上位管不明显,后者如雨林凤梨属的种类(图1-70)。

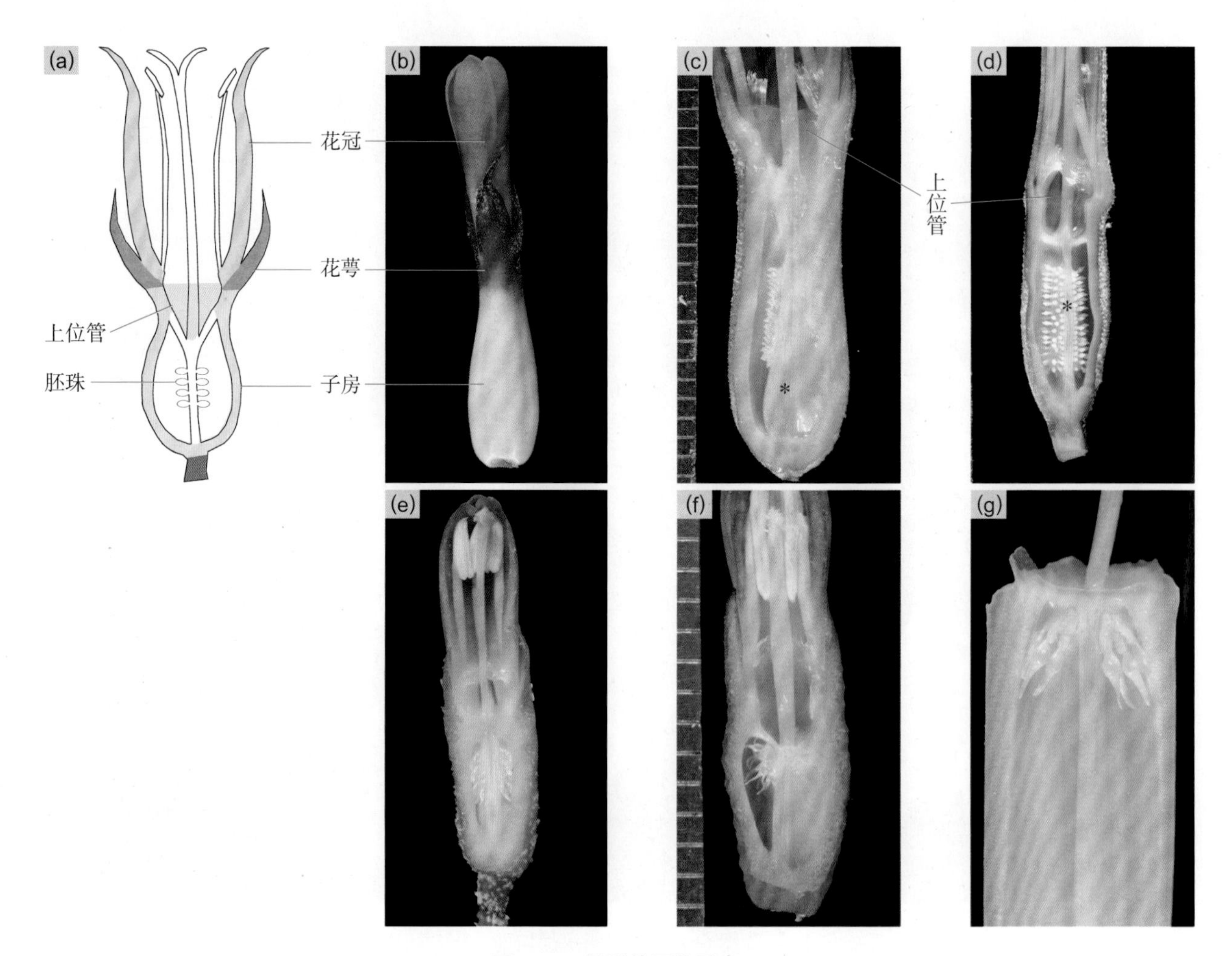

图1-70 凤梨的下位子房

(a) 下位子房示意。(b) 花的侧面——弯叶尖萼荷。(c)—(d) 胚珠位于中轴的中部:(c) 火炬水塔花;(d) 水塔花属另一种(*Billbergia* sp.)。(e) 胚珠位于中轴的中上部——墨西哥尖萼荷(*Aechmea mexicana*)(无上位管);(f)—(g) 胚珠位于中轴顶部:(f) 粉叶珊瑚凤梨;(g) 雨林凤梨属一种(*Hylaeaicum* sp.)(无上位管)。图中"*"为室间隔膜蜜腺所处位置。

（3）半下位子房　子房的下半部与凹陷的花托愈合，上半部与花托分离；延伸的花托与花被和雄蕊基部愈合，位于子房周围（图1-71）。铁兰亚科中的团花凤梨属，鳞刺凤梨亚科中的中美洲凤梨属、鳞刺凤梨属（个别种类），以及翠凤草亚科翠凤草属大部分的种类的子房为半下位子房。这样的花为周位花。

3）胚珠（ovule）

胚珠为着生在子房室内的卵形小体，在受精后发育成种子。每一粒胚珠由珠心、珠被和珠柄组成，其中珠被2层，分别为外珠被和内珠被。胚珠以珠柄与胎座（placenta）相连，而胎座为胚珠在子房室内的着生处（图1-72）。凤梨的胚珠都着生在由各个心皮的腹缝形成的中轴上，属于中轴胎座式（axil placentation）；着生的位置分布在中轴的底部、中部或顶部，有的种类甚至扩展到整个子房室。

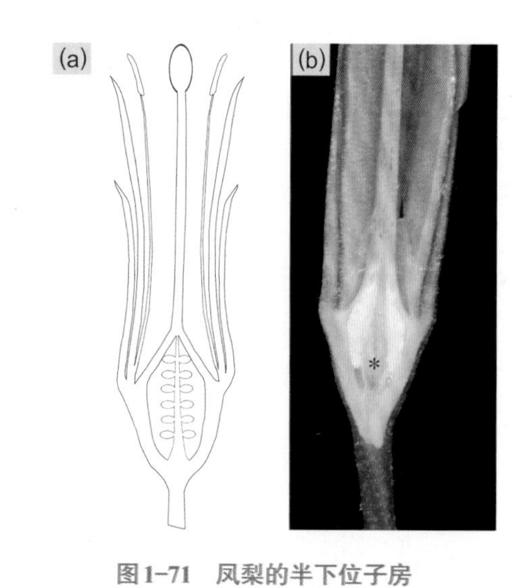

图1-71　凤梨的半下位子房

（a）半下位子房示意图；（b）兰叶翠凤草（*Pitcairnia orchidifolia*）。图中“*”为室间隔膜蜜腺所处位置。

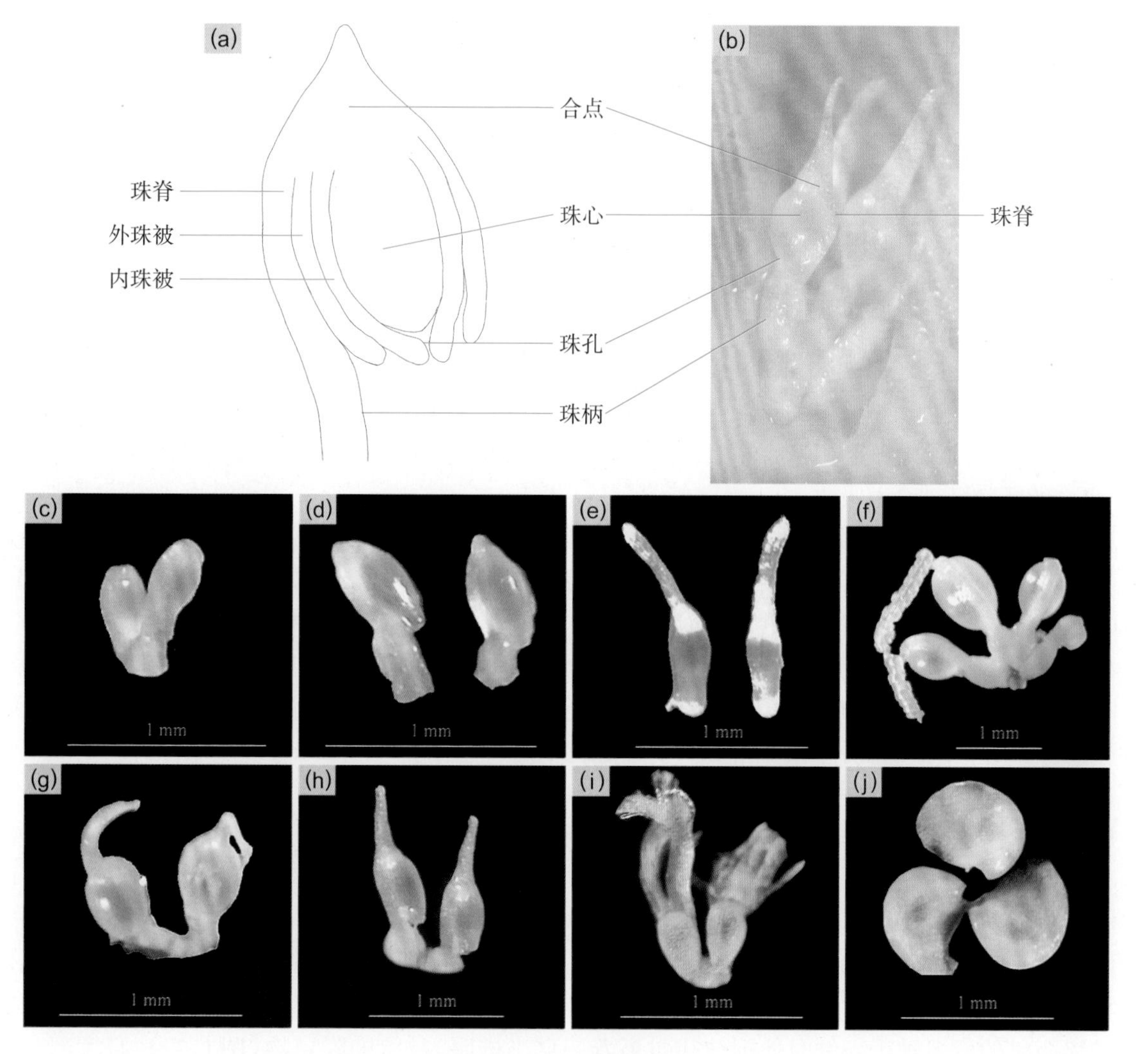

图1-72　凤梨胚珠的形态

（a）胚珠示意图；（b）雨林凤梨属一种（*Hylaeaicum* sp.）；（c）弯叶尖萼荷；（d）多枝尖萼荷（*Aechmea ramosa*）；（e）霸王铁兰；（f）短序刺穗凤梨；（g）粉叶珊瑚凤梨；（h）鹅绒凤梨；（i）白边粉叶凤梨（葛斌杰摄）；（j）篦齿雀舌兰（*Dyckia pectinata*）。

和大多数被子植物一样，凤梨的胚珠为倒生胚珠，即胚珠在生长过程中由于一侧生长快、另一侧生长慢而呈180°倒转，使珠孔接近珠柄基部，靠近珠柄一侧的外珠被与珠柄贴合，形成一条向外突出的隆起，称为珠脊；珠被、珠心和珠柄愈合处称为合点。珠脊在合点处伸长或不伸长，其中珠脊不伸长的凤梨种类的胚珠在合点处钝（图1-72c）；珠脊顶端稍有突出时，胚珠短而急尖（图1-72d）；有些凤梨种类的珠脊在合点处明显延伸，形成不同形状、直或弯的尾状附属物（图1-72b，1-72e，1-72g，1-72h），甚至卷曲呈弹簧状（图1-72f）；粉叶凤梨属（*Catopsis*）的种类在合点处形成毛状附属物（图1-72i）。

5. 花的性别系统

大部分凤梨种类的花同时具有雌蕊和雄蕊，为两性花（bisexual flower）。小部分凤梨种类的花仅具雌蕊或雄蕊，为单性花（unisexual flower），且雌蕊和雄蕊分别位于不同植株上，称为雌雄异株（dioecism），如鳞刺凤梨属和捧药凤梨属的所有种类、粉叶凤梨属的部分种类和尖萼荷属的个别种类。有的凤梨种类分别存在雄株、雌株和具两性花的植株，称为单全异株（trioecy），如粉叶凤梨属的食虫粉叶凤梨和多花粉叶凤梨（*Catopsis floribunda*）以两性花为主，但少数种群存在雌雄异株的现象，而白边粉叶凤梨则以雌雄异株为主，少数种群具两性花（Palací，1997；Martínez-Correa *et al.*，2014）。姬凤梨属的种类在同一植株上既有雄花又有两性花，称为雄全同株（andromonoecism，即雄花两性花同株）（Brown 和 Gilmartin，1989；Benzing，2000）。

综上所述，花的形态和构造是凤梨科分类的重要依据之一，例如萼片和花瓣是否合生，花瓣上有无附属物，雄蕊和雌蕊的形态等，其中雌蕊的形态又包括子房的形态及子房在花的构造中的位置、柱头的形状、胚珠的形态及胚珠在子房中的位置等。

1.2.2.7 种子与果实

胚珠受精后发育成种子，子房则发育成果实。种子和果实的形态特征也是界定凤梨科不同亚科的重要形态学依据之一（Smith 和 Downs，1974；Givnish *et al.*，2007；Barfuss *et al.*，2016）。

1. 种子

凤梨种子通常由胚、胚乳和种皮3部分组成，大部分种类的种子内部具胚乳。有学者（Magalhães 和 Mariath，2012）对分属鹦哥凤梨属和铁兰属的14个物种进行了种子形态解剖学的研究，发现鹦哥凤梨属的胚乳在种子中的占比稳定在70%左右；铁兰属的胚乳占比较少，最多占35%，而细弯铁兰（*Tillandsia recurvata*）的胚乳已被全部吸收。

凤梨种子的种皮由胚珠的内珠被发育而成，成熟时呈浅黄色、黄褐色、棕色、红棕色、暗红色等，且颜色随着成熟度的增加而加深。种子的萌发孔一端是胚珠的珠孔端（即靠近胎座的一端），为种子的基部；相对的另一端是胚珠的合点端，为种子的顶端。不同凤梨种类的种子在大小、形状、颜色、种皮表面花纹等方面会有所不同。此外，除了聚星凤梨属（*Navia*）的外种皮在种子发育过程中消失，因而成熟种子表面无附属物（Varadarajan 和 Gilmartin，1988）外，其余凤梨的种子表面都有由外珠被发育而成的附属物，且各类群特征明显，成为区分不同亚科的重要形态特征之一（Smith 和 Downs，1974）。

1）凤梨亚科的种子形态

凤梨亚科种子的常见外形有新月形、椭圆形、狭卵形、纺锤形、圆形、肾形等（图1-73），但也有一些种类的种子呈不规则的三角形、棱形或卵形（Leme 和 Heller，2017）。本亚科的种子尺寸差异较大，小的如小花假姬果凤梨（*Pseudaraeococcus parviflorus*）的种子，长1.8～2 mm，宽0.5～0.8 mm（图1-73b）；较大的如雨林凤梨属的种子，呈纺锤形，部分种类种子长可至 6 mm，宽约2 mm（图1-73c，1-73d）；强刺凤梨属植物的种子近圆形，直径约5 mm（图1-73m）。

凤梨亚科的成熟种子新鲜时外围往往包裹着一层半透明、胶状的附属物（图1-73），且大部分种类在种子的顶端呈尾状（图1-73a，1-73e，1-73l），而雨林凤梨属的种子两端都具明显的尾状附属物（图1-73c，1-73d）。通常认为这类附属物由外珠被演变而成，是种子的外种皮（Smith 和 Downs，1974）。外

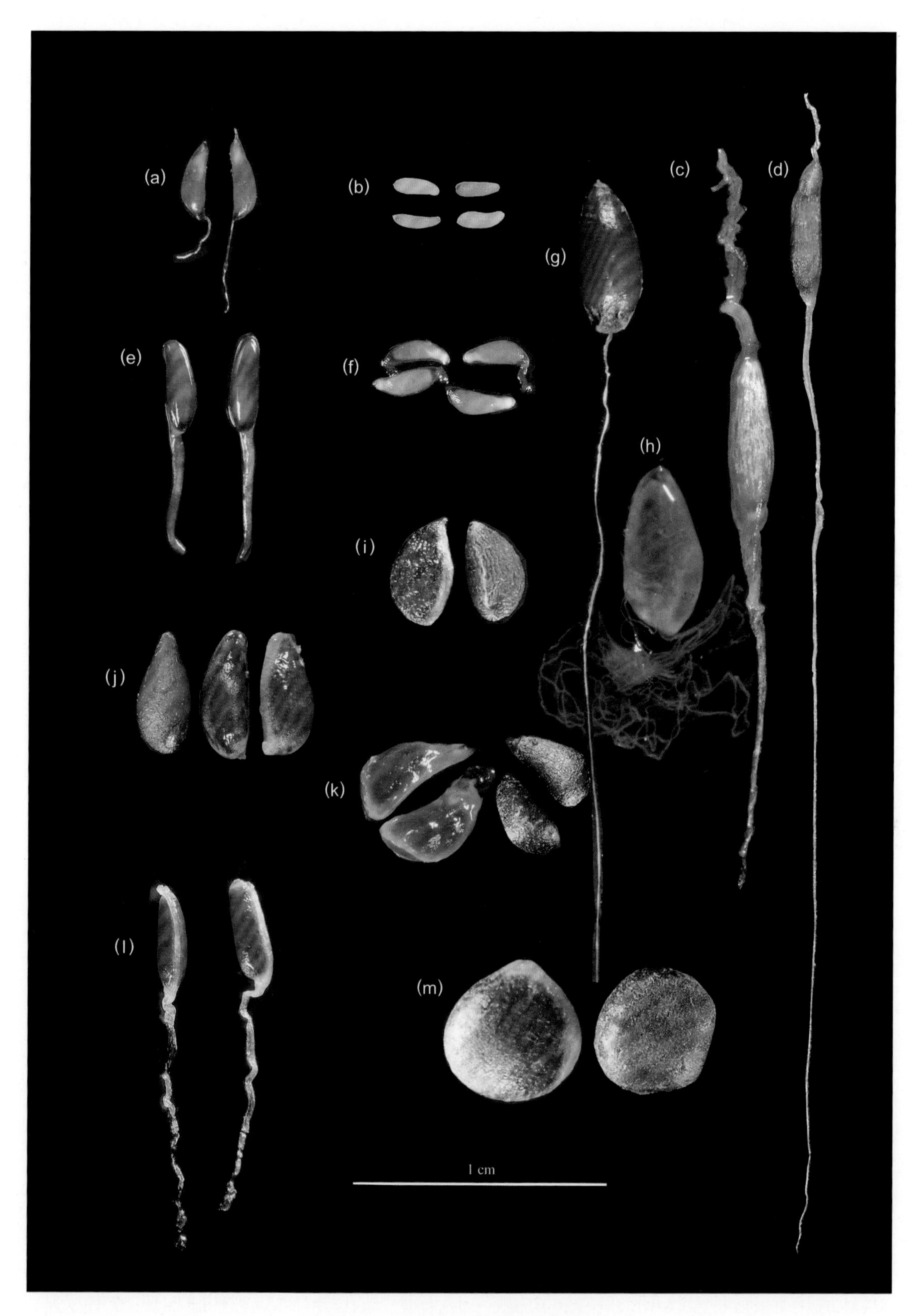

图1–73　部分凤梨亚科种类的种子

（a）**粉红**球穗凤梨（*Hohenbergia stellata*‘Maria Valentina’）；（b）小花假姬果凤梨；（c）雨林凤梨属一种（*Hylaeaicum* sp.）；（d）短叶垂吊雨林凤梨（*Hylaeaicum pendulum* var. *brevifolium*）；（e）鹅绒凤梨；（f）格尔迪姬果凤梨（*Araeococcus goeldianus*）。（g）—（h）短序刺穗凤梨：（g）外种皮已干燥，种子顶端残留长丝线状附属物；（h）外种皮湿润，图中顶端“*”符号示长丝线状附属物。（i）菠萝栽培品种（*Ananas* cv.），右侧种子已去除外种皮；（j）直立鹅绒凤梨（*Ursulaea tuitensis*），最左侧种子已去除外种皮；（k）巴西水塔花，右侧2粒种子已去除外种皮；（l）刺瓣尖萼荷（*Aechmea mertensii*）；（m）森林强刺凤梨，右侧种子已去除外种皮。

种皮通常具黏性，有助于种子黏附在动物身上，从而有利于种子传播，或黏附在树皮等物体表面以便种子固定并长出幼苗（Varadarajan 和 Gilmartin, 1988；Benzing, 2000；Givnish *et al.*, 2014；Aguirre-Santoro *et al.*, 2016；Leme *et al.*, 2017b；Leme *et al.*, 2021）。在这方面最典型的是短序刺穗凤梨，其外种皮顶端的附属物呈细线状，有时长达30 cm，且有较强的黏性和韧性（图1-73g，1-73h）。

菠萝属、强刺凤梨属、姬凤梨属、直立凤梨属的种子的外种皮相对较干燥，呈膜状（图1-73b，1-73g，1-73j，1-73m）（Leme和Heller，2017）。

然而，由于凤梨亚科外种皮的上述特征只有在种子成熟且较新鲜时才能观察到，当种子未成熟、过熟，或种子长时间暴露在空气中而干燥后便无法辨识，因此往往被忽视，相关的描述记录更是缺乏。但是，有学者已关注到外种皮的特征在解释凤梨亚科系统发育关系中的作用，并用于属间界定的依据（Leme *et al.*, 2021）。

2）铁兰亚科的种子形态

铁兰亚科的种子一般呈线形，有的两端渐细呈纺锤形或狭纺锤形（图1-74），如鹦哥凤梨属和杯柱凤梨属的种子非常纤细，呈线形。大部分鹦哥凤梨属的种子的长度为3.5～5 mm，宽约0.6 mm；玛拉杯柱凤梨的种子长约3 mm，宽约0.3 mm；粉叶凤梨属的种子呈纺锤形，长约1.8～2 mm，宽约1 mm；铁兰属的种子两头尖，呈细纺锤形，长度一般为2.5～3.5 mm，宽约0.5 mm，部分种类长可至5 mm，如禾穗铁兰（*Tillandsia loliacea*）。卷瓣凤梨属的种子是铁兰亚科中最大的，长6～8 mm，宽0.6～1 mm。

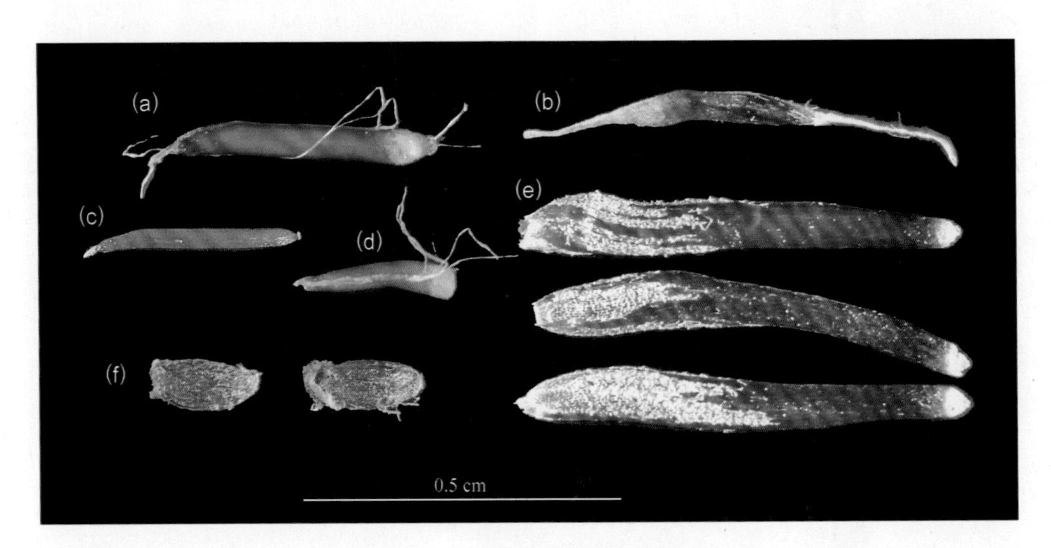

图1-74 部分铁兰亚科植物的种子

（a）红穗鹦哥凤梨；（b）白叶铁兰（*Tillandsia albida*）；（c）玛拉杯柱凤梨；（d）细穗坛花凤梨（*Racinea tenuispica*）；（e）延展卷瓣凤梨；（f）多花粉叶凤梨。

所有铁兰亚科的种子表面都有毛状附属物，称为种缨（图1-75）。发育良好的种缨具丝质的光泽，有白色、浅黄色、浅棕色、棕色等颜色。种缨张开后形成降落伞状飞行结构，帮助种子随风飘起并进行较长距离的扩散。种缨还有助于将种子固定在粗糙的物体表面，同时起到吸收和保湿的作用，有利于种子的萌发。

铁兰亚科的种缨由胚珠的外珠被发育而来，位于种子的基部（即珠孔端）或顶部（即合点端），或两端都有。根据着生位置、形状和结构的不同，种缨可分为以下4种类型。① 粉叶凤梨型：种子两端都有种缨，基部的种缨短且不分叉，顶部的种缨则明显伸长，成熟时种缨在蒴果中呈折叠状（图1-75a）（Palací *et al.*, 2004），离开蒴果后种缨散开（图1-75b）。② 一层伞型：珠孔端的外珠被明显伸长，在种子基部形成基部种缨，并在外珠孔端连接成束；外层种缨在种子顶端与种皮分离，形成一层降落伞状结构；内层种缨与种子相连；种子顶部种缨不发达。这种类型在铁兰亚科中较普遍（图1-75c — 1-75e）。③ 二层伞型：珠孔端的外珠被明显伸长，在种子基部形成较长的基部种缨；外层种缨在外珠孔端连接成束，在种子顶端与种皮分离并打开，形成第一层降落伞状结构，并通过伸长的珠柄与种子相连；内层种缨与种皮相

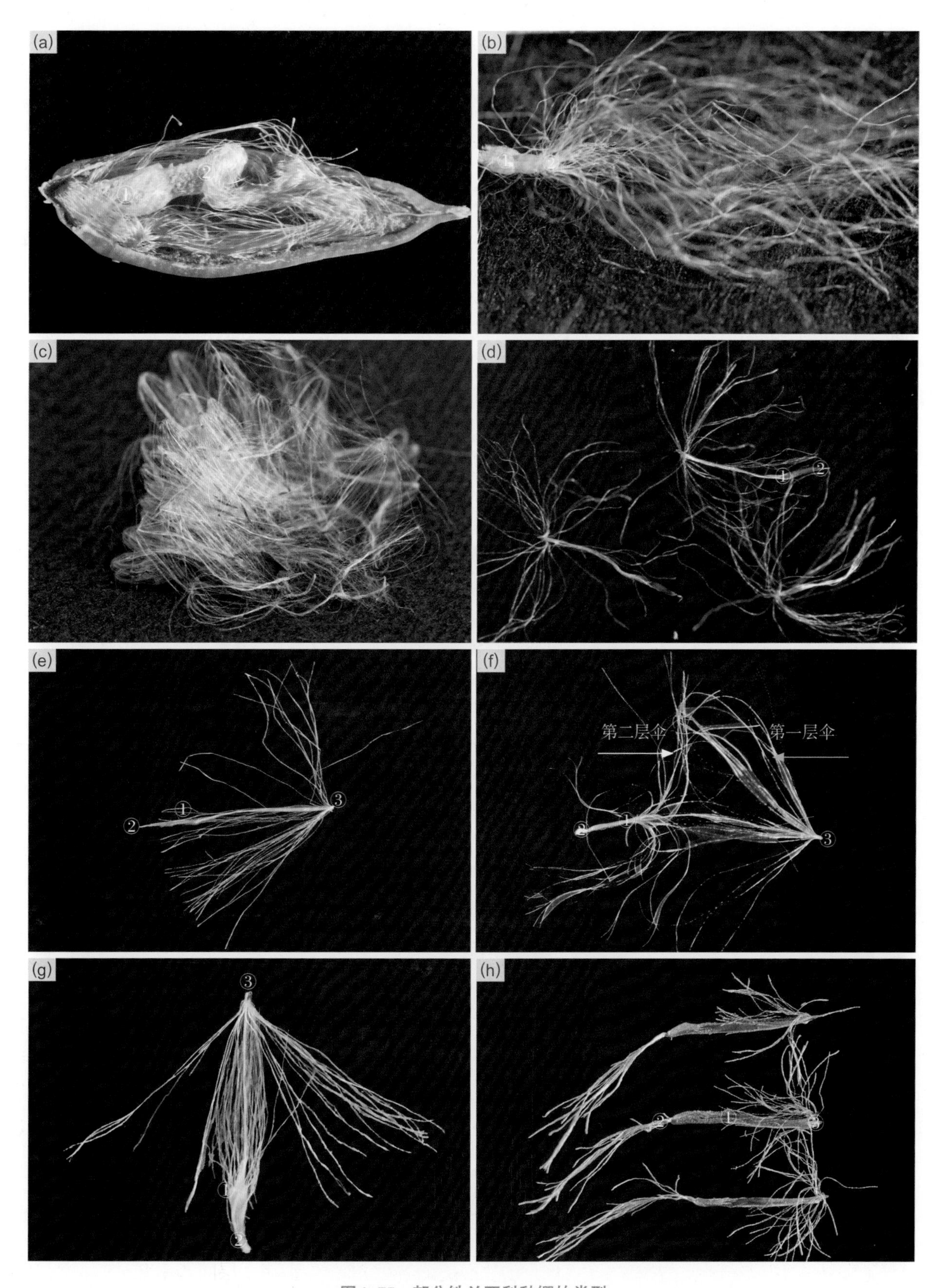

图1-75　部分铁兰亚科种缨的类型

(a)—(b) 粉叶凤梨型——多花粉叶凤梨：(a) 种子在蒴果中，种缨卷曲；(b) 种缨在空气中完全打开。(c)—(e) 一层伞型；(c) 果子蔓；(d) 红穗鹦哥凤梨；(e) 疏花翅轴凤梨。(f)—(g) 二层伞型：(f) 卡斯蒂铁兰(示两层伞状结构)；(g) 石蜈蚣铁兰。(h) 卷瓣凤梨型——延展卷瓣凤梨。图内数字处结构：① 种子基部(珠孔端)；② 种子顶端；③ 外珠孔端。

连,从外珠孔端分离并打开,形成第二层降落伞结构;种子顶部种缨不发达。这种类型的种缨目前仅见于铁兰属的部分种类中,如卡斯蒂铁兰(*Tillandsia castellanii*)(图1-75f)、石蜈蚣铁兰(图1-75g)、双子星铁兰(*Tillandsia geminiflora*)(Magalhães 和 Mariath,2012)。④ 卷瓣凤梨型:种子两端都具种缨;基部种缨短,在外珠孔端连接成束;外围种缨在种子中上部与种皮分离并打开,形成降落伞状结构;顶部种缨长(图1-75h)。

3)凤梨其他亚科的种子形态

除上述两个亚科,其余亚科的凤梨的种子通常有翼状附属物或尾状附属物,少数种子裸露。Varadarajan 和 Gilmartin(1988)根据种子的形态及其与附属物间有无可辨界限、表面花纹、附属物的持久性等特征,将除凤梨亚科、铁兰亚科之外的其余亚科的凤梨的种子分为6种类型。① 小花凤梨型:由外珠被发育而成的附属物覆盖整个种子,且两端形状不同,顶端尖,向下稍扩展,整体形成狭三角形。小花凤梨属(*Brocchinia*)不同种类种子附属物末端的形态会也有所不同,有的种类种子附属物的基部呈指状裂开或细裂(图1-76a)。② 双尾型:种子较小,通常长2～5 mm,线形或略不规则;顶端和基部都有尾状附属物,附属物较扁或呈圆柱形,其长度因种类不同而不同;一侧有一条种脊连接。这种种子类型常见于翠凤草亚科的单鳞凤梨属、卷药凤梨属和翠凤草属,以及鳞刺凤梨亚科的鳞刺凤梨属等属(图1-76c—1-76e)。③ 全包被型:翠凤草亚科的雀舌兰属和刺叶百合凤梨属的种子为圆形、肾形或透镜状,附属物

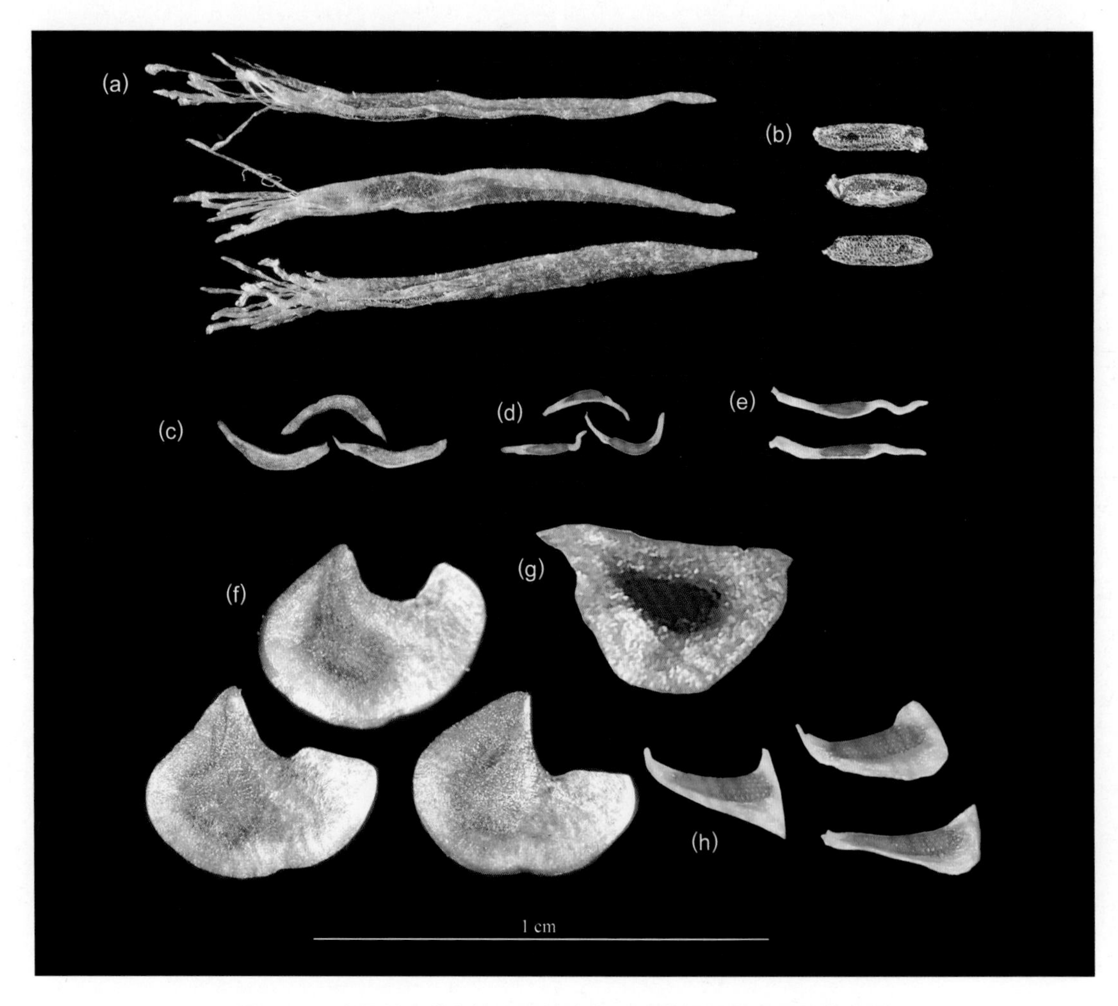

图1-76 除凤梨亚科和铁兰亚科外的凤梨种子及其附属物的类型

(a)—(b) 小花凤梨型:(a) 瘦缩小花凤梨的种子及其附属物;(b) 瘦缩小花凤梨的种子(去除附属物)。(c)—(e) 附属物双尾型:(c) 短穗单鳞凤梨(*Deuterocohnia brevispicata*);(d) 美丽卷药凤梨;(e) 光滑火焰翠凤草。(f) 附属物全包被型——芳香雀舌兰(*Dyckia fragrans*)。(g) 附属物周翼型——智利刺蒲凤梨。(h) 附属物侧翼型——奇异刺蒲凤梨。

覆盖整个种子表面并呈翅状向四周扩展，合点处翅较宽（图 1-76f），使大部分种子的外观呈有凹陷的盘状，而小部分种子为长椭圆形且不呈扁平状（Strehl 和 Beheregaray, 2006）。④ 周翼型：种子为圆形或多边形；外种皮薄片状，包围在种子周围，但不完全覆盖；种子与周翼之间有明显边界，如智利刺蒲凤梨（*Puya chilensis*）（图 1-76g）。⑤ 侧翼型：刺蒲凤梨亚科刺蒲凤梨属中的部分种类的种子为长三角形、镰刀形或楔形，外种皮呈翼状包围在头、尾和种子的一侧，如奇异刺蒲凤梨（图 1-76h）。种子的翼状附属物有助于种子借助风力进行短距离传播，同时薄片状的外形有利于种子在狭小的石砾缝隙中"安营扎寨"。⑥ 种子裸露型：聚星凤梨属的种子呈卵形、球形、椭球形或多面体形，种子未成熟时有附属物，但当种子处于半成熟时附属物就逐渐脱落，种子成熟时完全裸露。

2. 果实

凤梨开花后，通常只有完成受精作用的子房才能膨大形成果实，一朵花形成一个独立的果实，其中子房壁发育成为果皮。但是，紫红尖萼荷、泡果凤梨属等属的一些种类即便雌蕊没受精，子房也能膨大形成果实，只是果实内没有形成种子，具单性结实的特性。另外，菠萝属的果实由整个花序发育而成，其中包括花和花序轴，称为聚花果（syncarpium），而每一朵花的子房壁消失并相互融合，宿存的花苞和花萼则为聚花果坚硬的果皮。

凤梨科植物的果实分为浆果和蒴果两种类型。

1）浆果

凤梨亚科的果实皆为浆果，且形状各异，有球形、卵形、椭圆形、圆柱形和圆锥形等，浆果顶端为宿存的花萼（图 1-77）。浆果表面光滑或具绒毛，有的种类具纵向的褶皱（图 1-77g）。果皮鲜艳，未成熟时呈红色、粉色、橙色、绿色、白色等，偶尔点缀斑点；成熟时变成橙黄色、黑色、紫色或略呈透明状的白色，同时浆果变软。

图 1-77　凤梨亚科的浆果

（a）短颈尖萼荷；（b）雨林凤梨属一种（*Hylaeaicum* sp.）；（c）刺瓣尖萼荷；（d）囊鞘尖萼荷（*Aechmea melinonii*）；（e）粉红球穗凤梨；（f）虎纹裸茎尖萼荷（*Aechmea nudicaulis* 'La Tigra'）；（g）桑德水塔花；（h）格尔迪姬果凤梨；（i）弯叶尖萼荷；（j）巴西水塔花；（k）鹅绒凤梨。

凤梨亚科的果肉厚薄不一(图1-78)。有些种类的果肉厚且多汁,有甜味,经常成为鸟类和哺乳类的食物,而有些种类的果肉较薄。另外,本亚科中不同种类浆果内种子数量往往也多寡不一,有的仅有几粒种子,有的则种子数量众多(图1-78)。

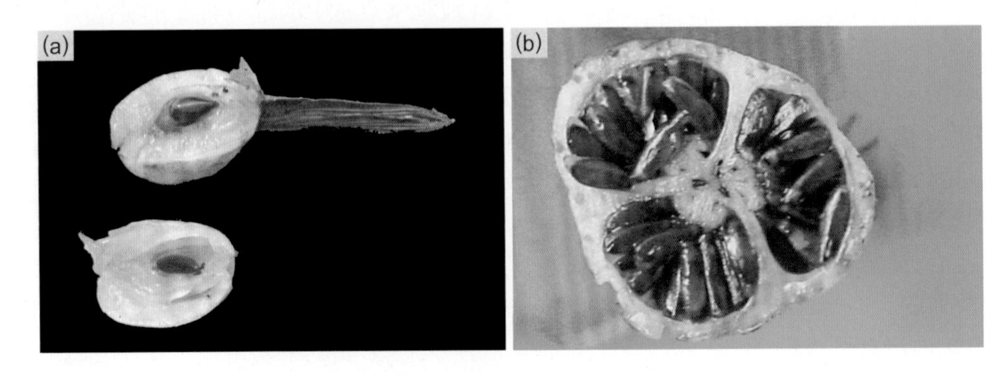

图1-78 凤梨亚科浆果内部

(a)短序刺穗凤梨(纵切);(b)弯叶尖萼荷(横切)。

菠萝的聚花果由许多无花梗的花融合并螺旋状排列在肉质的花序轴上形成,其中花序轴成为果的中轴,中轴与肉质的子房一起成为食用菠萝的可食用部位(图1-79)。

图1-79 食用菠萝的聚花果

(a)成熟的聚花果;(b)聚花果横切面;(c)聚花果纵切面;(d)单个小果(小果);(e)小果的横切面;(f)小果纵切面;(g)果皮去除后,残留在果肉表面的上位管(俗称果眼)。图中虚线示意切割线;数字所代表的结构:① 宿存苞片;② 宿存萼片;③ 由花序轴形成的聚花果中轴;④ 子房;⑤ 肉质的胎座;⑥ 子房壁;⑦ 上位管。

2）蒴果

除凤梨亚科外的其他凤梨的果实都为蒴果，外形呈圆柱形、卵形、椭圆形、圆锥形、纺锤形等（图 1-80— 1-82），果皮坚硬或纸质。

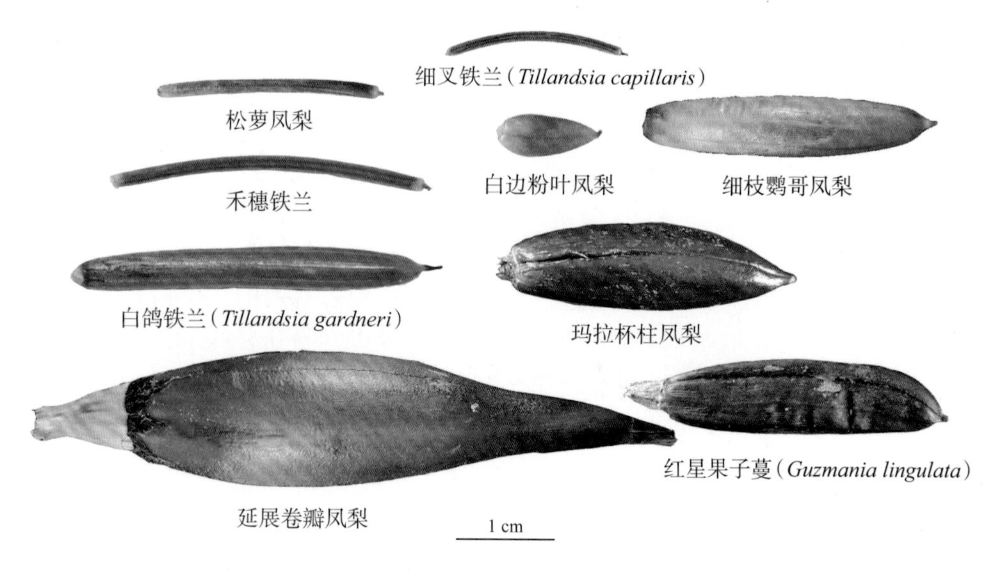

图 1-80　铁兰亚科部分物种未裂开的蒴果

图 1-81　铁兰亚科部分物种裂开的蒴果

（a）—（b）种子在蒴果内的排列方式：（a）卷瓣凤梨属一种；（b）玛拉杯柱凤梨。（c）多花粉叶凤梨；（d）果子蔓；（e）纤枝鹦哥凤梨。

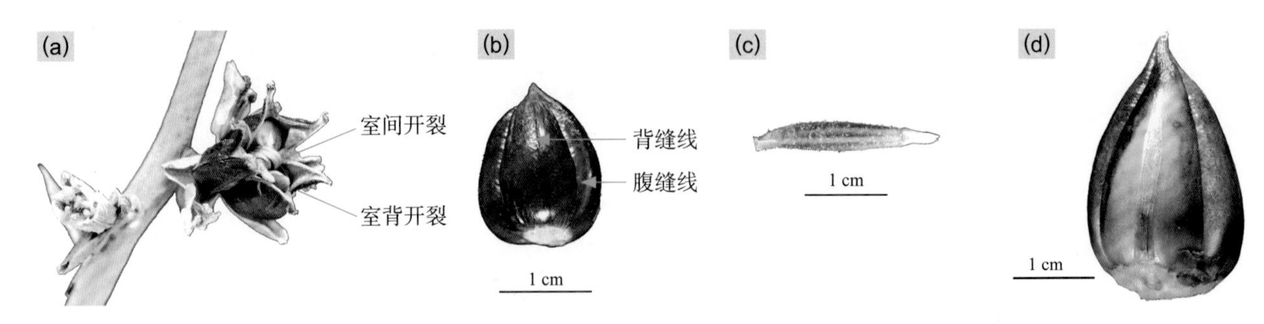

图1-82 除凤梨亚科和铁兰亚科外的其他凤梨亚科的蒴果

(a)—(b) 雀舌兰属一种(*Dyckia* sp.);(c) 瘦缩小花凤梨;(d) 奇异刺蒲凤梨。

凤梨的蒴果内,种子在成熟前整齐而紧密地挤在一起(图1-81a,1-81b),并维持一定的湿度。蒴果成熟时果皮失水变干,并在天气非常干燥时才裂开,开裂的方式以室间开裂(septicidal dehiscence)为主(图1-81a — 1-81e),即沿心皮腹线开裂;也有一些种类为室背开裂(loculicidal dehiscence),即沿心皮背缝线开裂;还有一些种类果皮既发生室间开裂也发生室背开裂,如雀舌兰属(图1-82a)、卷药凤梨属、鳞刺凤梨属的种类。

1.2.3 生态功能

在有凤梨分布的南北美洲的各个生态系统中,凤梨的生物量可能只占其中很小一部分,却发挥着非常重要的生态功能,扮演着不可替代的角色,是维系当地生物多样性的关键类群之一。

1.2.3.1 提供小生境和水源

尤其是那些具有叶筒的凤梨种类,有的生长在地表,有的附生于树上或岩石表面,可为两栖类、鸟类、小型哺乳类和其他生物提供栖息场所、水和食物(Richardson, 1999; Benzing, 2000)。例如在南美洲热带雨林中,附生于树上的凤梨通过叶筒截留雨水,是一座座名副其实的小型"空中水塔",一来可减少雨水对林下土壤的冲刷而导致的水土流失和肥力损失;二来叶筒截留从林冠层掉下的枯枝落叶和动物的残体(或排泄物),经微生物发酵后形成数量可观、悬浮在空中的土壤乃至生态岛。雨林中上层的一些生物需要在这样的生态岛中度过其部分甚至全部的生命周期,其中包括一些小型两栖爬行动物和很多无脊椎动物,以及肾叶狸藻等植物,甚至有些生物只生存在凤梨的叶筒中。不仅如此,在亚马孙流域的洪泛区森林中,一到雨季地表就会被洪水阶段性淹没,而附生于雨林中上层的凤梨就会成为一些小型动物的临时避难所。另外,有的凤梨种类还与蚂蚁形成长期的共生关系,成为蚁栖植物。因此,凤梨的存在使美洲热带雨林(特别是其中上层)的生物多样性变得异常丰富。

对于一年中有较长干旱期的生态系统来说,凤梨叶筒的生态功能显得尤为重要,因为叶筒中存储的水分是许多无脊椎动物在旱季赖以生存的唯一水源(Islair *et al.*, 2015)。在极其干旱的秘鲁和智利的沿岸沙漠中,宽叶铁兰(*Tillandsia latifolia*)、紫花铁兰(*T. purpurea*)、银鳞铁兰(*T. paleacea*)、马科纳铁兰(*T. marconae*)等铁兰属的种类成丛或成片地生长,不仅起到一定防风固沙的作用,而且叶丛下相对阴凉的小生境也是其他生物的天然庇护所(Till, 1993; Isley Ⅲ, 2009)。

1.2.3.2 提供食物

凤梨在开花时为鸟类、蝙蝠、蜜蜂、蝴蝶等食蜜动物提供丰富的花蜜。此外,凤梨亚科的浆果是鸟类、哺乳类等动物的重要食物。

当然,当凤梨的附生密度太大时,会对宿主植物和生态系统造成一定伤害,成为附生杂草。

1.2.3.3 在原产地外的生态功能

在凤梨原产地外的地区,随着凤梨的引入,当地的动物便会逐步"发掘"出这些"慷慨"的植物的秘密,享用这些植物带来的好处。例如,在上海辰山植物园的种质资源圃内,经常出现野生动物将凤梨作为水源和食物(包括蜜源)的情形(图1-83)。

图1-83 上海辰山植物园凤梨资源圃内的动物利用引进栽培的凤梨

(a) 胡蜂在延展卷瓣凤梨的叶筒边饮水；(b) 白头鹎取食朱红珊瑚凤梨鲜红色且肉质的子房；(c) 胡蜂汲取延展卷瓣凤梨的花蜜；(d) 蚂蚁在彩叶凤梨属一种(*Neoregelia* sp.)的花序上吸取花蜜。

对于气候条件较适宜凤梨科植物生长的我国南方地区，一些能产生大量种子且自播性强的种类有可能逸生到周围环境中，因此有必要对新引入的凤梨种类进行生物入侵风险评估，并加强物种引入后的监测，避免对当地的生态系统产生不良影响。

1.3 栽培历史与现状

旧大陆(即亚欧非三洲)的人们对于凤梨科植物的认识大多从菠萝开始。在哥伦布发现美洲时，菠萝已在美洲热带地区广泛栽种，被原住民用于食品、酿酒和药物等，并已形成几个不同的品种，且在野外缺乏其可辨识的野生祖先，显示菠萝在南美洲的栽培和发展历史可追溯至史前(Collins, 1948, 1949)。夏威夷菠萝研究所遗传学部门的主任J. L. Collins博士曾于1938—1939年期间带领一支探险队前往南美洲寻找野生和半野生的菠萝，但未发现真正野生状态下的菠萝，且无法从现代菠萝甚至刚发现美洲时印第安人的菠萝品种中单独列出某种或几种菠萝(Collins, 1948)。有学者利用单核苷酸多态性标记技术，对170份保存于美国农业部位于夏威夷希洛(Hilo)的菠萝种质资源库的菠萝样本进行多变量聚类和基于模型的种群分层研究，结果表明现代菠萝品种是不同种野生菠萝的后代组成的复合体(Zhou *et al.*, 2015)。

虽然无法确定菠萝最初的源头，但在20世纪早期，植物学家根据菠萝相关物种的多样性分布，曾经倾向于将南美洲巴拉那河(Paraná River)中部地区和伊瓜苏(Iguaçu)流域附近地区作为菠萝的发源地，其中包括巴西东南部、巴拉圭和阿根廷北部(Collins, 1948)。但是，随着关于菠萝遗传资源的研究结果和现有的考古数据，科学界对亚马孙地区是植物驯化和农业摇篮的接受程度越来越高。有研究表明，南美洲的亚马孙河及其周边地区是新大陆古代复杂文明的摇篮(Pickersgill, 1977)。来自形态学、生物化学、遗传学的证据表明，南美洲北部的圭亚那地盾区域的菠萝具有相当多的表型和遗传多样性，同时存在野生型、原始栽培品种和不同等级的大果型的栽培品种，且野生种和栽培种之间存在长期的交流，因而那里被认为是菠萝驯化的中心（Duval *et al.*，2003；Clement *et al.*，2010）。

1.3.1 菠萝种植简史与主要品类

1.3.1.1 西方发现菠萝与菠萝狂热

哥伦布于1493年第二次航海至美洲大陆时，在位于加勒比海小安的列斯群岛中部的瓜德罗普岛（Guadalupe Island）上发现并品尝了印第安人种植的菠萝，立刻被其美味和芳香所折服（Collins，1948，1949），随后将一些菠萝带回西班牙。菠萝由于果实较为耐放，而且可防止坏血病的发生，因此常被水手们随船携带，很快便沿着欧洲人开辟的海上贸易航线向其他热带地区广泛传播开来，成为一种重要的经济作物。在此过程中，西班牙人于16世纪初将菠萝引入菲律宾（Lobo 和 Paull，2017）。葡萄牙人在菠萝的传播过程中也发挥了重要作用：1502年，他们发现了位于南大西洋中的圣赫勒拿岛（St. Helena Island），不久后便把菠萝引入该岛；很早就把菠萝带到了非洲西部和东部的海岸以及马达加斯加岛；大约在1550年，将菠萝引入印度南部（Collins，1949）。

菠萝味道香甜，深受欧洲人喜爱，但在被引入欧洲的早期，由于气候原因一直没能种植成功，只能在位于热带地区的非洲和亚洲的殖民地种植，等结果后再运往欧洲。由于从殖民地运来的菠萝经长时间运输后，多少会受损甚至腐烂，因此在16世纪和17世纪的欧洲，菠萝非常稀有且价格昂贵，能在自家宴会上用菠萝招待客人，即便仅供人欣赏一下也被认为是地位、财富和热情好客的象征。当时的欧洲人还把凤梨的图案运用到建筑装饰、雕塑和绘画作品中，或干脆把建筑建成菠萝果实的形状，对菠萝的狂热可见一斑。

与此同时，园艺学家们也没有放弃在欧洲种植菠萝，但直到17世纪，当人们利用玻璃建造温室后才真正实现在欧洲本土种植菠萝（Williams，1990）。18世纪的英国还出现了一种叫“菠萝井”（pineapple pit）的小型半地下式温室，利用厩肥发酵产生的热能对土壤和空气加热，专门用来种植菠萝（www.dustinbajer.com/pineapple-pit/）。

1.3.1.2 中国引入菠萝的历史

在16世纪末，菠萝已在中国、爪哇岛和菲律宾立足（Collins，1949）。有文献记载表明，1594年时菠萝已在中国种植（Lobo 和 Paull，2017），而《中国大百科全书》（2009年版）也有“菠萝16世纪由葡萄牙人从美洲传入中国，1650年由福建传至台湾”的表述。

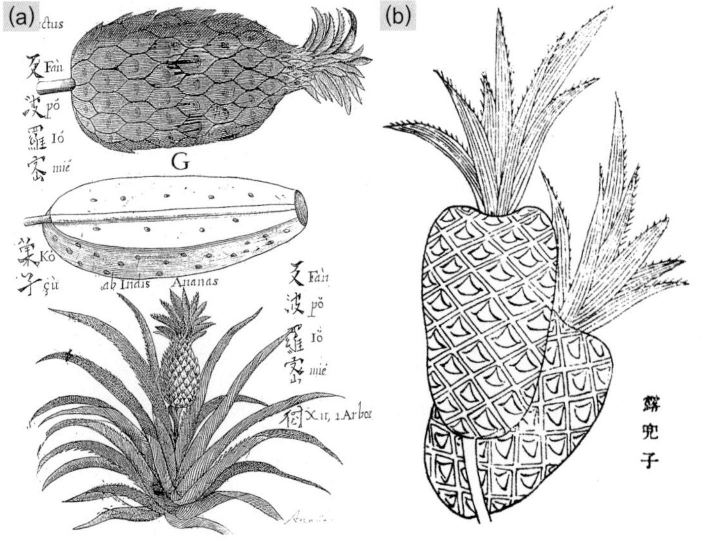

波兰传教士卜弥格（Boym Michel，1612—1659）曾于1644—1650年期间到过我国澳门、海南、广东等地（Li，2014）。他于1656年出版了《中国植物志》（*Flora Sinensis*），其中介绍了他在中国见到过的植物和动物，被认为是欧洲人撰写的首部有关中国自然历史的专著。该书除介绍了相关植物的名称、特征、种植区域和药用价值，还为每个物种附有手绘插图，并在图中标出拉丁文学名、中文名等信息，甚至标注了中文发音。其中一幅插图上标注的中文名为“反波罗蜜”（图1-84a）。在明清时期，外来物种的名称前面往往会加“番”字，而这幅图中的“反”被学者认为通“番”，即“番波罗蜜”，也就是现在的菠萝。书中关于菠萝的介绍为：“生长

图1-84 早期菠萝手绘图

（a）引自*Flora Sinensis*（Boym，1656）（https://blog.biodiversitylibrary.org/2016/12/micha-piotr-boyms-flora-sinensis.html）；（b）引自约1841—1846年成稿的《植物名实图考》。

在广东、广西、云南、福建和海南”，这说明，到17世纪中叶，菠萝已在中国南方各省广泛栽种。

在卜弥格的《中国植物志》出版后，国内的一些文献中也陆续出现有关菠萝的记载，且不同的地区和不同的年代叫法有所不同，其中与台湾相关的文献中分别出现“王梨”“凤梨”“黄梨”等称谓。在清代康熙二十四年（1685年），林谦光的《台湾纪略》有“王梨”的记载。在康熙三十四年（1695年），高拱乾的《台湾府志》较详细地描述了菠萝的外形，并解释了“凤梨”这个名称的由来：“叶似蒲而阔，两旁有刺，果生丛心。皮似菠萝蜜而色黄。味酸甘。末有叶一簇，因形状似凤，故名。”在康熙四十三年（1704年），张英的《文端集》第34卷中有关于凤梨的诗作：“凤梨珍果出南荒，昔未标名纪职方。班剥锦苞含脆质，缤纷翠羽护清香。提封远在波臣外，修贡遥知驿路长。总是皇仁同绝域，海邦风味入梯航。”编撰于1722年的《台海使槎录》中有6处提及菠萝，其中“黄梨”出现5处，分别位于第二卷第27页，以及第三卷第3页和第12—14页，其中第三卷第14页有如下描述：“粤西以菠萝蜜为天波罗，黄梨为地波罗”，从而将“黄梨”与广东地区的称谓联系起来；“凤梨”出现1处，位于第七卷第23页。在乾隆三十二年（1777年），李调元在《南越笔记》中使用了“山波罗”的称谓，应该就是现在的菠萝：“粤中凡村居路旁多植山波罗，横梗如拳，叶多刺，足卫衡宇。”清道光年间，吴其濬在其于19世纪中叶（约1841—1846年）所撰的《植物名实图考》中，也以图文形式展示了菠萝的外形，不仅有手绘的插图（图1-83），还配有如下描述：“露兜子，产广东，一名波罗，生山野间。实如萝卜，上生叶一簇，尖长深齿，味色香俱佳，性热”①“形如兰，叶密长大，抽茎结子。”由此可见，在广东地区，菠萝因其果实与波罗蜜果实相似而被称为“番波罗蜜”，随后逐渐演变为“地波罗”“山波罗”，以及现在通用的“菠萝”。

在闽南和台湾地区，人们习惯称菠萝为“黄梨”“王梨”“凤梨”。在闽南话中，这3个名称的读音较为相似。笔者认为，人们最初称“黄梨”或“王梨”的可能性比较大，前者应是根据菠萝果实成熟后果皮和果肉都呈黄色且形状如梨的特征命名，而后者可能与其果形如梨但比梨大有关；至于“凤梨”，则可能是文人在前两者基础上进行想象和文字修饰。此外，在新加坡，闽南人约占该国华人的4成，他们的先辈大多从19世纪初开始从厦门和泉州等地移民过去，而菠萝在新加坡仍被称为“黄梨”，这表明“黄梨”是19世纪早期在闽南地区最常用的称谓。后来在闽南话中，还从“黄梨”谐音出“旺来”“旺梨”等称谓。

1.3.1.3　菠萝种植现状

随着种植面积和产量的增加，如今菠萝已经走下“神坛”，从贵族宴会厅进入了寻常百姓家。由于物流速度加快和存储保鲜技术提升，人们对菠萝的需求与日俱增，每年都有上千万吨的菠萝从热带的各个产区销往世界各地。根据权威的Statista网站公布的数据，全球菠萝年产量已从2002年的1 583万吨增加至2022年的2 936万吨（www.statista.com/statistics/298505/global-pineapple-production/）；世界上菠萝产量最多的3个国家为菲律宾、哥斯达黎加、巴西。

我国是世界菠萝十大主产国之一。根据联合国粮食及农业组织公布的数据，2020年我国菠萝的产量约为264万吨，生产地包括广东、海南、广西、云南、福建、台湾等地。同时，我国也是菠萝的消费大国，不过国产的菠萝基本在本国销售，仅少量出口到俄罗斯，而且每年还从菲律宾、泰国等国进口菠萝鲜果（《我国菠萝市场与产业调查分析报告》，https://zhuanlan.zhihu.com/p/356060714）。

1.3.1.4　菠萝主要品类

早在哥伦布发现美洲大陆时，菠萝就已在南美洲广泛种植，并形成几个不同的品种。随着菠萝在世界各地的广泛引种，并经相对较长时期的地理隔离、分化和自然突变，再加上人为的选育，形成更多形态不同、风味各异的传统品种和地方品种。有研究表明，自交不亲和、高水平的体细胞突变和种内杂交可能

---

① 在这两段（句）描述的中间，吴其濬出人意料地引用了一段清代康熙年间吴震方所撰的《岭南杂记》中关于番荔枝的描述：“番荔枝大如桃，色青皮似荔枝壳而非壳也；头上有叶一宗，擘开白穰黑子，味似波罗蜜即此也”。前半句描述的是番荔枝无误，后半句中的“擘”同“掰”，即用大拇指就能掰开果实这一特征也应为番荔枝，而非菠萝。但是，“头上有叶一宗”和“味似波罗蜜”则更符合菠萝的特征，因此笔者认为原作者将番荔枝与菠萝混淆了。特此说明。

是造成菠萝高度变异的原因(Kato *et al.*, 2005; Chen *et al.*, 2019)。

国际上往往根据株型、叶和果实的形态等特征,将食用菠萝分成不同的品种群。例如,按照植株大小、叶丛展开程度、叶缘刺的形状、果实大小与形状、果皮颜色、小果大小与形态、果眼深度、果肉颜色、果实口味等特性,菠萝大致分为皇后类(Queen Group)、无刺卡因类(Smooth Cayenne Group)、西班牙类(Spanish Group)、伯南布哥类(Pernambuco Group)和佩罗莱拉类(Perolera Group)等品类(图1-85),并且每个品种群下都有不同的品种(王健胜等,2015; 李渊林等,2008; Lobo 和 Paull,2017)。其中,我国栽培的菠萝主要为前三类,而后两类的栽培地主要在南美洲(李渊林等,2008)。

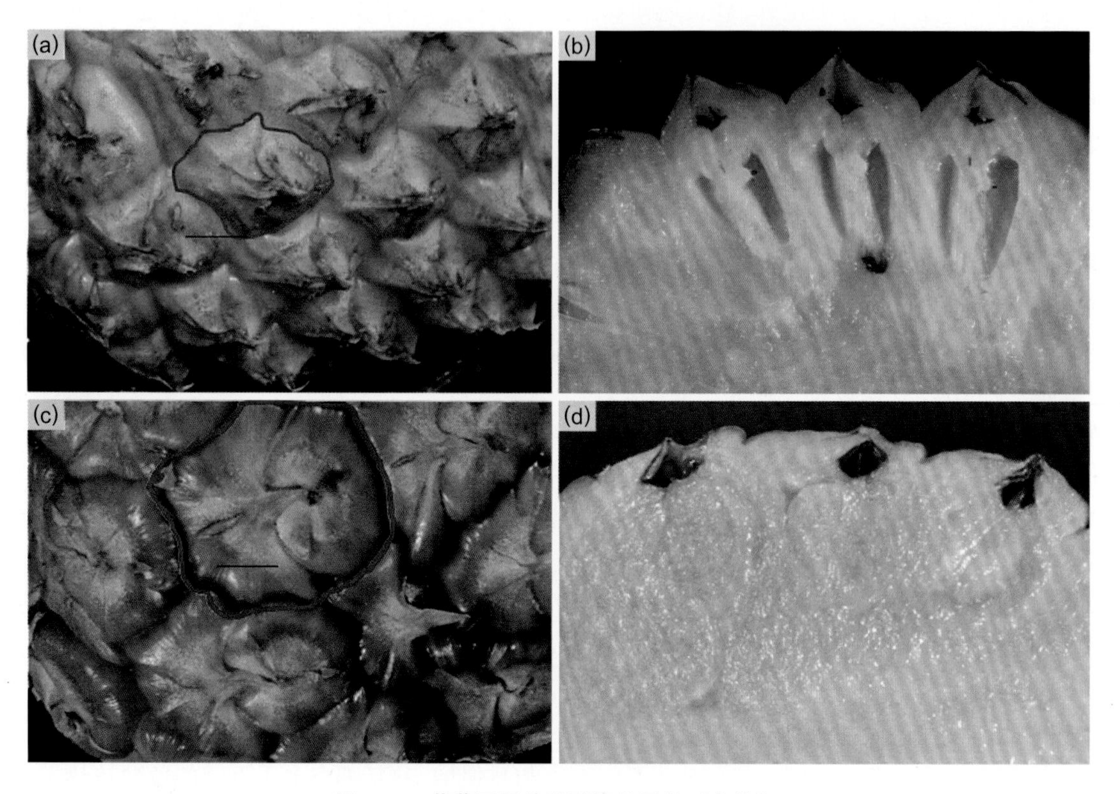

图1-85 菠萝不同品种群聚花果的形态特征

(a)—(b) 皇后类:(a) 外观:单果小(红圈内为单个小果),由萼片和苞片形成的果皮呈锥状突起,果眼深;(b) 单果纵切面。(c)—(d)卡因类:(c) 外观:单果大,果皮平,果眼浅;(d) 单果纵切面。

(1) 皇后类 栽培历史悠久,已有约400年;栽培地区比较广泛,是我国南方菠萝产区的主打品种(孙伟生,2016; 刘传和等,2021)。主要特征为:株型较小;叶缘有刺;聚花果较小,圆筒形至略呈圆锥形;小果呈锥状突起,果肉黄色至深黄色,果眼较深;中柱部分小而嫩;肉质爽脆,甜度高,果香浓郁,宜鲜食。皇后类菠萝的代表品种有**巴里**、**金皇后**(又名神湾)等。

(2) 卡因类 在1819年发现于法属圭亚那。它是目前在全世界的种植范围最广泛的品种群,在国内的种植比例也逐渐增加。主要特征为:株型高大;叶向上生长,叶缘无刺或仅在顶端有少许刺;聚花果较大;小果大而平,长圆筒形,果眼较浅,成熟时果皮橙黄色;果肉淡黄色,低纤维且多汁,可鲜食或制成菠萝罐头。卡因类菠萝类的代表品种有**无刺卡因**、**沙拉瓦**等。

(3) 西班牙类 主要特征为:株型大;叶比较薄而软,叶缘大多有刺;聚花果中等大小,稍圆;小果大而扁平,基部苞片突起,果眼深;果肉淡黄色,中轴较大;不宜鲜食,可制作罐头或果汁。西班牙类菠萝的代表品种为**红西班牙**,它在有的地方被称为**新加坡罐头种**、**土种**,在我国台湾地区被称为**在来**,但目前已较少种植。

(4) 伯南布哥类 常见种植于美国、中美洲、南美洲和菲律宾。主要特征为:叶缘有刺;果肉浅黄色至白色,多汁、香甜。果不耐运输。

（5）佩罗莱拉类　这是哥伦比亚和委内瑞拉当地的菠萝品类，主要特征为：株型中等至较大；叶平卧，叶缘无刺；果实粗壮，肉质甜嫩，果肉呈淡黄色；冠芽底部或上部的小果上长出许多小侧芽；对镰刀菌具有较强的抗性（Ruas *et al.*，2001）。

虽然根据形态特征对菠萝主要品种进行的园艺分类已被广泛认可，但各品种群的遗传基础并不清晰，已进行的基于同工酶系统的生物化学研究和基于DNA标记的分子生物学的研究结果尚不支持该分类方法，其主要类群未能明确区分，也无法确定哪些物种参与了菠萝基因型的构成，而一些相似的外部形态可能是在不同的遗传背景下发生的一些突变（Aradhya *et al.*，1994；Ruas *et al.*，2001；Kato *et al.*，2005；Zhou *et al.*，2015）。有研究者利用扩增片段长度多态性（AFLP）标记对148个菠萝样本和14个相关物种DNA多态性进行评价，发现现有菠萝种质中存在丰富的遗传变异，因此有必要对现有的菠萝商业品种开展更深入和全面的研究，并在新DNA标记证据的支持下对这一分类系统进行修订，这将有助于菠萝种质资源的有效保存和利用（Kato et *al.*，2005）。

1.3.1.5　菠萝的育种

美国、波多黎各、巴西、菲律宾、澳大利亚、南非等国家和地区制订了菠萝育种计划，在各自的种质资源库中保留了一些主要品种（Lobo 和 Paull，2017），并通过杂交育种手段选育出一系列适合鲜食、抗病并具更高营养价值的杂交品种。美国农业部位于夏威夷希洛的菠萝种质资源库是世界上主要的菠萝种质资源收集中心之一，目前保存着超过180份菠萝栽培品种及其野生亲缘品种（Zhou *et al.*，2015）。成立于1961年的夏威夷菠萝研究所曾经是世界上最大的专门从事菠萝研究的机构（Bartholomew，2014），虽然该机构已于1975年解散，但在其存在的十余年间选育出数量众多、符合市场对鲜食菠萝需求、具特殊甜度、一致性与稳定性等特性的菠萝品种，其中名为'MD2'（中文商品名为**金菠萝**）的品种目前在哥斯达黎加、洪都拉斯、哥伦比亚和菲律宾等国大面积种植（孙伟生，2014；Lobo 和 Paull，2017）。

我国农业部于2006年启动了菠萝研究项目，目标包括遗传改良、高产优质水果生产技术研究、病虫害综合治理、采后处理、副产品利用等（Sun，2011）。我国大陆地区陆续开发出一系列杂交选育的菠萝新品种，如**粤脆**、**粤彤**、**粤甜**、**冰糖红**。2016年，菠萝被列入《第十批中华人民共和国农业植物品种保护名录》中，这将有助于推动我国菠萝新品种的培育。在此之前，我国台湾地区较早开展了菠萝育种计划，并已培育了台农系列（Tai Nong Group）品种，其中较著名的有台农4号——**剥粒菠萝**（又称**手撕菠萝**）、台农11号——**香水菠萝**、台农17号——**金钻菠萝**、台农21号——**黄金菠萝**等。

1.3.2　观赏凤梨的收集与栽培历史

1.3.2.1　观赏凤梨在西方的收集及栽培历史

随着欧洲在17世纪晚期至19世纪早期对外地物种的收集和栽培兴趣的兴起，各国政府、君王、有钱的私人雇主和大公司纷纷派人到全球各地寻找并带回新的植物。一些生命力顽强的凤梨种类由于能忍耐较长时间的海上运输，被陆续带回欧洲：1690年，与菠萝一起被带回的有野菠萝强刺凤梨（*Bromelia pinuin*）（Padilla，1966）；1776年，美丽的红星果子蔓（*Guzmania lingulata*）首次作为观赏植物被引入欧洲，在英国、法国和德国引起轰动；1828年和1840年，美叶尖萼荷（*Aechmea fasciata*，俗称粉菠萝、蜻蜓凤梨）和丽穗凤梨（*Lutheria splendens*）分别被引入欧洲（Baensch，1994）。此后，珊瑚凤梨（*Aechmea fulgens*）、火炬水塔花等凤梨种类被相继引入，而欧洲的王室和贵族将凤梨布置在室内成为当时的一种时尚。

19世纪的法国和比利时对凤梨表现出更大的兴趣，当时许多新种被引入并进行了基于形态学方面的分类、描述和新种发表，资源收集及相关信息的保存较为规范。

比利时的C. J. É. Morren（1833—1886）教授是19世纪的凤梨科权威。他毕生致力于凤梨的研究，但去世时年仅53岁，而当时他正在编写一部凤梨专著。后来他未完成的著作手稿连同大部分栩栩如生的插图被出售给英国皇家植物园——邱园（Manzanares，2002）。C. J. É. Morren教授的两个学生——法国的É. André（1840—1911）和德国的C. Mez（1866—1944），继承了他未竟的事业。É. André于1875—1876

年赴哥伦比亚和厄瓜多尔探险，回国后于1889年发表了拉丁语专著*Bromeliaceae Andreana*。该书描述并配图的凤梨有122种及14变种，其中91个是新种（Baensch，1994）。C. Mez发表了两部凤梨专著，其中第一部是1896年发表于A. de Candolle主编的一套丛书中的*Monographiae Phanerogamarum: Bromeliaceae*（《显花植物专著·凤梨卷》），共描述凤梨科植物997种；第二部是在1935年发表于恩格勒（A. Engler）主编的丛书*Das Pflanzenreich*（《植物界》）中的第32册*Bromeliaceae*（《凤梨科》），这是当时最完整的凤梨科专著，描述的种类增至1516种，并在此后的40年中一直保持权威性（Manzanares，2002）。

与C. J. É. Morren同时代的英国植物学家J. G. Baker（1834—1920）于1889年发表*Handbook of The Bromeliaceae*（《凤梨科植物手册》），描述当时已知的凤梨科植物31属800种。这是当时关于凤梨科植物的第二部专著（仅比*Bromeliaceae Andreana*稍晚），也是首部英文版凤梨著作。

除原产国之外，英国、比利时、荷兰等欧洲国家曾经是凤梨收集的中心。英国的邱园在1813年时收集了16种凤梨，到1864年时已上升至100种。1886年，邱园从É. Morren处购买了一批凤梨，使其凤梨种数有很大提升，因而凤梨在其1897年的单子叶植物栽培清单中已达252种（Eyre 和 Spottiswoode，1897）。根据邱园官网于2022年5月公布的数据，该园当年收集的凤梨种数为656个974份，其中野外引种的比例大于50%。另外，在1873年出版的比利时列日（Liege）大学植物园凤梨名录中记录了200种凤梨（Morren，1873），而荷兰莱顿大学植物园（Hortus Botanicus Leiden）在其1894年的凤梨名录中记录了334种（Witte，1894）。所以，当今世界上最大的几家以生产和销售观赏凤梨为主业的公司主要来自比利时和荷兰就不足为奇了。到了20世纪初，凤梨在欧洲已十分流行，并被视为兴旺的象征。

但是在两次世界大战期间，凤梨在欧洲的研究和传播被迫中断，而且许多大型种丢失，大量珍贵的标本被毁。就在同一时期，美国佛罗里达州的园艺学家、植物收集者兼育种家M. B. Foster（1888—1978）却一直从事着凤梨的引种。他和妻子一起数次去南美洲收集新的凤梨种类，共带回凤梨200种，并成功培育了很多新品种，促进了凤梨在北美地区的种植和研究。由于美国具有离凤梨原产地较近的地理优势，因此第二次世界大战结束后对凤梨的兴趣中心也就自然而然地转移到美国。位于美国佛罗里达州的玛丽·塞尔比植物园（Marie Selby Botanical Gardens）被认为是目前世界上收集凤梨物种最多、信息记录最完整的机构。该园建于1973年，迄今共收集凤梨样本3 600多份。这不仅是一次次远赴原产地进行野外收集的成果，园中还保存有引种于19世纪的具有历史意义的凤梨种类（selby.org/botany/collections/living-plant-collection/）。

美国分类学家L. B. Smith及其助手R. J. Downs于1974—1979年合著了*Flora Neotropica* No.14（《新热带植物志·第14卷》），成为迄今为止关于凤梨科分类最完整的著作，共记录2 115种凤梨。该专著分为三册，其中第一册介绍翠凤草亚科（Pitcairnioideae），第二册介绍铁兰亚科，第三册介绍凤梨亚科。

第二次世界大战结束后，一些欧洲国家逐渐恢复了对凤梨的收集和研究工作。荷兰、比利时、德国等国纷纷成立专门从事观赏凤梨生产和销售的公司，利用已收集的凤梨种质资源设立自己的母本园，并不断培育出颜色鲜艳、花形独特并拥有自主知识产权的新品种。其中，荷兰、比利时等国的公司在全球布局子公司，进行种苗的繁育或成品苗的生产和销售，其产品主要集中在果子蔓属、鹦哥凤梨属、羽扇凤梨属（*Wallisia*）、尖萼荷属、丽穗凤梨属（*Lutheria*）等具较高观赏价值、适合盆栽的中小型凤梨，让越来越多的观赏凤梨走进千家万户。美国作为战后凤梨的收集与研究中心也进行凤梨物种间的杂交工作，培育了大量杂交种。然而，与欧洲凤梨种苗公司生产和销售批量化的凤梨商品苗不同的是，美国凤梨苗圃销售的既有从拉丁美洲收集的各种原生种，也有不同时期出现的园艺品种或杂交品种，种类多样，规格各不相同。美国的大型凤梨苗圃主要位于东南部的佛罗里达州和西南部的加利福尼亚州（下称加州），前者气候温和湿润，有部分原生种分布；后者气候干燥和冷凉，这里的苗圃更倾向于销售铁兰属植物。

大洋洲的澳大利亚和新西兰也有较多凤梨种植者和商业化苗圃，商品除在本国销售，也销售至日本、我国台湾等国家和地区。其中，新西兰培育出不少好的凤梨商业品种，例如由A. Maloy培育出的**奇异鸟**系列（Kiwi group）杂交鹦哥凤梨，拥有饱满的株型、精致的叶片斑纹和绚丽的叶色，成为国际凤梨市场的宠儿（图1-86d）。

图1-86　不同类型的凤梨生产设施

（a）规模化的凤梨生产温室；（b）美国加州以生产和销售气生型凤梨为主的苗圃；（c）澳大利亚的凤梨苗圃；（d）观叶的鹦哥凤梨——**奇异鸟**系列。

1.3.2.2　国际凤梨协会

1950年9月，L. B. Smith、M. B. Foster等人在美国成立国际凤梨协会，其宗旨是“促进和保持世界各地公众和科学界对凤梨的研究、开发、保护和分布的兴趣”。该协会是全世界凤梨爱好者、收集者和研究者分享和交流的平台，现有分会47个，涉及8个国家，其中位于美国的分会数量最多（32个），其次是澳大利亚（9个），其他国家为巴哈马、德国、日本、荷兰、新西兰和南非。协会创办网站（www.bsi.org），定期发行凤梨方面的杂志（现为每年4期），会员可免费获得。

从1972年开始，国际凤梨协会每2～3年举办一次世界凤梨大会，并从1982年起固定为每两年举办一次。笔者有幸受国际凤梨学会的邀请，参加了于2018年6月在美国圣迭戈市举办的第23届世界凤梨大会。截至2024年，已举办了25届（图1-87）（原定2020年举办的第24届大会因故延期至2022年）。此外，不同国家和地区的各个分会也定期或不定期地举办展览和售卖，或组织参观等活动，传播凤梨知识，提升人们对凤梨保护和种植的兴趣。

1.3.2.3　观赏凤梨在国内的收集与发展

相对于菠萝早在400年前就已在中国栽种，其他凤梨种类作为观赏植物进入我国则晚得多，相关的文献更是缺乏。植物园作为开展植物引种、收集、保存、研究和科普教育的专业单位，在我国凤梨的种类收集、科学研究、科普展示等方面起非常重要的作用，因此笔者根据中华人民共和国成立后陆续建成的各个植物园的历年栽培植物名录中找到的有限信息，将观赏凤梨在国内的收集与发展情况大致分为以下几个阶段。

1. 20世纪50—70年代

中华人民共和国成立后，华南植物园、厦门植物园相继建立。这两家植物园在建园初期就开始收集国

图1-87 第23届世界凤梨大会场景(2018年)

(a) 集中展示大会大奖作品的中心展台;(b) 东道主圣迭戈凤梨协会的主题景点;(c) 热带鸟石公司(Bird Rock Tropicals)的凤梨主题景点;(d) 获得园艺组大奖的短叶单鳞凤梨。

内已有的凤梨科植物,但最初收集到的种及品种数不足10种,主要为菠萝属、水塔花属、姬凤梨属和彩叶凤梨属的种类。其中,华南植物园于1959年10月编纂的《华南植物园栽培植物名录》中记录的凤梨仅5个种及品种,分别为菠萝(*Ananas* 'Comosus')、花叶菠萝(*A.* 'Comosus' [variegated])、狭叶水塔花(*Billbergia nutans*)、火炬水塔花、无茎姬凤梨(*Cryptanthus acaulis*)。另外,上海龙华苗圃(上海植物园的前身)在1966年以前也收集了3种凤梨,分别为端红彩叶凤梨(*Neoregelia spectabilis*)、狭叶水塔花和火炬水塔花。

2. 20世纪80—90年代

随着我国开始实施改革开放政策,与国外的交流日益频繁,不断有凤梨新品被引入国内。除上述几个属,增加了尖萼荷属(*Aechmea*)、果子蔓属、铁兰属和鹦哥凤梨属的种类。在80年代初,上海植物园的王大钧先生从国外陆续引入凤梨科植物,上海植物园1974—1983年的名录中凤梨已达90种,但在1993的名录中又降为53种。其他植物园中,南京中山植物园1988年的栽培名录收录22种凤梨,昆明植物园1996年的栽培名录收录3种,西双版纳植物园1996年的栽培名录收录15种,仙湖植物园1998年的栽培名录收录30种,杭州植物园1998年的栽培名录收录21种。

1986年,首届荷兰花卉展览会在上海植物园举办。会上除展示荷兰的国花郁金香和各种鲜切花外,也展示了一些盆栽植物,其中就有色彩艳丽的凤梨种类,受到观众的青睐。

3. 20世纪末至今

20世纪90年代,乘着改革开放的东风,我国的花卉产业得到长足发展,形成以广东省广州市荔湾区、佛山市顺德区等为代表的花卉生产与销售基地或中心,吸引了来自台湾、香港等地的知名花卉企业。更多美丽且新颖的观赏凤梨被引入国内,市场上出现了一批价格不菲的凤梨新品,引起爱好者热捧,当时一盆松果果子蔓的售价高达500元。观赏凤梨继兰花之后成为国内第二大盆栽花卉。随着国内花卉市场的扩大和提升，一些国际知名的凤梨专业公司进入我国市场，有的在国内设立组织培养工厂，长年供应其培育的观赏凤梨种苗，不仅满足中国国内市场，还返销至欧美等国家。

20世纪末至21世纪初，北京植物园和上海植物园先后从国外引种观赏凤梨，种和品种数量达到1 000个左右，极大地丰富了国内的凤梨种质资源。随后，这两家植物园与国内其他植物园开展了多次植物引种和交换，促进了观赏凤梨在我国的传播，其中上海植物园历年提供给国内其他单位的凤梨的情况见表1-1。北京植物园2006年的植物名录共收录凤梨894种及品种，上海植物园2014年的植物名录收录凤梨1 130种及品种，华南植物园2005年的植物名录收录凤梨340种及品种。

表 1-1　上海植物园历年提供的凤梨资源情况（2004—2014 年）

引种单位	种及品种数（个）	植株总数（株）	引种年份
华南植物园	352	713	2004，2005，2009
广州花卉研究中心	212	1 435	2004，2005
沈阳植物园	268	1 040	2006
浙江省农业科学院	383	1 782	2007，2008，2009
上海辰山植物园	1 000	4 301	2010—2012

上海辰山植物园作为植物园中的后起之秀，自2010年建成以来也将凤梨作为重点收集的专类植物之一。截至2024年6月，上海辰山植物园收集的凤梨涉及54属，种及品种数超过1500个，成为目前国内收集凤梨种类最多的单位；原生种占比接近50%，其中尖萼荷属、卷瓣凤梨属、彩叶凤梨属、铁兰属等属的种类收集较多，特色明显；还引入一些国内少见的凤梨属，如卧花凤梨属（*Disteganthus*）、峰色凤梨属（*Fernseea*）、香花凤梨属（*Lemeltonia*）的种类，填补了相关空白。从2012年起，上海辰山植物园也陆续为国内同行提供凤梨种质资源（表1-2）。

表 1-2　上海辰山植物园提供的凤梨资源引种情况（2012—2017 年）

引种单位	种及品种数（个）	植株总数（株）	引种年份
南宁青秀山风景区	301	612	2012
深圳仙湖植物园	249	500	2014
南京中山植物园	79	369	2017
杭州植物园	55	258	2017

然而，观赏凤梨在我国民间的普及和流行程度与欧美、澳大利亚和日本等国家和地区相比还相差太远，国内大众对凤梨的认知往往只局限于年宵花卉中少得可怜的几个商业品种。但近几年，随着与国外的交往日益扩大以及网络购物的普及，一些奇特的凤梨种类逐渐进入大众视线，其中以被称为“空气凤梨”的部分铁兰属的种类为主，还有以雀舌兰属和鳞刺凤梨属的种类为代表的适应干旱环境的凤梨。铁兰属植物的株型一般不大，而且通常不要种植在介质中，运输非常方便，得到了年轻人的追捧。除从美国、泰国等国进口铁兰属的种类，国内部分花卉企业还在广东、海南、江苏等地建立一定规模的铁兰生产基地，推动了“空气凤梨”在国内的销售和普及。

遗憾的是，有些凤梨种类进入国内后，往往被随意冠以五花八门的商品名和昵称，例如“空可乐”“河豚”“犀角”“蝴蝶”“香槟”“烧卖”“柳叶”“子弹”，让人不知所以，不便于开展专业交流和行业良性发展。因此，笔者建议卖家在引进和销售凤梨等植物时提供原始学名，并使用规范的中文名，同时植物爱好者在购买时也尽量索要和保留其规范的学名。

1.4 用 途

凤梨科中，除菠萝是著名的热带水果，大部分种类还可用作观赏植物。对于人类来说，凤梨科植物的用途主要体现在以下几个方面：作为食物、药物、纤维、燃料和建筑材料，用来造纸、制成工具和手工艺品，以及用于宗教祭祀仪式等（Rios 和 Khan，1998）。

1.4.1 食用与药用

如前所述，菠萝果实可食用，它与香蕉、杧果并称世界三大热带水果。菠萝可鲜食，或做成水果罐头、果汁、果酱、果脯等。据《中华本草》第八卷记载，菠萝的果实富含挥发油，含多种有机酸、糖类、氨基酸、维生素等；果皮有解毒、止咳、止痢功效；根和叶有消食和胃止泻功效（胡熙明和张文康，1999）。菠萝加工后的残渣和菠萝皮可用于酿酒或作为动物饲料。在南美洲，当遇旱灾时，人们还将凤梨科植物的叶片干燥并磨成粉，其中含钙的比例是牛奶的15倍（Olsen，2014）。此外，凤梨原产地的孩童还会采食凤梨亚科中尖萼荷属、泡果凤梨属的浆果。

1891年，委内瑞拉科学家V. Marcano首次从菠萝汁中分离出菠萝蛋白酶。这是一种蛋白水解酶的复合物，主要存在于菠萝果实和花序梗中。它不仅因具有水解蛋白质的功能而广泛应用于食品加工行业，还具有多种临床治疗效果：① 消炎、抗血栓、抗水肿、促进药物吸收等；② 在抑制肿瘤细胞的生长和侵袭等方面具潜在治疗活性（Taussig 和Batkin，1988；Maurer，2001）；③ 通过分解和稀释呼吸系统产生的分泌物，改善哮喘和其他呼吸系统疾病方面的症状；④ 用于手术清创并加速伤口愈合。

研究发现，菠萝果皮富含蛋白质、脂肪、糖类、膳食纤维以及氮、磷、钾、钙、镁等元素，还有许多活性物质，如菠萝皮皂苷、黄酮类化合物、菠萝皮多酚、白藜芦醇、酚类。其中，菠萝皮多酚具良好的抗肿瘤、抗氧化、抗疲劳、减缓衰老等药理作用（Larrauri *et al.*，1997；史俊燕，2010；刘焕云等，2014；王娟等，2016）。

菠萝叶中含有黄酮类和酚类化合物，其中部分化合物表现出优良的抑菌活性和卤虫致死活性（黄筱娟等，2015）。菠萝叶中还含有较强的紫外线吸收成分，提取后可以作为化妆品里的防晒剂（郭飞燕等，2016）。

据《广西药用植物名录》记载，火炬水塔花的叶含胶质、鞣质、黄酮类化合物以及天冬氨酸、丝氨酸、谷氨酸，有消肿、排脓功效。

在美洲，棒叶凤梨的果实被用于治疗咳嗽、支气管炎、流感肺炎，并有止痛作用。倒钩强刺凤梨（*Bromelia antiacantha*）又叫野香蕉，其成熟的果实也含有植物半胱氨酸蛋白酶，煮水后具镇咳作用，还可作为驱虫药、抗炎剂、润肤剂以及增加血脑屏障的营养素和治疗剂，并能用于治疗口腔和皮肤溃疡（Valles *et al.*，2007；Santos *et al.*，2009）。

1.4.2 观赏

凤梨科拥有数量众多且观赏价值高的种类。经过近300年的人工收集，不断有奇特的凤梨被发现并进行人工栽培，筛选并培育出的许多观赏价值极高的园艺品种，越来越多的凤梨科植物走进大众的生活，为人们的生活增光添色。

1.4.2.1 观叶

观叶是凤梨主要的观赏特性之一。不同凤梨种类叶的颜色、质地、叶形以及株形各不相同。有些种类的叶宽大且为革质，有些种类的叶较肥厚，也有些种类的叶细如丝。凤梨的叶色更富于变化，除绿色，还有红色、橙色、黄色甚至黑色等。不少种类的叶片上形成了有形态各异的叶斑和条纹：有些种类的叶片内含有不同色素的细胞并按一定规律排列形成斑纹（图 1-88）；有些种类的叶片表面的附属物呈规则或不规则的条纹状分布，从而使叶片呈现出各种美丽的斑纹（图 1-34c，1-89）；有些种类的整个叶片覆盖鳞片（图 1-34a，1-34b，1-34e，1-90），使叶色呈灰白色。由于鳞片的大小和密度不同使叶片呈现出不同的质感，一些鳞片发达的凤梨种类看上去毛茸茸的，深受人们喜爱。

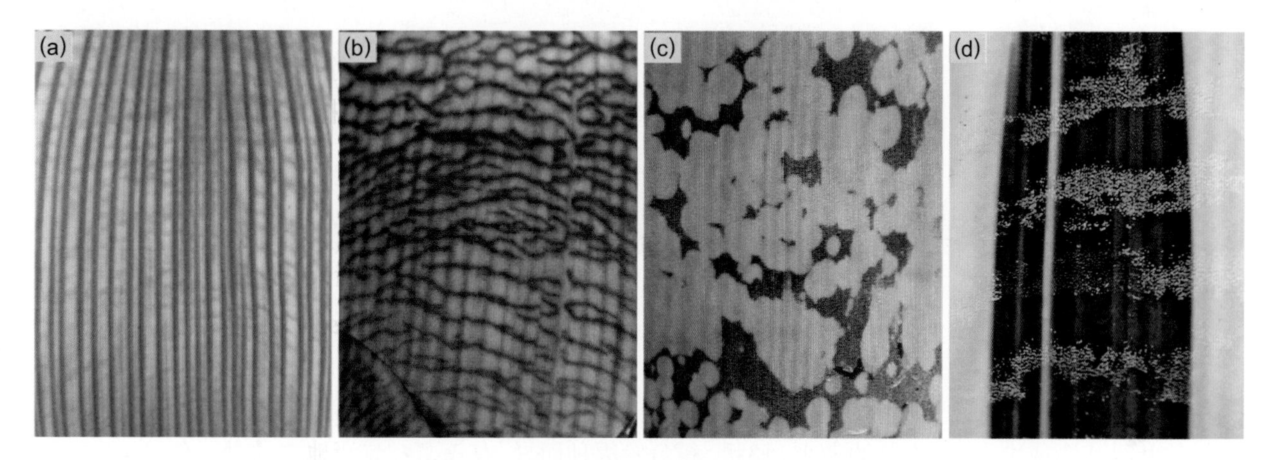

图 1-88　由细胞内的色素形成的凤梨叶片斑纹

（a）纵脉纹；（b）横纹；（c）斑点纹；（d）纵向条纹。

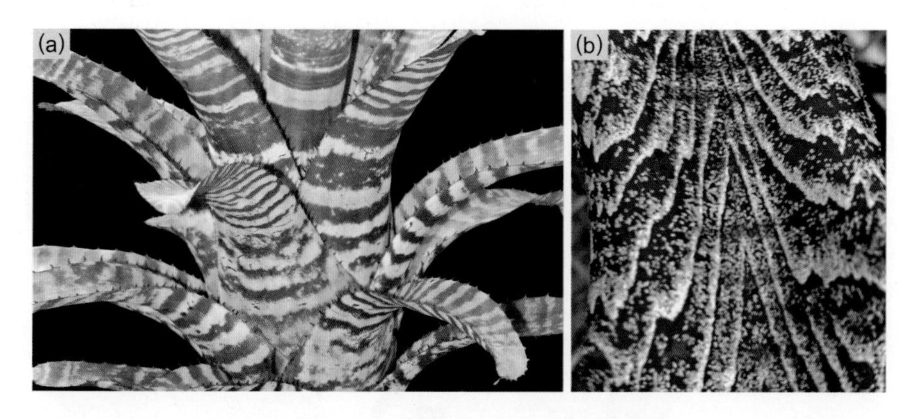

图 1-89　由凤梨叶表鳞片形成的美丽斑纹

（a）斑纹尖萼荷（*Aechmea chantinii*）；（b）姬凤梨栽培种（*Cryptanthus* cv.）。

图 1-90　气生型凤梨的叶表鳞片

（a）银狐铁兰（*Tillandsia tectorum*）；（b）紫花铁兰。

姬凤梨属和彩叶凤梨属拥有众多叶片具斑纹的物种和品种，以观叶著称。彩叶凤梨属中一些种类在临近开花时，位于莲座丛中央的心叶会变得异常鲜艳，有爱好者称之为“婚姻色”；烈焰凤梨属、强刺凤梨属，以及铁兰属中的精灵铁兰、果子蔓属中的猩红果子蔓等具有相似的特性（图1–91）。这些凤梨种类往往在开花前数周甚至数月就开始变色，从而大大延长了观赏期。

图1–91　开花前心叶变红的凤梨种类

（a）黄之王彩叶凤梨（*Neoregelia* ‘Yellow King’）；（b）精灵铁兰；（c）猩红果子蔓。

除小花凤梨亚科和铁兰亚科所有种类、翠凤草亚科翠凤草属和卷药凤梨属的部分种类外，其他凤梨种类的叶缘或多或少有刺，而刺的大小、形状、颜色等因种而异，甚至具一定的观赏价值：有些种类的刺具金属般光泽；有些种类具比较奇特的锯齿（图1–92a，1–92b）；有些种类的叶刺还会在叶片上留下美丽的压痕（图1–92c），这常见于雀舌兰属中。

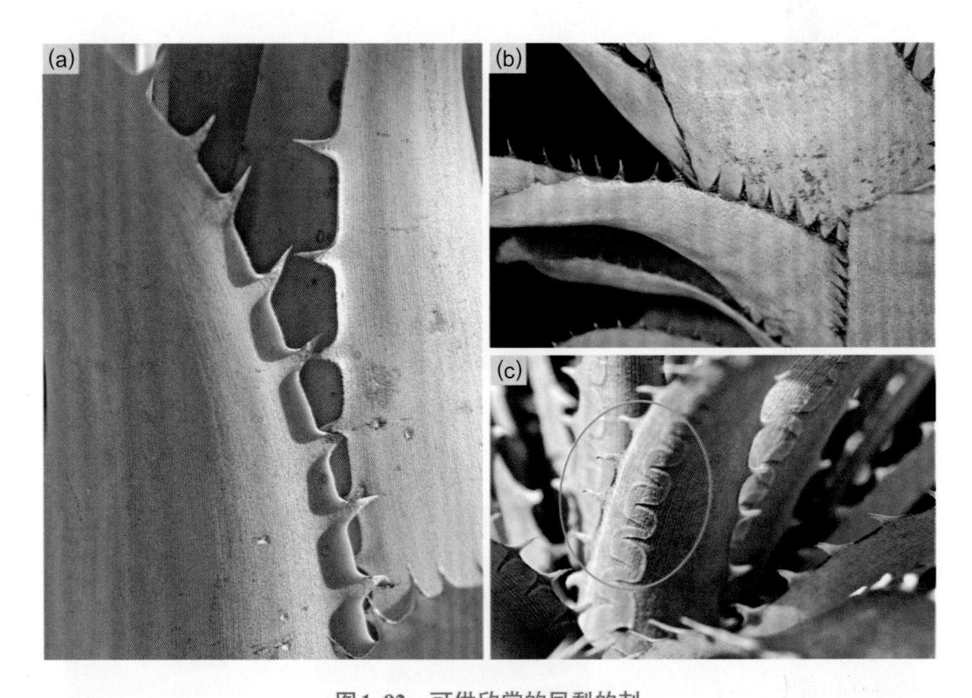

图1–92　可供欣赏的凤梨的刺

（a）红苞尖萼荷；（b）桑德水塔花；（c）红色莱德雀舌兰（*Dyckia* ‘Ruby Ryde’）。

1.4.2.2　观花

花是大部分观赏植物最吸引人的部位之一，凤梨也不例外。不过，这里的“观花”对象除只有单朵花的种类之外，通常是指凤梨的整个花序（图1–93）。凤梨的花序姿态各异，或直立或下垂，大小相差悬殊；外形非常多样，有塔形、球形、松果形、圆柱形、线形等。

图1-93 供观赏的凤梨花序

(a) 霍奇水塔花(*Billbergia* 'Thelma Darling Hodge');(b) 帝王凤梨;(c) 瓦勒朗尖萼荷(*Aechmea vallerandii*);(d) 树猴铁兰;(e) 双花尖萼荷(*Aechmea biflora*)。

单朵凤梨花的开花时长1～4天不等。整个凤梨花序的开花时长因种类不同而差异悬殊,如水塔花属一般为6～10天,翠凤草属为15～25天,而一些花序较大型的凤梨,如卷瓣凤梨属、部分尖萼荷属的种类可持续数月,特别是皇后刺蒲凤梨的开花可持续1年多,其高大的花序上往往同时存在正开放的花和已成熟的果实。有的凤梨种类虽然花序不算高大,但开花时断时续,也可持续数月,如果子蔓属、鹦哥凤梨属、香花凤梨属和羽扇凤梨属中的部分种类。

凤梨花序上的各级苞片通常大而显著,颜色鲜艳,往往成为观赏的焦点。即便在所有的花都开放后,一些种类的苞片颜色还能保持较长一段时间,故具有较长的观赏期。

1.4.2.3 观果

凤梨亚科中有不少种类在开花后果实膨大,并因种类不同而形状各异,颜色也非常丰富(图1-94),且挂果期常长达数月,是不可忽略的观赏特性之一。

1.4.2.4 闻香

凤梨科中有些种类的花具香味,例如香花凤梨属、羽扇凤梨属的大部分种类,以及铁兰属中树猴铁兰、赖氏铁兰、剑花铁兰(*Tillandsia xiphioides*)等种类,尖萼荷属中的玫紫尖萼荷(*Aechmea purpureorosea*)、

图1-94 凤梨亚科的浆果颜色

(a) 垂花尖萼荷(*Aechmea penduliflora*);(b) 红苞尖萼荷;(c) 虎纹裸茎尖萼荷;(d) 翅萼泡果凤梨(*Portea alatisepala*)。

彩叶凤梨属中的斑点彩叶凤梨(*Neoregelia maculata*)、相似彩叶凤梨(*N. simulans*)、红纹彩叶凤梨(*N. rubrovittata*)和绿斑彩叶凤梨等种类。凤梨种类不同,香味也各有不同,或淡雅,或浓郁,常令人心旷神怡。

1.4.3 纤维制品

在拉丁美洲一些偏远地区,能用来制造成纤维制品的凤梨至少有13种,其中最常用的种类包括菠萝、钩刺尖萼荷(*Aechmea magdalenae*)、棒叶凤梨和松萝凤梨(Benzing,2000)。

菠萝叶片的纤维长且韧性强,割叶抽丝后可用来制造菠萝叶纤维,称为凤梨麻。据《台湾通史》记载,以前高雄、屏东一带盛产的菠萝最早是用来制造纤维的。闫惠娜等人(2017)对取样于中国丝绸博物馆收藏的一批晚清参加万国博览会时展出的纺织品进行鉴定,发现其中一件标记为1895年的纺织样品就是用菠萝叶纤维制成的。菠萝叶纤维有中空纤维结构和表面纵裂,具优良的透气性、高吸湿性和良好的蒸发性能,还有抗菌和去除异味的功能(Sun,2011)。菠萝叶纤维可制作衣物、毛巾、袜子、绳子、缝线、渔网,还可用于生产土工布等纺织品和造纸,或加入到某些橡胶制品中以增加强度和稳定性(王红和邢声远,2010)。

用产自巴西东北部的棒叶凤梨叶制成的纤维质量非常好,其强度是黄麻纤维的3倍,经久耐用,可用于制造绳索、麻袋、篮子、草席、吊床、扫帚、手工艺品或衣服(Bally 和 Tobler,1955)。

1.4.4 其他用途

强刺凤梨属的叶缘大多具强大的锯齿。这些锯齿呈三角形,宽大且弯曲呈勾刺状,有的向上弯曲,有的向下弯曲,令当地食草动物望而生畏。因此,强刺凤梨属植物常被原产地的农民用作活篱笆,以防止牛羊等牲畜进入。

松萝凤梨枝叶蓬松、柔软,可作为包装填充物,起到减震和装饰的效果(图1-15b)。有一些香花型的凤梨种类可以提炼精油,如球花鳞刺凤梨(*Hechtia glomerata*)。

1.5 研究进展

国外开展凤梨研究的国家主要为美国、德国、法国、奥地利等西方国家，其次是以巴西为代表的凤梨原产国；研究的内容包括新种发表、系统发育、物种进化、适应性、生态系统与物种保护、遗传育种等方面。

我国对凤梨的早期研究多与菠萝相关，包括菠萝的栽培技术、病虫害防治、果实营养成分与功效、加工、副产品与加工废弃物的利用、品种间遗传多样性分析等。由于研究起步较晚，加之研究材料的缺乏，在一段时期内，我国从事凤梨研究的专业人员并不多，而且集中在少数几家研究机构内。但随着观赏凤梨在我国花卉产业中的比重不断增加，国内研究者对凤梨的关注度有所提升，逐渐从以应用性为主的研究向生理生化、生物技术、基因工程等基础性研究领域延伸，研究也从少数物种扩展到凤梨亚科的尖萼荷属和彩叶凤梨属、铁兰亚科的果子蔓属、铁兰属、鹦哥凤梨属等类群。

1.5.1 染色体及基因组研究

到目前为止，针对凤梨科开展的细胞学研究不多，有时不同的研究得出的染色体数量还不一致。Gitaí等人(2014)认为，这主要与以下三个原因有关：① 凤梨分类的不确定性，导致物种被错误识别；② 凤梨科物种的染色体尺寸较小，通常为0.21～2.72 μm(Zanella, 2012)，或使用了可能产生错误结果的方法；③ 有丝分裂计数和减数分裂计数之间的差异。但从已有的研究成果可以肯定的是，凤梨科物种的染色体数目相对恒定，大多数物种为二倍体，体细胞染色体数目2n=50，基数x=25(Marchant, 1967; Brown 和 Gilmartin, 1989; Cotias-de-Oliveira *et al.*, 2000; Gitaí *et al.*, 2014; Cruz *et al.*, 2020)；偶尔有多倍体和异倍体，其中凤梨亚科的多倍体主要发生在早期分离的类群中，如菠萝属、强刺凤梨属、直立凤梨属等(Gitaí *et al.*, 2014)，而核心凤梨类(Core Bromelioids)中也有少数物种为多倍体，如宽大尖萼荷(*Aechmea eurycorymbus*)(2n≈88)、棒叶凤梨(2n=100)等(Gitaí *et al.*, 2014)。姬凤梨属的染色体基数x=17(Ramírez-Morillo 和 Brown, 2001)，这通常被认为是染色体非整倍性减少的结果(Cruz et *al.*, 2020)。多倍体和异倍体是导致凤梨科染色体进化的主要机制。另外，在部分强刺凤梨属、直立凤梨属和姬凤梨属的种类中观察到存在B染色体(B chromosome)[①](Cotias-de-Oliveira *et al.*, 2000; Gitaí *et al.*, 2014; Cruz *et al.*, 2020)，这表明正在进行的凤梨物种形成过程与染色体重排密切相关(Gitaí *et al.*, 2014)。

基因组是指某一特定物种细胞内的一整套遗传物质，其大小通常用C值[②]或以核苷酸碱基对的数量表示，单位为“百万对”，写成“Mb”或“Mbp”。生物学家采用碘化丙啶染色和流式细胞术等方法估测凤梨科物种的基因组大小和碱基组成(Favoreto *et al.*, 2012; Gitaí *et al.*, 2014)，探讨驱动基因组大小进化的机制，为凤梨科的分类、进化、遗传多样性和生殖生物学的研究提供了细胞学方面的信息。根据邱园官方网站上公布的92种凤梨的基因组大小信息(https://cvalues.science.kew.org/)，凤梨科中基因组C值最小的是丝叶翠凤草(0.3 pg)，最大的是禾穗铁兰(1.67 pg)。利用测序技术对基因组的大小等特征进行评估是目前最常用、最准确的方法，到目前为止，凤梨科植物中进行了全基因组测序的物种主要集中在菠萝属，已对8份菠萝材料的基因组进行了测定。其中，冯锜庭等人于2024年完成了首个菠萝“端粒到端粒”参考基因组序列的组装，并测得该参考基因组的大小为423.8 MB(Feng *et al.*, 2024)。与远缘物种相比，近缘的凤梨基因组大小更相近(Müller *et al.*, 2019)，其中凤梨亚科物种的基因组较小，且大小变化较保守；铁兰亚科物种的基因组和染色体的大小及其变化幅度都是凤梨科中最大的(Gitaí *et al.*, 2014; Müller *et al.*, 2019)，但前者的植株具有较高的相对生长率，而后者的植株相对生长率较低。另外，

① B染色体：除常规的A染色体以外的染色体，又称额外染色体或超数染色体。
② C值：是指物种单倍体或配子所含的DNA量，单位为pg。

凤梨亚科的基因组大小显示出较强的系统发育信号，并沿系统发育树的分枝逐渐进化，而铁兰亚科的基因组大小的系统发育信号较低，与进化时间无关，环境因素和多倍体可能是形成铁兰亚科基因组大小更多变的原因（Müller *et al.*, 2019）。Cruz等人（2020）的研究发现，姬凤梨复合体（cryptanthoid complex，参见 第2.1.2.2款）内物种的基因组大小与系统发育关系不严格相关，其中姬凤梨属的基因组明显大于复合体内其他的属且变化幅度很大，而该属主要的分布区域为大西洋森林，生境非常多变；刺姬凤梨属（*Hoplocryptanthus*）在分布区域内的生境较为单一，为严苛的多石草地（Campos Rupestres），而该属的基因组最小；复合体内其他属的基因组大小因生境而异，因此植物占领和适应不同生境的过程可能对基因组大小进化发挥了重要作用。

1.5.2 传粉生物学研究

凤梨科的传粉模式非常丰富，通常有鸟媒、虫媒、蝙蝠媒、风媒，有些种类为混合模式，此外还有自花受精和闭花受精模式（Harms, 1930；Kessler 和 Kröme, 2000；Wolowski 和 Freitas, 2015）。凤梨科最主要的传粉模式为鸟媒，其中以蜂鸟为主要传粉者；其次为虫媒；再次为蝙蝠媒，大多数蝙蝠媒的凤梨属于铁兰亚科，如部分鹦哥凤梨属的种类和整个杯柱凤梨属；铁兰亚科中部分生长在极端干旱生境中的种类采取自花受精模式（Kessler 和 Kröme, 2000；Zanella *et al.*, 2012）。Aguilar-Rodríguez 等人（2019）对凤梨的蝙蝠传粉模式进行了全面回顾，并通过构建系统发育树推测蝙蝠媒由鸟媒进化而来，是在不同的系统发育分枝中独立并趋同进化的结果。

Harms（1930）、Gardner（1986）、Varadarajan 和 Brown（1988）、Kessler 和 Krömer（2000）、Sajo（2004）、Krömer 等人（2008）、Aguilar-Rodríguez 等人（2019）的研究揭示了凤梨科植物与传粉相关的重要特征，涉及花的结构、花序和花的颜色、开花物候、花蜜的产量与成分等方面。白天开花、花序颜色鲜艳且呈对比色、花没有香味是鸟媒花的主要特征，其中一些在黄昏或夜间开的鸟媒花的花苞上有亮色的鳞片，可提高花序在弱光下的可视性。蝙蝠媒的凤梨在黄昏或夜间开花，花通常大且宽短，花瓣颜色偏浅；花香成分中通常含硫化合物，散发出类似麝香或大蒜的味道（Aguilar-Rodríguez *et al.*, 2019）。一些凤梨种类为了适应鸟类和蝙蝠等传粉者的需求而提高了花蜜产量（Sajo, 2004；Aguilar-Rodríguez *et al.*, 2019），如卷瓣凤梨属的种类。虫媒花的特点是日间开花，花柱短且无乳突，花为白色、黄色或绿色，辐射对称，花蜜分泌量适中。

Kessler 和 Krömer（2000）分析了玻利维亚境内安第斯山脉及附近低地区域中74个森林点位的188种凤梨的传粉模式的分布情况，发现高海拔及湿润区域以鸟媒为主，其中蜂鸟为主要传粉者；高海拔外的干旱区域以虫媒为主；蝙蝠媒在湿润的中低海拔区域较普遍；自花受精模式发生在极端干旱区域，而低地区域多为混合传粉模式。由此可见，环境中的温度和湿度条件影响了凤梨传粉者的种类。这表明，凤梨科植物在不同的生境中经历了长期的自然选择而形成了特定且最为有利的授粉方式。另外，在凤梨科的进化过程中，授粉者的灵活性有利于凤梨向新的生境迁移。即便在以自花授粉为主的凤梨种类中，由包括鸟类、蝙蝠等远距离活动的动物作为花粉载体而偶尔进行的异花授粉，可减轻近亲繁殖带来的潜在不利影响，促进了同种不同种群间的基因流动（Martinelli, 1994）。

1.5.3 繁育系统与杂交育种

凤梨在与生态环境长期的适应性进化过程中，形成了特定的繁育系统。大多数凤梨种类为雌雄同花，少数种类为雌雄异株。多个团队通过野外观察和人为的受控授粉实验（可控的自交和异交实验）对部分凤梨种类的繁育系统进行了研究（Martinelli, 1994；Matallana *et al.*, 2010；Zanella, 2012；Souza *et al.*, 2017），发现凤梨科中存在自交为主、异交为主、混合交配等多种繁育方式，其中自交亲和的种类很常见（Matallana *et al.*, 2010）。一般来说，铁兰亚科中卷瓣凤梨属、铁兰属、鹦哥凤梨属等属以自交为主；凤梨亚科中异交的种类略多于自交的种类；翠凤草亚科中已进行的少量研究也证实是以自交亲和为主，但部分种类自交不亲和，如在岛状丘[①]生态系统中的恐怖刺叶百合凤梨（*Encholirium horridum*）为部分自交不亲和并伴有近交衰退（Hmeljevski *et al.*, 2017）。无论是自交亲和还是自交不亲和，许多凤梨种类通过雌雄蕊异位、雌雄蕊异熟等机制尽量避免自花授粉，并促进产生异花授粉的后代（Martinelli, 1994；Benzing, 2000），例如铁兰属下铁兰亚属中超过150种具有雌蕊先熟的特性（Gardner, 1986），而鹦哥凤梨属和卷瓣凤梨属具有雄蕊先熟的特性。另外，当柱头上同时存在异花花粉和自花花粉时，异花花粉的花粉管的生长速度往往更快一些，穿透胚珠的概率也就增加了（Martinelli, 1994）。

通常来说，自交可引起后代遗传多样性丢失而导致近交衰退，会增加物种濒危的风险，但是凤梨科较高的物种多样性和较强的环境适应性似乎违背了这一规律。有研究者认为（Matallana *et al.*, 2010），凤梨科的这种自交系统一方面可减少对同域传粉者的竞争，另一方面当环境中存在异种花粉流的情况下，自交亲和性成为避免异种杂交的一种生殖隔离机制；在传粉条件受限时，通过自主自花授粉机制实现物种的繁殖保障。

在野生环境下，凤梨科的部分种类也会发生自然杂交，目前已记录到的自然杂交种有200个（https://bromeliad.nl/hybridList.php），其中还出现了属间杂交，如果子蔓属与铁兰属杂交的果铁凤梨属（× Guzlandsia）和球穗凤梨属与尖萼荷属杂交的球尖凤梨属（× Hohenmea），但是由于存在地理隔离和生殖隔离，总体来说产生属间自然杂交种的情形较为罕见。

长期以来，人们选择在花色、叶形、株型等方面具有优良性状、具抗病虫害、对环境有较强抗逆性的亲本开展杂交育种，产生了许多具有新基因型的新品种，开发成园艺新品种后产生了可观的经济价值。国外对凤梨的育种开展得比较早，在19世纪末，著名的比利时植物学家 C. J. É. Morren于1879年育成了凤梨科第一个杂交种——**莫氏**鹦哥凤梨（*Vriesea* 'Morreniana'），由鹦哥凤梨和龙骨鹦哥凤梨杂交而成。截至2023年1月，在国际凤梨协会的凤梨品种注册机构（Bromeliad Cultivar Register，简称BCR）登记的凤梨品种达14 000余个，其中数量最多的是彩叶凤梨属，达7 900余个；其次为鹦哥凤梨属，超过2 000个；再次为铁兰属，1 500余个；水塔花属和姬凤梨属的品种数量也都超过1 000个。通过人为的杂交育种手段，同一个亚科内的部分属之间的凤梨也可杂交，产生属间杂交后代。截至目前，已形成了约73个人为的属间杂交属，其中不乏特征明显、观赏性极高的品种，如**安东尼奥**羽翅凤梨（× *Wallfusia* 'Antonio'）（图1-95a），它由蓝花羽扇凤梨（*Wallisia* cyanea）与阔茎翅轴凤梨（*Barfussia platyrachis*）杂交而成。由果子蔓属和鹦哥凤梨属未知父母本（未公布）杂交而成的**红钻**果鹦凤梨（× *Guzvriesea* 'Patricia'）（图1-95b），也是我们平时能看到的属间杂交品种。

图1-95 属间杂交凤梨品种

（a）**安东尼奥**羽翅凤梨；（b）**红钻**果鹦凤梨。

① 岛状丘：巴西东部（主要位于巴西大西洋森林地区）非常古老、分散分布的片麻岩花岗质山脉，呈圆顶状。

受到凤梨种质资源稀少等因素的影响，与国外相比，国内的凤梨育种工作相对滞后，自主培育、拥有完全知识产权的凤梨商业品种非常缺乏。目前已通过省级新品种审定的国产凤梨品种有6个，分别为原浙江省农业厅（现浙江省农业农村厅）审定通过的**凤粉1号**尖萼荷和**凤剑1号**鹦哥凤梨，原广东省农业厅（现广东省农业农村厅）审定通过的**步步高**果子蔓、**幸运星**果子蔓和**秀丽1号**果子蔓，而这些国产新品种都是通过传统的杂交育种方法获得的。另外，在2019年4月，海南省首个获得植物新品种保护权的观赏凤梨品种——**白擎天**果子蔓由组培苗中苞片花青素严重缺失的突变体筛选而来。

虽然不同种属的植株（个体）间进行的远缘杂交可实现物种间优良基因的重组交流（吕锐玲等，2016），是植物育种和种质创新的重要手段，但由于不同物种间存在生殖隔离，往往导致杂交失败。生殖隔离的机制可分为受精前生殖障碍和受精后生殖障碍，前者指隔离机制发生在胚珠受精前，如异种花粉不能在柱头上萌发，或即便花粉萌发但花粉管伸长受到抑制，不能成功通过花柱并到达子房，都导致花粉粒最终不能与胚珠结合；后者指隔离发生在受精以后，其中包括杂种不活、杂种不育和杂种衰败等。Vervaeke 等人（2001）研究了不同亚科的7种凤梨的花粉粒在柱头上萌发力、花柱中花粉管的数量、长度和形态、花粉管穿透过胚珠珠孔（即发生受精）的比例等受精前障碍的发生情况，结果显示，这些凤梨种类的种间和属间杂交的不亲和性主要为受精前障碍，大部分种类的花粉在柱头上都能萌发，不亲和性识别发生于花柱。为此，他们采取了切割花柱授粉①、胎座嫁接花柱授粉②和胎座授粉③等技术，尝试克服凤梨的受精前障碍（Vervaeke *et al.*，2002）。龚明霞等人（2012）利用胚拯救等技术，克服了远缘杂交受精后障碍，并建立了一套观赏凤梨远缘杂种离体再生培养体系。

随着生物技术的发展，基因改造工程将在观赏凤梨的育种发挥作用。在凤梨的分子育种方面，国内科研人员进行了一些尝试和技术准备。沈晓岚等人（2013）以果子蔓属植物组织培养苗的茎尖生长组织为材料，用基因枪介导结合绿色荧光蛋白基因对转化中的主要影响因子进行研究，建立并优化了遗传转化体系，获得了转化再生植株。

1.5.4 花期调控技术及机制研究

由于观赏凤梨的生长期较长，有时开花还不太整齐，因此如何缩短这类植物的栽培时间并实现人为控制开花是人们研究最多的方向。1874年，人们意外地发现，烟雾可以诱导温室内的菠萝开花（Bartholomew，2014）。Rodriguez（1932）根据木材蒸馏产生乙烯的现象，意识到乙烯可能是烟雾中导致菠萝开花的有效成分，而且他利用乙烯气体处理菠萝的裔芽和腋芽均实现提前开花。人们很快意识到这个发现的重要性，相继发明了利用电石、不饱和碳氢化合物（如乙炔和乙烯）的气体或水溶液使菠萝提前开花的专利（Bartholomew，2014）。部分研究表明，低浓度的萘乙酸（英文缩写为NAA）（Clark 和 Kerns，1942）、2，4-二氯苯氧乙酸（简称2，4-D）（Overbeek，1945）、2-肼基乙醇（Gowing and Leeper，1955）也都能促使菠萝提前开花。Burg和Burg（1966）发现，NAA可刺激菠萝在体内形成乙烯，并促进开花。然而，俞信英等人（2005）在比较NAA、2，4-D、乙烯利、乙炔水溶液、电石粉、乙醛共6种试剂对3种鹦哥凤梨（或丽穗凤梨）的催花效果后发现，NAA和2，4-D不可用于鹦哥凤梨催花，且都对植株生长产生一定不良影响，但是否在调整药剂浓度和催花季节（环境温度）的情况下可用于凤梨催花尚不明确；饱和乙炔水溶液对鹦哥凤梨催花安全、有效；乙烯利催花效果较好，但心叶基部出现黄色斑点（可能与药剂的浓度相关）；电石粉水溶液催花效果略差，而乙醛效果最差。黎萍等人（2011）研究了5种催化剂对**丹尼斯**果子蔓（*Guzmania* 'Denise'）的催花效果，得出了类似的结果。史清云等人（2013）比较了乙烯利、NAA和赤霉素对3种铁兰促进开花的效果，结果表明乙烯利催花作用明显，但花序长度和小花数量随着乙烯利浓

① 切割花柱授粉：在去除花柱的一部分（包括柱头）后，将花粉撒在花柱表面。
② 胎座嫁接花柱授粉：将长有花粉管的花柱嫁接到有胚珠的胎座上。
③ 胎座授粉：去除柱头、花柱和子房壁，在胎座上对胚珠进行授粉，并在合适的培养基上培养胚珠团。

度的增加而降低；NAA只对其中的蒙大拿铁兰（*Tillandsia montana*）具有较小的催花作用；赤霉素无任何效果。

学者们在乙烯诱导凤梨开花的作用机制方面开展了研究。有研究发现，外源乙烯通过激活1-氨基环丙烷-1-羧酸（英文缩写为ACC）合成酶基因诱导植物体内产生内源乙烯（Abeles，1992）。ACC为乙烯合成前体，因而ACC合成酶是乙烯的生物合成的关键调节酶。另外，施用外源ACC也可使植物自身产生较低量但足以诱导开花的乙烯（De Greef *et al.*，1989）。反之，阻断乙烯发挥作用或抑制其生成可以阻止由于环境因素造成的凤梨的自然开花，如使用一种乙烯抑制剂——氨基乙氧基乙烯甘氨酸（英文缩写为AVG）可在一定程度上抑制或延迟凤梨的自然开花（Dukovski，2006；Wang *et al.*，2007），并且这种效果可被随后的外源乙烯处理所逆转（De Greef *et al.*，1989；Dukovski，2006）。由此可以推断，外源乙烯等因素可能通过引起内源乙烯含量的增加促进凤梨开花。

学者们还研究了经乙烯处理后凤梨植株体内游离氨基酸、激素、糖、淀粉、核酸和蛋白质等物质的变化，讨论了这些物质与花芽分化的关系，尝试揭开乙烯催花的生理机制（范眸天等，1994；石兰蓉，2005；段九菊等，2012a）。经乙烯处理后，菠萝叶片中的大多数游离氨基酸含量下降，推测可能被用于某些特异蛋白质的合成，表明氨基酸代谢与成花过程密切相关（范眸天等，1994）。石兰蓉（2005）发现，美叶尖萼荷在催花后叶内蛋白质合成增加。一种蛋白质合成抑制剂——环己酰亚胺可阻止由乙烯诱导的凤梨开花，也说明乙烯反应基因的激活伴随着与开花有关的新蛋白的合成（Dukovski，2006）。另外，美叶尖萼荷在催花后植株体内核酸、蛋白质、糖分含量、RNA/DNA比值均有不同程度地升高。催花处理后的美叶尖萼荷（石兰蓉，2005）和**丹尼斯**果子蔓（段九菊等，2012a）体内的玉米素核苷（ZRs）显著增加，而赤霉素（GAs）含量显著下降，从而引起内源激素发生一系列动态变化，表明较高的ZRs含量和较低的GAs含量有利于凤梨的花芽分化；催花期施氮降低了**丹尼斯**果子蔓叶和生长点中ZRs和脱落酸的含量，提高了GAs的含量，使各激素之间的动态平衡发生改变，从而降低了催花效果（段九菊等，2012b，2012c）。钙离子（Ca^{2+}）信号途径是植物重要的胞内信号转导途径，也对花发育起着非常重要的作用。易籽林等人（2010，2011）、李志英等人（2012）分别研究了Ca^{2+}及其受体——钙调素（CaM）在乙烯诱导**苋紫**果子蔓（*Guzmania* ‘Amaranth’，俗称**紫花**擎天凤梨）花芽孕育及发端中的作用机制，认为Ca^{2+}-CaM信号系统参与了花芽分化过程；使用Ca^{2+}调节剂在一定程度上影响了乙烯诱导开花进程，但不是决定性作用。其他相关研究（张鲲等，2011；罗轩等，2013；雍伟等，2014；李志英等，2015；张静等，2015；王之等，2016；石玲玲等，2016；雷明等，2016，2018）分别克隆了一系列与美叶尖萼荷生长发育和开花调控相关的基因，为揭示乙烯促进凤梨开花的分子机制提供了理论依据。

植物开花的碳氮比（C/N）理论认为，植物体内含氮化合物与同化糖类含量的比例（C/N值）是决定花芽分化的关键：当碳占优势时，开花结实受到促进；当氮占优势时，营养生长受到促进。研究发现，冬季菠萝发生自然开花时叶中淀粉积累，C/N值较高；采取遮阴措施不仅降低光合速率从而减少光合产物的产生，而且降低了硝酸盐的消耗，使叶中N浓度增加，从而降低体内C/N值；在采取遮阴的同时增施尿素，可使液泡积累更多硝酸盐，导致C/N值更低，因此延迟开花的效果更好（Lin *et al.*，2015）。陈昌铭等（2016）也发现施用硝酸钾、花多多、腐殖酸、尿素等肥料能有效抑制凤梨在低温时开花。

1.5.5 生物技术开发

1.5.5.1 组织培养技术

有些凤梨种类很少产生种子，但分株的繁殖系数又较低，利用组织培养技术进行凤梨的扩增可提高繁殖数量并加快繁殖速度。组织培养技术最早被用于菠萝种苗扩繁（Mapes，1973；Lakshmi Sita *et al.*，1974；Mathews *et al.*，1976，1979，1981），分别利用冠芽、侧芽或叶片外植体产生的胚性愈伤组织获得再生植株。

在国内，广西壮族自治区农科院、广西农学院等单位分别于20世纪70年代末开展菠萝组织培养技术研究，利用菠萝叶片作材料诱导出愈伤组织，并分化出再生植株（刘荣光1980；林惠端和付锡稳，1981）。

李华赐等人(1987)对3种姬凤梨属植物开展组织培养技术研究。后来,这一技术扩展到水塔花属、尖萼荷属、彩叶凤梨属、果子蔓属、鹦哥凤梨属、铁兰属等国内常见的商业品种(梅贝坚和艾华,1989;周俊辉等,2000;刘汉东等,2004;郑淑萍等,2008;刘国民等,2005;李志英等,2019)。

和许多热带植物一样,凤梨的种子寿命相对较短,无法采取低温储藏的方法长期保存,而通过组织培养技术对濒危物种的组织和细胞进行适当的低温保存,既可延长储存时间,也通过减缓植物的生长量节约人力、物力和土地等资源。研究者先后对膨苞鹦哥凤梨(*Vriesea inflata*)(Pedroso *et al.*, 2010)、帝王凤梨(Mollo *et al.*, 2011)、刺穗凤梨(*Acanthostachys strobilacea*)(De Carvalho *et al.*, 2014)等种类进行体外培养实验,发现培养温度保持在10～15℃时植株的生长速度显著降低,整体形态较接近,而且不会对植株产生伤害,在采取后续移栽措施后植株可恢复正常生长,有利于热带濒危凤梨的保存。

1.5.5.2 分子标记

除了组织培养,研究者还利用生物技术和生物信息学方法对凤梨进行群体遗传多样性分析、亲缘关系分析、品种鉴定和杂交评价,并对目标基因进行克隆和序列分析,其中采用分子标记技术进行物种的界定成为最常用的工具之一。

菠萝属分类纷繁复杂,人们尝试多种DNA分子标记对菠萝属内部的种间、种内及菠萝属与其他相关属的系统发育关系进行研究,并对各种菠萝材料的遗传变异性进行评估和对菠萝品种进行鉴定,如限制性片段长度多态性(RFLP)标记和基于PCR技术的RFLP标记(Duval *et al.*, 2001, 2003)、随机扩增多态性DNA(RAPD)标记(Ruas *et al.*, 2001)、简单重复序列(SSR)标记(Lin *et al.*, 2015)、单核苷酸多态性标记(Zhou *et al.*, 2015)等。另外,王健胜等人(2015)比较了简单重复间序列(ISSR)、SSR、目标起始密码子多态性(SCoT)和RAPD共4种分子标记技术在检测菠萝基因组中的效率,结果表明各分子标记在不同检测指标方面表现各有优劣,其中RAPD的引物筛选率最高,ISSR的扩增总条带数和多态性条带数均最高,而SCoT和SSR的主要遗传多样性参数相对较高。

葛亚英等人(2012)利用ISSR分子标记技术研究了鹦哥凤梨属[含当前的丽穗凤梨属和指穗凤梨属(*Goudaea*)]的41个种及品种的遗传多样性水平。他们还通过ISSR引物将13个鹦哥凤梨杂交后代与5个杂交亲本明显区分开(葛亚英等,2013),证明这一技术可以用于鹦哥凤梨的资源评价和指纹图谱构建,为鹦哥凤梨种质资源的早期鉴定、性状改良等研究提供依据。刘建新等人(2009, 2017)通过基因工程手段从果子蔓属的商业品种'Ostara'中获取了一批与花色、花器官发育、花期调控,以及其他与育种相关的有价值的基因,为果子蔓属转基因育种奠定了基础。吴吉林和刘建新(2012)获得了与抗性相关的观赏凤梨烯醇酶(enolase)基因的全长cDNA序列。2015年,我国学者明瑞光的研究团队首次破译了栽培菠萝的基因组序列,揭示了菠萝进化的历史,并成功鉴定出菠萝基因组中所有参与景天酸代谢途径的基因(Ming *et al.*, 2015)。

1.5.6 生理生化与抗逆性研究

凤梨科中有很多种类具附生习性,并且对不同的生境具有很强的适应性,这引起生物学家的广泛关注。国内外学者开展了一些与植物生长及适应性相关的生理生化方面的研究。

1.5.6.1 矿物营养

Benzing和Renfrow(1974)分析了地生型、积水型和气生型这3类具不同营养吸收策略的凤梨种类的叶组织中矿物成分的差异,发现气生型凤梨每单位叶组织中的氮、磷和钾的含量低于地生型和积水型的种类,而积水型和气生型种类叶组织中钠的含量比地生型种类高得多。

铜、锌和硼等微量元素在植物生长过程中起着至关重要的生物化学和生理作用,但是当这些微量元素过量时也会对植物产生毒性。Martins等人(2016)分析了在可控微环境下斑纹水塔花(*Billbergia zebrina*)的解剖结构和生理对铜过量的响应:在铜离子含量分别为2 μM(即μmol/L)、20 μM和200 μM的培养基中生长的植株,生长过程中均未见黄化、坏死或叶片变色等明显的紊乱迹象,所有植株都存活下来；在铜离子含量为2 μM和20 μM培养基中生长的叶的厚度、含水组织和绿色组织的厚度、木质素导管直径等指标，以及植株生物量累积都显著高于无铜和200 μM的处理；在无铜培养基中生长的植株生物量积累最低，且其根的长度和根总面积、离根尖0.5 cm处组织中的外胚层细胞壁厚度、木质化导管的数量和截面积等指标都显著低于含铜的各个处理。这说明，低浓度的铜离子在凤梨的正常代谢过程和金属稳态中起着重要作用，是植株生长必需的矿质元素，但高浓度的铜离子会对植株产生毒害。虽然植株能通过提高气孔指数①、减少叶的木质部导管直径和根的木质部导管数量、增厚根的外皮细胞壁等解剖特征的变化来阻止过量的铜转运至体内，同时利用体内的抗氧化系统提高对重金属的耐受性，但铜离子过量仍会对植株生长产生影响，如在铜含量为200 μM的培养基中叶的厚度为各含铜处理中最低，生物量积累也有所降低。

王炜勇等人（2007）研究发现，当将硫酸铜稀释7 500倍（≈534 μM）的溶液施入**蒂凡尼**鹦哥凤梨（*Vriesea*‘Tiffany’）的叶筒内，植株产生明显的中毒症状（叶片出现枯斑）；但在稀释10 000倍（≈400.5 μM）和15 000倍（≈267 μM）的硫酸铜溶液处理后，没有出现中毒症状。相比之下，**金边**彩叶凤梨（*Neoregelia carolinae*‘Variegate’）对铜离子更敏感。俞少华和王炜勇（2011）的研究发现，稀释10 000倍的硫酸铜溶液导致**金边**彩叶凤梨产生明显的中毒斑点；稀释15 000倍的硫酸铜溶液处理虽没有导致植株产生明显的中毒斑点，但也造成了植株后续生长缓慢。

观赏凤梨对锌离子（Zn^{2+}）也较敏感。相关研究发现，参试凤梨中**蒂凡尼**鹦哥凤梨对锌最敏感，其次是**金边**彩叶凤梨，**丹尼斯**果子蔓敏感性较低，而美叶尖萼荷对锌最不敏感（王炜勇等，2008；俞信英等，2007）。

王炜勇等人（2007）还研究了观赏凤梨对硼（B）的耐受性，发现稀释3 000倍的硼砂溶液都引起参试的**丹尼斯**果子蔓、**蒂凡尼**鹦哥凤梨和美叶尖萼荷产生明显的中毒症状。段九菊等人（2011）的研究表明，施硼引起**丹尼斯**果子蔓中下部叶片的叶尖焦枯、坏死，并造成叶片叶绿素含量降低、叶片和根系可溶性糖和淀粉含量下降；施硼虽然提高了根系的氮、磷、贴、锰、锌含量，但降低了叶片中这些元素的含量，并导致叶片和根系铜含量的下降。**金边**彩叶凤梨对硼表现出较强的耐受力，仅在施用稀释500倍或更浓的硼砂溶液时才发生个别新叶枯尖现象，但长期使用硼溶液会在其植株体内逐步积累，也可能引起中毒症状（俞少华和王炜勇，2011）。

由此可见，凤梨对铜、锌和硼等微量元素较为敏感，栽培介质、灌溉用水、肥料、用于病虫害防治的药剂所含的上述元素过高时都会对其生长产生严重影响。同时，不同凤梨品种对不同化学元素的敏感程度和中毒症状有所不同。此外，出现中毒症状所需时间也有差异，其中铜中毒症状出现最快，一般高浓度2～3天出现症状，低浓度2周内出现症状（俞信英等，2007）；锌中毒后，一般浓度高时7天即可出现症状，浓度低时14天内出现症状（王炜勇等，2008）；硼中毒症要晚一些，浓度高的10天左右出现症状，浓度低的1～2个月内出现症状（王炜勇等，2007）。

1.5.6.2　光合生理

王精明等人（2004）研究了CO_2浓度升高与凤梨叶的生长和光合生理的关系，发现用1 000 μmol/mol浓度的CO_2处理提高了叶片的净光合速率，促进了叶片中可溶性糖和淀粉的积累，从而增加了叶片的叶面积、生物量和干物质积累。

不同种类的凤梨对光照强度的需求不相同。国内研究者以果子蔓属的几个商业品种为对象进行了与光照强度相关的栽培试验，结果表明这些凤梨普遍不耐强光，适宜的光强在22.5～ 30 klx之间，因而在温室内栽培需采取一定遮阴措施（马志远，2011；刘静波，2016 ；刘琛彬，2017）。另外，彩叶凤梨属的植物较喜光，但当光强超过70 klx时叶片易产生灼伤斑（俞信英等，2018），因而在高温季节应避免强光直射。相比之下，卷瓣凤梨属的植物较耐强光：李萍和庄秋怡（2021）测定了帝王凤梨［红叶型］等3种卷

① 某种植物叶片的单位面积上气孔数与表皮细胞数的比例有一定的范围且较恒定，这种比例关系被称为气孔指数。

瓣凤梨在夏季全光照条件下的光合日变化特征，并进行了光合生理指标与环境因子的相关性分析，发现帝王凤梨[红叶型]对强光和高温具有相对最强的适应性，可应用于夏季全光照环境中，而格拉齐卷瓣凤梨（*Alcantarea glaziouana*）较耐阴，更适宜在林荫环境下生长。

1.5.6.3 温度及耐寒性

凤梨的原产地大多为气候较为温暖的热带和亚热带地区，其他气候带引入凤梨科植物时，气温往往成为限制其生长的主要环境因子之一，为此不少研究者对凤梨科植物的适生温度和耐寒性开展研究。俞禄生等人（2011）研究了5种铁兰在10～30℃范围内不同温度处理下叶片中叶绿素、丙二醛、脯氨酸和可溶性糖的含量，结果表明不同种凤梨适宜生长的温度范围有所差异，但在25℃条件下叶绿素的含量都最高，而10℃条件下的叶绿体含量都最低。鲍荣静等人（2013）研究了梦幻铁兰、宽叶铁兰和侧花铁兰（*Tillandsia secunda*）的抗寒性，发现在0℃下处理48小时后，这些种类均未出现冻害现象，但在−5℃下都出现冻害现象，并随着处理时间增加而死亡率增加；冷冻时间延长至48小时时，梦幻铁兰和宽叶铁兰全部死亡，而侧花铁兰存活率为58.3%；侧花铁兰的半致死温度明显低于梦幻铁兰和宽叶铁兰。沈晓岚等人（2015）研究了观赏凤梨杂交后代**凤粉1号**尖萼荷及其亲本的耐寒性，结果表明该杂交后代的抗寒性介于父本和母本之间。

1.5.7 环境监测与污染治理应用研究

凤梨科中的附生种类能直接从空气中获得水分和养分，因此植株体内的元素构成和生理响应能较好地反映大气降尘中的重金属和其他污染物的种类和污染水平，并能推测污染物的来源等信息，因而这些种类可以作为大气污染的环境指示植物，其中铁兰属中叶表鳞片组织发达而使植株呈灰白色的种类（银叶类铁兰）对空气中的重金属等污染物具有物理吸附和生物富集作用（Brighigna *et al.*, 1997；Figueiredo *et al.*, 2001）。在巴西、阿根廷、哥斯达黎加和美国等盛产凤梨的国家，科学家们已经利用银叶类铁兰对大气污染物进行监测，其中Brighigna 等人（1997）利用蛇叶铁兰、Pignata等人（2002）利用细叉铁兰（*Tillandsia capillaris*），而更多的研究以松萝凤梨为材料。松萝凤梨在大气污染较严重的胁迫环境下有很高的耐受性，并且能有效富集大气中的汞（Calasans 和Malm, 1997；Filho *et al.*, 2002；Bastos *et al.*, 2004；Sutton *et al.*, 2014），以及铅、镉、铬、铁、钒和锌等重金属污染物（Figueiredo *et al.*, 2001, 2004, 2007；Cardoso-Gustavson *et al.*, 2016；Giampaoli *et al.*, 2016），还可以富集氯联苯和多环芳烃等半挥发性和持久性有机污染物（Pereira *et al.*, 2007），被公认为凤梨科植物中最适合用于研究大气质量和重金属分布的生物监测物种，具有能快速积累污染物和低成本等特点。

多项研究发现，银叶类铁兰对重金属暴露敏感性低的原因可能是大气中的重金属污染物以颗粒物沉降的形式停留在鳞片中，并没有转移到叶肉组织中。Filho 等人（2002）对暴露于高浓度汞污染的松萝凤梨所吸收的汞进行定位，证实汞作为不规则颗粒物的组分之一通常被吸附在植株表面的鳞片上，被表皮细胞吸收的汞较少，因此叶肉薄壁组织或维管系统细胞中均未检测到汞。Alves 等人（2008）发现，松萝凤梨在空气污染比较严重的城市环境和高臭氧浓度下叶表鳞片形态异常的比率增加，但未对叶肉组织产生影响，从结构特征方面证实空气污染物仅对叶表鳞片产生影响，并认为可将松萝凤梨叶表鳞片的异常率作为环境污染监测的指标。Cardoso-Gustavson 等人（2015）发现，金属元素被松萝凤梨的鳞片、角质层等部位常见的酚类化合物螯合后，主要固定于鳞片细胞中，从而减少了这些金属元素进入植物组织内部，减轻了其对植株的伤害。

郑桂灵等人（2013）用不同浓度的硝酸铅溶液（0～100 mg/L）对短茎铁兰（论文中称之为“贝可利空凤”）（*Tillandsia brachycaulos*）胁迫处理15天后，各种处理下的所有植株都没有发生明显的死亡现象，表现出对污染物铅有较强的吸附和积累能力；低浓度硝酸铅溶液（0～10 mg/L）处理的短茎铁兰仍然保持绿色，而高浓度硝酸铅溶液（50 mg/L和100 mg/L）处理的植株出现叶片变黄现象，并伴有叶尖干枯的症状，总体表现出对污染有比较强的耐受性。Zheng等人（2016）使用硝酸锶溶液（0.1～100 mmol/L）对松萝凤梨进行胁迫处理，发现松萝凤梨在低浓度硝酸锶溶液处理时对锶元素的吸收率最高，但叶组织相对电导率随着溶液中硝酸锶的升高而增加，表明细胞膜受到氧胁迫而导致膜透性增加；在处理第14天后，高浓度硝酸锶溶液（100 mmol/L）处理的松萝凤梨植株完全死亡，而低浓度硝酸锶溶液（0.1～10 mmol/L）处理的植株仍存活，但茎和叶发黄。不过，在通常情况下，大气、水体和土壤中的金属浓度很少达到如此之高（郑桂灵等，2013）。由此可见，这两种气生型凤梨有较强的抗污染能力，可以作为积累型环境指示植物。

除了铁兰属的种类，其他附生型凤梨也被用于环境指示植物的适用性研究。Elias 等人（2006）对比了12种生长在大西洋森林中的附生植物（包括11种凤梨和1种兰花）对化学元素的富集效果，水塔葡茎凤梨（*Canistropis billbergioides*）从中脱颖而出，与松萝凤梨的监测效果相当，同样具有作为环境监测植物的潜力。Giampaoli 等人（2016）比较了松萝凤梨和美叶尖萼荷在热带的不同区域、不同季节对多种元素的监测能力，结果显示：这两种都能体现几种化学元素污染水平的季节性差异；在排除各种元素在不同物种植株体内的基础浓度后得出的有效截留能力结果显示，无论在雨季还是旱季，美叶尖萼荷对镍、铅、钒、铜、铁、铬和钴的富集能力比松萝凤梨高，这可能与其具有可储水的莲座丛，能较长时间留存水分从而使水分和化学元素吸收更有效相关；松萝凤梨指示污染物空间变化的能力更高，能更准确地指示大气中不同元素的来源，例如植株富集的氮元素在农业用地附近最高而在城区最低，但富集的磷、铁和锰元素在化工区最多。Nakazato 等人（2018）观察到，在空气污染环境下，美叶尖萼荷的叶表皮组织、光合细胞的细胞壁和储水薄壁细胞中都出现酚类化合物。

凤梨对室内的空气具有很好的净化作用。李俊霖等人（2013）发现，松萝凤梨、硬叶铁兰（*Tillandsia dura*）和吊兰（*Chlorophytum comosum*）这3种植物对甲醛均有相当强的净化作用，且松萝凤梨和硬叶铁兰净化甲醛的效果比吊兰更快速、有效。

第2章
凤梨的分类

为了更好地了解、研究和利用植物，人们往往会按一定标准对植物进行分类。其中，以植物彼此间亲缘关系的远近程度作为分类标准，反映植物界的自然演化过程和彼此亲缘关系的生物学分类方法为自然分类法；以植物系统分类法中的“种”为基础，根据观赏植物的生长习性、观赏特性、园林用途等方面的差异及其综合特性将植物主观地划为不同的园艺大类的分类方法为人为分类法（李先源和智丽，2018）。

2.1　凤梨的生物学分类

自从凤梨被引入西方后，分类学家综合了形态学、细胞学、遗传学、生物化学、生态学、古生物学、植物地理学等方面的证据，对凤梨科进行分类和描述。

2.1.1　凤梨科的分类地位

随着分类学的发展，凤梨科在不同时期、不同学者提出的分类系统中的地位有所不同。

在德国分类学家恩格勒（A. Engler）和勃兰特（K. A. E. Prantl）于1897年创建的恩格勒系统中，凤梨科属于单子叶植物纲（Monocotyledones）凤梨目（Bromeliales）。

在英国植物学家哈钦松（J. Hutchinson）于1926年创立的哈钦松系统中，凤梨科属于单子叶植物纲萼花区（Calyciferae）凤梨目。

在苏联植物分类学家塔赫他间（A. Takhtajan）于1953年创建的塔赫他间分类系统中，凤梨科属于百合亚纲（Liliidae）凤梨超目（Bromelianae）凤梨目。

在美国植物学家克郎奎斯特（A. Cronquist）于1968年创建的克朗奎斯特分类系统中，凤梨科属于单子叶植物纲姜亚纲（Zingiberidae）凤梨目。

在国际植物分类学组织——被子植物种系发生学组（Angiosperm Phylogeny Group，APG）于1998年依据被子植物现代分类方法创建的被子植物APG分类系统中，由于没有鉴定到姐妹群和亲缘关系更近的类群，凤梨科最初被归在鸭跖草目（Commelinoid）。Chase 等人（2000）、Horres 等人（2007）分别通过进一步的系统发育测定，揭示凤梨科为禾本目（Poales）的一部分。因此，从2003年的APG Ⅱ分类系统开始，凤梨科为单子叶植物分枝之一的鸭跖草类（Commelinids）禾本目下一个独立的科，为禾本目的早期分化谱系（Givnish *et al.*，2007）。

2.1.2　凤梨科的分类进展

2.1.2.1　传统分类学成果

传统的植物分类学主要依据植株的形态特征来区分不同的属和种，历史悠久，是最直接且简便易行的方法，各国分类学家一直沿用至今。分类学家对凤梨科的分类研究已有200多年的历史，取得非常显著的成果。

1852年，法国植物学家C. Lemaire首先将凤梨科分成3个族（Manzanares，2005），分别为翠凤草族（Pitcairnieae）、菠萝族（Ananasseae）和铁兰族（Tillandsieae）。1888年，德国植物学家L. Wittmack改为翠凤草族、凤梨族（Bromelieae）、刺蒲凤梨族（Puyeae）和铁兰族共4个族。然而，1889年，J. G. Baker又修改为只有翠凤草族、凤梨族和铁兰族。德国植物学家C. Mez在他于1896年出版的首部凤梨专著中沿用了J. G. Baker的这三个族的名称，并把翠凤草族再细分为翠凤草亚族（Pitcairniinae）、刺蒲凤梨亚族（Puyinae）和聚星凤梨亚族（Naviineae）；在他于1935年出版的第二部凤梨专著中，再修改为翠凤草亚科、铁兰亚科和凤梨亚科，同时保留翠凤草亚科下的三个分枝作为亚科和亚族。美国植物学家L. B. Smith和R. J. Downs在1974年出版的著作中也采用C. Mez三个亚科的分法，但舍弃了翠凤草亚科下的三个分枝；他们还确定了凤梨科的46个属。L. B. Smith 和R. J. Downs的这种分类方法在接下来的数十年中被广泛采用。1988年，L. B. Smith把凤梨科增加到51属。1998年，L. B. Smith和W. Till又把凤梨科扩展到56属。

L. B. Smith和R. J. Downs的三个亚科的分类依据主要为形态学特征和生态习性，其中形态学的分类依据主要是子房位置、果实类型、种子附属物特征、叶缘有无锯齿等方面的差异（图2-1）。凤梨亚科的种类通常为下位子房，浆果，种子无附属物，叶缘或多或少具锯齿，常附生于树上或岩石上，也有地生型。翠凤草亚科的种类子房大多上位，蒴果，成熟时开裂，种子有翅状附属物，叶缘通常具锯齿，但卷药凤梨属和翠凤草属的部分种类叶缘光滑或仅在基部具锯齿，多为地生。铁兰亚科种类的子房多为上位，蒴果，种子一端或两端具有种缨；叶片全缘；大部分附生。

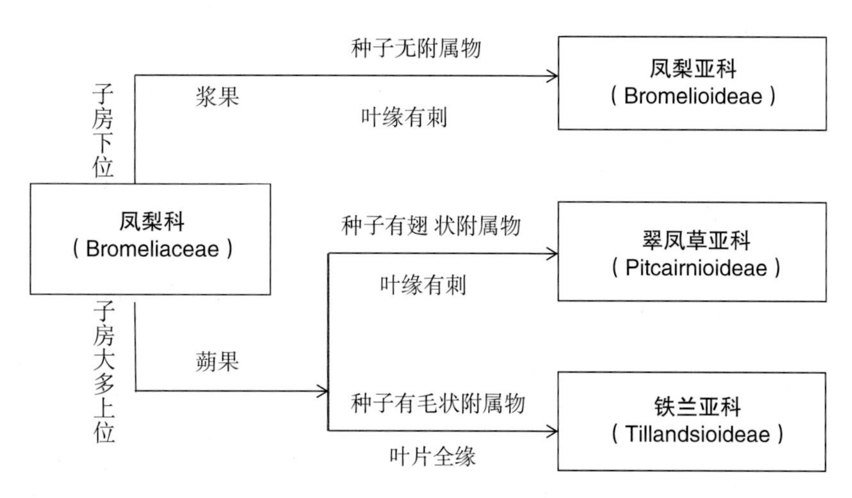

图2-1 L. B. Smith和 R. J. Downs于1974年的凤梨科三亚科分类系统

由于19世纪和20世纪早中期的凤梨分类与鉴定主要基于标本馆收藏的干燥标本而非植物活体，有些标本还残缺不全，特别是花等具有重要鉴别价值的器官大多难以保存，导致相关形态特征信息缺失，因而分类界定有时不准确，存在较多争议。另外，由于植物在形态特征上有时具非同源相似性，也导致早期对凤梨的分类有一定局限性，其中凤梨亚科的分类最不成熟，用于区分亚科以下各属的形态依据往往带有明显的主观性，对属间关系认识不充分，当时许多归类不明确的种类被划入尖萼荷属，使之成为一个非常庞杂的多系群①，还需进一步的研究。铁兰亚科是物种数量最多的亚科，但属的数量相对较少，仅为9个属（Smith 和Till，1998），其中果子蔓属、铁兰属、鹦哥凤梨属等被认为是并系群②，这也需要进一步的研究。

① 多系群（polyphyletic group）：由来自不止一个祖先的后代组成的类群。
② 并系群（paraphyletic group）：指一个祖先类型加上其部分后裔的不完整类群，并非真正的自然类群。

尽管如此，这些早期分类学家的功绩仍然不可否认。他们对凤梨的分类学和生物学研究产生了深远的影响，为现代凤梨分类奠定了基础，而他们设立的很多属沿用至今。

2.1.2.2 现代分类学成果

随着植物分类方法的不断发展和创新，特别是分子生物学的迅速发展，现代分类学家从20世纪80年代初开始在分子水平研究物种的进化和系统分类。他们在传统的形态学基础上，整合解剖学、细胞学、分子系统学、孢粉学、细胞学、生物化学、生态学、传粉生物学、生物地理学等学科的证据，在凤梨科的系统发生和分类方面取得了很多新进展。分子生物学分析表明，凤梨亚科和铁兰亚科分别为单系群[①]，即它们的后代均分别来自同一祖先，而翠凤草亚科是并系群（Ranker *et al.*, 1990; Terry *et al.*, 1997a; Barfuss *et al.*, 2005）。

Givnish 等人（2007）通过对35种凤梨和16种与凤梨科近缘的单子叶植物的叶绿体DNA上的ndhF基因进行测序，结果表明凤梨科的真实情况比原先的分类要复杂得多：除了凤梨亚科和铁兰亚科继续保留外，原有的翠凤草亚科中分离出6个单系的亚科，分别为小花凤梨亚科、旋萼凤梨亚科、鳞刺凤梨亚科、聚星凤梨亚科（Navioideae）、新的翠凤草亚科和刺蒲凤梨亚科。此外，他们还归纳了这8个亚科在形态上的特征，并以"序列"的英文（sequence）来命名他们鉴定出来的新属*Sequencia*（扭茎凤梨属），以此纪念分子测序技术在凤梨科系统分类研究中取得的成果。Givnish等人（2011）组成的国际研究团队以凤梨科58个属中的46个属为代表，研究了凤梨科的系统发育、适应辐射和生物地理分布，确认除凤梨亚科和刺蒲凤梨亚科外，其他亚科的单系性都得到了肯定；刺蒲凤梨亚科内部的两个分枝分别得到了很高的支持，但是当这两个分枝作为一个整体时支持率却降至不足50%；凤梨亚科的支持率也不高，仅为59%，但支持包含了凤梨亚科和刺蒲凤梨亚科的分枝的单系性。由于刺蒲凤梨亚科在核序列分析数据和形态上都与凤梨亚科有明确区分，因此该研究支持8个亚科的分类系统，同时进一步明确了8个亚科的进化关系（图2-2）：小花凤梨亚科和旋萼凤梨亚科是最早分离的两个分枝，其中小花凤梨亚科约于1 900万年前 从凤梨的祖先中分离出来，旋萼凤梨亚科约于1 630万年前从其他凤梨祖先分离，而它们分别位于阶梯状分类谱系图的底部，并都来自南美洲北部的古圭亚那地区；在它们之后分离的依次为铁兰亚科（1 540万年前）、鳞刺凤梨亚科（1 660 万年前）、聚星凤梨亚科（1 500万年前）、翠凤草亚科（1 340万年前 ）；刺蒲凤梨亚科和凤梨亚科的共同祖先形成于1 340万年前，其中刺蒲凤梨亚科的祖先大约在1 010万年前从中分离。

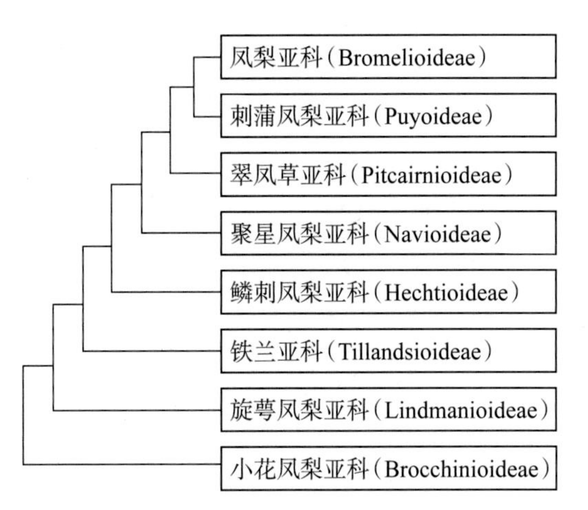

图2-2 凤梨科各亚科之间的系统发育关系
（改绘自Givnish *et al.*, 2011）

因此，在对凤梨进行系统分类的过程中，J. G. Baker、C. Mez、L.B. Smith 和T. J. Givnish等分类学家的贡献都具有里程碑意义（Brown, 2017）。

虽然凤梨科的分类骨架已经形成，但是部分亚科内部属的界定尚未全部完成，其中铁兰亚科和凤梨亚科拥有的物种数量都超过1 000种，存在的分类问题也是凤梨科中最多的两个亚科。随着对分子生物学技术、植物形态学、植物地理学等方面的研究不断深入，以及物种的取样范围不断扩大，一些属间和属下的亲缘关系和进化关系得到了梳理（Schulte *et al.*, 2009; Sass 和 Specht, 2010; Aguirre-Santoro *et al.*, 2016; Barfuss *et al.* 2016; Aguirre-Santoro, 2017; Leme *et al.*, 2017）。

1. 凤梨亚科分类研究进展

凤梨亚科已被证实是一个单系群，拥有整个凤梨科数量最多的属，从Smith 和 Downs（1979）确定

① 单系群（monophyletic group）：由共同祖先及其所有后代组成的类群。

的27个属到目前的44个属(包括1个自然杂交属)(Gouda和Butcher, 2024),然而凤梨亚科内部的系统发育关系自今尚未完全梳理清晰。Smith和Downs(1979)认为凤梨亚科是凤梨科中进化最晚的亚科,其物种的稳定性最低,仍处于不断变化中;属间的繁殖屏障尚未形成,属间杂交较为容易。经过植物分类学家多年来不懈的努力,针对凤梨亚科的系统分类研究取得了一些进展(Givnish *et al.*, 2007, 2011; Schulte *et al.*, 2009; Silvestro *et al.*, 2014; Evans *et al.*, 2015; Heller *et al.*, 2015; Santos-Silva *et al.*, 2017; Leme *et al.*, 2017, 2021)。分子系统发育研究结合形态特征的结果表明,在凤梨亚科内存在两个分枝:一个分枝为位于进化树基部且互为姐妹关系的早期分化类群(Basal Bromelioids),包括束花凤梨属(*Fascicularia*)、智利岩凤梨属(*Ochagavia*)、镰钩凤梨属(*Deinacanthon*)、侧花凤梨属(*Greigia*)、峰色凤梨属和强刺凤梨属;另一个分枝由该亚科剩下的属组成,称为真凤梨类(Eu-Bromelioides)(Schulte *et al.*, 2009)。在真凤梨类中,刺穗凤梨属(*Acanthostachys*)、凤梨属和姬凤梨属等没有叶筒的地生型位于进化树的基部;其余的属又组成一个较为庞大的类群——核心凤梨类,包含了凤梨亚科中超过60%的种类,且植株大多具叶筒,表明进化出"叶筒"这一特征对凤梨亚科的物种多样性具重要意义(Schulte *et al.*, 2009; Sass 和 Specht, 2010; Luther, 2014)。核心凤梨类又可分为3个主要谱系(Sass 和Specht, 2010),尖萼荷属的成员在这3个谱系中均有出现,证实该属仍为多系群,而丽苞凤梨属、球穗凤梨属等属也是非单系群,但其中也有一些支持率较高的单系分枝。

最近几年,研究者对凤梨亚科进化枝上部分类群的系统发育关系进行了进一步的分析,分离出来一些支持率较高的单系分类群,并对一些物种的分类地位进行了调整。

1)姬凤梨复合体

这是真凤梨类的早期分化类群,由E. M. C. Leme等人于2013年提出。该复合体原先由姬凤梨属、睫瓣凤梨属(*Lapanthus*)、直立凤梨属和赤焰凤梨属(*Sincoraea*)4个属组成,产自巴西东南部和东北部,皆为地生型,莲座丛不形成叶筒,无花梗,花通常排列成束,果实无明显啫喱状物质(Leme *et al.* 2017)。Leme 等人(2017)利用生态学、生物地理学、形态学、分子系统学证据,对姬凤梨复合体内部的属重新界定,从中分离出了3个新属,分别为厚叶莲属(*Forzzaea*)、刺姬凤梨属和湿地凤梨属(*Rokautskyia*)。Leme等人(2022)进一步完善了姬凤梨复合体内部的分类,不仅从姬凤梨属中分离出一个新的单型属——长茎凤梨属(*Siqueiranthus*),而且将直立凤梨属下的两个亚属提升为属,分别宽瓣凤梨属(*Krenakanthus*)、银姬凤梨属(*Orthocryptanthus*),因此该复合体现有10个属。

2)彩萼凤梨属联合体(*Ronnbergia* alliance)

这是核心凤梨类3个分枝中的基部分枝(Sass 和 Specht, 2010),约有70个物种,具备无花梗、花冠管状且顶部展开、合点胚珠附属物无或不发育的共同性状。彩萼凤梨属联合体可分离出两个具明显地理相关性的内部谱系,分别为太平洋谱系和大西洋谱系(Aguirre-Santoro et al., 2016, 2017)。太平洋谱系由部分原彩萼凤梨属(*Ronnbergia*)成员和部分原产自中美洲南部和南美洲西北部的尖萼荷属成员组成,并确定为新的彩萼凤梨属;大西洋谱系由原产自巴西东南部的大西洋森林和加勒比海的部分原尖萼荷属、球穗凤梨属和彩萼凤梨属成员组成,并重新启用此前已被废弃的素花凤梨属(*Wittmackia*)。这两个属在形态上最显著的区别是:彩萼凤梨属的种类通常花较长,花冠管较长,花有颜色,花瓣基部有附属物的种类则附属物距离花瓣基部超过2 mm或更多;素花凤梨属花较短,通常为白色,少数为绿色。

3)鸟巢凤梨复合体

鸟巢凤梨复合体(Nidularioid complex)是核心凤梨类中以花序梗短、花序通常不伸出叶筒为共同特征的物种的复合体,由C. Mez最早提出(Santos-Silva *et al.*, 2017)。该复合体内部成员几经变化,大致包含莲苞凤梨属、葡茎凤梨属、绵毛凤梨属(*Edmundoa*)、彩叶凤梨属、鸟巢凤梨属和齿苞凤梨属共6个属(Leme, 1997, 1998, 2000; Santos-Silva *et al.*, 2017)。然而,无论从形态学特征还是分子生物学证据进行的系统发育分析表明,这一类群的分法明显具有人为性,是一个并系群(Sass 和 Specht, 2010;

Silvestro *et al.*, 2014; Heller *et al.*, 2015; Santos-Silva *et al.*, 2017)。彩叶凤梨属是该复合体内种数最多的属。Smith和Downs(1979)根据花瓣分离、花梗与子房融合而区分不明显等特征，将一部分产自亚马孙雨林的凤梨种类作为雨林凤梨亚属(subgen. *Hylaeaicum*)归在彩叶凤梨属中，其余的彩叶凤梨属种类为彩叶凤梨亚属(subgen. *Neoregelia*)。Leme(1998)又根据花瓣的长度、花粉孔的性状增加了2个亚属，分别为具有较长花瓣的长瓣彩叶凤梨亚属(subgen. *Longipetalopsis*)和花粉粒上具沟槽的原始彩叶凤梨亚属(subgen. *Protoregelia*)。但是，Ramírez-Morillo(1991, 2000)、Santos-Silva 等人(2017)对此提出了质疑，提出根据花瓣的长度特征分离出来的长瓣彩叶凤梨亚属在分枝中的系统发育关系与该特征几乎没有相关性。Leme等人(2021)对凤梨亚科36属482种进行了包括侧芽性状、花序结构、花瓣和花冠构造、花瓣附属物、子房、胚珠、柱头、花粉、果实、种子解剖特性等在内的形态进行了详细的检查和记录，并结合地理分布信息和分子方面的证据表明，雨林凤梨亚属并不属于彩叶凤梨属，也不包含在鸟巢凤梨复合体中，因而分离出来成为雨林凤梨属。另外，莲苞凤梨属所有被测物种也被排除在鸟巢凤梨复合体外，而由剩下的5个属组成的鸟巢凤梨复合体得到了很高的支持率(Santos-Silva *et al.*, 2017; Leme *et al.*, 2021)。

4）尖萼荷属的分类问题

尖萼凤梨属是凤梨亚科中种类最多的属，也是分类最乱的属。由于凤梨亚科中一些归属尚不明确的种类都曾经被归入尖萼荷属，导致该属的分类非常不稳定，与亚科中其他属(如丽苞凤梨属、球穗凤梨属和泡果凤梨属)之间的界线也比较模糊。Smith 和 Down(1979)根据花序和花的形态特征，将尖萼荷属分成8个亚属，分别为具梗亚属(subgen. *Podaechmea*)、珊瑚凤梨亚属(subgen. *Lamprococcus*)、尖萼荷亚属(subgen. *Aechmea*)、合萼亚属(subgen. *Ortgiesia*)、扁穗亚属(subgen. *Platyaechmea*)、刺苞亚属(subgen. *Pothuava*)、粗穗亚属(subgen. *Macrochordion*)和松球亚属(subgen. *Chevaliera*)，但是这一分类方法被认为颇具人为性而受到争议。现有的分子数据表明，具梗亚属、珊瑚凤梨亚属、尖萼荷亚属、扁穗亚属和松球亚属分别为并系群或多系群，而合萼亚属、刺苞亚属和粗穗亚属分别为单系群(Sass 和 Specht, 2010; Matuszak–Renger *et al.*, 2018; Maciel *et al.*, 2018; Leme *et al.*, 2021)。Maciel 等人(2018)对尖萼荷属的松果亚属进行了分子系统发育分析和形态特征的祖先状态重建，发现该亚属成员分别出现在包括早期分支和核心凤梨类的不同分支上，其中原产地为大西洋森林的物种形成两个分支，虽然在部分形态学特征上表现出趋同性，如植株大小、生长形态和花序形态，但在花苞边缘是否具锯齿和花瓣的颜色方面可将这两个小类群很好地区分开来。在此基础上，Maciel 等人(2019)根据形态学和系统发育证据，将其中一支分离出来并成立齿球凤梨属(*Karawata*)。

5）菠萝属的分类问题

菠萝属也令分类学家头疼不已。自1754年被描述以来，分类学界对它的分类一直处于争论和变化中(Leal *et al.*, 1998)，至今没能统一。Smith和Downs(1979)根据聚花果、花苞、叶、叶刺等形态特征，将菠萝属分为8种。Leal(1990)将该属修订为7个种，分别为*A. comosus*、*A. nanus*、*A. ananassoides*、*A. parguazensis*、*A. lucidus*、*A.fritzmuelleri*、*A. bracteatus*; 另外接受单型属——假菠萝属(*Pseudananas*)，其唯一的物种为假菠萝(*Pseudananas sagenarius*)，该属与菠萝属一样具有聚花果，但果实顶部不形成冠芽，侧芽有较长的匍匐茎，而菠萝属果实顶端形成冠芽，侧芽无匍匐茎，贴生于茎上；菠萝属为二倍体植物(2n=50)，而假菠萝属为四倍体植物(2n=100)。Leal和D'Eeckenbrugge(1996)、Leal 等人(1998)认为，Smith和Downs(1979)在采用果实大小、叶的宽度等数量性状作为菠萝属分类的主要依据时，并未考虑遗传和环境因素对植物生长的影响，同时一些质量性状(如叶缘的刺等特征)也不稳定，因此认为Smith和Downs(1979)的分类方法也是片面的，并认为菠萝属的分类应该简化。D'Eeckenbrugge和Leal(2003)将菠萝属简化为2个种、5个变种：① 原先的菠萝属7种只保留1种，即菠萝(*A. comosus*)，其种下有5个变种，其中3个源自人为栽培，即食用菠萝(*A. comosus* var. *comosus*)、立叶菠萝(*A. comosus* var. *erectifolius*)和大苞菠萝(*A. comosus* var. *bracteatus*)，其他2个变种源自野生环境，即野菠萝(*A. comosus* var. *ananassoides*)、宽叶菠萝(*A. comosus* var. *parguazensis*); ② 假菠萝属并入菠萝属,成为新种——大齿菠萝(*A. macrodontes*)。

虽然D'Eeckenbrugge和Leal(2003)的分类法被美国农业部遗传资源信息网(2013)和世界植物名称检索名录(World Checklist of Selected Plant Families, WCSP)所采纳,但是仍受到质疑。Butcher和Gouda(2014)认为,最初用于描述菠萝属模式种的植物材料具有农业或园艺背景,根据《国际栽培植物命名规范》(ICNCP)对"品种"的定义,包括食用菠萝在内的3个变种都属于栽培植物的范畴,因此依据《国际栽培植物命名法规》,食用菠萝应表示为(*Ananas* 'Comosus')。他们同时提出3种1变种的菠萝属分类方法,即野菠萝(*Ananas ananassoides*)和宽叶菠萝(*A. parguazensis*),以及野菠萝的变种——小菠萝(*A. ananassoides* var. *nanus*),同时将假菠萝属并入菠萝属命名为无冠菠萝(*Ananas sagenaria*),还建议将野菠萝[*Ananas ananassoides* (Baker) L.B.Sm.1939]作为菠萝属新的选模(lectotype)[①]。Butcher和Gouda(2014)的分类方法已体现在《凤梨新分类清单》(*The New Bromeliad Taxon list*)(Gouda 和 Butcher,实时更新)中。

一直以来,分类学家也尝试利用生物化学和分子生物学方法解决菠萝属内部及其与相关属的系统发育关系(Aradhya *et al.*, 1994; Duval *et al.*, 2001, 2003; Kato *et al.*, 2005; Matuszak-Renger *et al.*, 2018),但是直到最近,菠萝属的物种和主要品种群仍未得到明确区分,不同的研究得出的结论也不一致。Aradhya等人(1994)基于几种同工酶系统的研究表明,菠萝属下物种之间的分化可能是由于生态隔离而产生的,并不是具有繁殖障碍的遗传差异,因此可能是一个物种复合体。Ruas等人(2001)利用RAPD标记分析18份菠萝属和2份假菠萝属材料,但只观察到中度种下遗传变异,无法确定哪些物种参与了菠萝基因型的构成,所有菠萝属的物种都属于菠萝的初级基因库;他们认为假菠萝属在基因上与任何菠萝属物种都是不同的。Duval 等人(2001)利用RFLP研究了301份菠萝相关材料的分子多样性,发现假菠萝属显示出高度多态性,与菠萝属共有58.7%的条带,两属之间有明显但适度的区别;在菠萝属内部,变异似乎是持续的,且主要在种内水平,至于栽培物种,尽管形态变异很大,但相对同质化;数据表明在菠萝属内部和属间水平上存在基因流动。Duval 等人(2003)应用PCR-RFLP技术检测了菠萝属及相关属的叶绿体DNA多样性,以研究其系统发育关系,结果表明假菠萝属可能是最近发生的由同域菠萝属祖先同源多倍体化形成的产物。Matuszak-Renger 等人(2018)基于3个核标记(agt1、ETS、phyC)、五个质体标记(atpB-rbcL、trnL-trnF、matK、ycf1 的两个片段)和AFLP数据研究了菠萝属及其近缘属的系统发育关系,探讨了菠萝属与相关类群间新的系统发育关系:菠萝属、假菠萝属、卧花凤梨属以及尖萼荷属松球亚属中两个没有形成叶筒的物种组成一个具很高支持率的分枝,其中菠萝属与假菠萝属为姐妹关系,因此建议保留假菠萝属;菠萝属内部的系统发育关系仅得到部分解决,同一物种的不同材料要么以低支持率聚在一起,要么不聚在一起,研究者认为趋同进化、不完全谱系分类或网状进化[②]导致了这一结果;要进一步解决菠萝属的分类问题,还需更广泛地采集野生样本并采用具更高分别率的分子标记技术。鉴于目前对菠萝属的分类尚未达成一致,本书主要参照实时更新的《凤梨新分类清单》上的分类方法。

6) 姬果凤梨属的分类变化

在Sass 和 Specht(2010)的系统发育树上,姬果凤梨属(*Araeococcus*)分离成两个具有良好支持率的分支:在地理分布方面,其中一支来自中美洲和亚马孙雨林,另一支原产自巴西北部的大西洋森林。在此基础上,Pontes 等人(2020)结合生态、生物地理学和形态学数据对该属进行了修订,将产自大西洋森林的物种独立成为假姬果凤梨属(*Pseudaraeococcus*)。假姬果凤梨属区别于姬果凤梨属的形态特征见表2-1。

---

① 选模:当原作者最初没有选定主模或者主模已经不存在时,后人从原作者引证的原始材料中选出的一份标本或其他成分。一般从等模式或合模式标本中选出。

② 网状进化:生物体通过杂交或异源多倍化等过程形成新物种的过程。

表 2-1 假姬果凤梨属与姬果凤梨属的形态差异

特征类型	假姬果凤梨属	姬果凤梨属
莲座丛	囊状,有叶筒	基部呈束状,叶筒不明显或无
叶缘	几乎全缘	具锯齿
花瓣	展开或反折	直立
花丝	圆柱形	扁平
花药	顶端细尖	顶端呈尾状
柱头	对折—螺旋型	卷曲Ⅰ型或简单—直立型
种子	表面饰纹为小泡状格纹	表面饰纹为线形格纹
分布范围	巴西北部大西洋森林	亚马孙雨林和中美洲

总的来说,由于已进行的分子生物学研究中涉及凤梨亚科的样本数量还有限,亚科内部还有一些类群的系统发育关系尚未理顺,尤其是以尖萼荷属为代表的核心凤梨内部部分属的界定仍然不清晰,因此尚未有学者对整个亚科的属的概念进行修订。表2-2是根据已有研究成果整理的凤梨亚科系统分类谱系表。需要说明的是,由于不同的研究得出的结果不尽相同,属的排列顺序可能与表2-2有所不同,而且随着对凤梨亚科各类群取样范围的扩大和研究的深入,部分属及属下分类可能会被重新界定。

表 2-2 凤梨亚科系统分类谱系表

主要分枝	分枝下类群	属	备 注
真凤梨类	核心凤梨类	尖萼荷属(*Aechmea*)	
		丽苞凤梨属(*Quesnelia*)	
		泡果凤梨属(*Portea*)	
		莲苞凤梨属(*Canistrum*)	
		雨林凤梨属(*Hylaeaicum*)	
		姬果凤梨属(*Araeococcus*)	
		球穗凤梨属(*Hohenbergia*)	
		假姬果凤梨属(*Pseudaraeococcus*)	
		棱果凤梨属(*Lymania*)	
		齿苞凤梨属(*Wittrockia*)	鸟巢凤梨复合体(Nidularioid complex)
		彩叶凤梨属(*Neoregelia*)	
		鸟巢凤梨属(*Nidularium*)	
		绵毛凤梨属(*Edmundoa*)	
		葡茎凤梨属(*Canistropsis*)	
		捧药凤梨属(*Androlepis*)	

续 表

主要分枝	分枝下类群	属	备 注
真凤梨类	核心凤梨类	拟球穗凤梨属(*Hohenbergiopsis*)	
		苇叶凤梨属(*Eduandrea*)	
		水塔花属(*Billbergia*)	
		鹅绒凤梨属(*Ursulaea*)	
		假尖萼荷属(*Pseudaechmea*)	
		齿球凤梨属(*Karawata*)	
		素花凤梨属(*Wittmackia*)	彩萼凤梨属联合体(Ronnbergia alliance)
		彩萼凤梨属(*Ronnbergia*)	
	基部凤梨类	直立凤梨属(*Orthophytum*)	姬凤梨复合体(Cryptanthoid complex)
		宽瓣凤梨属(*Krenakanthus*)	
		银姬凤梨属(*Orthocryptanthus*)	
		湿地凤梨属(*Rokautskyia*)	
		赤焰凤梨属(*Sincoraea*)	
		厚叶莲属(*Forzzaea*)	
		睫瓣凤梨属(*Lapanthus*)	
		刺姬凤梨属(*Hoplocryptanthus*)	
		姬凤梨属(*Cryptanthus*)	
		长茎凤梨属(*Siqueiranthu*)	
		刺穗凤梨属(*Acanthostachys*)	
		棒叶凤梨属(*Neoglaziovia*)	
		菠萝属(*Ananas*)	
早期分化类群		卧花凤梨属(*Disteganthus*)	
		峰色凤梨属(*Fernseea*)	
		束花凤梨属(*Fascicularia*)	
		智利岩凤梨属(*Ochagavia*)	
		侧花凤梨属(*Greigia*)	
		镰钩凤梨属(*Deinacanthon*)	
		强刺凤梨属(*Bromelia*)	

注：表中资料来源于Schulte 等人(2009)、Sass 和 Specht(2010)、Aguirre-Santoro(2017)、Leme 等人(2017,2021)。

2. 铁兰亚科的分类研究进展

在Smith 和 Downs（1977）的《新热带植物志（第十四卷）》（*Flora Neotropica* No.14）的第二册中，铁兰亚科仅有6个属，分别为粉叶凤梨属、团花凤梨属、果子蔓属、密花凤梨属（*Mezobromelia*）、铁兰属和鹦哥凤梨属。这6个属在形态上的主要区分依据为：① 花冠形态，即花瓣合生还是分离、花瓣附属物的有无；② 子房位置，即子房处于上位、半下位还是下位；③ 种子附属物，即种缨的有无、基生或顶生、直或折叠、分叉与否。

随着分类学家对铁兰亚科系统发育研究的深入，一些种类被重新界定并划分到不同的属，恢复或新增了卷瓣凤梨属（Grant，1995a）、杯柱凤梨属（Grant，1995a）、坛花凤梨属（*Racinaea*）（Spencer 和 Smith，1993），使铁兰亚科的属数上升为9个。

Barfuss 等人（2005，2012）基于包括3个质体基因和1个核基因的多位点DNA序列分析，将铁兰亚科分成4个分枝（表2-3），分别为粉叶凤梨族（Catopsideae）、团花凤梨族（Glomeropitcairnieae）、铁兰族和鹦哥凤梨族（Vrieseeae），明确了铁兰亚科系统进化的骨架：粉叶凤梨族和团花凤梨族最早分离出来，并互为姐妹群，一起构成铁兰亚科的非核心群，位于系统发育树的基部；铁兰族和鹦哥凤梨族也互为姐妹群，一起构成铁兰亚科的核心群；非核心群和核心群互为姐妹群。铁兰族内部又可分为核心类群和非核心类群两部分，其中非核心类群已得到较好的界定，由果子蔓属和从密花凤梨属分离出来的吹金凤梨属（*Gregbrownia*）构成；核心类群的骨架尚未完全解决，但聚合成一些形态特征差异明显的条带。鹦哥凤梨族可再分成粗柱凤梨亚族（Cipuropsidinae）和鹦哥凤梨亚族（Vrieseinae）。Barfuss等人（2016）对包括叶、花序、花（萼片、花瓣、子房、胚珠、柱头、雄蕊、花粉）和种子的形态等特征重新评价后进行组合，对铁兰亚科系统树上的单系群进行定义，建立了形态上更容易界定的小型属，如新增了指穗凤梨属、长羽凤梨属（*Jagrantia*）、丽穗凤梨属等10个属，将原先的铁兰属旋瓣凤梨亚属（subgen. *Pseudalcantarea*）提升为旋瓣凤梨属，并暂时恢复了粗柱凤梨属（*Cipuropsis*），使铁兰亚科的属数上升至目前的22个（不含自然杂交属）。在重新筛选的形态特征中，柱头的形状对铁兰亚科内部类群的特异性有很好的指示作用，是铁兰亚科系统分类中最具鉴别性的性状，例如杯柱凤梨属植物的柱头呈杯状，成为该属区别于其他属独一无二的特征（Grant，1995a；Barfuss *et al.*，2016）。但是，铁兰亚科内部的分类谜团尚未完全解开，一些物种的分类位置仍不确定，问题主要集中在鹦哥凤梨族的粗柱凤梨属—密花凤梨属复合体（Cipuropsis-Mezobromelia complex）和核心铁兰族中的铁兰属这两个谱系。

表 2-3 铁兰亚科系统分类谱系

<table>
<tr><th>主要分枝</th><th>族</th><th>族下分类</th><th>属</th></tr>
<tr><td rowspan="8">核心铁兰亚科
（Core Tillandsioideae）</td><td rowspan="8">铁兰族
（Tillandsieae）</td><td rowspan="6">核心铁兰族
（Core Tillandsieae）</td><td>坛花凤梨属（Racinaea）</td></tr>
<tr><td>铁兰属（Tillandsia）</td></tr>
<tr><td>翅轴凤梨属（ Barfussia）</td></tr>
<tr><td>香花凤梨属（Lemeltonia）</td></tr>
<tr><td>旋瓣凤梨属（Pseudalcantarea）</td></tr>
<tr><td>羽扇凤梨属（Wallisia）</td></tr>
<tr><td rowspan="2">非核心铁兰族
（Non-core Tillandsieae）</td><td>果子蔓属（Guzmania）</td></tr>
<tr><td>吹金凤梨属（Gregbrownia）</td></tr>
</table>

续　表

主要分枝	族	族下分类	属
核心铁兰亚科（Core Tillandsioideae）	鹦哥凤梨族（Vrieseeae）	粗柱凤梨亚族（Cipuropsidinae）	密花凤梨属（*Mezobromelia*）
			玄鞘凤梨属（*Josemania*）
			杯柱凤梨属（*Werauhia*）
			粗柱凤梨属（*Cipuropsis*）
			指穗凤梨属（*Goudaea*）
			长羽凤梨属（*Jagrantia*）
			丽穗凤梨属（*Lutheria*）
			钟花凤梨属（*Zizkaea*）
		鹦哥凤梨亚族（Vrieseinae）	齿柱凤梨属（*Stigmatodon*）
			鹦哥凤梨属（*Vriesea*）
			卷瓣凤梨属（*Alcantarea*）
			溪边凤梨属（*Waltillia*）
非核心铁兰亚科（Non-core Tillandsioideae）	粉叶凤梨族（Catopsideae）		粉叶凤梨属（*Catopsis*）
	团花凤梨族（Glomeropitcairnieae）		团花凤梨属（*Glomeropitcairnia*）

注：表中数据改编自 Barfuss 等人（2016）、Leme（2017）。

铁兰属是整个凤梨科中种数最多的属，拥有约780个种及150个种下分类单元。Smith和Downs（1977）根据花序、萼片、花瓣和雄蕊的特征，将铁兰属分为7个亚属，分别为*T.* subgen. *Allardtia*、*T.* subgen. *Anoplophytum*、*T.* subgen. *Diaphoranthema*、*T.* subgen. *Phytarrhiza*、*T.* subgen. *Pseudoalcantarea*、*T.* subgen. *Pseudo-Catopsis*和*T.* subgen. *Tillandsia*。但在过去的三四十年，这一分类发生了一系列的变化（Spencer和Smith，1993；Barfuss *et al.*，2016），目前仍保留的亚属为叠丝亚属（*T.* subgen. *Anoplophytum*）、短柱亚属*T.* subgen. *Diaphoranthema*）、宽瓣亚属（*T.* subgen. *Phytarrhiza*）、铁兰亚属（*T.* subgen. *Tillandsia*）：Espejo-Serna（2002）将产自墨西哥中部、花瓣深绿色的小型种类单独建立绿瓣凤梨属（*Viridantha*），但Barfuss等人（2016）认为，它们与其他铁兰属的种类区别很小，除非需对铁兰属进一步拆分，否则没有必要提升为属，而是作为铁兰属的一个亚属——绿瓣亚属（*T.* subgen. *Viridantha*）；Barfuss等人（2016）将原先归在鹦哥凤梨属的一些具旱生形态的种类作为假鹦哥亚属（*T.* subgen. *Pseudovriesea*）归入铁兰属，这些物种的花瓣基部具附属物、叶片被覆银白色鳞片且无叶筒；重新启用了喜气亚属（*T.* subgen. *Aerobia*），并指定白剑铁兰（*Tillandsia xiphioides*）为该亚科的模式种（Barfuss *et al.*，2016）。然而，由于铁兰属下种类众多，而取样范围相对有限，该研究中还有几个物种复合体未被明确分类，因此铁兰属下各亚属的分类仍需进一步的分析和修订。

3. 鳞刺凤梨亚科的分类进展

在Givnish等人（2007）成立鳞刺凤梨亚科时，该亚科仅有鳞刺凤梨属这一个属。Ramírez-Morillo等人（2018a, 2018b）结合质体和细胞核标记以及形态学特征对鳞刺凤梨亚科进行了系统发育关系分析，分离出3个单系分枝，并提出该亚科由3个属组成的分类方法：① 细叶凤梨属（*Bakerantha*）：叶呈草状，叶缘几乎全缘或具微小锯齿状，顶生花序并具花序梗，果纸质并下垂，原产地局限于韦拉克鲁斯

(Veracruzan)、马德雷山脉(Sierra Madre Oriental provinces)、巴尔萨斯盆地(Balsas Basin)和跨墨西哥火山带生物区(Transmexican Volcanic Belt);② 美索凤梨属(*Mesoamerantha*):具顶生花序、子房3/4上位、蒴果室背开裂等特征,产自大墨西哥地区[①]的最南端;③ 其余物种为鳞刺凤梨属。然而,Gouda等人(2024)年版的《凤梨新分类清单》并未采纳Ramírez-Morillo 等人(2018)的分类方法,并认为应该将前两个单系分枝作为鳞刺凤梨属的两个亚属,除非有进一步的证据表明将这两个分枝独立成为属是唯一的选择(http://bromeliad.org.au/pictures/Hechtia/tillandsioides.htm)。另外,由英国邱园运营的世界植物在线(Plants of the World Online,POWO)已将细叶凤梨属列入其中,而美索凤梨属尚未列入。

笔者认为,Ramírez-Morillo 等人(2018a,2018b)、Romero-Soler等人(2022)对3个属的系统发育关系的表述已较为明确,并得到了形态学、地理分布和分子生物学方面的证据的支持,因此本书采用他们的这一分类成果。

2.2 凤梨的园艺学分类

对凤梨进行园艺学分类有助于人们更准确地了解它们的习性差异,并采取适宜的栽培方式和管理措施,达到事半功倍的效果。

2.2.1 根据生态类型分类

Pittendrigh(1948)根据光合途径和水分吸收机制,将凤梨分成5个功能类型:① C_3途径[②]的地生型;② 景天酸代谢(CAM)途径的地生型;③ C_3途径的积水型;④ 景天酸代谢途径的积水型;⑤ 景天酸代谢途径的气生型。

Benzing(2000)根据根系功能、叶丛形态结构、叶表鳞片功能、光合途径、生长习性等特征,也将凤梨分成5个生态类型(表2-4)。

表 2-4 Benzing(2000)的凤梨 5 个生态类型的基本特征和分布规律

类型	根 系	叶丛结构	叶上鳞片	光合作用	习 性	在各亚科中分布
1	有吸收功能	无叶筒	无吸收功能	C_3途径或CAM途径	地生	翠凤草亚科、鳞刺凤梨亚科、旋萼凤梨亚科、聚星凤梨亚科、刺蒲凤梨亚科(全部种类),小花凤梨亚科(大部分种类),凤梨亚科(部分种类)
2	有吸收功能且无向地性	叶筒发育不良	叶基部具吸收功能	CAM途径	地生	凤梨亚科
3	机械固定,有条件地吸收	叶筒发育良好	叶基部具吸收功能	大部分CAM途径	地生、岩生、附生	凤梨亚科
4	机械固定,有条件地吸收	叶筒发育良好	叶基部具吸收功能	大部分C_3途径	大部分附生	铁兰亚科、小花凤梨亚科(少数种类)
5	机械固定或根系消失	无叶筒,幼态持续*	整株具吸收功能	CAM途径	大部分岩生或附生	铁兰亚科

*在本表中,"幼态持续" 指铁兰属中部分种类为适应极端环境而缩小株型并缩短生命周期的现象(Till,1992)。

① 大墨西哥地区(Megamexico):墨西哥北部、美国南部和尼加拉瓜的合称,是一个植物地理单元,地方特种比例非常高(Rzedowski,1991)。

② C_3途径:光合作用最初产物为3-磷酸甘油酸(一种三碳酸)的光合途径。

但是上述分类略显复杂，不同类型间部分形态特征相互重叠，而且物种是否采用CAM代谢并不能从植物外观就能简单辨别，因此为了使读者在实际应用中能更易于区分和操作，笔者根据植株对水分和养分的获取途径，将凤梨的生态类型简化为地生型和附生型两大类（图2-3）：地生型凤梨的根系生长在土壤或岩石缝隙中，根具有完全吸收功能，且植株主要依赖根系吸收土壤中的水分和养分；附生型凤梨可脱离土壤而长期生长在其他物体表面。根据根系是否仍具吸收功能，附生型又分为兼性附生和专性附生两类：兼性附生型凤梨的根系仍具部分吸收功能，而专性附生型凤梨的根系基本没有吸收功能（表2-5）。

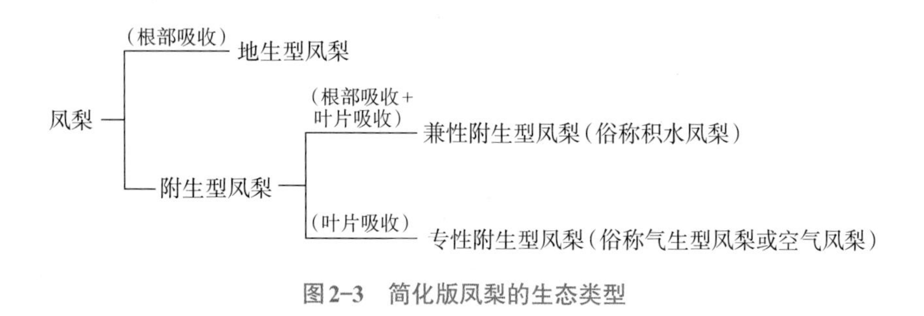

图2-3　简化版凤梨的生态类型

表 2-5　简化版凤梨的生态类型（习性）基本特征和分布规律

生态类型	根系功能	叶丛结构	叶上鳞片	在各亚科中分布
地生型	有吸收功能	无叶筒，少数有叶筒	无吸收功能，少数有吸收功能	小花凤梨亚科、鳞刺凤梨亚科、旋萼凤梨亚科、聚星凤梨亚科、刺蒲凤梨亚科（全部种类），翠凤草亚科（大部分种类），凤梨亚科（部分种类）
兼性附生型	有吸收功能，机械固定	叶筒发育良好或不明显	叶基部的鳞片具吸收功能	凤梨亚科部分种类、铁兰亚科部分种类
专性附生型	机械固定或根系消失	叶筒不明显	整株具吸收功能	铁兰亚科（铁兰属部分种类）

2.2.1.1　地生型凤梨

地生型凤梨是指那些以根作为水分和养分主要吸收器官的凤梨种类，其辨别特征为：植株通常具发达的根系；叶排列较松散，没有形成叶筒，叶上无具吸收功能的鳞片或仅基部有具吸收功能的鳞片；不能长期脱离土壤而生存。这一大类凤梨包括小花凤梨亚科、鳞刺凤梨亚科、旋萼凤梨亚科、聚星凤梨亚科、刺蒲凤梨亚科的全部种类，以及翠凤草亚科的绝大部分种类（除翠凤草属的个别种类）、凤梨亚科的部分种类（菠萝属、强刺凤梨属、姬凤梨属、直立凤梨属等）。

在地生型凤梨中，有些种类生长在岩石或多石的环境中，根系深深地扎入缝隙中以获取水分和养分，又称岩生凤梨，包括鳞刺凤梨亚科、刺蒲凤梨亚科、聚星凤梨亚科等亚科的大部分种类。另外，小花凤梨亚科的部分种类虽然形成了可收集雨水的叶筒，并且进化出利用叶筒引诱和捕食昆虫的食虫习性，叶的基部具吸收功能，形态上与兼性附生型的种类相似，但事实上植株生长在沼泽生境中，不能脱离土壤而长期生存，因此仍属于地生型凤梨。

2.2.1.2　附生型凤梨

附生型凤梨可以完全脱离土壤而长期生存，其主要的辨别特征是：根系主要起固定植株的作用，其吸收功能只是部分保留或完全退化，当根暴露在空气中时表面变硬且光滑；叶的基部或整张叶的表皮上分布有具吸收功能的鳞片，并以此为植株提供水分和养分。凤梨科中超过50%的种类属于附生型凤梨。

1. 兼性附生型凤梨

附生型凤梨中有一部分种类的根系除了起到固定作用外，仍然部分保留吸收功能，当根接触到合适的介质后，可重新起到吸收水分和养分的作用，因而属于兼性附生型凤梨。这类凤梨中的大部分种类的叶基部不同程度地重叠，形成大小不一的叶筒，可以储存体积一定的水分，俗称积水凤梨（phytotelm bromeliads）。它们的叶筒除了可收集雨水，还可收集林中落下的枯枝落叶、动物皮毛和排泄物等物质，经微生物分解形成腐殖质，再通过叶基部的鳞片吸收。凤梨亚科中的多数属，如尖萼荷属、水塔花属、彩叶凤梨属、鸟巢凤梨属，以及铁兰亚科的卷瓣凤梨属、果子蔓属、鹦哥凤梨属和粉叶凤梨属中的大部分种类属于积水凤梨（Smith 和 Downs，1974）。兼性附生型凤梨中还有部分种类的叶筒不太显著，叶较细，叶质薄至稍厚，叶面平，叶上鳞片稀疏而不明显，通常附生，但根系仍具吸收功能，如羽扇凤梨属和香花凤梨属的种类。

2. 专性附生型凤梨

附生型凤梨中还有一部分种类不形成明显的叶筒，整张叶的表面具非常发达的鳞片，能够高效地截留空气中的水分和水溶性营养物质并输送到叶表的吸收细胞；根系只起到固定的作用，有的种类甚至完全消失，有根的种类即使根系接触土壤其吸收功能也有限，反而会因根系周围通风不良而有腐烂的风险，因此属于专性附生植物，是真正的气生型凤梨。毋庸置疑，气生型凤梨是积水凤梨的“升级”，更适应无明显降雨但有丰富雾气的干旱区域。

有的学者根据凤梨的生长方式和生长地点，将凤梨分为地生、石生、树栖和岩栖等类型（Benzing，2000）。笔者认为，地生类和石生类凤梨都有发达的根系，只是石生类凤梨的根系生长在多石的土壤或岩石缝隙中（图 2-4a），对介质的排水性和透气性的要求高于普通的地生类植物，但是这两类植株所需水分和养分以根系吸收为主，因此本质上仍属地生型凤梨。对于附生型凤梨来说也是如此，当整棵附生于树上时为树栖，附生于岩石上时为岩栖（图 2-4b），更何况有的种类既可附生于岩石上也可附生于树上，其与地生型凤梨的本质区别是叶具有吸收的功能。

图 2-4 生长在岩石上的凤梨（潘向燕摄）

（a）刺蒲凤梨类地生于多石的荒漠中；（b）铁兰亚科的种类附生于岩石表面。

2.2.2 根据生长环境分类

植物的生长环境直接影响植物的生理和生长发育过程，对植物的形态也产生了深刻的影响，而一些植物为适应相同或相似的环境往往在形态上呈现出比较相似的特征。对植物来说，非生物环境因子主要包括光、温度和水分等。根据对光的需求，植物可分为阳生植物、耐阴植物、阴生植物等生长类型；根据对水分的需求，植物可分为湿生植物（hygrophyte）、中生植物（mesophyte）[①] 和旱生植物（xerophyte）等生长类型。不过，各种环境因子并不是孤立存在的，而是相互关联并共同对植物产生作用，如阳生植物通常

① 中生植物（mesophyte）：适宜在中等湿度和温度条件下生长的植物。

耐旱，而阴生植物较喜湿。

综合植物对水分和光照的需求，可将凤梨分成3个生长类型，分别为喜阴湿型、中生型和喜阳旱生型。

2.2.2.1 喜阴湿型凤梨

这是一类生长在较荫蔽、潮湿环境中，不能忍受较长时间水分亏缺的凤梨。其中，有些种类生长在低地热带雨林、高海拔云雾林的中下层或地被层，那里光线较暗，雨水充沛（图2-5）。在阴湿环境中生长的凤梨，植株大多呈绿色，叶质地较薄，叶表鳞片稀疏或不明显。

图2-5 厄瓜多尔亚马孙雨林中喜阴湿环境的附生型凤梨（潘向燕摄）

地生型凤梨中喜阴湿型凤梨包括生长在雨林下层的姬凤梨属和翠凤草属中的部分种类，其叶薄而软，叶表的鳞片组织无或较少，也没有形成叶筒，但根系发达，对水分的需求相对较高，植株也较耐阴。附生型凤梨中喜阴湿型凤梨包括凤梨亚科的鸟巢凤梨属、葡茎凤梨属、水塔花属，铁兰亚科的果子蔓属、鹦哥凤梨属、铁兰属中叶质较薄的种类和生长在高海拔云雾林中的坛花凤梨属的大部分种类。

2.2.2.2 中生型凤梨

这是一类通常生长在开阔的岩石、悬崖、阳面坡地，或者热带季雨林的中上层和落叶树的树枝上的凤梨（图2-6）。环境中光线较为充足，具有明显的旱湿季之分，因而此类凤梨具有一定忍受干旱的能力。

中生型凤梨包括生长在雨林边缘、路边护坡等中等湿度和光照环境中的翠凤草属、卷药凤梨属，以及生长在较干旱环境中的姬凤梨属的部分种类，还有凤梨亚科和铁兰亚科中的大部分种类。此类凤梨通常叶质较厚，除铁兰亚科外的其余种类大多具有明显的锯齿。

图2-6 中生型凤梨（黄卫昌摄）

（a）路边护坡上的翠凤草；（b）次生林的树上长满附生型凤梨。

2.2.2.3 喜阳旱生型凤梨

这是一类能在全光照和干旱环境下生长，可忍受强光和较严重干旱的凤梨，通常生长在热带荒漠、热带沙漠、亚热带高原等少雨干旱环境或裸露的岩石等空旷环境中（图2-7），主要包括如下一些亚科及其属种：凤梨亚科的强刺凤梨属、菠萝属，翠凤草亚科的雀舌兰属、单鳞凤梨属，鳞刺凤梨亚科的鳞刺凤梨属，刺蒲凤梨亚科的刺蒲凤梨属，以及铁兰亚科铁兰属的一些种类（以银叶类铁兰为主）（图2-7b）。总体上，喜阳旱生型凤梨通常拥有以下的部分特征：① 具有肉质的叶鞘、叶片或地上茎，用以储存水分，帮助植株度过干旱期；② 叶表被覆发达的鳞片组织，往往使植株呈灰白色，有助于反射强光和保持体内水分；③ 叶面积小并密集群生，使叶的蒸腾效应减小到极低的程度；④ 发达的根系，可深入岩石缝隙探寻水分；⑤ 叶缘具发达的锯齿，避免在植物稀少的干旱生境中成为食草动物的食物。

图2-7 喜光旱生型凤梨

（a）单鳞凤梨类的叶片形态；（b）细弯铁兰的“银叶”（潘向燕摄）。

第3章
凤梨科植物的命名及亚科简介

大约在1689年，法国神父、植物学家C. Plumier将他从南美洲安第斯山脉带回的一批凤梨划分到同一个属下，并以他的朋友——瑞典医生、植物学家O. Bromelius的姓氏命名该属为“*Bromelia*”，即强刺凤梨属。1789年，法国植物学家A. L. de Jussieu以该属为模式属，成立了凤梨科（Bromeliaceae）。

3.1 凤梨科植物的命名规律

3.1.1 凤梨学名的基本表示方法

根据瑞典植物分类学家林奈（C. Linnaeus）于1753年创立的双名命名法，每个凤梨物种的科学名称（学名）都由属学名加种加词来表示，它们都是拉丁文或拉丁化形式的单词，其中属学名为名词，且首字母必须大写；种加词为形容词或同位名词，所有字母皆小写。学名之后还常附定名人、定名年代等信息，但书写时通常省略。例如，美叶尖萼荷的学名为*Aechmea fasciata* (Lindl.) Baker (1879)，其中“*Aechmea*”为属学名，“*fasciata*”为种加词；小括号内的“Lindl.”为原始命名人，“Baker”为改名人，小括号内的“1879”为改名时间。

当有种以下的分类单元，例如变种（用“var.”表示）、亚种（用“subsp.”表示）和变型（用“f.”表示）时，则在属学名、种加词后面分别加上述种下分类等级的简称，并加上种下的加词，如美叶尖萼荷的紫色变种——紫美叶尖萼荷*Aechmea fasciata* var. *purpurea*。

对于栽培品种[1]，根据ICNCP的规定，需将品种加词用单引号引用。品种加词可以是现代语言，而且每个单词的首字母必须大写，并于置于属学名和种加词后面，如**酒红**美叶尖萼荷的学名*Aechmea fasciata* ‘Sangria’。

3.1.2 来源于人名的凤梨属学名

凤梨科植物命名中，根据人名进行属的命名的情况最普遍。在Luther（2014）确定的凤梨科58个属的属学名中，有36个属就是这种情况，而且大部分是为了纪念历史上的植物学家、医生、赞助者、植物收集者等人物：属学名来源于德国人名的有*Dyckia*（雀舌兰属）、*Hechtia*（鳞刺凤梨属）、*Hohenbergia*（球穗凤梨属）等，来源于法国人名的有*Neoglaziovia*（棒叶凤梨属）等，来源于瑞典人名的有*Billbergia*（水塔花属）、*Lindmania*（旋萼凤梨属）、*Tillandsia*（铁兰属）和*Wittrockia*（齿苞凤梨属）等，来源于西班牙、荷兰等国植物学家的有（*Guzmania*果子蔓属）、*Vriesea*（鹦哥凤梨属）等；铁兰亚科新增加的几个属学名也大多来源于在凤梨科研究中做出突出贡献的植物学家和分类学家的姓氏（Barfuss *et al.*, 2016），包括*Goudaea*（指穗凤梨属）、*Wallisia*（羽扇凤梨属）等。

---

[1] 品种：在一定生态和经济条件下，经人工选择和培育的植物群体，具有相对的遗传稳定性以及生物学和经济学上的一致性，并可用普通的繁殖方法保持其恒久性。

3.1.3 其他来源的凤梨属学名

根据植株的某些特征、用途、原产地，以及将原住民的语言经拉丁化后命名的凤梨属学名有18个。例如，*Acanthostachys*（刺穗凤梨属）意为“花穗带刺的凤梨”；*Aechmea*（尖萼荷属）意为“长矛的尖”，指该属植物的萼片和苞片大多有尖刺的特性；*Canistrum*（莲苞凤梨属）表明植株的茎苞大且密生于花序轴基部并呈总苞状，形如一种用头顶的篮子；*Cryptanthus*（姬凤梨属）意为“花序隐藏或不明显”；*Orthophytum*（直立凤梨属）意为“直立的植物”，指该属植物的茎或花序梗直立向上。再如，有两个凤梨属学名来源于原住民的通用名称：“*Ananas*”（菠萝属）来源于巴西和巴拉圭等地的印第安人使用的瓜拉尼语，意为“香”；“*Puya*”（刺蒲凤梨属）是智利的马普切语，意为“有尖刺的”。

3.2 凤梨科各亚科简介

3.2.1 小花凤梨亚科

Brocchinioideae Givnish 2007

模式属：小花凤梨属（*Brocchinia* J. H. Schultes 1830）

多年生草本植物，大部分种类地生。叶肉内常具星形绿色组织[①]（stellate chlorenchyma）（图3-1）。总状花序、圆锥花序或穗状花序密生呈头状。萼片椭圆形、卵形、近圆形或披针形，近轴的2枚萼片覆瓦状叠在远轴端的萼片上；花瓣小，离生；子房部分下位至完全下位。蒴果。种子具双尾状附属物。

仅1属，即小花凤梨属，共20种。少数种类在国内有引种。

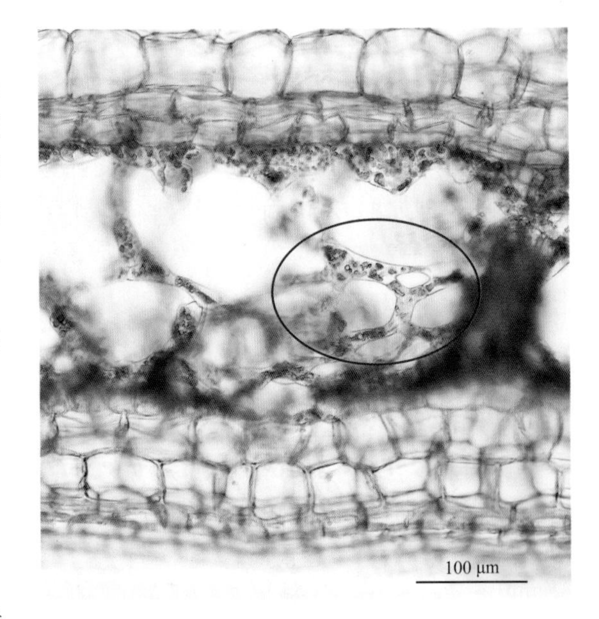

图3-1 小花凤梨的叶片纵切面（张建行摄）
红圈内示星形海绵组织。

3.2.2 凤梨亚科

Bromelioideae Reichnb. 1828

模式属：强刺凤梨属（*Bromelia* L. 1753）

多年生草本植物，通常近无茎，地生或附生。叶缘常具刺状锯齿或细锯齿；叶片常具盾状鳞片并呈不规则排列，极少数叶片具多细胞的圆柱形表皮毛。子房完全下位或近下位（刺穗凤梨属），而胚珠顶端钝或具有长尾状附属物。浆果，果皮不开裂。种子无附属物，依靠动物传播。

凤梨亚科现有44属（包含1个自然杂交属），现有1 019种及166个种下分类单元（Gouda和Butcher，2024）。它是凤梨科中仅次于铁兰亚科的第二大亚科，也是属最多的亚科。本亚科的种类外形非常多变，生长环境从强光、干旱到阴湿不等。

凤梨亚科的种类大多具较高的观赏价值，既有色彩鲜艳的观叶类型，也有花序美丽而奇特的观花类型，甚至花、叶俱佳；部分种类可观果。

---

① 星状绿色组织：叶肉组织中含有叶绿体的薄壁组织，其中海绵组织形状不规则，每个细胞有3～6个长短不一的臂状突出，成星形；细胞间相互连接成网状，细胞间隙较大。

3.2.3 鳞刺凤梨亚科

Hechtioideae Givnish 2007

模式属：鳞刺凤梨属（*Hechtia* Klotzsch 1835）

多年生草本植物，地生。叶丛莲座状；叶缘多数具刺状锯齿，少数种类全缘；叶肉质；叶肉没有星形绿色组织。花雌雄异株。蒴果。种子从具翅状附属物至几乎裸露。

鳞刺凤梨亚科目前共有3个属，分别为细叶凤梨属、鳞刺凤梨属和美索凤梨属（*Mesoamerantha*）（Ramírez-Morillo *et al.*, 2018a, 2018b；Romero-Soler, 2022），现有99种（Gouda *et al.*, 2024）。本亚科种类的原产地从美国南部至中美洲北部，以墨西哥的种类最多。它们主要生长在干旱或季节性干旱的生境中，如旱生灌木林、落叶林和松栎林；部分种类生长在湿润森林中裸露的岩石上；少数种类生长在常绿雨林或云雾森林中（Espejo 和 López-Ferrari, 1998；Ramírez-Morillo *et al.*, 2018b）。

3.2.4 旋萼凤梨亚科

Lindmanioideae Givnish 2007

模式属：旋萼凤梨属（*Lindmania* Mez 1896）

多年生草本植物，地生。叶片全缘或叶缘具锯齿；叶肉无星形绿色组织。花有花梗；萼片旋转状排列；花瓣无附属物；花丝分离，花药直而粗，近基着药至中间着药；花柱直立。蒴果。种子具双尾状附属物。

旋萼凤梨亚科有2属，分别为显花凤梨属（*Connellia*）和旋萼凤梨属，共45种及6个种下分类单元（Gouda *et al.*, 2024）。国内鲜有引种本亚科的种类。

3.2.5 聚星凤梨亚科

Navioideae Harms 1929

模式属：聚星凤梨属（*Navia* Mart. ex Schult.f. 1830）

多年生草本植物，地生。叶全缘，或具齿状或刺状锯齿；叶非肉质；叶表鳞片稍重叠，分布不规则；表皮光滑，无皮下厚壁组织和星形绿色组织，储水组织只位于外围。圆锥花序或简单花序。萼片呈耳蜗形排列，即近轴的2枚萼片覆盖在远轴的萼片上；花瓣小。蒴果。种子具翅状附属物或裸露。

聚星凤梨亚科有5属，分别为铁梗凤梨属（*Brewcaria*）、繁花凤梨属（*Cottendorfia*）、聚星凤梨属、扭茎凤梨属（*Sequencia*）、细枝凤梨属（*Steyerbromelia*），共111种及7个种下分类单元（Gouda *et al.*, 2024）。国内鲜有引种。

3.2.6 翠凤草亚科

Pitcairnioideae（Harms 1930）

模式属：翠凤草属（*Pitcairnia* L'Heritier 1788）

多年生草本植物，地生为主，极少数半附生。花瓣大而明显，或小型且萼片呈覆瓦状排列，在花谢后一般保持分开，少数花瓣稍缠绕，无瓣爪。花药为基着药，线形。蒴果。种子具翅状附属物，偶有尾状附属物。

翠凤草亚科现有5属，分别为单鳞凤梨属、雀舌兰属、刺叶百合凤梨属（*Encholirium*）、卷药凤梨属和翠凤草属，约693种及82个种下分类单元（Gouda *et al.*, 2024）。

翠凤草亚科除少数种类（如部分雀舌兰属的种类）作为多肉植物被种植外，大多数鲜为人知，仅少量收集于植物园中。

3.2.7 刺蒲凤梨亚科

Puyoideae Givnish 2007

模式属：刺蒲凤梨属（*Puya* Molina 1782）

多年生草本植物，地生。叶缘具尖刺。萼片螺旋状；花瓣宽阔并与瓣爪有区分，在开花时展开，在花谢后（简称花后，下同）紧紧缠绕在一起。蒴果。种子具翅状附属物。

刺蒲凤梨亚科仅1属，即刺蒲凤梨属，约120种。

3.2.8 铁兰亚科

Tillandsioideae Harms 1930

模式属：铁兰属（*Tillandsia* L.）

多年生草本植物，大部分种类附生，少数种类地生。叶莲座状基生，或沿茎螺旋状着生；叶全缘，叶上覆盖着辐射对称的鳞片。蒴果，室间开裂。种子基部、顶部或两端同时具种缨，靠风力传播。

铁兰亚科现有23属，共1 568种及254个种下分类单元，是凤梨科中种数最多的亚科。这些种类形态非常多变，其中生长在比较湿润的环境中的种类通常有叶筒，叶上的鳞片组织不明显，叶呈绿色，叶片较薄。生长在干旱环境中的种类一般不形成叶筒，叶片较厚且质地坚硬，叶上的鳞片组织非常发达，使叶片看上去呈灰白色。

铁兰亚科是凤梨科中观赏价值最高的亚科之一。目前国内盆花市场上极具观赏和商业价值的凤梨集中在铁兰亚科，例如果子蔓属、鹦哥凤梨属和羽扇凤梨属的种类。此外，铁兰属的不少物种作为“空气凤梨”在世界各地的爱好者中广泛传播。

形态学和分子系统发育学研究都表明，铁兰亚科是单系群，内部分成4个族（表2–3）。

3.2.8.1 粉叶凤梨族

Catopsideae Harms 1930

模式属：粉叶凤梨属（*Catopsis* Griseb.）

植株无茎。莲座状叶丛通常形成叶筒，少数种类不形成叶筒。花序通常为复合花序，有1级分枝，少数种类有2级分枝，偶尔为简单花序；花呈螺旋状排列。萼片离生，极不对称；花瓣通常白色，少数黄色，离生，形成瓶状或钟状的花冠，多数种类的花瓣顶端露出较少而不明显，少数种类的花瓣顶端露出较多并展开，基部无附属物；雄蕊不等长，短于花瓣并深藏于花冠内，对萼雄蕊通常明显长于对瓣雄蕊，花丝分离，或对萼雄蕊的花丝与萼片离生，而对瓣雄蕊与花瓣基部贴生；上位子房至约1/8下位，胚珠合点处有明显的比胚珠还长的多细胞的丝状附属物；花柱内藏，柱头多为简单—直立型，偶尔为对折型，稍呈螺旋状。蒴果室间开裂。种子顶端的多细胞毛状种缨为粉叶凤梨族所特有，成熟时在蒴果内折叠（图1–75a）；种子基部的种毛短，不分叉。

粉叶凤梨族仅有1属，即粉叶凤梨属。通常附生，少数地生。

原产自中美洲和安的列斯群岛，并延伸至北美洲南部（墨西哥和美国佛罗里达州）、南美洲北部和巴西东南部。

3.2.8.2 团花凤梨族

Glomeropitcairnieae Harms 1930

模式属：团花凤梨属［*Glomeropitcairnia* (Mez) Mez］

大型多年生草本植物，无茎。莲座状叶丛形成叶筒。复合花序，有1级或2级分枝；花呈螺旋状排列。萼片离生，近对称；花瓣离生，长可至3 cm，形成管状花冠，基部具附属物；雄蕊短于花瓣，藏于花冠内，其中对萼雄蕊的花丝与萼片分离，对瓣雄蕊短且贴生于花瓣基部；子房约1/2～2/3下位，花柱藏于花冠内，柱头旋卷呈伞状，胚珠两端都具明显的附属物，并长于胚珠主体。蒴果部分室间开裂（不完全开裂)。种子两端都具明显的长种缨,长度约为种子主体的两倍,这是团花凤梨族独有的特征。

团花凤梨族仅1属,即团花凤梨属,共2种。附生或地生。原产自小安地列斯群岛并延伸至委内瑞拉东北部。

3.2.8.3　铁兰族

Tillandsieae Rchb. 1828

模式属:铁兰属(*Tillandsia* L.)

花瓣基部通常无附属物,少数种类的花瓣具基生附属物;子房通常1/8～1/3下位,少数至1/2下位;柱头多为对折—螺旋型或简单—直立型,偶尔为简单—平截型、简单—展开型或卷曲I型,极少数为卷曲—倒圆锥型、珊瑚型、对折—羽状全裂型或简单—羽状全裂型。蒴果,室间开裂。种子基部具种缨,形成类似降落伞的结构;顶部种缨直且短,不分叉,或缺失。

铁兰族有8个属,约1 123种及199个种下分类单元。

3.2.8.4　鹦哥凤梨族

Vrieseeae W. Till & Barfuss 2005

模式属:鹦哥凤梨属(*Vriesea* Lindl.)

花瓣通常具基生附属物;子房1/8～1/3下位,少数至1/2下位;柱头主要呈杯状,彼此融合后展开并明显加宽,呈漏斗状或伞状。蒴果室间开裂。种子基部的种缨较长,形成类似降落伞的结构;顶端的种缨一般较短,不分叉,偶尔较长且有分叉,或缺失。

鹦哥凤梨族可再分成两个谱系,分别为产自安第斯山脉、中美洲与加勒比地区的粗柱凤梨亚族和产自巴西东部的鹦哥凤梨亚族。

1. 粗柱凤梨亚族

Cipuropsidinae Barfuss & W. Till

模式属:粗柱凤梨属(*Cipuropsis* Ule)

植株附生或地生,大多生长在树上,少数种类生长在岩石上。通常近无茎,少数种类有茎。莲座丛通常形成叶筒,少数无叶筒。花序通常为复合花序,有1级或2级分枝,偶尔为简单花序;花苞覆瓦状排列,花排成两列。花瓣离生或基部合生(合生部位不超过全长的1/2),基部通常具基生附属物,少数无附属物,胚珠顶端钝,少数种类的胚珠附属物与胚珠主体等长;柱头为简单—直立型、对折—螺旋型,或呈壶状或杯状。

粗柱凤梨亚族共8个属。

2. 鹦哥凤梨亚族

Vrieseinae W. Till & Barfuss

模式属:鹦哥凤梨属(*Vriesea* Lindl.)

植株通常附生,生长在树上或岩石表面,仅有极少数种类地生。植株多数近无茎,少数有茎。莲座丛通常形成叶筒,少数无叶筒。花序通常为复合花序,有1级或少数2级分枝,偶尔为简单花序。花瓣分离,或在基部有较短的合生并形成管状花冠或钟状花冠,偶尔向后展开或呈螺旋状卷曲;一般具基生附属物。胚珠附属物通常比胚珠主体短或相等,偶尔比胚珠主体长,少数胚珠顶端钝;柱头卷曲Ⅱ型,偶尔呈管状—碎边型、对折—展开型或对折—直立型。本亚族的少数种类属于一次结实植物。

鹦哥凤梨亚族现有4个属。

第4章
凤梨科常见种鉴赏

据不完全统计，截至2023年底，在凤梨科现有的8个亚科中，我国已引种7个亚科，其中以凤梨亚科、翠凤草亚科和铁兰亚科的种类最常见；仅旋萼凤梨亚科的物种尚未引入。

本章主要介绍国内已有引种的凤梨属种，总计43属288种及种下分类单元，分别来自6个亚科。属种的介绍次序原则：① 各亚科以学名字母顺序排列。② 在亚科内，各属以属学名字母顺序排列。③ 属内物种的介绍次序，对绝大部分属（仅尖萼荷属除外）按种加词的字母顺序排列并用阿拉伯数字编号（下称编号）；尖萼荷属（本书介绍种类最多的属）先按亚属归类并以亚属学名字母顺序排列，然后在亚属内按种加词的字母顺序排列，但属内物种保持连续编号。如果介绍的种下分类单元只有1个时，不对该分类单元单独编号；若介绍多个种下分类单元时，则按小写字母顺序（如a、b、c）在物种编号后为这些分类单元进行种下编号。每种凤梨的详细介绍，按种加词溯源、物种特征、观赏特性、栽培方式、繁殖方式等内容排序。

4.1 刺穗凤梨属

Acanthostachys Klotzsch 1840，属于凤梨亚科。

模式种：刺穗凤梨［*Acanthostachys strobilacea* (Schult. & Schult. f.) Klotzsch 1840］

属学名“*Acanthostachys*”由希腊语的“acanthos”（意为“带刺的”或“多刺的”）和“stachys”（意为“花穗”）组成，意思是“花穗有刺的凤梨”。

主要原产自巴西、乌拉圭和阿根廷。地生或附生。现有3种（Smith和Downs，1979；Marcusso，2020）。

多年生草本植物。从茎基部长出侧芽。叶呈束状，叶鞘与叶片之间不变窄。穗状花序；花序梗明显或无；茎苞呈叶片状；花密生，排成多列；花苞明显。完全花，无花梗；萼片离生或基部合生，近对称；花瓣分离或部分合生，基部具2枚鳞片；对瓣雄蕊与花瓣贴生；子房下位或部分下位，胚珠顶端具长长的尾状附属物。

短序刺穗凤梨［*Acanthostachys pitcairnioides* (Mez) Rauh & Barthlott］

种加词“pitcairnioides”意为“像翠凤草般的”，指叶片纤细、密集丛生，形如翠凤草属植物。中文名中的“短序”指示其花序梗短，花序隐藏在叶丛中。

原产自巴西东北部。附生。

植株高约50 cm，易从短茎基部长出侧芽并形成大丛。每个叶丛有叶约10片，呈束状；叶鞘三角形，长3～8 cm，基部宽1～1.2 cm，全缘；叶片线形，长80～100 cm，宽0.5 cm，肉质，下部光滑，叶缘向内卷呈槽状，向上逐渐变细，靠近基部叶缘疏被棕色或黑色且向下的钩状锯齿（倒钩刺），向上锯齿逐渐变小且稀疏，上部近全缘。穗状花序；花序梗很短，深藏于叶丛中；茎苞密生于花序轴基部，长三角形至三角形，顶端有长细尖，边缘具锯齿；花序梗很短，深藏于叶丛中；花部长6～7 cm，直径约3 cm，椭圆形，藏于叶丛基部；花苞椭圆形，长约3.3 cm，宽约0.7 cm，麦秆色，脉纹明显，背部具龙骨状隆起，顶端钝并呈宽尾状，边缘具锯齿。花无梗，长约4 cm；萼片三角形，长约2.2 cm，顶端细尖，基部合生部分长约0.2 cm，棕色，具褐色绵毛；花瓣基部合生，白色，上部展开，湛蓝色；子房半扁圆形，白色，具棕色絮毛，上位管缺失，胚珠少数，着生在中轴的顶部，胚珠顶端附属物长并呈螺旋状卷曲（图1-72f）。浆果白色，膨大成扁圆形；顶端具浅棕色的宿存萼片，三角形，非常坚硬。种子椭圆形，长约0.6 cm，直径约0.2 cm，顶部附属物细线状，长可至30 cm。花期夏季，而果实翌年初夏成熟。

植株生长在弱光下时叶为绿色，生长在强光下时叶为黄色至橙色，甚至红色，有光泽。叶丛纤细且呈拱状弯曲，极具美感，但必须小心叶缘尖锐的倒钩刺。花瓣湛蓝色。果实成熟后可食用，味甜。每一粒种子都有一条长长的丝线状附属物，具一定的黏性且很有韧性，在野外可帮助种子附着在物体的表面。

植株长势强健，较耐旱。盆栽和地栽时要求土壤排水且透气，也可种植于石缝中或绑扎于树上。

通过分株或种子繁殖。

图4-1　短序刺穗凤梨

（a）植株外形；（b）花序；（c）花苞和花；（d）子房横切面；（e）果。

4.2　尖萼荷属

Aechmea Ruiz & Pavon 1793，属于凤梨亚科。

模式种：圆锥尖萼荷（*Aechmea paniculata* Ruiz & Pav. 1789）

属学名“*Aechmea*”源于希腊语“aichme”，意为“长矛的尖”，指该属植物的花苞和萼片的顶端大多有尖刺。在国内，尖萼荷属又名“光萼荷属”“蜻蜓凤梨属”“珊瑚凤梨属”等。

原产自墨西哥中部经西印度群岛至阿根廷南部。附生或地生。现有物种约245个，另外有73个种下分类单元（Gouda *et al.*，2024）；杂交品种数量众多，有400多个。

多年生草本植物。植株低矮至中等高度，一般近无茎。叶莲座状基生或在匍匐茎顶端簇生；叶革质；叶鞘在基部通常形成叶筒，叶片边缘有刺状锯齿。简单花序或复合花序；花序梗通常发育良好，少数近无梗；花成两列或多列排列。花多为两性花，少数雌雄异株；花萼分离或合生，通常极不对称；花瓣分离，有两个基生且或多或少与花瓣贴生的附属物，极少数种类的附属物发育不全；雄蕊比花瓣短，分离，有时对瓣雄蕊与花瓣贴生，花药为背着药；子房完全下位。浆果，由子房稍膨大而成。种子小。

虽然“尖萼荷属并不是一个自然的属”已成共识，会随系统分类学研究的推进而被修订，但是Smith和Down（1979）将尖萼荷属分成8个亚属的方法仍是目前最全面的修订，具有重要的参考价值。因此，除已被明确重新界定的种类，本书仍采用该方法对尖萼荷属进行分组介绍。

另外，Smith和Spencer（1992）将扭萼凤梨属（*Streptocalyx*）整体并入尖萼荷属。在Sass和Specht（2010）的系统发育树上，一些原产自南美洲北部的凤梨物种聚合形成一个进化枝（进化枝E），其中大部分物种（5/7）为扭萼凤梨亚属。虽然这一类群在尖萼荷属中的系统发育关系尚未最终明确，但其物种在形态上具有一定辨识度的相似特征，例如具大型一级苞片、分枝藏于苞片内、花序梗短或略伸长等，实时更新的《凤梨新分类清单》也将其作为尖萼荷属的亚属。因此，本书将扭萼凤梨亚属作为尖萼荷属的亚属进行单独介绍。

4.2.1 尖萼荷亚属

subgen. ***Aechmea*** Baker 1889

简单花序或复合花序，不呈球果状；花苞与花轴不形成袋状；花两列对生或排成多列。花无梗；萼片离生或近离生，顶端无刺（花两列并有鳞片时）或有短尖；花瓣附属物发育良好。

1. 鹰苞尖萼荷［*Aechmea aquilega* (Salisb.) Griseb.］

种加词“aquilega”指花的一级苞片的形状呈鹰嘴状。

原产自哥斯达黎加、牙买加、委内瑞拉、特立尼达和多巴哥、圭亚那、巴西。分布在海拔0～650 m的区域；多生长在地上，有时长在树上或岩石上，地生或附生。

植株开花时高约100 cm。莲座丛直立，呈柱状。叶厚革质，长100～150 cm；叶鞘宽大，密被棕色鳞片；叶片长舌形，宽5～10 cm，叶面被覆中央呈棕色的鳞片，但不明显，顶端急尖或渐尖并形成尖刺，叶缘具棕色、向上的疏锯齿。复穗状花序；花序梗直立，粗壮，密被白色粉末状附属物；茎苞直立，紧紧地裹住花序梗，卵形，长约14 cm，宽约3 cm，玫红色，表面被覆贴生的棕色鳞片，顶端急尖并具短尖，全缘；花部长20～40 cm，圆柱形或锥形，具2级分枝，花序轴具白色的短绒毛；一级苞片宽披针形，亮红色至粉红色，全缘，其中下部的一级苞片长度远超腋生的分枝，展开或反折下垂；一级分枝10～20个，展开，其中基部的分枝排列松散，基部具短而粗壮的梗，向上的分枝排列紧密；二级苞片形如花苞，膜质，黄绿色；二级分枝短，有3～5朵花，密生；花苞卵形，黄绿色，膜质，无毛，背面呈龙骨状，顶部急尖并形成尖刺，全缘；花束上有时分泌乳白色物质。花无梗，长约3.8 cm；萼片伸出花苞，极不对称，长约1.7 cm，背面呈龙骨状，顶端具短尖；花瓣舌形，橘黄色，基部具2枚顶端呈缺刻状的鳞片。子房长约1 cm，三棱形，上位管壶状，胚珠具尾。浆果卵形，成熟时深紫色或黑色。花期夏季。

鹰苞尖萼荷株型挺拔，茎苞和一级苞片大而显著，颜色非常鲜艳，适宜观赏。

长势强健，能忍受强光，是优良的庭院景观植物。地栽或盆栽，介质宜疏松透气。

通过分株或种子繁殖。

图 4-2　鹰苞尖萼荷

(a) 开花的植株；(b) 花束上分泌出的乳白色物质；(c) 分枝、苞片和花(① 一级苞片；② 二级苞片；③ 花苞)。

2. 红苞尖萼荷[*Aechmea bracteata* (Sw.) Griseb.]

种加词“bracteata”指该种具有红色、鲜艳的苞片。

原产自墨西哥、中美洲和南美洲北部。分布在海拔30～1 400 m的地区，附生或地生。

植株较大型，开花时株高50～170 cm。叶约20片，长30～100 cm；叶鞘椭圆形，非常宽大并显著，常膨大呈瓶状或壶状，密被棕色的微小鳞片；叶片舌形，宽7～11 cm，革质，浅绿色，正面光滑，背面具白色鳞片，顶端渐尖至圆形并形成细尖，叶缘具间隔约2 cm的粗锯齿，锯齿展开、直或呈弯钩状，刺长0.4～1 cm。复穗状花序；花序梗直立，较纤细，鲜红色，被覆细小的白色绵毛；茎苞直立，覆瓦状包裹花序梗，披针形，亮红色，顶端急尖，全缘；花部锥形，长10～65 cm；花序轴红色，被覆短柔毛，中部以下有2级分枝，偶有3级分枝，松散地排列在花序轴上，上部仅有1级分枝，排列较密；一级苞片展开或下垂，全缘，基部的一级苞片呈茎苞状，长20～23 cm，宽3～3.5 cm，有时长超过腋生分枝，鲜红色，非常显著，向上逐渐变小呈花苞状；基部的一级分枝长且有较多二级分枝，上部的一级分枝无二级分枝，展开，有4～9朵花；二级苞片形如花苞；二级分枝展开，有4～6朵花；花苞小，长0.5～0.8 cm，不明显，宽卵形，黄绿色，顶端急尖并有细尖。花无梗；萼片三角状卵形，长0.3～0.4 cm，极不对称，黄色至黄绿色，开花后宿存于果实顶端并呈鲜红色，顶端具短尖；花瓣线形，长约1 cm，形成管状花冠，黄色，基部具2枚边缘呈粗锯齿状的鳞片；雄蕊内藏；子房宽椭圆形或近球形，上面具白色鳞片，开花后迅速膨大，胚珠着生在中轴的顶部，具尾。果未成熟时绿色，有光泽，约2个月后成熟；成熟时黑色，直径0.8～1 cm，每个果实含种子15～20粒。种子棕色，长0.35～0.4 cm，宽约0.15 cm。花期初夏。

本种为中大型观赏种类。叶厚而硬，叶刺宽大，开花前叶鞘基部膨大，向上渐渐缩小，呈明显的瓶状或壶状(图4-3a)。一级苞片颜色鲜艳，可保持半年之久。果实有光泽，数量多且挂果期较长，果肉呈透明的胶质状，味甜，鸟类喜食。

植株长势强健。喜阳光充足的环境，强光可促使叶片变得更宽厚，且叶色有红晕，同时株型更紧凑，叶鞘膨大更明显，花序梗也更粗壮挺拔；光线不足时往往造成花序梗柔软且向下弯曲。适合庭院地栽，也可盆栽。

通过分株或种子繁殖。

图4-3 红苞尖萼荷

（a）叶丛；（b）开花的植株；（c）花；（d）果实。

3. 宽大尖萼荷（*Aechmea eurycorymbus* Harms）

种加词“eurycorymbus”指植株宽大，花序呈伞状。

原产自巴西东北部。分布在海拔300～525 m的雨林中，附生或地生。

植株开花时高达200 cm。叶15～20片，莲座状排列；叶长90～120 cm，近直立，革质；叶鞘椭圆形，长约20 cm，两面疏被棕色的微小鳞片，内侧靠顶部稍呈紫色，靠基部呈栗色，全缘；叶片条形，长约60 cm，宽5～7 cm，基部不变窄，绿色或黄绿色，正面光滑，背面被覆不太明显、贴生的灰白色鳞片，顶端渐尖并形成尖刺，稍弯曲，叶缘疏生刺状锯齿。复穗状花序，明显高于莲座丛；花序梗较粗，直立，长超过60 cm，直径约1.2 cm，绿色或略带红晕，光滑；茎苞披针形，长13～14 cm，宽约5 cm，顶端为渐尖并形成细尖；花部宽金字塔形，长40～50 cm，基部直径27～30 cm，有2～4级分枝，分枝在花序轴上排成多列，顶端不分枝，有10多朵花；花序轴及各级小花序轴初为绿色或带红晕，后可变为红色或红棕色，光滑或近光滑，小花序轴呈膝状弯曲；一级苞片狭卵状披针形至披针形，长4～11 cm，明显比分枝短，但比分枝基部的梗长，宽1.5～4 cm，沿花序向上逐渐变小，纸质并有脉纹，光滑或疏被白色的微小鳞片，初为红色，逐渐变成麦秆色；一级分枝在花序轴上排成多列，长20～23 cm，从下往上逐渐缩短，分枝基部有梗，长3～10 cm，其中基部的一级分枝上有4～6个二级分枝，小花序轴顶端不分枝，有花4～7朵，而向上的一级分枝变短，二级分枝数量减少为3～4个，最上部的一级分枝无二级分枝；二级苞片形如一级苞片或基部花的花苞，长2～3.7 cm，宽0.6～1 cm，与梗等长或比梗稍长；二级分枝长5～11 cm，基部的梗长1～2.5 cm，分枝上有1～2个三级分枝或无三级分枝，顶端不分枝，有4～7朵花；三级苞片形如基部的花苞，约与梗等长；三级分枝长5～8 cm，有长1～2.5 cm的梗，分枝上有1个四级分枝或无分枝，有花2～4朵；花苞卵状披针形，长度至萼片的1/3～2/5处，只部分包住花的基部，但超过子房，膜质，红色，有明显的脉纹，顶端渐尖并形成细长的尾部，全缘。花长3.7～4.2 cm，近无梗；萼片长1～1.5 cm，基部合生部分长0.1～0.15 cm，橘色，近椭圆状卵形，不对称，侧翼膜质，圆形，顶端急尖并形成短尖；花瓣分离，狭披针形，长约3 cm，宽约0.4 cm，橘色，直立，开花时顶端稍打开，基部有2枚鳞片和1对明显的胼胝体，其中鳞片长约0.4 cm，宽0.15～0.2 cm，短匙状倒卵形，顶端钝或圆形，近全缘或呈不明显的齿状，胼胝体稍短于花丝；雄蕊长约2.6 cm，花药长约0.6 cm，中间背着药；子房近圆柱形，长0.6～1 cm，光滑，柱头为对折—螺旋型，橘色，上位管短，胚珠着生在中轴的顶部，胚珠具尾。果椭圆形，成熟时变成黑色。花期夏季。

宽大尖萼荷拥有长长的带形叶片，花序高且宽大，花序轴较纤细，花后子房稍膨大，果实有光泽，观赏期在半年以上。叶色和花序的颜色因光线不同而有所差异：光线充足时叶呈黄绿色，有红晕，花序和果序都呈红色；光线较暗时叶色为绿色，叶片软而下垂。

长势强健，喜光线充足的环境，栽培介质应疏松透气，有良好的排水性。植株高大，可盆栽或地栽作为庭院观赏植物。

主要通过分株或种子繁殖。

图4-4　宽大尖萼荷

(a) 开花的植株；(b) 花序局部；(c) 果序。

4. 芬德尖萼荷（*Aechmea fendleri* André ex Mez）

种加词“fendleri”来源于该种的发现者A. Fendler。

原产自委内瑞拉北部和特立尼达岛。分布在海拔500～1 300 m的湿润雨林中，附生。

植株中型，莲座丛高50～90 cm，开花时植株高约100 cm。叶长可至90 cm；叶鞘近卵形，被覆较密的棕色鳞片；叶片舌形，宽约5.5 cm，纸质，正面光滑，背面有棕色鳞片，顶端急尖，有时形成黑褐色的尖刺，叶缘有长约0.2 cm的深棕色或黑褐色的锯齿，向上刺变小。复穗状花序直立，除花瓣外整个花序都被覆白色鳞片，尤以花序梗上的鳞片最明显；花序梗和各级花序轴都为红色；茎苞纸质，早枯；花部圆柱形，长20～70 cm，宽约8 cm，有2级分枝，密生，花序轴顶端不分枝；一级苞片披针形，早枯，向上逐渐变小；一级分枝长3～6 cm，顶部不分枝，靠近基部产生数个二级分枝，使分枝呈簇生状，在花序轴上排成多列；二级苞片三角形或无；二级分枝长2～4 cm，有花2～4朵；小花序轴纤细，呈明显的膝状弯曲；花苞展开或反折，线状锥形，长约0.5 cm，深紫红色，顶端形成柔软的尖刺，全缘。花长约2.3 cm，无花梗；萼片离生或近离生，深蓝色，长约1.2 cm，极不对称，右侧有大型的膜质侧翼，顶端有明显的短尖；花瓣长约1.7 cm，深蓝色，顶端浅蓝色至白色，花后变成玫红色或紫红色，顶端急尖并形成短尖，基部着生2枚边缘为钝齿形的鳞片；雄蕊内藏，对瓣雄蕊与花瓣贴生的部分长超过鳞片；子房近纺锤形，长约0.8 cm，直径约0.6 cm，白色、粉紫色或蓝色，上位管大，漏斗状。花期通常为春季，偶尔为秋季。

芬德尖萼荷的叶色因光线的不同而有所变化，在强光下为黄绿色，在半阴环境下则为翠绿色。在开花时，红色的花序轴上密生蓝色的花；子房最初为白色，光线充足时逐渐变为玫红色，甚至与花萼一样呈深蓝紫色，极具观赏性；进入花期后每天都有数朵蓝色的小花在圆柱形的花序上开放，花期较长。花后子房膨大成果实，白色或略带紫色，观赏期长达半年。

喜温暖湿润、光照充足的环境。适合庭院内地栽，也可盆栽。

主要通过分株繁殖。

图4-5 芬德尖萼荷

(a) 开花的植株；(b) 花序（局部）及花。

5. 垂丝尖萼荷［*Aechmea filicaulis* (Griseb.) Mez］

种加词“filicaulis”指植株具有细长、丝状的花茎。

原产自委内瑞拉北部。分布在海拔1 000～1 600 m的云雾林中，附生于树上。

植株中小型，开花时花序下垂，通常长60 cm，有时超过230 cm。叶少数，长约40 cm，形成紧密的圆柱形莲座丛；叶鞘狭卵形，疏被棕色鳞片；叶片长舌形，宽约4 cm，薄革质，光滑或叶背疏被鳞片，叶尖钝并有短尖，叶片上半部全缘，下半部有细锯齿。复穗状花序；花序梗非常纤细，下垂，疏被白色的絮状绵毛；茎苞管状，近披针形，比节间短，膜质，顶端急尖，全缘；花部长60～112 cm，有2～3级分枝；一级苞片形如茎苞，比分枝短，披针形，红色，顶端渐尖；一级分枝长5～10 cm，基部有梗，二级分枝在一级分枝上呈轮生状排列，每2～5个分枝组成1轮，一般有2～3轮，顶端不分枝，有1～2朵花，并先于二级分枝上的花开放；二级苞片微小，近肾形，暗红色；二级分枝大多只有顶端的1朵花，纤细的小花序梗位于花的基部，呈花梗状，少数形成第三级分枝；花苞不明显，不对称，近肾形，顶端凹，光滑。花无梗，长约3.2 cm；萼片离生，极不对称，长约1.25 cm，侧翼与萼片顶端一样高，顶端无短尖；花瓣长约2.7 cm，顶端钝，开花时展开并向后卷曲，基部有2枚边缘呈撕裂状的不规则鳞片；雄蕊约与花瓣等长，对瓣雄蕊与花瓣高位贴生；子房椭圆形，直径约0.4 cm，无毛，上位管壶形，胚珠着生在中轴的顶部并具长尾；子房在胚珠受精后明显膨大。果实在未成熟时为蓝绿色，倒卵球形，在成熟时为白色，呈透明状。花期秋季、冬季或早春。

图4-6 垂丝尖萼荷

(a) 开花的植株；(b) 一级分枝（其顶端的花比二级分枝上的花先开放）；(c) 花苞（红圈内）；(d) 小枝轮生（红圈内为二级苞片）。

垂丝尖萼荷叶质柔软并有光泽，叶色暗红，可观叶。开花时花序梗细长并下垂，长度超过可200 cm；从花序上开出一朵朵精美的白花，花瓣向后卷曲，非常别致。

喜温暖湿润的环境，以明亮的散射光为佳，栽培介质宜疏松透气。可以附生方式种植在树枝上，或种植在吊盆中，让花序自然下垂。

通过分株或种子进行繁殖。

6. 囊鞘尖萼荷（*Aechmea melinonii* Hook.）

种加词“melinonii”来源于人名。中文名根据该种叶鞘膨大呈囊状的特征。

原产自圭亚那、法属圭亚那、苏里南、巴西（北部）。分布在海拔80～220 m的区域；附生于树上或岩石上，有时地生。

叶约20片，形成下部膨大、中部收缩的囊状叶丛；叶长50～130 cm，有时超过花序，疏被贴生的棕色微小鳞片；叶鞘椭圆形，大而明显，长20～30 cm，宽超过12 cm，暗栗色；叶片舌形，宽5～6 cm，在与叶鞘交界处反折，绿色，顶端宽且急尖，并形成坚硬的尖刺，叶缘疏生长约0.4 cm的齿状黑刺。复穗状花序，除花瓣外整个花序都被覆浅色绒毛；花序梗直立，直径约0.6 cm；茎苞披针形，麦秆色，薄而早枯，顶端渐尖，全缘，下垂；花部卵形或圆锥形，长15～35 cm，直径10～20 cm，有1级分枝；花序轴红棕色，花排成多列；基部的一级苞片茎苞状，长度超过分枝，向上明显变小；一级分枝上一般有4朵花，但顶部的分枝只有1～2朵花，小花序轴呈膝状弯曲；花苞微小，宽肾形，顶端有突尖。花无梗；萼片极不对称，离生，长0.9～1 cm，肉质，红色或粉红色，顶部白色，顶端有短尖；花瓣长约1.5 cm，顶端钝，基部有2枚毛缘状鳞片；子房肉红色或粉红色，倒圆锥形或椭圆形，长约1.5 cm，有短柔毛，上位管漏斗状，胚珠着生在中轴顶部，具尾。果实椭圆形，成熟时浅紫色（图1-77d）。种子椭圆形或狭卵形，顶端附属物长0.8～1.1 cm。花期春季。

囊鞘尖萼荷的观赏部位为囊状叶丛和粉红色花序：叶鞘大型，呈囊状，叶片与叶鞘连接处向后弯曲或下垂，非常特别；花序较粗壮，花密生；萼片和子房颜色醒目，并可保持较长时间。

长势强健，喜温暖和光照充足的环境。可盆栽或附生栽种。

通过分株或种子繁殖。

图4-7 囊鞘尖萼荷

（a）囊状叶丛；（b）开花的植株；（c）花序。

7. 垂花尖萼荷（*Aechmea penduliflora* André）

种加词“penduliflora”原意为“花序下垂的”，然而该种的花序一般不下垂。

原产地从尼加拉瓜到秘鲁和巴西（亚马孙流域）。分布在海拔100～900 m的区域；附生为主，有时地生。

植株中型。叶薄革质，长50～70 cm；叶鞘明显，卵形，被覆棕色鳞片，背面更明显；叶片长舌形，宽2～4 cm，与叶鞘连接处不变窄，绿色或近古铜色，背面有灰白色鳞片，顶端急尖并形成细尖，近全缘或基部有长约0.1 cm的细锯齿。复穗状花序；花序梗直立或向下弯曲，直径0.3～0.5 cm；茎苞直立，披针形或椭圆形，膜质，亮红色，顶端急尖或渐尖，全缘或近全缘；花部长7～15 cm，圆锥形，有2级分枝；基部的一级苞片形似茎苞，超过或与分枝等长，向上急剧变小；一级分枝近直立或展开，长约3.5 cm，有花6～10朵，通常排成2列，基部的一级分枝有时有二级分枝；花苞近圆形，长0.2～0.5 cm。花直立；萼片离生或近离生，不对称，近卵形，长0.4～0.6 cm，顶端钝或有不明显的短尖，全缘；花瓣长约1.3 cm，基部着生2枚具毛缘的鳞片；子房椭圆形或近球形，上位管短，胚珠着生在中轴的顶部。果明显增大，圆球形，白色，宿存萼片锥形，成熟时果变成紫色或蓝紫色。花期春季，秋季浆果成熟。

垂花尖萼荷的花序梗和花序轴在开花时为红色，开花后变成暗红色。子房初为橙红色，在花后膨大成圆形的果，并在成熟过程中经历一系列奇妙的变化：首先由橙红色变为玫红色；然后逐渐变为略透明的白色，如玉石般莹润，上面有纯白色的点，而顶端宿存的萼片则为绿色或墨绿色，翡翠般点缀在白色的果实上；最后，果实陆续变成美丽的蓝紫色，而宿存的萼片也变成蓝色或深蓝色。在这个转变过程中白

图4-8　垂花尖萼荷开花及果实成熟时的变化

（a）开花的植株；（b）分枝及花；（c）果实在成熟过程中的颜色变化。

色和蓝色的果实相互衬托，是垂花尖萼荷最美丽的时期。从开花至果实成熟一般历时3～4个月，而整个观赏期长达5个多月。

喜温暖湿润、半阴的环境。附生或盆栽；盆栽的介质应透气，排水良好。

通过分株或种子繁殖。

8. 多枝尖萼荷（*Aechmea ramosa* Mart. ex Schult. & Schult. f.）

种加词 “ramosa” 指花序有较多分枝。

原产自巴西中东部。生长在海拔200～900 m的树林中，附生或地生。

植株中大型，开花时高60～120 cm。叶多数，直立或稍弯，长约100 cm，密生，形成漏斗状莲座丛；叶鞘宽大，椭圆形，比叶片宽很多，被覆贴生的微小棕色鳞片，全缘；叶片倒披针形，宽3～8 cm，绿色或红棕色，两面都有不明显的鳞片，顶端宽而急尖并形成尖刺，基部叶缘具长约0.5 cm的黑刺，靠近顶部刺较稀疏或近全缘。复穗状花序；花序梗直立，直径可至0.8 cm，被覆灰白色的绒毛；茎苞直立并呈覆瓦状裹住花序梗，披针状椭圆形，有时边缘有疏锯齿，近纸质，红色，具微小的白色绒毛或鳞片；花部长30～40 cm，锥形；花序轴直立，红色或橙红色，被覆稀疏、柔软的鳞片，具2级分枝；一级苞片呈茎苞状，全缘，一般比分枝短，向上变小；一级分枝展开，在花序轴上密生，其中基部的2～5个一级分枝较长，最长可达30 cm，并形成二级分枝，向上分枝变短，有花1～7朵；二级苞片不明显；二级分枝有花1～5朵；花苞宽卵形并包住子房基部，边缘与花序轴分离，顶端急尖并形成尖刺，全缘。花近直立，长约2 cm，无梗；萼片绿色，离生，极不对称，长约0.5 cm，顶端尖刺长0.1～0.2 cm；花瓣舌形，长约1.6 cm，初为黄色，一般中午前后变成褐色，并很快干枯呈黑褐色，基部有2枚具毛缘的鳞片；雄蕊内藏；子房近球形，胚珠着生在中轴的顶部，顶端具短尾。果实圆球形，黄绿色或金黄色，有光泽。花期一般在夏秋季。

图4–9　多枝尖萼荷

（a）花序；（b）分枝局部及花；（c）园林布景应用。

多枝尖萼荷是优良的庭院观赏种类。当光照充足时，叶片为红棕色并有光泽，否则为绿色。花序挺拔，呈明亮的橘红色；花萼和子房的颜色非常持久，子房在花后膨大，呈金黄色，可观果，观赏期超过半年。

长势强健，喜光线充足的环境。适合盆栽或在庭院中地栽，栽培介质宜疏松透气，排水良好。

通过分株繁殖。

金豆尖萼荷（*Aechmea ramosa*‘Yellowstone’）

这是多枝尖萼荷的栽培品种。开花时株高90～100 cm。叶长约65 cm，稍展开，形成挺拔、舒展的漏斗状莲座丛；叶浅绿色或黄绿色，叶片上部的叶面展开，宽约5 cm，向基部稍内凹呈槽状，叶质较原种薄。复穗状花序；花部长约50 cm，宽约30 cm，锥形，具2级分枝，其中基部的分枝长15～16 cm；花序轴和小花序轴较原种纤细，花序轴和一级苞片鲜红色。花萼和子房黄色或黄绿色；单花期短，花瓣初开时为黄色，临近中午时变为褐色并逐渐枯萎。果实金黄色。花期夏季。

金豆尖萼荷花序宽大；花序梗和花序轴为鲜艳的红色，上面缀满金黄色的果实，色彩明丽；挂果期长，整个观赏期可保持9个月之久。

通过分株繁殖。

图4-10 金豆尖萼荷

（a）开花的植株；（b）花；（c）果序。

9. 紫红尖萼荷（*Aechmea rubrolilacina* Leme）

种加词“rubrolilacina”意为“红色和紫色的”，这是该种花序的颜色。

原产自巴西东部。生长在雨林或滨海森林中，附生或地生。

开花时株高约70 cm，有时可达100 cm。叶近直立，基部稍膨大，形成漏斗状莲座丛；叶鞘宽椭圆形，长约15 cm，宽约10 cm，两面都为暗紫色并密被棕色的鳞片；叶片绿色，长舌形，长约90 cm，宽4～5 cm，基部不变窄，叶的两面都密被不明显的鳞片，顶部急尖或圆、有细尖，叶缘有长0.2～0.5 cm的黑褐色疏锯齿，基部特别明显。圆锥花序；花序梗直立，坚硬，长约45 cm，直径0.8～1 cm；茎苞狭椭圆形，长约8 cm并超过节间，宽约3 cm，绿色，除顶端有鳞片外光滑，顶端急尖并有明显的短尖，全缘，呈覆瓦状将花序梗完全覆盖；花部长约40 cm，窄圆锥形，基部有2级分枝，靠近顶部只有1级分枝；花序轴圆柱形，红色，小花序轴纤细；一级苞片狭椭圆形或倒披针形，长3～5.5 cm，红色至红褐色，有脉纹，中下部有不明显的鳞片，上部有明显的白色鳞片，顶端短渐尖并具细尖，全缘，其中基部的一级苞片较大，与分枝等长或稍短，向上逐渐变小，展开、下垂或近直立；基部的一级分枝长约12 cm，并有二级分枝，向上逐渐变短，顶端的一级分枝仅有单朵花；二级苞片和花苞较相似，较小而不明显，线形，红色；二级分枝有花3～5朵。花苞椭圆形［上海辰山植物园收集的植株为狭三角形或线形］，红色，有脉纹，被覆不明显的白色鳞片。花长约5 cm，排成多列；花梗长1～1.2 cm；萼片较宽，不对称，长约1.8 cm，宽约1.4 cm，基部合生部分长约0.2 cm，玫红色，光滑，顶端有长约0.2 cm的紫色或紫红色短尖；花瓣近直立，离生，长约3.5 cm，宽约0.6 cm，基部白色，向上逐渐过渡到蓝色，顶端渐尖，花瓣基部有2个近卵形、顶端全缘的鳞片，还有2条纵向、长约2 cm的柱形胼胝体；雄蕊内藏，对萼雄蕊分离，对瓣雄蕊与花瓣高位贴生；花药线形，长约0.5 cm，靠近中间背着药；子房圆柱形，长约1 cm，直径约0.6 cm，浅绿色；上位管长约0.2 cm，胚珠着生在中轴的顶部并具尾状附属物。果球形，成熟时为白色，长约1.5 cm，直径可至1 cm，光线充足时呈玫红或紫红色。种子未见。花期一般为冬季至春季，偶尔为夏季。

花序高大挺拔，分枝繁密，花色明丽，可先观花后观果，观赏期超过半年。

长势健壮，喜光线充足的环境，要求介质疏松透气、排水良好，冬季要注意防寒。适合盆栽或地栽。

通过分株繁殖。

此外，紫红尖萼荷目前在分类上存在争议。比起尖萼荷属其他物种来，它在形态上似乎更接近泡果凤梨属的种类，例如有明显的花梗。但是E. M. C. Leme于1993年发表这一物种时，认为这两个属的区分具有人为性，因此坚持把它归到尖萼荷属。Horres 等人（2007）的AFLP分析也对泡果凤梨属作为单独的

图4-11 紫红尖萼荷

（a）开花的植株；（b）花；（c）花序上的1个一级分枝（① 一级苞片；② 花苞[①]）；（d）果序（局部）。

---

① 上海辰山植物园收集的紫红尖萼荷的花苞形态与其原始描述差异较大：在原始描述中，花苞椭圆形，稍不对称，长1～1.7 cm，宽0.5～0.8 cm，顶端急尖，有明显短尖；上海辰山植物园收集的植株的花苞成狭三角形或线形，顶端细尖，长约0.7 cm。

属表示怀疑。虽然Heller等人(2015)利用分子标记技术发现紫红尖萼荷与泡果凤梨属聚在一起,但是支持率很低,尚不能充分评估它们的系统发育关系。鉴于尖萼荷属及其近缘属的界定尚未明确,本书中紫红尖萼荷的归属仍保持原状,等待将来重新分类。

4.2.2 松球亚属

subgen. ***Chevaliera*** (Gaudichaud ex Beer) Baker 1889

亚属学名以来自法国巴黎的植物学家F. F. Chevallier的姓氏命名。

现有23种。有研究表明,该分类群仍为并系群(Maciel *et al.*,2018; Matuszak-Renger *et al.*,2018),不排除部分种类将被重新定位。

多年生草本植物。简单花序呈成球果状,少数花穗呈指状。花苞革质或木质,花在花序轴上排成多列。花萼离生或合生;花瓣基部有缩小的附属物,或缺失。

10. 塔约尖萼荷(*Aechmea tayoensis* Gilmartin)

种加词"tayoensis"来源于其模式标本的采集地、厄瓜多尔的洛斯塔约斯(Los Tayos)。原产自厄瓜多尔;分布在海拔约700 m的亚马孙低地雨林中,附生。

植株高约100 cm,易萌生侧芽而呈丛生状。莲座丛较开展,直径约200 cm,不形成叶筒;叶鞘卵形,长约5 cm,宽约5 cm,被覆鳞片,边缘锯齿状;叶柄长约15 cm,宽约5 cm,边缘有疏锯齿;叶片披针形,长30～40 cm,宽约20 cm,疏被鳞片,中脉形成凹槽,顶端尾状渐尖,边缘密生锯齿。穗状花序;花序梗直立,长约20 cm,直径约1.5 cm;茎苞披针形,长5～10 cm,宽约5 cm,红色,顶端渐尖,边缘锯齿状;花部成松果形或头形,花密生,长约12 cm,宽约10 cm,红色,被覆鳞片。花苞直立,披针形,长5～6 cm,宽约5.7 cm,盖过子房,厚革质,红色或粉红色,基部白色,被覆鳞片,背面有龙骨状隆起,顶

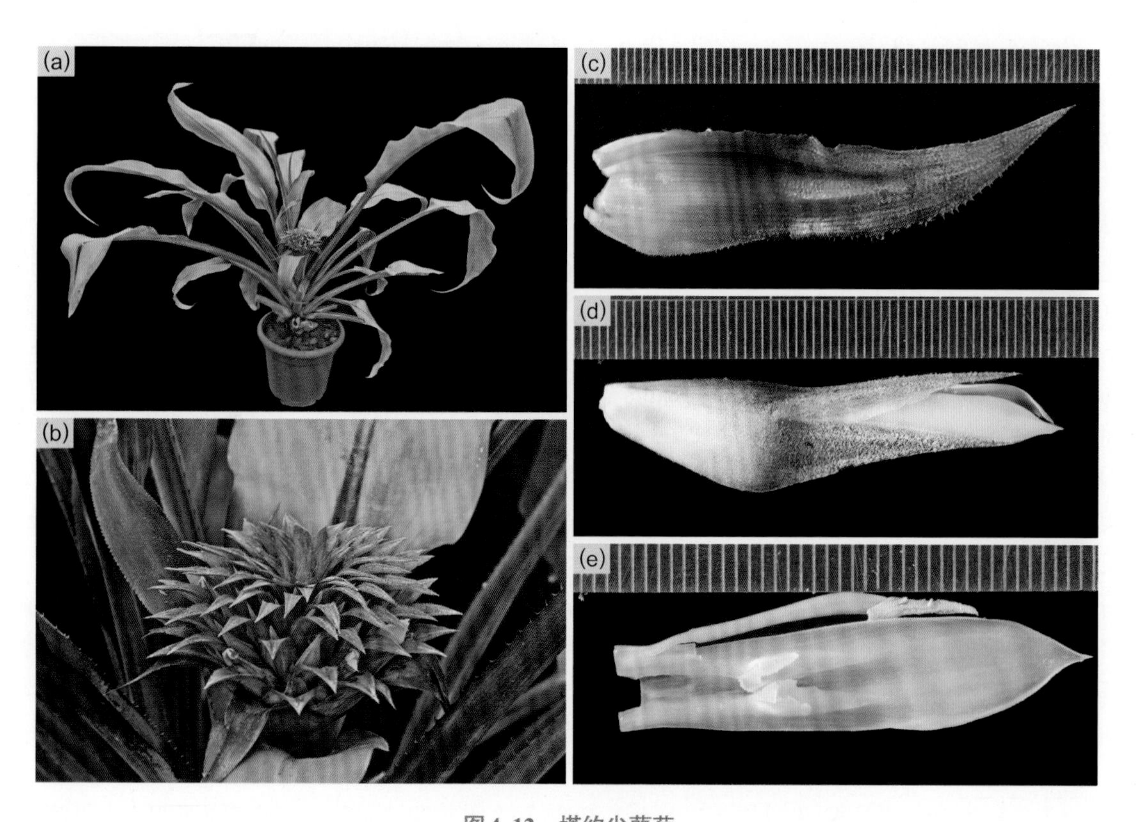

图4-12 塔约尖萼荷

(a)开花的植株;(b)花序;(c)花苞;(d)花;(e)花瓣及花瓣附属物。

端尖锐并形成刺尖，边缘细锯齿状。花有梗（上海辰山植物园植株的花无梗），黄色；萼片离生，线形至披针形，长约3 cm，宽约0.6 cm，革质，略不对称，密被白色鳞片，背面有龙骨状隆起，顶端尖锐，边缘细锯齿状；花瓣舌形，长约4 cm，基部白色，上部黄色，顶端渐尖，花瓣附属物囊状，边缘牙齿状，着生在胼胝体中部。雄蕊长约2.8 cm，花药长约0.85 cm，近基着药；雌蕊子房长约1 cm（或可至2 cm），直径约1.2 cm，柱头对折—螺旋型，胚珠顶端钝。

塔约尖萼荷株型宽阔；叶柄明显，边缘有锯齿；叶片宽大；叶柄和叶片中脉暗红色。花苞红色或粉红色，显著，密覆瓦状排列；花密生，使花序呈头状；花序颜色可保持较长时间。

塔约尖萼荷喜温暖湿润的半阴环境。气温应保持在15℃以上，否则叶片易发黄。盆栽或地栽，栽培介质宜疏松肥沃且排水良好，平时要保持介质湿润。

主要通过分株繁殖。

4.2.3 珊瑚凤梨亚属

subgen. ***Lamprococcus*** Baker 1889

亚属学名由希腊语“lampros”（意为“光亮的”）和拉丁语“coccum”（意为“浆果”）组成。亚属中文名因亚属内的种类大多有松散的穗状或复穗状花序，各级分枝上肉质的子房和果实通常为红色，形如珊瑚。

原产自南美洲。现有16种。

穗状或复穗状花序，光滑，分枝排列松散；花排成多列。花苞小或缺失；萼片顶端不带尖刺，与子房融为一体；花瓣通常肉质，一般不展开，基部有附属物。果实圆形或椭圆形，较肉质。

不同于尖萼荷属其他亚属的种类“浑身带刺”，珊瑚凤梨亚属的种类显得“友善”得多了。虽然它们的叶缘上也具锯齿，但锯齿细小且稀疏，摸上去不扎手，有时甚至感觉不到锯齿的存在。

11. 安德森珊瑚凤梨（*Aechmea andersonii* H. Luther & Leme 1998）

种加词“andersonii”来自该种的发现者J. Anderson。

原产自巴西巴伊亚州。分布在海拔0～30 m的雨林中，附生。

开花时植株高20～30 cm。侧芽基部的匍匐茎长6～15 cm，直径0.5～0.8 cm。叶10～12片，松散地展开；叶长18～30 cm，薄革质；叶鞘椭圆形，长6～8 cm，宽3～4 cm，颜色与叶片一致，略有脉纹，并有棕色的斑点状鳞片，正面较明显；叶片近舌形或披针形，靠近叶鞘处为槽形，宽1.8～6 cm，亮绿色，背面略带紫红色，常有白霜，叶背较明显，顶端急尖并形成细尖，叶缘较光滑，锯齿细小且稀疏。复穗状花序；花序梗直立，红色，有稀疏的灰白色絮毛；茎苞沿花序梗呈覆瓦状排列，狭椭圆形，长4～5 cm，宽0.6～1 cm，较薄，有脉纹，全缘，其中下部的茎苞直立，绿色为主，略带红色或亮玫红色，越向上越鲜艳，而上部的茎苞稍展开或展开；花部长8～15.5 cm，宽7～9 cm，红色至玫红色；花序轴有1级分枝，顶端不分枝，都沿花序轴排成多列；一级苞片呈茎苞状，干枯后都呈纸质，长约4.8 cm，宽约2 cm，红色或亮玫红色，斜出、展开或下垂，其中基部的一级苞片长度超过腋生分枝，向上突然变小；一级分枝5～7个，长4～5 cm，小花序轴纤细并呈膝状弯曲，有花2～5朵，紧密地排成多列；花苞小甚至缺失。花长约2 cm，无花梗；萼片卵形，极不对称，长0.5～0.7 cm，合生部分长约0.2 cm，肉质，亮玫红色，具稀疏的浅色绵毛；花瓣椭圆形，长0.9～1.2 cm，宽0.3～0.4 cm，肉质，蓝紫色，顶端钝圆，呈帽兜状，边缘为白色，基部有一对长0.1～0.2 cm、边缘锯齿状的附属物；子房椭圆形，长0.5～0.8 cm，亮玫红色，胚珠着生在中轴顶部并具尾。果实由子房和宿存萼片组成，卵圆形，未成熟时暗红色，成熟时黑色。花期夏季或冬季。

安德森珊瑚凤梨的花序除花瓣外都呈红色或玫红色。在花期，一朵朵蓝紫色的花几乎同时露色，点缀在花序上，非常美丽。另外，花后果实可保持较长时间。因此，该种既可观花又可观果，观赏期长达半年。

图4-13　安德森珊瑚凤梨

（a）开花的植株；（b）花序；（c）花的解剖；（d）果序。

安德森珊瑚凤梨喜温暖湿润的环境，以明亮的散射光为宜。由于叶缘近乎光滑，该种非常适合家庭种植，可盆栽或附生栽种于树皮、枯木上，盆栽时要求介质疏松、透气。

通过分株或种子繁殖。

12. 粉叶珊瑚凤梨［*Aechmea farinosa* (Regel) L. B. Smith］

种加词“farinosa”意为“被覆白霜的”，指叶片上被覆白色、粉末状的鳞片。

原产自巴西。附生。

开花时植株高30～35 cm。叶约有15片，直立，形成管状莲座丛；叶长可至30 cm，绿色，两面密被粉末状的白色鳞片；叶鞘大，卵形；叶片多为舌形，宽约5.5 cm，接近叶鞘处稍变窄，叶尖宽、急尖或圆形、有细尖，叶缘的刺非常微小。复穗状花序，除花瓣外都为红色；花序梗直立；茎苞狭披针形，膜质，全缘；花部金字塔形，长8～12 cm，宽6～8 cm，光滑，最基部有2级分枝，中间部分仅有1级分枝，顶端不分枝；基部的一级苞片披针形，向上变小；基部的一级分枝上有2～3个二级分枝，向上分枝变少；二级苞片很小，二级分枝上有花1～3朵；小花序轴纤细，呈膝状弯曲；花苞近缺失，很不明显。花无梗，长约1.7 cm；萼片离生，极不对称，长约0.4 cm，顶端微凹，无短尖，尖端有蓝色斑点；花瓣长约1 cm，蓝色至蓝紫色，顶端微凹，基部有2枚顶端呈锯齿状的鳞片；子房倒卵形，长约0.8 cm，直径约0.5 cm，胚珠着生在中轴的顶部，具尾。果圆柱形，未成熟时橘红色，成熟时暗红色至黑色。花期秋季。

植株小型，易分株而呈丛生状。可观花、观叶、观果，观赏期长。

粉叶珊瑚凤梨喜明亮的散射光。适合盆栽或附生种植，要求介质疏松透气。

主要通过分株繁殖，也可用种子繁殖。

图4-14 粉叶珊瑚凤梨

（a）叶上有粉末状的白色鳞片；（b）开花的植株；（c）花序（局部）；（d）果序（局部）。

异色粉叶珊瑚凤梨［*Aechmea farinosa* var. *discolor* (Beer ex Baker) L. B. Sm.］

变种加词“*discolor*”意为“不同色的”，指叶片正面和背面颜色不同。本变种叶背为红棕色，正面为绿色，两面都有白色粉末。

株型小巧，常呈丛生状。秋季开花。

喜温暖湿润及半阴环境。适合盆栽或附生。

图4-15 异色粉叶珊瑚凤梨

（a）开花的植株；（b）花序；（c）花的解剖。

13. 朱红珊瑚凤梨[*Aechmea miniata* (Beer) Hort. ex Baker]

种加词“miniata”意为“朱红色的”,指花序的颜色。

原产自巴西的巴伊亚州。分布在海拔240～580 m的雨林中,附生于树上。

开花时植株高约30 cm。叶约有10片,形成紧凑的漏斗状莲座丛,绿色,长25～54 cm,超过花序;叶鞘明显,椭圆形,疏被微小且贴生的棕色鳞片;叶片舌形,宽3～4.5 cm,与叶鞘连接处明显变窄,叶面形成窄的凹槽,鳞片不明显或近光滑,顶端近急尖或圆形具短尖,叶缘的刺微小,近密生。复穗状花序,除花瓣外都为朱红色;花序梗直立,纤细,光滑;茎苞直立,比节间长很多,披针形,质地薄,早枯;花部呈金字塔形或椭圆形,长8～16 cm,有2级分枝,顶端也分枝,分枝排列松散,花序轴光滑;最下面的一级苞片呈茎苞状,约与分枝等长,其他一级苞片则非常微小;一级分枝上有花2～10朵,排列松散;小花序轴纤细,呈膝状弯曲;花苞微小,有时隐藏在子房基部。花无梗,长约1.4 cm;萼片离生,非常不对称,长约0.4 cm,顶端无尖刺;花瓣直立,长约1 cm,蓝色,顶端为帽兜形,近基部有2枚具毛缘的鳞片;雄蕊内藏;子房球形,胚珠着生在中轴顶部并具尾。花期夏季。

朱红珊瑚凤梨花序鲜艳且持久,既可观花又可观果,有较高的观赏性。叶缘的刺不明显,且较易自然开花,非常适合家庭种植。

喜明亮的散射光;盆栽或附生栽种,要求介质疏松透气,冬季注意防寒。

主要通过分株繁殖。

图4-16　朱红珊瑚凤梨

(a) 开花的植株;(b) 花序。

13a. 紫背朱红珊瑚凤梨[*Aechmea miniata* var. *discolor* (Beer) Beer ex Baker]

本变种与原变种的区别主要在于叶背颜色暗紫红色,而非绿色;花序上分枝较密。

既可观叶,又可观花、观果。

图4-17　紫背朱红珊瑚凤梨

13b. 麦吉珊瑚凤梨[*Aechmea* ‘Maginali’]

由紫背珊瑚凤梨(*A. fulgens* var. *discolor*)与紫背朱红珊瑚凤梨杂交而成的园艺品种。

开花时株高42～45 cm。叶片正面绿色,背面紫红色，两面都被覆粉末状的白色鳞片。花序为鲜艳的朱红色；花部直径约9.5 cm；与紫背朱红珊瑚凤梨的主要区别在于顶端不分枝，但有分枝的部分比紫背珊瑚凤梨多，超过一半的花序轴上有分枝。花瓣浅蓝紫色。花期一般在早春。

麦吉珊瑚凤梨长势旺盛，可观叶、观花、观果，观赏期长。

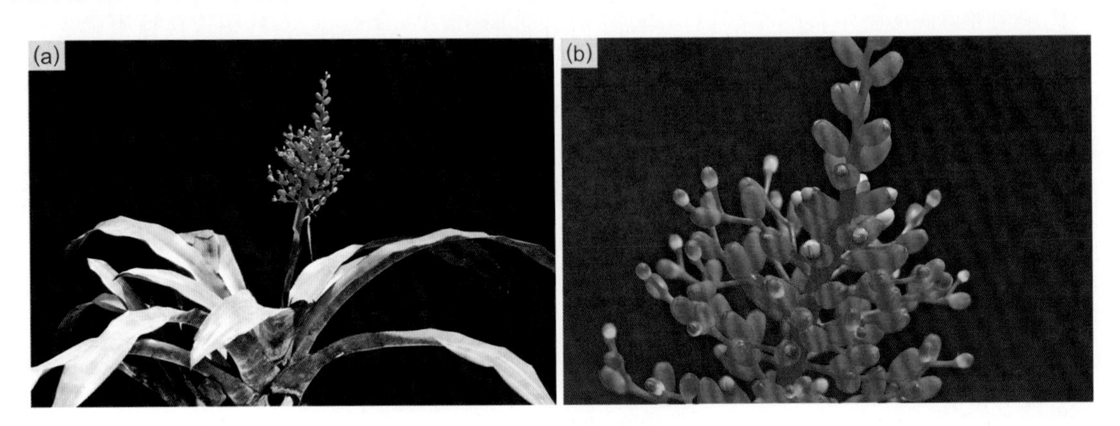

图4-18 *麦吉*珊瑚凤梨
(a) 开花的植株；(b) 花序。

14. 吊珠珊瑚凤梨(*Aechmea racinea* L. B. Smith)

种加词"racinea"来源于美国植物收集者、冒险家Racine Foster。中文名依据其花序下垂、子房和果实近球形的特征。

原产自巴西东部。分布在海拔300～400 m的热带雨林中，附生于树上。

开花时花序长45～60 cm。莲座丛倒圆锥形，高25～30 cm，稍被鳞片；侧芽直立。叶鞘卵形，有微小的棕色鳞片；叶片倒披针形，宽约3.5 cm，中央形成颜色较浅的宽槽，顶端急尖或钝但具短尖，叶缘有细锯齿。穗状花序；花序梗橘色，非常纤细，最初斜向上，随着花序梗的伸长而逐渐下垂；茎苞长度超过节间，狭披针形，红色，顶端渐尖；花部长约8 cm，光滑，有花少数且排列较松散；花苞微小，鳞片状。花展开，有短花梗；萼片卵形，长约0.9 cm，不对称，基部红色，上部黄色，顶端宽且钝，无尖刺；花瓣椭圆形，长约1.5 cm，顶部黄色，其他部分暗紫色，基部有2个边缘呈齿状的鳞片；雄蕊内藏，对瓣雄蕊与花瓣贴生的部分短；子房近球形，直径0.8～0.9 cm，红色，密被疣状突起，上位管长约0.25 cm，胚珠着生在中轴顶部，具尾。果实成熟时黑色。花期秋冬季。

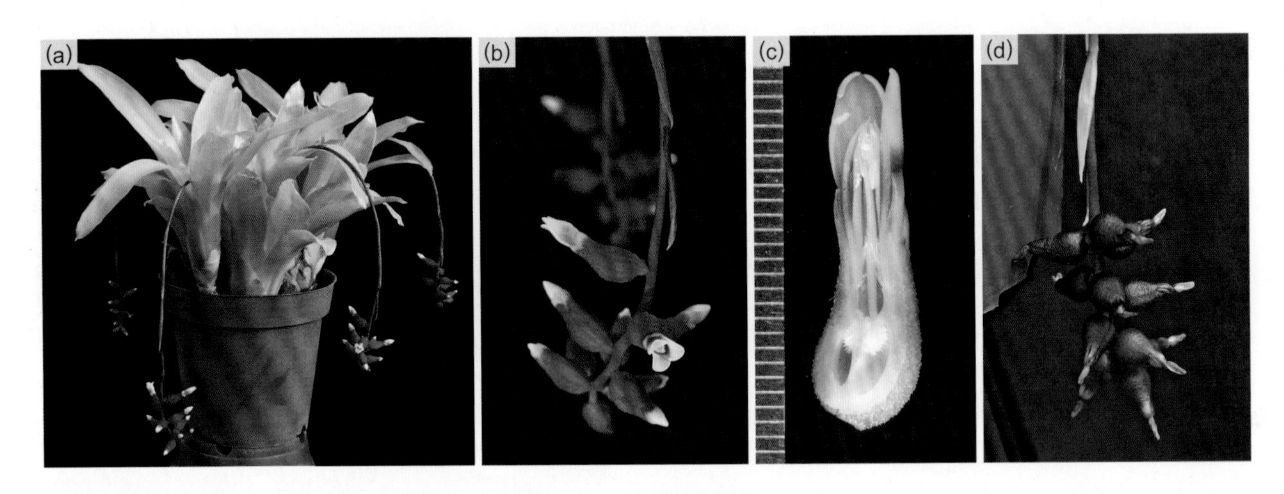

图4-19 吊珠珊瑚凤梨
(a) 开花的植株；(b) 花序；(c) 花的解剖；(d) 成熟的果序。

这是较早引入我国的凤梨种类之一。植株常丛生，花序梗下垂；红色的子房膨大且色彩鲜艳，几乎和萼片融为一体。每年在圣诞节前后开花，花期较固定，因此被称为“圣诞宝石”。

吊珠珊瑚凤梨喜温暖湿润及半阴的环境，适应性较强，适合家庭种植。可栽种于吊盆中，要求介质疏松、透气；也可附生于树皮或枯木上。

通过分株或种子繁殖。

15. 韦氏珊瑚凤梨（*Aechmea weilbachii* Didrichsen）

种加词“weilbachii”来源于德国植物收集者H. Weilbach的姓氏。

原产自巴西东南部，是大西洋森林特有物种之一。附生于树上。

侧芽具匍匐茎，开花时高40～50 cm。叶12～20片，形成密生的椭圆形莲座丛；叶长30～60 cm；叶鞘椭圆形，宽，被覆贴生的微小棕色鳞片，顶部有稀疏的细锯齿；叶片向后弯曲，长舌形，宽2.5～3.5 cm，绿色或暗红色，靠近基部处稍变窄，中央形成凹槽，正面光滑，背面有不明显的鳞片，顶端宽并急尖、形成细尖，叶缘除基部有刺外全缘。复穗状花序；花序梗直立或下垂；茎苞覆瓦状排列并完全覆盖花序梗，倒披针形，至少上部的茎苞为红色，膜质，顶端渐尖，全缘；花部长约15 cm，有1级分枝，沿花序轴排列松散，顶端不分枝，花序轴和一级苞片亮红色；一级苞片呈茎苞状，其中基部的一级苞片长度超过腋生分枝，向上变小并略短于腋生分枝；一级分枝近展开，长（含花）约4 cm，有花2～6朵，排成多列；花苞近圆形，等长或略短于子房，顶端有微小的短尖，全缘。花无梗，展开，长约2.5 cm；萼片极不对称，肉质，浅蓝紫色或绿色，长约0.8 cm，合生部分约占1/3，顶端有微小的短尖；花瓣长约2 cm，浅紫色，边缘白色，顶端紫色，基部有2枚具毛缘的鳞片；雄蕊内藏；子房卵状椭圆形，粗壮，上位管短，胚珠着生在中轴的顶部，具长尾。

韦氏珊瑚凤梨共有3个变型（含原变型）和2个变种（含原变种）。

15a. 红叶韦氏珊瑚凤梨［*Aechmea weilbachii* forma *leodiensis* (André) Pereira & Leme］

这是韦氏珊瑚凤梨的红叶变型，学名中的“leodiensis”源于荷兰的莱顿市（Leiden）。

原产自巴西。现已被广泛种植。

植株长势强健，因侧芽萌发力强而呈丛生状。叶较多，暗红色，薄革质且有光泽，叶缘近光滑。除花之外，花序呈鲜红色；花萼肉质，蓝紫色；花瓣蓝紫色，有白边。花期秋冬季。

可观叶、观花、观果，观赏期长。

图4-20　红叶韦氏珊瑚凤梨

（a）开花的植株；（b）花序。

喜温暖湿润、半阴至荫庇环境，可附生于树皮、枯木上，也可盆栽。盆栽介质宜采用疏松透气的腐叶土。主要通过分株繁殖。

15b. 绿萼韦氏珊瑚凤梨（*Aechmea weilbachii* forma *viridisepala* Pereira & Leme）

变型学名中的加词“viridisepala”意指“有绿色萼片的”。

原产自巴西的里约热内卢。生长在低海拔森林中，附生。

植株易萌发侧芽而呈丛生状，有时具匍匐茎。莲座丛高约45 cm；叶片窄，浅绿色至黄绿色。花序梗直立，茎苞橘红色。萼片绿色，花瓣紫红色。花期冬季。

长势较强健，喜温暖湿润和半阴环境。可盆栽或附生种植，也可种植于暖地林缘处；要求根部介质疏松透气，有良好的排水性。

主要通过分株繁殖。

图4-21 绿萼韦氏珊瑚凤梨

（a）开花的植株；（b）花序。

4.2.4 粗穗亚属

subgen. ***Macrochordion*** (De Vriese) Baker 1889

亚属学名由希腊语“makros”（意为“大的”）和“chorde”（意为“绳索”）组成。亚属中文名依据该亚属的植株穗状花序密生，呈粗圆柱状而命名。

现有7种及1个变种。

简单花序，密生呈松果状，圆柱形；花苞全缘，无刺；花排成多列。花无花梗；萼片无短尖，基部合生；花瓣附属物发育良好。

De Faria等人（2010）将绿叶尖萼荷（*Aechmea chlorophylla*）和紫斑尖萼荷（Aechmea maculata）作为为纸苞尖萼荷（*Aechmea lamarchei*）的异名，Gouda等人（2024）也采纳了这一分类方法，因此《凤梨新分类清单》上该亚属仅列出了5种和1变种。但是通过比对这三个物种在发表时的描述，它们在外形上存在一定程度的区别，例如纸苞尖萼荷的花苞非常明显，纸质，表面没有隆起的棱，长度通常稍超过萼片，而绿叶尖萼荷和紫斑尖萼荷的花苞厚革质，表面隆起具棱，明显短于萼片。另外，纸苞尖萼荷叶的长度可超过100 cm，叶片通常为棕色，植株有茎，而其他两个种的叶长通常不超过50 cm，叶色为绿色或灰绿色，植株近无茎。因此，本书仍将绿叶尖萼荷和紫斑尖萼荷作为单独的种。

16. 刺叶尖萼荷［*Aechmea bromeliifolia* (Rudge) Baker］

种加词“bromeliifolia”指植株叶缘具有如强刺凤梨属植物一样尖锐的锯齿。

原产自中美洲（危地马拉、伯利兹、洪都拉斯、特立尼达和多巴哥）、南美洲（大部分国家和地区）。分布在海拔0～1 585 m的区域，附生于树上、石上或地生。

植株高70～90 cm。莲座丛呈管状，有叶12～20片；叶长0.6～1.2 cm，覆盖一层由白色鳞片融合而成的膜；叶鞘卵形至椭圆状长圆形，长10～30 cm，通常比叶片宽且区分明显，全缘或顶端有少量锯齿；叶片舌形，宽4～9 cm，通常为绿色，少数红色，叶缘有长约1 cm、向上弯曲的疏锯齿；叶尖形态多变，即便同一植株不同的叶片，有的为渐尖，有的为圆、有细尖，还有的为圆且微凹。穗状花序；花序梗直立，粗壮，直径0.8～1.4 cm，密被白色绵毛；茎苞在花序梗上呈密覆瓦状排列，披针状椭圆形，质地薄，密被细小的灰白色鳞片，顶部急尖，全缘，其中下部的茎苞直立，贴在花序梗上，上部的茎苞在有的个体直立，在有的个体展开；花部椭圆形或圆柱形，长8～15 cm，直径3～4 cm；花密生，密被白色绵毛，通常只在开花时才露出花瓣，花序轴上的每一朵花都能开放；花苞裹住子房，比萼片短很多，厚革质，背面龙骨状隆起，宽大于长，顶端平截或微凹。萼片近圆形，长约0.6～1 cm，革质，合生至一半处或在基部较短地合生；花瓣直立，长圆形，顶端微凹，长约1.5 cm，花刚开时黄绿色，很快变成褐色；花瓣基部的2枚鳞片顶端具毛缘，与花瓣贴生至较高处；子房具毛，胚珠着生在中轴的顶部，顶端具长尾。

刺叶尖萼荷除原变种外，还有1个变种，且原变种仍有较多形态上的变化，但它们都拥有一些共同的特征，如叶刺长超过0.3 cm、花序密被白色绵毛、花苞顶端平截或微凹。开花时，黄绿色的花从下往上依次开放，花期一般7～10天。

长势强健，喜光线充足至半阴环境，可附生种植、盆栽或庭院地栽。

主要通过分株繁殖。

图4-22　刺叶尖萼荷

（a）—（b）绿叶型植株：（a）开花的植株；（b）花序上的开花部分。（c）—（d）红叶型植株：（c）开花的植株；（d）花序上的开花部分。

白苞刺叶尖萼荷（*Aechmea bromeliifolia* var. *albobracteata* Philcox）

原产自阿根廷、巴拉圭和巴西。分布在海拔100～900 m的半落叶的林地中。

这是刺叶尖萼荷的白化变种。植株高可至100 cm；叶丛基部略膨大并形成囊状结构；叶片绿色，较原变种薄，叶表鳞片融合呈膜状。整个花序都密被白色绵毛，花序梗直径约1.3 cm，茎苞白色；花部长约10 cm，直径约4 cm（不含花瓣）。萼片浅绿色，花瓣初为黄绿色，花后为黑褐色。

图4-23 白苞刺叶尖萼荷

(a) 开花的植株;(b) 花序。

17. 绿叶尖萼荷(*Aechmea chlorophylla* L. B. Smith)

种加词“chlorophylla”意为“有绿色叶片的”。

原产自巴西。附生。

整株覆盖粗糙、贴生的灰白色鳞片。叶长约50 cm,绿色或灰绿色;叶鞘宽椭圆形,长约12 cm;叶片长舌形,宽约3 cm,顶端急尖,叶缘有疏锯齿。穗状花序;花序梗长约40 cm,直径约0.4 cm,密被白色鳞片;茎苞薄,玫红色,被覆白色鳞片,其中花序梗下部的茎苞直立,椭圆形,约与节间等长,顶端有细锯齿,而花序梗上部的茎苞披针形,长度远超节间,聚生于花序下面,全缘;花部椭圆形,长7～9 cm,直径3.5～4 cm,呈球果状,密被贴生的白色鳞片;花苞近直立,宽椭圆形,约与子房等长,厚革质,背部隆起,具2～3条肋,靠近顶部非常薄,有明显的脉纹,顶端宽急尖或钝而有细尖。萼片极不对称,长约1.2 cm,合生部分长约0.2 cm,顶端无尖刺;花瓣直立,长约2 cm,花瓣肉质,初为黄色,很快变成黑色,基部有2枚呈撕裂状的鳞片,上位管宽且明显,胚珠着生在中轴顶部并具长尾。冬季开花。

绿叶尖萼荷拥有大且鲜艳的茎苞,穗状花序密被白色鳞片,开花时露出浅黄色的花瓣,非常美丽。从

图4-24 绿叶尖萼荷

(a) 开花的植株;(b) 花序及花。

花序露色至茎苞枯萎从而失去观赏性，观赏期可持续约2周。

喜温暖湿润、光线良好的环境，适合盆栽或附生栽种，要求介质疏松透气。

主要通过分株繁殖。

18. 三角尖萼荷（*Aechmea triangularis* L. B. Sm.）

种加词 “triangularis” 意为“三角形的”，指叶的性状。

原产自巴西。附生。

开花时植株高23.5～50 cm。莲座丛呈漏斗状或宽漏斗状，有叶15～20片；叶长约50 cm，被覆一层由贴生的灰白色鳞片形成的膜；叶鞘椭圆形，长约18 cm，宽约9 cm，深棕色，全缘；叶片狭三角形，基部宽约4 cm，顶端尾状渐尖并向后弯曲，叶缘有长约0.5 cm、直或向上弯曲的黑色锯齿，较明显。穗状花序；花序梗直立，红色至红褐色，被覆白色绒毛；茎苞宽椭圆形，质地较薄，深红色，被覆不明显的贴生的白色鳞片，边缘具锯齿，其中下部的茎苞直立，明显比节间短，顶端尾状渐尖，而上部的茎苞比节间长较多，展开，顶端急尖；花部长约6 cm，直径约3 cm（不含花瓣），圆柱形，花密生呈球果状，密被近贴生的白色鳞片；花苞圆形，长约0.8 cm，长度超过子房，露出的部分为黑紫色，革质，背部隆起，具2条棱，顶端平截并形成细尖。萼片不对称，近正方形，长约0.6 cm，基部合生部分长约0.2 cm，栗色，顶端微凹，无刺；花瓣宽椭圆形，长约1.2 cm，深蓝紫色，花后变为黑色，顶端钝，基部有2枚具毛缘的鳞片；子房黑紫色，几乎无上位管，胚珠着生在中轴顶部，具尾。花期初夏。

三角尖萼荷的叶坚硬，叶缘的黑色锯齿非常明显，加上其深蓝紫色的花瓣，从外观上明显区别于同一亚属的其他物种。在光照充分环境下，叶丛紧凑，叶筒中间膨大呈囊状；叶片顶端呈鲜艳的紫红色。开花时深红色的茎苞衬托着圆柱形的花穗，深蓝色的花从花穗下往上依次开放，非常美丽。

植株长势健壮，喜光线充足环境，具一定的耐寒性。适合盆栽或附生栽种。

通过分株繁殖。

图4-25　三角尖萼荷

（a）开花的植株；（b）花序俯瞰；（c）花序及花；（d）生长在光线充足环境下的叶丛。

4.2.5 合萼亚属

subgen. ***Ortgiesia*** (Regel) Mez 1892

亚属学名以瑞士人K. E. Ortgies的姓氏命名，中文名则根据本亚属的萼片合生这一特征。

主要产自巴西东南部的圣卡塔琳娜州（Santa Catarina）。现有20～25种。

简单花序或复合花序，通常有花序梗；花苞不下延呈袋状。花无梗；萼片基部的1/3～1/2合生，顶部有短尖；花瓣有明显的附属物。

本亚属的植株大多生长强健，分株能力强，在人工栽培条件下大多能自然开花。物种的耐寒性也较强，如弯叶尖萼荷能忍受约－5℃的低温，合萼尖萼荷在树荫下或有覆盖物的情况下能忍受短期霜冻。

19. 尾苞尖萼荷（*Aechmea caudata* Lindman）

图4-26 尾苞尖萼荷的苞片和萼片上的尾状尖刺

种加词“caudata”意为“具尾的”，指花苞和花萼顶端具细长的尾状尖刺。

原产自巴西。分布在海拔0～900 m的区域，附生于沿海岩壁或森林中的树木上。

开花时高可至90 cm。莲座丛呈宽漏斗状，有叶10～15片；叶长50～100 cm，有贴生的微小鳞片；叶鞘卵形或椭圆形，近基部呈棕色，全缘；叶片舌形，宽可至8 cm，顶端钝但具短尖，叶缘有黑色或黑紫色的三角形锯齿，锯齿短于0.1 cm。复穗状花序；花序梗通常直立，直径0.4～1 cm，被覆白色绒毛；茎苞直立，披针形，膜质，红色，近光滑，顶端急尖，全缘，其中上部的茎苞通常比节间长较多；花部长10～25 cm，直径约11 cm，圆锥形，1/2以下有1～2级分枝，向上不分枝，被覆白色鳞片，花密生或近密生；一级苞片呈茎苞状，通常比分枝短；一级分枝展开，散生4～7朵花，小花序轴纤细，呈明显的膝状弯曲；花苞卵形，长7～17 cm，向上逐渐变小，有脉纹，红色，边缘与花序轴分离，全缘。花无梗，展开，长1.8～2.5 cm；萼片长0.7～1.1 cm（含顶端细长的尖刺），合生；花瓣舌形，长1.2～1.5 cm，黄色，顶端钝，呈兜状，基部有2枚小鳞片和2条柱形胼胝体；雄蕊比花瓣短；子房近圆柱形，上位管明显，漏斗状，胎座扩展至整个子房，胚珠顶端钝。

尾苞尖萼荷外形较多变，在叶形、株型和花序颜色等方面都略有差异，目前有1个变型、2个变种（含原变种），但其分类还有些混乱。

19a. *斑点尾苞尖萼荷*（*Aechmea caudata* ‘Blotches’）

这是已被正式命名的尾苞尖萼荷的园艺品种。它与原种的区别在于叶尖和叶片上有黑斑；高约60 cm；花序为明亮的橘红色，有分枝的部分约占花部的2/3，分枝较短。

图4-27 *斑点尾苞尖萼荷*

（a）开花的植株；（b）花序。

19b. *黄花尾苞尖萼荷*(*Aechmea* 'Silver Spire')

这是具浅绿色苞片和黄色花瓣的园艺品种。美国的苗圃以采集地——位于巴西南部的圣卡塔琳娜('Santa Catarina')作为其商品名销售。笔者于2018年3月咨询了国际凤梨协会品种前登录专员D. Butcher先生。他根据ICNCP的命名规则,建议以'Silver Spire'(意为"银色尖塔")作为其品种名,并已录入国际凤梨协会的凤梨栽培品种目录中。

植株粗壮,株型饱满,叶尖蓝黑色,非常明显。苞片和萼片黄绿色,萼片顶端的尖刺褐色,而花瓣黄色。可观叶、赏花。

长势强健,易萌发侧芽。喜温暖湿润、光线充足的环境。

主要通过分株繁殖。

图4-28 *黄花尾苞尖萼荷*

(a) 开花的植株;(b) 花。

20. 合萼尖萼荷(*Aechmea gamosepala* Wittm.)

种加词"gamosepala"指萼片合生。

原产自巴西东南部。分布在海拔0～250 m的区域。地生于沙丘坡上,或附生于树木上。

植株中小型,开花时高40～75 cm。叶15～20片,形成长25～55 cm的漏斗状莲座丛,并被覆微小、贴生的灰白色鳞片;叶鞘窄但明显,有时略呈蓝色;叶片舌形,宽3～5 cm,顶端宽圆形并形成细尖,几乎全缘。穗状花序;花序梗直立、纤细,疏被白色绵毛;茎苞直立,松散地排列在花序梗上,后期脱落,披针形或椭圆形,膜质,顶端急尖,全缘;花部长9～26 cm,细圆柱形,顶端钝,花在花序轴上排列松散;花序轴纤细,光滑或近光滑;花苞狭三角形,有脉纹,顶端变细并形成尖刺,全缘,其中最下部的花苞长度超过花,向上逐渐减小,上部的花苞则比子房还短。花无梗,展开或近直立,长1.5～1.8 cm;萼片长0.4～0.5 cm,一半以下合生,极不对称,玫红色,光滑,顶端圆形并形成长0.25～0.4 cm的尖刺;花瓣直立,舌形,长0.9 cm,紫色或蓝色,顶端钝,基部着生2枚片具毛缘的鳞片;雄蕊内藏;子房纤细,基部变窄,上位管明显,呈漏斗状,胚珠位于中轴中部,顶端钝。花期春季、秋冬季。

合萼尖萼荷开花时花瓣顶端不展开,花成圆柱形,被形象地称为"火柴棍凤梨";又因花序形如一把长长的瓶刷,也被称为"瓶刷凤梨"。加上其叶色翠绿,叶缘近光滑,非常适合家庭种植,也是较早引入国内的凤梨之一。

植株较耐阴,长势强健,也有一定耐寒性,能较快形成丛生状态。可作为地被种植于林缘,也可以盆栽,要求介质疏松透气;或以附生形式种植于枯枝、树皮上。

主要通过分株繁殖。

图4-29 合萼尖萼荷
(a)开花的植株;(b)花序侧面;(c)花序俯瞰。

20a. 幸运条纹合萼尖萼荷(*Aechmea gamosepala* 'Lucky Stripes')

这是合萼尖萼荷具白边的园艺品种。翠绿色的叶片两侧具乳白色的纵条纹,叶色明快。既观叶又观花。

图4-30 幸运条纹合萼尖萼荷
(a)开花的植株;(b)花序。

20b. 金皮黄金尖萼荷(*Aechmea* 'Gympie Gold')

这是合萼尖萼荷与花叶尾苞尖萼荷(*A. caudata* var. *variegata*)的杂交品种，于1985年在澳大利亚昆士兰州杂交成功。由于它拥有金黄色的花瓣，便以位于昆士兰州、因金矿而闻名的金皮市(Gympie)来命名，一语双关。

株型中等，高约50 cm。莲座丛形态与合萼尖萼荷相似，但稍大些。通常为简单花序，近直立或斜出，细圆柱形，有时基部产生少量分枝。花无梗，萼片和子房粉红色，花瓣金黄色，不同程度地结合了父母本的性状。

长势健壮，适合盆栽或地栽，也可附生种植。

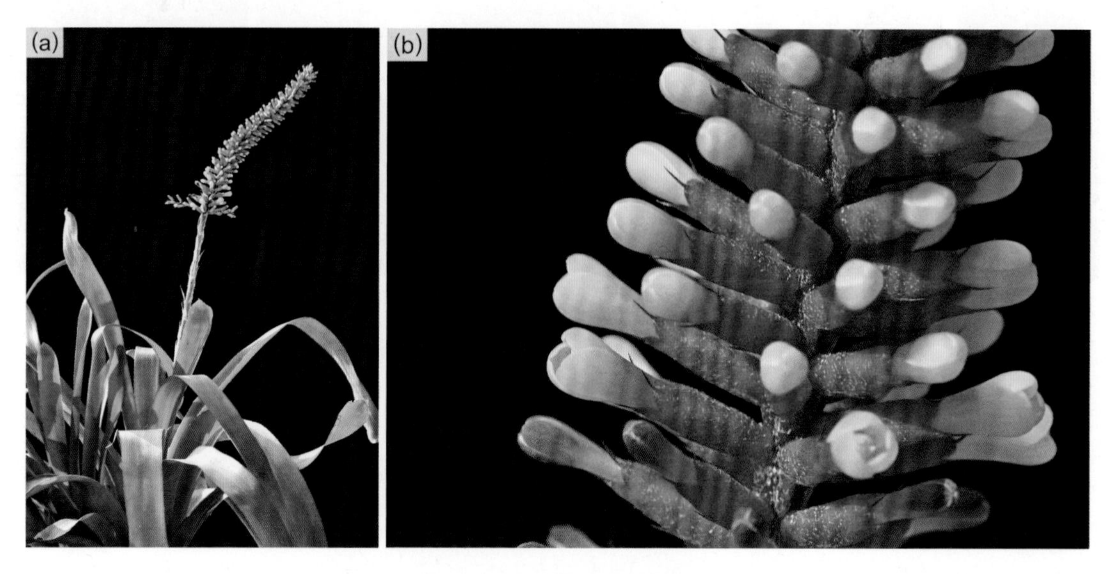

图4-31 金皮黄金尖萼荷

(a) 开花的植株；(b) 花序及花。

21. 琴山尖萼荷(*Aechmea organensis* Wawra)

种加词"organensis"来源于希腊语"organ"，原意为"管风琴"。该种以发现地——巴西里约热内卢北部的琴山山脉命名，而该山脉因其一座座竖直的山峰，从远处看形如欧洲教堂中的管风琴而得名。

原产自巴西东部。分布在海拔0～1 200 m的区域，附生。

植株中型，开花时高40～60 cm。莲座丛漏斗状，纤细，有叶约10片；叶长25～95 cm，被覆微小、贴生的白色鳞片，叶背尤其明显；叶鞘狭卵形，绿色或稍呈棕色；叶片舌形，宽通常为3～3.5 cm，也可至5.8 cm，顶端宽并形成细尖，叶缘疏生细锯齿，有时近全缘。复穗状花序；花序梗纤细，直立，有时顶部弯曲，被覆白色绵毛或近光滑；茎苞直立，披针形，膜质且早枯，淡红色，顶端急尖，全缘；花部金字塔形，长约15 cm，基部宽约9 cm，下半部有1级分枝，上半部不分枝，花序轴被覆白色绵毛或近光滑；一级苞片呈茎苞状，通常比腋生分枝短；一级分枝展开，有花3～8朵，排列松散，小花序轴纤细，呈明显的膝状弯曲，红色；花苞卵形，约与子房等长或稍短，红色，膜质，有脉纹，顶端渐尖。花无花梗，近展开，长1.5～2 cm；萼片极不对称，长0.4～0.5 cm(不含顶端的尖刺)，合生至一半处，顶端的尖刺长0.2～0.4 cm；花瓣舌形，长1～1.2 cm，蓝色，顶端钝，基部有2枚具毛缘的鳞片；雄蕊内藏；子房近圆柱形，有钝圆的3条棱，上位管明显，漏斗状；胎座扩展至整个子房室，胚珠顶端钝。果实稍膨大。花期早春。

叶缘的细齿疏而不明显，叶色因环境光照强度的不同而呈黄绿色或墨绿色。花序直立或弯曲下垂，萼片和子房都为玫红色，深蓝色的花瓣肉质，微微张开。

喜温暖湿润和半阴环境，栽培容易。易分生侧芽而呈丛生状，适合盆栽或附生种植。

主要通过分株繁殖。

图4-32 琴山尖萼荷
（a）花序直立的植株；（b）花序下垂的植株；（c）开花中的花序。

22. 弯叶尖萼荷［*Aechmea recurvata* (Klotzsch) L. B. Smith］

种加词“*recurvata*”意为“弯曲的”，指植株的叶片弯曲。

原产自巴西（南部）、巴拉圭、乌拉圭和阿根廷（东北部）。分布在海拔0～700 m的区域，大部分附生。

植株开花时通常高约20 cm，但生长在不同光照条件下时株型差异较大。叶较多，形成密生的莲座丛；叶长25～40 cm；叶鞘很大，有时比叶片还长，卵形，比叶片宽许多，常在叶丛基部膨大成椭圆形的假球茎，略呈蓝色，两面密被微小、贴生的白色鳞片，全缘；叶片狭三角形，宽1～2 cm，质地厚，绿色，在与叶鞘连接处突然展开或向后弯曲，叶面形成明显的凹槽，近光滑，背面密被灰白色鳞片，叶缘疏生长约0.2 cm的弯刺。穗状花序；花序梗短，完全隐藏在叶鞘中；花部椭圆形或倒卵形，略伸出莲座丛，疏被白色绒毛，有时光滑，花较少；花苞卵形，红色，与萼片齐平或稍超过萼片，顶端渐尖并有尖刺。花直立，无花梗，长3.5～4.5 cm；萼片稍不对称，深红色，长1.1～1.5 cm（不含顶端尖刺），背部稍呈龙骨状隆起，基部合生部分超过萼片长度的1/3，顶端钝，有长约0.4 cm的尖刺；花瓣直立，舌形，长约3 cm，紫色或玫红色，顶端钝并呈帽兜状，基部有2枚具毛缘的鳞片，有2条纵向的柱形胼胝体；雄蕊内藏，对瓣雄蕊夹在花瓣的胼胝体中间并与花瓣贴生；子房椭圆形，上位管大，胚珠位于中轴中央，顶端急尖。花期冬季。

株型小巧；花密生，花瓣玫红色，肉质，非常鲜艳。

含原变种（图4-33a，4-33b）在内，共有4个变种。

图4-33 弯叶尖萼荷及其变种

(a)—(b) 原变种:(a) 开花的植株;(b) 花序及花。(c) 本氏弯叶尖萼荷。(d)—(e) 奥氏弯叶尖萼荷:(d) 开花的植株;(e) 花序及花。

22a. 本氏弯叶尖萼荷[*Aechmea recurvata* var. *benrathii* (Mez) Reitz]

与原变种相比,本氏弯叶尖萼荷株型更小,高约10 cm;叶狭三角形,全缘或近全缘;花序大部分或完全被包埋在叶鞘中,花苞全缘或近全缘(图4-33c)。本变种较早被引入国内。

原产自巴西。分布在海拔0～50 m的区域,附生于岩石表面。

22b. 奥氏弯叶尖萼荷[*Aechmea recurvata* var. *ortgiesii* (Baker) Reitz]

本变种的叶片上有明显的锯齿;花序大部分或全部藏于叶鞘中,花苞有明显的锯齿(图4-33d,4-33e)。

原产自巴西南部。分布在海拔0～2 000 m的区域。附生,有时地生。

4.2.6 扁穗亚属

subgen. ***Platyaechmea*** (Baker) Baker 1889

亚属学名由来源于希腊语的"platys"(意为"宽的"),加属学名"aechmea"组成。

本亚属共约25种(Gouda *et al.*,2024);有两个分布中心,分别为南美洲东南部和南美洲西北部至中美洲。

复合花序或简单花序,花密生;花苞与花序轴连接处往下沿并形成袋状结构。花排成两列或多列,无花梗;萼片离生或1/3合生,顶端有小短尖或无;花瓣基部有明显的附属物。

23. 斑纹尖萼荷[*Aechmea chantinii* (Carriere) Baker]

种加词"chantinii"来源于一位巴黎园丁的姓氏,中文名则体现了叶片具横斑的特征。该种于1877年被带到欧洲,并于1889年发表。

原产自南美洲亚马孙流域。分布在海拔100～1 160 m的雨林区域,附生。

开花时株高可至100 cm。叶长40～100 cm,密被斑点状鳞片;叶鞘大,宽卵形,栗红色;叶片舌形,宽6～9 cm,背面有典型的白色和绿色相间的横纹,顶端急尖或圆形并有细尖,叶缘有锯齿。复穗状花序;花序梗直立、纤细,红色,被覆白色绒毛;茎苞披针形,长11～12 cm,亮红色,顶端渐尖,边缘有疏锯齿,其中花序梗下部的茎苞排列松散,直立,而花序梗上部的茎苞排列较密,展开,有时反折下垂;花部长12～13 cm,宽11～13 cm,金字塔形,有1级分枝,排列较松散;基部的一级苞片呈茎苞状,边缘有细锯齿,长6～12 cm,超过腋生分枝,向上逐渐变小,形如花苞;一级分枝有短梗,花穗呈狭披针形,有花8～12朵,排成两列,密生;小花序轴呈膝状弯曲,花着生处内凹;花苞宽卵形,长1～1.3 cm,长度稍超过子房,有明显的脉纹,被覆鳞片,顶端近平截。花无梗,长2.7～3.2 cm;萼片不对称,长1～1.2 cm,合生部分较短,顶端无刺;花瓣长约2 cm,橘黄色,顶端钝,基部有2枚顶端呈流苏状的鳞片;子房短圆柱形,长0.5～0.9 cm,宽约0.5 cm,光滑,上位管近圆形,胚珠着生在中轴顶部,具长尾。花期夏季。

斑纹尖萼荷与斑马尖萼荷(*Aechmea zebrine*)外形非常相似,但后者在国内不大常见。两种主要区别在于:① 前者叶背的绿色横纹较宽,白色与绿色对比明显,而后者叶背的白色横纹较宽,叶片总体上呈灰白色;② 前者萼片伸出花苞,而后者花苞宽大,萼片裹在花苞内不露出。因此,笔者将前者的中文名定为斑纹尖萼荷,而将"斑马尖萼荷"留给与种加词含义相一致的*A. zebrine*,避免混淆。

斑纹尖萼荷因叶片上拥有白、绿相间的横纹,常令人印象深刻,加之花序宽阔,茎苞和一级苞片大型且颜色鲜艳,观赏期也较为持久,是花、叶俱佳的观赏佳品。

喜温暖湿润且光线良好的环境,适合盆栽或附生于枯木上。

图4-34 斑纹尖萼荷

(a) 开花的植株;(b) 花。

斑纹尖萼荷在世界各地广为流行,出现了许多在外形上特征明显的栽培品种和变异株,植株大小、叶色、斑纹宽度、花序形态等都有所变化,有的叶片上还出现白色或黄色的纵纹,令爱好者趋之若鹜。

***细条斑纹尖萼荷(Aechmea chantinii* 'Stripes On Stripes')**

叶背的斑纹较原种更窄且密,更清晰。株型较为紧凑,花穗较密集。

图4-35 *细条斑纹尖萼荷*

(a) 开花的植株;(b) 花序。

国外育种者还将斑纹尖萼荷与尖萼荷属其他种类杂交，获得许多杂交品种。他们甚至培育出斑纹尖萼荷与球穗凤梨属、鸟巢凤梨属等属的属间杂交品种，如斑纹尖萼荷与塞得鸟巢凤梨（*Nidularium seidelii*）的杂交品种。

图4-36　斑纹尖萼荷 × 塞得鸟巢凤梨杂交品种
（a）开花的植株；（b）花序。

24. 银鳞尖萼荷（*Aechmea dealbata* E. Morren ex Baker）

种加词“dealbata”原意为“白色的”，指花苞由于密被白色鳞片而呈白色。银鳞尖萼荷因花序形状与美叶尖萼荷较相似，曾被误认为是后者的变型。

原产自巴西。分布在海拔200 m左右的雨林或滨海森林中，附生。

开花时植株高30～70 cm。叶较少，形成细长的漏斗状莲座丛；叶长50～100 cm，两面被覆贴生的灰白色鳞片，并在叶背形成白色细纹；叶鞘长圆形，几乎与叶片等宽；叶片长舌形，宽6～8 cm，背面略呈红色，顶端圆并有细尖，叶缘有长0.1～0.15 cm的棕色且向上的锯齿，近密生。穗状花序或复穗状花序，暗红色或紫红色，除花瓣外被覆白色鳞片；花序梗直立；茎苞披针形，长度超过节间，顶端渐尖，边缘有刺状锯齿，其中最上面的茎苞聚生在花序梗顶端呈总苞状；花部椭圆形或狭金字塔形，长6～10 cm，宽约9 cm，通常无分枝，有时基部有2～4个一级分枝，密生；基部的一级苞片和花苞形如茎苞，但为宽卵形，长度超过花，直立且坚硬，边缘与花序轴分离，顶端急尖并形成尖刺。花无梗，长3～3.5 cm；萼片稍不对称，长约1 cm，合生部分约占1/2，顶端钝，近圆形，无短尖；花瓣窄，长2.5～3 cm，开花时稍张开，紫红色至淡紫色，花后合拢并变成朱红色，顶端钝圆，花瓣基部着生2枚具毛缘的鳞片；雄蕊内藏，对瓣雄蕊与花瓣高位贴生；花药长约0.7 cm，顶端钝；子房近圆柱形或椭圆形，上位管明显，碗状，胚

图4-37　银鳞尖萼荷
（a）植株；（b）花序。

珠着生在中轴顶部。花期冬季。

植株易从茎基部萌发侧芽而呈丛生状。莲座丛窄漏斗状；叶背有时具白色细纹。开花时花序比叶丛短，但花序非常精致；花瓣初为紫色，花后变成朱红色，因而花序上常双色并存，在粉白色花苞的衬托下格外鲜艳。

喜温暖湿润、光照充足的环境，但对环境要求不高。栽培较容易，可盆栽或附生种植。

通过分株繁殖。

25. 二列尖萼荷（*Aechmea distichantha* Lemaire）

种加词“distichantha”指花排成两列。

原产自巴西（南部）、巴拉圭、乌拉圭、阿根廷（北部）。分布在海拔740～2 200 m的区域，附生或地生。

植株形态多变，开花时高30～100 cm。叶15～20片，形成非常紧凑的莲座丛；叶直立，通常长30～100 cm，有时长达150 cm，两面都被覆一层由鳞片融合而成的灰白色膜；叶鞘椭圆形或长圆形，长可至30 cm，通常比叶片宽很多；叶片狭三角形至舌形，宽2.5～8 cm，顶端圆并带尖刺，叶缘有细锯齿或长约0.4 cm、坚硬的黑刺。复穗状花序；花序梗直立、纤细，被覆白色鳞片，但因大部分被茎苞包裹着，只露出最上面的部分，显得非常粗壮；茎苞直立，覆瓦状排列紧密，狭椭圆形，玫红色，顶端渐尖，其中基部的茎苞顶部边缘具锯齿，而其余的茎苞全缘；花部椭圆形、金字塔形或细圆柱形，有1级分枝，分枝排列紧密或松散，玫红色，除花瓣外被覆白毛；一级苞片小，一般短于腋生分枝，宽卵形，顶端细尖；一级分枝基部近无梗，直立至展开，分枝上有花2～12朵，呈2列交互对生，通常密生，最上面的花或多或少排成多列；花苞呈方形袋状（图4-38c），约与子房等长，近纸质，有脉纹，顶端平截并有微小的细尖或短尖，全缘；花无梗，近直立，长1.5～2.9 cm；萼片不对称，长圆形或近方形，长0.5～1.3 cm，离生或合生部分较短，顶端有短尖；花瓣蓝紫色，顶端钝，基部有2枚长圆形、边缘具微小锯齿的鳞片；雄蕊内藏，子房短圆柱形或倒圆锥形，长0.4～0.6 cm，上位管大，漏斗状，胚珠着生在中轴的近中间部位，顶端急尖或钝。

图4-38　二列尖萼荷（原变种）

（a）开花的植株；（b）花序（局部）及花；（c）一级分枝（① 花苞；② 花萼）。

二列尖萼荷拥有玫红色的花序，开出蓝紫色的花，花序较为美观，花期较持久。

喜光线充足的环境，较耐寒，可盆栽或附生种植。因其叶质坚硬，叶缘和叶尖的刺非常发达，在进行园林应用时应注意安全。

主要通过分株繁殖。

包括原变种在内，共有1个变型和4个变种。

二列尖萼荷原变种（*Aechmea distichantha* var. *distichantha*）的叶面平，不形成凹槽，顶端通常急尖或渐尖。花序较松散，通常呈宽金字塔形，玫红色，分枝或多或少展开，花量较多。花期春季。

25a. 白穗二列尖萼荷（*Aechmea distichantha* forma *albiflora* L. B. Sm.）

这是二列尖萼荷花序白化的变型。原产自巴西南部。

株型挺拔，开花时高60～80 cm。与原种较相似，但花序整体为白色；花初开时花瓣白色，第二天为黄褐色，并进一步变为深褐色。花期春季。

图4-39 白穗二列尖萼荷
（a）开花的植株；（b）花序；（c）花序（局部）及花。

25b. 矮生二列尖萼荷［*Aechmea distichantha* var. *glaziovii* (Baker) L. B. Sm.］

变种加词“glaziovii”来源于人名，为该变种的发现者。

原产自巴西南部。分布在海拔840～1 900 m的区域，附生。

株型较矮，株高45～50 cm。叶片顶端通常圆形并有细尖。花序较短，比叶丛矮，分枝密生；花部卵形；分枝近直立，有花少数。花期春季或夏季。

图4-40 矮生二列尖萼荷
（a）开花的植株；（b）花序。

25c. 高大二列尖萼荷（*Aechmea distichantha* var. *schlumbergeri* E. Morren ex Mez）

变种加词“schlumbergeri”来源于人名，为一位园艺学家。

原产自玻利维亚、巴西（南部）、巴拉圭、乌拉圭和阿根廷（北部）。分布在海拔200～1800 m的区域，附生或地生。

株型较大，株高60～80 cm。莲座丛基部略膨大，叶片顶端通常渐尖。花序密，伸出莲座丛；花部细圆柱形或纺锤形；分枝近直立，有花少数。花期春季。

图4-41 高大穗花尖萼荷

（a）莲座丛；（b）花序形成初期；（c）花序展开。

26. 美叶尖萼荷［*Aechmea fasciata* (Lindl.) Baker］

种加词“fasciata”意为“呈条带状的”，指叶上有白色或灰白色横纹。中文名亦因叶的这一特征而命名，俗称粉菠萝。

原产自巴西。分布在海拔700～1 300 m的雨林中，附生。

开花时株高约50 cm。叶基生，形成圆柱形或漏斗状莲座丛；叶长30～50 cm，有时长可至100 cm，绿色，密被贴生的灰白色鳞片；叶鞘比叶片稍宽，椭圆形，有时具紫晕，全缘；叶片宽厚，舌形，通常宽3～8 cm，有时宽可至10 cm，顶端宽圆形并形成细尖，叶缘具锯齿。复穗状花序；花序梗直立，被覆白色绒毛；茎苞披针形，玫红色，顶端渐尖并有尖刺，叶缘具密锯齿，其中下部的茎苞直立，排列稀疏，上部的茎苞在花序梗顶端密集并展开；花部金字塔形，长15～18 cm，最宽处直径约18 cm，被覆白色鳞片，基部有少数1级分枝，上部不分枝；一级苞片形如上部的茎苞，长度超过腋生的分枝，披针形或卵形，长超过花萼，粉红色，顶端渐尖，边缘有粗大的锯齿；一级分枝锥形，呈放射状沿花序轴密生，分枝上花少数，密生并排成多列；花苞边缘与花序轴联合，袋状。花无梗，长3～3.5 cm；花萼不对称，长1～1.2 cm，基部合生至约长度的1/2处，疏被短的白色绒毛，背面有龙骨状隆起，顶端有短尖或急尖；花瓣舌形，长2.5～3 cm，初为蓝色或紫色，花后变为红色，基部有2枚具毛缘的鳞片；雄蕊内藏，对瓣雄蕊的花丝与花瓣高位贴生；子房椭圆形，上位管短，胚珠着生在中轴顶部，具长尾。花期夏季。

美叶尖萼荷是最早引入欧洲的观赏凤梨之一，也是较早进入我国的凤梨之一。叶片宽厚，上面覆盖着明显的白色鳞片并呈斑纹状；花序粉红色，既能观叶又能赏花。

长势强健，易自然开花，适合家庭种植。喜光照充足的环境，可附生种植或盆栽，介质宜疏松透气。花后从茎基部萌发侧芽，常通过分株繁殖。

含原变种在内，目前有 2 个变种。

图 4-42　美叶尖萼荷（原变种）

（a）开花的植株；（b）花序及花。

26a. 紫叶美叶尖萼荷［*Aechmea fasciata* var. *purpurea* (Guillon) Mez］

这是美叶尖萼荷的变种，株型和花序都比原变种小。叶片暗紫红色，疏被白色条纹。株高约 30 cm。莲座丛漏斗状；叶长 30～40 cm，宽 6～8 cm。花序长 10～12 cm，宽约 10 cm；茎苞、一级苞片和花苞浅粉色。花瓣初为蓝紫色，边缘颜色较深，花后先转紫红色，再变成朱红色。

图 4-43　紫叶美叶尖萼荷

（a）开花的植株；（b）花序及花。

26b. 酒红美叶尖萼荷（*Aechmea fasciata* 'Sangria'）

这是美叶尖萼荷的栽培品种。株型比紫叶美叶尖萼荷稍大，但比原种小。开花时株高约 40 cm。叶暗红色，叶背有明显的银白色横纹；叶长 50～56 cm，宽 8～9 cm，有光泽。花瓣淡蓝色，花后转为朱红色。花期多变，秋冬季、早春和初夏均有开花。

图4-44 *酒红*美叶尖萼荷
(a) 开花的植株;(b) 花序及花。

27. 泰氏尖萼荷(*Aechmea tessmannii* Harms)

种加词“tessmannii”来源于人的姓氏,为该物种的发现者(G. Tessman)。

原产自哥伦比亚、厄瓜多尔和秘鲁的亚马孙流域。分布在海拔100～1 350 m的低地亚马孙雨林中,附生。

开花时植株高可至100 cm,甚至更高。叶长50～70 cm;叶鞘大,宽椭圆形;叶片舌形,宽6～10 cm,被覆白色鳞片,顶端急尖,叶缘的锯齿长0.3～0.5 cm。复穗状花序;花序梗直立,坚固;茎苞披针形,亮红色,顶端渐尖,边缘有细锯齿;花部长约30 cm,宽约18 cm,有1级分枝;一级苞片形如茎苞,下垂,长6～15 cm,宽4～5 cm,沿花序轴向上均匀变小,其中基部的一级苞片约与分枝等长,上部的一级苞片比分枝短;一级分枝光滑,长8～15 cm,基部具长梗,展开,分枝上有花12～20朵,排成2列,密生;花苞卵形,长1.5～2.5 cm,覆盖住萼片,革质,有光泽,红色或橘红色,背面的基部有2条棱,顶端钝,黄色或黄绿色。花无梗;萼片近离生,卵形至长圆形,稍不对称,长约1.3 cm,白色至浅黄色,顶端钝;花瓣长圆形,橘黄色,长约2 cm,顶端钝,基部有两枚顶端呈流苏状的鳞片,柱形胼胝体向上延伸至花药基部(图4-45);子房短圆柱形,光滑,上位管浅,胚珠位于中轴顶端,胚珠顶端长尾状。花期夏季。

花序艳丽且持久,具很高的观赏价值。

图4-45 泰氏尖萼荷
(a)开花的植株;(b) 花序;(c) 花苞背面(蓝圈内为基部2条棱);(d) 花瓣及其附属物(① 鳞片;② 胼胝体;③ 雄蕊)。

喜温暖湿润、光线充足的环境。盆栽或附生种植，也可地栽，要求介质具有良好的透气性。

主要通过分株繁殖。

4.2.7　具梗亚属

subgen. ***Podaechmea*** Mez 1896

亚属学名由希腊语“podos”（意为“柄”）和“aechme”组成，指花和果实有柄。

主要原产自墨西哥、中美洲和秘鲁。现有6种。

复合花序，被覆鳞片；花松散地排成多列。花小，有花梗；萼片顶端大多有短的尖刺；花瓣附属物发育良好，开花时花瓣几乎不展开，因此花不太明显，但肉质的花萼和子房较显著。花后子房稍膨大，形成圆形或椭圆形果实，并能保持较长时间。

28. 霍尔顿尖萼荷（*Aechmea haltonii* H. Luther）

种加词“haltonii”来源于人名，为该种最早的收集者J. Halton。

原产自巴拿马中部。分布在海拔0～800 m的雨林中，附生或岩生。

植株大中型，近无茎，开花时高75～150 cm。莲座丛有叶30～45片，直立或开展；叶鞘全缘，椭圆形，长15～25 cm，宽6～15 cm，密被斑点状的棕色鳞片，背面基部深栗色；叶片长35～90 cm，宽2～6 cm，亮绿色，边缘有长0.3～0.8 cm、牙齿状或锯齿状的宽刺，叶缘和叶面有红晕并被覆灰白色鳞片，革质，顶端渐尖并有尖刺。圆锥花序，被覆白色绵毛；花序梗直立，长25～65 cm，直径0.8～1.2 cm，暗红色；茎苞椭圆形，边缘具锯齿，顶部急尖并有尖刺，最下面的茎苞叶片状，直立，上面的茎苞狭椭圆形，有时下垂，红色或粉红色，顶端绿色或暗红色；花部圆锥形，长40～60 cm，直径20～40 cm，具2级分枝；一级苞片椭圆形，常反折而下垂，向上逐渐变小，薄革质，红色或粉红色，较显著，疏被灰白色绒毛，边

图4-46　霍尔顿尖萼荷

（a）植株；（b）花；（c）花序。

缘具锯齿，顶端急尖并有尖刺；一级分枝与花序轴形成约45°的夹角，基部有长2～9 cm、扁平的梗，其中花序轴中部及以下的一级分枝较长，最长可达25 cm，且着生多个二级分枝，而花序轴中部以上的一级分枝突然变短且无二级分枝；二级苞片狭披针形，非常微小；二级分枝较短，有1～7朵花，基部有短梗；花苞微小，红色，狭三角形至线形，顶端变细。花梗绿色，长0.2～0.3 cm，开花时与小花序轴成45°角；萼片以绿色为主，边缘红色，极不对称，顶端平截，长约0.4 cm，宽约0.4 cm，侧翼长度超过萼片顶端的黑色短尖；花冠管状，直立，粉紫色，花瓣在开花时几乎不打开，倒披针形，顶端钝或微凹并稍呈帽兜状，长1～1.1 cm，基部有1对鳞片；雄蕊内藏；子房椭圆形，浅绿色，光滑，胚珠着生在中轴顶部。浆果白色，球形，直径0.6～0.8 cm。花期夏季。

霍尔顿尖萼荷的观赏性较高。长三角形的叶片有光泽，一般为亮绿色中带红晕，生长在光线较好的环境时叶为暗红色。宽大的圆锥花序、红色或粉红色的茎苞和一级苞片都非常显眼；花多而密，子房浅绿色并有光泽。花后可观果，观赏期可持续数月。

植株长势强健，喜光线充足的环境。由于株型较大且叶刺非常尖锐，不太适合室内栽种，但可用作庭院造景。盆栽或地栽，要求栽培介质疏松透气。

主要通过分株繁殖。

29. 丽珠尖萼荷［*Aechmea lueddemanniana* (K. Koch) Mez］

种加词“lueddemanniana”来源于该种的发现者H. Lüddemann的姓氏。中文名因其果实成熟时变成白色、蓝色和紫色，非常美丽。

原产自墨西哥(南部)、危地马拉和洪都拉斯。分布在海拔270～1 200 m雨林的树上或岩石上，附生。

开花时植株高20～70 cm。宽漏斗状状莲座丛有叶约20片；叶长30～60 cm，绿色，被覆灰白色、扁平的鳞片，叶背更明显；叶鞘大，椭圆形；叶片舌形，宽约4.5 cm，顶端急尖或圆形有细尖，叶缘有向上的细锯齿。圆锥花序，绿色，除花瓣外被覆白色鳞片；花序梗直立，有粉状的白色附属物；茎苞比节间长，膜质，白色，早枯，全缘，其中下部的茎苞直立，椭圆形，顶端有细尖，而上部的茎苞展开或向下弯曲，线状披针形，顶端渐尖；花部圆柱形至细长的金字塔形，长12～30 cm，宽5～10 cm，具2级分枝，顶端不分

图4-47 丽珠尖萼荷

(a) 开花的植株；(b) 花序；(c) 花；(d) 成熟的果实；(e) 果序。

枝；一级苞片膜质，线形，长超过分枝，全缘；基部的2～3个一级分枝排列较松散，长4～5 cm，其上有2～3个二级分枝，上部的一级分枝变短并密生，只有1个二级分枝或不分枝；二级苞片线形，长度比一级分枝短；二级分枝短，有花2～3朵；花苞线形，比花梗短。花梗细，长约0.6 cm；萼片离生，不对称，长约0.35 cm，有宽阔的侧翼，顶部有短尖；花瓣小而不明显，长约0.9 cm，舌形，开花时不展开，粉紫色，花后变为暗洋红色或玫红色，顶端微凹，近基部有2枚边缘呈流苏状的鳞片；子房近圆柱形，长约0.6 cm，绿色，上位管很短，胚珠着生在中轴的顶部，有短尾。浆果椭圆形，长约1.2 cm，未成熟时白色，成熟时淡紫色或紫色。花期春季，花后到果实成熟需耗时2～3个月。

丽珠尖萼荷以观果为主，开花时花序色彩不鲜艳，但是成熟的果实淡紫色至紫色，如玉石般莹润且有光泽，在未成熟的白色果实的衬托下显得格外美丽；挂果期较长。

植株长势强健，喜温暖湿润、有明亮的散射光的环境。可盆栽或附生栽种。

通过种子或分株繁殖。

丽珠尖萼荷还有两个以观叶为主的园艺品种。

29a. *阿尔瓦雷斯*丽珠尖萼荷（*Aechmea lueddemanniana* ‘Alvarez’）

叶片中央有纵向、宽的白色条带。生长环境光线充足时，整株呈粉红色或橙色；进入花期后，叶色更鲜亮。花序梗和花序轴淡黄色，并有纵向、细的绿色条纹。该品种最初来源于野外，可观叶、观果。

图4-48 *阿尔瓦雷斯*丽珠尖萼荷

（a）开花的植株；（b）花序；（c）果序；（d）园林应用。

29b. *粉红*丽珠尖萼荷（*Aechmea lueddemanniana* ‘Pinkie’）

植株在开花前叶片为暗粉色或棕绿色，有纵向的暗粉红色条纹，进入花期后叶色变成粉红色。该品种可观叶、观果。

图4-49　*粉红*丽珠尖萼荷
（a）开花的植株；（b）开花时的叶色。

30. 墨西哥尖萼荷（*Aechmea mexicana* Baker）

种加词“mexicana”指其模式标本的采集地位于墨西哥。

原产地从墨西哥南部至厄瓜多尔。分布在海拔20～1 300 m的区域，地生或附生。

株型较大，开花时植株一般高约70 cm，有时超过100 cm。莲座丛宽大，高约60 cm，直径可达120 cm，叶多数；叶长60～120 cm；叶鞘卵形，与叶片区分不明显，棕色，密被细小的棕色鳞片；叶片舌形，宽6～12 cm，被覆细小的灰白色鳞片，叶背特别明显，顶部急尖或圆形有细尖，叶缘有长约0.2 cm的牙齿状锯齿。圆锥花序被覆软鳞片；花序梗直立、粗壮，有灰白色软鳞片；茎苞早枯，其中上部的茎苞下垂，线状披针形，长可至18 cm，远超过节间，膜质，麦秆色，被覆白色鳞片，顶端渐尖，全缘；花部总体呈尖金字塔形，长30～70 cm，具2级分枝；一级苞片下垂，早枯，长三角形，膜质；基部的5～7个一级分枝长

图4-50　墨西哥尖萼荷
（a）—（b）不同生长环境下开花的植株：（a）室外强光环境下；（b）温室环境中。（c）花序。（d）果序。

约17 cm，与花序轴形成约45°的夹角，上部的一级分枝突然变短并展开，在花序轴上呈多列密生，使这一段花序呈圆柱形，短的一级分枝上有花1～10朵；二级苞片近线形；二级分枝短，有花1～5朵；花苞丝线状，远比花梗短。花较小而不明显；花梗较细，长0.4～1.6 cm；萼片离生，宽三角状卵形，极不对称，长约0.6 cm，顶端有短尖；花瓣舌形，开花时不展开，长1～1.5 cm，红色或淡紫色，顶端微凹，近基部有2枚鳞片状附属物；对瓣雄蕊与花瓣高位贴生；子房球形或椭圆形，长约0.6 cm，绿色，胚珠着生在中轴顶部，具明显的尾状附属物。果实数量多，白绿色，成熟时略呈透明状。花期春末、夏初。

墨西哥尖萼荷的叶片宽大并形成宽阔的莲座丛，在弱光下呈浅绿色，在光照充足环境下则呈鲜艳的黄绿色，临近花期时下部的叶片呈明亮的橙红色，非常美丽。果实密集，花后2个多月成熟。

长势强健，喜温暖湿润、光线充足的环境，不耐低温。生长期较长，从侧芽长出至开花一般需要3～5年。株型较大，适合庭院观赏。

通过种子或分株繁殖。

4.2.8　刺苞亚属

subgen. ***Pothuava*** (Baker) Baker 1889

亚属学名可能来自希腊语“pothos”，意为“热切的欲望”（Grant，1998）；中文名根据该亚属内大部分物种的花苞顶端具芒尖的特征。

主要产自巴西，少数产自哥斯达黎加、墨西哥、西印度群岛以及南美洲的西北部。约20种。

穗状花序，花通常多列密生。花苞大部分不呈覆瓦状排列。花无梗；萼片离生或近离生，有短尖或小短尖；花瓣附属物发育良好。

31. 长梗尖萼荷（*Aechmea guarapariensis* E. Pereira & Leme）

种加词“guarapariensis”来源于该种的模式标本采集地，即位于巴西东部沿海的圣埃斯皮里图州（Espirito Santo）瓜拉派瑞市（Guarapari）。中文名根据其花序有长长的花序梗。

原产自巴西。生长在沿海沙洲，地生。

植株开花时高可至120 cm。莲座丛漏斗状，有叶约40片，基部呈囊状。叶鞘椭圆形，长约18 cm，宽约12 cm，里面稍呈紫色，背面淡绿色，两面都被覆棕色斑点状鳞片，全缘；叶片长舌形至条形，长40～75 cm，宽6～8 cm，绿色或略带紫色，叶背基部稍有白色横纹，两面都密被贴生的鳞片并呈膜状，顶部急尖并有短尖，边缘密生暗紫色的刺状锯齿，刺长0.1～0.2 cm，靠近顶部刺变小。穗状花序；花序梗直立，长约70 cm，直径约1 cm，紫色，密被白色绒毛，并被茎苞完全覆盖；茎苞直立，长约14 cm，宽4 cm，比节间长很多，背面红色，里面白色，两面都密被白色鳞片，顶端急尖或钝并有短尖，靠近顶部的边缘有刺；花部圆柱形，长约15 cm，直径约3 cm，顶端有一簇序缨①，花在花序轴上密生，花序轴不可见；花苞内凹成船形，近圆形，宽约0.7 cm（不含刺），不能完全覆盖子房，膜质，绿色，被覆白色鳞片，背部钝三棱形，顶部尖刺长约0.5 cm，新鲜时超过萼片，全缘。花无梗，长约1.5 cm，近展开；萼片卵形，不对称，离生，长0.8 cm，黄绿色，被覆白色鳞片，干燥时有脉纹，背面不成龙骨状隆起，顶部边缘有小而弯曲的锯齿；花瓣狭卵形，长约1 cm，开花时张开，顶端急尖，基部有2枚具毛缘的鳞片。雄蕊内藏，花丝圆柱形，花药线形，长约0.3 cm，基部背着药；子房稍扁平，长0.3～0.4 cm，绿色，被覆白色鳞片，上位管高约0.1 cm，胚珠生长在中轴顶部，具尾。花期夏季。

植株长势强健，莲座丛较高大，易萌发侧芽而呈丛生状。花序梗直立、挺拔，被红色的茎苞完全包裹。花部圆柱形，形如尚未膨大的玉米棒子，可作插花材料。

---

① 序缨：位于花序轴顶端，由内侧花不发育的花苞片密集丛生而形成的一簇毛状体。

图4-51 长梗尖萼荷

(a) 开花的植株;(b) 花序;(c) 成熟时的果序。

喜光线充足且温暖湿润的环境。适合庭院种植或盆栽,要求介质疏松透气。

通过分株或种子繁殖。

长梗尖萼荷曾经与芒穗尖萼荷(*A. pineliana*)、麦穗尖萼荷(*A. triticina*)和朱柄尖萼荷(*A. roberto-seidelii*)纠缠不清,并一度被归并到朱柄尖萼荷(Wendt, 2007)。但是,两者无论从外形还是生长习性上都存在明显差异,长梗尖萼荷地生,侧芽具有较长的匍匐茎,莲座丛圆柱形,直立且高大,约与花序等高;朱柄尖萼荷为附生,侧芽的匍匐茎很短,莲座丛紧凑,倒圆锥形,株高约为前者的1/2,花序远高于莲座丛。

32. 朱柄尖萼荷(*Aechmea roberto-seidelii* E. Pereira)

种加词"roberto-seidelii"来源于人名。中文名体现了花序梗被鲜红色的茎苞覆盖的特征。

原产自巴西。分布在海拔约700 m的大西洋森林中,附生。

植株开花时高40～45 cm。莲座丛基部倒圆锥形,有叶约40片。叶革质,两面都密被不明显的鳞片,长15～30 cm;叶鞘宽椭圆形,长12～15 cm,宽7～10 cm,内侧呈紫色,全缘;叶片舌形,长12～15 cm,宽3～5 cm,绿色,顶端急尖并有尖刺,叶缘有深紫色的边,并密生棕色锯齿,下面的刺长可至0.5 cm。穗状花序;花序梗直立,光滑,长约38 cm,直径约0.7 cm;茎苞直立,紧紧裹住花序梗,长约9 cm,宽约3 cm,比节间长约2倍,里面白色,背面鲜红色,顶部被覆明显的白色鳞片,通常全缘,但基部茎苞的顶部有疏刺;花部长5～7 cm,直径2～2.5 cm,圆柱形,顶端有黄色、毛状的序缨;花苞对称,近圆形,内凹成船形,长约0.6 cm,背部成厚龙骨状隆起并被覆白色鳞片,边缘薄,透明状,顶端有长约0.4 cm的黄色尖刺。花无梗,展开,长约1 cm;萼片离生,近不对称,长约0.5 cm,靠近萼片顶部至顶端刺的基部被覆白色鳞片,其余部分光滑,顶端有长约0.1 cm并稍弯的刺;花瓣披针形,长约0.65 cm,白色,开花时花瓣直立并略张开,顶端急尖,基部着生2枚顶部具细齿的舌形鳞片;雄蕊内藏;花药长约0.25 cm,近基部背着药;子房长约0.25 cm,被覆白色鳞片。

莲座丛紧凑,叶色青翠。开花时,细长的花序梗上包裹着鲜红的茎苞,花序梗顶端是圆柱形的穗状花序,形似鼓槌,非常可爱。

喜温暖湿润、光线充足的环境。适合盆栽或附生栽培,要求栽培介质排水良好。

主要通过分株繁殖。

图4-52　朱柄尖萼荷
（a）开花的植株；（b）花序；（c）花。

33. 芒穗尖萼荷（*Aechmea pineliana* M. B. Foster）

种加词“*pineliana*”来自该种的发现者C. Pinel。中文名根据花苞顶端具细长的芒状尖刺并使穗状花序看起来毛茸茸的特征。

原产自巴西。分布在海拔765～1 500 m的雨林或滨海森林中，附生或地生。

开花时植株高25～100 cm。叶15～20片，形成漏斗状莲座丛；叶长约46 cm，有时具横纹；叶鞘大，宽椭圆形，被覆一层由鳞片融合而成的浅棕色膜，有时紫色；叶片舌形，宽2～6 cm，叶片两面都被覆由白色鳞片融合而成的膜，顶端宽、急尖或渐尖并形成硬的尖刺，叶缘有长约0.5 cm的黑色尖刺。穗状花序；花序梗直立，纤细，被覆白色绒毛；茎苞密，覆瓦状包裹花序梗，披针形，明亮的红色，被覆细小、贴生的灰白色鳞片，顶端急尖并有尖刺，通常全缘，但有时最下面的茎苞顶端两侧具细锯齿；花部近圆柱形，长2～7 cm，直径1.5～3 cm，有花多数，密生，顶端有一簇由棕色尖刺形成的序缨；花序轴被覆绒毛；花苞裹住子房并稍超过子房，近圆形或肾形，被覆白色绒毛，背部成厚龙骨状隆起，顶端有细长的黄色尖刺并超过花。花无梗，长约1.5 cm；萼片离生，稍不对称，卵形，顶端微凹并形成伸长的小刺；花瓣舌形，长

图4-53　芒穗尖萼荷
（a）开花的植株；（b）花序。

约0.85 cm，黄色，顶端钝，基部有2枚具毛缘的鳞片；雄蕊内藏，对瓣雄蕊与花瓣贴生；子房倒圆锥形，上位管短并呈漏斗状，胚珠着生在中轴顶部并具长尾。花期冬季或早春。

株型紧凑，叶绿色并略带红晕，光线充足时为红色，常从基部萌发2～3个侧芽并形成丛生状，且常同时开花。开花时毛茸茸的圆柱形花序从莲座丛中升起，形如带红色手柄的试管刷，又像带毛的蜡烛，非常可爱。

植株长势旺盛，喜光线充足的环境，能耐强光；较耐寒。适合盆栽或附生种植，要求栽培介质疏松透气、排水良好。

通过分株繁殖。

34. 裸茎尖萼荷［*Aechmea nudicaulis* (L.) Griseb.］

种加词“*nudicaulis*”意为“茎裸露的”，指其花序轴裸露。

原产自墨西哥(南部)、中美洲、西印度群岛、南美洲北部和中部。分布在海拔0～1 200 m的区域；附生于树上或岩石上，有时地生。

植株开花时高35～90 cm。叶鞘椭圆形，宽4～9 cm，红色、酒红色或白绿色；叶片舌形，长7～60 cm，宽6～10 cm，绿色或红色，革质，有时具紫色斑点或横向条纹，顶端宽钝并具细尖，叶缘具锯齿，刺长可至0.5 cm。穗状花序；花序梗直立或倾斜，白色至浅绿色，长30～85 cm；茎苞线形，长4～11 cm，宽1～2 cm，红色或玫红色，纸质，顶端急尖，全缘或具锯齿，在花序梗上呈疏覆瓦状排列，但不覆盖花序梗，稍展开；花部长5～25 cm，宽1.5～4 cm；花苞小或缺失，三角形，绿色或黄色，长0.2～0.6 cm，纸质，顶端渐尖，全缘。花长1.5～2 cm；萼片离生，卵形，不对称，长0.6～0.8 cm，宽约0.3 cm，绿色、黄色或淡红色，常双色，顶端钝并在末梢形成长约0.3 cm的细尖；花瓣长1～1.5 cm，宽0.4～0.5 cm，黄色或红色，常双色，卵形，顶端急尖，基部有2枚具毛缘的鳞片；雄蕊花丝长约0.8 cm，花药长约0.4 cm；子房圆柱形或三棱形，常具沟槽，长0.5～0.8 cm，宽0.3～0.5 cm，胚珠多数有短尾。果实卵形，长约1 cm，宽约0.7 cm；种子长约0.2 cm，宽约0.1 cm。

大多附生于丛林中的树干上，开花时红色或玫红色茎苞在满目苍翠的绿色世界中显得格外醒目，且茎苞的颜色可保持较长时间。单花期1天；花沿花序轴从下往上次第开放，可持续约1周。果实成熟时橘红色或红棕色，较肉质。可观叶、观花，有时可观果，观赏期约1个月。

喜温暖湿润、光线良好的环境，可盆栽或附生栽种。

通过分株或种子繁殖。

由于分布非常广泛，不同产地的植株外形有所不同，包括原变种在内目前有5个变种。

34a. 尖苞裸茎尖萼荷(*Aechmea nudicaulis* var. *cuspidate*)

变种加词“*cuspidate*”意为“有凸尖的”，指茎苞顶端有明显的细尖。

原产自巴西、圭亚那、委内瑞拉和厄瓜多尔。分布在海拔0～1 200 m的区域，大多附生。

开花时花序高45～48 cm。管状莲座丛有叶6～8片，高约52 cm，直径约4 cm，直立；叶暗绿色，被覆白色的鳞片；叶鞘长22～24 cm；叶片长圆形，长约38 cm，宽约6 cm，上下等宽，叶缘有红褐色、稍向上弯曲的短三角形锯齿。花序梗

图4-54 尖苞裸茎尖萼荷

(a) 开花的植株；(b) 花序。

直径约0.8 cm，鲜红色，疏被绒毛，但在茎节处绒毛浓密；茎苞鲜红色，簇生于花序下，椭圆形，长约7 cm，宽约2 cm，被覆明显的白色绒毛，顶端渐尖；花苞三角形，较明显。花长约2 cm；花萼黄色，长约0.7 cm；子房和萼片均被覆绒毛；花瓣黄色。

34b. 白花裸茎尖萼荷（*Aechmea nudicaulis* var. *nordestina* Siqueira & Leme）

变种加词“nordestina”来源于巴西东北部名为“诺尔德斯蒂纳”（Nordestina）的地方。

株型粗壮，高约60 cm。叶4～5片，形成直径约5 cm的管状莲座丛；叶鞘高40～43 cm；叶片长约50 cm，宽约8 cm，叶缘具长约0.2 cm的三角形锯齿，较密生，间距约0.5 cm。穗状花序，整个花序除花瓣外均被覆白色绵毛；花序梗细长；茎苞长椭圆形，长约9 cm，宽约1.5 cm，白色，顶部渐尖，其中下部的茎苞直立，包住花序梗基部，上部的茎苞近直立；花部圆柱形，长12～15 cm，宽约2.5 cm，花排列松散或密。花长2～2.2 cm；萼片长圆形，长0.6～0.7 cm，宽约0.3 cm，极不对称，有膜质的侧翼；花瓣线形至披针形，顶部急尖。果实椭圆形，被覆白色绵毛，长约0.8 cm，宽约0.7 cm，成熟时橙色。

可观花、观果，观赏期较长。

图4-55 白花裸茎尖萼荷

（a）开花的植株；（b）花序；（c）成熟的果实。

34c. 大个子约翰裸茎尖萼荷（*Aechmea nudicaulis* ‘Big John’）

这是匀苞裸茎尖萼荷（*A. nudicaulis* var. *aequalis*）的园艺品种。

株高70～90 cm。叶5～6片，形成高大的管状莲座丛；筒径约7 cm，下窄上宽；叶鞘高约20 cm，叶缘刺细长，长约0.5 cm，间距1～1.5 cm。花序梗直立；茎苞长椭圆形，长约10 cm，宽约1.5 cm，顶部渐尖，其中基部的茎苞直立，上部的茎苞稍展开，在花序梗上均匀分布，亮橘红色；花部长12～15 cm，宽约2.5 cm。春季开花。

茎苞大，鲜艳而美丽。

图4-56 *大个子约翰*裸茎尖萼荷

（a）开花的植株；（b）花序。

34d. *优秀乐队*裸茎尖萼荷（*Aechmea nudicaulis*‘Good Bands’）

这是裸茎尖萼荷的园艺品种。莲座丛直立，管状；叶鞘大而明显，基部成壶形；叶片稍展开，背面有明显的白色横条纹，顶端宽圆形并具紫红色尖刺，稍反卷，叶缘具黑色或紫红色的三角形锯齿。穗状花序，红色，除花瓣外的整个花序被覆白色绵毛；茎苞鲜红色，疏被白色鳞片；花部长10～12 cm，宽3～3.5 cm。花瓣双色，其中大部分为红色，顶端为黄色；子房红色。花期冬季。

叶质坚硬，在强光下生长时叶宽且短，叶鞘成明显的壶形。花序色彩鲜艳。

喜光线充足环境。主要通过分株繁殖。

图4-57 *优秀乐队*裸茎尖萼荷

（a）开花的植株；（b）花序；（c）叶片顶端；（d）叶缘的锯齿。

34e. *虎纹*裸茎尖萼荷(*Aechmea nudicaulis* 'La Tigra')

这是裸茎尖萼荷来自哥斯达黎加野外的品种,品种名以发现地的一条河流命名。

开花时高40～45 cm。叶约6片,形成管状莲座丛;叶片舌形,叶背具银白色斑纹,光线充足时整株带有橙红色晕,顶端渐尖,叶缘有红色细小尖刺。花序梗和茎苞鲜红色,花序梗斜出并稍下垂。萼片黄绿色,花瓣黄色。花后果实膨大,果椭圆形,光滑,成熟时为美丽的橘红色,较肉质,味甜。花期春季。

图4-58　*虎纹*裸茎尖萼荷
(a) 开花的植株;(b) 花序;(c) 成熟的果实。

34f. *银纹*裸茎尖萼荷(*Aechmea nudicaulis* 'Silver Streak')

这个品种的叶片上有宽的银色条纹;外围的叶片在与叶鞘连接处下垂,中间的叶片直立,叶缘的锯齿间隔较宽。茎苞玫红色,直立,靠近花序梗上部多而密生。

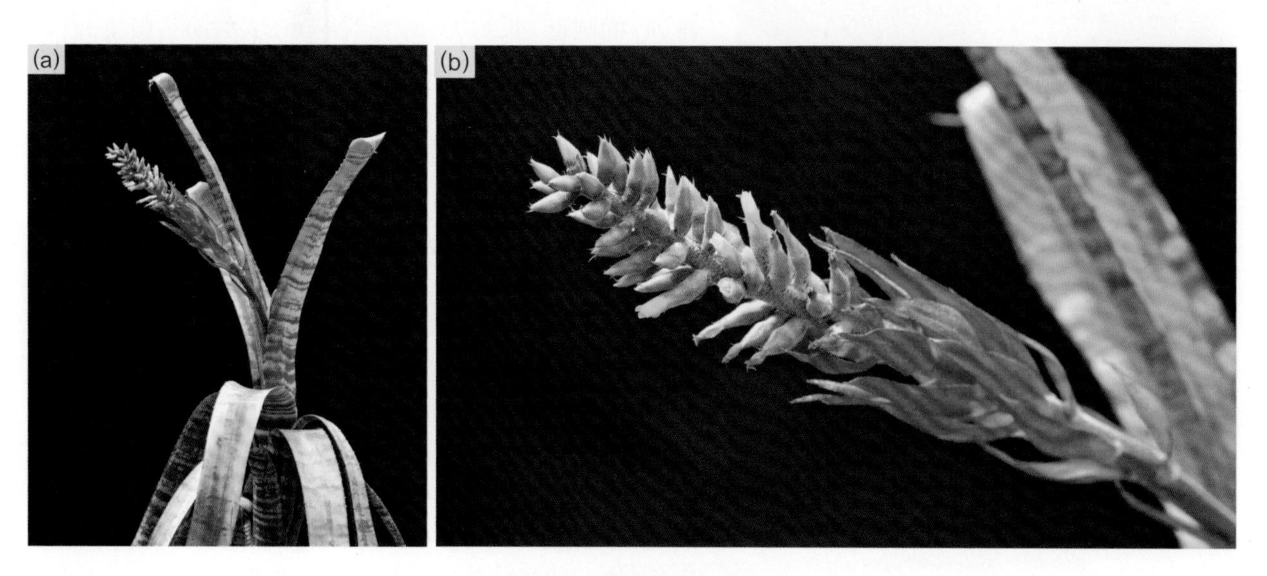

图4-59　*银纹*裸茎尖萼荷
(a) 开花的植株;(b) 花序。

4.2.9 扭萼亚属

subgen. ***Streptocalyx***

亚属学名由希腊语"strepsis"(意为"翻转"或"扭曲")和"kalyx"(意为"花萼")组成。

原产自南美洲北部。地生或附生。约20种。

中等到大型草本植物。叶缘具锯齿。花序梗伸长或近无。花无梗;萼片离生至明显合生,极不对称,有宽的侧翼;花瓣离生,无附属物;雄蕊和雌蕊内藏;子房完全下位,上位管明显。浆果较肉质,种子椭圆形或卵球形。

35. 双花尖萼荷[*Aechmea biflora* (L. B. Sm.) L. B. Sm. & M. A. Spencer]

种加词"biflora"意为"有两朵花的",意指每枚一级苞片中有两朵花。

曾用学名:*Streptocalyx biflorus*。

原产自厄瓜多尔东部。分布在海拔600~1 300 m的亚马孙低山雨林中,附生。

图4-60 双花尖萼荷

(a) 开花的植株;(b) 花序及花;(c) 一级苞片和一级分枝。

地上茎很短,侧芽从茎基部长出,有短的匍匐茎。叶多数,近直立,开花时较展开,莲座丛高约50 cm,直径约60 cm;叶上疏被不明显的贴生鳞片;叶鞘椭圆形,长约10 cm,宽约5 cm,下半部深栗色,上半部绿色,全缘;叶片细长,条形,长40~60 cm,宽2~3 cm,即将开花时内圈叶片变为红色,花后变回绿色,顶端渐尖并形成尖刺,叶缘具棕绿色的疏锯齿。复穗状花序,密生;花序梗短,长5~8 cm,直径约1.5 cm,绿色,光滑;茎苞近叶片状,直立,比花序长,基部有宽、成卵形的鞘部,顶端渐尖并形成尖刺,边缘具锯齿,不同部位的茎苞颜色有差异(外围茎苞基部为黄色或黄绿色,中部为红色,靠近顶端为绿色;内圈茎苞较短,基部为黄色,向上全为红色;越靠近花序梗上部,茎苞上黄色所占比例越大,甚至全为黄色);花部呈头状,长7~15 cm,直径8~20 cm;一级苞片呈螺旋状排列,椭圆形,长约7 cm,宽约4 cm,大大超过腋生分枝,黄色,光滑,顶端急尖并被覆白色鳞片,边缘具细锯齿;一级分枝近无梗,有2朵花;花苞卵形,长1.5~2.2 cm,宽约0.7 cm,露出萼片,膜质,背面有明显的龙骨状隆起(隆起的两侧迅速变薄),顶端渐尖并形成尖刺,花苞上部边缘具锯齿。花无梗;萼片离生,长圆形,稍不对称,长约2.4 cm,宽约0.8 cm,正面光滑,背面有鳞片,并呈龙骨状隆起,顶端形成短尖,上部边缘具锯齿;花瓣长约3.5 cm,粉紫色,基部无附属物;雄蕊内藏;子房倒圆锥形,有棱角,胚珠着生于中轴顶部。花期春季或冬季。

双花尖萼荷适合观花。在花序形成初期,莲座丛中央的叶片和茎苞先后变为亮丽的红色。随后,亮黄色的花序从莲座丛的中央冒出,在红色的叶片和茎苞的衬托下显得格外鲜艳。再后,数十枚蓝紫色的花瓣几乎同时开放,此时便是最佳观赏期。

喜光线充足、温暖湿润的环境。可盆栽、地栽或附生种植，要求栽培介质疏松透气、排水良好。主要通过分株繁殖，也可用种子繁殖。

36. 长叶尖萼荷［*Aechmea longifolia* (Rudge) L. B. Sm. & M. A. Spencer］

种加词“longifolia”指植株的叶较长。

曾用学名：*Streptocalyx longifolia*。

原产自哥伦比亚、厄瓜多尔、巴西和玻利维亚。分布在海拔100～1 200 m的低地雨林中，地生或附生。长叶尖萼荷在野外有与蚂蚁共生的现象，蚂蚁可在长叶尖萼荷膨大的叶鞘中筑巢。

叶多数，形成高40～120 cm、紧凑的莲座丛；开花时莲座丛展开，直径约50 cm；叶鞘椭圆形，长10～11 cm，宽约7.5 cm，膨大呈假球茎状，革质，深栗色，被覆细小的棕色鳞片，全缘；叶片线形，细长，长60～120 cm，宽约2 cm，绿色，背面密被灰白色鳞片，顶端渐尖并形成尖刺，叶缘除顶端外有向上的弯钩刺。复穗状花序；花序梗短，藏于莲座丛中；花部卵形或椭圆形，花密生，长7～15 cm，直径7～8.5 cm，粉红色，有1级分枝，在花序轴上排列紧密，除花瓣外密被浅铁锈色鳞片；一级苞片卵形至椭圆形，长2.5～5 cm，宽2.5～4.5 cm，与一级分枝等长或稍短，粉红色，顶端急尖，边缘具锯齿；一级分枝有花3～6朵，花紧密地排成2列；花苞直立，宽卵形，长1.7～3 cm，超过子房，但露出萼片，背部成龙骨状隆起，顶端渐尖，边缘有锯齿。花无梗；萼片离生，倒卵形，极不对称，长1.4～2 cm，顶端有短尖；花瓣长2.5～3 cm，白色，顶端急尖，基部无附属物；雄蕊内藏；子房椭圆形，白色，长约1 cm，有棕色绵毛，胚珠着生在中轴顶部。

长叶尖萼荷的叶丛基部膨大成球形；叶在未开花时较直立，在开花时展开，露出粉红色的卵形或椭圆形花序，花序粗壮，较显著。

图4-61　长叶尖萼荷

（a）未开花的植株（基部膨大呈假球茎状）；（b）开花的植株；（c）花序；（d）一级苞片及一级分枝（正反面）。

植株长势强健，喜温暖湿润及光线充足的环境。可盆栽或地栽，也可附生种植。

通过分株或种子繁殖。

37. 瓦勒朗尖萼荷［*Aechmea vallerandii* (Carriere) Erhardt］

种加词“vallerandii”来源于法国一位名叫“E. Vallerand”的园丁。

常见异名：*Aechmea beeriana*。

原产自玻利维亚、巴西(北部)、哥伦比亚、法属圭亚那、巴拿马、秘鲁、苏里南。分布在海拔25～1 200 m的森林中；附生于树上或岩石上，有时地生。

开花时植株高50～80 cm。叶多数，长可至160 cm；叶鞘椭圆形，较宽，暗栗色，密被浅黄色鳞片；叶片长舌形，宽3～7 cm，厚革质，密被白色鳞片，叶背更明显，顶端渐尖并形成坚硬的黑色尖刺，叶缘具黑色、弯曲的疏锯齿，刺长0.1～0.4 cm。复穗状花序；花序梗红色，早期有白色绵毛，后消失；茎苞覆瓦状排列，宽卵形，粉红至亮玫红色，顶端线形，边缘的锯齿呈流苏状；花部成细长的圆柱形或锥形，长20～40 cm，直径9～15 cm，除花瓣外均被覆白色柔毛；一级苞片茎苞状，约与一级分枝等长，顶端有细尖；一级分枝长5～7 cm，分枝上有花2～6朵，松散地排成2列；花苞肾形，位于子房基部，顶端有短尖。花无梗；萼片离生，白色，极不对称，有长1.6～1.9 cm的大型侧翼，顶端稍呈紫色，有短尖；花瓣基部白色，向上过渡为蓝紫色，顶端急尖；雄蕊内藏；子房圆柱形，上位管大，胚珠着生在中轴顶部，胚珠顶端有很短的附属物。

瓦勒朗尖萼荷的花序颜色鲜艳；宽大的粉红色一级苞片层层叠叠，保护着里面的花穗；花瓣上部为明亮的蓝紫色，为花序增色不少；观赏期较持久。

植株长势强健。喜温暖湿润、阳光充足的环境。可盆栽、地栽或附生种植，要求土壤疏松透气、排水良好。

通过分株或种子繁殖。

图4-62 瓦勒朗尖萼荷

(a) 开花的植株；(b) 花序俯瞰；(c) 花序局部；(d) 一级苞片和一级分枝。

4.3 菠 萝 属

Ananas Mill. 1754，属于凤梨亚科。

模式种：菠萝［*Ananas comosus* (L.) Merr. 1917］

属学名所用单词来源于“anana”，在巴西和巴拉圭印第安人瓜拉尼语中是“香”的意思。

原产自南美洲的委内瑞拉、哥伦比亚、圭亚那、苏里南、巴西、巴拉圭和阿根廷。

现有3种及1个种下分类单元。

多年生常绿草本，地生，地上茎不明显。叶多数，革质，莲座状着生，但不形成叶筒；叶鞘不明显，全缘；叶片长三角形，顶端尖，边缘大多有刺，但一些人工选育的品种叶缘无刺或仅叶尖有少许刺。穗状花序，从莲座丛中央抽出；花序梗直立，茎苞呈叶状；花部球果状，花多列；花苞下部与子房融合，全缘或具锯齿。花无梗；萼片离生，肉质，顶端钝，稍不对称；花瓣分离，长椭圆形，基部有2枚狭漏斗形的鳞片；雄蕊内藏；子房相互联合，并与苞片和花序轴结合，形成肉质的复合果，上位管短，胚珠着生于中轴的顶部，具尾状附属物。聚花果，肉质，顶端有冠芽。

1. 小菠萝（*Ananas ananassoides* var. *nanus* L. B. Sm.）

变种加词“nanus”意为“矮小的”，指株型和果实都比较小。

原产自苏里南和巴西。分布在海拔约1 000 m的开阔树林，地生。

植株小型，开花时高50～100 cm。叶少数，莲座丛较开展。花序梗直立，非常纤细，但很坚固；茎苞叶状，展开，花序梗裸露；聚花果长3～4 cm，直径约2 cm，花少数。花瓣长约1.5 cm，顶端蓝紫色，其余白色。

长势强健，喜光照充足的环境，较耐寒。可盆栽或地栽，盆栽时植株高40～50 cm。栽培介质应富含腐殖质且具有良好的排水性。花序和果序可以用于插花。

通过基部侧芽或冠芽繁殖。

图4-63　小菠萝

（a）开花的植株；（b）花序；（c）聚花果。

2. 垂苞菠萝（*Ananas parguazensis* Camargo & L. B. Sm.）

种加词“parguazensis”源自委内瑞拉的帕尔瓜扎（Parguaza），该地为该种的原产地之一。中文名根据其上部的数枚茎苞下垂的特征。

原产自从哥伦比亚经委内瑞拉至苏里南和巴西（亚马孙流域）。分布在海拔45～1 200 m、比较湿润的区域，地生。

多年生草本植物。植株开花时高约90 cm。叶多数，绿色或绿中带红晕，长达120 cm，宽3～4.5 cm；叶鞘不明显；叶片长舌形，与叶鞘连接处稍变窄，叶面光滑，叶背有贴生的白色鳞片，顶端渐尖，叶缘有波状锯齿（中下部的锯齿向下弯曲，上部的锯齿向上弯曲）。简单花序；花序梗纤细、伸长，有鳞片；茎苞呈叶片状，其中花序梗上部有2～3个茎苞下垂，最顶端的茎苞短，展开但不下垂；花部球形，有花少数；花苞宽卵形，顶端渐尖并形成尖刺，边缘具较密的锯齿。萼片不对称，长约0.7 cm，绿色或棕色，无刺；花瓣长约1.2 cm，宽约0.5 cm，顶部淡蓝色，向下逐渐变成白色，基部着生2枚漏斗状的鳞片。聚花果长8～10 cm，直径6～8 cm。花期冬季至翌年春季。

本种的主要鉴别特点是叶片较宽，靠近基部叶缘的刺向下弯曲；花序梗顶端的茎苞下垂。聚花果球形，成熟时散发出浓郁的果香，但果肉较硬，不宜食用。

垂苞菠萝长势强健，喜温暖湿润且光线良好的环境，可盆栽或地栽，要求土壤富含腐殖质，疏松透气，排水良好。

主要通过分株繁殖。

图4-64 垂苞菠萝

（a）开花的植株；（b）正在开花的聚花果；（c）成熟的聚花果。

菠萝属中还有一些叶色和果序颜色比较艳丽的园艺品种（图4-65）。其中，有的品种株型和果型都较小，聚花果含水量低，果肉较硬，仅作观赏用（图4-65a，4-65b）；有的品种株型和果型与可供食用的品种类似，果较大且多汁，既可观赏又可食用（图4-65c，4-65d）。

图4-65　以观赏为主的菠萝品种
（a）—（b）帕奇菠萝（*Ananas*'Pacifico'）;（c）红色世纪菠萝（*Ananas*'Red Century'）;（d）三色菠萝。

4.4　姬果凤梨属

Araeococcus Brongn. 1841，属于凤梨亚科。

模式种：姬果凤梨（*Araeococcus micranthus* Brongn. 1841）

属学名是组合词，由希腊语"araios"（意为"细小的"）和拉丁语"coccus"（意为"浆果"）组合并变化而来，表明该属植物有非常微小的浆果。

原产自中美洲、南美洲北部（包括特立尼达岛）。现有4种。

均为多年生草本植物，大部分种类附生。叶片被覆贴生的鳞片。圆锥花序排列松散，有花序梗。花小，不显著；花萼离生至1/3合生，圆形、光滑；花瓣离生，开花时花瓣直立，基部无附属物；雄蕊比花瓣短，花丝分离；子房圆柱形，光滑，无上位管；花柱约与花瓣等长，柱头几乎不扭曲。种子细卵状圆柱体，两端尖。

1. 鞭叶姬果凤梨（*Araeococcus flagellifolius* Harms）

种加词"flagellifolius"意为"具有鞭状叶的"，指叶细长如鞭。

原产地从哥伦比亚（东南部）至巴西。分布在海拔150～240 m的雨林和稀树草原上，附生于树上或岩石上。

植株近无茎。叶丛高70～100 cm，高于花序；叶少数，叶长70～120 cm；叶鞘在植株基部形成卵形的假球茎，密被棕色鳞片，全缘或近全缘；叶片线形，直立、斜出或呈拱状弯曲，基部较硬，宽约1 cm，叶面内凹呈槽状，暗绿色至红褐色，被覆灰白色鳞片，顶端丝状渐尖，叶缘疏具锯齿，向上锯齿逐渐变小、间隔拉大，顶端近全缘。圆锥花序，高约35 cm；花序梗大多直立，较细；茎苞较少，披针形，长2～12 cm，全缘，被覆白色鳞片；花部金字塔形，长10～30 cm，中下部有1级分枝，上部不分枝；一级苞片披针形，长2～3 cm，膜质，淡红色；一级分枝最长约8 cm；花苞狭三角形，长0.1～0.3 cm，小而不明显。花有梗，展开，较纤细，长0.6～0.8 cm；萼片长圆状椭圆形，不对称，长约0.3 cm，有膜质侧翼，长超过顶部的短尖；花瓣白色，长0.6～0.9 cm，开花时上部展开；子房椭圆形，灰绿色，并有浅色斑点。果实成熟时黑紫色，含种子8～15粒；种子细圆柱形，长约0.35 cm，宽约0.1 cm，棕色，顶端细尖。花期初夏，约3个月后果实成熟。

鞭叶姬果凤梨的叶修长，姿态飘逸。开花时，花序梗、花序轴、小花序轴和花梗皆为黄绿色，花后逐渐变成明亮的粉红色。果实上有粉状附属物，果实颜色从未成熟时的灰绿色、具浅色斑点变为成熟时的黑紫色，挂果期长达数月，可观叶、观花、观果。

植株长势旺盛，易丛生。喜光线充足的环境，可盆栽或种植于枯树上及岩石或崖壁缝隙中。

通过分株或种子繁殖。

图4-66 鞭叶姬果凤梨

(a) 开花的植株；(b) 花；(c) 成熟时的果序。

2. 格尔迪姬果凤梨（*Araeococcus goeldianus* L. B. Sm.）

原产自法属圭亚那和巴西。分布在海拔10～80 m的森林中，附生于树上或岩石上。

植株近无茎，开花时高45～70 cm；侧芽从植株基部长出。叶5～7片，莲座丛椭圆形，外部的叶短缩成只有叶鞘，顶部急尖，而里面的叶约与花序等长；叶鞘椭圆形，长约25 cm；叶片舌形，长约45 cm，宽约4 cm，叶片与叶鞘交界处稍变窄，叶面绿色，背叶通常棕色或暗红色，两面都被覆灰白色鳞片，顶部急尖并反卷，叶缘有疏锯齿。圆锥花序；花序梗直立，纤细，被覆白色绵毛；茎苞覆瓦状排列，披针形；花部长14～28 cm，宽3～9 cm，有2级分枝；花序轴上有白色绵毛；基部的一级苞片形似茎苞，但比茎苞小，也比分枝短较多，朝向花序顶端一级苞片逐渐缩小；一级分枝12～18个，长4～12 cm，每个一级分枝上有0～7个二级分枝，小花序轴近光滑；二级苞片小；二级分枝上有花3～9朵，小花序轴纤细，花松散排列；花苞近圆形，长约0.3 cm，膜质，顶部细尖，边缘有细锯齿。花无梗；萼片离生，长圆形，不对称，长约0.2 cm，顶端平截并具细尖；花瓣白色，长约0.5 cm，椭圆形，顶端钝圆；子房球形，长约0.3 cm，浅绿色。果实扁球形，直径0.6～0.8 cm，成熟时暗红色或红色；种子椭圆形，长约0.25 cm，宽约0.1 cm，棕色。花期夏末、秋初。

格尔迪姬果凤梨的花白色且小型，花序为绿色，因此在开花时不太引人注意。但到结果后期，各级花序轴和果实转为暗红色，直至鲜红色，尤其当果实成熟时整个果序缀满了红色的小果，犹如一个个微型的小苹果，非常可爱。

植株易栽培，喜温暖湿润、光线明亮的环境。可盆栽或附生栽种。

通过分株或种子繁殖。

图4-67　格尔迪姬果凤梨

(a) 开花的植株；(b) 花序及花；(c)—(e) 果实成熟的过程。

4.5　水塔花属

Billbergia Thunberg 1821，属于凤梨亚科。

模式种：水塔花（*Billbergia speciosa* Thunb. 1821）

属学名用于纪念瑞典植物学家、动物学家兼解剖学家G. J. Billberg。

原产地从墨西哥南部至巴西东南部，其中巴西为分布中心。现有63种及36个种下分类单元。

属下有两个亚属，分别为水塔亚属（subgen. *Billbergia*）和螺旋水塔亚属（subgen. *Helicodea*）。水塔亚属的花序为复合花序或简单花序，花序轴光滑或密被粉状附属物，开花时花瓣较直，仅顶部向后弯曲，但花后花瓣缠绕在一起。螺旋水塔花亚属为简单花序，花序轴密被粉状附属物；开花时花瓣强烈反卷呈发条状。

水塔花属的植物均为多年生草本，株型中等，地生或附生于树上或岩石上。植株近无茎。莲座丛宽漏斗状或长管状；叶鞘明显或不明显，全缘；叶片舌形，叶背常被覆白色粉状物，有时形成白色横纹，有的种类叶片上有大小不一的不规则斑点，顶端尖，叶缘具锯齿或细锯齿，偶全缘。简单花序或复合花序，直立或下垂，通常高于莲座丛；下部的茎苞长椭圆形，顶端渐尖，向上茎苞逐渐变大，并在花序梗顶端密生呈总苞状，椭圆形、长圆形、三角形或披针形，颜色鲜艳，红色或粉红色，顶端急尖或渐尖，全缘；花苞长于或短于子房。花较大；萼片离生，直立，光滑或密被粉状附属物；花瓣离生，辐射对称或两侧对称，狭长，蓝色、红色或绿黄色，近基部常着生2枚舌形鳞片；雄蕊在开花时伸出；花药纵裂，被着药，着生点位于花药中部以下或近基部；下位子房，光滑或有粉状附属物，花柱螺旋状扭转，胚珠多数，着生在中轴的中部。浆果由子房以及宿存的花萼和花冠组成。种子多数。

水塔花属植物在开花时大多拥有大且明显的茎苞，颜色姣好；花序直立或下垂，花姿楚楚动人，是凤梨亚科中花形最柔美的类群。唯一不足的是，整个花序的观赏期通常仅约一周，最多10天，如美誉水塔花的最佳观赏期是花序含苞待放的时候，当第一朵花开放时茎苞的颜色就已变浅并开始萎缩，花期非常短暂。

水塔花属植物中不乏观叶的种类，叶色翠绿或黄绿，有的叶片呈红色或暗红色，叶片上经常有各式各样的斑纹或斑点，还有的叶片上被覆明显的白色粉状附属物，这在一定程度上弥补了水塔花属植物花期短暂的缺憾。同时，水塔花属拥有数以千计的杂交品种，叶色花色、花形等富于变化。此外，水塔花属植物较耐阴，也较耐寒，并能忍受较干燥的空气，对光线弱、空气湿度较低的家庭等室内环境有较好的适应性，因此深受人们的喜爱，种植历史较悠久。

1. 可爱水塔花［*Billbergia amoena* (Loddiges) Lindley］

属于水塔亚属。种加词“*amoena*”意为“可爱的，愉快的”。

原产自巴西东部。分布在大西洋雨林和海岸平原的沙丘上，附生或地生。

植株较为多变，开花时株高35～55 cm；从茎基部长出具匍匐茎的侧芽。莲座丛近椭圆形，有叶8～20片；叶长30～60 cm，叶的两面都密被鳞片至近光滑；叶鞘宽大，椭圆形；叶片舌形，宽1.7～5.5 cm，基部稍窄，绿色或暗红色，顶端宽圆或急尖、渐尖，叶缘有细锯齿或近光滑。一般为复合花序，有时为简单花序，较光滑；花序梗一般直立，绿色或红色；茎苞近椭圆形，直立，排列较松散，通常暗红色，顶部有细尖；花部长2～14 cm，基部通常有1级分枝，其余不分枝；一级苞片大，直立或下垂；一级分枝1～2个，通常有1朵花；花苞微小，位于子房基部，肾形，顶端有细尖。花无梗，长3.5～7.5 cm；萼片长圆形或狭椭圆形，长2～3 cm，被覆粉末状的白色鳞片，浅绿色至白绿色，顶端蓝色，顶端宽且钝或急尖，有时具微小的细尖；花瓣长舌形，长3.5～5.6 cm，宽约0.6 cm，直立，上部向后弯曲，但不卷成发条形，基部白色、近透明，向上过渡为浅绿色，顶部蓝色，顶端钝，花瓣基部有两个顶端呈齿状的鳞片，两侧有2条细长的胼胝体；子房细圆柱形，长0.6～1.8 cm，宽约0.5 cm，浅绿色，表面有纵向沟槽，上位管深，漏斗形，胚珠顶端钝。花期冬季。

虽然开花时花序并不大，花少数，但花朵娇嫩、可爱。

长势强健，喜温暖湿润、半阴的环境。可盆栽或附生种植。

通过分株繁殖。

可爱水塔花外形较多变，不同原产地的植株在叶色、株型、花色等方面都有差异。包括原变种在内，共有8个变种。

图4-68　可爱水塔花

（a）开花的植株；（b）花序及花；（c）花的细部（① 花苞；② 花瓣；③ 花萼）；（d）花瓣基部的附属物。

长茎可爱水塔花（*Billbergia amoena* var. *stolonifera* Pereira & Moutinho）

这是可爱水塔花的变种。变种加词“stolonifera”指侧芽基部具有长长的匍匐茎，有文献记载匍匐茎长可达1 m。原产自巴西东南部的里约热内卢；常成片生长在沿海区域的灌丛中，地生。

茎苞通常下垂。萼片狭椭圆形，浅绿色，顶部深蓝色，顶端急尖；花瓣绿色。

图4-69　长茎可爱水塔花

（a）开花的植株；（b）花；（c）花序。

2. 巴西水塔花(*Billbergia brasiliensis* L. B. Sm.)

属于螺旋水塔花亚属。种加词“brasiliensis”指该种的原产地在巴西。

常见异名: *Billbergia kuhlmannii* L. B. Smith; *Billbergia velascana* Cardenas。

原产自巴西东南部。地生或附生。

株型较大。莲座丛漏斗状或近管状,有叶8～10片,基部直立,上部拱状展开;叶长可达80 cm,叶背有白色横纹;叶鞘宽椭圆形,与叶片几乎同色,全缘;叶片舌形,宽6～7 cm,叶片坚硬,两面都被覆鳞片,背面更明显,顶端宽并急尖至近圆形并有细尖,叶缘有长0.15～0.3 cm、向上弯曲的棕色疏锯齿。穗状花序,长80～100 cm;花序梗密被白色的粉状附属物,中部及以下直立或近直立,上部弯曲并下垂;茎苞大,长8～9 cm,宽约1.2 cm,三角形至狭椭圆形,近直立,玫红色,顶端急尖或渐尖,其中花序梗上部的茎苞大且颜色鲜艳;花部长12～18 cm,下垂,圆柱形,除花瓣外均密被白色的粉状附属物;花苞小,隐藏在子房基部。花无梗,近直立,长6～6.5 cm;萼片稍不对称,近长圆形,长1～1.7 cm,宽约0.6 cm,顶端圆并有微小的细尖;花瓣长舌形,开花时向后卷曲呈发条状,除基部为白色外,露出的部分均呈蓝紫色,顶端急尖,基部有2枚具毛缘的鳞片;雄蕊比花瓣短,开花时露出花丝蓝紫色,花药线形,基着药;子房近圆柱形或三棱形,长约1.5 cm,宽约0.6 cm,表面有不规则的棱,上位管短但较明显。果实圆锥形(图1-77j),有9～12条肋,密被白色粉末,成熟的果皮为橙黄色;种子红棕色,椭圆形或狭卵形,长约0.4 cm,宽约0.17 cm。花期初夏。

叶质硬,暗褐色的叶背上有宽窄不一、疏密不等的白色或灰白色横纹;叶丛挺拔。花序下垂,除花瓣和雌雄蕊外,其余部位都覆盖一层雪白的鳞片;玫红色的茎苞大而美丽;蓝紫色的花瓣在开花时紧紧地向后卷曲呈发条状,非常精致。

植株长势强建,易萌发侧芽而呈丛生状。喜光线充足的环境,较耐旱。可盆栽或附生种植,也可地栽于庭院中;要求土壤疏松透气、排水良好。

通过分株或种子繁殖。

图4-70 巴西水塔花

(a) 开花的植株;(b) 花。

3. 美饰水塔花(*Billbergia decora* Poepp. & Endl.)

属于螺旋水塔花亚属。种加词“decora”意为“美观的、具装饰性的”,指植株具有大而美丽的苞片,具有很高的观赏性。

原产自秘鲁(亚马孙流域)、玻利维亚和巴西。分布在海拔135～1 350 m的雨林中,附生。

株型较大。莲座丛管状或窄漏斗状,有叶少数;叶长可达84 cm,叶背有白色的横纹和斑点,有时还有黄色斑点;叶鞘大,但与叶片区分并不明显;叶片舌形,宽6～7.5 cm,顶端宽急尖或近圆形并有细尖,叶缘有向上弯曲的粗锯齿。穗状花序,下垂,长约60 cm;花序梗向下弯曲,被覆白色的粉状附属物;茎苞披针形或卵形，长13.7～15.5 cm，宽3.3～5.4 cm，亮粉红色，顶端急尖，全缘，其中花序梗上部的茎苞大型且颜色鲜艳；花部长10～15 cm，除花瓣外均密被白色的粉状附属物，花排列较松散；花苞小或缺失。花无梗，长9～10 cm；萼片近长圆形或广卵形，顶端宽、急尖并形成细尖，其中远轴的1枚萼片长约1.2 cm，近轴的2枚萼片长约0.8 cm，宽均约0.6 cm；花瓣条形，开花时向后卷曲呈发条状，长约8.7 cm，宽约0.55 cm，绿色，顶端急尖，基部有2枚边缘锯齿状的鳞片；雄蕊细长，花丝成束，长约8.2 cm，绿色至黄绿色，顶端略带紫晕，花药线形，长约1.7 cm，基着药；雌蕊长约9.9 cm，子房椭圆形，直径约0.8 cm，很少或没有凹槽；花柱粗壮，直径约0.2 cm；柱头对折—螺旋型，上位管宽且短。花期早春。

美饰水塔花开花时花序硕大且下垂，宽大的亮粉红色茎苞非常显著，犹如一盏倒挂的荷花灯，非常壮观。

喜温暖湿润、半阴的环境。可盆栽或附生栽种，要求栽培介质疏松透气，排水良好。

主要通过分株繁殖。

图4-71　美饰水塔花

(a) 开花的植株；(b) 花序；(c) 花瓣卷曲呈发条状。

4. 二列水塔花 [*Billbergia distachia* (Vellozo) Mez]

属于水塔亚属。种加词“distachia”意为“花穗排成两列的”。

原产自巴西东南部。分布在从海拔0～1 800 m的沿海矮树丛或雨林中，附生或地生。

株型中小型，侧芽基部有短而细的匍匐茎。莲座丛圆柱形，叶少数，其中外围的叶明显缩小，里面的叶较长，长25～90 cm；叶鞘大，椭圆形，比叶片宽大；叶片狭三角形、舌形至长舌形，宽可至5 cm，被覆贴生的白色鳞片，但不形成条纹，顶端渐尖或圆，叶缘有稀疏且微小的细锯齿或全缘。假简单花序（即复合花序呈简单花序状），下垂，长40～60 cm；花序梗纤细，光滑，顶端向下弯曲；茎苞狭椭圆形，玫红色，背面被覆贴生的白色鳞片，顶端急尖或渐尖，其中基部的茎苞直立，早枯，覆瓦状排列，裹住花序梗，边缘内卷，而上部的茎苞略展开，颜色较持久；花部阔锥形，长10～12 cm，有1级分枝，排列松散；一级苞片缺失；一级分枝非常短但展开，每个分枝只有1朵花；花序轴非常纤细，呈膝状弯曲；花苞微小。花无梗，长

7～7.5 cm；萼片长圆形，长1.7～2.5 cm，浅绿色，顶端浅紫色，顶端钝或内凹，有时具微小的细尖；花瓣长舌形，长4～5.2 cm，宽约0.6 cm，浅绿色，顶端钝，基部有2枚边缘具细锯齿的鳞片；雄蕊内藏，对瓣雄蕊与花瓣较短地贴生；子房呈细椭圆体状，有纵向的沟槽，上位管短，漏斗状，胚珠顶端细尖。果实由子房明显增大而成。

粉叶二列水塔花［*Billbergia distachia* var. *straussiana* (Wittm.) L. B. Sm.］

这是二列水塔花的变种，与原变种的区别在于花瓣全部为浅绿色，而原变种的花瓣顶端为蓝色。

叶片被覆灰白色鳞片，呈白绿色；在光线充足的生长环境下，莲座丛宽且短。花序梗从莲座丛中伸出后弯曲下垂；玫红色的茎苞非常显著；绿色的花在纤细的花序轴上形成形似穗状的花序，在早期下垂，排列较为紧密，犹如一串绿色的葡萄，开花时花略展开，花冠顶端张开，但不反卷，从基部向顶端陆续开放。

植株生长旺盛，易丛生且各莲座丛内可同时开花。喜温暖湿润、半阴的环境，可盆栽或附生栽种，要求介质疏松透气。

通过分株繁殖。

图4-72 粉叶二列水塔花
(a) 开花的植株；(b) 花序。

5. 美誉水塔花（*Billbergia euphemiae* E. Morren）

属于水塔亚属。包含原变种在内，共4个变种。

种加词“euphemiae”来源于希腊语“euphemia”，意为“好名声的”，后者也是希腊神话中月桂女神的名字。

原产自巴西。分布在大西洋森林、滨海雨林或多石草地区域，附生或地生。

侧芽有短并向上的匍匐茎，开花时植株高20～45 cm。莲座丛管状，有叶6～8片；外部的叶较短，内部的叶长30～60 cm；叶鞘狭椭圆形，全缘；叶片舌形，宽3～6 cm，绿色，被覆灰白色鳞片，形成横纹或无横纹，顶端宽并有细尖，叶缘具疏齿。简单花序；花序梗成拱状弯曲，纤细，红色，密被白色的粉状附属物；茎苞近直立，披针状椭圆形，鲜红色，顶端急尖并被覆白色鳞片；花部下垂，长5～15 cm，宽2～11 cm；花序轴通常成膝状弯曲，密被白色的粉状附属物；最基部的3～4个花苞大，呈茎苞状并超过花，向上花苞逐渐变小。花无梗，展开，长5～6 cm；萼片稍不对称，狭椭圆形，长1.2～1.8 cm，宽约0.6 cm，顶端圆并有微小的细尖；花瓣离生，长舌形，长约3.5 cm，宽约0.66 cm，形成中间稍膨大的黄绿色管状花冠，顶端部蓝紫色或深蓝色，开花时花瓣顶部展开，顶端钝，基部有2枚具毛缘的鳞片。子房近圆柱形，有浅的沟槽，上位管明显。花期秋冬季。

美誉水塔花常丛生状，开花整齐。在花序形成初期，鲜红色的茎苞覆盖整个花序梗；随着花序逐渐伸长，花序梗顶端呈拱状弯曲，未开放时管状花冠略弯曲，好像粉嫩可爱的小人正"站在"花序轴上好奇地向远方张望。花期较短，持续约一周时间。

喜温暖湿润、半阴环境。可盆栽或附生栽种，要求介质疏松透气。

主要通过分株繁殖。

图4-73　美誉水塔花

(a) 开花的植株；(b) 未开放的花；(c) 开放的花；(d) 花的解剖（① 花苞；② 花萼；③ 花冠）。

6. 狭叶水塔花（*Billbergia nutans* E. Pereira）

属于水塔凤梨亚属。

种加词"nutans"意为"下垂的"，指植株开花时的花序下垂；中文名根据其叶片狭长的特征。在水塔花属中，花序下垂的种类不少，但本种是其中叶片最纤细的种类。

原产自巴西南部、巴拉圭、乌拉圭和阿根廷（北部）。分布在海拔700～1 000 m的雨林中，附生。

植株常呈丛生状。莲座丛呈细管状；叶少数，通常长30～70 cm，少数可达100 cm，其中外圈的叶较小；叶鞘狭卵形，表面密被微小、贴生的白色鳞片；叶片线形或很窄的三角形，宽0.6～1.7 cm，叶背被覆白色鳞片，叶的顶端变细，叶缘疏被长约0.1 cm的细锯齿或全缘。假简单花序，顶端下垂，长40～45 cm；花序梗非常纤细且光滑，直立，顶端向下弯曲；茎苞披针形，直立，密覆瓦状排列，玫红色，顶端急尖；花部下垂，有1级分枝，分枝排列松散；一级苞片三角形，白绿色；一级分枝长约10 cm，有1朵花；花序轴细长，成膝状弯曲；花苞微小。花无梗，长约5 cm；萼片狭椭圆形，长1.5～2 cm，玫红色，边缘深蓝色，顶端钝；花瓣线形，长3.3～4.6 cm，约与雄蕊等长，浅绿色，边缘深蓝色，顶端钝并稍向后反卷，基部有2枚边缘呈粗锯齿状的鳞片；对瓣雄蕊与花瓣基部较短贴生；子房近椭圆形，长0.8～1.4 cm，绿色，有浅凹槽，上位管大，胚珠顶端钝。花期早春。

植株呈丛生状，可同时开花，花期非常整齐。叶细长如兰，花序梗最顶部的粉红色茎苞高高翘起，花部下垂，开花时粉萼绿瓣并镶着深蓝色的边，好似亭亭玉立、颔首垂眉的少女，非常秀美，深受世人喜爱，是国内栽种历史最悠久的凤梨之一。

长势较强健，喜光线明亮的环境，适合盆栽和附生种植，能定期开花。

常通过分株繁殖。

图4-74 狭叶水塔花

(a) 开花的植株；(b) 花序。

迷你狭叶水塔花（*Billbergia nutans*‘Mini’）

这是狭叶水塔花的短叶园艺品种。叶较原种短，开花时花瓣展开但不向后卷曲。

图4-75 *迷你*狭叶水塔花

(a) 开花的植株；(b) 花序。

7. 火炬水塔花[*Billbergia pyramidalis* (Sims.) Lindl.]

属于水塔亚属。种加词"pyramidalis"意为"金字塔形的",指花序的形状。

原产自巴西东部。分布在海拔500～1 700 m的滨海森林和大西洋森林,地生。

开花时植株高40～50 cm。莲座丛漏斗状,有叶8～15片。叶鞘大,近椭圆形,全缘,内侧紫红色,表面覆盖1层由鳞片融合而成的膜；叶片舌形,宽4～6 cm,革质,翠绿色至黄绿色(强光下),叶背常有白色横纹,顶部宽急尖或近圆形有细尖,叶缘有稀疏的细锯齿。穗状花序；花序梗直立,通常粗壮,密被白色粉状附属物；茎苞披针状椭圆形,粉红色或红色,直立或近直立,覆瓦状排列,顶端急尖,其中最上部的茎苞群生于花序下呈总苞状；花部伞状或短圆柱形,长5～18 cm,宽3.3～10 cm,花序轴上密被白色粉末状鳞片；花苞微小,卵形,顶端急尖；花密生。花近无梗,直立,长4～7 cm；萼片在基部较短合生,稍不对称,长圆形,长1.3～1.8 cm,淡红色,顶端钝或有细尖；花瓣舌形,长约5.2 cm,稍超过雄蕊,开花时上部展开并稍向后弯,花后扭曲在一起,红色,顶部边缘蓝色,顶端钝,基部有两个顶端具毛缘的鳞片；雌蕊比雄蕊略长,柱头蓝色,螺旋形,子房近圆柱形,长1.1～1.5 cm,上位管杯状。花期夏末至秋季。

叶片宽大,叶色翠绿,开花时粉红色或鲜红色的花序犹如燃烧的火焰,非常令人惊艳。不足之处是花期较短,观赏期仅持续约一周。

植株生长旺盛,喜光线明亮的环境,但应避免夏季强光直射。栽培较容易,可盆栽或地栽,要求介质疏松透气,也可附生栽种。这也是较早引入我国的凤梨之一,较适合家庭种植,花后易长出侧芽,侧芽长大后能定期自然开花,无须进行催花处理。

主要通过分株繁殖。

图4-76　火炬水塔花

(a) 开花的植株;(b) 花序及叶;(c) 花;(d) 花序盛开时俯视。

7a. *花叶*火炬水塔花（*Billbergia pyramidalis*'Kyoto'）

这是火炬水塔花的园艺品种。叶缘有2条白边，既可观叶又可观花。

图4-77 *花叶*火炬水塔花

（a）开花的植株；（b）花序。

7b. *黄纹*火炬水塔花（*Billbergia pyramidalis*'Foster's Striata'）

这是国内较常见的火炬水塔花的园艺品种之一。曾用学名：*Billbergia pyramidalis*'Striata'。

叶片上有黄绿色和绿色的纵条纹，花序顶端略下垂，花部比较松散。花瓣红色为主，上部蓝色，有脉纹。植株萌芽能力强，常形成繁密的大丛。春季开花，届时多个莲座丛内可同时抽出花穗，看上去非常热闹。

图4-78 *黄纹*火炬水塔花

（a）开花的植株；（b）花序。

7c. *黄叶*火炬水塔花（*Billbergia pyramidalis*'Gloria'）

这是国内较常见的另一个火炬水塔花的园艺品种之一。当上述**黄纹**火炬水塔花的绿色条纹消失，整株叶色变为黄色时，就成为**黄叶**火炬水塔花。

图4-79 *黄叶火炬水塔花*

8. 桑德水塔花(*Billbergia sanderiana* E. Morren)

属于水塔亚属。种加词“sanderiana”来源于人名。

原产自巴西。附生。

莲座丛漏斗状,有叶15～22片。叶长30～40 cm,绿色,叶上无斑点;叶鞘大,椭圆形;叶片舌形,宽可达6 cm,顶端宽且圆,有细尖,叶缘有长约0.7 cm的黑色粗锯齿,基部的锯齿为三角形。复穗状花序,呈拱状弯曲,长40～50 cm;花序梗长25～32 cm,直径0.5～0.8 cm,绿色或玫红色,光滑;茎苞宽椭圆形,长6～7 cm,宽2～4 cm,膜质,玫红色,被覆扁平的灰白色鳞片,顶端圆,边缘具锯齿或全缘,其中基部的茎苞直立,部分覆盖花序梗,早枯,上部的茎苞展开,颜色较持久;花部下垂,长20～25 cm,宽约12 cm,有1级分枝;一级苞片茎苞状,宽椭圆形有时具锯齿,其中基部的一级苞片大,盖住腋生分枝,沿花序轴向顶部一级苞片逐渐变小;一级分枝短,通常有花1～3朵;花苞长圆状披针形至椭圆形,比子房短,但超过子房长度的一半,玫红色,膜质,顶端钝。花无梗,长6～7 cm;萼片近长圆形,稍不对称,长2～2.5 cm,绿色或玫红色,顶端淡蓝色,顶端急尖或钝并被覆鳞片;花瓣长舌形,长度超过雄蕊,黄绿色,顶部淡蓝色,开花时顶部展开,但不成螺旋状卷曲,顶端钝,基部有2枚具毛缘的鳞片;子房圆柱形,有凹槽,浅绿色,上位管明显,漏斗状。花期冬季。

叶上被覆白色鳞片;叶缘均匀地分布着黑色的粗锯齿,较独特。玫红色的花序非常显著,弯曲并下垂,姿态优雅。

图4-80 桑德水塔花

(a) 开花的植株;(b) 花序;(c) 一级苞片及腋生分枝。

长势强健，喜温暖湿润、光照充足的环境。适合盆栽或附生种植。

主要通过分株繁殖。

4.6 强刺凤梨属

Bromelia L. 1753，属于凤梨亚科。

模式种：强刺凤梨（*Bromelia karatas* L. 1753）

属学名来源于瑞典医学博士、植物学家O. Bromelius的姓氏。

原产地从墨西哥跨越中美洲直至南美洲。现有72个种及5个种下分类单元。

侧芽贴生或有长长的匍匐茎；通常地生，偶有附生。叶革质，莲座状排列，不形成叶筒；叶鞘不明显，全缘；大部分种类的叶缘有大且弯曲的刺。复合花序为主，直立，有花序梗或花序梗不明显；茎苞叶状；花部最初时分枝和花密生，通常成球形或椭圆形，随着花序轴伸长，分枝排列松散而成圆锥形，也有的种类花序轴不伸长。花无梗或有短梗；萼片分离或高位合生，顶端钝或逐渐变细，少数有短尖刺；花瓣通常肉质，没有明显的瓣爪，基部合生并与花丝联合成管，上部离生，基部无附属物；雄蕊内藏，长度因种而异；上位管明显至近缺失。浆果大且肉质；种子少数至多数，扁平，无附属物。

该属大部分种类的叶缘具有弯曲（向上或向下）的尖锐钩刺，令人望而生畏。然而，当进入花期时，心叶会变成鲜红色，茎苞红色，并开出红色、玫红色或紫红色的花，非常令人惊艳。

1. 烈焰强刺凤梨（*Bromelia balansae* Mez）

种加词“balansae”来源于乌拉圭的植物收集者B. Balansa的姓氏。

原产自哥伦比亚、比利时、巴西、巴拉圭和阿根廷（北部）。分布在海拔60～1 000 m的灌丛、林地中，地生。

株型较大，开花时株高超过100 cm，侧芽基部有长长的匍匐茎。莲座丛开展；叶多且密生，叶长超过100 cm，进入花期后内圈的叶变红，有光泽；叶鞘大，椭圆形，叶片与叶鞘之间不变窄；叶片条形，宽约2.5 cm，叶面光滑，叶背密生鳞片，顶端变细，叶缘有大型的向上或向下的弯钩刺，刺间隔较宽。复合花序；

图4-81 烈焰强刺凤梨

（a）花序形成初期；（b）开花初期；（c）盛花期；（d）开花中后期。

花序梗直立，粗壮；茎苞形如内圈的叶，直立，覆瓦状排列，猩红色，有光泽，基部呈叶鞘状并抱住花序梗，顶端呈叶片状，展开或下垂；花部初为紧凑的圆柱形，长18～22 cm，直径7～9 cm，随着花序轴的伸长逐渐成圆锥形，有1级分枝，花序轴表面被覆细小的白色绒毛；一级苞片大，覆盖住腋生分枝的大部分；一级分枝最多有10朵花，排列紧凑；花苞狭椭圆形，长约3 cm，宽约0.8 cm，长度至萼片的中部，近光滑，顶端圆截状，全缘或靠近顶端稍有细锯齿。花近无梗，长约4.5 cm；萼片近直立，离生，椭圆形，长1.4～2 cm，宽0.6～0.7 cm，革质，除基部具细小的毛状物外其余光滑，背面有龙骨状隆起，顶端钝，全缘；花瓣直立，舌形，长约2.5 cm，宽约0.8 cm，合生部分长0.7～0.8 cm，深紫罗兰色，有白边，光滑，顶端钝，仅在花期稍分开；雄蕊内藏，花丝超过1/2合生，花药细椭圆形，长约1 cm，顶端急尖；子房圆柱形，长约1.5 cm，宽约0.5 cm，有3条棱，基部变细。浆果卵形，成熟时橘黄色，长约4.7 cm，宽约2 cm，肉质，可食用但略带涩味；种子多数，扁平，三角状圆形，宽约0.5 cm，灰黑色，表面有细小斑点。花期通常在夏季，持续约一周。

烈焰强刺凤梨开花前心叶变红；随后花序在猩红色的茎苞和一级苞片的保护下缓缓升起，可同时开出许多花朵，在白色的一级苞片和花苞的衬托下格外醒目。由于叶缘具钩状弯曲的尖锐锯齿，种植或观赏时需格外小心。虽然花期只有约1周，但从心叶开始变红至花序褪色可持续约20天。

喜强光，较耐旱。宜地栽，建议事先留出足够大的生长空间。

主要通过分株繁殖，也可用种子繁殖。

2. 大齿强刺凤梨（*Bromelia serra* Grisebach）

种加词“serra”意为“具锯齿的”。

原产自玻利维亚、巴西、巴拉圭和阿根廷。分布在海拔200～1 200 m的开阔石坡和杂木林中，地生。

开花时高约40 cm；侧芽从茎的基部长出，并有长长的匍匐茎，匍匐茎上被覆鳞片状的芽苞叶。莲座

图4-82 大齿强刺凤梨

(a) 开花的植株；(b) 花序；(c) 花部拆解后的结构（① 最基部的一级分枝发育不完全；② 一级分枝正面；③ 一级苞片背面）；(d) 果序。

丛紧凑；叶最长达150 cm；叶鞘大，卵形，密被绒毛状白色鳞片，在叶丛基部形成假鳞茎，顶端有呈撕裂状锯齿，叶鞘与叶片之间不变窄；叶片长舌形，长约0.5 cm，宽约4 cm，被覆鳞片，叶面绿色，叶背灰白色，顶端渐尖，叶缘有粗大的钩状锯齿，间隔较宽。复合花序；花序梗粗壮，密被絮状的白色绒毛；茎苞呈叶片状，密覆瓦状排列，鲜红色；花部球形，直径约6 cm，基部有1级分枝，密生，顶端不分枝；一级苞片宽卵形，长约4 cm，覆盖住一级分枝的大部分，其中基部的一级苞片顶端有狭三角形尖刺，有的尖刺向后反折，向上一级苞片顶端逐渐缩短成短尖；一级分枝5～6个，较短，其中最基部的一级分枝可能发育不完全，其他的一级分枝有3～9朵花；花苞舌形，长约0.3 cm，超过子房，宽约1.1 cm，密被浅色鳞片，背面成龙骨状隆起，边缘有细锯齿，顶端钝，帽兜状。花长4～5 cm，前期近无梗，在果期时梗长0.5～1 cm；萼片离生，长圆形，长约1.5 cm，宽约0.5 cm，白色，被覆鳞片，背面成呈龙骨状隆起，顶端呈兜状，全缘或有稀疏的细锯齿；花瓣椭圆形，长约2.5 cm，基部合生的部分长约0.5 cm，蓝紫色为主，基部和边缘白色；雄蕊内藏，花丝合生成高约0.3 cm的管；子房圆柱形，有棱角。果实卵球形，长约4 cm，直径约2.5 cm。

叶缘具强刺，开花时心叶变红。花序密生，较短。花密生，宜地栽。

通过种子或分株繁殖。

4.7 葡茎凤梨属

Canistropsis (Mez) Leme 1998，属于凤梨亚科。

模式种：葡茎凤梨［*Canistropsis burchellii* (Baker) Leme 1891］

该属原先作为鸟巢凤梨属的亚属（Simth 和 Downs，1979），Leme（1998）将其提升为属。属学名取莲苞凤梨属学名前半部分“*Canis-*”，加上希腊语“opsis”（意为“相似的”），意为“长得像莲苞凤梨属的”。中文名根据该属植物具有纤细的匍匐茎，这是它区别鸟巢凤梨复合体其他属的唯一特征。

产自巴西东南部的大西洋森林。现有11种及5个种下分类单元。生长在中生至较潮湿的环境中，附生于岩石或树上。

多年生中小型草本植物，植株近无茎。莲座丛一般呈窄漏斗状，有叶筒；叶薄，近纸质；叶鞘明显；叶片近线形至狭披针形，基部明显变窄，有时中脉增厚并形成凹槽，叶缘有细齿。圆锥花序，密生；花序梗短于或超过叶鞘，坚硬且直立；茎苞近叶片状至苞片状；花部近球形、倒圆锥形，少数近圆柱形，高度从稍超过叶筒积水位至明显伸出莲座丛不等，花序轴很短，有1级或不明显的2级分枝；有的种类一级苞片不明显，有的种类则一级苞片大而显著并呈莲座状排列，并形成多个能短时间保持水分或湿度的囊状构造，一级苞片明显大于腋生束状分枝；一级分枝上于花排列紧密，近扇形、扁平至垫状，基部具短梗或梗较明显；花苞部分覆盖住花，最长与花萼齐平，全缘至有明显的锯齿，一般白色。花通常近无梗，少数有花梗，完全花，光滑，有时除花瓣外的其余部位被覆不明显的绵毛，白天开花，无香味至香味明显，虫媒或鸟媒；萼片近对称至稍不对称，顶端钝至渐尖，无短尖，在基部较短合生；花瓣近匙形至披针形，顶端近急尖有细尖或顶端渐尖，从基部合生至总长的一半处，很少离生，开花时花瓣顶端近直立或展开，花后直立或分开但不会扭曲在一起，基部通常无附属物或有2条纵向的胼胝体；雄蕊内藏，花丝与花冠管贴生，仅上部分开；花药基部钝，离基1/3处背着药；雌蕊的柱头为对折—螺旋型，长椭圆形，下位子房，上位管明显，长0.1～0.2 cm，胚珠顶端钝，着生在中轴的顶部。果实几乎不膨大，通常橘黄色，有时基部白色，靠近顶端为深蓝色至蓝紫色，或包含宿存花萼在内呈绿色。

主要通过分株繁殖。

研究表明，葡茎巢凤梨仍是一个并系群（Santos-Silva *et al.*，2017）。根据花序特征，该属可明显地分出两类：一类花序梗伸长，一级苞片大，颜色鲜艳；另一类花序梗很短，花序埋藏于莲座丛中，一级苞片小，颜色较深。

1. 水塔葡茎凤梨[*Canistropsis billbergioides* (Schult. f.) Leme]

种加词“billbergioides”意为“像水塔花属”的，指植株外形形如水塔花属植物。

原产自巴西的巴伊亚州至圣卡塔琳娜州。分布在海拔0～100 m的雨林中，附生于石头上或树上。

植株中小型，开花时株高30～40 cm；从茎的基部长出具匍匐茎的侧芽。叶10～16片，形成漏斗状的莲座丛；叶长30～70 cm，一般比花序长，绿色；叶鞘宽椭圆形，长约10 cm，全缘，被覆微小、贴生的棕色鳞片；叶片舌形，宽1.8～3.8 cm，基部变窄，两面都被覆不明显的微小鳞片，顶部急尖或渐狭，叶缘具疏锯齿。圆锥花序，明显高于叶丛；花序梗直立，纤细，光滑；茎苞1～2枚，稍包裹住花序梗，椭圆形，顶端急尖；花部椭圆形或倒圆锥形，长3.3～5 cm，宽5～12 cm，有1级分枝，在花序轴顶端排成星形，花序轴略被绵毛；一级苞片卵状披针形或近三角形，近直立至展开，长约7 cm，超过花较多，绿色、黄色、橙色、玫瑰色、淡紫色或深紫色，两面都被覆棕色鳞片，有时基部有浅棕色绵毛，顶端常向后弯，边缘具细锯齿；花苞宽卵形，稍短于萼片，膜质，疏被鳞片，顶部急尖，全缘。花近无梗，长2.5～2.8 cm；萼片稍不对称，椭圆形或倒卵形，长1.2～1.5 cm，宽0.4～0.5 cm，其中合生部分长0.3～0.4 cm，背面明显成龙骨状隆起，浅绿色或近白色，顶端渐尖；花瓣长1.5～2 cm，宽约0.5 cm，合生0.5～1.2 cm，初为白色，花后变为浅棕色，顶端宽急尖或近圆并形成微小的细尖；雄蕊与花瓣贴生；子房倒卵球形，白色，胚珠着生在中轴顶部，胎座成半圆形。

叶色青翠，一级苞片大且色彩鲜艳，但不同来源的植株颜色不尽相同。

植株较耐阴，喜温暖湿润、半阴的环境。宜盆栽或附生种植。

主要通过分株繁殖。

图4-83　水塔葡茎凤梨

（a）开花的植株（橘黄色的花序）；（b）粉红的花序；（c）一级苞片和腋生分枝；（d）花的解剖。

2. 葡茎凤梨[*Canistropsis burchellii* (Baker) Leme]

种加词“burchellii”来源于英国的植物猎人J. W. Burchell。

原产自巴西。分布在海拔0～800 m的雨林中，附生。

匍匐茎细长并横卧，长5～15 cm，直径0.3～0.4 cm。莲座丛漏斗形，高约35 cm；叶7～9片，直立或展开，长20～50 cm；叶鞘椭圆形，背面酒红色，正面颜色较浅，靠近基部两面都密被棕色鳞片；叶片线状披针形，宽2～5 cm，基部明显变窄或不变窄，中央形成纵向的凹槽，叶背暗红色且疏生不明显的棕色鳞片，叶面绿色且光滑，顶端急尖至渐尖，叶缘有长0.05～0.1 cm的细密锯齿。复穗状花序，低于莲座丛；花序梗短，直立，约与叶鞘等长，长4.5～8 cm，直径0.3～0.4 cm，白色，有棕色绵毛；下部的茎苞呈叶片状，其余的茎苞披针形，长度超过节间，顶端渐尖并向后弯曲，边缘有细锯齿；花部直径2.5～5.5 cm，密生成球形，有6～8个不明显的一级分枝；一级苞片卵形，绿色，顶端急尖至尾状渐尖并向后弯曲，边缘波状，密生细锯齿；一级分枝束状，每一束有花少数；花苞卵形，与萼片齐平或略低，绿色，顶端急尖并向后弯，边缘有明显的锯齿。花近无梗，具淡香；萼片近对称，椭圆状披针形，长约1 cm，基部合生部分长约0.2 cm，宽约0.4 cm，顶端急尖；花瓣披针状匙形，长1.5～1.8 cm，基部合生部分长约0.5 cm，宽0.5～0.6 cm，白色，开花时展开，喉部绿色，基部有2条长度与花药齐平的胼胝体；雄蕊内藏，对瓣雄蕊与花瓣高位贴生；子房椭圆形，长约0.7 cm，胚珠顶端钝。果实和宿存的花萼均为橘黄色。花期春末和初夏，果期冬季。

葡茎凤梨有两个形态区别明显的类型，其中一个类型花序绿色，各级苞片及萼片都为绿色，花瓣为白色；另一个类型花序暗红色，各级苞片及萼片都为暗红色，花瓣为白色略带浅紫色；二者在叶形、叶色、果序的形态等方面也有所差异。在美国佛罗里达凤梨协会网站（https://fcbs.org/）的图册中，这两个类型的图片作为葡茎凤梨同时存在。

葡茎凤梨叶片背面呈紫红色，可观叶；叶缘几乎全缘，比较适合家庭种植。多朵白色的花瓣在近球形的花部上同时开放，较为美丽。

植株长势强健，喜半阴环境。盆栽或附生种植。

通过分株或种子繁殖。

图4-84 葡茎凤梨

（a）—（c）花序绿色、花瓣白色的植株：（a）开花的植株；（b）花序；（c）果序。（d）—（f）花序暗红色、花瓣白色略带浅紫色的植株：（d）开花的植株；（e）花序；（f）果序。

3. 铜色葡茎凤梨［*Canistropsis correia-araujoi* (E. Pereira & Leme) Leme］

种加词"correia-araujoi"是为了纪念巴西园艺师L. K. Correia de Araujo。他提倡在凤梨的故乡——巴西进行人工栽培，并将很多凤梨新种引入进行栽培，其中不乏具有很高观赏价值的种类，因而好几种凤梨都以他的姓名命名。中文名根据开花时植株心叶呈红棕色，接近于铜色的特征。

原产自巴西。附生。

植株高约35 cm；匍匐茎直立，长5～10 cm，直径0.5～0.6 cm。莲座丛漏斗形；叶10～15片，质地较坚硬，近直立或成拱状弯曲；叶鞘椭圆形，绿色，两面密被棕色鳞片；叶片略成倒披针形，中脉稍形成凹槽，长20～40 cm，宽3～3.5 cm，靠近基部稍变窄，叶背密被微小的白色鳞片，叶面鳞片不明显至光滑，叶色通常为绿色或棕色，进入花期时心叶基部稍呈紫红色或红棕色，顶端急尖，并有长约0.4 cm的细尖；叶缘细刺近密生，长约0.1 cm。复穗状花序，低于叶丛；花序梗完全隐藏于叶鞘中，长5～7 cm，直径约0.5 cm，白色，被覆棕色鳞片；茎苞窄卵状披针形，长明显超过节间，稍露出花序梗，两面都被覆棕色鳞片，靠近顶端浅绿色或淡红色，顶部渐尖，边缘具密刺；花部长约3 cm，直径2～4 cm，近伞状，基部约有5个不明显的1级分枝；一级苞片卵形，近直立，长3～4 cm，宽约 2.5 cm，红色，背面疏被全缘的棕色鳞片，正面靠近顶端被覆具毛缘的白色鳞片，顶部急尖，近顶端有细锯齿，边缘近全缘，其中基部的一级苞片与腋生分枝等长或略长于分枝；一级分枝上花密生成束，长约3 cm（不含花瓣），宽1.5～2 cm，花束基部具短而粗壮的梗，每个分枝有花4～7朵，排成扇形；花苞直立，卵形至长圆状卵形，长1.7～2 cm（至萼片的1/2～2/3处），宽0.8～0.9 cm，背面稍成龙骨状隆起，疏被白色鳞片，膜质，淡红色，正面近无毛，顶端宽并急尖且形成微小的刺尖，略呈兜状，近全缘或顶端具细刺。花无梗，长约3.8 cm；萼片近对称，椭圆形，长1.5～1.7 cm，宽约0.6 cm，基部合生部分长约0.5 cm，无毛，浅绿色到淡红色，背面不成龙骨状隆起，顶端急尖或近急尖并具细尖；花瓣线状匙形，长2.5～2.9 cm，宽约0.6 cm，基部合生部分长1.4～1.5 cm，开花时近直立，除顶端为淡紫色外的其余部分为白色，花后略呈红色，近直立并扭曲，顶端宽并急尖且形成细尖，有2条薄的胼胝体，长度到花丝与花瓣分离处；雄蕊内藏；花药长圆状，长约0.4 cm，中间背着药，顶端细尖；柱头边缘呈细圆齿状，整体成椭圆形，白色；子房椭圆形，长0.9～1.2 cm，白色，光滑。

植株长势强壮，易萌发侧芽而形成大丛。盆栽或附生栽种。

喜光线充足的环境，较耐阴，在光线良好的环境下生长的植株株型更紧凑，开花时叶色整体呈红棕色。

主要通过分株繁殖。

图4-85　铜色葡茎凤梨

（a）开花的植株；（b）花序。

4. 小葡茎凤梨［*Canistropsis microps* (E. Morren ex Mez) Leme］

种加词“***microps***”意为“小的”，指植株较小型。

原产自巴西东南部的里约热内卢州和瓜纳巴拉州。分布在海拔400～465 m的雨林中，附生于石上或树上。

株高约30 cm；匍匐茎细，长7～14 cm。叶10～12片，形成紧凑的管状莲座丛；叶近直立，长30～60 cm；叶鞘宽椭圆形或近圆形，长可至10 cm，宽4～6 cm，疏被小而贴生的棕色鳞片；叶片舌形，宽2～3 cm，两面都被覆不明显的棕色鳞片，基部变窄并成槽形，顶端急尖或渐尖，叶缘锯齿较密。复穗状花序紧凑，低于叶丛；花序梗很短，长6～8 cm，直径约0.5 cm；基部的茎苞叶片状，其余的茎苞卵形，长度明显超过节间，裹住花序梗，靠近顶端有密被棕色鳞片，顶端渐尖，边缘细锯齿较密；花部近伞形或倒圆锥形，长约4 cm，直径3～6 cm，约有6个不明显的1级分枝，在花序轴的顶端排成星状；一级苞片卵形，直立或展开，长3～6 cm，宽3～3.5 cm，红色，顶部急尖至渐尖，边缘的细锯齿较密，其中基部的一级苞片较大，长度超过腋生的分枝；一级分枝密生呈束状，每个分枝有5～10朵花，排成扇形；花苞椭圆形，长度至萼片的约1/2处，背面成龙骨状隆起，膜质，白色透明状至红色，靠近顶端被覆鳞片，顶端急尖，全缘或靠近顶端有细锯齿。花长约3 cm，近无梗，有香味；萼片近对称，卵形至椭圆状披针形，长1～1.4 cm，宽0.5～0.6 cm，合生部分长0.1～0.3 cm，全为红色或顶端为白色，背面无龙骨状隆起，顶端急尖至渐尖，被覆棕色绵毛；花瓣狭披针状匙形，长1.8～2.5 cm，宽0.5～0.6 cm，基部合生部分长0.7～1.3 cm，边缘白色，中间绿色，顶端急尖，开花时上部展开，有2条纵向、与花药齐平的胼胝体；雄蕊内藏，花丝与花瓣高位贴生，花药线形；子房椭圆形或圆柱形，有3条棱，长0.7～1 cm，宽约0.4 cm，白色，光滑。浆果基部白色，靠近顶端和宿存花萼的下半部为深蓝色或浅蓝紫色，有时花萼的顶端为白色。

主要通过分株繁殖。

紫叶小葡茎凤梨［*Canistropsis microps* forma *bicensis* (Ule) Leme］

变型加词“bicensis”来源于该变型的发现地、位于里约热内卢市的 Serra da Bica。中文名根据其叶色呈暗紫红色的特征。

株型紧凑。叶呈暗紫红色，叶背特别明显，可观叶。一级苞片深紫色。开花时花瓣展开，花冠绿心白边，盛花期常常几朵花同时开放，较为显著。花期夏季。

植株长势强健，喜温暖湿润、半阴的环境。可盆栽或附生栽种。

主要通过分株繁殖。

图4-86　紫叶小葡茎凤梨

(a) 开花的植株；(b) 花序；(c) 花。

4.8　莲苞凤梨属

Canistrum E. Morren 1873，属于凤梨亚科。

模式种：莲苞凤梨（*Canistrum aurantiacum* E. Morren 1873）；

属学名来源于希腊语“kanistron”，为一种顶在头顶的篮子，意指该属植株开花时花序梗上部的茎苞大而显著，簇生在花序下面呈总苞状。中文名因该属的种类簇生的苞片显著，形如荷花或睡莲的花瓣。

原产自巴西东南部的大西洋森林。目前已知13种。

多年生草本植物，大部分为附生。叶基生，形成莲座丛，有叶筒；叶缘具锯齿。复合花序，密生；花序梗明显；上部的茎苞密生，呈总苞状，覆盖花部的大部分。完全花；花有短梗或近无梗；萼片离生或近离生；花瓣分离，有附属物；雄蕊内藏；子房完全下位。果实几乎不膨大，种子近纺锤形。

1. 紫斑莲苞凤梨（*Canistrum fosterianum* L. B. Sm.）

种加词“fosterianum”用于纪念美国园艺学家M. B. Foster，中文名则依据其叶片上有深色的不规则斑纹的特征。

原产自巴西。分布在海拔约50 m的区域，附生于树上或生长在沙地上。

开花时植株高约45 cm；匍匐茎长约10 cm，直径约1.5 cm。叶约15片，近直立，形成管状莲座丛，革质，最外围的叶小；叶鞘狭椭圆形，长15～17 cm，宽6～7 cm，正面深紫色，背面绿色，密被棕色鳞片；叶片舌形，长10～25 cm，最长可达50 cm，宽3～4.5 cm，两面密被白色鳞片，并有深褐色或黑紫色的不规则斑纹，顶端宽急尖至钝，有细尖并突然向外反折，叶缘具细且密的锯齿，长0.1～0.15 cm。复穗状花序；花序梗直立，细长，高约30 cm，密被棕色鳞片，靠近顶端略呈红色；茎苞通常2枚，直立，卵形，长7～10 cm，宽约2 cm，被覆不明显的鳞片，顶部急尖并形成细尖，仅在顶部边缘具锯齿，最基部的茎苞明显短于节间并裹住花序梗；花部长约4 cm，顶端直径8～9 cm（含一级苞片），有1级分枝约5个，密生；一级苞片狭卵形，玫红色，被覆不明显、微小的白色鳞片，近直立并下弯，明显超过腋生分枝，但分枝没有被完全隐藏，顶端圆，形成细尖，其中外部的一级苞片长5.5～6 cm，宽3.5～4 cm，仅顶部边缘有微小且不规则的细锯齿，内部的一级苞片近全缘；一级分枝近无柄，密生3～4朵花，呈束状，较扁平，其中外部的分枝长约3.2 cm，宽约2 cm（不含花瓣）；花苞近长圆状卵形，长约2.5 cm，至萼片的约1/2处，宽约1.4 cm，顶部淡红色、浅玫红色，靠近基部浅绿色，顶端急尖并成细尖，有时稍下弯，全缘。花无梗，长约4 cm；萼片极不对

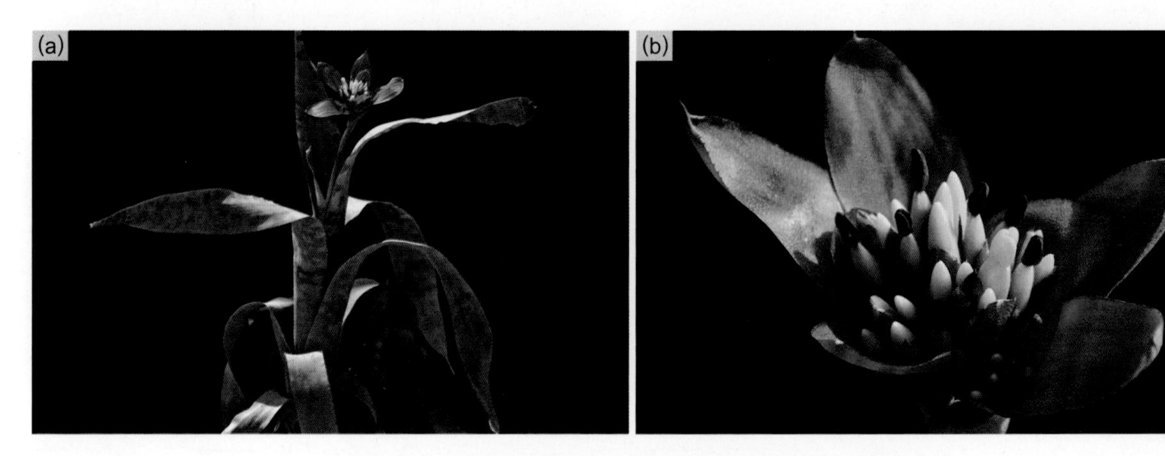

图4-87　紫斑莲苞凤梨（上海辰山植物园收集的黄花植株）

（a）开花的植株；（b）花序。

称，离生，黄色，边缘膜质，背面下部有明显的龙骨状凸起，顶端有短尖；花瓣舌形，较肉质，凸圆，白色，基部着生2枚顶端呈锯齿状的鳞片；雄蕊内藏，对瓣雄蕊与花瓣高位合生。花期早春或夏季，夏季开花时各级苞片的颜色较浅。

紫斑莲苞凤梨的叶片上有暗色斑纹，可观叶。花序梗顶端的茎苞和花部基部的一级苞片一起呈总苞状，颜色鲜艳，并可保持数月之久。

根据紫斑莲苞凤梨被发表时的原始描述，其花苞为玫红色，花瓣为白色。上海辰山植物园目前收集的该种植株的花苞为橙红色，花瓣为黄色（图4-87），不排除为杂交种的可能性。

喜光线充足的环境，光线不足时叶变长而下垂。适合盆栽或附生种植。

主要通过分株繁殖。

2. 密花莲苞凤梨（*Canistrum sandrae* Leme）

种加词“sandrae”来源于该种的采集者Sandra Linhares。

原产自巴西东南部。分布在海拔约100 m的过渡性大西洋森林中；常见地生于有枯枝落叶的地表，或附生于雨林下层的树干下部。

植株高约30 cm。叶15～25片，近直立并呈拱状弯曲，形成漏斗状莲座丛；叶近薄纸质；叶鞘狭椭圆形，长11～15 cm，宽5.5～8 cm，密被棕色鳞片；叶片长倒披针形，基部明显变窄，长30～60 cm，宽2.5～3.3 cm，绿色，有时具微小的红色斑点，疏被不明显的白色鳞片，顶端短，渐尖或急尖、细尖，全缘或靠近基部和顶部具稀疏的细锯齿。复穗状花序，高度刚超过叶鞘；花序梗长8～15 cm，直径0.6～0.8 cm，约与叶鞘等高，被覆棕色绵毛；基部的茎苞呈叶片状，或成狭长圆状卵形，长约6 cm，宽约2 cm，膜质，淡绿色，基部具棕色的绵毛，靠近顶部被覆棕色鳞片，顶端有尾状渐尖，全缘，上部的茎苞在花序梗顶端密生呈总苞状，形似基部的一级苞片；花部倒圆锥形，长约4.5 cm，直径6～12 cm（包括外面的一级苞片），明显具2级分枝，有时具不明显的3级分枝，有束状分枝8～12个，密生；一级苞片膜质，浅红色，顶端渐尖，全缘或有不规则、近直立的细刺，其中基部的一级苞片卵形，长5～8 cm，宽2.5～4 cm，长度明显超过腋生分枝，背面靠近基部被覆浓密的棕色绵毛，顶端被覆软的白色鳞片，而上部的一级苞片长圆状卵形，长3～4.5 cm，宽1.3～1.5 cm，长度超过分枝，背面有浅色绵毛，靠近基部有时为棕色，成龙骨状隆起；一级分枝上花密生呈垫状，其中基部的一级分枝长2.7～4.5 cm，宽1.5～3.5 cm，有6～20朵花，密被棕色绵毛，并有2～4个短的二级分枝；花苞长圆状倒卵形，长度超过萼片，全长2.3～3.2 cm（其中顶端的尖刺长0.5～0.7 cm），宽1.2～1.3 cm，边缘膜质，向中间变硬并延伸至基部，背面形成尖锐的龙骨状隆起，疏被浅色绵毛并有光泽，顶部淡红色，近基部棕色，顶端急尖，具又长又硬的尖刺，全缘或

图4-88 密花莲苞凤梨

（a）开花的植株；（b）花序（近观）。

有不规则的细刺。花无梗，长2.5～3.5 cm，稍具香味；萼片近离生，极不对称，近长圆形，侧翼近半圆形，长1.2～1.6 cm（含长0.2～0.5 cm的长尖刺），宽0.55 cm，膜质，淡褐色，花期具绵毛，靠近顶部浅红色，顶端钝、有明显的短尖；花瓣线状披针形，长2～2.5 cm，宽0.4～0.5 cm，基部合生部分长约0.5 cm，开花时近直立，基部白色，向上逐渐变为紫玫红色，顶端短渐尖，离花瓣基部0.6 cm处有2枚圆形或近圆形、宽约0.15 cm的鳞片，同时还有2条发达、约与花丝等长的纵向胼胝体；花丝扁平，其中对萼雄蕊的花丝贴生至花冠管处，对瓣雄蕊与花瓣高位贴生，长约1 cm，花药长0.4～0.5 cm，近中间背着药，顶端具明显的小短尖；子房长0.7～1 cm，直径0.5～0.6 cm，有3条棱，上位管长0.1～0.2 cm，胚珠着生在中轴顶部，顶端细尖。浆果稍膨大。花期早春。

虽然密花莲苞凤梨的花序较短，一般不伸出莲座丛，但其一级苞片大而显著并呈放射状排列，粉红色至淡红色的花序在绿色的莲座丛中非常醒目。

长势强健，喜明亮的散射光，可盆栽或附生种植。

主要通过分株繁殖。

3. 彩纹莲苞凤梨（*Canistrum seidelianum* W. Weber）

种加词“seidelianum”用于纪念一名叫A. Seidel的商人兼凤梨爱好者。中文名根据叶片有彩色且别致的斑纹的特征。

原产自巴西。分布在海拔400～700 m的区域，附生。

开花时植株高约40 cm，侧芽有长约15 cm、直径约1 cm的匍匐茎。莲座丛长漏斗状，有叶约15片；叶近直立，革质，绿色，密布不规则的深紫色至铁锈色横条纹，其中外围的叶相对较小并向后反折；叶鞘宽卵形，长10～12 cm，宽8～9 cm，密被灰白色鳞片，内侧几乎为黑色；叶片舌形，长约15 cm，宽4～5 cm，两面密被白色鳞片，顶端钝，有向后反折的细尖，叶缘密生长0.1～0.15 cm的细锯齿。复穗状花序，与叶等长或超过叶丛；花序梗直立，长35～40 cm，直径0.3～0.4 cm，绿色或淡红色，被覆白色绵毛，近密生；茎苞约2枚，长5.5～8 cm，直立，顶端急尖并具细尖，被覆褐色鳞片，靠近顶部的边缘有细锯齿，下部的茎苞明显短于节间，裹住花序梗；花部呈头状，长3～4 cm，上部直径10～12.5 cm（含一级苞片），有1级分枝，分枝数约5个，密生；一级苞片卵状披针形，展开，长度明显超过腋生分枝，但没有完全遮住分枝，靠近顶端为橘红色，两面都被覆近密生、微小的白色鳞片，质地较薄，顶端急尖并有细尖，其中外部的一级苞片长约5 cm，宽约2.7 cm，近顶部边缘细锯齿较密；一级分枝稍扁平，基部近无梗，有

图4-89　彩纹莲苞凤梨

（a）开花的植株；（b）花序（俯瞰）。

3～4朵花，其中外围的一级分枝长约2.5 cm，宽约2 cm（不含花瓣）；花苞宽卵形，长1.5～2 cm（约至萼片的1/2处），宽1.2～1.5 cm，绿色，近顶部密被白色鳞片并有脉纹，顶端急尖并有细尖，有时稍卷曲，全缘或靠近顶端边缘有不明显的刺。花无梗，长2.5～3 cm；萼片近长圆形，长1～1.2 cm，宽约0.6 cm，近基部黄色，顶端附近绿色，无毛，不对称，膜质侧翼等于或稍高于顶端，顶端钝并有非常微小的短尖头；花瓣长约2 cm，宽约0.5 cm，黄色，开花时保持直立，顶端钝，帽兜形，基部附属物倒卵形，长约0.4 cm，膜质，边缘呈不明显的齿裂状，有2条与花丝等长的胼胝体；对瓣雄蕊的花丝几乎完全贴生于花瓣上，花药长约0.5 cm，基部钝，顶端尾状；柱头球形，直径约0.2 cm，黄色，边缘呈明显的撕裂状；子房圆柱形，长约1 cm，直径约0.8 cm，略呈白色，无毛，上位管长约0.2 cm，胚珠顶端钝，珠柄长。花期春季。

彩纹莲苞凤梨的叶片上有非常精致的斑纹，开花时茎苞和一级苞片大而美丽，花、叶俱佳。

喜明亮的散射光，可盆栽或附生种植，盆土宜疏松透气。

主要通过分株繁殖。

4.9 姬凤梨属

Cryptanthus Otto & A. Dietr. 1757，属于凤梨亚科。

模式种：姬凤梨（*Cryptanthus bromelioides* Otto & A.Dietr. 1836）

属学名来自希腊语，原意为“隐藏的花”，指该属植物的花序大多隐藏在叶丛中。该属是较早被引入园艺栽培的凤梨类群之一，在19世纪就已被广泛种植。

原产自巴西东南部。现有67种及5个种下分类单元。大部分种类分布在海拔0～400 m的大西洋森林中，以潮湿、荫蔽或半阴环境为主（Smith 和Downs，1979）；有的种类生长在热带稀树草原的岩石露头上，或在海岸沙丘的沙质土壤中；还有的种类出现在干燥森林和高海拔潮湿森林中（Alves 和 Marcucci，2015）。地生。

多年生草本植物；植株小型，通常近无茎，少数有茎。叶革质或少数厚革质，莲座状基生，一般不形成叶筒；大部分莲座丛直径10～30 cm；叶鞘不明显；叶片披针形至近线形，基部稍变窄或形成假叶柄，叶面从单色到有纵向条纹或横向不规则斑纹，叶缘波浪状或直，具刺状锯齿。复穗状花序，位于莲座丛基部，有时呈假简单花序状，近球形，花序梗极短；一级苞片呈叶片状；一级分枝扇形或扁平状，每个分枝有花2～7朵；花苞卵状三角形，膜质，与萼片齐平。花具有雄全同株特点，花序顶端（或中间）的花通常为雄性花，而基部（或外围）的花为完全花；花无梗；萼片基部1/2～3/4合生，顶端有短尖，其中近轴的萼片背面成龙骨状隆起；花瓣线状披针形至窄匙形，基部合生部分长度为花瓣总长的1/7～1/3，花瓣的长通常是宽的4～8倍，开花时花瓣顶端展开或弓状反折并露出雄蕊，花瓣多为白色，少数绿色或顶端浅绿色，基部无附属物，但有时具不明显的胼胝体；雄蕊在开花时辐射状分开，花丝等长，从花冠喉部伸出，通常与花瓣高位贴生，花药宽，长圆状卵形，基部二裂状，白色；子房纺锤形，完全下位，上位管不明显或缺失；胚珠球形，顶端钝，数量较少，柱头为对折—伸展型，白色，长度稍微或明显超过花药，直立或展开并反卷，侧面扁平，边缘深圆齿状，无乳突或少数乳突少而不明显，胚珠着生在中轴的中部或顶部。浆果较干燥，长1.2～2 cm，宽0.9～1.2 cm，其中宿存的萼片顶端枯基，萼片残余部分约为果实长度的1/4～1/2；种子长0.35～0.5 cm，宽0.25～0.4 cm，通常2～10粒，少数30粒。

姬凤梨属植物大多株型小巧，有些种类株高仅8～10 cm。虽然该属植物的花序埋藏于莲座丛中央，花瓣多为白色，不像其他凤梨科植物那样拥有鲜艳且显著的花序，但它们的叶通常排成放射状，使植株外形像抽象化的星星，因此被称为“地球之星”，而且不同种类叶片上常有形状不同、颜色各异的斑点或纵向和横向的斑纹，有些种类叶片上被覆灰白色鳞片并形成变化多端的图案，因此在西方深受人们喜爱，还成立了专门的姬凤梨协会。目前姬凤梨属的杂交品种多达数千个，远超原种的数量。

姬凤梨属植物作为观赏植物栽培的历史悠久且传播范围较广，这在一定程度上增加了物种命名和分类的不确定性，部分被作为新种发表在各地园艺杂志上的物种，不排除是人为杂交种的可能性。一些姬凤梨属的物种基于栽培植物进行描述，往往缺乏科学性和准确性，会产生与模式标本、模式标本所在地的野生物种或与标本馆保存的标本特征不符的描述，从而导致该属分类较为混乱（Ramírez-Morillo，1998；Alves and Marcucci，2015）。其中有争议的种类如 *C. burle-marxii*、*C. fosterianus* 和 *C. zonatus*，用于区分种间差异的形态特征（叶质和叶片颜色等性状）并不稳定，前两个学名通常被认为是 *C. zonatus*（环带姬凤梨）的异名，虽然不同植株在叶的大小、质地等方面仍存在差异。

姬凤梨属植物喜温暖湿润和半阴环境，光线太强可造成叶片泛黄、褪色或灼伤，但是太阴暗处又会使植株徒长，叶上斑纹和颜色变浅或消失。适宜盆栽，要求盆土肥沃、保湿，同时疏松透气，可选用泥炭、腐叶土加珍珠岩或沙混合而成的介质。

植株通常在花后从茎基部或从叶腋处长出侧芽，有的具细长匍匐茎。可通过分株繁殖。

1. 无茎姬凤梨［*Cryptanthus acaulis* (Lindl.) Bee］

种加词“acaulis”意为“无茎的”。

原产自巴西里约热内卢州。地生。

植株小型，无茎，在花后形成腋生侧芽，并丛生呈球状，有时产生长的匍匐茎。叶长 10～20 cm；叶片与叶鞘连接处明显变窄，但并不是真正的叶柄；叶鞘短，近三角形；叶片狭披针形，宽 2～3 cm，白绿色，无斑纹，叶背覆盖一层由鳞片融合而成的灰白色膜，顶端渐尖，叶缘成波浪形，具细锯齿。穗状花序，有花少数；花序梗短，隐藏于莲座丛中；花苞宽阔，近圆形，长稍超过子房，光滑，顶端急尖，全缘。花长约 4 cm；萼片近全缘，长约 1.5 cm，合生部分的长度超过萼片总长的一半，分离的部分对称，宽卵形，顶端渐尖；花瓣白色，开花时展开，合生的部分较短；子房长约 0.8 cm，上位管缺失，胚珠较少，着生在中轴的顶部。花期冬季。

喜温暖湿润和半阴环境，可盆栽或地栽。

花后从叶基部长出的腋生侧芽在长大后会从母株自然脱落，这时只需把侧芽种植于盆土中即可。

图 4-90　无茎姬凤梨

(a) 叶（① 叶片；② 叶鞘）；(b) 开花的植株；(c) 花序及花。

2. 双带姬凤梨[*Cryptanthus bivittatus* (Hook.) Regel]

种加词“bivittatus”意为“有两条纵带的”，指叶片上有两条非常明显的纵条纹。

原产自巴西，但现仅见于栽培。地生。

植株近无茎，高仅约10 cm。莲座丛展开；叶约20片，排列紧密；叶长18～25 cm，外围叶的叶片与叶鞘连接处变窄但不形成叶柄；叶鞘短但明显，宽卵形，具锯齿，表面光滑；叶片狭披针形，宽约4 cm，光滑，叶面暗绿色，镶嵌2条纵向的白色或玫红色的宽条纹，叶背覆盖由鳞片融合而成的浅棕色膜，顶端渐尖，叶缘呈明显的波浪状，具细锯齿。复穗状花序，花序突出莲座丛外；花部球形，基部有1级分枝，顶端不分枝，有花约10朵；一级苞片呈叶片状，宽长圆形，长1.5～1.8 cm，宽0.7～2 cm，背面顶部被覆鳞片并具脉纹，顶端细尖，边缘具锯齿；一级分枝束状，每一束有花1～3朵。花苞披针状椭圆形，超出子房较多，顶端急尖，边缘具锯齿。花长约2.6 cm；萼片长0.8～1 cm，基部合生部分长0.35～0.5 cm，分离部分宽卵形，背面有龙骨状隆起并具脉纹，顶部有鳞片，顶端急尖并形成细尖，边缘具锯齿；花瓣匙形，长1.8～3 cm，宽0.45～0.6 cm，超过雄蕊，白色，开花时向后弯曲并露出雄蕊，顶端钝；雄蕊长1.4～1.5 cm，花药长约0.3 cm；雌蕊的花柱呈丝线状，长约3 cm，柱头对折—展开型，具毛缘，子房近圆柱形，具3条棱，长0.35～0.4 cm，上位管长0.2～0.3 cm，胚珠少数，位于中轴顶端。

株型低矮且较整齐，可观叶，经常被用于制作模纹花坛或立体绿化造型。

喜温暖湿润和半阴环境，栽培介质宜疏松肥沃。

通过分株繁殖。

双带姬凤梨是栽培最广泛的凤梨科植物之一，然而在它的家乡——巴西，由于原产地的生境遭到破坏，野生植株已很难找到。以下为几个较常见的双带姬凤梨园艺品种。

2a. *迷你*双带姬凤梨(*Cryptanthus bivittatus*‘Minor’)

植株小型，叶丛直径约10 cm。植株较耐阴，在弱光下叶呈绿色，在光线充足时呈粉红色。通过腋芽进行繁殖。

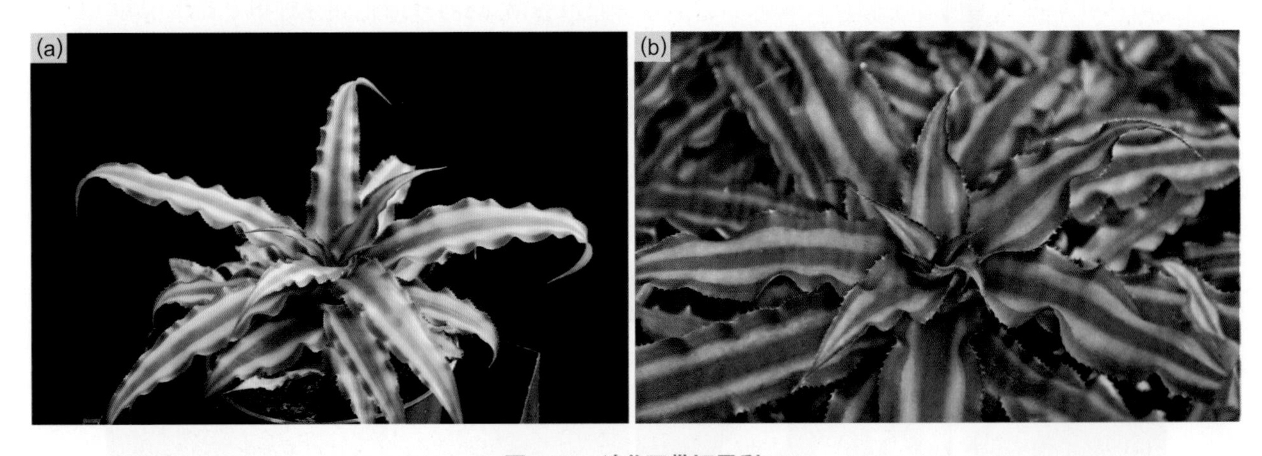

图4-91 *迷你*双带姬凤梨

(a) 弱光环境中生长的植株；(b) 光线充足环境中生长的植株。

2b. *红叶*双带姬凤梨(*Cryptanthus*‘Ruby’)

植株小型，暗红色的叶片上有2条鲜红色的纵向条纹。

2c. *粉红星光*双带姬凤梨(*Cryptanthus*‘Pink Starlight’)

叶缘的纵条纹为粉红色，叶色明快。

图 4-92　*红叶*双带姬凤梨　　图 4-93　*粉红星光*双带姬凤梨

3. 狭叶姬凤梨（*Cryptanthus colnagoi* Rauh & Leme）

种加词 “colnagoi” 用于纪念发现该种的巴西人 E. Colnago。中文名根据其叶片细长的特征。

原产自巴西巴伊亚州。分布在海拔约 1 000 m 的区域，地生。

植株具短茎，从花序轴基部长出侧芽。莲座丛展开，直径约 50 cm；叶鞘卵形，长约 2 cm，宽约 2.5 cm，基部光滑，顶部的 1/3 有鳞片；叶片狭条形，长约 25 cm，宽约 1.2 cm，与叶鞘连接处不变窄，叶片向上逐渐变细并呈丝线状，肉质，叶面被覆鳞片，黄绿色，有光泽，叶缘深绿色，稍向外翻折并呈波浪状，叶背贴生白色鳞片，叶缘具间隔 1 ～ 2 cm 的锯齿。穗状花序；花序梗很短，藏于叶丛中；茎苞呈叶状；花部有花 2 ～ 4 朵；花苞披针状渐尖，长 9 ～ 1.2 cm，宽约 0.3 cm，薄膜质，除顶端被覆棕色鳞片外，其余白色，有棕色脉纹，长度至萼片的约 1/2 处。花长约 3 cm（含伸出的雄蕊）；萼片长约 1.7 cm，基部不等

图 4-94　狭叶姬凤梨

（a）莲座丛；（b）植株；（c）叶片正面；（d）叶片背面。

距合生，分离部分狭披针形，白色，顶端绿色，被覆棕色鳞片，近轴的萼片背面成龙骨状隆起；花瓣舌形至狭倒卵形，白色，长约2.5 cm，宽约0.4 cm，合生至约1/2处，顶端展开并弯曲；雄蕊花丝长约2 cm，淡黄色，背着药，花药伸出；雌蕊的花柱比花丝短，柱头为对折—展开型；子房圆柱形，长约0.5 cm，胚珠位于中轴的顶端。

狭叶姬凤梨叶较纤细，叶缘有明显的绿边，且略呈波浪状，可观叶。

喜温暖湿润、半阴环境，栽培介质宜疏松，排水良好。

通过分株繁殖。

4. 波缘姬凤梨（*Cryptanthus marginatus* L. B. Sm.）

种加词“marginatus”意为“具边缘的”，指叶片边缘具有纵向的条纹，并成波浪形。

原产自巴西。分布在海拔400～500 m的区域；生长在半阴处的岩石上，根部始终保持潮湿，地生。

植株近无茎，常丛生。莲座丛展开；叶约12片，长可达20 cm，叶背覆盖粗糙、贴生的灰白色鳞片；叶鞘小而不明显；叶片线状披针形，宽约3 cm，叶面除基部外光滑，浅绿至黄绿色，顶端渐尖，叶缘两侧和中肋有纵向的深绿色条纹，其中边缘的条纹较窄，中肋的条纹较宽、颜色更深，光照充足的环境下叶上有红晕，叶缘呈波浪状，具密锯齿。复穗状花序；花序梗很短；花部有数个分枝，每个分枝有花少数，其中外围的花为完全花，而中央的花只有雄蕊；花苞披针状长圆形，不超过萼片，质地薄，被覆鳞片，顶端急尖。萼片被覆鳞片，长约1.1 cm，合生部分长约0.6 cm，离生部分近正方形并有宽翅，顶端有厚三角形的黑色细尖；花瓣白色，长约2.5 cm，顶端钝。

由于波缘姬凤梨叶片上有2条纵向条纹，与双带姬凤梨非常相似，因此曾经作为后者的一个变种，即 *C. bivittatus* var. *luddemannii* Baker，但前者的株型比后者大很多，差别明显。适合观叶。

植株生长健壮，喜温暖湿润和半阴环境。栽培介质宜疏松透气且富含腐殖质。

通过分株繁殖。

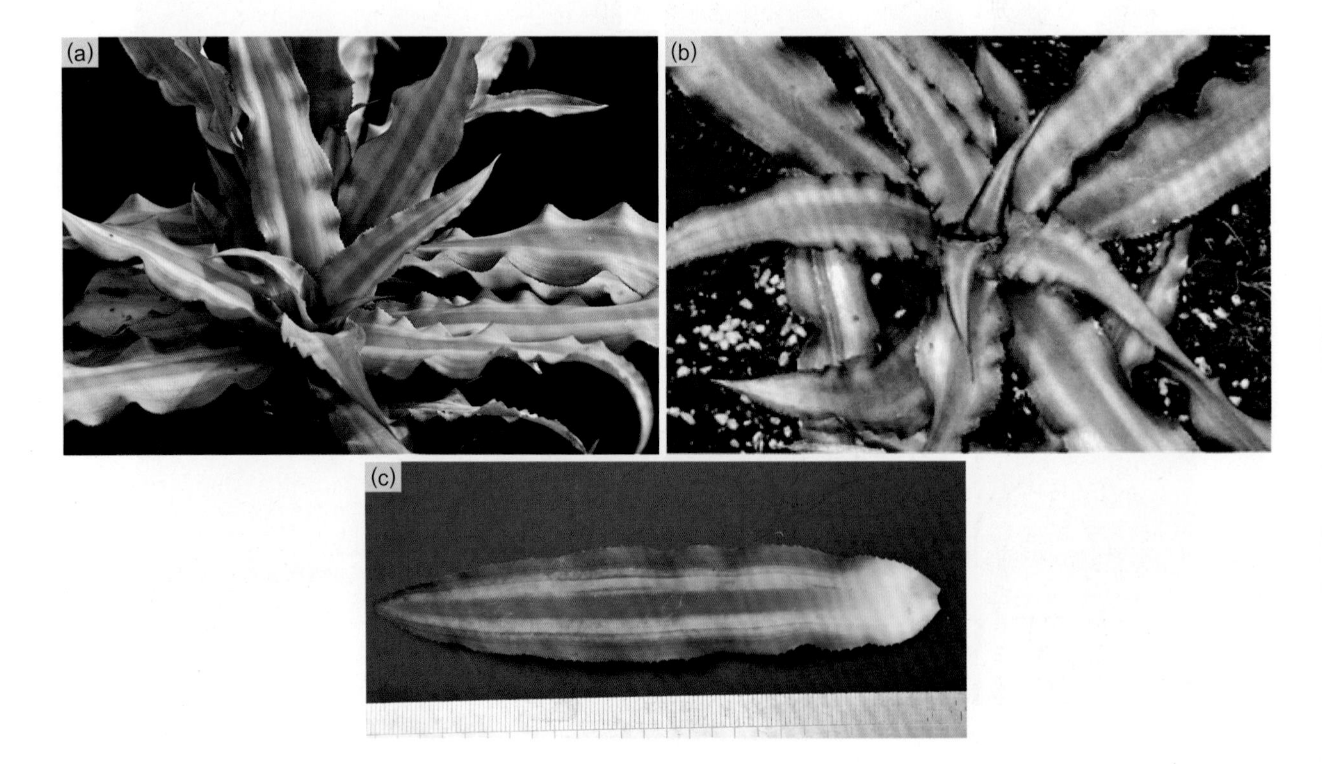

图4-95 波缘姬凤梨

（a）光线较弱环境下的植株；（b）光线充足环境下的植株；（c）叶。

5. 环带姬凤梨（*Cryptanthus zonatus* Vis.）

种加词“zonatus”意为“具有环带的”，指植株叶片上有横向的斑纹。

原产自巴西。分布在海拔25～680 m的沿海森林，地生于黏性和沙质土壤中。

茎长0.5～3.8 cm，直立，从植株基部形成有匍匐茎的侧芽或产生腋芽。莲座丛展开；叶8～15片，无叶柄；叶鞘宽卵形，长1.6～2.8 cm，宽1.4～2.3 cm，背面基部光滑，正面光滑或基部光滑，顶端被覆鳞片，边缘有向上或向下的锯齿；叶片椭圆形、狭椭圆形、披针形或倒披针形，绿色、棕色、淡红色、红色、红绿色或棕绿色，背面密被鳞片，正面鳞片形成横条纹，顶端渐尖或有尾尖，边缘波状并具锯齿。复合花序；花部密生呈头状，外围有3～7个球形的一级分枝，顶端不分枝，有7～10朵雄花；花序轴长约1.6 cm；一级苞片4～7枚，长0.6～25.8 cm，宽0.2～3.2 cm，叶状，椭圆形、狭椭圆形、卵形或披针形，顶端渐尖，边缘波状，有向上的锯齿；一级分枝呈穗状，每个分枝有3～7朵两性花；花苞卵状船形、披针状船形，长1.5～2.35 cm，宽0.21～1 cm，顶端有短尖头。花无梗，长3.1～6 cm；萼片长1.3～2 cm，基部合生部分长1～1.2 cm，上部分离的部分不对称，长0.65～0.92 cm，宽0.23～0.6 cm，椭圆形或卵形，顶端有细尖或短尖；花瓣倒披针形，长3.5～5.1 cm，宽4.3～6.4 cm，基部合生部分长0.4～1.4 cm，白色，顶端急尖并有短尖、钝或圆，离基部0.8～1.7 cm处及以上部位有2条胼胝体；花丝长2.7～3.8 cm，白色，花药长2.2～7 cm，近基着药；花柱长3.2～3.4 cm，柱头长0.4～0.7 cm，不呈螺旋状，为对折—直立展开型，表面圆齿状，白色；子房三棱形，长0.63～1.1 cm，宽0.35～0.6 cm，白色，光滑，上位管长0.05～0.2 cm，每室有胚珠2～9粒，位于中轴顶端（Ferreira *et al.*，2020）。

环带姬凤梨叶片正面有不规则的横纹，犹如一座座连绵不绝的山峰，非常美丽。它的栽培历史非常悠久，早在1842年就已被引入法国栽种，现已在世界各地广为传播。

环带姬凤梨形态较为多变。由于地理隔离和生长环境的变化，不同种群在形态上产生一定程度的差异，主要体现在叶色上，例如有的叶片绿色，有的叶片带红晕，其次在叶质、花苞、花萼等性状上也存在差异，这阻碍了分类学家判断这些差异是种内变异还是种间变异。分类学家曾经将叶片正面具银色横向斑纹、形态上有所区别的种类都归到环带姬凤梨复合体中，其中包括*C. fosterianus*和*C. burle-marxii*，以及环带姬凤梨植株的两个变型（叶片绿色的*C. zonatus* forma *viridis* 和叶片暗褐色的*C. zonatus forma fuscus*），现在则将它们都合并为环带姬凤梨（Leme和Siqueira-Filho，2006；Alves和Marcucci，2015；Ferreira *et al.*，2020）。

植株较耐旱，喜明亮的散射光。可盆栽或地栽，土壤疏松透气并富含腐殖质。

主要通过分株繁殖。

图4-96　环带姬凤梨

（a）植株；（b）叶片正面的斑纹。

4.10 绵毛凤梨属

Edmundoa Leme 1997，属于凤梨亚科。

模式种：绵毛凤梨［*Edmundoa ambigua* (Wanderley & Leme) Leme 1997］

E. M. C. Leme于1997年将原先归属于莲苞凤梨属和鸟巢凤梨属的部分物种分离出来成立新的属，并以巴西著名植物学家Edmundo Pereira的名字作为属学名。该属物种除花瓣外，整个花序都被覆显著的绵毛。

原产自巴西南部和东南部。现有3种及2个种下分类单元。地生或附生于岩石或树上。

植株近无茎。叶较薄，但较坚硬，莲座状密生，形成宽阔的漏斗状叶丛，有叶筒；叶鞘明显；叶片舌形，基部不变窄；叶缘具锯齿。复穗状花序或圆锥花序，密生；花序梗直立，坚硬且粗壮，短于或超过叶鞘，密被绵毛；茎苞呈苞片状，最上面的茎苞与基部的一级苞片密生呈总苞状，颜色鲜艳；花部呈倒圆锥形，有2级分枝，密被绵毛；一级苞片莲座状排列，长度超过腋生分枝；一级分枝上花密生，呈束状；花苞低于萼片或与萼片持平，背面有时具龙骨状隆起，全缘或近全缘。完全花，长3～3.5 cm，花梗短或无；萼片大多数不对称，合生部分短成近离生，背面不成龙骨状隆起，顶端急尖至渐尖；花瓣近线形至披针形，顶端急尖至圆形，但不为帽兜形，开花时直立至近直立，离生，基部着生2枚具毛缘的鳞片，有时无基生附属物；雄蕊内藏，花丝圆柱形至稍扁平状，对瓣雄蕊与花瓣高位贴生，无花瓣附属物的种类的花丝中部呈明显的褶皱状，对萼雄蕊的花丝离生，花药近中间背着药；下位子房，上位管明显，长0.2～0.3 cm，胚珠多数，圆柱形，顶端钝。花后子房几乎不膨大，浆果白色。

通过分株繁殖。

1. 绵毛凤梨［*Edmundoa ambigua* (Wanderley & Leme) Leme］

种加词“ambigua”意为“可疑的、不确定的”，指该种最初被归在鸟巢凤梨属，但因其在外形上与该属植物的形态特征相差甚远，让当时的人们感到非常困惑。

原产自巴西。分布在湿润的大西洋森林中，并在海拔800 m以上区域较常见；附生于雨林中下层或靠近林冠层的树上。

于1973年被发现，在20世纪80年代被命名为*Nidularium ambiguum*，在1997年由E. M. C. Leme将其作为绵毛凤梨属的模式种予以发表。

植株开花时高36～45 cm。叶15～25片，形成直径50～60 cm、紧凑的漏斗状莲座丛；叶近直立或展开，长约32 cm；叶鞘椭圆形，绿色，密被微小的栗色鳞片；叶片舌形，宽约6 cm，灰绿色，隐约有暗绿色的斑纹或斑点，顶端急尖或圆形并形成微小的细尖，叶缘具稀疏且微小的锯齿，锯齿不明显或摸上去仅有粗糙的感觉。复穗状花序，密生；花序梗直立，长20～34 cm，直径1～1.3 cm，浅绿色至淡红色，密被浅色绵毛；茎苞椭圆形或长圆形，顶端圆并形成细尖，全缘，其中靠近花序梗基部的1枚茎苞明显短于节间，另1枚茎苞位于花序梗上部，其余的茎苞密生在花序梗顶端呈总苞状，近直立，顶端突然反卷，长圆状卵形，长7～9 cm，宽4.5～5 cm，浅红色或玫红色，上部被覆白色鳞片，靠近基部被覆浅色绵毛，仅中部的边缘疏被少量锯齿，其余部位全缘或近全缘；花部倒圆锥形，顶端近圆形，直径约8 cm（含一级苞片在内），长5.5～7.5 cm，与莲座丛等高或略矮，有2级分枝；分枝呈束状，除花瓣外都密被浅色绵毛，有时非常浓密呈羊毛状；一级苞片形如顶端的茎苞但较小，长圆状椭圆形至倒卵形，从稍短于分枝至稍超过分枝；一级分枝7～8个，狭椭圆形、近圆柱形或呈垫状，其中外围的一级分枝长4～5.5 cm，宽2～3.5 cm，基部有短梗（梗长1～1.5 cm，直径0.7～1 cm，扁平状，密被浅色绵毛，其基部贴生在一级苞片上），并有3个二级分枝，而越向中间一级分枝上的二级分枝数量越少，直至无二级分枝；二级苞片形如花苞，膜质；二级分枝狭椭圆形或近圆柱形，有6～8朵花；花苞椭圆形至狭卵形，长2.7～3 cm，宽约1.2 cm，稍低于萼片或与萼片齐平，膜质，有细脉纹，密被浅色绵毛，背面有钝龙骨状隆起或不隆起，顶端急尖至钝，有微小的细尖，全缘。花无梗，长3～3.5 cm，除花瓣外密被浅色绵毛；萼片近对称，狭椭圆形，近离生，长1.6～1.8 cm，宽0.5～0.6 cm，绿色，顶端渐尖至形成细尾尖；花瓣近线形，白色，顶端近急尖或圆形有细尖，基部无附属物但有2条明显的纵向胼胝体，与花丝等长；花丝近圆柱形，顶端绿色，其中对瓣雄蕊的花丝与花瓣等长，但在中间部位发生强烈折叠，与花瓣贴生的部分长0.4～0.6 cm，而对萼雄蕊的花丝笔直，明显短于花瓣；花药近线形，长0.4～0.5 cm，基部钝，顶端细尖；子房卵形，白色，被覆稀疏的浅色绵毛，顶部缢缩，上位管窄，胚珠顶端钝，着生在中轴顶部。花期初夏。

绵毛凤梨的叶质较薄，叶缘的刺不明显。顶部的茎苞大，呈总苞状，上面密被浅棕色鳞片；茎苞表面被水淋湿时呈现出红色或玫红色的底色，在干燥时则为浅棕色，分枝上也密被白色或银棕色绵毛。虽然花色并不艳丽，但非常特别。然而，在上海辰山植物园收集的同一批次的绵毛凤梨植株中存在两种开花明显不同的类型，其中一类花序较细长，花部绵毛稀少，花苞和萼片为绿色；另一类花序较宽短，花部完全被密集交错的绵毛所覆盖。不过，这些植株在未开花时外形并无明显区别。

喜温暖湿润、半阴的环境，适合盆栽或附生栽种。

通过分株繁殖。

图4-97　绵毛凤梨

(a)—(b) 分枝上绵毛稀疏的植株：(a) 开花的植株；(b) 花序。(c)—(d) 分枝上绵毛浓密的植株：(c) 茎苞在干燥时呈浅棕色；(d) 茎苞被淋湿时呈暗红色。

2. 宽大绵毛凤梨［*Edmundoa lindenii* (E. Morren) Leme］

种加词“lindenii”用于纪念比利时的植物学家J. J. Linden，中文名指植株株型宽大。

原产自巴西东南部。分布在海拔0～400 m的大西洋森林中，生长在林下或岩石上，有时附生于树干的中下部。

株高可至60 cm。莲座丛宽漏斗状，直径60～100 cm；叶长30～40 cm，宽6～10 cm；叶鞘宽椭圆形，被覆深棕色鳞片，全缘；叶片舌形，翠绿、黄绿或灰绿色，分布有墨绿色的斑点，被覆灰白色鳞片，顶端宽、急尖(或圆形、形成细尖),叶缘有疏锯齿。圆锥花序;花序梗短,长10～30 cm,直径1～1.5 cm,低于或稍高于叶鞘,被覆暗铁锈色的柔毛;茎苞阔卵形,覆瓦状排列并覆盖部分花序梗,顶部急尖,边缘有疏锯齿;花部倒圆锥形,长5～8 cm,宽7～20 cm(含一级苞片),有2级分枝,有花多数,密生,基部密被深棕色绵毛;外围的一级苞片卵形至阔卵形,长6～10 cm,超过腋生分枝,宽5～6 cm,白色或白色略带黄色,有时花后变为绿色,密被浅色鳞片,有时顶部边缘有绵毛,基部密被深棕色绵毛,顶端弯曲或不弯曲,边缘有疏锯齿或近全缘,中间的一级苞片小很多;一级分枝7～10个,呈束状,基部有梗(长1～1.5 cm,宽1～1.2 cm,扁平,上面密被深棕色绵毛,基部与一级苞片贴合),其中外围的一级分枝长4～5.5 cm,宽3～4 cm,有3～5个二级分枝,密生并排成近折扇状,有10～30朵花;花苞长圆形至狭三角形,略低于萼片或超过萼片,膜质,密被深棕色绒毛,顶端急尖或钝、有小细尖,近全缘或全缘。花长2.8～3.5 cm,有长约0.3 cm的短梗,除花瓣外密被绵毛;萼片近对称,宽椭圆形,长1.2～1.8 cm,基部合生部分长0.2～0.3 cm,宽0.8～0.9 cm,白色或绿色,疏被绵毛,基部绵毛浓密,顶部急尖,并有软的细尖;花瓣离生,狭倒卵形或长圆形,长1.5～1.9 cm,宽0.5～0.6 cm,稍超过萼片,基部白色,其余部分绿色,顶端急尖至近圆形,基部有两枚呈流苏状的鳞片,并有两条明显的纵向胼胝体;雄蕊内藏,花药近线形,长0.4～0.5 cm,基部钝,顶端有小细尖;子房椭圆形至近卵形,长约1 cm,直径0.5～0.6 cm,白色,密被棕色长绵毛,上位管大,壶形,直径0.2～0.3 cm,柱头纤细,为对折—螺旋形,胚珠顶端钝,着生在中轴的顶部。花期夏秋季。

植株莲座丛宽阔,叶片宽大,叶上分布着不规则的墨绿色斑点,可观叶。大型的倒圆锥形花序上密被深棕色的绒毛,开花时从白色的萼片中露出绿色的花瓣,较别致。

喜温暖、湿润的半阴环境。适合盆栽、地栽或附生于大型的枯木上。

通过分株繁殖。

植株较为多变。Smith和Downs(1979)根据花序梗顶部的茎苞、外围的一级苞片的颜色以及花序是否挺出莲座丛等性状,将宽大绵毛凤梨分为3个变种和6个变型,但现已被合并为含原变种在内的2个变种。

玫红宽大绵毛凤梨[*Edmundoa lindenii* var. *rosea* (E.Morren) Leme]

与原变种相比,叶略呈红色或暗红色,幼株有时具暗红色的纵线。一级苞片玫红色至略带红色。

图4-98 玫红宽大绵毛凤梨

(a) 开花的植株;(b) 花序(局部);(c) 花及花苞;(d) 花的解剖。

然而在该变种之内，不同来源的植株在叶的大小和颜色、花序的大小和高度、茎苞的大小和颜色以及花序上绵毛的长度和密度等方面都不尽相同。

图4-99　玫红宽大绵毛凤梨植株间的差异

(a) 叶片绿色，花序梗短，花部宽大，茎苞顶端粉绿色并反卷；(b) 叶片暗红色，花序梗短，花部宽大，茎苞顶端深粉红色、不反卷；(c) 叶片黄绿色，花序梗伸长，花部稍小，茎苞顶端粉红色、反卷。

4.11　球穗凤梨属

Hohenbergia Schult. & Schult. f. 1830，属于凤梨亚科。

模式种：球穗凤梨（*Hohenbergia stellata* Schult. & Schult. f. 1830）

属学名用于纪念一位叫Hohenberg的德国符腾堡王子。这位王子既是一位植物学家，也是早期植物收集和文档编制的赞助者。属中文名根据该属大部分种类具有多级穗状分枝且小花穗聚集在一起呈球形或椭圆形的特征。

原产自哥伦比亚（西北部）、加勒比海南部至委内瑞拉以及巴西（东部和南部）。生长在干旱的砂质区域或潮湿的云雾林。现有55种。地生或附生。

多年生草本植物，近无茎，植株中型至大型。叶基生，形成莲座丛，有叶筒；叶鞘通常较大而明显，基部暗栗色；叶片舌形或近三角形，叶缘有明显的锯齿。复穗状花序，花序梗发育良好，茎苞覆瓦状排列或间隔较大；花部有1～3级分枝，少数不分枝，如滨海球穗凤梨（*H. littoralis*），小花穗呈球果状，具绵毛或光滑；花苞明显，常覆盖子房和萼片。花无梗，萼片多少有些不对称，大多基部稍合生，顶端无或有短尖；花瓣基部有2枚附属物，开花时花瓣顶端展开，紫色、蓝色、玫红色、黄色或绿色，少数为白色；雄蕊内藏，对萼雄蕊分离，对瓣雄蕊与花瓣部分贴生；子房完全下位，胚珠合点端有长长的附属物。浆果由子房稍微或明显膨大而成。

1. 高大球穗凤梨［*Hohenbergia augusta* (Vell.) E. Morren］

种加词“augusta”意为“崇高的、值得注意的”，指其株型较大。

原产自巴西。分布在海拔0～100 m的区域，附生于树上或岩石上。

植株开花时高60～130 cm。叶多数，形成宽漏斗状莲座丛，叶长60～120 cm；叶鞘大，宽椭圆形，颜色浅，两面都被微小并贴生的铁锈色鳞片，全缘；叶片长舌形，宽9～14 cm，叶背被浅色鳞片，叶面光滑，顶端宽并急尖，叶缘有疏齿，靠近基部近密生，刺长约0.2 cm，顶部近全缘。复穗状花序；花序梗粗壮，长约70 cm，直径约2 cm，直立、倾斜或弯曲，被覆铁锈色绵毛；茎苞直立，覆瓦状排列，宽披针形，纸质，早枯，顶端急尖；花部宽金字塔形，长35～60 cm，宽约35 cm，有2～3级分枝，除顶部的分枝排列较密外，其余的分枝在花序轴上排列松散，花密生成穗状，除花瓣外整个花序都密被铁锈色绵毛；一级苞片、二级苞片和三级苞片分别比其腋生的分枝短，纸质，麦秆色；一级分枝上有0～13个二级分枝，其中基部的一级分枝长16～18 cm，有长7～8 cm的梗，向上分枝逐渐变短，二级分枝呈圆球形或椭圆形，花密生，分枝基部有短梗至无梗，其中位于基部分枝上的二级分枝有1～5个三级分枝，三级分枝近无梗，密生3～4朵花；花苞近圆形，棕色，有脉纹，开花时略低于萼片，顶端有短尖。花无梗，长约1.1 cm，有香味；萼片极不对称，长约0.45 cm，基部合生部分短，顶端有短尖；花瓣舌形，长约0.7 cm，中下部白色，展开部分椭圆形，绿色，顶端钝，基部有两枚鳞片；雄蕊稍伸出花瓣，花丝基部窄、顶部稍宽，以白色为主，顶端为紫罗兰色，对瓣雄蕊与花瓣高位贴生，中间背着药，花药顶端急尖；子房椭圆形，花柱顶端及柱头紫罗兰色，上位管浅，胚珠具长尾，着生在中轴的顶部。浆果椭圆形，成熟时变浅蓝色。种子狭椭圆形，长约0.3 cm，宽约0.06 cm。花期早春。

宽大球穗凤梨的莲座丛宽大，叶片宽阔，长舌形，花序上被覆铁锈色绵毛，茎苞和一级苞片纸质并呈麦秆色，较为特别。花虽小但非常精致，花瓣露出的部分绿色，花丝、花柱的顶端以及柱头为迷人的紫罗兰色，开花时还散发出香味。

植株长势强健，喜温暖湿润、光线充足的环境。适合庭院地栽或盆栽。

花后萌发侧芽，主要通过分株繁殖，也可播种繁殖。

图4-100 高大球穗凤梨

（a）开花的植株；（b）花序上的一级苞片；（c）开花的花序（局部）；（d）花的解剖。

2. 紫斑球穗凤梨（*Hohenbergia leopoldo-horstii* E. Gross, Rauh & Leme）

种加词“leopoldo-horstii”来源于人名Leopoldo Horst。

原产自巴西。地生于砂岩岩石上。

植株近无茎，开花时最高可至100 cm。叶多数，形成高约30 cm、宽约30 cm的莲座丛；叶鞘明显，披针状卵形，长约14 cm，宽约12 cm，绿色，有紫色斑点和线条，基部棕色，两面都被鳞片；叶片舌形，长15～20 cm，靠近叶鞘处宽约8 cm，顶端宽圆并形成长约1 cm的紫色尖刺，外围的叶片向后弯曲，叶缘有非常粗糙且向下弯曲的棕紫色疏锯齿，刺长0.3～0.5 cm，刺之间间隔约1 cm。复穗状花序；花序梗直立，长60～70 cm，直径约0.6 cm，红色，被覆白色絮状绵毛；茎苞直立，披针形，长8～9 cm，宽约1.5 cm，短于节间（仅基部的茎苞有时稍比节间长），棕紫色，有脉纹，背面被白色絮状绵毛，顶端渐尖，全缘；花部圆柱形，长约20 cm，除花瓣外被絮状绵毛，有2～3级分枝，排列较松散，靠近顶部的分枝排列较紧密，顶端不分枝，花密生；基部的一级苞片比腋生分枝长，披针形，长约7 cm，宽约2 cm，早枯，并变成棕色，有脉纹，顶端长渐尖，一级苞片沿花序轴往上变短，顶端的一级苞片约与腋生分枝等长；一级分枝10～15个，基部有短梗（最长约1.5 cm），其中下部的5～6个一级分枝上簇生1～4个二级分枝；二级苞片形如花苞；二级分枝无梗，其中最基部的二级花穗上有1个三级分枝；花苞近圆形，长约1.3 cm（含长约0.5 cm的棕色短尖），绿色，变干时有脉纹，逐渐变光滑，背面不成龙骨状隆起。花无梗，长约2 cm，直立；萼片不伸出花苞，长约0.8 cm，不对称，有透明的侧翼，背面不呈龙骨状隆起，绿色，密被白色絮状绵毛；花瓣舌形，长约1.3 cm，直立，紫罗兰色，靠近基部白色，开花时花瓣略打开，但不向后弯曲，基部贴生有2枚长约0.4 cm的舌形鳞片；雄蕊内藏；子房浅绿色，上位管明显，胚珠少数，着生于中轴的顶端。花期春末和初夏。

紫斑球穗凤梨是同属植物中株型较小的种类之一，花序梗红色，花序上被覆白色絮状绵毛。光线充足的环境下叶片更为宽短，并形成更为紧凑的壶状叶丛，叶片上呈现出更多黑紫色斑，光线越强，颜色越深。可观叶、观花。

长势强健，喜温暖湿润的环境，耐强光，可盆栽或附生栽种。

主要通过分株繁殖。

图4-101　紫斑球穗凤梨

（a）叶丛；（b）开花的植株；（c）花及花穗。

3. 球穗凤梨（*Hohenbergia stellata* Schult. & Schult. f.）

种加词“stellate”意为“如星光状的”，指其花序上的小花穗被鲜红色的苞片覆盖，苞片的顶端具明显的尖刺，如星光四射一般。

原产自特立尼达和多巴哥、委内瑞拉和巴西（东北部）等地。分布在80～1 400 m的雨林中，附生或地生。

开花时植株高可达120 m。叶多数且密生，形成漏斗状莲座丛，叶长70～110 cm；叶鞘宽，宽椭圆形，暗栗色，被覆微小的扁平棕色鳞片，全缘；叶片长舌形，宽约7.5 cm，绿色，密被灰白色鳞片，叶背更明显，顶端宽并急尖或圆、有细尖，叶缘具浅棕色疏锯齿，基部刺较密，刺长约0.35 cm。复穗状花序，花序梗直立，暗红色，被灰白色鳞片，较粗壮；茎苞直立，密覆瓦状排列，卵形，膜质，棕色或黄色，很快干枯并变成麦秆色，顶端渐尖；花部圆柱形，长40～50 cm，有2～3级分枝，花序轴顶端不分枝，花密生，形成椭圆形顶生花穗，顶生花穗以下的花序轴上分布着9～11个一级分枝，其中靠近顶端的2～5个分枝在花序轴上密生，与顶生花穗簇生于花序轴顶部，其余的分枝在花序轴上排列松散，花序轴被白色鳞片；一级苞片形如茎苞，比腋生分枝短，但比分枝的梗长，早枯，麦秆色；一级分枝基部有梗至无梗，顶端不分枝，花密生，形成顶生小花穗，下面簇生0～5个二级分枝而呈放射状，其中基部的一级分枝长约8 cm，有长约3 cm的梗，沿花序轴向上分枝变短；二级苞片形如花苞，卵形，背部呈龙骨状隆起，顶部渐尖至急尖；二级分枝无梗，花密生成椭圆形花穗，少数基部的二级分枝上有时有一个三级分枝；花苞长2～3 cm，基部近圆形或阔卵形，革质，有很硬的翅脉，近光滑，红色，且能保持数月，顶端有长长的尖刺，边缘有不明显的细齿。花无梗，萼片三角形，长1.5～1.8 cm，光滑，红色，顶部略呈紫色，背面呈龙骨状隆起，顶端急尖；花瓣椭圆形，长约2 cm，紫色或蓝紫色，顶部急尖，基部有2枚长长的鳞片；雄蕊内藏，花药顶端急尖；雌蕊的花柱顶端及柱头为蓝紫色，子房倒圆锥形，近轴面扁平，长约0.5 cm，宽约1.1 cm，有光泽，上位管缺失，胚珠具长尾，着生在中轴的顶部。浆果白色，种子未见。花期春季。

植株较大型，叶长而宽厚，莲座丛开阔；开花时挺拔的花序上一簇簇鲜红色的刺球状花穗呈放射状簇生在分枝顶端，犹如散着红色光芒的星星，花穗初为椭圆形，随着小花序轴的伸长逐渐成圆柱形，开花时紫色或蓝紫色的小花点缀在花束上。球穗凤梨的观赏期长达4～5个月。

喜温暖湿润、光线充足环境，较耐阴，强光下叶色黄绿，叶片宽短，弱光下叶色绿、叶质较薄，叶片软而下垂。栽培介质应疏松透气、排水良好。适合庭院种植或作为中大型盆栽。

主要通过分株繁殖。

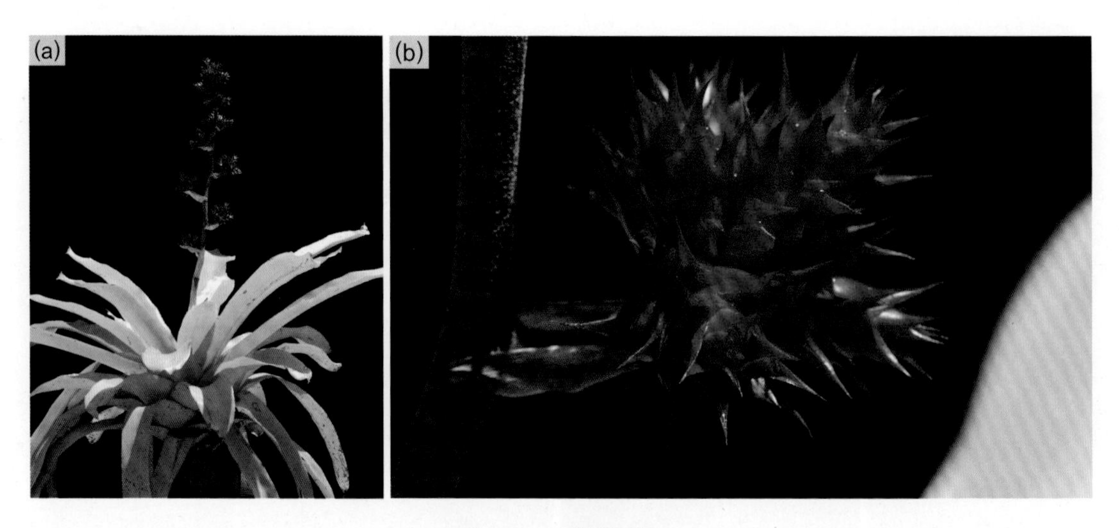

图4-102 球穗凤梨

（a）开花的植株；（b）一级分枝。

球穗凤梨分布范围较广，不同产地的植株外形上有所差异，除了花苞为红色的植株，还有花苞为粉红色的植株，有人将其作为球穗凤梨的一个园艺品种。

粉红球穗凤梨（Hohenbergia stellata **‘Maria Valentina’）**

植株更高大，叶长舌形，叶质较硬，两面都被覆白色鳞片，叶色浅绿色，顶端的尖刺非常坚硬，叶缘有深栗色粗锯齿，靠近叶基刺长且密。花序为粉红色，花部长50～65 cm，有2～3级分枝；一级苞片椭圆形至卵形，顶端渐尖；基部的一级分枝长9～11 cm，有长约7 cm的梗，向上逐渐缩短至近无梗；二级苞片和三级苞片形如花苞，卵形，背部呈龙骨状隆起，顶部渐尖至急尖；二级分枝2～9个，无梗，花密生，三级分枝基部无梗。子房长0.8～0.9 cm，宽1.2～1.3 cm。浆果白色，成熟时呈透明状，顶端及宿存萼片呈浅蓝色（图1-77e）；种子棕色，新月形。花期春季或夏末初秋，春季开花时比原种略早。

株型比原种更为粗壮，粉红的花序高大挺拔，夏秋季节开花时，花序的颜色较浅，为浅粉色。

喜光线充足的环境。

可通过种子或分株进行繁殖。

图4-103　*粉红*球穗凤梨

（a）开花的植株；（b）一级分枝；（c）果实成熟时的果穗；（d）花序颜色不同的球穗凤梨（中间为粉红球穗凤梨，两侧为球穗凤梨）。

4.12　雨林凤梨属

Hylaeaicum (Ule ex Mez) Leme, Forzza, Zizka & Aguirre-Santoro 2021；属于凤梨亚科。

后选模式种：雨林凤梨［*Hylaeaicum eleutheropetalum* (Ule) Leme & Forzza 2021］

属学名来源于名词“Hylea”或“Hylaea”，指亚马孙河流域的热带雨林区域，也是包括模式种在内的雨林凤梨属植物的发现地。

原产自亚马孙低地雨林的西部，分布范围包括委内瑞拉南部、哥伦比亚东南部、厄瓜多尔和秘鲁安第斯山脉东坡，并向南延伸至玻利维亚边境附近。现有12个种及1个种下分类单元。附生于树上。

植株近无茎；侧芽有明显的匍匐茎，匍匐茎纤细或粗壮，长10～40 cm，直径0.3～2 cm，并由芽苞叶覆盖，芽苞叶三角形，通常为麦秆色，顶端渐尖，全缘或有小刺，紧密地排成两列或多列，通常宿存，有时随着生长逐渐枯萎。叶革质或厚革质，形成叶筒；叶鞘明显；叶片披针形至近长条形，叶缘有刺或小刺，花序周围的叶片常变成红色、亮红色、粉色或紫色，形成一个彩色的环，有的种类不变色，则叶片基部稍变窄。伞房花序或复伞房花序，花密生，花序梗较明显，与花部等长或略短；花部呈头状，顶端扁平或稍呈弧形，比叶筒内的积水位稍高，有的种类在开花末期可超过叶鞘，外围有1～2级分枝，中间不分枝；一级苞片与上部的茎苞相似；一级分枝呈束状数量可达12个，基部有短梗或近无梗，分枝发育延迟，在开花初期因分枝尚未发育完全而不明显；花苞长圆形或披针形，稍超过子房至近与萼片齐平，膜质，近基部透明，顶端近绿色。白天开花，通常无香味，有短花梗，与细长的子房连接，外形上差异不明显；萼片稍不对称至明显不对称，合生至萼片的1/2处，光滑至被鳞片，有时背部具龙骨状隆起并下延至子房，顶端急尖、渐尖至有短尖，全缘；花瓣离生，长是宽的6～10倍，有时为5倍，狭线状匙形、线状披针形或狭披针形，白色，顶部的1/3到1/4近直立或开花时向后展开，萎蔫时花瓣边缘内卷，有时进一步旋转，顶端急尖至渐尖，花瓣附属物长圆形或狭匙形，边缘有短且疏的指状裂片或密且细长的指状或流苏状裂片，与花瓣高位贴生，顶端分离，有的无花瓣附属物，但两侧有发育良好的胼胝体，胼胝体顶端有时呈不明显的短尾状，或在顶端分叉，长度超过花药；雄蕊内藏，通常到达花瓣的中部或上部，不可见至部分可见，花丝等长，稍呈扁平状或明显呈扁平状，有时顶端膨大，对瓣雄蕊花丝长度的1/2～4/5与花瓣高位贴生，对萼雄蕊的花丝离生，花药长圆形，基部钝，顶端细尖至渐尖或少数钝二裂，背着药，着药点略低于至稍高于中部，花药上段有时不育，呈扁平状；柱头为对折—螺旋型，细长，近圆柱形或近头形，有的为简单—扩展型，呈宽漏斗状，白色，边缘具细圆齿到撕裂状，乳突不明显或明显且浓密，子房细棍棒状或长圆形，三棱状或稍扁平，长是宽的3～6倍，有时萼片的龙骨状隆起下延至子房而呈翼状凸起，表面光滑，上位管不明显，胚珠卵球形、具长尾，着生在中轴的顶部，数量很少。子房稍膨大形成果实，细棒状到狭椭圆形，有时稍扁平，长1.4～3.7 cm（不含萼片），宽0.3～0.6 cm，成熟时变软，为白色或蓝色，宿存萼片为蓝色、深蓝色、绿蓝色或蓝紫色，花序上果实和花常共存；每个果实含种子4～28粒，种子狭纺锤形，长0.35～0.6 cm，宽0.1～0.18 cm（不含附属物），新鲜的种子两端都有细长的膜状半透明的附属物，长0.3～4 cm。

由于雨林凤梨属植物中部分分类群的典型化程度低，已发表的物种与花序结构及花的细节相关的描述简短且不完整，并且缺乏实地研究，导致物种的鉴定仍存在问题（Leme *et al.*, 2021）；另外，有人认为雨林凤梨属在其分布范围内的物种数量可能被低估了，因此目前对雨林凤梨属的物种鉴定仍存在问题。部分物种的描述与实物测量数据间存在差异，如下文所描述的上海辰山植物园收集的玫红雨林凤梨在萼片长度等指标上与物种描述不符合。

1. 玫红雨林凤梨［*Hylaeaicum roseum* (L.B. Sm.) Leme, Zizka & Aguirre-Santoro］

种加词“roseum”意为玫红色的，指开花时植株心叶和一级苞片为玫红色。

原产自秘鲁北部。分布在海拔550～750 m的雨林中，附生于高大的树上。

侧芽基部的匍匐茎扁平，通常长12～15 cm，有时长约5 cm，上面覆盖芽苞叶，排成两列。叶16～18片，莲座丛漏斗形，叶长50～60 cm，被灰白色、中心为棕色的鳞片；叶鞘椭圆形，宽大，长10～18 cm，宽6～5 cm，深棕色，除顶端外全缘；叶片狭三角形，宽2.5～4 cm，顶端渐尖，叶缘有长0.1～0.5 cm、向上的黑色疏锯齿。复伞房花序，花序梗长约3.8 cm，直径约1.5 cm；茎苞基部有明显的宽椭圆形的鞘部，上部舌形，玫红色，向后反折，与鞘部约成90°角，顶端渐尖；花部直径约5 cm，外围（基部）有约6个一级分枝，中间（顶部）不分枝，有花多数；一级苞片宽椭圆形，长5～6 cm，超过萼片，被覆近密生的棕色鳞片，基部玫红色，顶端有短尖；一级分枝花密生呈束状，椭圆形，基部有长约0.3 cm、宽0.8 cm的短梗；花苞椭圆形，约和一级苞片等长，被有鳞片，顶端急尖并形成有尖刺。花有短梗，萼片极不对称，长约3.2 cm［实测约2.2 cm］，合生部分长0.6～0.7 cm，顶端急尖、有尖刺，被覆鳞片；花瓣离生，狭匙形，长约2.5 cm，宽约

图4-104 玫红雨林凤梨

（a）开花的植株；（b）花序；（c）茎苞去除后的花序；（d）花部拆解图（① 花序中央不分枝的部分；② 外圈的一级分枝）。

0.45 cm，直立，仅花瓣顶部向后展开，白色，顶端近渐尖，花瓣附属物长圆形，与花瓣高位贴生，顶端分离，边缘呈指状裂开（图 1-55j）；雄蕊内藏，至花瓣的上部，花丝扁平，顶端略加宽，对瓣雄蕊的花丝与花瓣高位贴生；子房细长，呈圆柱形，长约 3.2 cm，与短花梗融为一体，柱头为对折—螺旋形。

植株形态饱满且紧凑，开花时心叶和花序梗上的茎苞呈玫红色，白色的花朵陆续开放，整个花序的花期可持续较长时间。

植株长势强健，喜光线充足的环境。适合盆栽或附生种植，栽培介质应疏松透气。

主要通过分株繁殖。

2. 垂吊雨林凤梨［*Hylaeaicum pendulum* (L. B. Sm.) Leme, Zizka & Aguirre-Santoro］

种加词 “pendulum” 意为下垂的，指植株的匍匐茎长而下垂。

原产自厄瓜多尔和秘鲁。

侧芽基部的匍匐茎圆形，长 15 ～ 22 cm 或更长，直径约 0.25 cm，上面覆盖着三角形的芽苞叶，并呈多列排列，很快变干成棕色。莲座丛椭圆形，有 15 ～ 20 片叶，叶上疏被鳞片，不久便变得光滑；叶鞘宽卵形，长 4 ～ 5 cm，除顶部外其余全缘；叶片线形，长可达 47 cm，宽 0.5 ～ 0.9 cm，绿色，两面都被覆中心为棕色的鳞片，开花时心叶变成鲜变成红色，靠近顶部渐狭，叶缘有疏锯齿，顶部 1/3 无锯齿。伞房花序；花序梗很短，花序藏于叶丛中央；茎苞基部形成明显的宽椭圆形的鞘部，全缘，上部长三角形并向后弯曲，深红色，靠近顶部为绿色，顶端渐尖，边缘有黑色牙齿状锯齿；花部直径 1 ～ 2 cm，花少数；花苞椭圆形，稍超过子房，苍白色，膜质，疏被鳞片，顶端急尖。花梗很短；萼片极不对称，光滑，长 2 ～ 2.2 cm，基部合生部分长 0.5 ～ 0.6 cm，顶端宽并急尖；花瓣卵形，白色，顶端短渐尖，花瓣有发育良好的鳞片，顶端呈指状裂开；子房圆柱形，柱头简单—直立型，3 个柱头稍旋卷，边缘波状。果实长约 1.9 cm（不含宿存萼片），白色，宿存萼片深蓝色或紫色；种子很少，椭圆形，长约 0.5 cm。

短叶垂吊雨林凤梨［*Hylaeaicum pendulum var. brevifolium* (L. B. Sm.) Leme, Zizka & Aguirre-Santoro］

变种加词 “brevifolium” 意为 “短叶的”。

原产自秘鲁，分布在海拔 300 ～ 1 000 m 的雨林中，附生。

莲座丛呈椭圆形，叶较短且向后弯曲，开花时心叶变为鲜红色，萼片和花瓣皆为白色。浆果长约 2 cm（不含宿存花萼）；种子长约 0.5 cm，基部附属物长约 0.3 cm，顶端附属物长约 3.8 cm（图 1-73d）。

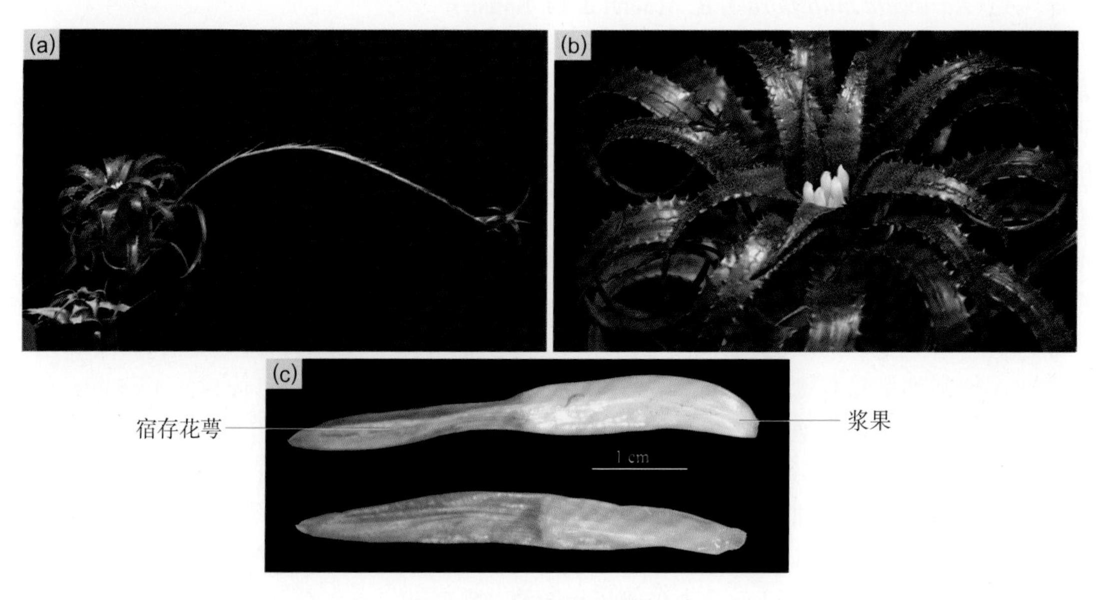

图 4-105　短叶垂吊雨林凤梨

（a）开花的植株及长长的匍匐茎；（b）开花的叶丛近观；（c）成熟的果实。

短叶垂吊雨林凤梨株型紧凑，开花时心叶及茎苞鲜红色，光线充足时外围的叶都变成暗红色，非常美丽。花后从基部叶的叶腋中长出细细长长的匍匐茎并长出侧芽，将新的植株送向远方。

喜光线充足的环境；可盆栽或附生于枯木上，栽培介质应疏松透气。

主要通过分割匍匐茎顶端的侧芽进行繁殖。

4.13 齿球凤梨属

Karawata J. R. Maciel & G. Sousa 2019，属于凤梨亚科。

模式种：齿球凤梨［*Karawata multiflora* (L.B. Sm.) J.R. Maciel & G. Sousa 2019］；

属学名来源于“karawatã”或“karawatá”，是巴西土著用来识别凤梨科植物的当地称呼，尤其指齿球凤梨属原先所归属的尖萼荷属、松球亚属的植物。属中文名根据该属与松球亚属的植物虽然都有球果状的花序，但是前者的苞片边缘具锯齿而后者的苞片大多全缘。

巴西大西洋森林特有属。现有7个种，附生或地生。

侧芽有短的匍匐茎。叶直立，基生，莲座丛有叶筒；叶鞘椭圆形至三角形，栗色，与叶片形成对比，全缘；叶片绿色，两面都被覆银色鳞片，顶端形成尖刺。穗状花序；花序梗直立，粗壮，绿色至栗色，被覆鳞片；茎苞呈披针形、线形或三角形，棕褐色或黄褐色，被覆鳞片，革质，覆瓦状裹住花序梗，顶端形成尖刺，边缘具锯齿；花部呈球果状，卵形或头形，花序轴增粗、伸长或扁平，被鳞片，有花多数；花苞花后宿存并增大，匙形、披针形、长圆形或卵形，为红色、绿色，或栗色，被覆鳞片，直立、展开至后弯，顶端有短尖，边缘具锯齿。花为完全花，无梗；萼片不对称，具透明的侧翼，基部贴生并形成萼筒，质地坚硬，绿色，被鳞片，背面呈龙骨状隆起，顶部有短尖；花瓣匙形、长圆形或卵形，高出萼筒处离生或合生形成管状，白色或绿色，花后保持直立至展开，顶端急尖，花瓣附属物2枚，边缘呈缺刻状、撕裂状、圆齿状或流苏状，呈胼胝体状；雄蕊内藏，其中对萼雄蕊基部贴生于萼筒基部，对瓣雌蕊与花瓣贴生，花药线形或狭二裂，基着药或近基着药；柱头内藏，对折—螺旋型，下位子房，倒圆锥形，基部扁平，上位管明显，漏斗状。浆果倒圆锥形、倒卵形，栗色，肉质；种子纺锤形，栗色。

齿球凤梨（*Karawata multiflora* J. R. Maciel & G. Sousa）

种加词“multiflora”意为“多花的”。

原产自巴西中东部沿海。分布在海拔50～400 m的开阔灌丛、潮湿雨林及有季节性干旱的雨林中，附生或地生。

植株近无茎，高约150 cm。叶呈莲座状排列，叶长100～280 cm，直立；叶鞘近长圆形，比叶片稍宽，长约40 cm，近黑色，全缘；叶片长舌形，宽约11 cm，叶面平，绿色至黄绿色，被覆白色膜质鳞片，顶端变细并形成长1～2 cm的黑色尖刺，非常锋利，叶缘有长约0.5 cm黑色弯锯齿，非常坚硬。穗状花序；花序梗粗壮，长60～120 cm，绿色，被白色鳞片，通常直立；茎苞直立，覆瓦状裹住花序梗，其中下部的茎苞近叶片状，基部绿色，顶部红色，被覆白色鳞片，顶端急尖，形成坚硬的尖刺，边缘有密锯齿，上部的茎苞密生于花序轴基部呈总苞状，三角形，顶端稍弯曲；花部呈球形或卵球形，长11～16.5 cm，花序轴伸长并增粗，花多数，非常密集地排成多列；花苞展开或反折，长3～4.5 cm，宽1.2～2.5 cm，伸出萼片，红色，被白色鳞片，顶端尖，基部边缘全缘、顶端具锯齿。花无梗，长3～3.5 cm；萼片长1.5～1.7 cm，深绿色，背面有白色鳞片，覆瓦状排列，其中的两枚背面有龙骨状隆起，另一枚则没有，顶端有短尖；花瓣卵形，长1.5～2 cm，宽0.5～0.7 cm，直立，在上位管以上离生，浅绿色，边缘白色，顶端锐尖，花瓣附属物呈杯状，边缘缺刻状；对萼雄蕊的花丝在上位管以上分离，长1～1.2 cm，对瓣雄蕊的基部贴生在花瓣上，上部离生，长0.3～0.4 cm，花药线形，长0.7～0.8 cm，基着药；花柱粗壮，柱头边缘呈指状裂开，子房长

1～1.3 cm，上位管长0.5～0.8 cm。果长3～5 cm，栗色；种子长0.3～0.4 cm，栗色。

叶丛直立且高大，易萌发侧芽而呈丛生状，但人工栽培环境下很少开花。开花时花部呈卵球形，乍一看长得有点像菠萝，但是齿球凤梨的花序顶部并不像菠萝那样形成冠芽。花苞较肉质且鲜红色，较为显眼，开花时浅绿色的花瓣稍露出，单花期仅一天，但是整个花序由数百朵花组成，花从下到上依次开花，因此整个花序可持续数月之久。

植株大型，长势强健，喜温暖湿润且光线充足环境。适宜地栽，栽培介质应疏松透气，并且需注意叶尖和叶缘锋利的尖刺和锯齿，避免受伤。

主要通过分株繁殖。

图4-106 齿球凤梨

(a) 植株；(b) 花序；(c) 花序俯视；(d) 花序近观(示花苞、萼片、花瓣)。

4.14 棒叶凤梨属

Neoglaziovia Mez 1894，属于凤梨亚科。

模式种：棒叶凤梨(*Neoglaziovia variegata* Mez 1894)；

属学名用于纪念法国的景观建筑师兼凤梨收集者A. F. M. Glaziou(1833—1906)，因为当时紫葳科已有“Glaziova”属，因此其前面加上“Neo”(意为新的)。中文名根据其叶肉质并稍内卷呈棒状的特征。

原产自巴西东南部，生长在干旱的内陆沙漠。现有3种。地生，生长在沙质土壤或岩生上。

地下茎发达，没有明显的地上茎。叶少数，莲座状排列，无叶筒，叶较肉质，窄而细长，叶面内凹呈槽状。总状花序；花序梗直立；茎苞少数；花苞明显。具两性花；萼片离生，近对称；花瓣离生；雄蕊内藏，花丝分离；子房完全下位，胚珠少量，具短尾。子房膨大成果实，肉质。

棒叶凤梨（*Neoglaziovia variegata* Mez）

种加词“variegata”意为“具彩色斑纹的或杂色的”，指叶上被覆的鳞片在叶背形成明显的白色斑纹。

原产自巴西东北部。生长在干旱开阔的平原或低矮荆棘林中，常与仙人掌等其他带刺的植物交织地生长在一起，呈从生状，地生。

植株近无茎，从植株基部萌发地下茎并长出侧芽。叶7～10片，直立或近直立，簇生，革质，不形成叶筒，长可达150 cm，超过花序；叶鞘狭椭圆形，不明显，背面被覆一层由鳞片融合而成的白色的膜，全缘；叶片线形，宽1.5～2 cm，叶面内凹呈槽状或管状，两面都有白色微小而不明显的点状鳞片，叶面绿色且光滑，叶背有宽阔的白绿相间的横纹，顶端渐尖并形成尖刺，叶缘具长约0.4 cm且向上弯的疏锯齿。总状花序；花序梗直立，长60～75 cm，直径约0.5 cm，绿色至棕色，密被白色绒毛；茎苞狭披针形，长3～20 cm，宽0.5～1 cm，远远超过节间，绿色，有时边缘为粉色，顶端有短尖或长渐尖，全缘或稍具锯齿；花部圆柱形，长20～26 cm，花序轴略弯曲，粉红色，有花10～60朵，排列松散或近松散；花苞麦秆色，其中基部的花苞线形，沿花序轴往上逐渐变短并成三角形，短于花梗。花光滑，展开，花梗长约0.4 cm；萼片离生，近圆形，长0.6～0.7 cm，粉红色，顶端钝，有时有微小的短尖；花瓣长圆状披针形，长2.3～2.6 cm，紫色，顶端钝，边缘稍内卷，基部有2枚顶端缺刻状的鳞片有纵向的胼胝体；子房倒卵球形，长约0.5 cm，上位管短，但明显，胚珠着生在中轴的近顶端。花期仲夏。

棒叶凤梨生长在由花岗岩形成的酸性土壤中，由于当地土壤贫瘠、降水稀少，其他农作物很难生长，而它却能长成茂密的丛生状。圆柱形的叶片上有白绿相间的横纹，开花时花序颜色鲜艳，花后肉质的果实也能保持较长时间，既可观叶又可观花还能观果。除了观赏，还可以用棒叶凤梨的叶来生产凤梨纤维，在巴西当地人们称之为“Caroa”，早在欧洲人来到新大陆之前，印第安人就利用这种植物的纤维来制作绳索和渔网，现在当地的人们利用机器和工厂化代替了传统的手工作坊，但由于其产品很少出口，因此鲜为人知。

植株喜强光且耐旱。可地栽或盆栽，要求土壤有良好的排水性。

通过分株繁殖。

图4-107　棒叶凤梨

（a）开花的植株；（b）花序局部。

4.15　彩叶凤梨属

Neoregelia L. B. Smith 1834，属于凤梨亚科。

模式种：彩叶凤梨 [*Neoregelia carolinae* (Beer) L. B. Sm.]；

最初的属学名为 *Regelia*，用来纪念俄国圣彼得堡植物园园长 E. A. von Regel，然而该属学名早已存在于桃金娘科中，因此 L. B. Smith 于 1934 年在前面加上 "neo" 意为 "新的"，正式改名为 *Neoregelia*。

原产自巴西东部的大西洋森林。现有 113 种及 9 个种下分类单元。

叶密生形成莲座丛，有叶筒，叶缘通常有锯齿；叶鞘大且明显，叶片顶端圆形有细尖或长渐尖。伞房花序，花密生；花序梗短，藏于莲座丛中央而不可见。完全花，有花梗；萼片不对称；花瓣上部展开，顶端急尖，花色为紫色、蓝色、白色，少数红色；雌、雄蕊内藏。

莲座丛的形状和大小因种而异，一般呈管状或漏斗状，可收集和储存一定量的雨水，是积水凤梨中最具代表性的类群之一。花序梗很短，花序大多埋藏于叶筒中央的 "小水池" 中，当植株进入开花期，莲座丛会以较大的角度展开，叶筒内的水位相应降低，使叶筒中的花序稍露出水面，开花时花瓣稍向下弯曲，形成一个弯液面，将水挡在花冠外面，使花的内部免于进水而影响植株授粉。这些小花的单花期仅 1 天，通常凌晨开放，于中午前后闭合，气温越高、闭合时间越早，当气温较低时可延长至下午。

彩叶凤梨属植物是凤梨科主要的观叶类群之一，拥有数以千计的杂交品种。其叶片上或多或少形成各式的斑点或斑纹，有的种类临近花期叶丛中央的心叶会变成深浅不一的红、粉、紫、白等颜色，如较早引入中国的彩叶凤梨（*Neoregelia carolinae*）开花时心叶变成鲜红色，因此又被称为 "羞凤梨"、"红心凤梨" 或 "赪凤梨" 等。

彩叶凤梨属植物长势强健，喜温暖湿润及有明亮的散射光的环境，气温较高的季节应尽量避免强光直射，以免叶片被光灼伤。环境中的光照条件对植株的株型、叶色以及叶片上的图案等特征产生很大的影响，适宜的光线可以使植株的叶片变得宽短，株型紧凑，叶色也更加艳丽。

1. 瓶状彩叶凤梨 [*Neoregelia ampullacea* (E. Morren) L. B. Sm.]

种加词的原型为 "ampullaceus"，意为 "细颈瓶状的"，指莲座丛的形状如细颈瓶状。

原产自巴西中东部。分布在海拔 700 ～ 800 m 的区域，附生于树上。

植株近无茎，侧芽从茎的基部长出，有纤细的匍匐茎。莲座丛呈管状，有叶 6 ～ 15 片，排列紧密，叶长 15 ～ 20 cm，绿色，布满红色的细斑纹，长期的人工栽培使本种产生了较多外形上的变化；叶鞘大，椭圆形，上部缩小并形成椭圆状的叶筒，叶鞘上密被微小的棕色鳞片，有时呈紫色，全缘；叶片展开，长舌形，最宽可至 1.6 cm，顶端圆，有细尖，叶缘疏生不太明显的细锯齿。伞房花序；花序梗短；花部有花少数；花苞长圆形，位于萼片下面，膜质，顶端急尖，全缘。花长约 2.5 cm，花梗长约 0.3 cm；萼片狭披针形，长约 1.5 cm，合生部分较短，光滑，绿色，边缘白色，顶端渐尖；花瓣长约 2 cm，合生部分约占总长的 3/4，花瓣露出部分为蓝色，或至少边缘为蓝色，其余白色，顶端急尖；雄蕊内藏，与花瓣高位贴生；子房近椭圆形，长约 0.4 cm，上位管较短，胚珠着生在中轴的顶部。

图 4-108　瓶状彩叶凤梨

（来自里约热内卢的植株）

瓶状彩叶凤梨株型小且紧凑，叶上有明显的斑纹，以观叶为主，适合盆栽，也可附生种植。

植株长势强健，喜光照充足的环境，常丛生。

通过分株繁殖。

目前人们所收集的瓶状彩叶凤梨在外形上存在较大变异，但是分类学家们人为这些差异还未达到提升至变种的程度，有的则被赋予了品种名（Lawn, 1992），而外界的栽培环境和气候条件等因素也会影响植株的外观（图4-109），Lawn（1992）将在相同环境下栽培的瓶状彩叶凤梨分成以下两组：① 虎纹类（Tigrina），莲座丛从高约2 cm、直径约1 cm的迷你型到叶丛高20～25 cm的中型种不等，叶5～8片，绿色，叶背有棕色到红色的横纹，叶面上部的条纹不太规则，横纹常与斑点或微小斑点混杂在一起，莲座丛紧致，下部较窄，上部较展开，顶端尖或圆；② 细斑类（Punctissima），莲座丛更饱满且更展开，直径10～20 cm，叶8～15片，有光泽，光线较好时为黄色或金黄色，叶上有棕色或红色的点并形成横纹，叶背更明显。另外瓶状彩叶凤梨与皱叶彩叶凤梨（*Neoregelia crispata*）、红叶彩叶凤梨（*Neoregelia rubrifolia*）、细斑彩叶凤梨（*Neoregelia punctatissima*）和虎纹彩叶凤梨（*Neoregelia tigrina*）等种类在株型、叶色、叶片斑纹等性状方面有着似是而非的相似之处，好在瓶状彩叶凤梨与其他几个物种在花瓣颜色方面存在较明显的差异，如前者花瓣边缘的颜色从浅紫色至深紫罗蓝色，其余为白色，而其他几种除皱叶彩叶凤梨以白色为主、仅最顶端及边缘为浅紫色外，其余物种都为白色，似乎可以将瓶状彩叶凤梨与这几个种类区别开来。但是在长期的人工栽培过程中，瓶状彩叶凤梨由于变异和杂交等原因形成了大量的园艺品种，根据国际凤梨协会凤梨杂交登记网站的信息，与瓶状彩叶相关的品种多达170余个，还不排除其他几个物种与具有蓝色花瓣的种类杂交后产生了株型和叶片图案与瓶状彩叶凤梨相近且具有蓝色花瓣的杂交后代的情况，所有这些给相关物种的鉴定带来极大的困难。

1a. *虎纹*瓶状彩叶凤梨（*Neoregelia ampullacea* 'Tigrina'）

叶丛高20～25 cm，较紧凑，上部展开；墨绿色的叶片背面上有红褐色的横条纹，叶面斑纹较少，叶片顶端尖或圆并形成短尖，光线充足环境下叶上的斑点或斑纹呈红棕色，叶色鲜艳。

图4-109 *虎纹*瓶状彩叶凤梨

(a) 丛生的植株；(b) 叶片正面及反面（① 正面；② 反面）；(c) 生长在光线充足环境下的植株。

1b. *花叶*瓶状彩叶凤梨（*Neoregelia ampullacea*‘Variegata’）

株型比原种大些，株高约30 cm，叶黄色，上面散布着红色的斑纹或斑点，叶片中央有黄绿色的纵条纹，顶端圆，形成红色短尖。花较显著，花瓣展开部分为美丽的蓝紫色，基部为白色。可观叶或观花。

图 4–110　*花叶*瓶状彩叶凤梨

（a）开花的植株；（b）花序及花。

1c. *虎仔*彩叶凤梨（*Neoregelia*‘Tiger Cub’）

为瓶状彩叶凤梨与虎纹彩叶凤梨的杂交品种，莲座丛小型，叶片深绿色，有暗红色的横纹或斑点。花瓣边缘蓝紫色，中间及下部为白色。

图 4–111　*虎仔*彩叶凤梨

（a）开花的植株；（b）花。

2. 巴伊亚彩叶凤梨［*Neoregelia bahiana* (Ule) L. B. Sm.］

种加词 “bahiana” 指其原产地为巴西的巴伊亚州。

原产自巴西。分布在海拔450～1 300 m的区域，附生于岩石上。

植株在株型及叶色等方面存在较多变化，近无茎，侧芽具细长的匍匐茎。莲座丛呈管状或圆柱形，直径约6 cm，有叶10～12片，叶长15～26 cm，外围的叶缩小；叶鞘椭圆形至狭卵形，长9～15 cm，宽约6 cm，颜色浅，密被棕色鳞片；叶片舌形，宽2～3 cm，近基部稍变窄，密被白色鳞片或鳞片不明显，顶部绿色或红色，顶端圆并形成细尖。伞房花序；花序梗高5～9 cm，直径0.5～1 cm，白色，有光泽；茎苞形如外围的花苞，但较小，最下面的茎苞边缘有细刺；花部近圆柱形，长6～7 cm（含花瓣高度），直径2.5～3.5 cm，有花10～15朵；花苞长圆形或线形，超过子房，顶端圆、有细尖，全缘。花长8～9 cm，花梗纤细，长1～2.5 cm；萼片近对称，线状倒卵形，长约3.4 cm，宽约0.6 cm，合生部分长0.4～0.6 cm；花瓣长舌形，较窄，长5～5.5 cm，基部合生0.2～0.3 cm，顶部为蓝色，其余为白色，顶端渐尖；子房椭圆形，长0.8～1 cm，直径约0.6 cm，上位管不明显。花期冬季或初夏。

植株常呈丛生状，株型整齐；莲座丛直立，呈管状，叶较硬质，呈灰绿色，光线充足时叶上有红晕，且叶较宽短；开花时萼片暗红色，较持久，花瓣长而显著。可观叶、观花。

喜温暖湿润、光线充足的环境。可盆栽或附生种植。

通过分株繁殖。

图4-112 巴伊亚彩叶凤梨

(a) 开花的植株；(b) 花。

3. 凯氏彩叶凤梨(*Neoregelia cathcartii* C. F. Reed & Read)

原产自委内瑞拉。分布在海拔约1 067 m的区域，附生。

植株近无茎，侧芽具匍匐茎。叶约15片，莲座丛宽漏斗状，叶长约60 cm，宽约5 cm；叶鞘颜色较浅，全缘；叶片舌形，呈明亮的苹果绿色，开花时则略带玫红色，叶缘和顶端更明显，心叶玫红色，叶缘具长约0.1 cm的疏锯齿，少数长约0.15 cm。伞房花序；外层茎苞三角形，顶端变细，全缘；花部直径约6 cm，有花多数(多于75朵)；花苞长5 cm，不超过萼片。花长1.8～2.1 cm，花梗明显；萼片披针形，光滑，长2～2.7 cm，宽0.7 cm，大部离生，合生部分长约0.2 cm，不对称；花瓣近直立，为很浅的淡紫色至白色；子房长约1.1 cm，光滑，胚珠顶端钝。未成熟的果实洋红色。

图4-113 凯氏彩叶凤梨

(a) 开花的植株；(b) 花序。

莲座丛非常宽大，叶质较薄，开花时叶丛展开，且叶片上呈现出美丽的玫红色晕，具有较高的观赏性。

喜温暖湿润、半阴环境，适合盆栽或地栽，要求栽培介质疏松透气，对水质较为敏感，应使用纯水或雨水浇灌。

通过分株繁殖。

4. 约翰彩叶凤梨［*Neoregelia johannis* (Carrière) L. B. Sm］

原产自巴西东部。附生。

植株近无茎。叶不多，长可达50 cm，莲座丛漏斗状，起初近直立，形成花序时展开并呈宽漏斗状；叶鞘宽卵形，略呈浅紫色；叶片稍向后弯曲，叶面形成槽形，浅绿色或黄绿色，分布有红点，末端红色，顶端圆形或近截形，形成一黑色且粗壮的尾刺，叶缘具疏锯齿。伞房花序，深藏于叶丛中，花序梗长约9 cm；基部的茎苞近圆形，顶端急尖并形成尾尖，上部的茎苞宽卵形，白绿色，顶端渐尖；花部呈倒圆锥形，长约6 cm，宽约6 cm，花密生；花苞长椭圆形，长约4.5 cm，浅绿色至黄绿色，顶端渐尖。花长4.5～5.5 cm，花梗长1.2～1.5 cm；萼片三角形，绿色；花瓣展开，稍超过花苞和萼片，白色，顶端渐尖。果圆柱形，成熟时变成红色。花期初夏。

植株较大型，莲座丛宽大，叶宽厚，弱光下叶色绿色，强光下为黄绿色，并出现较多的红色斑点或斑块。

喜光照充足的环境，较耐强光，较耐寒。盆栽或地栽。适合庭院观赏。

通过分株繁殖。

图4-114　约翰彩叶凤梨

（a）未开花的植株；（b）开花的植株；（c）果实已进入成熟期的果序；（d）成熟的果实（① 果梗；② 果；③ 宿存萼片；④ 花苞片）。

5. 考茨基彩叶凤梨（*Neoregelia kautskyi* E. Pereira）

种加词“kautskyi”用于纪念巴西博物学家R. A. Kautsky。

原产自巴西。附生于矮树上。

植株近无茎。叶13～15片，形成宽漏斗状莲座丛；叶长20～30 cm，叶上鳞片稀疏所以而不明显；叶鞘宽椭圆形，长约12 cm，宽约9 cm，浅绿色；叶片舌形，宽5～6 cm，纸质，浅绿色，上面有红色的斑，顶端宽圆有细尖，叶缘疏被微小的细锯齿。伞房花序；花序梗长约3.5 cm；基部的茎苞近圆形，绿色，顶端渐尖，上面的茎苞密生呈总苞状，三角形，膜质，绿色，顶端急尖；花部直径约4 cm，有花约30朵；花苞披针形，与子房等长或稍超过，光滑，顶端急尖，全缘。花梗长约1 cm；萼片近离生，稍不对称，长约2 cm，稍光滑，顶端变细成锥形；花瓣长约3.5 cm，合生部分长约0.5 cm，仅顶部为紫色，其余为白色，顶端渐尖；子房具3棱，长约1 cm，白色。花期秋季。

浅绿色的纸质叶片上有红色、不规则的斑点或斑纹，叶缘锯齿稀疏，近光滑。花色雅致。

喜温暖湿润、半阴环境。可盆栽或附生种植。

通过分株繁殖。

图4-115 考茨基彩叶凤梨

（a）开花的植株；（b）花序及花。

6. 光滑彩叶凤梨［*Neoregelia laevis* (Mez) L. B. Smith］

种加词“laevis”意为“光滑的”，指其叶缘光滑。

原产自巴西。生长在巴西南部的沿海沙洲或海拔800 m的雨林中，附生。

植株易萌发侧芽呈丛生状。叶约20片，形成直立、松散的莲座丛，叶长约35 cm，叶的两面都被微小而不明显的鳞片；叶鞘大，宽椭圆形或卵形，被覆棕色鳞片，有时顶端为紫色；叶片舌形，宽3.5～4.5 cm，绿色，顶端常有紫色小点，光线充足时叶上布满紫色斑点，甚至整张叶片都为紫红色，顶端圆并形成微小的突尖，全缘或锯齿不明显。伞房花序；花序深藏于叶丛中；基部茎苞宽卵形，顶端钝；花部球形，长

图4-116 光滑彩叶凤梨

（a）开花的植株；（b）叶筒中的花。

约4.5 cm，宽约4.5 cm，有花多数；花苞长圆形，长度至萼片的约1/3处，顶端钝。花梗不明显，长不超过0.3 cm；萼片不对称，倒卵形，长1.5～1.8 cm，合生部分长0.25～0.5 cm，伸出花苞很多，膜质，白绿色，疏被鳞片，顶端宽圆；花瓣披针形，长2～3 cm，合生部分长0.6～1.4 cm，白色，花瓣中脉近基部绿色，顶端渐尖，开花时花瓣展开，有香味；花丝与花瓣高位贴生；子房近圆柱形，长约1.2 cm。花期春季。

光滑彩叶凤梨株型中等，叶缘刺少，叶质较薄，开花时有香味。

喜明亮的散射光。该种是彩叶凤梨属中产自巴西最南端的种类，因此比较耐寒。适合盆栽或附生种植。通分株繁殖。

6a. 斑叶光滑彩叶凤梨（*Neoregelia laevis* forma *maculata* H. Luther）

这是光滑彩叶凤梨的变型，变型学名“maculata”指叶上有斑点的。

与原种的主要区别是叶呈红色，上面有绿色的斑点。在明亮的光照下叶色更加鲜艳。

图4-117　斑叶光滑彩叶凤梨

（a）开花的植株；（b）叶筒中的花序及花。

6b. *花叶*光滑彩叶凤梨（*Neoregelia laevis* ‘Rafael’）

这是光滑彩叶凤梨的栽培品种，叶上布满黄绿相间的细条纹。

图4-118　*花叶*光滑彩叶凤梨

7. 小人国彩叶凤梨（*Neoregelia lilliputiana* E. Pereira）

种加词的原型为“lillputanus”，意为“如小人国的”，指植株非常娇小。

原产自巴西。附生。

侧芽从茎的基部长出，有长且向下生长的匍匐茎，茎上贴生三角形鳞片状的芽苞叶，黄绿色，布满紫红色或棕色斑点，并具密脉纹，被覆贴生的白色或灰白色鳞片，顶端急尖。叶8～10片，长约5 cm；叶鞘直立，呈筒状，被覆白色鳞片；叶片向后反折，宽约1.5 cm，被覆白色鳞片，但很快变光滑，叶面形成槽形，上面布满红色或紫色斑点，叶背有紫色横纹，顶端近圆形有短尖，叶缘有微小的细锯齿。伞房花序；花序梗长约0.8 cm；茎苞三角形，长约1 cm，宽约0.5 cm，浅紫色，顶端有短尖；花部长3.3 cm，有6～8朵花；花苞线形，长约1.4 cm，超过子房，暗红色，顶端渐尖，全缘。花梗长约0.2 cm；萼片稍不对称，披针形，长约1.3 cm，合生部分长约0.3 cm，绿色，有紫色或紫红色斑，光滑，顶端渐尖；花瓣窄菱形，长约2.8 cm，合生部分长约2 cm，宽约0.6 cm，花冠管白色，顶部蓝紫色，顶端渐尖，开花时花瓣上部展开，并向后弯曲；雄蕊与花瓣高位贴生，长约2.5 cm，雌雄蕊等长；子房长0.3～0.6 cm，直径约0.35 cm，白绿色，上位管长约0.1 cm，胚珠顶端钝。

小人国彩叶凤梨株型迷你可爱，翠绿的叶片上点缀着紫红色或紫色的斑纹和斑点。侧芽具长匍匐茎，在侧芽的基部又会长出新的匍匐茎和侧芽，如此逐级向外扩展，由一个个精致娇小的叶丛组成的“小人国”就这样形成了！

喜温暖湿润、光线良好或半阴的环境。由于株型小巧，可用于制作微型的植物景观。适合盆栽尤其是吊盆种植，也可附生种植于枯木或树皮上。

通过分株繁殖。

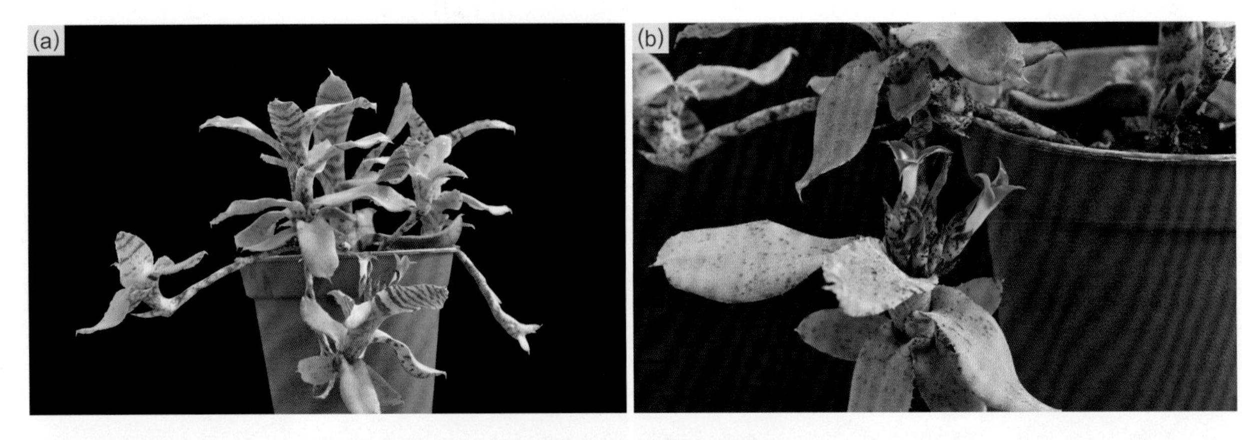

图4-119 小人国彩叶凤梨

（a）植株；（b）花序。

8. 斑点彩叶凤梨（*Neoregelia maculata* L. B. Sm.）

种加词“maculate”意为“有斑点的”，指叶上有深绿色或紫色的斑。

原产自巴西。附生。

植株近无茎。叶约8片，形成直立的狭漏斗状莲座丛，叶长可至26 cm；叶鞘宽椭圆形，长约8 cm，被红棕色鳞片；叶片长舌形，宽可至2.3 cm，叶面光滑，浅绿色，有深绿色和紫色的细小斑点，叶背被覆贴生的灰色、中央为棕色的鳞片，顶端圆、有细尖，近全缘。伞房花序；花序梗长约4.5 cm；茎苞覆瓦状排列，其中上部的茎苞呈总苞状，椭圆形，长超过萼片的中部，膜质，被覆近密生的棕色鳞片，顶部为紫色，顶端圆，全缘；花部直径约2 cm，有花少数；花苞形如上部的茎苞，但较窄。花有细梗，长约

图4-120 斑点彩叶凤梨

（a）大丛的植株；（b）花。

0.4 cm；萼片不对称，长约 1.6 cm，合生部分长约 0.3 cm，顶端宽并急尖或钝；花瓣白色，顶端反卷；子房狭椭圆形，长约 0.9 cm。

植株长势茂盛，易从茎的基部萌发侧芽并形成丛生状。开花时白色的花瓣顶端明显反卷，较特别。

喜明亮的散射光，可附生种植或盆栽。

通过分株繁殖。

9. 麻点彩叶凤梨（*Neoregelia magdalenae* L. B. Sm. & Reitz）

种加词“magdalenae”源自该种发现地的地名，中文名则根据叶片上布满细小的斑点的特征。

原产自巴西。附生。

植株近无茎，侧芽基部的匍匐茎较短。叶约 20 片，形成比较开阔的莲座丛；叶长约 40 cm；叶鞘宽椭圆形，长约 14 cm，浅绿色的底子上布满细小的红紫色的点，密被贴生的鳞片；叶片舌形，宽约 3 cm，两面都疏被不明显的鳞片，顶端圆、有细尖，叶缘具向上弯曲的疏锯齿，刺长约 0.1 cm。伞房花序；花序梗短；上部的茎苞在花序轴基部密生呈总苞状，宽卵形，长度到达萼片的中部或略往上；花部较多变，宽约 5.9 cm，有花多数；花苞披针形，全缘，露出花萼。花梗明显，长约 2.5 cm，纤细；萼片不对称，披针形，长约 3.4 cm，基部合生部分长约 0.4 cm，顶端渐尖；花瓣直立，长约 4.5 cm，露出的部分为蓝紫色，基部为白色，顶端急尖；子房椭圆形，长 1 ～ 1.2 cm。花期初夏。

株型饱满，莲座丛开阔，在光线充足的环境下，叶片有明显的红晕，并布满细小的红色斑点，开花时心叶变成鲜红色，有时整株都变成红色，非常漂亮。

长势强健，喜温暖湿润、光线充足的环境。盆栽或附生栽种。

主要通过分株繁殖。

图 4-121　麻点彩叶凤梨

（a）未开花的植株；（b）叶片上的斑点；（c）开花的植株；（d）花序及花。

10. 石斑彩叶凤梨［*Neoregelia marmorata* (Baker) L. B. Sm.］

种加词“marmorata”意为“具有大理石纹的”，指叶片上有大理石状的图案。

原产自巴西。分布在近海平面的海边岩石上或低矮的树林或灌丛中，附生或地生。

植株近无茎。叶约15片，形成密生的宽漏斗状莲座丛，叶长20～60 cm；叶鞘大，宽椭圆形，暗紫色并有浅绿色点，表面密被贴生的深棕色鳞片；叶片舌形，顶端宽圆形，宽可至8 cm，绿色，分布着紫色和暗红色的斑，被覆不很明显的灰白色鳞片，顶端微凹且有细尖，叶缘有长约0.1 cm的疏锯齿。伞房花序，深藏于叶丛中；花序梗短；外层茎苞宽卵形，浅绿色，膜质，被鳞片，顶部宽并急尖或圆形、有细尖；花部宽约5 cm，通常有花多数；花苞线形，至萼片的一半处，顶端圆、有细尖。花长约3.5 cm，花梗细，长约1.5 cm；萼片合生部分较短，明显不对称，近披针形，长1.9～2.4 cm，绿色，被稀疏的灰白色鳞片，顶端渐尖，但不形成尖刺；花瓣长约2.4 cm，白色，顶部略呈玫红色，顶端急尖；雄蕊深内藏；子房椭圆形，上位管明显。花期夏季。

莲座丛宽阔，绿色的叶片上布满紫色或暗红色的斑，叶尖红色，可长期观叶。

植株长势强健，喜光，较耐寒。

主要通过分株繁殖。

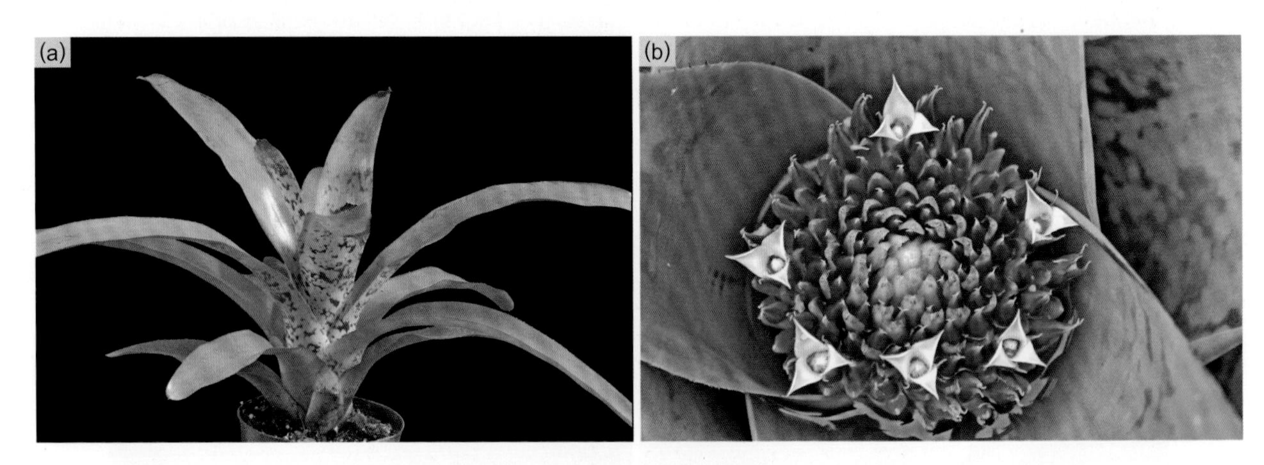

图4-122 石斑彩叶凤梨

（a）植株；（b）叶筒中的花序及花。

11. 冰心彩叶凤梨（*Neoregelia nivea* Leme）

种加词“nivea”意为“雪白色的”，指临近花期莲座丛中央的心叶变成白色。

原产自巴西。附生。

植株近无茎，侧芽有长约10 cm、直径约1.2 cm的匍匐茎，匍匐茎非常坚硬，并由灰白色的芽苞叶完全覆盖，芽苞叶披针形，近直立，并随着生长逐渐脱落。叶约20片，莲座丛起初直立，进入花期叶呈弓状展开，莲座丛呈宽漏斗状；叶鞘宽椭圆形，长约11 cm，宽约8.5 cm，两面都密被棕色鳞片，靠近顶端呈白色或紫色；叶片舌形，长约30 cm，宽约4 cm，绿色，两面都被覆不明显的白色鳞片，有光泽，开花时心叶基部变成白色，顶端圆形有明显的细尖，并呈灰白色，叶缘密生微小的刺。伞房花序，花序梗长约5 cm，直径约1 cm，被棕色鳞片；茎苞三角形，长约2 cm，基部宽约3 cm，密被棕色鳞片，靠近顶部近展开，顶端有细尖，顶部边缘有细锯齿；花部近球形，长约3.5 cm，直径约4 cm，有花约70朵；外围花苞长圆状卵形，长约2.4 cm，基部宽约1.8 cm，内侧的花苞长圆形，长约2 cm，宽约0.8 cm，约至萼片的中部，密被棕色绵毛，靠近顶部稍呈波浪形，顶端钝，近全缘。花长3.5～4 cm，花梗长0.4～0. 8 cm；萼片不对称，近卵形，长约1.2 cm，合生部分长约0.2 cm，宽约0.7 cm，绿色，正面被棕色鳞片，顶端钝，有不明显的细尖；花瓣近匙形，长约2 cm，合生部分长约0.8 cm，宽约0.4 cm，顶部及边缘蓝色，其余为白色，顶端渐尖，开花时花瓣展开并向后弯曲；花丝几乎与花瓣管完全贴生，花药近线形，长约0.3 cm，离基部1/3处背着药；子房圆柱形，长约1 cm，柱头近圆柱形，白色，长约0.35 cm，为对折—螺旋型，柱头极度旋转，边缘细裂，上位管明显，胚珠着生在中轴的顶部。花期春季或初夏。

与大部分彩叶凤梨开花时心叶变成红色、粉色或紫色等鲜艳的颜色不同，冰心彩叶凤梨开花时心叶变成白色，较特别。开花时花色淡雅，且常数朵花同时开放。

植株长势旺盛，喜温暖湿润、半阴的环境，可盆栽或附生种植。

通过分株繁殖。

图4-123　冰心彩叶凤梨

（a）开花的植株；（b）白色的叶筒；（c）叶筒中的花序及花。

12. 少花彩叶凤梨（*Neoregelia pauciflora* L. B. Sm.）

种加词“pauciflora”意为“少花的”。

原产自巴西。模式标本发现于海拔765 m处，附生。

侧芽基部具纤细并横走的匍匐茎。叶约12片，形成上部缩小的圆柱形莲座丛，叶长约15 cm，两面都被覆细小且稀疏的鳞片；叶鞘椭圆形，与叶片等长或长于叶片，正面为暗紫色，背面被覆白色鳞片并形成明显的细横纹；叶片宽舌形，宽约3.5 cm，被覆白色鳞片并形成细横纹，两面都布满大小不一的斑点，顶端圆形有细尖，叶缘有长约0.1 cm的深色疏锯齿。伞房花序，花序梗很短；花部呈纺锤形，有花少数，直径小于2 cm；花苞比花梗短，卵形，膜质，顶端急尖。花梗纤细，长约2.5 cm；萼片稍不对称，狭披针形，长约2 cm，合生部分长约0.1 cm，顶端渐尖；花瓣长约3.5 cm，白色；子房细椭圆形，长约0.7 cm。

侧芽基部有细长的匍匐茎，常呈蔓生状，并逐渐下垂呈垂吊状。叶片上布满不规则的紫黑色斑点和由白色鳞片形成的横纹，以观叶为主。花序深藏于叶筒中，不明显，常常被忽略。

栽培容易，喜明亮的散射光。适合吊盆或附生种植。

通过分株繁殖。

图4-124 少花彩叶凤梨
（a）侧芽；（b）丛生的植株。

13. 显目彩叶凤梨［*Neoregelia princeps* (Baker) L. B. Sm］

种加词“princeps”意为“第一的、首要的”，指植株的形状和叶色非常显著。

原产自巴西东部。附生。

叶15～20片，形成紧凑的莲座丛，叶长20～50 cm；叶鞘大，外围叶的叶鞘为圆形，绿色，密被鳞片；叶片舌形叶背被覆灰白色、展开或贴生的微小鳞片，外围叶片绿色，心叶小，开花时变为明亮的红色或玫红色，顶端宽圆形，有细尖。伞房花序；花序梗短；花部有花多数；花苞长圆形，背面呈龙骨状隆起，膜质，顶端有细尖，外围的花苞约与花萼齐平，靠近中央的花苞比花梗短。花长约4.2 cm，花梗最长可至1 cm；萼片极不对称，长约2.4 cm，合生部分长0.15～0.2 cm，光滑，略呈红色，顶端渐尖；花瓣线形，长约3.5 cm，高位合生，白色，顶端渐尖并呈深蓝色；雄蕊内藏，与花瓣高位贴生；子房椭圆形，上位管近无，胚珠着生在中轴的近顶部。花期春季。

叶形纤秀，株型饱满，开花时心叶变成明亮的红色或玫红色，开花整齐。

喜温暖湿润、半阴环境。适合盆栽或附生，也可地栽，要求土壤疏松透气。

通过分株繁殖。

图4-125 显目彩叶凤梨
（a）植株；（b）叶筒中的花序及花。

14. 红纹彩叶凤梨（*Neoregelia rubrovittata* Leme）

种加词“rubrovittata”意指叶上有红色条纹的。

原产自巴西。分布在海拔约300 m的典型的大西洋森林中，大部分附生于大树暴露的树枝上，少数附生于岩生上。

侧芽基部有粗壮的匍匐茎，长约10 cm，直径约1.5 cm，上面覆盖三角形的芽苞叶，麦秆色，顶端钝至渐尖，全缘。叶约15片，革质，近直立，形成窄漏斗状的莲座丛；叶鞘椭圆形，长约14 cm，宽约10 cm，密被棕色鳞片，并有不规则的暗红色斑点；叶片倒披针形，长约30 cm，宽7～8 cm，靠近基部稍变窄，绿色，两面均有明显且不规则的红色细横纹，弱光下横纹不明显，同时被不明显的白色鳞片，顶端近急尖至圆形并形成硬刺尖，叶缘密生长0.1～0.15 cm、暗红色的刺状锯齿。伞房花序；花序梗长约4 cm，直径约1.5 cm，白色，无毛；基部茎苞宽三角形，长约2 cm，棕色，顶端急尖或渐尖，边缘有小刺，上部茎苞呈总苞状，宽椭圆形，稍短于或超过子房，膜质，近光滑，浅绿色，顶端急尖、有短尖，全缘；花部近球形，约与叶鞘等长，长6～9 cm（不含花瓣），直径3～4 cm，有花约17朵；花苞窄长圆状卵形至近线形，长1.5～2.5 cm，宽0.3～0.8 cm，比花梗短或稍超过子房，膜质，透明，靠近顶部有鳞片，背面不呈龙骨状隆起，顶端近急尖，全缘。花直立，长10～12 cm，开花时有浓香；花梗明显，长0.7～2 cm，外围的花梗扁平，宽约0.3 cm，靠近中央的花梗为圆柱形，直径约0.2 cm；萼片近对称，线状披针形，长约6 cm，宽约0.7 cm，光滑，绿色，背面不呈龙骨状隆起，合生部分长2.5～3 cm，顶端急尖，有细尖，全缘；花瓣狭披针形，长9～11 cm，宽约1 cm，合生部分长3.2～4 cm，形成很窄的花冠管，开花时花瓣顶端展开并向后弯曲，白色，边缘和顶部为蓝紫色，花后花瓣变成玫红色并缠绕在一起，顶端渐尖，在花冠管的顶部着生两个明显且不规则的膜状附属物；花丝圆柱形，白色，高位贴生于花冠管上，花药线形，长约1.2 cm，基部背着药；柱头长约2 cm，为对折—螺旋型，呈细锥状，白色，边缘呈撕裂状，子房椭圆形，长1.2～1.5 cm，直径约0.7 cm，白色，光滑，上位管缺失，胚珠着生在中轴的顶部。

叶质坚硬，叶片顶端有硬的尖刺，强光下叶色由绿色变为黄绿色，并出现红晕，红色的斑纹也更加明显；花大型，颜色雅致且气味芬芳，可观叶、观花、闻香。

喜强光，较耐旱。可盆栽或附生种植。

通过分株繁殖。

图4-126　红纹彩叶凤梨

(a) 植株；(b) 叶筒内的花序及花；(c) 花序；(d) 花。

15. 银叶彩叶凤梨（*Neoregelia seideliana* L. B. Sm. & Reitz）

种加词“seideliana”来源于人名。

原产自巴西。附生。

叶多数，形成漏斗状莲座丛。叶长40～45 cm，两面都被覆着粗糙、贴生的灰色鳞片，叶背特别明显；叶鞘椭圆形，宽大，长约10 cm；叶片长舌形，宽约4 cm，叶面及叶背的颜色相同，顶端宽、近急尖，并形成长且向内卷的细尖，叶缘有红色、长约0.3 cm的扁平并向上弯曲的锯齿。伞房花序；花序梗长约8 cm；花部为半圆形，直径约6 cm，有花多数；外围苞片宽卵形，远低于萼片，被灰色鳞片，顶端细尖；花苞线形，顶部内卷，花苞上有褶皱，约至萼片的一半处，被灰色鳞片，顶端急尖，并有短尖。花梗纤细，长约0.15 cm；萼片不对称，披针状长圆形，内卷成槽状，长约2.4 cm，合生部分长约0.2 cm，顶端渐尖；花瓣离生，基部白色，展开部分深蓝色，顶端急尖；雄蕊内藏；子房椭圆形，在开花时长约1.2 cm。花期春季。

株型中小型，叶片被白色鳞片，开花时心叶基部为暗红色；花瓣上部为深蓝色，可观叶、观花。

喜湿润温暖、光线充足的环境。可盆栽、地栽或附生种植。

通过分株繁殖。

图4-127 银叶彩叶凤梨

（a）植株；（b）花序及花。

16. 端红彩叶凤梨［*Neoregelia spectabilis* (T. Moore) L. B. Sm.］

种加词“spectabilis”意为“显著的，奇观的”，中文名则根据其叶片顶端为红色的特征。

原产自巴西的里约热内卢州。附生于半阴的岩石上。

叶20～30片，形成宽漏斗状莲座丛，叶长40～45 cm，叶背被覆灰色鳞片并形成灰白色横条纹；叶鞘长约15 cm，宽椭圆形或卵形；叶片拱状展开，舌形，宽4～5 cm，绿色，最顶端为鲜红色，叶缘具刺长0.1～0.3 cm的疏锯齿。伞房花序；花序梗短，藏于叶丛中；外层苞片宽卵形，膜质，红色或紫色，顶端渐尖；花部倒圆锥形，有花多数；花苞椭圆形，约和萼片齐平，被覆棕色鳞片，暗红色，顶端渐尖。花长4～4.5 cm，花梗长0.4～0.6 cm；萼片极不对称，近椭圆形，长1.8～2.3 cm，合生部分长0.2～0.25 cm，暗红色，具半圆形的侧翼，靠近顶部有铁锈色绒毛，顶端形成长线形的钩状细尖；花瓣舌形，长2～3 cm，花瓣展开，蓝色，顶端渐尖；子房近椭圆形，长1.3～1.4 cm，上位管大。

端红彩叶凤梨是较早进入我国的观赏凤梨之一。叶片顶端的红斑非常明显，叶背有灰白色横纹，可观叶、观花。

长势强健，喜温暖湿润、光线充足的环境，可盆栽或附生种植。

通过分株繁殖。

图4-128 端红彩叶凤梨
（a）植株；（b）叶筒中的花序；（c）叶片顶端的红斑。

17. 狭瓣彩叶凤梨（*Neoregelia zaslawskyi* Pereira & Leme）

种加词“zaslawskyi”来源于人名，中文名则根据其花瓣窄而长的特点。

原产自巴西。附生于树上或岩石上。

株型较小，株高15～25 cm；侧芽有短的匍匐茎，易丛生。叶8～10片，莲座丛窄漏斗状，基部膨大成椭圆形，叶的上部展开并呈拱状弯曲；叶鞘狭卵形至长圆形，里面深紫色，背面绿色，近基部为棕色，两面都密被棕色鳞片；叶片长舌形，宽2～4 cm，叶面为绿色，密被不明显的灰白色鳞片，叶背绿色、有白色横纹，靠近叶片基部呈折皱状，顶端圆形，有长0.1～0.2 cm的短尖，叶缘具稀疏的棕色短锯齿。伞房花序；花序梗长5～8 cm，直径约1 cm；基部的茎苞卵形或宽椭圆形，长2～2.5 cm，白色，有红晕，膜质，被覆铁锈色鳞片，顶端有细尖，边缘具锯齿，上部的茎苞长卵形，长4～4.5 cm，花序梗顶端的茎苞呈总苞状，绿色或紫色，顶端渐尖，全缘；花部呈椭圆形，长约6 cm，直径约3 cm；花苞线形，长约2.5 cm，宽约0.4 cm，超过子房，膜质，背面有棕色的鳞片，顶端形成向内弯曲的刺，全缘。花长约5.5 cm，花梗长

图4-129 狭瓣彩叶凤梨
（a）植株；（b）叶筒中的花序；（c）花序；（d）花的解剖（子房部分）。

1～1.5 cm；萼片不对称，椭圆形，长1.7～2 cm，合生部分长约0.4 cm，宽约0.7 cm，膜质，光滑，基部白色，向上呈暗红色或有红褐色的斑点，顶端形成细尖；花瓣细长，长3.6～4 cm，基部合生约0.7 cm，呈管状，上部展开，白色，顶端为雪青色，展开部分近窄菱形，长约1.8 cm，宽约0.65 cm，顶端渐尖；雄蕊内藏，与花瓣高位贴生，长约1.9 cm；子房圆柱形，长约0.8 cm，直径约0.4 cm，白色，光滑，上位管漏斗状，较明显，胚珠着生在中轴的顶部，胚珠顶端钝。

植株长势健壮，株型紧凑；花瓣纤细，花色淡雅。

喜温暖湿润、光线充足的环境，栽培介质宜疏松透气。可盆栽或附生种植于枯木上。

通过分株繁殖。

18. 环带彩叶凤梨（*Neoregelia zonata* L. B. Sm.）

种加词原型为“zonatus”，意为“有环带的”，指叶上具横斑纹的。

原产自巴西。附生。

从植株基部长出具匍匐茎的侧芽。叶少数，莲座丛漏斗状，叶长25～34 cm，被覆贴生的灰白色鳞片，叶背和叶面都有明显的紫色斑纹；叶鞘椭圆形，长10～12 cm；叶片舌形，宽2～3 cm，基部不变窄，顶端圆形有细尖，叶缘有深色的疏锯齿，刺长约0.2 cm。伞房花序；花序梗短；花部近圆柱形，有花约15朵，被灰白色毛状物，后变光滑；花苞稍超过子房，其中外围的花苞卵形，质地薄，边缘具锯齿。花梗细长，可达1.3 cm；萼片椭圆形，长约2.6 cm，合生部分长约0.3 cm，不对称，顶端急尖，但不形成短尖；花瓣长约3.7 cm，白色，顶端蓝色；雄蕊内藏；子房椭圆形，长约1.2 cm，上位管漏斗状，长约0.4 cm，胚珠顶端钝，着生在中轴的顶部。

植株长势强壮，易萌发侧芽而丛生，喜光线充足的环境。盆栽或附生种植。

通过分株繁殖。

图4-130　环带彩叶凤梨

（a）丛生的莲座丛；（b）叶筒中的花序及花。

4.16　鸟巢凤梨属

Nidularium Lem.1854，属于凤梨亚科。

模式种：锦巢凤梨（*Nidularium fulgens* Lem. 1854）

属学名来源于希腊语“nidulus”，意为“巢”，因该属植物的花序形似小型的鸟巢。

原产自巴西东北部、南部和东南部。大部分生长在雨林中树木的下层或地被层，喜湿。全属现有47

种、7个种下分类单元。附生或地生。

多年生草本植物，植株近无茎或少数稍有茎，株型小型至中型，通过分割叶腋萌发的侧芽进行繁殖。叶质较薄至近革质，形成漏斗状莲座丛；叶鞘明显，叶片近线形至狭披针形，基部通常变窄，有时叶片中央加厚并成槽形，叶缘的锯齿微小，通常短于0.2 cm。近复伞房花序或复穗状花序，花密生；花序梗短或超过叶鞘，坚硬且直立，白色，光滑；茎苞形如叶片或花苞；花部近圆柱形或宽倒圆锥形，花序轴很短，有1级分枝或不明显的2级分枝，顶端不分枝；一级苞片颜色鲜艳，呈莲座状排列，开花时覆盖住萼片，里面可以储存一定量的水分，其中基部的一级苞片大而明显，超过并覆盖腋生的花束（不包含花冠）；一级分枝束状，呈折扇状，扁平，小花序轴很短，基部近无梗或具短梗；花苞稍超过子房或与萼片齐平，部分覆盖过花，颜色较浅，背面通常呈龙骨状隆起，全缘至有明显的短锯齿。花为完全花，无梗或有短梗，白天开花；萼片近对称，基部合生，若背面呈龙骨状隆起时则顶端钝没有短尖，顶端钝，急尖至渐尖；花瓣近线形，基部合生至花瓣总长的约3/4处，呈管状，上部分离的裂片为长圆形，少数花瓣离生或近离生，覆瓦状排列，开花时花瓣直立，不展开，花冠呈棒状，花凋谢后仍保持直立，顶端宽且钝，呈帽兜状，基部无附属物或有流苏状附属物；雄蕊内藏，花丝常与花瓣贴合，上部分离，花药线形或近线形，基部钝，靠近中间背着药；柱头为对折—螺旋状，椭圆形至近球形，有乳突，白色，下位子房，光滑，常具三棱，白色，上位管明显，长0.1～0.2 cm，胚珠多数，顶端钝，着生在中轴中部或顶部。

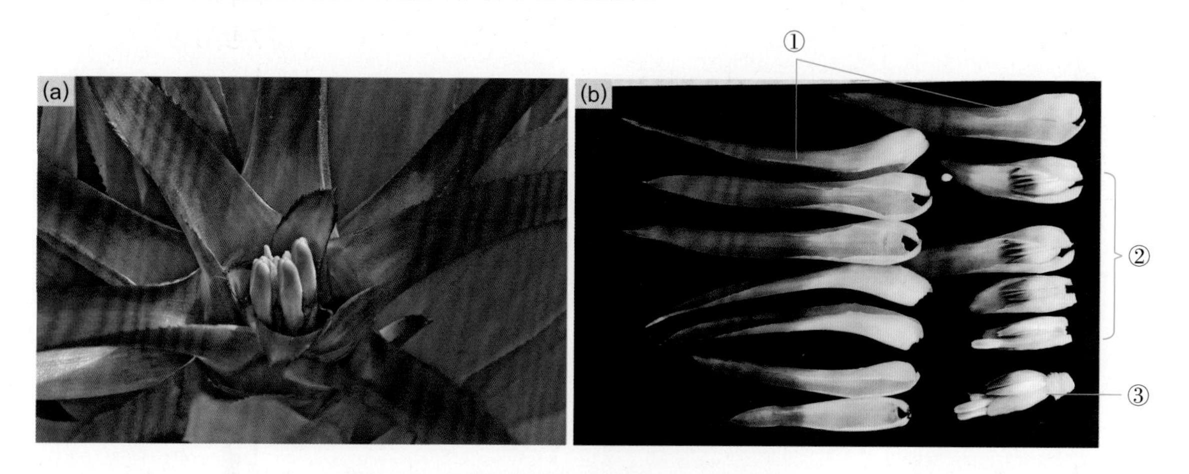

图4-131　高杆鸟巢凤梨的花序及各级苞片

（a）花序；（b）花序拆解（① 茎苞；② 一级苞片及腋生的分枝；③ 花序轴顶端不分枝的部分）。

1. 锦巢凤梨（*Nidularium fulgens* Lem.）

种加词“fulgens”意为“光亮的、光辉的”，指花序颜色非常艳丽。

原产自巴西里约热内卢州。分布在海拔800～1 100 m的山地雨林中，附生。

植株近无茎，侧芽有匍匐茎，从茎的基部长出。叶15～20片，莲座丛宽且展开，宽30～40 cm；叶鞘宽椭圆形至近圆形，比叶片宽很多，白绿色，密被贴生的棕色鳞片，全缘；叶片舌形，宽3～6 cm，基部稍变窄，叶色浅绿色，布满不规则的墨绿色斑点，叶面光滑，叶背有不明显的斑点状鳞片，顶端宽并急尖，随后渐尖并形成短尖，叶缘有明显向上弯曲、长约0.4 cm的疏锯齿。复伞花序，密生；花序梗短，长5～10 cm，直径1～1.5 cm，被棕色鳞片，但不明显；基部的茎苞呈叶状，稍超过花序梗顶部，上部的茎苞形似一级苞片，但较短；花部宽倒圆锥形，长5～7 cm，宽7～10 cm，稍高于叶鞘，但不伸出莲座丛；一级苞片大，宽卵形，红色、橘红色或粉红色，顶端绿色，急尖并形成细尖，边缘有粗锯齿；一级分枝很短，约10个，花簇生呈束状，基部的花束中有4～5朵花；花苞披针形，至萼片的约一半处，白色，疏被贴生的棕色细小鳞片，顶端急尖，全缘。花长约6 cm，无梗或近无梗；萼片狭披针形，红色，长2～2.4 cm，合生部分较短，顶端急尖；花瓣长约5 cm，高位合生成管状，白色，顶部裂片宽圆形，深蓝色，边缘白色；雄蕊内藏，花丝与花瓣高位贴生；子房椭圆形，横切面呈三棱形，长约1.5 cm，结果时子房明显增大，上位管很短，胚珠着生在中轴的中部，胚珠顶端钝。

锦巢凤梨是鸟巢凤梨属中栽培最为广泛的种类之一，也是较早进入我国的观赏凤梨之一。株型紧凑，莲座丛开展且饱满，浅绿色的叶片上散布着墨绿色的斑点，开花时叶丛中央形成美丽的橙红色或玫红色的花序，非常显著。

喜明亮的散射光，栽培较容易，可盆栽或附生种植，栽培介质应疏松透气。

通过分株繁殖。

图4-132 锦巢凤梨不同来源植株间的差异

(a) 叶浅绿色、苞片玫红色的植株；(b) 叶翠绿色、苞片橙红色的植株；(c) 株型上的差异。

2. 白花巢凤梨(*Nidularium innocentii* Lem.)

种加词"innocentii"用于纪念一位名叫Marquis de St. Innocent的法国植物种植者，也有"清白的、天真无邪的"之意。中文名根据本种花瓣白色的特征。

原产自巴西，分布区域较广泛。分布在海拔0～830 m的雨林中，有时可达1 500 m处，附生。

植株近无茎，株高22～30 cm，外形较多变，侧芽腋生。叶约20片，密生，近直立至展开，形成宽漏斗状莲座丛，叶长20～60 cm，质地较薄；叶鞘大，宽椭圆形、倒卵形至近圆形，浅绿色至暗紫红色，密被小而贴生的棕色鳞片，全缘或仅顶部具锯齿；叶片舌形，宽3～7 cm，中脉加厚，叶面呈槽形，靠近基部稍变窄，叶色为绿色或暗紫红色，背面颜色更深，无毛，有光泽，顶端急尖或宽圆形有细尖，叶缘具长约0.5 mm的锯齿，近密生。复伞花序，密生；花序梗长6～13 cm，明显比叶鞘短；下部的茎苞如叶片状，比花序梗短，上部的茎苞宽卵形，顶端急尖至圆形有细尖，边缘有小刺；花部宽倒圆锥形，呈头状或星形，长6～10 cm，直径8～20 cm，有2级分枝；一级苞片宽卵形，近直立，有的顶端展开或向后弯曲，超过花较多，基部绿色、顶端红色或粉红色，有时全为红色，密被棕色鳞片，顶端宽并急尖或近圆形有细尖，边缘密生锯齿；一级分枝约9个，呈束状，基部的分枝内有2～3个明显的二级分枝，每个小花束有花2～4朵；

花苞宽椭圆形、卵形至卵状三角形，长2～3 cm，宽1.5～3.5 cm，稍超过子房或与萼片持平，膜质，透明或浅绿色，被覆稀疏的棕色鳞片，顶端急尖有细尖，全缘或仅在顶部有疏锯齿；花长5～8 cm，近无梗；萼片长2.2～3 cm，合生部分长0.7～1.4 cm，稍不对称，背面呈龙骨状隆起，边缘透明状，分离的部分椭圆形至近圆形，宽0.8～1 cm，白色、浅绿色或略带红色，光滑，顶部急尖，形成细尖；花瓣长4～6 cm，高位合生成管状，浅绿色，花瓣裂片宽约0.9 cm，白色，顶端呈帽兜状；雄蕊与花瓣高位贴生，着药点位于花药中上部；柱头近球状，边缘呈细圆齿状，子房倒卵球形至圆柱形，长1～1.5 cm，直径约0.7 cm，上位管很短，胚珠着生在中轴的顶部。果白色至红色宿存花萼红色。

莲座丛饱满，叶片革质有光泽，有的植株整体呈酒红色，以观叶为主。开花时白色的花朵三三两两地从密生的花序中探出头来。

喜温暖湿润、半阴环境，可附生于枯枝、树皮，也可盆栽，盆土要求疏松透气，排水良好。

通过分枝繁殖。

图4-133　白花巢凤梨

(a) 植株；(b) 花序（局部）及花。

4.17　直立凤梨属

Orthophytum Beer 1854，属于凤梨亚科。

模式种：直立凤梨［*Orthophytum glabrum* (Mez) Mez 1896］

属学名由希腊语“orthos”（意为“直立的”）加“phyton”（意为“植物”）组合而成，指植株具有直立的外形。

原产自巴西。分布在大西洋森林靠近内陆低海拔、地势开阔的稀树草原上，光照非常充足且较干旱；地生生长在岩石质土壤中以及石英岩和砂岩的露头上。现有64种、6个种下分类单元。

分为3个亚属，分别为兜瓣直立凤梨亚属（*Capixabanthus*）、管瓣直立凤梨亚属（*Clavanthus*），及直立凤梨亚属（subgen. *Orthophytum*）。目前，国内收集的大部分种类属于直立凤梨亚属，少数为兜瓣直立亚属，管瓣直立凤梨亚属的种类尚未引进。

植株近无茎或有显著的地上茎。叶多数，薄至厚革质，有的叶基生，形成不能储水的莲座丛，有的则在长茎上排成多列；叶鞘基部抱茎；叶片狭三角形，至少叶背密被白色鳞片，顶端细长或近线状披针形，叶缘具锯齿。简单花序或复合花序；花序梗直立；茎苞叶片状，沿花序梗向上逐渐变小；一级苞片叶片状或近叶片状，展开；花苞大，顶端形成尖刺。花无梗或有短梗，为两性花；萼片离生，直立或近直立，对称或稍不对称；花瓣离生，有附属物或无附属物；雄蕊内藏，对瓣雄蕊与花瓣贴生；子房完全下位，扁平，上位管通常缺失，胚珠顶端钝，着生在中轴中部。

不同种类的营养繁殖体产生的部位有所不同，有的从地下茎萌发侧芽，侧芽贴生或有细长或粗壮的匍匐茎，有的种类从花序上长出假胎生芽（pseudovivipary）。

直立凤梨属的大部分种类植株呈半肉质化，生长在光线充足、干旱的岩生环境中，因此人们常把它们当做多肉植物进行栽培，也适合岩石园或旱生园的植物景观配置。

1. 卵叶直立凤梨（*Orthophytum benzingii* Leme & H. Luther）

属于直立凤梨亚属；种加词“benzingii”用于纪念美国植物学家D. H. Benzing。中文名根据其叶形呈卵形的特征。

原产自巴西。分布在海拔约450 m比较湿润的岩石生境中，地生。

植株直立，具长茎，开花时高60～100 cm。通常从地下茎萌发近贴生的侧芽，偶尔也会从花序上的花束顶端形成不定芽。茎直径0.7～1.2 cm，与花序梗之间没有明显的区分，浅绿色，密被白色绵毛。叶22～28片，展开，顶端向后弯曲，无法与茎苞明确区分；叶鞘不明显，基部抱茎；叶片卵形，长7～

图4-134　卵叶直立凤梨

（a）开花的植株；（b）花序上的一级分枝；（c）花瓣；（d）从地下茎萌发的不定芽；（e）花序上的不定芽。

10 cm，宽约4.5 cm，近革质，稍肉质，绿色，叶背密被微小的白色绒毛，靠近顶部特别明显，叶脉致密，叶面密被粗糙的白色鳞片，基部更明显，顶部近光滑，顶端急尖至渐尖，叶缘密生长0.05～0.1 cm、向上的锯齿 。复穗状花序；无法明确区分花序梗和地上茎，也无法明确区分茎苞和茎上的叶片；花部圆柱形，长17～22 cm，直径约3 cm，有1级分枝；花序轴直径0.5～0.7 cm，绿色，密被白色绵毛，其中靠近花序轴基部的分枝排列松散，上部的分枝排列较密；一级苞片形似茎苞，向上逐渐变小，长2.5～5 cm，宽1.8～3 cm，向下反折，超过腋生花束，基部被覆微小的白色鳞片，靠近顶部光滑至近光滑，边缘有长约0.5 cm的锯齿，密生；一级分枝10～20个，长约1.5 cm，直径2～3 cm，基部无梗，有花5～10朵，排成多列，密生呈束状，其中顶部的一级分枝稍呈扁平状；花苞卵状三角形，长约1.2 cm，宽约0.9 cm，绿色，密被白色绵毛，背面更明显，并呈龙骨状隆起，顶端急尖或渐尖，并明显向后弯曲，靠近顶部边缘密生长约0.05 cm的锯齿。花长1.5～1.8 cm，无梗；萼片离生，稍不对称，卵状披针形，长0.7～0.8 cm，宽约0.3 cm，绿色，顶端密被白色绵毛，顶端急尖或渐尖，全缘，近轴的一枚萼片背面有明显的龙骨状隆起；花瓣离生，近线形，长约1.2 cm，宽约0.3 cm，开花时近直立，花瓣边缘1/3为白色，向中间及基部渐变为绿色，顶端圆形，或有微小的细尖，离基部0.3～0.4 cm处着生流苏状的鳞片，还有2条纵向、约与花丝等长的胼胝体；对萼雄蕊离生，对瓣雄蕊与花瓣合生约0.4 cm；花药长圆形，长约0.2 cm，基部和顶部钝，着生在近中间部位；子房长约0.4 cm，有3条棱，上位管不明显，胚珠多数，顶端钝，着生在中轴的顶部。果实由子房稍微膨大而成，白色，果肉中没有黏性物质；种子近圆锥状，表面有细沟，长约0.12 cm，顶端钝。花期冬季。

卵叶直立凤梨具长茎，叶沿着茎排成多列，茎叶上都密被白色绵毛。侧芽刚从地下茎上萌发时短而粗壮，叶宽大且较肉质，有一点“婴儿肥”，随着地上茎向上生长逐渐变细，簇生顶端的叶丛常给人头重脚轻的感觉。当茎的顶端形成花序时，直立茎变成了花序梗，而叶也成了一级苞片，苞片中长出密被白色鳞片的束状花穗，并从中开出一朵朵洁白色的花，较为别致。

喜光线充足的环境，耐旱。可盆栽，也可应用于岩石园或旱生园中，要求栽培介质具有良好的排水性。主要通过分株繁殖。

2. 翠叶直立凤梨［*Orthophytum estevesii* (Rauh) Leme］

属于直立凤梨亚属；种加词“estevesii”来源于首位采集到该种的收集者E. Esteves Pereira。*Orthophytum sucrei*‘Estevesii’为其异名。

原产自巴西。常生长在覆盖着一层薄薄的有机质土壤的岩石斜面上，地生。

植株近无茎，高12～30 cm；从地下茎长出具短匍匐茎的侧芽，也可以从花序上长出不定芽。叶7～10片，莲座状基生，近密生；叶鞘不明显；叶片狭三角形，长9～20 cm，基部宽1.5～2.2 cm，厚约0.2 cm，呈拱状弯曲，顶端有尾状长渐尖，叶片横截面可见明显的半圆形沟槽，叶色绿色或浅绿色，除基部及基部边缘有不明显的白色鳞片外，其余光滑，叶缘刺状锯齿密生或近密生，以向上的弯刺为主，少量为直刺，其中基部的刺呈三角形，顶部为针状，基部的刺长0.2～0.4 cm，间隔0.4～1 cm，越靠近叶片顶端刺越短。穗状花序，密生；花序梗直立，长6～17 cm，直径0.4～0.7 cm，绿色，密被白色绵毛；茎苞叶片状，沿花序梗向上逐渐减小，除基部有白色绵毛外其余光滑，近展开或近直立并呈拱状弯曲，花序梗可见；花部呈头状，直立，长2.5～3 cm，有花8～10朵，基部的苞片内花不发育，但有不定芽，花后可形成新的繁殖体；花苞狭卵形，强烈向后弯，长3～4.2 cm，超过萼片，宽1～1.8 cm，中央有明显的沟槽，但不呈龙骨状隆起，质地较薄，无毛，顶端渐尖并形成尖刺，边缘粗锯齿呈针状或钩状，密生或近密生。花长3～3.2 cm，无梗；萼片离生，近对称，窄三角状卵形，长1.8～2 cm，宽0.3～0.4 cm，浅绿色，有细脉纹，膜状，无毛，顶端变细并形成纤细的渐尖尾尖，全缘，其中近轴的2枚萼片背面呈龙骨状隆起并一直下延至子房，远轴的萼片背面没有龙骨状隆起；花瓣离生，窄匙状，长2.4～2.7 cm，宽0.4～0.5 cm，花瓣边缘及顶端白色，中间浅绿色，顶端圆，离基部约0.3 cm处着生2枚边缘呈撕裂状的鳞片，同时还有2条约与花丝等长的纵向的胼胝体；花丝靠近顶端为绿色，对萼雄蕊的花丝长约1.8 cm，离生，花后折叠，对瓣雄蕊的花丝长约1.6 cm，与花瓣贴生约1 cm，中间背着药，花药长0.2～0.25 cm，基部钝，顶端钝并形成尾状细尖；柱头白色，子房长约0.4 cm，顶部宽0.5～0.6 cm，胚珠着生在中轴的顶部。

植株叶色青翠，开花前叶呈莲座状排列。开花后期可从花序顶端长出不定芽，并随着不定芽的长大，花序向下弯曲并最终匍匐在地面，当新芽接触地面后便可生根并长出新的植株从而常成片生长。

长势强健，喜光照充足的环境，也较耐阴。可盆栽或地栽，要求土壤有良好的排水性。可应用于岩石园，如种植在岩石边缘或缝隙中，常丛生。

主要通过分株或剪取花序上的不定芽繁殖。

图4-135 翠叶直立凤梨

（a）开花的植株；（b）花序及花；（c）由花序上的不定芽倒伏至地面而形成的大丛；（d）花的解剖。

3. 叶苞直立凤梨（*Orthophytum foliosum* L. B. Sm.）

属于革叶直立凤梨亚属。种加词“*foliosum*”指一级苞片呈叶片状。

原产自巴西。生长在石灰质的岩层上，地生。

开花时植株高约50 cm，从地下茎长出具细长匍匐茎的不定芽，匍匐茎长15～30 cm。叶莲座状基生，叶长超过80 cm，浅绿色；叶鞘宽卵形，长超过6 cm，光滑；叶片狭三角形、近线形，基部宽稍大于2 cm，叶面有光泽，并被覆不明显的斑点状鳞片，叶背有一层由鳞片融合而成的灰白色膜，叶缘有长约0.1 cm的疏锯齿。复穗状花序；花序梗直立，粗壮，密被白色绵毛；茎苞叶片状，在花序梗上间隔较远；花部圆锥形，长约13 cm，花序轴粗壮，密被白色绵毛，有1级分枝，基部的分枝排列松散，顶部排列紧密；基部的一级苞片伸长呈叶片状，基部有绵毛，顶端的一级苞片呈苞片状；一级分枝上有花少数，密生，呈球穗状；花苞宽卵形，约与萼片齐平，稍向后弯曲，绿色，有脉纹，顶端渐尖并被绵毛，边缘具疏锯齿。花无梗；萼片离生，披针形，长1.6～1.7 cm，被灰白色鳞片，顶端渐尖；花瓣长圆形，长约2 cm，白色，花瓣附属物2枚，倒圆锥形，位于花瓣约1/2处，并着生在2条纵向的胼胝体上；雄蕊内藏，对瓣雄蕊与花瓣高位贴生；子房近圆形，明显呈扁平状，长约0.6 cm，上位管近无。花期冬季。

未开花时叶基生呈莲座状，叶近线形并呈拱状弯曲，姿态较优美；侧芽有长长的匍匐茎，铺地或垂吊。开花时花序梗上的叶状茎苞伸长，显得张牙舞爪，花序的颜色以白绿色为主。是国内已收集的为数不多的属于兜瓣直立凤梨亚属的种类之一。

长势强健，喜强光，较耐旱。

通过分株繁殖。

图4-136 叶苞直立凤梨

（a）植株及具长匍匐茎的侧芽；（b）侧芽的基部；（c）开花的植株；（d）小花束及花。

4. 福氏直立凤梨（*Orthophytum fosterianum* L. B. Sm.）

属于直立凤梨亚属。种加词“fosterianum”来自美国植物学家和植物收集者M. B. Foster。

原产自巴西，仅见于栽培。

开花时植株高约50 cm；从地下茎萌发贴生的侧芽，或从花序上每个花束的顶端长出不定芽。除花瓣外其余都被稀疏的白色鳞片。叶呈莲座状排列并向后弯曲，长10～15 cm，绿色，没有明显的叶鞘，叶片狭三角形，宽约2 cm，顶端逐渐变细，叶缘有长约0.5 cm的刺状锯齿。复穗状花序；花序梗纤细，开花期间保持直立；茎苞叶状，向后弯曲，沿花序梗向上逐渐变小；花部圆柱形，有1级分枝，顶端不分枝，花密生，呈圆锥形；一级苞片叶片状，向上逐渐缩小；一级分枝基部无梗，花密生呈束状，位于花序轴下部的花束较小，只在最前端的花苞内开花；花苞叶片状，明显向后弯曲，比萼片长很多。花无梗，直立或近直立；萼片狭三角形，长约1.5 cm，顶端有细尖；花瓣线形，白色，顶端钝，近基部有2枚边缘撕裂状的鳞片；子房近球形。花期夏季。

植株叶色翠绿，有光泽，较肉质；整株疏被细小的鳞片；开花时花序挺拔。

喜光线明亮或半阴的环境，地栽或盆栽，要求介质疏松透气。

通过分株繁殖。

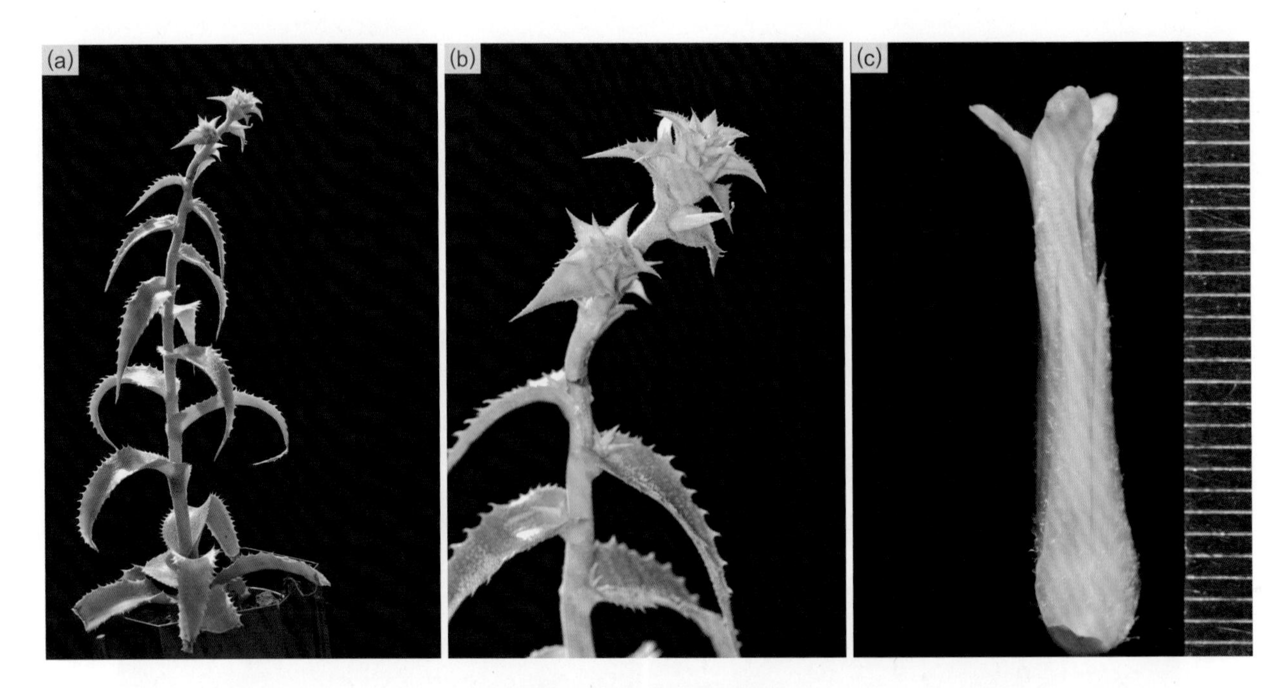

图4-137 福氏直立凤梨
（a）开花的植株；（b）花序；（c）花。

5. 虎纹直立凤梨（*Orthophytum gurkenii* Hutchison.）

属于直立凤梨亚属。种加词“gurkenii”来源于巴西植物收集者L. C. Gurken。中文名根据其叶片上有横纹的特征。

原产自巴西东南部，分布范围较窄。生长在露出地面的岩石上，地生。

植株有短且粗的茎，不开花时莲座丛高约15 cm，直径约25 cm，开花时高约90 cm。叶近直立或展开，呈拱状弯曲，叶长约25 cm，宽约4.5 cm，叶面形成宽而浅的凹槽；叶鞘明显并裹住茎；叶片三角形，深紫色或紫褐色，叶背被覆不规则的散生白色鳞片，叶面上的白色鳞片排成宽0.2～0.3 cm的波状横纹或锯齿状的不规则斑纹，与深色且光滑的区域相间，形成斑纹，顶端变细，有长约0.25 cm疏锯齿。复穗状花序；花序梗直立或拱状弯曲，较粗壮，密被白色鳞片；茎苞叶片状，向下弯曲，少数向后卷曲，革质，基部圆形，其中基部的茎苞长约10 cm，宽约2.4 cm，向上逐渐缩小，顶端的茎苞呈披针形，顶端渐尖；花部圆柱形，有1级分枝，在花序轴上排列松散，顶端不分枝，花密生，呈圆锥形；一级苞片形如茎苞，向下弯曲并与花序轴平行或近平行，向上逐渐缩小，最上面的变成绿色，虽然仍被稀疏的鳞片，但不形成横纹；一级分枝3～6个，基部无梗，有花多数，密生呈束状，半球形，长约3 cm，宽约4 cm，浅绿色；花苞披针形，超过花，坚硬，呈拱状弯曲，顶端渐尖并形成尖刺，边缘具白色锯齿。花长1.5～1.6 cm，大部分无花梗，极少数有花梗；萼片对称，披针状三角形，长约1.3 cm，下半部为白色，向上渐变到顶部的浅绿色，背面不呈龙骨状隆起或有龙骨状隆起，顶端变细；花瓣长1.5～1.6 cm，线形，顶端钝，白色，有时顶端白色、基部绿色；花丝白色；子房卵形，直径约0.4 cm，柱头很少伸出，白色。花期冬季。

营养生长期的植株茎短，叶近基生，形成紧密的莲座丛；叶片被覆白色鳞片并形成清晰的波状横纹，是直立凤梨属植物中最具观赏价值的种类之一。开花时花序如塔状缓缓升起，茎苞和一级苞片上（除顶端的一级苞片外）也有斑纹，非常精致。

喜光线充足的环境，较耐旱。可盆栽或地栽，介质宜疏松透气，富含腐殖质。

分株繁殖，但是从植株基部长出的侧芽并不多，繁殖系数较低。

图4-138　虎纹直立凤梨
(a) 植株；(b) 开花的植株；(c) 一级分枝。

6. 白毛直立凤梨（*Orthophytum magalhaesii* L. B. Sm.）

属于直立凤梨亚属。种加词“magalhaesii”来源于人的姓氏，即巴西的植物收集者M. Magalhae。中文名根据植株上密被白色绵毛的特征。

原产自巴西。生长在开阔的多岩石露头的地区。

从地下茎萌发贴生的不定芽，开花时植株超过55 cm。叶（或开花时基部的茎苞）长约50 cm，整株密被毛毡状灰白色鳞片，鳞片展开并呈细裂状；叶鞘不明显；叶片狭三角形，顶端呈尾状渐尖，叶缘有疏锯齿。复穗状花序；花序梗直立，直径约0.5 cm，密被绒毛状鳞片；茎苞向上逐渐缩小；花部柱状，被覆绒毛状鳞片，后期逐渐变光滑，有1级分枝，排列松散，顶端不分枝，花密生；一级苞片近叶片状，除最上面的苞片外，其余均远超腋生的一级分枝；一级分枝基部无梗，花密生呈球穗状；花苞三角形，向后弯曲，超过花，边缘有微小而扁平的细锯齿。花无梗；萼片离生，狭三角形，长约1.4 cm，有脉纹，顶端刺状变细，近轴的萼片边缘有翼；花瓣白色，顶端钝。花期春季。

白毛直立凤梨的叶展开并自然弯曲下垂，姿态较为优美，叶面平，两面都密被灰白色鳞片；花序挺拔。

喜光线充足的环境，强光下可促进白色鳞片的发育。可盆栽或用于岩石园或旱生园的植物配置。

通过分株繁殖。

7. 短轴直立凤梨（*Orthophytum maracasense* L. B. Sm.）

属于直立凤梨亚属。种加词“maracasense”为其发现地的地名，即巴西巴伊亚州的Maracas。中文名根据本种花序轴较短，一级分枝在花序轴上密生。

原产自巴西，分布在海拔约900 m的区域，地生。

从地下茎萌发不定芽，有短的匍匐茎，植株的地上茎短而粗，较明显；开花时高约30 cm。叶长约30 cm；叶鞘小而不明显；叶片狭三角形，宽约3 cm，展开，叶面近光滑，叶背被覆白色鳞片，顶端渐尖，叶缘有长约0.3 cm的疏锯齿。复穗状花序；花序梗直立，被白色绒毛；茎苞叶片状，大型，展开，花序梗

图4-139 白毛直立凤梨

(a) 未开花的植株；(b) 开花的植株；(c) 叶片表面的鳞片。

图4-140 短轴直立凤梨

(a) 开花的植株；(b) 花序及花。

大部分露出；花部密被白色鳞片，长约13 cm，有1级分枝，位于花序轴上部的分枝排列较密，顶端不分枝；一级苞片叶片状，展开，其中最下面的伸长，向上逐渐变短，不超过腋生分枝的2倍；一级分枝基部无梗，花密生，近球形，长约3 cm；花苞宽卵形，展开或向下弯曲，长约2 cm，顶端渐尖，边缘有朝向基部的尖刺。萼片狭三角形，长约1.5 cm，顶端渐尖；花瓣稍超过萼片，白色，花瓣附属物远离基部。花期早春。

植株黄绿色，当光线充足时植株稍带红晕，叶较肉质，叶质坚硬，花序梗粗短，可作为多肉植物观赏。

喜强光，耐旱。适合盆栽或岩石园、旱生园地栽。

通过分株繁殖。

8. 红穗直立凤梨（*Orthophytum rubrum* L. B. Sm.）

属于直立凤梨亚属。种加词“rubrum”意为“红色的”，指花苞和萼片的颜色为鲜红色，形成红色的花穗。

原产自巴西。生长在岩石上，地生。

开花时植株高50～60 cm，从地下茎萌发不定芽，有时有很长的匍匐茎；叶多数，莲座状基生，叶长55～60 cm，起初被覆贴生的白色鳞片；叶鞘近圆形，长2～3 cm，浅棕色，逐渐变得光滑并有光泽；叶片线状三角形，宽2～3 cm，叶面深绿色且有光泽，叶背被覆灰色鳞片，顶端长渐尖并有细线状尖刺，叶缘有长约0.2 cm向上的浅色疏刺。复穗状花序；花序梗伸长，密被白色鳞片，常稍弯曲；茎苞叶片状，斜出或展开；花部呈三角形，有1级分枝，分枝3～6个，其中基部的分枝排列松散，有时最基部的分枝与其他分枝距离较远，顶部的分枝排列紧密，顶端不分枝，与顶部的分枝密生呈指状，花序轴略呈膝状弯曲；一级苞片叶片状，展开，沿花序轴往上逐渐变短，顶部分枝的一级苞片的长度是腋生分枝的2倍；一级分枝椭圆体状，花多而密生呈穗状，随着小花序轴的伸长逐渐形成圆柱形，长2～4 cm，直径约2.5 cm；花苞展开，阔卵形，长约2 cm，红色，脉纹清晰，顶端渐尖，边缘具锯齿，光滑。花无梗；萼片三角形，长约1.2 cm，绿色至红色，顶端有短尖，其中近轴的2枚萼片背面呈非常宽的翼状隆起；花瓣长约1.5 cm，白色，附属物离基部较近；雄蕊内藏；子房近球形，黄绿色。花期夏季。

莲座丛开展，叶片呈拱状弯曲，有时不定芽的基部有长长的匍匐茎，呈垂钓状，株型优美。开花时花苞及花萼为鲜艳的红色，且可保持数月之久，是直立凤梨属植物中为数不多、花序颜色为红色的种类。

耐强光和干旱。可盆栽或地栽，宜选择沙质、排水良好的土壤。适合岩石园与旱生园的种植。

通过分株繁殖。

图4-141　红穗直立凤梨

（a）植株及基部的匍匐茎；（b）正在开花的一级分枝；（c）开花的植株（初花）；（d）花序（开花后期）。

4.18　泡果凤梨属

Portea Brongniart ex C. Koch 1856，属于凤梨亚科。

模式种：泡果凤梨（*Portea kermesina* Brongniart ex C.Koch 1857）

属学名可能来源于法国一位姓名为Marius Porte的植物收集者（Baensch 1994）；也可能是为了纪念意大利植物学家Pietro Port，或者来源于拉丁语“porta”，意为“门”（ Grant和Zijlstra 1998）。中文名根据该属植物花后子房膨大成球形的果实这一特征，同时与属学名中第一部分元音的发音相呼应。

仅原产自巴西东部的大西洋森林中。现有8个种、3个种下分类单元。

叶被鳞片，莲座状基生，有叶筒；叶片舌形，叶缘具锯齿。圆锥花序，顶生，茎苞通常颜色鲜艳。两性花，有花梗，蓝色或紫色；萼片多少有些合生，极不对称，顶端有长的短尖；花瓣离生，对称，超过雄蕊和雌蕊，基部有2枚具毛缘的鳞片；对瓣雄蕊和花瓣高位贴生；子房完全下位，胎座在中轴上的位置因种而异。浆果肉质。

株型高大，花序宽且挺拔，颜色鲜艳，花后果实膨大成椭圆体形或圆球形，有很长的观赏期。

1. 翅萼泡果凤梨（*Portea alatisepala* Philcox）

种加词由“alati”和“sepala”组成，前者指翼状的，后者为萼片的意思，指萼片具有明显的翅状侧翼。

原产自巴西。分布在大西洋森林接近海平面的区域，附生。

开花时高约85 cm。叶长约125 cm；叶鞘近椭圆形，长约18 cm，宽约11.5 cm，密被深棕色鳞片；叶片长舌形，长90～100 cm，宽3.5～7.5 cm，两面都有细小的浅色疣点，背面更明显，顶端急尖或钝，形成长约0.25 cm的短尖，叶缘有刺状锯齿，基部刺变密，深棕色，刺长约0.2 cm。圆锥花序；花序梗长可至40 cm，直径约1.5 cm，粉红色，密被柔毛并逐渐变得光滑；茎苞直立，呈覆瓦状排列，椭圆形，长7～9 cm，红色，被覆稀疏的白色鳞片，顶端急尖并形成突尖，边缘有细锯齿；花部长可达35 cm，宽10～15 cm，有1级分枝，偶尔有2级分枝；一级苞片下垂，披针状椭圆形，基部的苞片长可达7 cm，宽0.5～1 cm，向上逐渐减小，明亮的粉红色，近光滑，顶端渐尖，边缘有细锯齿；一级分枝长1～4 cm，基部有扁平状的短梗，有花1～6朵，最基部的分枝上有时有二级分枝；花苞小，长0.3～0.5 cm，丝状。花长5.5～6.5 cm，花梗粉红色，长1～1.8 cm，疏被鳞片；萼片长1～1.2 cm（含长约0.25 cm的顶端短尖），基部合生，极不对称，具有宽倒卵形的侧翼，向上和向一侧延伸，长0.7～0.8 cm，宽约0.6 cm，侧翼近透明；花瓣长约4.5 cm，宽约0.6 cm，蓝紫色，基部有2枚长约0.15 cm、具毛缘的粗短的鳞片；雄蕊与花瓣等长，花丝长约4 cm，蓝紫色，花药长约0.7 cm；雌蕊稍露出花瓣，长4～5 cm，柱头为对折—螺旋型，呈锥形，蓝紫色，子房长约1 cm，圆柱形，

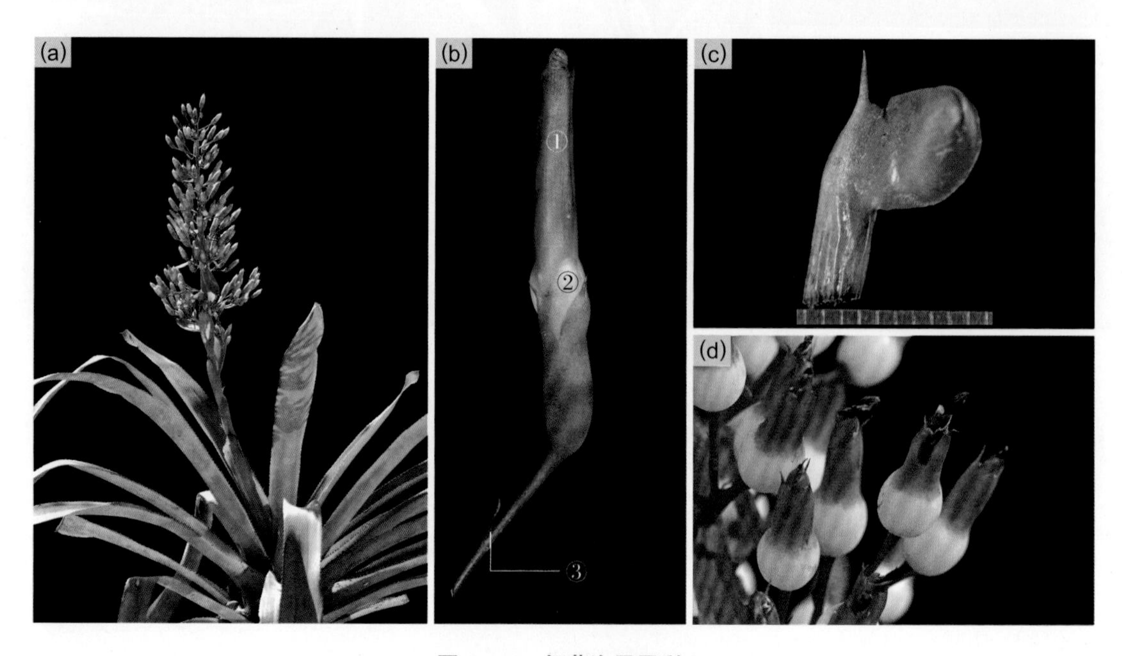

图4-142 翅萼泡果凤梨

(a) 开花的植株；(b) 花（① 花瓣；② 花萼；③ 花苞）；(c) 萼片；(d) 果实。

上位管明显。浆果圆球体形，白色，顶端有粉红色的宿存萼片；种子未见。花期夏季至秋季。

植株中大型，叶色通常为棕色或暗红色；开花时粉红色的花序高大且美丽，花多数，花瓣蓝紫色，花后果实膨大呈白色的圆球形，顶端有粉红色的宿存萼片，赏花、观果俱佳，观赏期长达半年甚至更长。

长势较为旺盛，喜温暖湿润、光线充足环境。适合盆栽或庭院地栽，栽培介质以疏松透气、富含腐殖质的土壤为佳。

通过分株繁殖。

2. 细枝泡果凤梨［*Portea petropolitana* (Wawra) Mez］

种加词“petropolitana”来源于巴西小镇彼得罗波利斯（Petropolis），为其正模式标本的采集地。中文名根据本种各级分枝的小花序轴较纤细的特征。

原产自巴西中东部。生长在雨林及沿海灌丛中，地生。

叶多数，形成密生的莲座丛，叶长约80 cm；叶鞘大型，近椭圆形，靠近顶部有锯齿，被覆贴生的深棕色微小鳞片；叶片基部宽约10 cm，顶端急尖，形成大而坚硬的棕色尖刺，叶缘有长约0.4 cm、直且展开或向上弯曲的黑色锯齿，近密生。圆锥花序；花序梗直立，红棕色，近光滑；茎苞大型，直立，呈覆瓦状排列，长椭圆形，边缘具锯齿；花部近圆柱形或圆锥形，长约50 cm，除花瓣外其余都为红色，具2级分枝，有时有3级分枝，分枝排列松散；一级苞片全缘，其中下部的一级苞片较大，下垂，宽披针形，向上逐渐变小，一级分枝展开或近直立，含花在内长10～12 cm，基部有扁平状的短梗，小花序轴发育良好，有0～5个二级分枝，基部的分枝上有时有三级分枝；二级苞片很小，隐藏于二级分枝基部；二级分枝上有花1～5朵；花苞狭三角形，长约0.5 cm，全缘。花近直立；花梗长1～4 cm；花萼长约1.5 cm，合生至一半处，顶端有短尖，有宽大的侧翼；花瓣离生，长约3 cm，蓝色，基部接近白色，瓣爪线形，花瓣展开部分狭椭圆形，顶端急尖，基部有2个具毛缘的鳞片；雄蕊内藏；子房椭圆形或倒圆锥形，长约1 cm，上位管大；胎座延伸至子房室的大部分。

含原变种在内，共有3个变种。

伸展细枝泡果凤梨（*Portea petropolitana* var. *extensa* L. B. Sm）

这是细枝泡果凤梨的变种，变种加词“extensa”意为宽广的、扩张的，指植株的分枝和花梗较原变种更细、更长。

生长在巴西中东部。分布在海拔约100 m的区域。

图4-143　伸展细枝泡果凤梨

（a）开花的植株。（b）—（d）植株开花过程：（b）初花；（c）盛花；（d）花后结果。

开花时株高约120 cm。叶长约80 cm，宽5～6 cm，叶片长舌形，顶部急尖并形成坚硬的黑色尖刺，叶缘具黑褐色刺状锯齿。花部圆锥形，有3级分枝，其中基部的分枝上有3～4个二级分枝，有时还有1～2个三级分枝；花梗长3.5～4 cm。花后子房膨大，果实为椭圆形，长约2 cm，直径约1.5 cm，浅绿色，上面被覆一层粉末状的白色鳞片。种子未见。花期春季。

伸展细枝泡果凤梨是泡果凤梨属植物中栽培及应用最广泛的种类之一。株型纤秀，花序宽大，花梗非常细长。开花初期花序为绿色，随后逐渐变为鲜艳的红色，并可保持数月之久；分枝纤细且舒展，子房浅绿色或灰绿色，萼片顶端和花瓣为蓝紫色，与红色的花序轴、花序梗及一级苞片相映成趣。花期过后子房膨大成为浆果，观赏期长达半年甚至更长时间。

植株长势强健，喜阳光充足的环境，能耐强光，也较耐阴，在弱光下仍能开花，但会引起叶片徒长，软而下垂，株型凌乱。具有一定的耐寒性，能耐0～5℃的低温。适合庭院种植。

通过分株繁殖。

4.19 假姬果凤梨属

Pseudaraeococcus (Mez) R. A. Pontes & Versieux 2020，属于凤梨亚科。

模式种：假姬果凤梨［*Pseudaraeococcus parviflorus* (Mart. ex. Schult. f.) R.A.Pontes & Versieux 2020］

属学名由“Pseud”（意为“假的”）加姬果凤梨属的学名“araeococcus”组成，Pontes等人（2020）将该属从姬果凤梨属中独立出来成为新的属。

原产自巴西大西洋森林。现有7种。附生。

从地上茎的基部或地下茎萌发不定芽，匍匐茎细长。叶3～10片，形成囊状或漏斗状莲座丛，有明显的叶筒，正反面叶色相同或不同色，叶纸质；叶鞘椭圆形至卵圆形，近纸质，褐色或绿色与酒红色、红色相间；叶片倒披针形，绿色或酒红色，叶片沿中央形成纵向凹槽，全缘，少数叶缘刺不明显。圆锥花序或复穗状花序；花序梗直立，比叶短；茎苞披针形，近纸质，被鳞片，浅绿色或浅粉红色，逐渐变成麦秆色；花部圆锥形，超过或不超过叶丛，花序轴上分枝排列松散；花苞卵形、宽卵形或宽披针形至线状披针形，浅绿色。花直立，松散地排列在花序轴或小花序轴上，两性花，花无梗或有梗，极少数有香味；萼片长卵形，离生，不对称或近对称，具1或3条明显的脉纹，膜质，侧翼不明显，背面不呈龙骨状隆起，顶端有细尖；花瓣匙形，离生，展开或向后反折，通常白色，少数或为蓝色，基部无附属物、无胼胝体；雄蕊比雌蕊短，离生，开花时伸出花冠，花丝圆柱形，白色，花药近基部背着药，顶端具细尖，花粉黄色；柱头为对折—螺旋型，白色或淡黄色，子房卵形或椭圆形，光滑或有从基部散开的皱褶，绿色、浅绿色、浅蓝色或深紫色，每室有胚珠2～6枚。浆果球形，光滑，成熟时浅蓝色或黑色；种子长1.1～1.6 mm，红棕色，椭圆形或新月形，表面有齿印状格纹（图1-73b）。

主要通过分株繁殖。

小花假姬果凤梨［*Pseudaraeococcus parviflorus* (Mart. & Schult. f.) Lindman］

种加词“parviflorus”意为“小花的”。

原产自巴西。分布在海拔0～200 m潮湿、阴暗的林下，附生于小树的树干上。

植株近无茎，不定芽有细长的匍匐茎。开花时高约45 cm。叶6～10片，形成近直立的椭圆形莲座丛，叶长约30 cm；叶鞘卵形，宽大，长约10 cm，被微小且扁平的棕色鳞片；叶片舌形，宽约2.2 cm，绿色，光滑或鳞片不明显，顶端急尖或渐尖，全缘。圆锥花序，光滑；花序梗直立，非常纤细，浅绿色至酒红色；茎苞密覆瓦状排列，但没有完全遮住花序梗，线状披针形，长2.5～5 cm，宽0.5～0.6 cm，稍超过节间，膜质，酒红色、浅棕色至麦秆色，光滑，有细脉纹，顶端渐尖，全缘；花部宽金字塔形，长约15 cm，有2级分枝，排列松散，顶端不分枝；基部的一级苞片形似上部的茎苞，但略小，比分枝基部的梗稍长或等长，上部的一级苞片狭三角形，与梗等长或明显比梗短，顶端渐尖；一级分枝6～11个，长3～7 cm，直立或近展开，基部有梗，有0～4个二级分枝，顶端不分枝，有7～20朵花；二级苞片形似花苞；二级分枝长1～5 cm，基部梗长0.5～1 cm，有4～18朵花，排列松散；花苞广卵形，长1.5～2 cm，宽0.1～0.15 cm，比花梗短很多，顶部有细尖。花长0.7～1.1 cm，展开或向下反折，有长0.2～0.6 cm的细梗；萼片阔卵形，长约0.15 cm，有短尖；花瓣倒卵形，长约0.4 cm，白色；雄蕊内藏，花丝离生，圆柱形，花药线形；雌蕊略伸出花瓣，柱头为对折—螺旋型，子房浅绿色，球形或椭圆形，胚珠着生在中轴的顶部。浆果成熟时为黑色。花期冬季至早春，有时夏季。

早春开花的花序梗、各级花序轴及花梗呈红色，夏季开花的颜色通常较浅，呈浅绿色至浅棕色。果微小呈球形，结实的果实略膨大，绿色，成熟时变成黑色，未结实的果几乎不膨大，黄绿色至橙红色，稀疏地点缀在纤细的花序轴上，别具特色。

栽培容易，喜温暖湿润及半阴环境。宜盆栽或附生栽种。

主要通过分株繁殖，也可播种繁殖。

图4-144　小花假姬果凤梨

(a) 早春开花的植株；(b) 夏季开花的花序；(c) 花和花枝；(d) 果实成熟时的果穗。

4.20　丽苞凤梨属

Quesnelia Gaudich. 1842，属于凤梨亚科。

模式种：丽苞凤梨[*Quesnelia quesneliana* (Brongn.) L. B. Sm. 1952]

属学名以当时法国驻法属圭亚那的领事M. Quesnel的姓命名（Baensch，1994）。属中文名根据该属植物开花时拥有色彩艳丽的花苞的特征。

全部原产自巴西东部，分布在海拔0～1 500 m的沿海灌丛和森林地区，以附生为主。现有24种及2个种下分类单元。

多年生草本植物，近无茎或少数有长茎。叶莲座状基生，有叶筒；叶片舌形，叶缘具锯齿。简单花序或少数为复合花序，有少量分枝；花序梗发育良好。花部花排成多列；花苞通常美丽。花为完全花；萼片不对称或近对称，离生或合生部分较短，顶端钝、急尖或少数有短尖；花瓣近舌形，离生，通常直立，近基部着生2枚鳞片状附属物；雄蕊比花瓣短，开花时一般内藏，对瓣雄蕊与花瓣高位贴生；子房完全下位，上位管明显，胚珠顶端钝，多数，着生在中轴中部或顶部。浆果。

Smith和Downs（1979）将丽苞凤梨属分成2个亚属，分别为丽苞亚属（subgen. *Qusnelia*）和类水塔亚属（subgen. *Billbergiopsis*）。其中丽苞亚属为简单花序，花部为球形、椭圆形或圆柱形；花苞近舌形，顶端宽并急尖至平截状；子房稍具纵肋。类水塔亚属为简单花序或复合花序，花密生或排列松散；花苞卵形或披针形，顶端急尖或渐尖；萼片通常超过1 cm；子房一般有肋状条纹。但是人们对此分类法提出了质疑，基于简约法进行的系统发育进化分析发现丽苞凤梨属具有多源性（Almeida *et al*. 2009），其中丽苞亚属为单系群，而类水塔亚属为多系群，分别出现在结构树的不同分支上，其中大部分种类与水塔花属构成姐妹群，但即便结合解剖学和孢粉学特征，所获得的结构树的一致性指数较低，加上其主要的进化枝尚没有得到统计学上的支持，因此Almeida等人（2009）认为对丽苞凤梨属进行分类修订的时机尚未成熟。

1. 垂枝丽苞凤梨（*Quesnelia augusto-coburgii* Wawra）

属于类水塔亚属。

原产自巴西东南部，为大西洋洪积森林东南部的特有植物。分布在海拔400～1 200 m的区域，附生于树上或岩石上。

从地下茎长出直立的不定芽。叶少数，近直立，形成细管状莲座丛，叶长可超过100 cm，最外面的叶缩小；叶鞘长圆形，宽4～10.5 cm，绿色，两面都被覆贴生的灰白色鳞片；叶片长舌形，宽2.7～9 cm，顶端宽，急尖，并形成深棕色的尖刺，叶缘具长约0.1 cm的疏锯齿，叶背密被灰白色鳞片，叶面很快变光滑。穗状花序，下垂，长可达90～130 cm；花序梗细长，常向下弯曲，有时斜靠在叶筒中；茎苞直立，窄

图4-145 垂枝丽苞凤梨

（a）开花的植株；（b）花季的花序局部；（c）花（上）和花苞背面（下）。

披针形，超过节间，纸质，绿色或玫红色，疏被灰白色鳞片，顶端急尖，呈钩状，全缘，少数有不规则的小锯齿；花部圆柱形，长约15 cm，有的可长达61 cm，有花14～18朵，有的可多达26～70朵，排成多列，排列松散或近松散；花苞随花展开，表面凹凸不平，长1.5～2.3 cm，宽0.8～1.6 cm，基部的花苞几乎与萼片齐平，向上则短于萼片，中间最宽处两侧呈肩状隆起，纸质，浅棕色或黄绿色，疏被灰白色绵毛，有脉纹，顶端形成细尖，边缘具粗糙的锯齿。花无梗，长约6 cm；萼片离生或基部合生部分较短，不对称，近椭圆形，长2.2～2.7 cm，基部宽约0.55 cm，暗红色或红绿色，顶端渐尖；花瓣离生，匙形，长4.3～4.8 cm，宽约0.6 cm，紫罗兰色，向下过渡到白色，开花时花瓣向下弯曲或明显向后弯曲，顶端急尖，基部有2枚呈流苏状的鳞片，并有2条纵向的胼胝体；雄蕊比花瓣短，花丝纤细，长约4.6 cm，对瓣雄蕊与花瓣贴生，中部着药；雌蕊长约6 cm，柱头为对折—螺旋型，伸出花瓣，深蓝色，子房近三棱体形，长约0.6 cm，宽约0.6 cm，光滑，红色或浅黄色，上位管大，杯形，胚珠着生在中轴近顶部。花期春季。

叶丛细管状，花序梗纤细，花序下垂，花苞的形状较为特别；花为紫罗兰色，美丽且神秘。

喜明亮的散射光。可附生或盆栽，要求介质具有良好的排水和透气性，否则影响根系生长，植物长势不良，导致叶片黄化。

通过分株繁殖。

2. 矮生丽苞凤梨（*Quesnelia humilis* Mez）

属于类水塔亚属。种加词“humilis”意为“矮小的”，指本种株型较矮小。

原产自巴西圣保罗州。分布在海拔800～900 m的雨林中，附生。

开花时植株高30～40 cm。叶少数，直立，形成管状莲座丛，叶长20～56 cm，有时候超过花序，两面都被覆微小的鳞片；叶鞘狭椭圆形，通常伸长，为暗紫色；叶片舌形，宽2.5～4.5 cm，顶端圆形、有细尖，叶缘有细小的疏锯齿。穗状花序；花序梗纤细，直立，被覆浓密的白色绵毛；茎苞直立，覆瓦状排列，狭椭圆形，最上面的有时可长达8 cm，其他的茎苞则小得多，膜质，玫红色，稍具蛛丝状毛，靠近基部尤为明显，全缘；花部圆锥形，有花少数，花序轴很短，密被白色绵毛；最基部花苞形似茎苞，约与花等长，其他的狭三角形，不超过萼片，膜质，玫红色，全缘。花直立，无梗；萼片稍不对称，狭披针形，长约2 cm，基部合生部分长约0.2 cm，膜质，红色，光滑或顶端被绵毛，顶端钝；花瓣直立，长约3.5 cm，红色至紫红色，瓣爪线形，上部展开的部分椭圆形，顶端钝，边缘内卷，基部有2枚具毛缘的鳞片；雄蕊内藏，对瓣雄蕊与花瓣高位贴生；子房椭圆体形，有细长的肋，上位管大，胚珠着生在中轴的顶部。

图4-146　矮生丽苞凤梨
（a）开花的植株；（b）花序局部。

植株小型，叶背被覆的白色鳞片形成横纹，开花时花序玫红色，非常显著。

栽培较为容易，喜明亮的散射光，可盆栽或附生种植，栽培介质宜疏松透气。

通过分株繁殖。

3. 叠瓦丽苞凤梨（*Quesnelia imbricate* L. B. Sm.）

属于类水塔亚属。种加词“imbricate”意为“覆瓦状的”，指花苞密，呈覆瓦状排列。

原产自巴西。分布在海拔300～1 950 m的区域，附生于树上或岩生上，有时地生。

开花时植株高50 cm，从地下茎萌发不定芽，具短而横走的匍匐茎。叶少数，形成近圆柱形【漏斗状】莲座丛，叶长可至45 cm，两面都被覆微小的鳞片；叶鞘狭卵形，有时候比叶片宽，略带紫色；叶片舌形，宽3～4 cm，顶端圆，有细尖，叶缘有疏细锯齿。穗状花序；花序梗纤细，多少有些弯曲，被覆浓密的白色绒毛；茎苞直立，覆瓦状排列，宽大，椭圆形，长约11 cm，膜质，玫红色，稍被蛛丝状毛，靠近基部尤为明显，顶端急尖【渐尖】，全缘；花部椭圆体形【圆锥形】，长8～9 cm，花近密生；花序轴被白色绵毛；花苞全缘，膜质，玫红色，基部的花苞大，椭圆形，约与花等长，向上变小，呈窄三角形，不超过萼片。花近直立【长约6 cm】，无花梗；萼片基部合生的部分短，稍不对称，狭椭圆形，长约1.8【3.5 cm】，膜质，玫红色，顶端宽、急尖并形成短尖【渐尖】；花瓣直立【上部展开】，长约4 cm【4.8 cm】，樱桃红色，顶端钝，边缘向内卷，基部有2枚鳞片，呈撕裂状，两侧有2条纵向的胼胝体（图1-54e，1-54f）；雄蕊内藏【开花时花瓣展开，因此雄蕊露出】，对瓣雄蕊的花丝几乎与花瓣完全贴生；【柱头为对折—螺旋型，】子房椭圆体形，长约1.5 cm，有细长的肋（图1-68o），上位管大（图1-70d），胚珠着生在中轴的顶部。【花期为秋冬季节。】

上海辰山植物园收集的植株是目前种植较广的类型，但是在株形、花部形态等与原始描述有所不同（上一段中的方头括号“【 】”内为上海辰山植物园收集的植株的资料），因此有待进一步考证。笔者将它与该属已发表的其他物种的性状进行了对比，未发现与此物种的特征完全符合的种类，特在本书中呈现，以引起分类学家的关注。

植株小型，花序色彩艳丽。

喜明亮的散射光。适合盆栽或附生种植，栽培介质宜疏松透气。

通过分株繁殖。

图4-147 叠瓦丽苞凤梨（上海辰山植物园收集的植株）

（a）开花的植株；（b）花序；（c）花。

4. 石斑丽苞凤梨［*Quesnelia marmorata* (Lem.) Read］

属于类水塔亚属，种加词“marmorata”意为“具大理石纹的”，指叶片上具有墨绿色的斑点，如大理石上的图案。

原产自巴西中东部地区。分布在海拔0～900 m的区域，附生于树上。

开花时高约60 cm，从茎基部长出不定芽，具长约8 cm、直径约1.5 cm的匍匐茎。叶4～6片，通常在短茎的两侧排成两列，少数呈莲座状排列，叶丛呈管状，叶长40～50 cm，直立，上部微弯，有的呈螺旋状卷曲，与花序等长或超过花序，叶较厚，绿色，叶的两面都被覆微小的灰白色鳞片，并分布着深棕色且不规则的斑纹或斑点，尤其以叶背更为明显；叶鞘近长圆形，约与叶片等长、等宽，全缘；叶片长圆形，宽5～7 cm，顶端宽圆或平截，有细尖，叶缘具长约0.15 cm的疏锯齿。复穗状花序，光滑；花序梗纤细，直立或弯曲，无毛，浅绿或略呈玫红色；茎苞椭圆形，膜质，玫红色，被覆白色粉末状鳞片，顶端急尖，全缘，其中基部的茎苞比节间短，直立并裹住花序梗，上部的茎苞稍长于节间；花部金字塔形，长12～21 cm，有1级分枝，分枝排列松散，花序轴顶端不分枝，花序轴笔直，玫红色；一级苞片形如茎苞，通常下垂，椭圆形或卵状披针形，长4～8 cm，宽1.3～2.6 cm，稍短于或超过腋生分枝；一级分枝长3～9 cm，有花少数，排列松散，小花序轴呈膝状弯曲，玫红色；花苞非常微小，阔三角形，全缘。花无梗，长3～3.5 cm；萼片极不对称，近椭圆形，长约1 cm，基部合生部分较短，较厚，暗紫色，顶端宽且钝，有细尖，全缘；花瓣直立，舌形，长约2.5 cm，紫色或深蓝色，顶端钝，基部有2枚鳞片；雄蕊内藏；子房短圆柱形或近球形，被灰白色鳞片，上位管明显，胚珠顶端钝，着生在中轴近中部区域。花期仲夏。

石斑丽苞凤梨叶色斑驳，叶丛直立，呈管状，叶顶端稍向后卷，有的植株外卷非常明显，呈发条状。开花时花序直立或弯曲，有时斜靠于叶筒上，玫红色的一级苞片大而显著，可观叶、观花。开花持续时间较短，约10天。

喜温暖湿润、光照充足的环境，光照充足时叶片宽短并直立，反之则叶质较软并下垂。

适合盆栽或附生种植于树干或枯木上。

通过分株繁殖。

图4-148 石斑丽苞凤梨

（a）开花的植株；（b）叶片顶端强烈卷曲的类型；（c）花。

5. 龟首丽苞凤梨（*Quesnelia testudo* Lindm.）

属于丽苞亚属；种加词“testudo”意为“像乌龟的”，指植株花序上有花部分的形状像乌龟的脑袋。

原产自巴西。分布在海拔0～800 m沿海沙洲的灌丛中，地生。

植株有短茎，开花时植株高30～45 cm，从地下茎萌发具匍匐茎的侧芽。莲座丛有叶约15片，叶直立或呈拱状，反折，长50～80 cm；叶鞘狭椭圆形，比叶片略宽，淡紫色，两面都被覆灰白色鳞片，全缘；叶片舌形，宽3～6 cm，两面都密被鳞片，叶背略显并形成白色横纹，顶端急尖并形成深棕色的尖刺，叶缘密生长0.1～0.15 cm的黑色锯齿。密生穗状花序；花序梗位于莲座丛中央，比叶短很多；茎苞直立，覆瓦状密生，遮住花序梗，椭圆形，近膜质，白色或麦秆色，顶端急尖并形成棕色的尖刺，靠近顶部边缘具锯齿。花部为紧凑的圆柱形，长9～11 cm，直径3～6 cm；花苞直立，排成4～9列，长圆形，长3.5～4.5 cm，超过花，靠近顶部宽1.5～2 cm，表面平或边缘稍呈皱波状，浅玫红色，疏被鳞片，顶端宽圆形或微凹、有细尖。花无梗；萼片近离生，稍不对称，宽长圆形，长0.9～1 cm，被覆灰白色鳞片，顶端有细尖；花瓣直立，开花时不展开，长1.8～2 cm，花瓣顶端淡紫色，基部着生2枚边缘锯齿状的鳞片；开花时雄蕊内藏，对瓣雄蕊超过其一半的部分与花瓣贴生；子房近圆柱形，被灰白色鳞片，上位管大，胚珠着生在中轴近中部。花期冬季至早春。

龟首丽苞凤梨是丽苞凤梨属植物中较早进入国内的种类之一。花序呈圆柱形，完全被玫红色的花苞所覆盖，色彩鲜艳，开花时浅紫色的花稍伸出花萼，但不伸出花苞，仅能从侧面或从上往下俯视时才能看到。龟首丽苞凤梨拥有美丽的花序，花期7～10天；花苞的颜色可保持较长时间，但叶片顶端的尖刺及叶缘的锯齿非常坚硬且锋利，需格外小心。

植株长势健壮，易产生侧芽成丛生状，喜强光。可盆栽、附生栽种或地栽。

通过分株繁殖。

图4-149 龟首丽苞凤梨

(a) 开花的植株；(b) 花序俯瞰；(c) 花序侧面。

4.21 彩萼凤梨属

Ronnbergia E. Morren & André 1885，属于凤梨亚科。

模式种：彩萼凤梨（*Ronnbergia morreniana* Linden & André 1874）

属学名来自1874年时任比利时内政部农业和园艺主任A. Ronnberg，中文名则根据该属植物的萼片颜色较丰富，如白色，绿色，深蓝色，紫色，橙色，粉红色或鲜红色。

原产自哥斯达黎加至安第斯山脉中部的秘鲁。大部分种类分布在低地至海拔1 200～1 500 m（少数至2 600 m）的热带雨林及半落叶至潮湿的山地森林中。现有25种。地生或附生。

植株丛生或单生，有茎或近无茎；有的莲座丛宽并形成叶筒，有的莲座丛窄且基部伸长、不形成叶筒。叶鞘与叶片区分明显，叶鞘椭圆形、长圆形或卵形，绿色、浅棕色或紫色，两面都被鳞片，全缘或靠近顶部具锯齿；叶片舌形，有时种类基部变窄，呈细长的假柄状，上部为卵形至披针形，膜质至革质，绿色或变成红色，单色或双色、叶上有斑点或呈斑驳状，两面都被覆鳞片，尤其以叶背的鳞片更密，顶端渐尖至圆形、有尖刺或短尖，全缘至具锯齿。穗状花序，伸出或藏于莲座丛中，直立至斜出；花序梗绿色或白色，光滑至密被柔毛；茎苞持久，膜质，绿色或绿色、顶端为蓝色，有的为粉红色或亮红色，光滑至密被柔毛，一般比节间长，稍呈覆瓦状排列，在花序轴顶端呈总苞状，直立至斜出，椭圆形、披针形、卵形或倒披针形，边缘全缘或具锯齿，顶端渐尖或钝，有细尖或短尖；花部近头状、球果形或圆柱形，有花5～100朵，排列松散至密生；花序轴可见或隐藏于花苞或花之间，被疏或密的柔毛；花苞对称，沿花序轴向上逐渐变小或突然变小，比子房短或超过萼片，持久，直立至展开，有时顶端反折，呈线形、三角形、披针形、卵形或倒披针形，膜质至亮革质，绿色、蓝色或亮红色，有鳞片或密柔毛，顶端渐尖至圆形，有细尖、尾尖或短尖，全缘至具锯齿。花无梗，直立或展开，长2～5 cm；花萼圆锥形，偶尔背面扁平，呈螺旋状排列，萼片基部合生，极不对称，形成膜质侧翼，并与相邻萼片重叠，白色、绿色、深蓝色、紫色、橘色、粉红色或亮红色，宿存，结果期变成白色、黄色、蓝色或黑色，光滑至密被絮毛，革质，有时与果肉一样肉质，无刺至有强刺；花瓣离生，椭圆形或近匙形，形成管状花冠，顶部展开，伸出萼片0.5～3 cm，花色为白色、黄色、紫色、蓝色或粉红色，顶端圆形，偶尔急尖，花瓣附属物呈流苏状，着生在基部或离基部1/3处，有的种类附属物缺失；雄蕊内藏或部分伸出花冠，花丝扁平或少数在顶部加宽，花药为箭形或长方形，顶端有细尖或短尖；子房球形至近圆柱形，白绿色、黄色、粉红色或亮红色，光滑或密被絮毛，柱头为对折—螺旋型，边缘有乳突，胚珠顶端无附属，着生在中轴的顶部，数量大于30粒。浆果球形或椭圆形，黄色或蓝色。

1. 粉苞彩萼凤梨［***Ronnbergia allenii*** **(L.B.Sm.) Aguirre-Santoro**］

种加词“allenii”来源于美国植物学家P. H. Allen，*Aechmea allenii*为其异名。

原产自巴拿马。分布在海拔300～1 300 m的潮湿的山地雨林中，附生。

植株近无茎，从地下茎长出不定芽，匍匐茎非常粗壮。叶莲座状基生，直立或展开，长60～70 cm，高出花序很多，密被贴生的微小鳞片；叶鞘大，狭椭圆形，全缘，颜色与叶片相似；叶片舌形，宽约6 cm，基部不变窄，绿色，顶端宽急尖有短尖，叶缘密生细锯齿。穗状花序，直立；花序梗纤细，长可至35 cm，被覆白色毛状物；茎苞密覆瓦状排列，大型，倒披针形，膜质，呈亮玫红色，基部被覆绒毛，顶端急尖，靠近顶部边缘有细锯齿；花部圆柱形，密生，长8～10 cm，宽4 cm；花苞直立，其中基部的花苞形如茎苞，并大大超过腋生的花，沿花序轴向上变小为狭披针形，约与萼片齐平或稍短些，顶端渐尖，全缘。花无梗；萼片离生，极不对称，长约2.3 cm（含顶端长约0.6 cm的短尖），密被白色鳞片；花瓣长约3 cm，白色，顶端为淡紫

图4-150　粉苞彩萼凤梨

(a) 开花的植株；(b) 花序。

色，基部有2枚边缘呈齿状的鳞片；子房近球形，扁平，有3条棱，长约1.7 cm，上位管漏斗状，胚珠具尾，着生在中轴的顶部。花期冬季或早春。

莲座丛直立或展开，叶绿色，光线充足时为暗红色。花序较紧凑，开花时大型的玫红色茎苞和基部的花苞大而美丽。

通过分株繁殖。

2. 疣果彩萼凤梨［*Ronnbergia drakeana* (André) Aguirre-Santoro］

种加词“drakeana”用于纪念西班牙植物学家E. D. del Castillo，中文名则根据其子房表面有明显的疣状突起的特征。

原产自厄瓜多尔东南部和秘鲁北部。分布在海拔600～2 000 m的潮湿山地雨林中，附生。

植株近无茎，侧芽从地下茎长出，贴生；莲座丛呈漏斗状，叶不足10片，长约40 cm；叶鞘明显，卵形，密被细小的鳞片；叶片舌形，宽约4.6 cm，浅绿色，近光滑，其中外围的叶片顶端渐尖并形成细长的棕色尖刺，靠近中央的叶片顶端圆形、有短尖，叶缘密生长约0.1 cm、朝向叶尖的棕色细锯齿。穗状花序；花序梗直立，纤细，疏被鳞片；茎苞直立，披针形，顶端渐尖，全缘；花部长约12 cm，直径约9 cm，花序轴笔直，有疣状突起，花少数，排列松散；基部的花苞近刚毛状，长约1 cm，向上突然变小。花展开，无花梗，长约5 cm；萼片离生，极不对称，长0.6～0.8 cm（包含顶端长约0.3 cm的尖刺），无毛，玫红色；花瓣离生，长舌形，长约4 cm，直立，花冠细管状，开花时花瓣顶端向后展开，蓝色或湖蓝色，靠近基部略呈白色，顶端近急尖，离基部0.1 cm处着生2枚鳞片，边缘呈齿状，两侧有纵向的胼胝体；雄蕊稍短于花瓣，对瓣雄蕊与花瓣近离生，花药长约0.5 cm；子房球状，长约7 cm，有3条凹槽，玫红色，上位管短。浆果球形，与宿存萼片一起都变为蓝色；种子楔形，颜色深，长约0.2 cm。花期夏季或秋季。

光线充足环境下叶色呈红棕色，玫红色的花序上开出蓝色或湖蓝色的花，非常惊艳，子房球形，玫红色，有细小的疣突，果实成熟时为蓝色。

喜温暖湿润、光线充足的环境。可盆栽或附生种植，栽培介质应疏松透气。

通过分株繁殖。

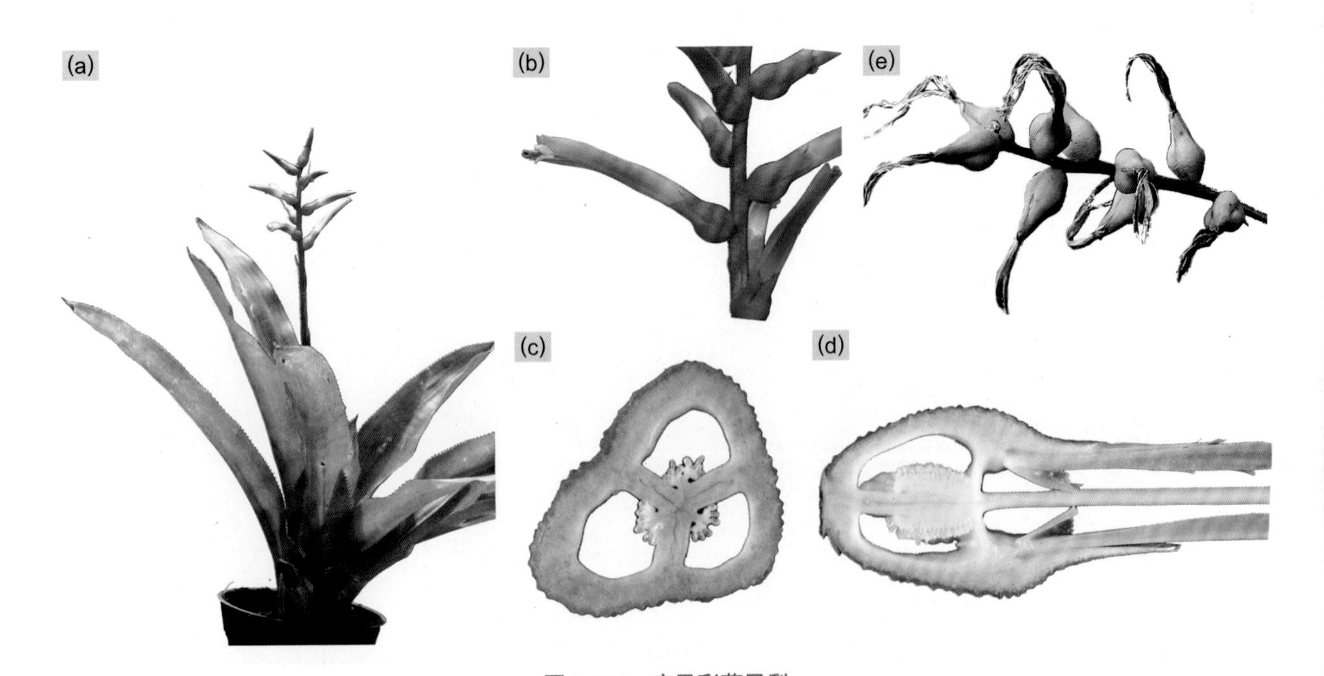

图4-151 疣果彩萼凤梨

（a）开花的植株；（b）花序（局部）及花；（c）子房横切；（d）子房纵切；（e）果序。

4.22　赤焰凤梨属

Sincoraea Ule 1908，属于凤梨亚科。

模式种：赤焰凤梨（*Sincoraea amoena* Ule 1908）

属学名源自该属模式种的采集地，即巴西 巴伊亚州一座名为“Sincorá”的山。曾属于直立凤梨属，Louzada等人（2017）重新恢复为独立的属。

原产自巴西东部的巴伊亚州。生长在季节性干旱的多石草地中。现有11个种。地生。

植株有不明显的短茎，侧芽从地下茎长出，具匍匐茎。叶多数，密生，莲座丛不形成叶筒。叶直或呈弓状或镰刀状弯曲；叶鞘覆瓦状排列，三角形，白绿色，边缘具锯齿，被覆鳞片或光滑；叶片革质至近革质，线状三角形至狭三角形，叶面平或内凹，两面都被覆鳞片或疏鳞片，叶缘锯齿密或稀疏。简单或复合花序；无花序梗；花部圆锥形；一级苞片叶状或近叶状；花苞绿色或红色，边缘具锯齿或细锯齿，顶端有尖刺。花无梗；萼片离生，直立或近直立，不对称或少数对称，顶端急尖、渐尖、有短尖或小短尖；花瓣离生，呈匙形，白色，顶端钝，花瓣附属物呈囊状，边缘有碎边或呈指状，两侧有胼胝体；雄蕊内藏，花丝线形，对萼雄蕊离生，对瓣雄蕊与花瓣贴生，花药背着药，顶端钝；柱头为简单—直立型，上位管有或无。浆果卵形，顶端有宿存的花萼；种子卵形，直。

叶基生，呈辐射状排列，开花时心叶基部及一级苞片变为白色、黄色或红色，在花序周围形成环，并与远端的叶色形成鲜明的对比，犹如太阳的光芒一般，具有很高的观赏价值。

细叶赤焰凤梨［*Sincoraea ophiuroides* (Louzada & Wand.) Louzada & Wand］

种加词“ophiuroides”指植株形态与一类生活在海洋中的蛇尾纲（Ophiuroidea）的无脊椎动物相似。

原产自巴西巴伊亚州。生长在河流瀑布边缘阴面的岩石上，地生。

植株有短茎，侧芽具匍匐茎。叶多数，莲座状密生，幼株时叶直立至近直立，长10～27 cm，形成花序时叶展开。叶鞘卵形，基部增大，长0.4～0.8 cm，宽0.7～0.8 cm，白色，光滑，边缘有长约0.05 cm的刺状锯齿；叶片线状三角形，长6～26 cm，宽0.2～0.4 cm，绿色，近革质，有光泽，开花时基部变为红色，有时整张叶片都为红色，叶缘有朝向叶尖的刺，靠近顶部的刺稍短。复合花序；无花序梗，有花15～20朵；花部近伞形，外围有1级分枝，中间不分枝；一级苞片形如叶片，红色，被鳞片，卵状线形至卵状披针形，长2～8.5 cm，顶端急尖，边缘有刺；外围的一级分枝内有2～3朵花；花苞三角形，不对称，长0.9～1.2 cm，宽0.6～0.7 cm，近革质，红色，背面有龙骨状隆起，顶端有短尖，边缘有细齿，越往里面花苞背面的龙骨状隆起越明显，且越接近全缘；萼片不对称，呈三角状披针形，长约1 cm，宽

图4-152　细叶赤焰凤梨属

（a）花序形成初期；（b）花序形成中期；（c）开花的植株。

0.3 cm，红色，光滑，背面有明显的龙骨状隆起，顶端渐尖，全缘。花瓣窄匙形，长约1.5 cm，宽约0.4 cm，白色，顶端钝并形成细尖，花瓣附属物位于离花瓣基部约0.6 cm处，呈囊状，有碎边，花瓣两侧有明显的胼胝体；雄蕊长约0.9 cm，对萼雄蕊离生，对瓣雄蕊基部与花瓣贴生，分离的部分长约0.35 cm，花药长0.23～0.25 cm，顶端有细尖；花柱基部膨大，长约1 cm，柱头为简单一直立型，子房为三棱形，上位管不明显。果与种子未见。

叶纤细，莲座丛呈辐射状，幼时叶色翠绿、有光泽，花序开始孕育时心叶变红，最后整株都变成深红色，非常惊艳。花白色，花瓣展开。观赏期可达3个月。

长势较强健，喜光线充足的环境。盆栽或地栽，栽培介质要有良好的排水性。

通过分株繁殖。

4.23 鹅绒凤梨属

Ursulaea R.W. Read & H.U. Baensch 1994，属于凤梨亚科。

模式种：鹅绒凤梨［*Ursulaea macvaughii* (L. B. Smith) R.W. Read & H. U. Baensch 1994］

属学名以植物育种家Ursula Baensch女士的名字命名，她与丈夫一起合著的*Blooming Bromeliads*深受凤梨爱好者喜爱；属中文名根据该属植物的花序上被覆浓密的雪白色鳞片，如鹅绒一般。

原产自墨西哥。现有2种。

植株有茎，株型小型或中型。叶肉质，舌形或三角形，直立或展开，有叶筒，储水功能强大或较有限；叶缘具锯齿。总状或圆锥花序；花序梗细长，直立或拱状弯曲；茎苞密覆瓦状覆盖花序梗，远超过节间，边缘具锯齿。花部为窄圆锥形或圆柱形，花排列松散，除花瓣外密被粗糙的白色鳞片；花苞窄，没有遮住花的基部。花为完全花，有花梗，排成多列；萼片离生，三角形，笔直或略弯，对称或近对称，长1.5～3 cm，顶端有坚硬的短尖；花瓣长4～5 cm，蓝色或深黑紫色，顶部向后卷起，并露出雄蕊和雌蕊，基部着生2枚具毛缘的鳞片；对瓣雄蕊与花瓣基部贴生；下位子房，上位管浅，胚珠具尾，着生在中轴近顶端。花后果实明显增大，橘色、黄色或紫色。

1. 鹅绒凤梨［*Ursulaea macvaughii* (L. B. Sm.) Read & H. U. Baensch］

种加词“macvaughii”为纪念其发现者McVaugh。

原产自墨西哥。分布在海拔500～600 m的混合型热带雨林中，大多附生于石灰石上或密林的树上。

叶长可至100 cm，形成宽大且直立的莲座丛，高约100 cm，基部直径约8.3 cm；叶鞘全缘，长约30 cm，宽约20 cm，与叶片区分不太明显；叶片舌形，长约85 cm，宽9～16 cm，浅绿色，叶面光滑，背面被贴生的白色鳞片，顶端宽圆，近急尖，并形成长0.6～0.9 cm坚硬的短尖，边缘具淡绿色的、长0.3～0.4 cm的大型弯锯齿。圆锥花序；花序梗成拱状弯曲，长约70 cm，顶部直径1～1.7 cm，被粗糙但有光泽的白色毛状鳞片；茎苞大型，直立，呈密覆瓦状排列，披针形，长23～27 cm，宽约8.5 cm，远超节间，粉红色，边缘颜色较深，近纸质，正面无毛，背面被贴生白色鳞片，顶端边缘内卷、渐尖，有短尖，边缘具锯齿；花部圆锥形，长48～100 cm，花序轴基部直径约1.5 cm，顶端约0.6 cm，靠近基部有1级分枝，往上不分枝，整个花序除花瓣外密被粗糙的白色鳞片；基部的一级苞片形如上部茎苞，边缘具锯齿，长16～25.5 cm，宽2.6～6.5 cm，远超过腋生分枝，向上突然变小为狭三角形，长只有2～3 cm，仅超过分枝基部的梗；一级分枝约14个，每个分枝上有花3～7朵；花苞线形，不明显，长约1 cm，与花序轴最上面的一级苞片相似，比花梗短，少数约与花梗等长。花展开，花梗圆柱形，长1.5～1.8 cm，直径约0.3 cm，但由于密被毛茸茸的鳞片看似粗约0.5 cm；萼片离生或近离生，近对称，狭三角形，长2.5～3.0 cm（包含顶端长约0.6 cm的锐尖），中间厚、边缘透明状，背面不呈龙骨状隆起，顶端有细尖；花瓣天蓝色，长约5 cm，宽约0.76 cm，基部宽只有0.57 cm，顶部圆而急尖，开花时花瓣展开并向后弯曲，露出雄蕊和雌蕊，花瓣附属物呈条裂状，着生在花瓣基部，两侧的胼胝体长约2 cm；雄蕊长约4.5 cm，对瓣雄蕊的花丝与花瓣贴生约1.2 cm，花药浅黄色，长约1.02 cm；花柱长约4 cm，柱头对折—螺旋型，长约0.4 cm，子房近球形，长约1.4 cm，宽约1.1 cm，上位管浅，高0.1～0.15 cm，胎座伸长，胚珠具尾，着生在中轴的中部至顶部。浆果直径1.5～1.9 cm，成熟时果皮为橙色，较肉质；种子多，近长圆形，长约0.3 cm，黑色至深棕色，表面呈细网纹状，种子顶端有明显的啫喱状附属物。花期冬季。

株型宽大，叶宽厚且坚硬，莲座丛呈漏斗状。花序下垂，较大型，粉红色的茎苞和基部的一级苞片非常宽大，花序上密被毛茸茸的洁白的鳞片，具有很高的观赏价值；天蓝色的花瓣非常雅致；浆果成熟时转为橘黄色（图1-77k），整个观赏期可持续半年之久。

鹅绒凤梨长势强健，喜光照充足环境，可盆栽或地栽，介质应疏松透气，有良好的排水性。

通过种子或分株繁殖。

图4-153　鹅绒凤梨

（a）开花的植株；（b）花序形成初期；（c）花；（d）花瓣和对瓣雄蕊；（e）种子。

2. 直立鹅绒凤梨［*Ursulaea tuitensis* (P. Magana & E. J. Lott) Read & H. U. Baensch］

种加词“tuitensis”以发现该种的墨西哥中西部小镇“Tuito”的名字命名。中文名根据其花序直立的特征。

原产自墨西哥。分布在海拔1 050 m有季节性干旱的雨林中，附生于岩石上。

植株开花时高30～60 cm，侧芽从地下茎长出，具短匍匐茎。叶15～20片，莲座丛展开；叶鞘卵形，长8～11 cm，宽4～7 cm，绿色至红色，密被白色鳞片，肉质，叶脉明显，全缘；叶片卵状三角形，长20～45 cm，宽2～4 cm，肉质，绿色至红色或紫色，密被鳞片，顶端变细并形成长0.5～0.7 cm的尖刺，叶缘锯齿长0.3～0.4 cm。总状花序；花序梗直立，长20～37 cm，直径0.4～0.7 cm，绿色，密被鳞片；茎苞直立，密被鳞片，其中基部的茎苞叶片状，长15～17 cm，宽1～3 cm，绿色至粉红色，具锯齿，上面的茎苞呈苞片状，椭圆形，长7～15 cm，宽1～2 cm，纸质，粉红色，顶端渐尖并形成长0.2～0.4 cm的尖刺，边缘具锯齿。花部圆柱形，长11～18 cm，宽5～12 cm，密被白色鳞片，花序轴顶端有不发育的花苞，密生，形成序缨；花苞线形，长2.5～4 cm，宽0.2～0.3 cm，有长0.2～0.4 cm的反折短尖，粉红色。花展开或斜出，花梗长0.2～0.5 cm，直径约0.2 cm；萼片离生，披针形，近对称，长1.5～2.7 cm，宽0.4～0.8 cm，革质，有明显脉纹，暗绿色，顶端紫色，密被白色鳞片，顶短有短尖；花瓣深紫色，长圆状匙形，长4～4.5 cm，宽0.3～0.6 cm，顶端钝，向后卷曲，露出雄蕊和雌蕊；基部有两丛呈不规则撕裂状的附属物；花丝长约3 cm，对瓣雄蕊与花瓣基部贴生，白色，花药长0.4～0.8 cm；花柱长4.5～5 cm，柱头为对折—螺旋型，深紫色，子房球形，直径约1 cm，密被白色鳞片，上位管浅，胚珠卵形，顶端钝，着生在中轴的顶部。浆果球形，直径1.5～2 cm，被覆稀疏的鳞片，成熟时果皮颜色从绿色变为暗红色或紫色；种子长约0.5 cm，宽0.18～0.2 cm，种子顶端无尾状附属物。花期春末夏初，种子成熟约需5个月。

植株小型，叶肉质，有光泽，生长在光照充足的环境中时叶色为红棕色；直立的花序上密被白色鳞片，粉红色的茎苞大且美丽，花瓣为迷人的黑紫色，顶端向后反卷。

植株长势强健，喜强光，较耐旱，可盆栽或地栽，要求栽培介质疏松透气，有良好的排水性。

通过分株或种子繁殖。

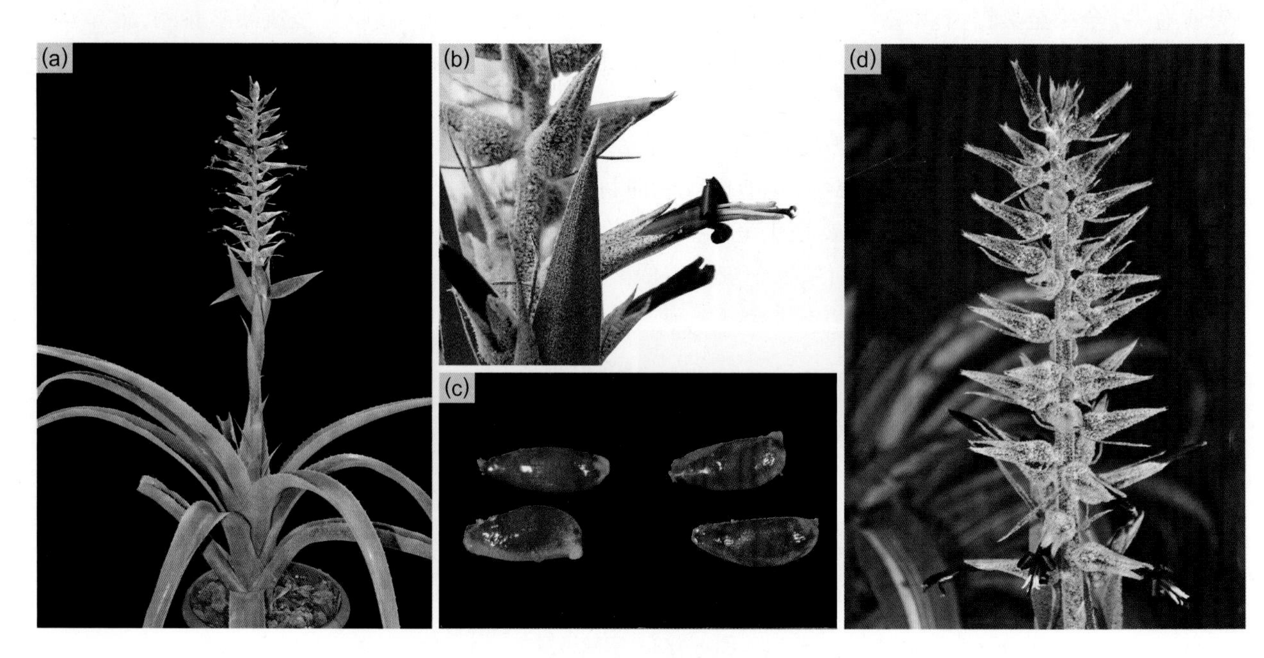

图4-154 直立鹅绒凤梨

（a）开花的植株；（b）花；（c）种子；（d）花部。

4.24 素花凤梨属

Wittmackia Mez 1891，属于凤梨亚科。

模式种：素花凤梨属［*Wittmackia lingulata* (L.) Mez 1891］

属学名为纪念德国植物学家M. K. Wittmack，属中文名则因该属植物的花序多为绿色或白色，颜色不鲜艳。

主要原产自巴西东南部的大西洋森林以及加勒比海地区。分布在低地或中低海拔的潮湿山地雨林以及干旱的半落叶林和热带干燥森林中。现有46种。地生或附生。

植株单生或丛生，侧芽有匍匐茎或近无茎。莲座丛较宽，形成叶筒，叶鞘与叶片区分明显；叶鞘椭圆形、长圆形至卵形，绿色、浅棕色或有不规则的浅紫色斑，上下两面都被鳞片，全缘或顶部具锯齿；叶片线形至舌形，偶尔基部变窄，绿色（少数呈酒红色），两面都被鳞片，但叶背更密，叶面成槽形或无中央凹槽，顶端渐尖至圆形，顶端有细尖或部分有尖刺，全缘至锯齿尖锐的锯齿缘。穗状或复穗状花序，花序可见或藏于莲座丛中，直立或下垂；花序梗绿色，暗紫色或白色，近光滑或密生絮状鳞片；茎苞线状披针形、披针形或倒披针形，凋而不落，直立至下垂，短于或长于节间，膜质，绿色、暗紫色或浅棕色，无鳞片或密被絮状鳞片，顶端渐尖至急尖，有细尖或短尖，全缘至具锯齿；花部长4～70 cm，有1级分枝，少数有2级分枝，花序轴可见或被苞片、花和分枝覆盖，被覆疏或密的絮毛；一级苞片卵形至线状披针形，沿花序轴向上逐渐变小或突然变小，早枯但不落，膜质，绿色、乳白色、暗紫色或浅棕色，偶尔呈鲜红色，被鳞片或絮毛，短于或长于分枝，顶端渐尖至急尖，边缘有锯齿；一级分枝球果状或长圆柱形，基部无梗或有梗（梗圆柱形或稍扁平，长0.5～15 cm，伸出或藏于一级苞片内，光滑至有絮毛），小花序轴笔直，可见或被花或花苞覆盖，有花3～100朵，疏生或密生；花苞沿花序轴或小花序轴排成多列，直立或展开，排列稀疏或呈密覆瓦状，持久，线形、三角形、披针形、卵形或圆形，对称，向花序轴或小花序轴顶端逐渐或突然减小，短于子房或超过萼片，膜质至革质，绿色、米黄色、黄色、橘色、酒红色，偶尔鲜红色，顶端渐尖至微凹，有细尖、具尾尖或短尖，全缘至具锯齿。花无梗，直立至展开；花萼背面隆起成锥形或扁平，呈旋转状排列，偶尔呈螺旋状，基部合生，极不对称，形成膜质侧翼并盖住附近的萼片，革质，绿色、米黄色、黄色、紫色、雪青色、粉红色或亮红色，光滑至密被絮毛，偶尔被覆棕色绒毛状鳞片，顶端无刺或有很尖锐的短尖；花瓣离生，椭圆形至近匙形，形成管状花冠，顶部展开，偶尔近直立，伸出花萼的部分长0.2～0.8 cm，白色或绿色，顶端急尖至钝，花瓣无附属物或有附属物，当有附属物时，鳞片着生在基部或向上0.2 cm处；雄蕊内藏，花丝扁平，在与花药连接处近变细；雌蕊柱头呈对折—螺旋状，边缘有乳突，子房扁卵形、椭圆形、圆柱形、倒卵形或棒状，胚珠顶端无附属物，着生在中轴的顶部。浆果卵形、扁卵形、椭圆形、圆柱形、倒卵形或棒状，黄色、红色、蓝色或黑色，萼片宿存，有时基部肉质。

1. 平淡素花凤梨［*Wittmackia incompta* (Leme & H. Luther) Aguirre-Santoro］

种加词“incompta”意为“未加修饰的”，指其平淡的外形。*Aechmea incompta*为其异名，发表于1998年，2016年被修订为素花凤梨属。

巴西巴伊亚州南部大西洋森林特有种。生长在湿润的低地雨林的地被层，可能为附生。

植株高45～50 cm。叶革质，莲座丛呈漏斗状，叶长约50 cm；叶鞘椭圆形，正面稍呈酒红色，密被浅色鳞片，背面有灰白色不规则的横纹，全缘；叶片舌形，叶宽约4 cm，基部稍变窄，叶面槽形，酒红色，两面都被鳞片，但叶背更密，形成灰白色不规则横纹，顶端圆形、有短尖，叶缘有棕色锯齿。复穗状花序，花序约与莲座丛等高，直立；花序梗长约35 cm，黄绿色，密生絮状毛；茎苞狭披针形，直立，在花序梗上轮生，约与节间等长，暗紫色，密被絮状毛，顶端渐尖、有细尖，全缘；花部圆锥形，长约50 cm，有1级分枝，顶端不分枝，花序轴可见，密被短絮毛；一级苞片形如茎苞，但稍小些，比分枝短，卵形，其中基部的长2.5～3 cm，宽约0.5 cm，展开，向上逐渐变小，膜质，暗紫色，被鳞片，早枯，但凋而不落，顶端渐尖，近全缘；一级分枝呈长圆柱形，基部有短梗，小花序轴直并展开，被浅色鳞片，花密生；花苞窄三角形，长0.6～1.3 cm，基部宽0.3～0.4 cm，与子房等长或比子房略长，黄绿色，顶端尾状渐尖，有棕色尖刺，全缘。花无梗，长1.6～1.8 cm，密生，排成多列；萼片长约0.5 cm，浅绿色，疏被白色鳞片，基部合生约0.1 cm，极不对称，形成膜质侧翼并盖住相邻的萼片，呈旋转状，顶部有长约0.15 cm的棕色短尖；花瓣离生，近匙形，长约1.3 cm，宽约0.25 cm，形成管状花冠，开花时顶部展开，白色，顶端急尖，基部无附属物。雄蕊与花冠管等长，对瓣雄蕊与花瓣高位贴生，花药长约0.3 cm，中间背着药；雌蕊柱头为对折—螺旋型，有乳突，子房椭圆体形，长0.4～0.55 cm，宽3～3.5 cm，黄绿色，被白色鳞片，胚珠顶端钝，着生在中轴的顶部，上位管不明显。浆果椭圆体形，黄绿色，顶端萼片宿存。花期夏季。

平淡素花凤梨在人工栽培条件下不常开花，植株易长出侧芽并呈丛生状，叶上被覆白色鳞片，并在背面形成横纹，可观叶。开花时花序浅黄绿色并密被絮毛，花密生，虽不显眼，但也清秀可人，花朵也非常精致。

植株长势强健，喜光线充足环境。适合盆栽、地栽或附生栽种。

通过分株繁殖。

图4-155 平淡素花凤梨

（a）开花的植株；（b）花。

2. 旋萼素花凤梨［*Wittmackia turbinocalyx* (Mez) Aguirre-Santoro］

种加词“turbinocalyx”意为呈螺旋状排列的萼片，形如陀螺状。

巴西东南部巴伊亚州和米纳斯吉拉斯州（Minas Gerais）大西洋森林的特有物种。生长在潮湿森林的地被层（Faria and Wendt，2004），附生于树上或岩生上。

开花时高30～40 cm。叶8～10片，形成漏斗状莲座丛，叶背鳞片稀疏或明显，叶面光滑；叶鞘椭圆形，背面绿色，正面灰白色或略带紫色，全缘；叶片线形，长22.5～63.5 cm，宽1.5～3 cm，叶面中间稍成槽形，顶端急尖或渐尖，形成短尖，全缘或具疏且细的锯齿。穗状花序或复穗状花序；花序梗直立，长18～26 cm，直径0.2～0.3 cm，绿色，被白色絮状毛或疏鳞片；茎苞披针形，膜质，长2～4 cm，宽0.4～0.7 cm，淡绿色、光滑至被疏鳞片，全缘；花部圆锥形或圆柱形，长5～10 cm，宽3～6.5 cm，花序轴绿色，被白色鳞片，有1级分枝，顶端不分枝；一级苞片披针形，长1～2.3 cm，宽0.4～0.5 cm，膜质，淡绿色，光滑至被疏鳞片，全缘；一级分枝1～2个，有时有2～4个甚至更多；花苞披针形，长0.6～1 cm，宽0.4～0.5 cm，与子房齐平或稍超过子房，背部没有龙骨状隆起，膜质，淡绿色，有脉纹，被疏鳞片，顶端渐尖，全缘。花无梗，长1.8～2.0 cm，排成多列；萼片长约0.8 cm，宽0.5～0.7 cm，离生，极不对称，有侧翼向左旋转，白绿色，有脉纹，早枯，顶端有细尖，但不尖锐，向左偏，使细尖呈水平状；花瓣白色，匙形，长约1.3 cm，宽约0.3 cm，顶端渐尖，展开并稍向后弯曲，使雌雄蕊部分可见，基部无附属物，有2条长约0.9 cm的胼胝体；雄蕊部分内藏，花丝长约0.8 cm，对萼雄蕊离生，对瓣雄蕊与花瓣高位贴生，花药白色，长约0.4 cm；雌蕊柱头为对折—螺旋型，绿色，子房长0.5～0.8 cm，圆柱形，绿色，疏被白色鳞片，上位管长约0.1 cm，胚珠多数，椭圆形，顶端钝，着生在中轴的顶部。

植株叶缘光滑，萼片向左呈螺旋形排列，有宽的透明状侧翼，乍一看还以为是开放的花瓣，但真正的白色花瓣要近1个月后才开始开放，而此时萼片已开始枯萎。

喜温暖湿润、有明亮的散射光的环境。

通过分株繁殖。

图4-156　旋萼素花凤梨

(a) 开花的植株；(b) 花序俯瞰；(c) 花；(d) 花的解剖。

4.25　单鳞凤梨属

Deuterocohnia Mez 1894，属于翠凤草亚科。

模式种：单鳞凤梨［*Deuterocohnia longipetala* (Baker) Mez 1889］

属学名以德国植物学家及细菌学家F. J. Cohn的姓命名，但由于此前已有植物使用该学名，因此加上希腊语"deuterios"作为前缀，意为"第二个"。

Spencer和Smith（1992）将具有植株低矮、丛生呈垫状、开单朵花及开花少数为特征的刺垫凤梨属（*Abromeitiella*）合并进来，这一修订已得到分子生物学方面的验证而被普遍接受（Schuetz，2012）。

原产自南美洲中部的安第斯山脉，分布范围从秘鲁、玻利维亚、巴拉圭、智利到阿根廷以及巴西的西南部，其中玻利维亚南部和阿根廷北部的安第斯山脉为其多样性分布中心。分布在海拔20～3 900 m的区域，常常成片生长在裸露的岩石、石坡、开阔的灌丛、干燥落叶林及干旱的狭谷中（Schuetz，2012）；地生。现有17个种，7个种下分类单元。

小型至大型灌木状多年生植物，莲座丛高2～60 cm，开花时最高可达200 cm。茎短，为合轴分枝，植株丛生呈垫状或环状。叶革质，疏被鳞片，密覆瓦状着生在短茎上；叶鞘宽大，宽卵形至肾形；叶片窄三角形或三角形，肉质，基部不变窄，直或弯曲，叶面被覆鳞片，少数鳞片密生，叶背密被鳞片，顶端狭而急尖，形成锐利的尖刺，叶缘有棕色的锯齿，少数全缘。圆锥花序，少数为简单花序；无花序梗或有明显的花序梗，花序梗直立，木质化，由于花序梗的皮层下有一层类似形成层的组织，因此有花序梗的种类的花序可多年生，花后老的分枝脱落，第二年重新从花序轴上长出新的分枝并开花；茎苞贴生；花部长

4～70 cm，有时可达100 cm，有1～2级分枝，有的种类花簇生在茎的顶端，不分枝，有花1～3朵；一级苞片狭三角形或卵形，光滑或被鳞片，棕色，顶端急尖，全缘；一级分枝基部有梗，花螺旋状排列，斜出，密生或排列较疏松；花苞约与萼片齐平或较短，卵形或三角形，顶端渐尖、急尖或钝。完全花，长1.1～5 cm，直径0.3～0.5 cm，无花梗或少数有短花梗；萼片离生，旋转状排列，不对称，大多光滑，绿色、黄色或带红晕，宿存；花瓣离生，旋转状排列，呈管状，伸出萼片，狭长圆形至倒披针形，稍成匙形，光滑，呈绿色、黄色、橘色、红色或有红色晕，顶端圆钝，基部有单枚附属物，开花时顶端稍后卷，花后花瓣多少螺旋状扭曲在一起；雄蕊离生，几乎与花瓣等长，花药细长，近基部着生；花柱细长，柱头为对折—螺旋型，上位子房，光滑，胚珠多数，顶端钝至有短尾，着生在中轴的中部。蒴果短而粗壮，卵圆形至梨形，光滑，呈棕色，室间开裂，部分室背开裂；种子棒状至纺锤形，长0.15～0.4 cm，背部和顶部有翅。

在强光以及非常干旱的环境下，单鳞凤梨属植物进化出了一系列与之相适应的特征，例如叶的寿命非常持久、生长缓慢、株型缩小、叶肉组织中有明显的储水组织、叶表有毛状鳞片等。此外，种子成熟期缩短，有的种类仅需1个月种子便已成熟，遇水2天就发芽。单鳞凤梨属植物还采用景天酸代谢途径以提高对干旱的适应性。另外，单鳞凤梨属植物较耐寒。

1. 短序单鳞凤梨［*Deuterocohnia abstrusa* (A. Cast.) N. Schütz］

种加词“abstruse”意为“隐藏的”，可能指其花序隐藏在垫状叶丛中（Schuetz，2012）。以*Abromeitiella abstrusa*为名发表于1931年，后来作为*Abromeitiella lorentziana*的异名，但因后者被认为是短叶单鳞凤梨（*Deuterocohnia brevifolia*）的异名而失效，Schuetz（2012）重新启用*A. abstrusa*，并修订为*D. abstrusa*。

原产自玻利维亚及阿根廷。生长在海拔1 500～3 200 m的开阔岩石坡地和干旱灌丛，常与柱形仙人掌为伍。

植株丛生呈垫状。叶鞘长0.5～1.3 cm，宽0.5～2 cm；叶长4～8 cm，宽1～1.8 cm，向后弯或直立，被鳞片，叶呈灰绿色，叶面平或凹，叶缘有刺状锯齿。穗状花序，无花序梗；有花1～3朵；花苞长0.9～1.3 cm，宽0.3～0.4 cm，比萼片短很多，卵圆形，被稀疏鳞片，呈绿色至棕色，顶端急尖，有短尖。花长2.6～3.2 cm，无花梗；萼片长1～1.4 cm，宽0.3～0.4 cm，卵圆形至披针形，绿色，疏被鳞片，顶端钝，有短尖；花瓣长2.5～3.2 cm，宽0.4～0.5 cm，开花时花瓣直立，花后稍呈螺旋状缠绕，黄绿色，顶端绿色，花瓣附属物长0.4～0.5 cm，边缘短流苏状；雄蕊的花丝长2～2.5 cm，花药长0.4～0.5 cm，绿色；雌蕊的花柱长2～3 cm，柱头露出，子房长0.5～0.6 cm。蒴果直径1～1.5 cm；种子长0.3～0.4 cm。花期秋季和冬季。

短序单鳞凤梨叶的两面都密被白色鳞片，叶色呈灰绿色，当年生的叶丛叠生于老的叶丛上，密生成球形。

图4-157 短序单鳞凤梨
（a）花；（b）丛生植株。

短序单鳞凤梨生长较为缓慢，当植株为单株或叶丛较小时长势较弱，一旦长成大丛时则长势变得较为强健。喜光线充足的环境，可盆栽或应用于岩石园中，也可以用来营造银色花园。栽培介质应疏松透气、排水良好，平时忌介质太干或太湿。

主要通过分株繁殖。

2. 短叶单鳞凤梨［*Deuterocohnia brevifolia* (Griseb.) M. A. Spencer & L. B. Sm.］

种加词“brevifolia”意为“短叶的”，异名 *Abromeitilla brevifolia*。

原产自玻利维亚北部和阿根廷西北部。分布在海拔 1 000～3 000 m 的石坡上、湿润的岩石上或开阔的灌丛中，地生。

植株有短茎，侧芽从花序的基部萌发，丛生，针垫状密生，没有形成叶筒。叶沿着短茎覆瓦状密生，叶丛直径 2～6 cm，叶鞘宽，长 0.5～1 cm，宽 1～1.5 cm；叶片三角形，长 1.5～4.5 cm，宽 0.5～1.5 cm，坚硬，直或弯曲，叶面凹或平，绿色，疏被鳞片，叶缘锯齿密或疏，或全缘。穗状花序；无花序梗；有花 1～3 朵，在茎的顶端呈束状；花苞卵圆形，长 0.9～1.3 cm，宽 0.4～0.5 cm，比萼片短，疏被鳞片，绿色或棕色，顶端急尖有短尖，全缘。花长 2.5～3.0 cm，无花梗；萼片离生，呈旋转状排列，卵圆形，多少有些不对称，长 1～1.4 cm，宽 0.3～0.4 cm，顶端钝，有短尖，被疏鳞片，绿色；花瓣离生，旋转状排列，长 2.5～3 cm，宽 0.5～0.6 cm，开花时直立，黄绿色，顶端绿色，花后稍成螺旋状扭曲，基部有一枚长 0.5 cm、边缘短流苏状的鳞片；雄蕊内藏或稍微伸出，花丝分离，长 1.8～2.3 cm，花药近基部背着药，绿色；柱头伸出，子房长约 0.5 cm，直径约 0.3 cm。蒴果球形，长 0.8～0.9 cm，宽 0.5～0.9 cm，室间开裂；种子纺锤形，长 0.2～0.3 cm，具双尾。花期秋季至冬季。

图 4-158　短叶单鳞凤梨

短叶单鳞凤梨的植株非常小型，单个叶丛的直径还没有一枚一元的钱硬币大，但通过不断地产生侧芽，经过日积月累的生长，可形成一个密集而庞大的半球形垫状结构。

株型微小，单个叶丛或较小丛时植株时长势较弱，栽培较为困难，当植株长成较大丛时栽培才较易成活。喜光线良好环境，土壤应疏松透气，浇水时应见干见湿，并随着叶丛的增大逐渐更换适宜的容器。

主要通过分株繁殖。

关于短序单鳞凤梨和短叶单鳞凤梨分类的补充说明

对于短叶凤梨的分类和描述经历了一个比较复杂的过程。Mez（1934）、Rauh 和 Hromadnik（1987）分别对株型大小、叶片长短、大小、叶缘锯齿的疏密程度等特征做了截然相反的描述，Smith 和 Downs（1974）认为株型小的为 *Abromeitilla brevifolia*，株型较大的为 *A. lorentziana*。Schuetz（2012）在进行形态学观察后则认为不同种群的叶的大小存在连续性变化，也就是说在该特征上没有一个明确的界限，不同种群在叶丛大小、单个植株的大小、叶缘刺的密度、叶色、毛被物的密度以及花的数量等性状方面都有所不同，因此认为这两个物种可以合并成具有广泛形态变异的一个种的概念，并在种下设几个变种。但是由于现阶段研究的取样数量有限，已进行的系统发育分析仍无法明确解决这些类群之间的关系。鉴于此，目前仍采用分成 2 个种的分类方法，即株型较大、叶色灰白的为短序单鳞凤梨，而株型小、叶色绿的为短叶单鳞凤梨，不排除今后这 2 个种有被合并的可能。

3. 长瓣单鳞凤梨[*Deuterocohnia longipetala* (Baker) Mez]

种加词“longipetala”意为“具有长花瓣的”，因为该种最初被归到雀舌兰属，而相对于雀舌兰属植物来说其花瓣的确很长。

原产自秘鲁北部至阿根廷西北部。分布在海拔400～2 100 m的干燥石坡上，地生。

植株单生、丛生或形成环状。开花时株高80～100 cm。叶基生呈莲座状，莲座丛高15～25 cm，直径25～35 cm；叶鞘长3～4 cm，宽4～6 cm，光滑，背部革质；叶片长12～40 cm，宽2～4 cm，叶面覆被白色透明的鳞片，叶背被覆灰色不透明的鳞片，顶端渐尖并形成长尾状细尖，叶缘具长0.3～0.4 cm的锯齿，密生。复穗状花序；花序梗直立或略弯，直径0.5～0.6 cm，光滑；茎苞线状三角形，长5～7 cm，宽0.4～0.7 cm，其中基部的茎苞长于或等于节间，具疏锯齿，上部的茎苞短于节间，全缘；花部呈松散的圆锥形，长30～50 cm，花序轴具有多年生的特性，有2级分枝，少数有3级分枝，有花多数，花序轴上有少许铁锈色毛状物或光滑；一级苞片微小；一级分枝展开，长10～20 cm，花排列松散，其中基部的分枝上有二级分枝；花苞宽卵形，长约0.4 cm，顶端渐尖；花直立，无花梗，长2.2～2.7 cm；萼片极不对称，卵形，长0.8～1.2 cm，无毛或罕见具腺毛，黄色到浅绿色，有少量脉纹，顶端锐尖到钝；花瓣旋转状排列，长2.5～2.8 cm，宽0.4～0.6 cm，开花时直立或顶端稍反卷，黄色，顶端有绿色斑点，花后呈螺旋状收缩，与雄蕊等长或超过雄蕊，花瓣附属物长0.3～0.4 cm，边缘呈短流苏状；花丝长1.5～1.8 cm，花药直，长0.4～0.6 cm，顶端浅绿色；子房长0.4～0.5 cm，花柱长1.7～2 cm。蒴果长约0.8 cm，直径0.6～0.7 cm，种子长0.25～0.4 cm。花期初夏。

长瓣单鳞凤梨叶较宽且肉质，具有灰白色的外表，也是该属植物中株型较大的种类之一。开花时花序挺拔，直立或稍微弯曲，花序具有多年生的特性。

长势强健，耐旱、喜强光。可应用于岩石园或旱生园，也可盆栽。

通过分株繁殖。

图4-159 长瓣单鳞凤梨

(a) 开花的植株；(b) 花序；(c) 花。

4.26 雀舌兰属

Dyckia Schult.& Schult. 1830，属于翠凤草亚科。

模式种：雀舌兰(*Dyckia densiflora* Schult. & Schult.f. 1830)

属学名为纪念普鲁士的植物学家、园艺家和艺术家S. Reifferscheid-Dyck。

原产自巴西(中部和东部)以及相邻的阿根廷、玻利维亚、巴拉圭和乌拉圭等国。分布在海拔0～超过1 000 m的大西洋森林、滨海森林(Restinga)，内陆沙漠[卡廷加群落(Caatinga)以及有季节性干旱的多石草地(Campos Rupestres和Cerrado)]等植被类型中，生长在各种岩石露头之间，有的种类生长在会被河水定期淹没的河床生境中，比如短叶雀舌兰（*Dyckia brevifolia*）弯叶雀舌兰（*D. strehliana*）等（Leme *et al.*，2012；Büneker *et al.*，2013），地生。现有183种及11个种下分类单元。

雀舌兰属为小型至大型多年生草本植物；根状茎肥厚，常匍匐状。叶肉质，呈莲座状密生，但不形成叶筒；叶鞘宽大；叶片质地坚硬，顶端逐渐变细，基部不变窄，叶缘一般都有坚硬的刺状锯齿。复合花序或简单花序，花序腋生；花序梗明显；花部呈圆柱形或圆锥形，有的具2级或3级分枝；一级苞片不明显；花苞比花梗短至比花长。花相对较小，黄色至红色，完全花且形态较一致，少数具功能性雌雄异花的二态性；萼片覆瓦状排列，通常离生，比花瓣短很多；花瓣也为覆瓦状排列，中部以下与花丝管贴生，花瓣展开的部分通常宽且明显；雄蕊内藏或伸出，花丝粗，扁圆柱形，基部合生或连着，与花瓣贴生呈管状，上部离生或合生；子房完全上位，通常光滑，胚珠多数，一侧有翅状附属物。蒴果宽短，室间开裂，也有部分种类同时为室背开裂；种子多数，宽，有翅，可通过风来传播，有的还可以漂浮在水面或利用雨水的冲刷进行传播（Leme *et al.*，2012）。

雀舌兰属植物大多叶片肥厚，常被作为多肉植物进行栽培，部分种及品种具有一定的耐寒性，喜强光，土壤要有良好的排水性。

1. 短叶雀舌兰（*Dyckia brevifolia* Baker）

原产自巴西南部。分布在海拔30～400 m的区域，生长在溪流边突出的岩石和岩石小岛上，地生。

植株近无茎，开花时高40～110 cm。叶多数，形成紧凑的莲座丛，叶长10～20 cm；叶鞘约与叶片等宽，近圆形或肾形；叶片披针状三角形，宽2.5～3.5 cm，长势良好的植株叶片非常厚，叶面光滑，叶背的叶脉间被覆微小的灰白色鳞片，顶端急尖，叶缘具长约0.2 cm、稀疏且均匀分布的钩刺。总状花序；花序梗结实，很快变光滑；茎苞比节间长，其中下部为叶片状，密覆瓦状排列，上部的小很多，有时全缘；花部圆柱形，花多数，在花序轴上排成多列，分散或非常紧密；花苞展开或反折，最下面的花苞比花长，狭披针状三角形，全缘。开花时花展开，花后直立，开花时花梗长0.2～0.4 cm，结果后可更长；萼片卵形，长约0.8 cm，光滑，顶端急尖或钝；花瓣近圆形，长约1 cm，亮黄色，花瓣顶端展开，顶端钝或有细尖，背面顶部多少呈龙骨状隆起，边缘不呈波浪状；雄蕊内藏，花丝基部与花瓣形成共同的短管，上部分离，花药狭三角形，顶端急尖并向后弯曲；花柱长度约为子房的1/2，胚珠有侧生的宽翼，顶端急尖。花期春季。

图4-160　短叶雀舌兰

（a）开花的植株；（b）花序。

短叶雀舌兰是较早被收集和栽种的种类之一，栽培历史距今已有100多年，因其叶片宽厚、肉质，常作为多肉植物而被广泛种植。

喜光，较耐旱，但根系周围应保持一定的湿度，盆土过于干燥时则叶片皱缩，叶色变浅、表面没有光泽。

通过分株繁殖，开花结籽后也可用种子繁殖。

***月光*短叶雀舌兰（*Dyckia brevifolia* 'Moon Glow'）**

为短叶雀舌兰的园艺品种，叶较短，株型也比原种小，最大的区别在于叶的基部或莲座丛中央的叶变成鲜艳的乳黄色。但是这一性状不太稳定，可能因环境和栽培措施的不同发生变化，有时甚至变回绿色（图4-161c），通常来说充足的光照有助于显色。

图4-161 *月光*短叶雀舌兰
(a) 叶丛俯视；(b) 叶丛侧面；(c) 开花的植株（心叶返绿）。

2. 福氏雀舌兰（*Dyckia fosteriana* L. B. Sm.）

原产自巴西。生长在砂岩的露头上。

植株通常丛生，开花时高10～45 cm。叶多数，拱状弯曲，形成紧凑并展开的莲座丛，叶长9～17 cm；叶鞘近圆形；叶片狭三角形，宽8～12 cm，两面都被灰色膜质或融合的鳞片，叶缘有长0.2～0.4 cm向上弯曲的锯齿。总状花序；花序梗疏被柔毛；茎苞披针形，超过节间，沿花序轴向上稍变短，密被鳞片，顶端渐尖，边缘具锯齿。花部长3.5～13 cm，密被鳞片；花苞形如茎苞，其中最基部的花苞约与花等长，边缘具锯齿。花近直立或展开；花梗长约0.2 cm；萼片卵形，长0.6～0.9 cm，背面呈龙骨状隆起，被铁锈色鳞片，顶端急尖；花瓣长0.8～1 cm，橘色，花瓣菱形；雄蕊内藏，花丝与花瓣贴生形成管状，花丝合生部分短；花柱很短。

图4-162 福氏雀舌兰（棕色叶片型）
(a) 开花的植株；(b) 花序及花。

叶多而密生，常丛生成近球形，花序为橘黄色并被覆短柔毛，花较为均匀地排在花序轴上。栽培较为普遍，国外园艺工作者用它作为父母本繁育了一些杂交品种。

喜光，较耐旱。可盆栽或地栽，介质应保湿保肥且排水良好。易长出侧芽而形成大丛，适合岩石园种植。

通过分株或种子繁殖。

3. 毛叶雀舌兰[*Dyckia marnier-lapostollei* L. B. Sm.]

种加词“marnier-lapostollei”来源于该种的发现者、法国植物收集者J. Marnier-Lapostolle。

原产自巴西。分布在海拔1 200～1 250 m山地的岩石裂缝中。

植株近无茎，开花时高约50 cm。叶约10片，形成展开的莲座丛，叶长约12 cm；叶鞘近圆形，长约2 cm，光滑；叶片三角形，弓形弯曲，宽约4 cm，厚质，两面都密被灰白色鳞片，叶缘具密而粗糙且向下弯曲的钩刺。穗状花序或总状花序；花序腋生，花序梗直立，呈扁平状，纤细且光滑；茎苞较小，阔卵形，顶端细尖，全缘；花部长约19 cm，有花少数，排列非常松散，近光滑，花序轴纤细，稍弯曲；花苞宽卵形，比萼片短，顶端渐尖，全缘。花近无梗；萼片宽卵形，长约0.7 cm，背面没有龙骨状隆起，顶端圆，帽兜形；花瓣长约1.2 cm，近菱形，橘色，背面有钝龙骨状隆起，顶端帽兜形；雄蕊约与花瓣等长，花丝扁柱形，基部连着的部分较短，并与花瓣基部贴生形成短管，在短管的上部花丝离生，花药基部呈戟状分开，顶端向后卷曲；雌蕊花柱短，近无。

毛叶雀舌兰的叶上布满白色的绒毛，连叶缘的宽锯齿上都有绒毛，粗壮的三角形叶片呈拱状弯曲，有很高的观赏价值，一直以来深受爱好者的喜爱。

植株喜光，根部忌积水，栽培介质要有良好的排水性。适合盆栽或岩石园、旱生园地栽。

主要通过分株繁殖。

图4-163 毛叶雀舌兰

(a) 开花的植株；(b) 莲座丛；(c) 花苞及花的解剖。

4. 宽叶雀舌兰(*Dyckia platyphylla* L. B. Sm.)

种加词“platyphylla”意指叶宽大的。

产地不详，仅见于栽培中。

植株开花时高约80 cm，莲座丛直径约30 cm，叶长约23 cm；叶鞘长约5 cm，浅黄色或白色，光滑；叶片狭三角形，肥厚，宽约5 cm，叶背被覆扁平的白色鳞片，叶面光滑，叶缘有长约0.3 cm、向上弯曲的锯齿。

总状花序（有时为圆锥花序），腋生；花序梗细长且光滑，基部扁平，略弯曲；茎苞小，比节间短很多，宽卵形，顶端渐尖，全缘或近全缘，疏被白色鳞片；花部长约28 cm，不分枝或有时基部有1级分枝，有花多数，排列松散，光滑；花苞宽卵形，基部的花苞约与花萼等长，顶尖渐尖。花长约1 cm，花冠直径约1.2 cm，花梗粗，长0.1～0.2 cm；萼片宽卵形，长约0.8 cm，顶端圆，帽兜形，背部没有龙骨状隆起；花瓣长1.1 cm，宽约0.9 cm，黄色，花瓣椭圆形；雄蕊内藏，花丝与花瓣贴生成管状；花柱很短。花期早春。

宽叶雀舌兰株型饱满，叶片宽厚，叶面有着金属般的光泽，可观叶。开花时花序挺拔，花黄色。栽培较广。

植株长势强健，喜光。适合盆栽或岩石园及旱生园地栽，栽培基质应有良好保水性和的排水性。

主要通过分株繁殖。

图4-164　宽叶雀舌兰

（a）开花的植株；（b）花；（c）叶丛。

5. 细叶雀舌兰（*Dyckia pseudococcinea* L. B. Sm.）

种加词“pseudococcinea”意为长得像“*Dyckia coccinea*（已更名为*Dyckia tuberose*）的”。

巴西大西洋森林地区特有物种，分布在沿海沼泽草甸之中，地生。

植株开花时高60～100 cm。叶多数，莲座状密生，长约30 cm；叶鞘宽椭圆形，长约3 cm，除顶部外，以下均为灰白色，光滑；叶片线形，宽1～1.2 cm，被覆贴生的白色鳞片，叶背更加明显，顶端变细，叶缘具长约0.2 cm、展开或向后弯曲的细齿，排列较疏。总状花序；花序梗纤细，被短柔毛；茎苞呈卵状狭三角形，边缘有细锯齿，其中基部的茎苞略超过节间，向上变小，比节间短；花部长17～25 cm，花序轴上被短柔毛，花在花序轴上排列较松散；花苞卵形，最下面的花苞约与萼片齐平，顶端渐尖，边缘有细锯齿。开花时花展开或稍下垂，花梗明显，长0.3～0.4 cm；萼片卵形，长0.7～0.9 cm，顶部急尖，帽兜形；花瓣长约1.2 cm，橘色，顶端展开；雄蕊比花瓣略短，花丝合生（图1-58c），与花瓣贴生约0.2 cm；花柱很短。花期早春至春季。

植株有细长的叶，数量多且密生，易形成侧芽而呈丛生状。花序挺拔，花为橙红色。

长势强健，喜强光，较耐寒。

通过分株或种子繁殖。

图4-165　细叶雀舌兰

（a）开花的植株；（b）花序；（c）裂开的蒴果。

6. 疏花雀舌兰（*Dyckia remotiflora* Otto & Dietrich）

种加词“remotiflora”意为“花相隔较远的、疏离花的”。

原产自巴西、乌拉圭。生长在开阔的多岩石地面。

开花时株高可达100 cm。侧芽具短而粗的匍匐茎。叶长10～25 cm；叶鞘大，广卵形或近圆形；叶片拱状弯曲[或直立]，狭三角形，宽0.8～1.2 cm，叶面较平，暗绿色，被覆灰白色扁平鳞片，叶背更加明显，顶端有尖刺，叶缘具长0.1～0.3 cm、细而弯曲的疏锯齿。总状花序；花序梗粗壮，节间处疏被短绒毛，节间长4.5～5 cm；茎苞近圆形，其中最下面的呈薄片状，比节间长，其余的茎苞都比节间短；花部长12～20 cm，幼时花序轴上疏被短柔毛，花在花序轴上排列疏松；花苞阔卵形，比萼片短。花斜出至展开，长约2.3 cm，花梗粗短；萼片卵形，背部多少呈龙骨状隆起，顶端细尖；花瓣覆瓦状排列，上部展开部分为不规则的四边形，中间呈钝龙骨状隆起，花冠正面轮廓成三角形，橘红色，顶端钝；雄蕊内藏，花丝与花瓣贴生成管状，花丝上部分离，花药狭三角形，顶部向后弯曲；花柱和子房等长或比子房长，胚珠有极不对称的翅。

图4-166　疏花雀舌兰（上海辰山植物园收集的叶直立的类型）

（a）开花的植株；（b）花冠顶端轮廓；（c）花序。

疏花雀舌兰外形较多变，含原变种在内有4个变种，上海辰山植物园收集的植株在花的形态上符合原变种的特征，但叶直立，与物种原始描述中“叶呈拱状弯曲”不一致。

开花时花序挺拔，花瓣顶端呈钝龙骨状隆起，花冠正面的轮廓为独特的三角形，花色艳丽。

植株长势非常强健，喜强光，较耐寒。可盆栽或地栽，适合旱生园或岩石园种植。

通过分株或种子繁殖。

4.27 卷药凤梨属

Fosterella L. B. Sm. 1960，属于翠凤草亚科。

模式种：卷药凤梨［*Fosterella micrantha* (Lindl.) L. B. Sm.1960］

属学名以美国的园艺学家M. B. Foster的姓氏命名。

原产地从墨西哥直至阿根廷及巴西西部。生长在炎热潮湿的环境中，通常为周围没有灌木或树木遮阴的开阔山地。现有34种及1个种下分类单元。

为低矮或中等大小的多年生地生草本植物，植株近无茎，有些种类基部膨大成球形。叶少数，莲座状排列，无叶筒；叶鞘明显；叶片薄，基部多少有些变窄，全缘或有不太明显的锯齿。圆锥花序，少数为总状花序，光滑或被细小鳞片；花序梗通常发育良好，纤细；花部的分枝及花排列松散；花苞不明显。花小或微小，为完全花，有纤细但明显的花梗；萼片旋转状排列，离生，明显短于花瓣；花瓣离生，开花时和开花后都展开，大多为白色，少数为橘红色，基部无附属物；雄蕊稍内藏至伸出，花丝离生或对瓣雄蕊与花瓣基部贴生，花药线形，基着药，开花时大部分种类的花药向后卷曲，花粉干燥，靠风传播；花柱与子房等长或比子房长。蒴果球形或近锥形，室间开裂或室背开裂；种子细小，具双尾。

除个别种类外，绝大部分卷药凤梨属种类的花非常微小，很少超过1 cm，花瓣通常为白色，叶为线形，形如禾草状，总体观赏性不高，因此人工栽培中不太常见。通过种子或分株的方式进行繁殖，种子细小且多数，自播性较强。

1. 白叶卷药凤梨［*Fosterella albicans* (Griseb.) L. B. Sm］

种加词“albicans”意为“变白色的”，指叶上被覆白色鳞片，使叶呈白色。

原产自玻利维亚中部及阿根廷西北部。生长在陡峭的岩石坡地上。

植株近无茎，开花时高可至80～100 cm。叶多数，形成松散而展开的莲座丛，叶长70～100 cm；叶鞘窄而不明显；叶片线形，宽2～3 cm，被灰色鳞片，以叶背尤其明显，顶端软，急尖，基部变窄且叶缘具长约0.1 cm的细锯齿，其他部位全缘。圆锥花序；花序梗直立，直径约0.7 cm，密被鳞片；茎苞似叶状，超过节间许多，全缘；花部椭圆形，长可达40 cm，被灰白色鳞片，有2级分枝，有时有3级分枝，花序轴纤细，有花多数；一级苞片狭三角形，比分枝短，但超过基部的梗，沿花序轴向上逐渐缩小；一级分枝散开，基部有梗，花较密，有花10～20朵；二级苞片形如花苞，短于、略等于或长于二级分枝基部的梗；花苞宽卵形，长0.4～0.5 cm，比萼片稍短，顶端渐尖。花展开，略向下反折，花梗长约0.13 cm，花后花梗强烈向后弯曲，几乎与花序轴平行；萼片卵形，长约0.5 cm，顶端近钝；花瓣长约0.55 cm，白色，顶端钝，开花时花瓣展开，顶端向后卷曲；雄蕊比花瓣短，花药长约0.15 cm，顶端向后

图4-167 白叶卷叶凤梨

(a) 开花的植株；(b) 花（红圈内的花已谢）；(c) 开裂的蒴果。

弯。蒴果近锥形，长约0.5 cm；种子多数，纺锤形，具双尾。

叶细长，灰白色，花序纤细，颜色素净，花小且精致。可盆栽或地栽，如点缀林缘、假山石旁等。

植株长势强健，喜光线充足的环境，平时保持盆土湿润。

通过分株或种子繁殖。种子具自播性，萌发力强。

2. 美丽卷药凤梨（*Fosterella spectabilis* H. Luther）

种加词“spectabilis”意为“显著的、奇观的”，指其美丽的花序。

原产自玻利维亚。分布在海拔约1 700 m的区域，地生或生长在岩石上。

植株有短茎；从基部的叶腋中长出侧芽，有横走且粗短的匍匐茎，匍匐茎长4～8 cm，直径约2 cm。开花时植株高70～90 cm。叶25～30片，密生，莲座丛展开，叶长35～50 cm，外围的叶小、三角形；叶鞘宽卵形，长15～20 cm，宽3.5～5 cm，灰白色，布满红点；叶片狭披针形，宽2.5～3.8 cm，基部变窄，绿色，薄革质，叶片中脉增厚并呈凹槽状，干后变白，叶面光滑，具扁平状的鳞片，但不明显，叶背颜色较浅，近基部布满红点，顶端渐尖，全缘，叶缘略呈波浪状起伏。圆锥花序；花序梗直立或斜出，长30～40 cm，直径0.3～0.6 cm，近光滑；茎苞直立，覆瓦状排列，但没有完全遮住花序梗，椭圆形，绿色，背面有红点，顶部变细；花部长30～55 cm，宽15～40 cm，基部有2级分枝，顶端不分枝，花序轴弯曲，顶部略下垂；一级苞片形如上部的茎苞，向上逐渐变小，与分枝基部的梗等长或略短；一级分枝5～12个，拱状弯曲，长10～30 cm，展开或偏向一侧展开，花下垂，在花序轴上排列松散；花苞卵形或椭圆形，长1～1.2 cm，宽0.4～0.8 cm，纸质，有脉纹，红绿色，顶端急尖或渐尖。花有1～1.5 cm的细梗，下垂，白天开放，并产生明显的花蜜；萼片椭圆形，长0.8～0.9 cm，稍光滑，浅绿色有红点；花冠近管状，开花时只在顶端展开，花后扭曲，但仍保持直立，花瓣舌形，红色至珊瑚橙色，顶端钝，基部无附属物；雄蕊与花冠近等长，基着药，花药直，长约0.2 cm，亮黄色，花丝非常纤细，长1.5～1.9 cm，对萼雄蕊离生，对瓣雄蕊与花瓣贴生约0.3 cm；柱头为简单—直立型。蒴果干燥，长0.7～0.8 cm，种子具二尾，长0.1～0.15 cm。花期为冬末或早春。

美丽卷药凤梨的叶展开或下垂，基部膨大呈假球茎状。花序梗纤细并直立，花序轴拱状弯曲、顶端略下垂，橙色的管状花纷纷下垂，如同一个个小铃铛，精致而美丽；花还分泌丰富的花蜜，花萼上、花瓣上经常挂着一粒粒晶莹剔透的蜜露，吸引鸟儿们前来采蜜。美丽卷药凤梨既可观叶又可观花，具有较高的观赏性，在卷药凤梨属植物中可谓一枝独秀。

植株长势健壮，栽培较容易，喜光线充足的环境，亦耐阴，有一定的耐旱性。

种子数量众多，有自播性；基部或叶腋长出侧芽，可分株繁殖。

图4-168　美丽卷药凤梨

（a）开花的植株；（b）花序局部。

3. 垂花卷药凤梨[*Fosterella penduliflora* (C. H. Wright) L. B. Sm.]

种加词“penduliflora”意指花下垂的。

原产自秘鲁、玻利维亚、阿根廷和巴西(Leme *et al.*,2019)。分布在海拔280～1 000 m的半落叶林区域,生长在花岗岩露头、半潮湿的林下地被层或林中潮湿的岩石上,地生。

植株近无茎;从基部萌发侧芽,形态较为多变,开花时高40～60 cm。叶约10片,莲座丛较开展,叶长20～30 cm;叶鞘长2～5 cm,白色,光滑;叶片狭披针形,长15～45 cm,宽3～8 cm,基部明显变窄,也较厚,但不形成叶柄,叶缘及顶端的叶质薄,叶面绿色,有时略带红色,光滑,有时靠近基部叶缘密被白色鳞片,叶背为紫色或暗红色,疏被边缘呈齿状的盾状鳞片,顶端尾状渐尖,全缘,呈波状。圆锥花序;花序梗直立,长20～36 cm,直径0.2～0.5 cm,绿色至暗红色,光滑;基部茎苞近叶状,上部的茎苞狭披针形,直立,比节间长或短,膜质,绿色,有脉纹,背面白色鳞片近密生,顶端长尾状,全缘;花部长10～40 cm,宽10～25 cm,花序轴直立,绿色或略呈暗红色,有1级分枝,偶尔有2级甚至3级分枝,分枝较松散,有花多数,花序轴顶端不分枝;一级苞片形如上部的茎苞,长0.5～1.5 cm,宽0.2～0.3 cm,明显比分枝基部的梗短,通常为红色,背面散生鳞片,全缘;一级分枝有10～15个,近直立或拱状弯曲,排列松散,长8～22 cm,基部有长0.7～3 cm的细梗,浅绿色,略带红色;二级分枝长3～5 cm,有花5～10朵;花苞披针状卵形,长0.2～0.4 cm,宽0.1～0.15 cm,比花梗稍短或等长,膜质,顶端渐尖;花向下,长0.9～1 cm,花梗长0.2～0.6 cm,斜出,花后明显向下弯曲;萼片卵形,长0.4～0.5 cm,绿色,通常略带红晕,光滑,顶端急尖;花瓣狭长圆状卵形,长0.7～1 cm,宽约0.25 cm,未开花时略呈玫红色,开花时花瓣顶端展开,为白色,有浅玫红色脉纹,花后花瓣变直,顶端钝;雄蕊明显短于花瓣,但开花时露出,花药狭长圆形,开花时向后卷曲;柱头为对折—螺旋型,子房椭圆体形。蒴果卵形,长约0.4 cm,宽约0.2 cm;种子线形,长0.2～0.24 cm,具双尾。花期春季。

垂花卷药凤梨分布较广泛,外部形态也较多变,有时和长毛卷药凤梨(*P. villosula*)混淆,两者最大的区别在于垂花卷药凤梨叶及花序较光滑,长毛卷药凤梨则明显被覆白色绒毛。

图4-169 垂花卷叶凤梨

(a) 开花的植株;(b) 花序;(c) 植株。

垂花卷药凤梨叶背暗红或紫红色，叶缘波浪状，开花前叶色秀丽，株型饱满，可作为观叶植物。花枝纤细，花白色，较密集，但是植株一旦形成花序则易产生叶片黄化和枯梢现象，提高土壤肥力可减轻症状。

植株长势较旺盛，易从基部产生侧芽而形成从生状。喜温暖湿润、半阴的环境，可盆栽或地栽。 栽培介质疏松透气且富含有机质。

通过分株或种子繁殖，种子具自播性。

4.28　翠凤草属

Pitcairnia L'Her. 1788，属于翠凤草亚科。

模式种：翠凤草（*Pitcairnia bromeliifolia* L'Heritie）

属学名为纪念英国伦敦的医生 W. Pitcairn。

原产地非常广泛，可以说在有凤梨分布的地方都能找到翠凤草属植物的身影。墨西哥、西印度群岛、哥伦比亚、秘鲁、巴西以及阿根廷北部均有分布，而丝叶翠凤草则原产自西非的法属几内亚，是目前为止唯一一种发现于美洲之外的凤梨科植物，委内瑞拉、哥伦比亚、厄瓜多尔和秘鲁是该属的分布中心。大部分种类地生，也有半附生（攀爬在树上），少数附生于树上或生长在岩石上。现有417种及69个种下分类单元，是翠凤草亚科拥有种类数量最多的属，也是整个凤梨科在铁兰属之后种类第二多的大属。

图4-170　山坡上的翠凤草属植物（潘向燕摄）

植株近无茎或有很长的茎，常绿或落叶，从植株基部萌发侧芽，贴生或有匍匐茎。叶少数或多数，在基部簇生或沿着茎呈螺旋状排成多列或少数两列，不形成叶筒；叶鞘通常较短，有时增厚，在茎的基部形成球茎；叶片为线形、披针形、椭圆形、卵形或长圆形，无叶柄、有叶柄或向基部逐渐变细但不形成叶柄的假叶柄状，全缘或具锯齿，有的有明显的异形叶，即叶片缩小为无叶绿体的尖刺。简单花序或复合花序；花序梗有或无；花部为圆柱形、锥形或球形；花苞明显或小型。完全花，较醒目，有长花梗或无花梗；萼片离生，呈旋转状排列，顶端变细或钝；花瓣离生，长且窄，花冠通常稍呈左右对称，并在雄蕊上方聚合，基部无附属物或有一枚或两枚鳞片，有的仅留下鳞片残迹，通常为红色、黄色，少数为白色、紫色或蓝色；雄蕊伸长，比花瓣稍短或稍长；花药线形；子房从完全上位至完全下位。蒴果，少数果皮不裂；种子细，有双尾或宽翅，少数无附属物。

正如属中文名中的喻意，翠凤草属植物通常叶形修长、叶色翠绿，是凤梨科中长得最像草的一类植物。翠凤草属植物有多种形态的叶，第一类为正常的生长叶，其中叶片呈薄片状，叶肉组织中含有叶绿素；第二类为休眠叶，叶片缩小成没有叶绿素的尖刺，边缘有尖锐的锯齿。因此，根据叶的特征和植物的生长习性，可以将翠凤草属大致分为以下几种类型：① 叶型一致的常绿类型：植株常绿，叶型一致，皆为含叶绿素的生长叶（图4-171a），如火焰翠凤草（*Pitcairnia flammea*）、全缘叶翠凤草等；② 叶形不一致的常绿类型：植株常绿，外围叶为没有叶绿素的刺状叶，中间为含叶绿素的生长叶，如穗状翠凤草（图4-171b）；③ 落叶类型：植株在旱季来临时叶片枯萎或脱落，长出没有叶绿素的刺状叶，叶鞘在茎基部形成假球茎（图4-171c，171d），植株进入休眠期，当雨季来临时重新长出绿色的呈薄片状的生长叶。植物在旱季落叶并形成刺状叶的这种习性不仅可以减少因叶片蒸腾作用而造成的水分散失，帮助植物渡过缺水的旱季，"全副武装" 的刺状叶还可以防止食草动物的啃食。

图4-171 翠凤草属植物的叶型

(a)—(b) 常绿型:(a) 叶型一致、都为生长叶的类型;(b) 外围为刺状叶、里面为生长叶的常绿型。(c)—(d) 落叶型:(c) 过渡形态,刺状叶已经形成但外围绿色的生长尚未脱落;(d) 休眠形态,生长叶已完全脱落。

翠凤草属植物的长势通常较为强健,大部分种类根系发达,上盆时可选用较大且深的盆,并每1～2年进行一次翻盆,盆栽用的介质宜疏松肥沃,有良好的排水性,可选用中粗的泥炭加有机肥和粗砂按一定比例混合。植株的大小及花序的高度与植株的营养生长情况有很大关系,如果养分供应充足则植株长得更快且更高大,花序更饱满,因此一般来说地栽的植株往往比盆栽的植株长得更高大、更粗壮。

通过种子或分株繁殖。

1. 火焰翠凤草(*Pitcairnia flammea* Lindl.)

种加词"flammea"意为"火焰色的",指花序的颜色为红色。

原产自巴西大西洋森林的岩石露头和岛状丘上(Mota *et al.* 2020),分布非常广泛。

植株常绿,易丛生,近无茎,开花时高50～100 cm。叶少数,常绿,叶型一致,莲座丛呈束状,基部增厚成近球茎形,叶长可达100 cm;叶鞘卵形,深栗色;叶片条形,最宽可至3.6 cm,靠近叶鞘处稍变窄,但不形成叶柄,中脉浅色呈凹槽状,顶端有长细尖。总状花序;花序梗直立,伸长;基部的茎苞叶片状,上部的茎苞披针形,通常超过节间,顶端渐尖;花部伸长成圆柱形,光滑或具软鳞片;花序轴干后为黑色或浅色;花苞披针形或窄三角形,其中基部的花苞与花梗等长,少数比花梗长。花近直立至展开,花梗纤细,长0.8～3.5 cm;萼片窄三角形,长2.2～2.8 cm,基部较肉质,背面不呈龙骨状隆起;花冠左右对称,花瓣长5～6 cm,红色,顶端急尖,基部无附属物;雄蕊内藏;子房约2/3上位,胚珠有尾状附属物;种子具尾状附属物。花期秋季。

植株叶丛青翠,开花时花序挺拔、花色艳丽,花期可持续约1个月。

喜温暖湿润的环境,植株较耐阴,适合盆栽或栽种于林缘。栽培介质宜疏松肥沃,排水良好。

主要通过分株繁殖,也可用种子繁殖。

火焰翠凤草的外形非常多变,包括原变种在内目前有6个变种(Smith 和Down, 1974; Versieux和Wendt, 2006),但是对于各个变种的性状描述都较为简单,且经常使用"大多数"和"通常"等词语,对于数量性状的描述也有部分重叠,因此变种间的界定变得非常困难。Wendt(1994)认为,为了明确这些变种的有效性,有必要对不同植物群落内的变异进行彻底的调查。

火焰翠凤草变种检索表(改编自 Smith 和 Downs,1974):

1. 叶片背面被覆展开的鳞片,叶宽2～3.6 cm。
   2. 花序轴光滑,干燥后变为黑色。　　火焰翠凤草 *P. flammea var. flammea.*
   2. 花序轴被鳞片,干燥后保持白色　　浅色火焰翠凤草 *P. flammea. roezlii.*
1. 叶片光滑,如有鳞片则叶宽小于2 cm;花序轴干燥后保持白色
   3. 花序轴光滑;叶片光滑。
      4. 花瓣红色　　光滑火焰翠凤草 *P. flammea var. glabrior.*
      4. 花瓣黄白色　　白色火焰翠凤草 *P. flammea var. pallida.*
   3. 花序轴有鳞片。
      5. 基部的花苞等长于或超过花梗。　　鳞毛火焰凤梨 *P. flammea var. floccosa.*
      5. 基部的花苞比花梗短;花梗最长可达3.5 cm。　　长梗火焰凤梨 *P. flammea var macropoda.*

以下是上海辰山植物园已收集的火焰翠凤草类群。

1a. 光叶火焰凤梨(*Pitcairnia flammea var. glabrior* L. B. Smith.)

变种加词“glabrior”意为“光滑的”,指叶片光滑。

原产自巴西中东部。分布在海拔600～1 500 m的区域,地生,生长在岩石上。

叶片光滑,有时仅在叶面靠近叶尖的部分有鳞片,以后或变光滑,叶长约100 cm,叶片宽约3.5 cm。

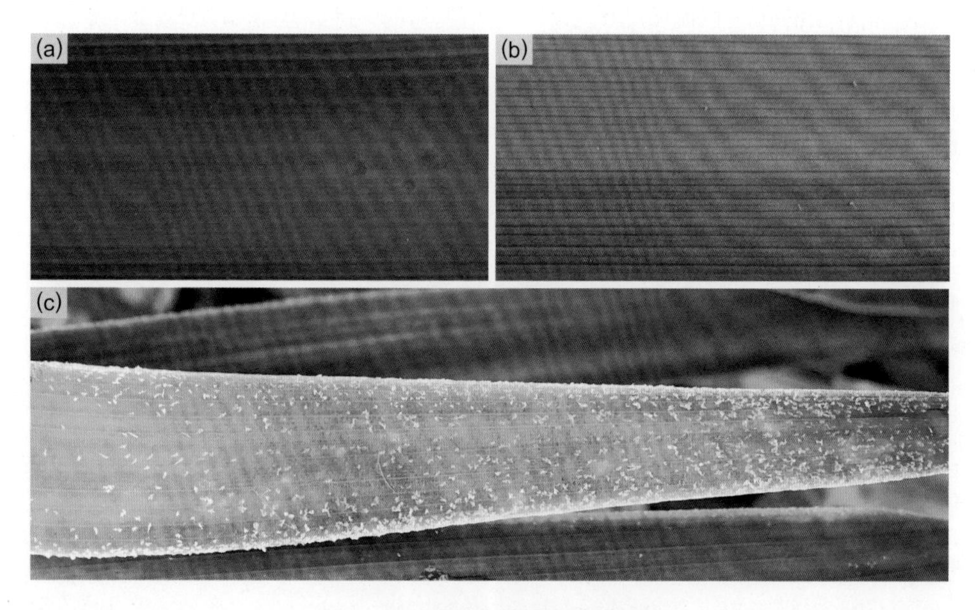

图4-172　光叶火焰翠凤草的叶片

(a) 正面;(b) 背面;(c) 叶面靠近叶尖处。

花序高50～120 cm,花序梗绿色;下部的茎苞超过节间,上部约与节间等长,绿色;花部12～30 cm,宽8.5～12 cm,花序轴光滑,干燥后白色,有花多数,排列较密,或至少靠近顶端花较密;花苞长0.9～1.2 cm。花长6.5～7 cm,花梗长1.2～1.5 cm,较平展,有时几乎与花序轴垂直,黄绿色或黄色;萼片长2～2.5 cm,黄绿色或黄色,背部不成龙骨状隆起;花瓣长5～5.5 cm,红色。

光叶火焰翠凤草常被误认为隆萼翠凤草(*P. carinata*),但后者的萼片背面成龙骨状隆起,前者与此特征明显不符。

图4-173 光叶火焰翠凤草
(a) 开花的植株；(b) 花部；(c) 花及花苞。

1b. 长梗火焰翠凤草(*Pitcairnia flammea var. macropoda* L. B. Smith & Reitz)

变种加词 “macropoda” 意为 “有长、大梗(柄)的”，这里指花有长梗。

生长在大西洋森林突出的岩石上。

叶多数，簇生，叶长约55 cm，宽不超过2 cm，叶片两面都被鳞片，叶面较稀疏，叶背浓密。花序高35～40 cm，花序梗近直立，红色，被白色绵毛；茎苞叶状，比节间长，被绵毛；花部长约18 cm，花序轴为红色，被绵毛；花苞线形，狭披针形，最长可至1.8 cm，比花梗短，被绵毛，顶端渐尖。花偏向花序一侧，花梗纤细，长2.5～3.5 cm，展开，红色，顶端与花托连接处通常弯曲，有时弯成90°；萼片长约2 cm，红色；花瓣长约5.4 cm，红色，顶端急尖，基部无附属物；雄蕊约于花瓣等长，子房1/2～2/3上位。

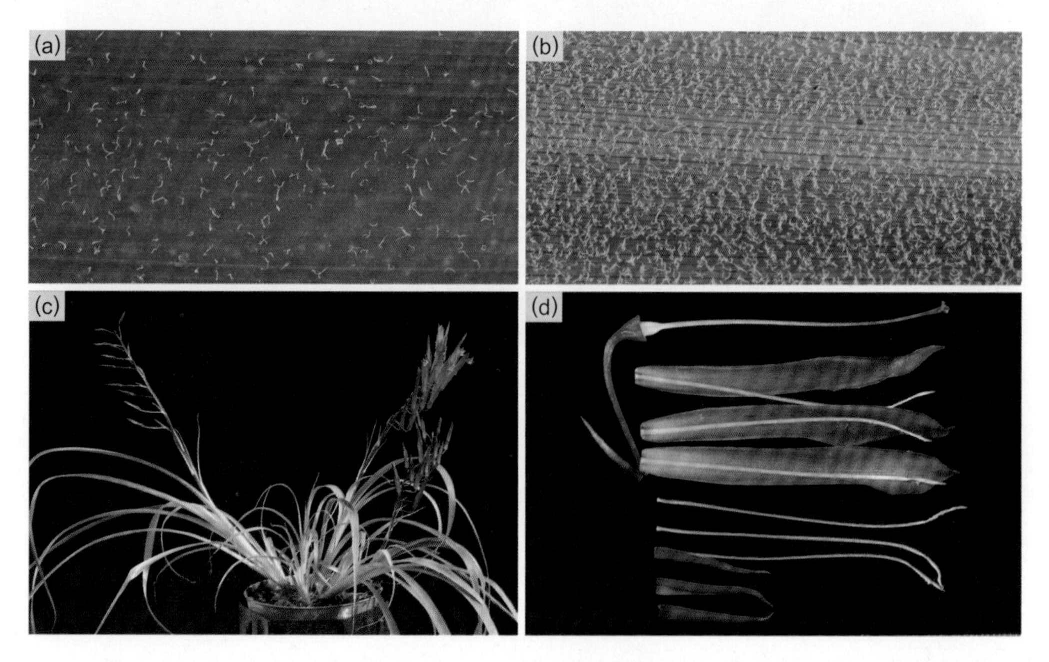

图4-174 长梗火焰翠凤草
(a) 叶片正面；(b) 叶片背面；(c) 开花的植株；(d) 花的解剖。

1c. 浅色火焰翠凤草[*Pitcairnia flammea* var. *roezlii* (E. Morren) L. B. Smith]

变种加词 “roezlii” 源自人名，一位名叫Benito Roezl的来自捷克的园丁和植物收集者。

分布在海拔500～800 m的林缘或岩石上。

开花时高100～120 cm，叶片宽2～3.6 cm，叶面光滑，叶背被覆展开的白色鳞片。花序梗和花序轴都为绿色或黄绿色，被鳞片（或光滑），干燥后白色；花部长18～35 cm；花梗绿色或浅绿色；萼片黄绿色；花瓣鲑红色或浅粉色。

图4-175　浅色火焰翠凤草

（a）叶片正面；（b）叶片背面；（c）开花的植株；（d）花；（e）花色较浅的植株。

2. 全缘叶翠凤草（*Pitcairnia integrifolia* Ker Gawl.）

种加词 “integrifolia” 意为 “叶全缘的”。

原产自委内瑞拉东北部、特立尼达北部和巴西。生长在陡峭的坡地和悬崖上，地生。

植株常绿，开花时高可至100 cm。叶形一致，叶长可至90 cm，有时外围的叶极度缩小；叶鞘宽卵形，白色，有棕色叶脉，光滑或顶部有絮毛状浅棕色鳞片；叶片常绿，条形或狭披针形，宽0.5～1.9 cm，靠近基部变窄，叶面光滑，中脉增厚呈槽状，暗红色，背面有白色鳞片，顶端线状变细，叶缘有细柔的软锯齿，最外围叶片的基部稍具锯齿。圆锥花序；花序梗纤细，直立，暗红色，被白色软鳞片；茎苞狭三角形，约和节间等长，顶端线状变细，全缘；花部金字塔形，排列松散，基部有1级分枝，上部不分枝，花序轴疏被软鳞片至光滑；一级苞片形如花苞；1级分枝4～5个，位于花序轴的下部；花苞披针形，比花梗长或短，顶端急尖。花斜出或展开，长3.5～4.7 cm，花梗纤细，长0.5～1.5 cm；萼片狭三角形，长1～2 cm，顶端渐尖；花瓣基部黄色，其余亮红色，基部具一枚鳞片；子房1/3～2/3上位。蒴果宽纺锤形；种子具短尾。花期初夏。

叶多数，常软而下垂，叶片中脉暗红色；花序挺拔。可观叶也可观花。

喜温暖湿润及半阴环境。盆栽或地栽。以疏松、富含腐殖质的基质为宜。可点缀林缘、缓坡或石缝等处。

主要通过分株繁殖。

图4-176 全缘叶翠凤草

(a) 开花的植株；(b) 叶鞘；(c) 花。

3. 玉米叶翠凤草［*Pitcairnia maidifolia* (C. Morren) Decne. ex Planch.］

种加词“maidifolia”意指植株有像玉米一样的叶。

原产自从中美洲至南美洲北部的广泛区域。分布在海拔240～2 225 m的悬崖、沟谷及公路两侧的路堑上，地生。

植株常绿，近无茎，开花时高可达130 cm。约10片叶形成束状叶丛，叶型一致，叶斜出，上部下垂，有叶柄，外围的叶缩小为略黑色的叶鞘，里面的叶发育良好；叶鞘狭卵形，被覆棕色鳞片，叶柄长可至20 cm，粗壮；叶片披针形，长50～100 cm，宽6～8 cm，中脉明显，成熟的叶片表面光滑，顶端渐尖，全缘。总状花序；花序梗直立，多少被软鳞片；基部的茎苞叶片状，超过节间，上部的茎苞卵形，绿色，有光泽，顶部渐尖；花部近圆柱形，长10～45 cm，宽约7 cm，开花前花排列紧密，开花时逐渐拉开；花苞宽卵形，直立，长3～3.5 cm，开花时比萼片短，绿色或黄色，常变成红色，有脉纹，近纸质，顶部急尖。开花时花平展，花冠两侧对称，花梗长可至1 cm；萼片不对称，宽椭圆形，长2.6～3 cm，不呈龙骨状隆起，绿色或黄色，光滑，顶端钝；花瓣长舌形，长5～6 cm，顶部宽并急尖，开花时花冠向下弯曲，白色或白绿色，基部无附属物，有时有两枚边缘为齿状的附属物残留；雄蕊略低于花瓣，花药长约1 cm；雌蕊略伸出花冠，柱头对折—螺旋型，子房几乎完全上位。种子有长尾。花期早春。

植株叶片披针形，形如玉米叶，叶色翠绿，常呈丛生状；每逢花期几乎每个叶丛内都能形成花序，花序挺拔，颜色鲜艳，红色的苞片中开出白绿色的花，从下往上逐渐开放，花苞的颜色持久，可保持约2个月。

喜温暖湿润环境，较耐阴，适合盆栽或地栽。要求介质疏松肥沃、排水良好。

图 4-177　玉米叶翠凤草

（a）开花的植株；（b）花序及花；（c）花瓣（上海辰山植物园收集的植株，花瓣基部有附属物残留）。

4. 兰叶翠凤草（*Pitcairnia orchidifolia* Mez）

种加词“orchidifolia”指植株的叶像兰花叶。

原产自委内瑞拉中部沿海地区。生长在岩石上。

植株常绿，开花时高约 50 cm。叶约 20 片，叶型一致，形成密生的莲座丛，外围叶展开并向下弯曲，中间的叶基部近直立、上部拱状弯曲，无叶柄；叶鞘短，三角形或宽卵形；叶片狭披针形，长 17～30 cm，有时可达 40 cm，宽 2～3.5 cm，叶面除基部和顶端外光滑，叶背密被白色鳞片，叶色浅绿或黄绿色，顶端变细，基部有细锯齿，其余全缘，稍呈波浪状。总状花序，有时为圆锥花序；花序梗笔直，伸长，光滑；茎苞直立，至少基部的茎苞超过节间，上部的有时短于节间，披针形，有鳞片或光滑，顶端变细；花部长圆锥形，

图 4-178　兰叶翠凤草

（a）开花的植株；（b）花序；（c）花瓣基部的鳞片；（d）花的解剖。

有时基部有数个短的1级分枝，花序轴红色，基部棕色，被覆细小的毛状鳞片；花苞狭披针形，靠近顶端密被鳞片或稍被鳞片，最下面的花苞稍超过花梗，沿花序轴向上逐渐变小，上面的为卵形，约与花梗等长或较短。花斜出或展开，花瓣刚从萼片露出时顶端为黄色，后变为红色，花梗纤细，长1～1.5 cm，有时长2 cm，红色；萼片三角状披针形，长约2 cm，背面不呈龙骨状隆起，除边缘外其余肉质，近光滑，顶端渐细并急尖，或有不明显的细尖；花瓣狭披针形，长5～6.5 cm，刚从萼片露出时顶端为黄色，后变为红色，顶端钝，基部着生一枚边缘呈锯齿状的鳞片；雄蕊内藏；雌蕊柱头刚超过花瓣，柱头为对折—螺旋型，橙黄色，子房1/2～3/4上位，胚珠顶端钝。花期6月。

兰叶翠凤草叶色淡雅且叶质较软，常丛生；花序挺拔，花密或较疏，花色艳丽。可观叶、观花。

喜温暖湿润、半阴环境，可盆栽或地栽。

主要通过分株繁殖。

5. 圆锥翠凤草（*Pitcairnia smithiorum* H. Luther.）

种加词“smithiorum”为纪念当时发现该植物的两位植物收集者S. Smith和H. L. Smith，中文名则根据其花序呈圆锥形的特征。

原产自秘鲁东北部。生长在河岸上，地生。

植株常绿，近无茎，常呈密集的丛生状，株高40～60 cm，花序低于叶丛。叶有多种形态，但不形成刺状叶，簇生，叶丛直立，叶长60～125 cm；叶鞘三角形，长3～6 cm，宽2～4 cm，栗色，内侧光滑，背面被浅色鳞片，全缘；外围叶的叶片缩小或缺失，基部呈假叶柄状，假叶柄长10～65 cm，宽0.5～1 cm，边缘卷起形成凹槽，背面有浅色鳞片，边缘具长0.1～0.3 cm、向上或向下、排列稀疏的棕色锯齿，向莲座丛内部叶片变长，为狭披针形，宽2～4.5 cm，中脉处有凹槽，叶面深绿色，光滑，叶背密被浅色鳞片，顶部急尖或有细尖。总状花序；花序梗大多直立，有时弯曲状斜出，长20～45 cm，直径0.5～1.2 cm，光滑，绿色至棕色；茎苞直立，叶片状，覆瓦状排列，节间露出或被完全遮住，茎苞的基部鞘状，卵形，暗栗色，有光泽，近光滑，上部叶片状，绿色，背面密被浅色鳞片，顶端渐细；花部为圆锥形，长8～15 cm，宽4～5 cm，花多列密生；花苞直立，三角形或卵形，长4～5.2 cm，宽1.8～2.2 cm，薄革质，橘色至红色，基部栗色。花

图4-179 圆锥翠凤草

(a) 叶形从外到内的变化；(b) 开花的植株；(c) 花苞及花；(d) 花序。

无梗，直立；萼片狭长圆形（卵形），稍不对称，长2～2.3 cm，宽1～1.1 cm，顶端急尖，近轴的2枚萼片背面呈龙骨状隆起；花瓣舌形，长3.7～3.8 cm，橙色，顶部橘黄色，顶端钝，基部有一枚顶端呈锯齿状、长1.1 cm的宽鳞片；子房约2/3下位，胚珠常发育不全，有明显的尾状附属物。花期冬季。

植株中型，叶形修长开花整齐，橘黄色圆锥形花序上花密生，一轮轮依次向上开放，非常美丽。

圆锥翠凤草长势旺盛，喜温暖湿润环境，对光线要求不严，宜采用大盆种植或地栽，从而获得较大丛的植株。土壤疏松肥沃并且排水良好，定期施肥以促进植株生长。

通过分株繁殖。

4.29 粉叶凤梨属

Catopsis Grisebach，1864；属于铁兰亚科粉叶凤梨族。

模式种：粉叶凤梨［*Catopsis nitida* (Hook.) Griseb. 1865］

属学名来源于古希腊语词“kátopsis”，由前缀“kata-”（意为“向下”）和单词“ópsis”（意为“看、观看”）构成（Grant 和 Zijlstra，1998；多识团队，2016）。原始文献在解释Catopsis这个属学名的来源时只提到是为了指出其种子的位置有别于铁兰属植物（Grant 和 Zijlstra，1998；多识团队，2016）。通过对比这两类植物种子的发育过程和形态不难看出，铁兰属植物的种子在发育过程中位于胚珠基部（珠孔端）的珠柄不断伸长并发育成为种缨，因此种缨位于种子的基部（图1-75f，1-75g）；而粉叶凤梨胚珠基部的珠柄几乎不伸长，顶部（即合点处）的毛状附属物不断伸长并发育成为种缨，因此种缨位于种子的顶部（图1-75a，1-75b），位置正好相反。中文名根据该属大部分物种的叶表被覆明显的蜡质粉末这一特征。

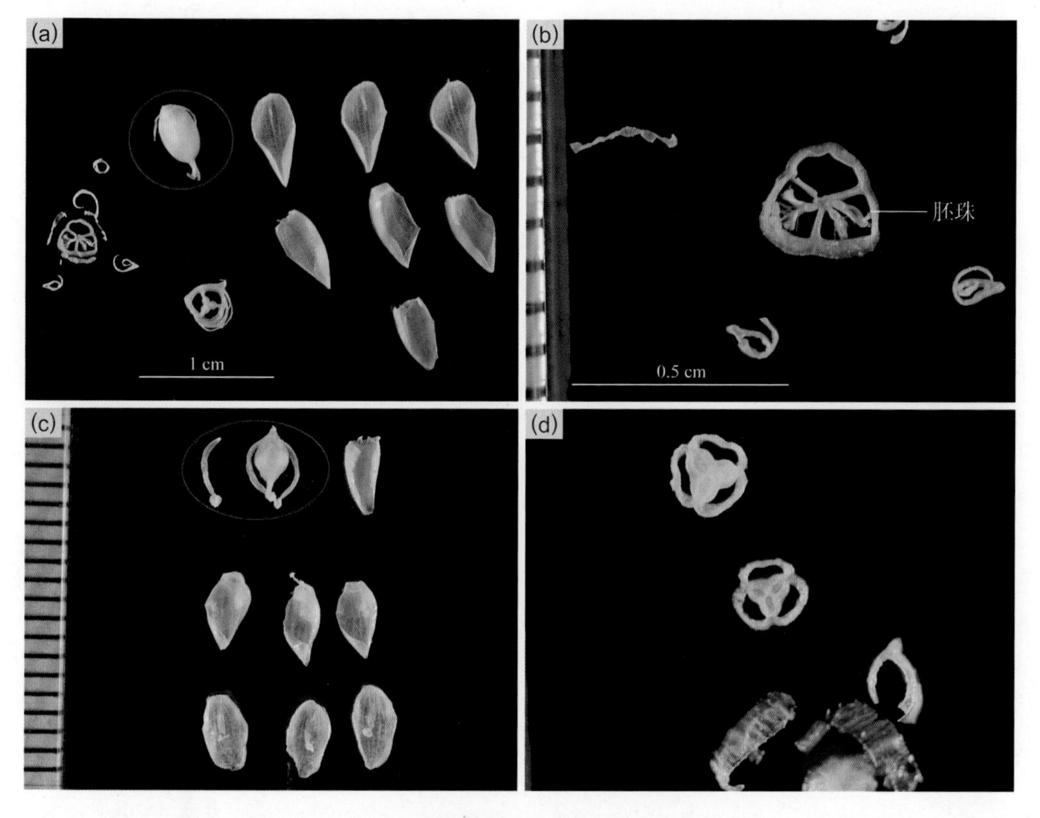

图4-180　粉叶凤梨属植物花的解剖图（葛斌杰摄）

（a）—（b）雌花的构造：（a）子房发育良好，雄蕊退化；（b）子房解剖，示胚珠。（c）—（d）雄花的构造：（c）雄蕊正常，子房发育不良；（d）子房解剖，胚珠不发育。

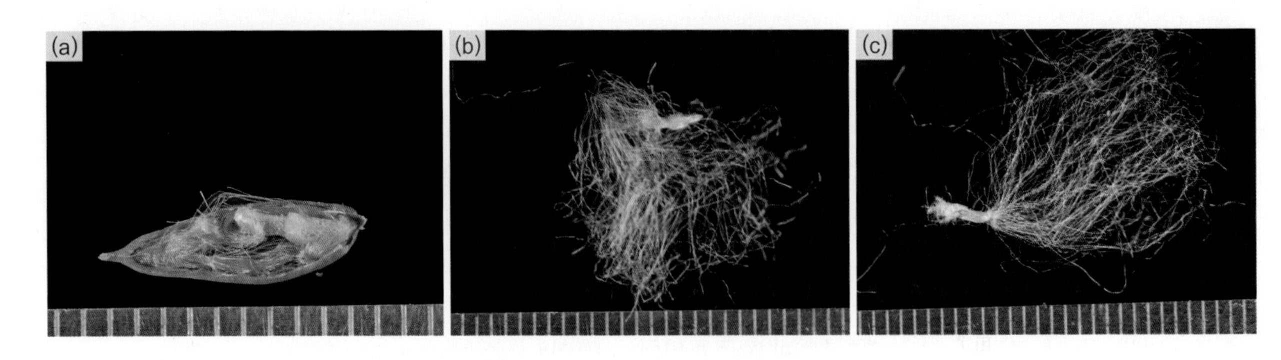

图4-181 粉叶凤梨属植物的蒴果及种子

(a) 种子在蒴果中;(b) 刚从蒴果分离时种缨折叠;(c) 暴露于空气后种缨打开。

原产自北美洲南部、中美洲、加勒比地区以及南美洲北部的广大地区。通常附生,少数地生。现有19个种以及3个种下分类单元。

植株近无茎,雌雄同花或功能性雌雄异株[①],雌雄同形或异形。叶全缘,形成漏斗状或囊状莲座丛,有叶筒,叶绿色,表面被贴生的鳞片,也常被覆白色蜡质粉末;叶鞘大,与叶片区别明显或不明显;叶片舌形或线形,顶端急尖、渐尖或有长渐尖。复合花序,少数为简单花序,有明显的花序梗并高出叶丛,雌雄同花的植株或雌花株为简单花序或有1级分枝,雄花株有1级或2级分枝,花在分枝上排成多列。花小型或微型,为完全花或功能性单性花,无梗,花托短或粗壮;萼片离生,不对称;花瓣离生,通常白色,少数黄色,基部无附属物,花瓣伸出花萼的部分极短,形成瓶状或钟状花冠,少数种类花瓣明显且展开;雄蕊内藏,且两轮雄蕊通常不等长,对萼雄蕊离生且明显长于对瓣雄蕊,对瓣雄蕊与花瓣基部贴生的部分较短,花药卵形至椭圆形,近基着药;子房处于上位至1/8下位,宽卵形或椭圆形,花柱短或无,柱头为简单—直立型,偶尔为对折—螺旋型,胚珠少至多个,顶端有明显的复丝状附属物,超过胚珠主体,基部的附属物短。蒴果室间开裂;种子顶端有多细胞的种缨,成熟时在果荚内呈折叠状,基生种缨短而不分叉。

由于大部分粉叶凤梨属种类的叶和花序为绿色和浅绿色,花瓣白色,个别种花瓣为黄色,外部形态较为相似,加上其复杂的性别系统给粉叶凤梨的分类造成了许多不确定性。

1. 食虫粉叶凤梨[*Catopsis berteroniana* (Schult.f.) Mez]

种加词“berteroniana”为纪念意大利植物学家C. Bertero。

原产自美国(佛罗里达州)、大安的列斯群岛,并从墨西哥(东南部)跨中美洲直至圭亚那以及巴西。分布在海拔0～1 200 m的树林中,附生。

植株开花时高可达100 cm。多为雌雄同株,少数雌雄异株(原产自墨西哥南部的种群)(Palaci, 1997)。叶约15片,形成宽漏斗状莲座丛,高20～45 cm,叶长18～42 cm,约为花序梗长度的一半或更短,质地较薄(干后呈纸质),呈黄绿色,基部密被微小的鳞片,向上鳞片突然变少至近光滑;叶鞘大型(约为叶总长的一半),但与叶片的区别不太明显,边缘有膜质的窄边;叶片为卵状披针形,宽3.5～6 cm,顶端急尖或稍为渐尖。复穗状花序;花序梗直立,长45～80 cm,直径0.3～0.5 cm,光滑,基部密被茎苞,上部部分裸露;茎苞直立,其中基部的茎苞叶状,密生,上部的茎苞较稀疏,卵形,基部呈鞘状,纸质,绿色,靠近上部疏被微小的鳞片,顶端尾状渐尖或渐尖;花部长20～27 cm,宽约14 cm,有1级分枝,少数不分枝,分枝沿花序轴排成多列,顶端不分枝;花序轴完全裸露,呈弯曲状,近圆柱形,光滑;一级苞片形如上部的茎苞,比分枝基部的梗短较多;一级分枝1～6个,近直立或展开,光滑,基部有长1.7～3.4 cm的

① 功能性雌雄异株:指植株的生殖器官中特定的性器官功能受到抑制,如在雌花中,雄蕊败育且无功能,而在雄花中,成熟时子房完全败育且没有功能。

梗，小花序轴伸长，长3～11 cm，直径1～1.4 cm，有7～16朵花，松散地排成多列，有时只有3朵，顶端有数枚缩小且不育的花苞，呈密覆瓦状排列，黄绿色，小花序轴完全裸露，稍呈弯曲状，光滑；花苞宽卵形，长0.6～0.8 cm，比花萼短较多，革质，干燥时表面有脉纹，顶端宽圆形，微缺，明显弯曲，边缘膜质，光滑。花无梗，近直立或展开；萼片离生，不对称，倒卵形，长0.8～1.1 cm，革质，表面光滑，一侧有膜质的宽边，顶端微缺并有不明显的细尖，近轴的2枚萼片背面呈钝龙骨状隆起，光滑，正面有稀疏且微小的棕色鳞片；花瓣椭圆形，长约1 cm，稍超过萼片或与萼片等长，白色；雄蕊内藏，两轮雄蕊明显不等长，超过雌蕊，花丝直，扁平，膜质，基着药，花药呈箭头形，长约0.2 cm，顶端具细尖；子房近球形，顶端突然缩小成花柱（花柱约为子房长度的1/3）。蒴果卵球形，长约1.4 cm，几乎不超过萼片，顶端具细尖；种子上的种缨乳黄色。

图4-182 食虫粉叶凤梨
(a) 开花的植株；(b) 花；(c) 花序（局部）。

植株密被白色蜡质粉末，花序黄绿色，有光泽，开花时花瓣不明显，在不经意间花开花谢，花序较持久。食虫粉叶凤梨被认为是凤梨科植物中为数不多具有食肉特性的种类之一，显得非常神秘。

栽培并不困难，喜光线充足的环境。盆栽或附生栽种，栽培介质应疏松透气。

通过分株或播种繁殖。

2. 多花粉叶凤梨（*Catopsis floribunda* L. B. Smith）

种加词“floribunda”意为“多花的”，指该种的花序宽且花多数。

原产自美国（佛罗里达州南部）、西印度群岛、特立尼达岛和委内瑞拉。分布在海拔0～1 490 m的树林中，附生。

开花时植株高30～95 cm。具两性花，少数为功能性雌雄异株（原产自古巴的种群）。叶多数并形成密生的莲座丛，叶近直立，长15～50 cm，叶上无白色粉末状附属物；叶鞘椭圆形，约为叶片长度的一半，基部浅栗色；叶片三角形或狭披针形，基部宽1～3 cm，叶面平或随着叶片老化稍内卷，绿色，叶片上有斑点状鳞片，但不明显，顶端有长渐尖，边缘不呈透明状。复合花序；花序梗直立，有时弯曲，光滑；基部的茎苞覆瓦状排列，叶片状，比节间长较多，顶端形成长渐尖，上部的茎苞狭三角形至细线状，通常比节间长；花部长20～60 cm，有1级或2级分枝；基部的一级苞片形如上部的茎苞，比分枝基部的梗略长或略短，有时明显比梗短，顶端有长渐尖；一级分枝略展开，排列松散，基部有长梗，花近密生；二级苞片明显比二级分枝短；花苞近展开，三角形至阔三角形，长0.3～0.56 cm，宽0.3～0.5 cm，明显比萼片短，纸质，有显著的脉纹，边缘有透明的窄边。花无梗，花托短，单性花与两性花相似；萼片极不对称，卵形至宽卵形，长0.4～0.75 cm，宽0.35～0.5 cm，膜质，绿色，干燥时麦秆色，有明显脉纹，顶端钝，常有一暗色横纹；花瓣狭三角形至三角形，长0.4～0.7 cm，宽0.25～0.45 cm，稍超过萼片，白色；两轮雄蕊明显不等长，对瓣雄蕊与花瓣合生约0.15 cm；子房椭圆形。蒴果卵圆形，长0.8～1.2 cm，宽0.3～0.6 cm，顶端形成短喙。花期夏季，第二年春天种子才成熟。

多花粉叶凤梨叶色翠绿，花序也为绿色，分枝较多，形态丰满。

长势较强健，喜温暖湿润及半阴的环境，可附生种植或盆栽，介质应疏松透气。

通过分株或种子繁殖。

图4-183 多花粉叶凤梨
(a) 开花的植株；(b) 花；(c) 蒴果。

3. 白边粉叶凤梨(*Catopsis morreniana* Mez)

种加词“morreniana”为纪念比利时植物学家E. Morren，中文名则根据该种的叶缘有明显的白边的特征。

产自墨西哥南部及中美洲各国。分布在海拔20～1 650 m的湿润低地雨林中；附生。

植株开花时高20～40 cm。通常雌雄异株，少数具完全花。叶10～20片，形成密生的莲座丛，叶长10～18 cm，基部常被覆明显的白色蜡质粉末；叶鞘椭圆形，比叶片短；叶片舌形至近三角形，宽1.5～2.5 cm，顶端圆形、宽并急尖或钝，形成短细尖，叶缘具有非常明显的白色窄边。复合花序；花序梗直立，直径约0.15 cm，光滑；茎苞直立或稍展开，叶片状，狭长圆状披针形，比节间长，其中上部的茎苞约与节间等长或略短，顶端有短的细尖，边缘有明显的白边；花部长6～17 cm，有1级分枝，少数有2级分枝；基部的一级苞片形如上部的茎苞，披针形，比分枝基部的梗短或等长，顶端有短细尖，上部的一级苞片比分枝的梗短；分枝近直立至展开，长约7 cm，基部有短梗，雄株花近密生，有花多数，具有完全花的植株或雌株的花较少，排列较疏；花苞宽卵形，比萼片短，有显著的脉纹，顶端钝。花展开，无梗，花托不明显；萼片稍不对称，较薄，浅黄色，有显著的脉纹，雄花的萼片长约0.3 cm，完全花或雌花的萼片长

图4-184 白边粉叶凤梨
(a) 开花的植株；(b) 花序；(c) 雌花。

0.5～0.6 cm；花瓣白色，卵形；雄蕊内藏，两轮雄蕊极不相等，花药近圆形；子房卵形，花柱短而粗壮。蒴果卵形，长约1 cm。花期夏季，翌年早春种子才成熟。

株型娇小，侧芽萌发能力较强，常丛生。叶薄，呈浅绿色，基部有白色粉状附属物，叶色明亮，到了冬季更是呈透明状，网状叶脉依稀可见。

栽培容易，喜湿润及具明亮的散射光的环境，可附生栽种或盆栽，介质宜疏松透气且排水良好。

通过分株或种子繁殖。

4. 神秘粉叶凤梨（*Catopsis occulta* Mart.-Correa, Espejo & López-Ferr.）

种加词“occulta”意为“神秘的”，指因和食虫粉叶凤梨长得非常相似而长期与之混淆不清，显得非常神秘。

原产自墨西哥。分布在海拔150～1 300 m的热带地区以橡树或松树为主的落叶林中，附生于树上，少数附生于岩石上。

多年生草本植物，植株近无茎，雌雄异株，开花时最高可达150 cm。叶多而密生，形成直立的囊状莲座丛，高35～50 cm，直径20～30 cm；叶鞘卵形至方形，长13～23 cm，宽4～11 cm，绿色，光滑；叶片三角形至长三角形，长13～36 cm，宽3～7 cm，浅绿色，光滑，顶端渐尖。复穗状花序；花序梗直立，绿色，圆柱形，雄花株长33～60 cm，直径0.26～0.76 cm，雌花株长47.5～84 cm，直径0.35～1.1 cm；茎苞披针形，顶端渐尖，其中基部的茎苞远远超过节间，雄花株基部的茎苞长13～21 cm，雌花株基部的茎苞长15～34.7 cm，上部的茎苞比节间长，雄花株的上部茎苞长7.4～15 cm，顶端形成细尖，雌花株的上部茎苞长8～17 cm，顶端渐尖；花部圆柱形，有1～2级分枝，雄花株的花部长14～30 cm，雌花株花部长20～50 cm；雄花株基部的一级苞片披针形，上部的一级苞片成卵形，长 2.7～6 cm，宽1～2 cm，比腋生的一级分枝的梗长，顶端有细尖，雌花株基部的一级苞片卵形，长3～7.5 cm，宽1.3～2.6 cm，比一级分枝的梗长，顶端渐尖，上部的一级苞片比分枝的梗短；雄花株有5～10个一级分枝，长5.3～11 cm，宽0.7～1.3 cm，有花19～40朵，紧密地呈螺旋状排列；雌花株约有14个一级分枝，长8.6～10.6 cm，宽0.9～1.5 cm，有花12～18朵，松散地呈螺旋状排列；有二级分枝时，雄花株的二级苞片呈卵状披针形，长0.53～0.83 cm，宽0.34～0.53 cm，比二级分枝的梗短，顶端急尖；雌花株的二级苞片为披针形，长约0.87，宽约0.66 cm，比二级分枝的梗短，顶端急尖；雄花的花苞卵形至宽卵形，长0.6～0.88 cm，宽0.34～0.88 cm，比萼片短，橘黄色，顶端急尖，雌花的花苞为卵形，长0.9～1.1 cm，比萼片短，宽0.68～1.1 cm，顶端为黄色，基部为绿色，顶端急尖。花无梗，花托短，紧贴花序梗，辐射对称，雄花长0.76～1 cm，直径0.28～0.53 cm，雌花长1.2～1.5 cm，直径0.6～0.85 cm；萼片长圆形，不对称，远轴的两枚萼片背面呈龙骨状隆起，顶端圆形，雄花株萼片长0.76～1.1 cm，宽0.39～0.63 cm，基部为橘色，顶端为黄色，雌花株萼片长1.2～1.4 cm，宽0.64～1 cm，黄色；花瓣白色，雄花株的花瓣为披针形，长0.62～1 cm，比萼片短，宽2～4.5 cm，顶端急尖，雌花株的花瓣呈披针状三角形或长圆形，长1～1.5 cm，与萼片等长或比萼片长，宽0.42～0.65 cm，顶端急尖或宽圆形；雄蕊白色，两轮雄蕊不等长，对瓣雄蕊较短，与花瓣贴生至花瓣的中部，其中雄花株的花丝圆柱形，对瓣雄蕊的花丝长0.37～0.54 cm，对萼雄蕊的花丝长0.6～0.68 cm，花药三角形，基着药，花药长0.16～0.2 cm，雌花株的花丝扁平，线形，对萼雄蕊的花丝长0.47～0.57 cm，对瓣雄蕊花丝长0.33～0.44 cm；雄花株的退化雌蕊为绿色，长0.38～0.64 cm，卵球形，雌蕊花柱缺失，雌花株的子房绿色或白绿色，卵球形，长1～1.2 cm，直径0.4～0.49 cm，花柱长0.15～0.39 cm，柱头为简单—直立型。蒴果棕色，卵球形，长1.2～1.8 cm，直径0.63～0.75 cm，顶端急尖；种子棕色，纺锤形，长0.15～0.2 cm，卷曲、棕色的种缨位于种子顶端，长3.4～4.1 cm，种子基部的附属物长0.21～0.24 cm。花期秋季。

与同属其他大部分种类相比，神秘粉叶凤梨算得上是粉叶凤梨属植物的“高富帅”，其株型常常是同属其他种类的2～3倍，弯弯的叶片形成囊状莲座丛，形态优雅，叶的表面被覆着白色的蜡质粉末，基部尤其明显，比食虫粉叶凤梨叶上的粉末有过之而无不及。开花时花序挺拔，高可达150 cm，分枝繁密；花苞和萼片的颜色为黄色至橙黄色，而该属大部分种类的花序为绿色，因此这“颜值”已经算是相当高了。

神秘粉叶凤梨长势强健，喜温暖湿润、光线充足的环境。可盆栽或附生种植，盆栽介质应疏松透气。通过分株或种子繁殖。

图4-185　神秘粉叶凤梨（雌花株）

（a）开花的植株；（b）叶基部的白色粉末；（c）花；（d）花的解剖。

5. 黄钻粉叶凤梨（*Catopsis subulata* L. B. Sm.）

种加词“subulata”意为“钻形的”，中文名则根据种加词原意并结合其花序为橙黄色的特征。

原产自墨西哥、洪都拉斯和危地马拉。分布在海拔500～2 000 m的松栎林中，附生。

植株开花时高15～75 cm，雌雄异株。叶片直立，形成紧凑、基部膨大近球形的莲座丛，长15～35 cm，叶色黄绿色，逐渐变成赭色；叶鞘宽大，宽卵形或近圆形，长8～16 cm，宽5～10 cm，是叶片宽的3～12倍，顶端突然变窄；叶片窄三角状披针形，宽1～2 cm，顶端有长细尖或渐尖。复穗状花序；花序梗直立；基部的茎苞呈叶状，比节间长较多，上部的茎苞线状披针形，长1.5～11 cm，宽0.5～1 cm，顶端长渐尖并向后弯曲，超过节间；雄花株花部长7～20 cm，有1～2级分枝；雌花株花部长5～20 cm，有1级分枝，少数不分枝；基部的一级苞片卵状披针形，顶端渐尖，常向后弯曲，雄花株的一级苞片长2～7 cm，宽0.7～1 cm，与分枝基部的梗等长或比梗长，雌花株的一级苞片长1～4 cm，宽0.4～1 cm；一级分枝展开，雄花株有5～30个一级分枝，长3～7 cm，每个分枝有20～30朵花，排列紧密，雌花株有1～8个一级分枝，指状展开，长4～10 cm，每个分枝有12～20朵花，稍密生；雄花株的花苞为三角形，长0.4～0.55 cm，比萼片短0.1～0.3 cm，宽0.2～0.4 cm，金黄色，膜质，顶端急尖，有透明的窄边，雌花株的花苞宽椭圆形，0.6～0.8 cm，比萼片短0.3～0.5 cm，宽0.5～0.6 cm，黄绿色，顶端急尖或钝，边缘有透明的窄边。花为功能性单性花，无花梗，花托粗短；萼片不对称，顶端钝，近革质，雄花株萼片长0.6～0.7 cm，宽0.4～0.5 cm，有细微的脉纹，黄绿色，逐渐变成赭橙色，雌花株萼片长0.9～1 cm，宽0.65～0.75 cm，光滑或有细微的脉纹，金黄色，果实成熟时变为橘色；花瓣长度几乎不超过萼片，白色，雄花株花瓣呈窄三角形，长0.5～0.6 cm，宽0.2～0.3 cm，雌花株花瓣呈三角状椭圆形，有时顶端钝，有缺刻，长0.9～1 cm，宽0.5～0.55 cm。雄蕊白色，两轮雄蕊不等长，对瓣雄蕊较短，与花瓣贴生至一半处，其中雄花株的花丝圆柱形，对萼雄蕊的花丝长约0.4 cm，对瓣雄蕊的花丝长约0.31 cm，花药椭圆形，近基着药，花药长约0.17 cm，雌花株的花丝扁平，线形，对萼雄蕊的花丝长约0.4 cm，对瓣雄蕊的花丝长约0.3 cm；雄花株的退化雌蕊黄白色，长约0.3 cm，直径约0.2 cm，卵球形，雌蕊花柱近缺失，雌花株的子房或白绿色，卵球形，长约0.5 cm，直径约0.46 cm，花柱长约0.3 cm，柱头为对折—螺旋型。蒴果椭圆形，长1.3～1.4 cm，宽0.6～0.7 cm。花期仲夏，翌年早春种子成熟。

黄钻粉叶凤梨也是粉叶凤梨属中少有的颜值较高的种类之一，其莲座状叶丛基部膨大成壶形，开花时花序呈金黄色或黄绿色，可观叶、观花。

喜光线充足及湿润环境，盆栽或附生种植，栽培介质应疏松透气。

通过分株或种子繁殖。

图4-186　黄钻粉叶凤梨

（a）雄花解剖；（b）雌花解剖；（c）开花的植株（雄株）；（d）蒴果；（e）开花的植株（雌株）。

4.30　果子蔓属

Guzmania Ruiz & Pavon 1802，属于铁兰亚科铁兰族。

模式种：果子蔓［*Guzmania monostachia* (L.) Rusby ex Mez 1896］

该属由西班牙植物学家H. Ruiz和J. A. Pavón于1802年设立，并以西班牙植物学家A. Guzmán的姓氏命名。中文属名为音译，国内还有“星花凤梨属”、“擎天凤梨属”等不同的称谓。

原产南美洲大陆的安第斯山脉、中美洲，并延伸至安地列斯群岛、圭亚那和巴西东部。最高海拔可至

3 500 m；大部分为附生。现有约221种，26个种下分类单元，是铁兰亚科的第三大属。

常绿多年生草本植物，植株近无茎或少数有茎。叶多数，密生，大部分形成叶筒；叶带状，绿色、红色，少数种类形成横向斑纹，全缘。简单花序或复合花序，有的有3级分枝；花序梗通常明显；花螺旋状沿花序轴排成多列，少数排成2列。花为完全花；萼片对称，离生至高位合生，背面不呈龙骨状隆起；花瓣白色、黄色或绿色，超过1/4的部分合生呈管状，花冠裂片展开或向后弯曲，有的直立并呈帽兜状，极少数花冠裂片变宽，花瓣基部无附属物；雄蕊等长，或多或少与花瓣贴合，内藏或伸出花冠；雌蕊的花柱细长，柱头为卷曲Ⅰ型或简单—直立型，偶尔为简单—伸展型或简单—羽裂型，胚珠多数，顶端钝。蒴果室间开裂；种缨直，位于种子基部，白色、浅棕色或棕色（Smith和Downs，1977；Barfuss，2016）。

果子蔓属植物叶缘光滑，大多数种类拥有色彩艳丽的花序，并且可保持较长时间，具有很高的商业价值。在西方，人们经过大量和长期的筛选和杂交育种工作，推出数量众多在花序形态和颜色等方面性状迥异的园艺品种，成为目前国内外盆栽花卉市场上最为流行的观赏凤梨之一，根据国际凤梨协会公布的已登录的果子蔓属杂的园艺种有400多个。红星果子蔓、苞鞘果子蔓（*Guzmania wittmackii*）和扎尼果子蔓（*Guzmania zahnii*）等种类被广泛用于果子蔓属的杂交育种中，此外还有松果果子蔓、布拉氏果子蔓（*Guzmania blassii*）等，相信还有更多的原种参与了杂交，但是由于性状优良的新品种蕴含着巨大的商业利益，各家凤梨育种公司都将参与杂交的父母本作为商业机密，一般不对外公布，消费者从市场所购买的商业品种一般都经过了数代的杂交和选育，遗传背景较为复杂。我国大陆地区已收集到的果子蔓属原种的数量不多，很大程度上限制了我国开展果子蔓属植物的杂交育种工作。

植株小型且叶质较薄的种类一般附生生长在潮湿的雨林的中下层，较耐阴，有些种类对环境条件非常敏感，如空气湿度过低时易产生叶片黏结在一起无法展开的现象，俗称“包心”，温度的忽高忽低也会造成叶片上形成皱褶。株型较大、叶厚质且坚硬的种类则通常生长在光线充足的地方，生长在地上、岩石上或树冠层。

1. 松果果子蔓［***Guzmania conifera*** **(André) André ex Mez**］

种加词“conifera”意为“具圆锥体的”，指花序的形状。

原产自厄瓜多尔、秘鲁。分布在海拔1 500 m的雨林中，地生或附生。

植株近无茎，开花时高近100 cm。莲座丛较展开，叶长60～80 cm，呈拱状弯曲；叶鞘不明显，两面都被覆灰棕色的鳞片；叶片长舌形，宽6～8 cm，叶片两面都有贴生的灰白色鳞片，顶端圆形或宽并急尖，有一个尖硬三角形细尖。简单花序；花序梗直立，粗壮，约与叶丛等高或略短；茎苞直立，形如叶片，沿花序梗覆瓦状紧密排列；花部圆锥形、椭圆形或近球形，长约11 cm，直径约8 cm，花密生；花苞直立，卵形，长5～6 cm，厚革质，为明亮的红色，顶部缩小为窄三角形，顶端黄色。花无梗，花托不明显；萼片椭

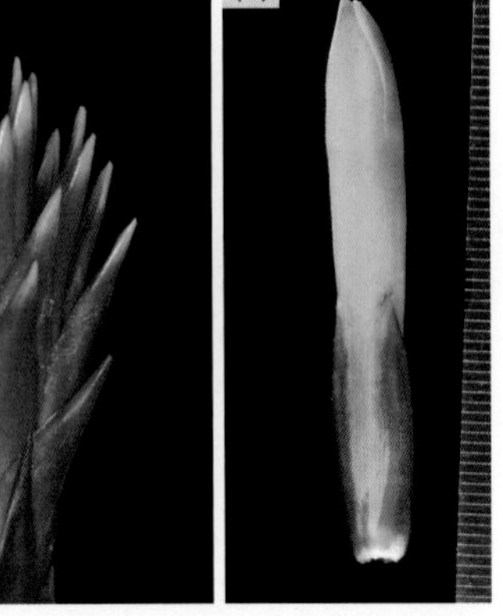

图4-187　松果果子蔓

（a）开花的植株；（b）花序；（c）花。

圆状披针形，长2.5～3 cm，合生约0.7 cm，下延并与子房愈合，革质，有光泽，除边缘为黄色外，其余红棕色。干燥时除浅色边缘外都变成黑色，顶部细尖；花瓣长5～7 cm，高位合生，花冠裂片圆形，顶端近帽兜形；雄蕊内藏；蒴果圆柱形，长约4 cm，顶端有细尖。

松果果子蔓株型宽大，叶宽厚且革质，圆锥形或球形的花序色彩鲜艳，好似一把火炬，因此国内也有人称之为"大火炬"。由于观赏价值高且所需的栽培时间较长，在20世纪90年代，当松果果子蔓刚进入国内市场时身价不菲；即便是现在，也是价格相对较高的种类之一。

喜温暖湿润、光线充足的环境，对水质较为敏感，当水中可溶性盐的浓度过高时易产生叶尖枯焦现象。宜选用疏松透气且富含腐殖质的栽培介质。

通过分株繁殖。

2. 红星果子蔓［*Guzmania lingulata* (L.) Mez］

种加词"lingulata"指叶为舌形。早在1776年就已被带回欧洲，是凤梨科植物中最早作为观赏植物而被引入欧洲的种类之一。

原产地非常广泛，从中美洲、西印度群岛至南美洲的玻利维亚和巴西等地。分布在海拔0～1 700 m的雨林中，附生于树上或岩石上，有时地生。

植株近无茎，开花时高18～40 cm。叶15～30片，密生，莲座丛呈漏斗状，叶长17～45 cm；叶鞘卵形，较明显，有棕色斑点状鳞片，基部常为栗色，有时候背面有纵向的紫色细线状叶脉；叶片长舌形，宽1.5～4 cm，有不显著的斑点状鳞片，顶端急尖。简单花序；花序梗直立，通常比叶丛短；茎苞直立，覆瓦状密生，完全覆盖花序梗，其中基部的茎苞形如叶片，常略呈红色，上部的茎苞扩大为披针形，并在花序梗顶端密生呈总苞状，直立或展开；花部卵圆形，长3.5～5.8 cm，宽1.5～2.3 cm，花序轴缩短，略膨大，有花10～40朵，密生；外围的花苞形如上部的茎苞，宽舌形，顶端钝，向内变窄为长舌形，超过萼片较多，黄色，外围的花苞顶端红色，帽兜状。花直立，长4.5～5 cm，花托短，呈花梗状；萼片离生，长舌形，有光泽，顶端钝；花瓣长舌形，黄色，顶端的露出部分白色，帽兜形；雄蕊与花瓣高位合生；子房卵状椭圆形。蒴果圆柱形，长约3 cm，顶端有短喙；种缨红棕色。花期大部分在春末至夏季，有时在冬季至早春。

由于分布广泛，不同产地的种群外形较为多变，人们基于植株的大小、叶的颜色以及苞片的形态和颜色等定义了一些变种，但是目前来看尚未达成一致。再加上长期的人工栽培和大量的杂交育种工作，使红星果子蔓的分类变得更加错综复杂。

图4-188 外形不同的红星果子蔓

(a)—(f) 株型大、上部茎苞展开的类型：(a)—(b) 叶上有明显红色脉纹；(c)—(d) 叶鞘略具红色叶脉，花苞为红色；(e)—(f) 叶鞘和叶片颜色都为绿色。(g)—(h) 株型小、花序为红色的类型。(i)—(j) 株形小、花序为猩红色的类型。(k) 花序解析（花期已过）。

红星果子蔓及其变种拥有鲜艳的茎苞，并可一直保持2～3个月，常被作为亲本而用于杂交育种中，因此也形成了一系列花序挺拔、花色艳丽的商业品种，市场上统称为“星花凤梨”，根据花序外围茎苞的颜色俗称为“红星”和“紫星”“黄星”等，另外还有“吉利红星”“丹尼斯红星”“中国红”“柠檬黄星”等一系列耳熟能详的名称。

喜温暖湿润、半阴的环境。可附生栽种、盆栽或地栽，要求土壤疏松透气。

主要通过分株繁殖。

3. 果子蔓［***Guzmania monostachia*** **(L.) Rusby ex Mez**］

种加词“monostachia”意为“具单一花穗的”。

原产自美国佛罗里达州北部、西印度群岛、中美洲至南美洲北部。分布在海拔2～2 000 m的雨林中，附生或地生。

植株近无茎，开花时高30～40 cm。叶多数，形成密生漏斗状莲座丛，叶长30～40 cm；叶鞘宽卵形，呈棕色；叶片长舌形，宽约2 cm，叶色黄绿色，顶端急尖。简单花序；花序梗直立，短于或超过莲座丛，直径0.4～0.8 cm，光滑；茎苞卵形，呈覆瓦状排列，浅绿色，有时有深褐色或浅褐色条纹，顶部急尖；花部圆柱形，长8～15 cm，宽2～3 cm，顶端急尖，花序轴直，光滑，花排成多列；花苞覆瓦状排列，卵形，膜质，顶部急尖，其中顶部的花苞内花不发育（简称不育花苞），通常为鲜红色，下部的苞片内花发育良好（简称可育花苞)，浅绿色，并有明显的纵向棕色或褐色条纹。花直立，长2.3～2.9 cm，无梗，花托不明显；萼片卵形，长约1.8 cm，基部约1/4合生，表面光滑、呈革质，浅棕色，顶端宽且钝，平截状；花瓣白色，大部分联合成管状，花冠裂片椭圆形，顶端钝；雄蕊内藏，花丝假贴生在花瓣上，花药椭圆形，花粉囊背部黑紫色，全着药，花药呈合抱状；雌蕊略低于雄蕊，柱头为对折—直立型；胎座占子房的2/3。蒴果圆柱形，长2～3 cm；种缨白色。花期主要为初夏。

果子蔓分布范围非常广泛，Luther(1987)发现来自巴拿马的植株其不育花苞为鲜红色，更易于吸引授粉者前来进行异花授粉，植株自花不结实。而来自美国佛罗里达的植株不育苞片为肉红色或粉红色，由于花苞颜色浅，对授粉者的吸引力不大，植株具有自花结实的特性。上海辰山植物园同时收集了这两个类群，的确在花序的形状、花苞的颜色及其稳定性以及结实等方面存在明显的差异。此外，有人认为果子蔓还存在开花时花苞为白色的类型，并作为果子蔓的白化变型(*Guzmania monostachia* forma *alba*)。但是笔者观察发现不育花苞为红色的植株苞片的颜色较稳定，基本不受气温的影响；而不育花苞为粉红色的植株花苞的颜色受温度的影响较大，如花序形成过程中天气较凉爽则粉色较深，气温高呈粉色较浅。2023年8月，正值上海炎热的盛夏季节，这一类群中有2棵植株形成了花序，上部的不育花苞都变成了白色，可育花苞上的褐色条纹也消失，符合上面提到的果子蔓白化变型的特征。因此笔者认为具白色的苞片的植株很有可能是具粉红色不育花苞的类群在高温季节开花时由于植株体内花青素合成障碍或花青素被分解而形成的，主要受到环境的影响，因此可能并不存在白化变型。

图4-189　果子蔓

(a)—(b) 不育花苞为红色的植株：(a) 开花时的花序；(b) 花序形成初期。(c)—(f) 不育花苞为粉红色的植株(同一批植株在不同年份开花)：(c) 粉色较深；(d) 粉色较浅；(e) 高温季节开花，花苞白化的植株；(f) 自花结实产生大量的种子。(g) 花的解剖。(h) 花药呈合抱状。

*花叶*果子蔓(***Guzmania monostachia* 'Variegata'**)

这是果子蔓的花叶品种,在佛罗里达、巴拿马等地可发现野生的植株。叶片上具有白色纵条纹,但这一性状不太稳定,白色纵条纹可能转为绿色。顶部不育部分的花苞呈粉红色,下部开花部分的苞片绿色,有纵向棕色或褐色的条纹,有时颜色较浅。

图4-190 *花叶*果子蔓

(a)开花的植株;(b)未开花时的花序。

果子蔓的花序刚出现时花苞排列紧密,顶部呈圆球形,覆盖着红色或粉红色的花苞,好似一团红色或粉红色的烛火,非常美丽;随着花序的伸长,花都成圆柱形,顶端急尖,开花时绿色的部分变得越发明显,从中开出白色的花,顶部的花苞颜色也逐渐变淡,观赏性有所降低,观赏期可持续约为1个月。

果子蔓栽培容易,喜温暖湿润的环境,较耐阴;可盆栽或附生栽种,栽培介质应疏松透气,富含有机质。通过分株或种子繁殖。

4. 猩红果子蔓[*Guzmania sanguinea* (André) André ex Mez]

种加词"sanguinea"意为"血红色的",指植株开花时叶丛内圈的叶色变成鲜红色。

原产自哥斯达黎加、哥伦比亚、特立尼达和多巴哥、厄瓜多尔。分布在海拔0～1 050 m的湿润雨林中,附生。

植株近无茎。叶多数,最长至40 cm,形成直径40～50 cm的漏斗状莲座丛;叶鞘约与叶片等宽,密被棕色鳞片;叶片舌形,宽约5.5 cm,开花时至少内圈的叶片会变成鲜红色。简单花序;花序梗很短;茎苞宽卵形,纸质,白色,顶端急尖,有长渐尖;花部成圆锥形,花密生;花苞宽椭圆形,长约2 cm,宽约1.4 cm,膜质,白色,起初顶部有红色斑点和脉纹,开花时顶部全为暗红色,外围的花苞呈茎苞状,顶端有短尖,里面的顶端圆。花直立,长7.5～8 cm,花托圆柱形,长约0.7 cm;萼片椭圆形,表面平,长约2 cm,基部合生约0.45 cm,白色,顶部红色,顶端钝;花瓣最长至7.5 cm,基部浅黄色,顶部黄绿色,其余黄色,联合成细管状,顶端为宽卵形,开花时花冠裂片展开,花后花冠裂片闭合;雄蕊低于花瓣,与花瓣高位贴生;子房圆柱形,白色,有光泽,柱头为简单一展开型,边缘撕裂状(图1-61b)。蒴果长约4.5 cm,顶端渐尖。花期春季或秋季。

猩红果子蔓不开花时叶色暗绿色,略带暗红色的纵条纹,可谓"其貌不扬",然而一旦叶筒中央开始形成花序时,最里面的叶开始出现红色,随后红色的面积逐渐扩大,直至扩散至整张叶片,而心叶的基部为亮黄色或黄绿色,犹如一轮光芒四射的红日;粉嫩的头状花序静静地躺在叶筒中央的一汪清水之中,犹如一位被粉白色莲花衣包裹着的水中仙子,静静地等待着外围的叶色为她的出场渲染完成,"仙子"才开始粉墨登场,只见一朵朵金黄色、管状细长的花从外向内逐渐开放,单花期虽然只有一天,但是花后闭合后花冠筒仍能保持直立1～2天,这时花的颜色和形状都不禁让人联想起新鲜的"黄花菜"。等到开花后期,叶片上绚烂的色彩便逐渐退去,一切又恢复至开花以前的暗淡,好像什么事都没发生过,只是不久后，从莲座丛的中央长出新的侧芽，并逐渐取而代之，新一轮的生命周期又开始了。猩红果子蔓从心叶变红至花全部开放可持续约一个月。

植株长势旺盛，喜温暖湿润及有明亮的散射光的环境。可盆栽或地栽，要求栽培介质疏松透气且富含腐殖质，也可附生种植。

以分株繁殖为主，花后可从心叶的基部长出1～2个侧芽。由于分割腋芽时需破坏整个叶丛，腋芽的伤口较大，因此建议等新芽的叶数超过10片时再行分割，或者任其继续生长并最终代替母株。

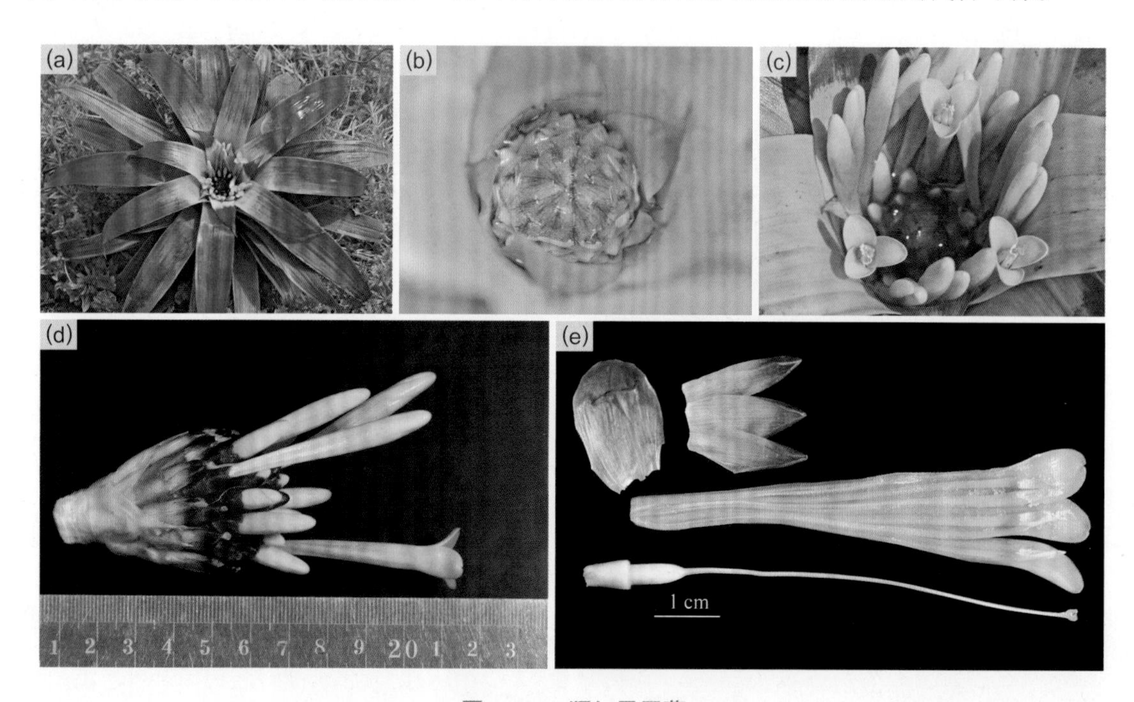

图4-191　猩红果子蔓

（a）开花的植株；（b）花序形成初期；（c）花序俯视；（d）花序侧面；（e）花的解剖。

矮小猩红铁兰（*Guzmania sanguinea* var. *brevipedicellata* Gilmartin）

变种加词“brevipedicellata”意为“具短花梗的”。

原产自厄瓜多尔。分布在海拔300～2 100 m的树林中，附生。

株型较原种小很多，莲座丛直径约25 cm，易丛生；叶长不超过20 cm，宽约2.5 cm。花序小，有花少数；花苞长约2.2 cm，顶端急尖，近帽兜形。花托短。

图4-192　矮小猩红果子蔓

（a）开花的植株；（b）叶筒中的花序。

5. 苞鞘果子蔓［*Guzmania wittmackii* (André) André ex Mez］

种加词“wittmackii”来源于德国植物学家M. K. Wittmack，中文名则根据其一级苞片大而明显且基部有明显的鞘部的特征。

原产自哥伦比亚南部和厄瓜多尔。分布在海拔250～1 050 m的树林中，附生。

植株近无茎，开花时高80～100 cm。叶长约85 cm，绿色，被覆微小且不明显的鳞片，叶面稍具纵向的褶皱；叶鞘椭圆形，长超过16 cm，棕色；叶片长条形，呈拱状弯曲，宽2～3 cm，顶端渐尖。复合花序；花序梗直立；茎苞近直立，叶状，呈覆瓦状排列，基部鞘状，裹住花序梗，上部弯曲下垂，大部分为绿色，接近鞘部呈红色；花部狭圆锥形，有1级分枝，排列松散；一级苞片展开，叶片状，基部呈鞘状，卷起呈管状，裹住分枝基部，绿色，有红色的脉纹，上部展开并向后弯曲，披针形，鲜红色，顶端为绿色，一级苞片向上逐渐变小；一级分枝16～20个，长约10 cm，有花少数；花苞长圆形，长6～8 cm，宽1.6～2 cm，顶端宽且中间内凹，常对折，裹住并超过萼片，最外围的花苞显著，伸出一级苞片的鞘部之外，白色，顶端向后弯曲，边缘干膜质。花长约9 cm；无梗，花圆柱形，直径约0.3 cm，白色；萼片披针状椭圆形，长4～5 cm，离生，膜质，顶端渐尖；花瓣白色，长7～9 cm，开花时顶端展开并向后弯曲，露出雌雄蕊；雄蕊与花瓣高位贴生；柱头简单—展开型，边缘细裂状（图1-61c）。花期初夏。

苞鞘果子蔓的莲座丛较宽大，花序挺拔，一级苞片大型且颜色艳丽，并且可保持数月之久。开花时洁白的花瓣顶部展开并向后卷曲，露出毛茸茸的柱头和拥有大量花粉的雄蕊。苞鞘果子蔓经常被当作亲本培育花序挺拔的后代。

喜温暖湿润、光照充足的环境。适合盆栽或附生种植，栽培介质应疏松透气、富含有机质。

主要通过分株繁殖。

图4-193　苞鞘果子蔓

（a）一级分枝及一级苞片；（b）开花初期的植株；（c）盛花期。

4.31 香花凤梨属

Lemeltonia Barfuss & W. Till 2016，属于铁兰亚科铁兰族。

模式种：香花凤梨［*Lemeltonia dodsonii* (L. B. Sm.) Barfuss & W. Till 2016］

原先归在铁兰属，2016年Barfuss等人将其独立为新属。属学名以巴西著名的凤梨专家Elton M. C. Leme的姓和名组合而成，中文名则指该属植物的花有香味。

原产地从中美洲向南至秘鲁,并向西延伸至委内瑞拉东部、圭亚那和巴西北部,附生。目前共有7个种。

植株近无茎或少数有茎,莲座丛不形成叶筒或叶筒的储水量非常有限;叶密被鳞片;叶片为纤细的三角形。简单花序,绿色或棕色,花排成2列且排列松散。花通常有香味;花基部有粗短的花托;萼片对称;形成高脚碟状花冠,白色或少数浅黄色,离生,檐部宽大并展开,基部变细呈爪状,花瓣基部无附属物;雄蕊比花瓣短,深藏于花管内,花丝至少基部合生,有时近全部合生,与花瓣分离;花柱短于子房,深藏于花冠内,柱头呈珊瑚型,胚珠棍棒状,顶端钝。种子合点端无附属物。

梯形香花凤梨[***Lemeltonia scaligera* (Mez & Sodiro) Barfuss & W. Till**]

种加词“scaligera”由拉丁语“scalaris”(梯形的)加后缀“-ger”(姿态的)组合而成,指花序形如梯形。

原产自厄瓜多尔。分布在海拔0～800 m的林中,附生。

植株近无茎,开花时高20～30 cm,有时近50 cm。莲座状叶丛近簇生,叶长20～30 cm,密被微小、贴生的浅色鳞片;叶鞘明显,椭圆形,长约4 cm;叶片线状三角形,宽1～1.2 cm,干燥时纸质,具长渐尖。简单花序;花序梗直立,细长,短于或刚刚超过叶鞘,光滑;茎苞超过节间,椭圆形,顶端急尖,其中基部的茎苞叶状,上部的茎苞花苞状,顶端渐尖,有脉纹;花部长13～18 cm,宽3.5～4 cm,花序轴直立,不呈膝状弯曲,花松散地排成两列,花序轴完全裸露,与基部下延的花苞形成一定的角度,并在花着生处稍增厚,光滑;花苞展开,三角状卵形,边缘明显内卷,长1.3～1.9 cm,等于或稍短于萼片,背面呈龙骨状隆起,稍具脉纹,靠近顶端被覆鳞片,后变光滑。花有香味,无花梗,花托圆柱形,粗短;萼片离生,呈椭圆形,坚硬,内侧被棕色鳞片,背面近光滑,并呈尖锐的龙骨状隆起,顶端急尖;花瓣长约1.1 cm,白色,檐部菱形,顶端宽并急尖;雄蕊深藏于花冠中,超过雌蕊较多。蒴果纺锤状圆柱形,非常纤细,长4～5 cm。

植株绿色或黄绿色,花序浅绿色,花瓣白色,宽大,有香味,一般下午开放,第二天中午以前花枯萎。

喜温暖潮湿、半阴环境,光线太强时叶色较浅。盆栽或附生种植,栽培介质应疏松透气。

通过分株繁殖。

图4-194　梯形香花凤梨

(a) 开花的植株;(b) 花序;(c) 花。

4.32 旋瓣凤梨属

Pseudalcantarea (Mez) Pinzón & Barfuss 2016,属于铁兰亚科铁兰族。

模式种:旋瓣凤梨[*Pseudalcantarea viridiflora* (Beer) Pinzón & Barfuss 2016]

原先作为铁兰属下的一个亚属,Barfuss等人(2016)将其提升为属。属学名由“Pseud”(意为“假的”)加“alcantarea”(指“卷瓣凤梨属”)组成,因为植株无论株型还是花瓣的长度都与卷瓣凤梨属较相似。

原产地从墨西哥至尼加拉瓜。附生于树上或岩石上，少数地生。现有3种。

植株中等至大型，近无茎。莲座丛有叶筒，绿色或被适量鳞片；叶片舌形或三角形。简单花序或有1级分枝的复合花序，分枝斜向上。花大型，沿花序轴排成两列，排列松散至近密生。花无梗，基部有粗壮的花托；萼片对称，不呈龙骨状隆起；花瓣通常为浅绿色，离生，线形或近线形，长9～12.3 cm，形成管状花冠，花瓣展开，多少呈螺旋状扭曲，基部没有附属物，单朵花开放的时间非常短暂，花后很快变软并凋谢；雄蕊约和花瓣等长，花丝分离，花药近中间“丁”字形背着药，弯曲；花柱从花冠中伸出，柱头绿色，为对折—直立型或对折—展开型，胚珠的附属物比胚珠短或等长。种子基部的附属物明显比种子长，顶端的附属物约为种子长度的一半，不散开。

宏大旋瓣凤梨[***Pseudalcantarea grandis*** **(Schltdl.) Pinzón & Barfuss**]

种加词“grandis”意为“巨大的”，指植株及花序非常高大。

原产自墨西哥中部至尼加拉瓜。分布在海拔850～2 350 m的热带半常绿森林、山地雨林或云雾林的岩石峭壁上（Smith 和 Down，1977；Beaman 和 Judd，1996；Chazaro，1996）。

植株高大，开花时高200～400 cm。叶多数，直立或弯曲伸长，长可至130 cm；叶鞘卵圆形，大而显著，正面为棕色或浅棕色，背面深棕色；叶片长舌形，宽7～10 cm，厚革质，叶面光滑，叶背有不明显的斑点，略呈暗紫红色，顶端急尖或渐尖。复合花序；花序梗直立，粗壮，基部直径约3.5 cm；茎苞密覆瓦状排列，其中基部的茎苞叶状，上部的茎苞椭圆形，背面粉红色或栗红色，顶端宽并急尖或钝；花部宽大，长150～300 cm，宽100～150 cm，有1级分枝，顶端不分枝；一级苞片如上部的茎苞，不比花苞大多少；一级分枝4～25个，长22～66 cm，基部有梗，长15～36 cm，直径0.8～1 cm，平展，覆盖着不育苞片，有花部分的小花序轴弯曲向上，花11～27朵，排成两列，每朵花相隔1～2 cm；苞片广卵圆形或椭圆形，长5～6 cm，几乎完全裹住萼片，基部下沿至花序轴。花长约18 cm，花托粗壮，长约1 cm；萼片椭圆形，长约5 cm，顶部尖；花瓣条形，呈螺旋状扭曲，长10～13 cm，宽约1 cm，开花时展开，基部黄绿色，其余浅绿色，布满棕紫色细斑；雄蕊近等长，花丝长13～15 cm，花药0.9～1.2 cm，“丁”字形着生；雌蕊长15～18 cm。蒴果近纺锤形，长5～7 cm，宽约0.8 cm，顶端渐尖，有短尖；种子长0.4～0.6 cm，宽约0.12 cm，基部有白色的种缨，顶部种缨短，不分开。

图4-195 宏大旋瓣凤梨

(a) 开花的植株；(b) 花序；(c) 花序及花。

宏大旋瓣凤梨晚上开花，第二天中午前后花萎蔫。据记载，在人工栽培条件下，宏大旋瓣凤梨从幼苗到开花要35年之久，原产地为20～25年，幼苗期生长非常缓慢。

喜温暖湿润及光照充足的环境，不耐寒。盆栽或地栽，要求介质疏松透气。

用种子繁殖。宏大旋瓣凤梨是典型的一次结实植物，花后不长侧芽。种子成熟需要一年时间，成熟后应及时采收并播种。

4.33 铁 兰 属

Tillandsia L. 1753，属于铁兰亚科铁兰族。

模式种：铁兰（*Tillandsia utriculata* L.1753）

由瑞典博物学家、植物分类学家卡尔·林奈于1753年设立，属学名用于纪念瑞典医生及植物学家E. E. Tillandz。大部分种类为附生型，少数为地生型，为了适应极端干旱的气候，铁兰属植物在形态和结构方面发生了一系列的演变，从而成为能真正生长在空气中的"气生植物"，因而被认为是凤梨科植株中最特殊的一个类群。

原产地从美国南部、安的列斯群岛至阿根廷中部和乌拉圭，其中中美洲北部和安第斯山脉中部为其分布中心（Barfuss *et al.*，2016）。现有约793种及151个种下分类单元（Gouda *et al.*，2024）。

植株有茎或近无茎，生长习性多变。叶基生并排成莲座状，或沿茎排成多列或两列，大部分不形成叶筒，偶尔形成明显或不明显的叶筒；叶多为旱生形态，较肉质，也有的为中生或半旱生形态，叶片大多为狭三角形或线形，有的为舌形，叶上的鳞片为中央对称。简单花序或复合花序，少数仅有单朵花；花沿花序轴排成2列，少数螺旋状排成多列；花苞明显或微小。完全花，大多有短的花托；萼片通常对称或近对称，离生，有时近轴的2枚萼片合生，且背面有龙骨状隆起；花瓣分离，大部分种类基部无附属物，少数种类有附属物，花色丰富，紫色、粉红色、红色、橙色、黄色、绿色或白色，少数为双色，通常形成管状且明显的花冠，有的花瓣直立，仅顶部边缘向后卷曲或稍呈帽兜状，有的花瓣上部展开或向后弯曲，少数形成高脚碟形花冠，基部变细成瓣爪，檐部增大并展开；雄蕊比花瓣短或长，内藏于花冠或伸出花冠，花丝分离，通常直立，有时呈螺旋状旋转，或折叠成褶皱状，花粉黄色或白色；雌蕊内藏或伸出于花冠，大部分种类子房处于上位，表面光滑，柱头通常为对折—螺旋型或简单—直立型，偶尔为简单—展开型或简单—平截型，少数为对折—伸展型或为卷曲Ⅰ型，胚珠通常多数，顶端附属物通常短于或等于胚珠本体的长度，少数长于胚珠本体的长度，或者顶端钝或近钝。蒴果室间开裂；种子细圆柱形或纺锤形，种缨位于种子基部，有长有短（Smith 和 Downs，1977；Barfuss，2016）。

铁兰属植物的叶上通常密被银灰色鳞片，干燥时鳞片边缘翘起，有利于捕获空气中的雾和水汽，并把凝结在鳞片上的水传递到叶内组织。此外，鳞片还可起到反射部分光线的作用，减少强光对植株的危害，因此这些种类可以忍受干旱和强光的环境，通常生长在树木的最高处、裸露的岩石上或成片驻扎在沿海的沙地中，表现出极强的环境适应性。大部分铁兰属植物不需要种植在土壤介质中，只需悬挂在空气中并适当补水即可，干净卫生，栽培简单，常被人们称为空气凤梨。另类的生长习性、奇特的外形和顽强的生命力使不少铁兰属植物成为植物爱好者们的植物新宠，近年来有流行的趋势。

本节按种加词的字母次序进行排序。

1. 蓝花铁兰［*Tillandsia aeranthos* (Loiseleur) L. B. Smith］

种加词"aeranthos"意指在空中开花的植物，中文名则根据其开花时花瓣为深蓝色。

原产自巴西南部、巴拉圭、乌拉圭和阿根廷东北部。分布在近海平面的森林中，附生。

开花时株高9～32 cm；通常有明显的茎。叶多数，多列密生；通常近直立，少数稍偏向一侧生长，叶长4～14 cm，有细小贴生的灰色鳞片；叶鞘短，不明显；叶片坚硬，狭三角形，宽0.5～1.3 cm，背面通常呈龙骨状隆起，顶端逐渐变细。简单花序；花序梗明显，纤细、直立或略弯曲，表面光滑；茎苞覆瓦状排列，其中基部的茎苞叶状，顶部的茎苞椭圆形，被覆贴生的鳞片，基部略膨大，玫红色，顶端有线形的细尖，绿色；花部卵形或短圆柱形，有花5～20朵，排成多列，密生或近密生；花苞卵形，膨大如船形，一般超过萼片或有时等长，最基部的花苞比花长，膜质，有脉纹，光滑，呈明亮的玫红色，顶部有鳞片，顶端形成线状短尖，沿花序轴向上花苞逐渐变短，顶端急尖。花无梗，长约2.3 cm，直立或近直立；萼片披针形，长1.2～1.9 cm，膜质，光滑，玫红色，顶端急尖，其中近轴的2枚萼片高位合生；花瓣长1.7～2.7 cm，开花时花瓣展开，瓣爪线形，白色，上部展开的部分宽椭圆形，深蓝色，顶端急尖或圆形；雄蕊内藏，花丝线形，呈薄片状，从中部至离顶端约1/3处花丝折叠，顶端变细，花药线形，基着药；子房卵形，花柱线形，顶端变细，柱头短，直立，胚珠圆柱形，顶端钝。蒴果约与萼片等长。花期为春季。

蓝花铁兰开花时花序伸出叶丛，玫红色的花苞中开出深蓝色的花，且常数朵花同时绽放；花后易萌发侧芽并形成丛生状态。

较易栽培，较适合入门级"空凤"爱好者，对环境要求不高，喜温暖湿润、光线充足且通风良好的环境，夏季避免阳光直射，有一定的耐寒性。常以附生的形式种植。此外，当空气干燥、植株失水时叶片常纵向内卷，因此人们常将其作为环境湿度的指示植物。

通过分株繁殖。

图4-196　蓝花铁兰

(a) 开花的植株；(b) 花序及花。

2. 干草叉铁兰(*Tillandsia andicola* Gillies ex Baker)

种加词"andicola"意为"来自安第斯山脉的"。中文名根据其叶片短棍状，展开如微型的干草叉。

原产自阿根廷北部，附生。

植株有茎，茎长超过20 cm，靠近顶端有分枝；开花时最长可至30 cm；植株基部有根系。叶非常松散地排成两列或多列，叶长4～6 cm，被覆贴生的灰色鳞片；叶鞘近圆形，比叶片宽较多，沿茎每相距约5 cm着生，叶鞘上有数条叶脉，边缘宽，无叶脉，除最基部外一般都被覆纤毛状的长鳞片；叶片圆柱形，直径0.2 cm，密被鳞片，干燥时叶脉明显，上部弯曲且多少有些扭曲，顶端渐尖，较尖锐。简单花序；花序梗顶生或假腋生，密被鳞片，花序梗裸露或有1枚茎苞；茎苞披针形并向内卷，被鳞片，顶端渐尖；花部有花1朵，少数2朵，密被鳞片；花苞披针状卵形，长约1.4 cm，紧紧抱住花萼并超过萼片，约是节间的2倍，有脉纹，顶端渐尖，背面不成龙骨状隆起。花无梗，花托短；萼片披针状长圆形，长约1.1 cm，有脉纹，近轴的2枚萼片从基部合生至一半处；花瓣舌型，黄绿色；雄蕊深内藏，超过雌蕊；子房圆柱形，花柱短。蒴果圆柱形，长1.3～1.6 cm。

植株小型，叶片硬质，略弯曲，形如微型的干草叉，常丛生。

喜光线明亮的环境，可用细绳绑住茎的基部，并悬挂于通风处。

主要通过分株繁殖，也可通过种子繁殖。

图4-197　干草叉铁兰
（a）花及叶丛；（b）花。

3. 安德烈铁兰（*Tillandsia andreana* E. Morren ex André）

种加词“andreana”来自人名，国内爱好者称之为“宝石空凤”。

原产自哥伦比亚。分布在海拔1 500～1 700 m的云雾森林中，附生于树上。

植物近无茎或有短茎，从基部分枝并长成丛生状，开花时最高至9 cm。叶多数，形成长约9 cm、宽约10 cm的莲座丛；叶鞘明显，卵圆形，长约1 cm，宽约1 cm，两面都被覆浅褐色的鳞片；叶片丝状，长6～7 cm，与叶鞘连接处宽约0.2 cm，呈细管状，下半部先直立，后向外弯曲，幼叶直立，叶片两面都密被鳞片，鳞片中心为绿色，幼时玫红色。花部只有单朵花，顶生；花序梗缺失；开花时心叶变成红色，在花萼下面有4～5个浅色的茎苞状的苞片。花无梗，长4～5 cm，短于叶丛，直立或稍弯曲；萼片长披针形，长1.5～2 cm，基部宽约1 cm，离生，近基部成龙骨状隆起；花瓣舌形，直立，呈辐射状展开，深朱红色，顶端钝；雌雄蕊内藏；花丝为橙黄色；花柱淡黄色，柱头展开。蒴果长5～6 cm，直或略弯曲。花期仲夏。

植株小型，叶细而密，簇生于基部，中间的叶直立，外围的叶常向四周辐射状展开后又稍向上弯曲，形成向心的优美弧线；开花时中间的叶片顶端变成鲜红色，如孔雀开屏一般，非常美丽。艳红的花朵形成于莲座丛中央，花未展开时稍弯曲，顶部尖，开花时花瓣顶端呈辐射状展开并向后微卷，单花期2～3天。花后从花序基部萌发数个侧芽，并很快形成丛生状态。

图4-198　安德烈铁兰
（a）开花的植株；（b）花形成初期（俯瞰）。

喜光线充足、潮湿且通风良好的环境，夏季应适当降温并改善通风条件。

通过分株或种子进行繁殖。

4. 曲叶铁兰（*Tillandsia arhiza* Mez）

种加词"arhiza"意为"无根的"，指植株不长根。

原产自巴拉圭。附生于岩石上。

植株有茎；茎长可达60 cm，粗壮。叶排成多列，密生，叶长约20 cm，银灰色，密被粗白粉状或绒毛状鳞片；叶鞘宽椭圆形，抱茎，淡橘黄色，内侧和背面的中部以下光滑；叶片为非常细长的三角形，直立或展开，基部宽0.7～0.9 cm，卷成槽形，中部以上内卷成锥形，顶端线状变细并向后弯。复合花序；花序梗直立，细长，超过叶片，光滑；茎苞直立，内卷成管状，与节间等长或超过节间，近披针形，密被鳞片，顶端急尖或有细尖。花部有两个较短的一级分枝，顶端不分枝，有时为简单花序，花排成两列，花序轴光滑，稍呈膝状弯曲；一级苞片形如茎苞，被覆鳞片，比分枝短很多；一级分枝以及花序轴顶端不分枝的部分都呈扁穗状，线状或披针形，有花6～12朵，密生；花苞直立，紧紧地将萼片裹起来，狭椭圆形，长约1.5 cm，明显短于萼片或稍超过萼片，纸质，光滑或最下面被稀疏鳞片，有脉纹，顶端有细尖。花无梗，花托粗短；萼片椭圆形，长约1.2 cm，宽约0.5 cm，表面平，光滑，革质，近等位合生至0.3 cm，顶端急尖或钝；形成高脚碟状花冠，花瓣长约2.3 cm，其中瓣爪线形，白色，檐部近圆形，紫罗兰色，展开；雄蕊深内藏，超过雌蕊；花药线形，顶端急尖；子房棱柱形，绿色，花柱短，和柱头都为白色。蒴果圆柱形，顶端有突尖。

叶细长，略曲折，叶上密被灰白色鳞片，与树猴铁兰相比其叶片较直，顶端没有外卷成钩状，植株较粗壮；虽然种加词意为无根的，但是事实上根茎基部还是会长出几条表面光滑的根。花部较短，分枝少，开花时花色淡雅，芳香浓郁。

喜光线明亮且通风良好的环境，较耐旱。附生种植，可固定于枯枝或用金属丝缠绕后悬挂于空中。

主要通过分株繁殖。

图4-199 曲叶铁兰

（a）开花的植株；（b）花序及花；（c）花的解剖。

5. 石蜈蚣铁兰（*Tillandsia araujei* Mez）

种加词“araujei”来源于巴西地名Rio Araura，中文名则根据植株大多生长在岩石上，叶多数并沿长茎排成多列，叶的顶端通常朝一侧偏向并稍翘起，形似多足的蜈蚣。

原产自巴西中东部。分布在海拔0～850 m的区域，附生于靠近海边的岩石上，极少数附生于树上。

植株有茎，开花时长15～30 cm；单茎或有少量分枝；根系发达，有时根尖增大，便于植株固定于岩石上。叶沿茎呈多列密生，并都朝向一侧弯曲，长3～7 cm；叶鞘短，宽三角形，白色，基部光滑；叶片坚硬，近圆柱形，被浅色、中间为细小的棕色的贴生鳞片，顶端逐渐变细成硬尖，背面呈龙骨状隆起。简单花序；花序梗斜出，纤细，超过叶片，光滑；茎苞覆瓦状排列，椭圆形或倒卵形，膜质，玫红色，被鳞片；花部长3～5 cm，有花5～12朵，松散地排成多列；花苞卵形，超过萼片，膜质，玫红色，光滑，顶端急尖。花直立至展开；萼片披针形，长1.2～1.5 cm，顶端急尖，其中近轴的2枚萼片高位合生；花瓣长2～3 cm，白色，开花时顶部展开，顶端圆形；雄蕊内藏，花丝靠近顶部稍微折叠。蒴果圆柱形，最长至2.5 cm。花期夏季。

植株有长茎，通常弯曲；随着茎的不断伸长，生长点始终保持向上并微微翘起；叶沿茎排成多列，可保持较长时间不脱落；花后从花序轴的基部长出侧芽，并逐渐长成很大一丛。花序明显，鲜亮的玫红色苞片和洁白的花从长长的茎的顶端跃然而出，非常夺人眼球。

喜光线充足、通风良好的环境，较耐旱。附生种植时可以将植株平放，或从茎的基部用麻绳缠绕后将植株挂起即可。

主要通过分株繁殖。

迷你石蜈蚣铁兰（*Tillandsia araujei* var. *minima* E. Pereira & I. A. Penna）

为石蜈蚣铁兰的小型变种，原产自巴西里约热内卢。叶短，略弯曲，密生。附生于岩石上。

迷你石蜈蚣铁兰喜明亮的散射光，较喜湿，可多喷水。

图4-200 石蜈蚣铁兰

（a）开花的植株[迷你石蜈蚣铁兰（左下）与原变种（右上）对比]；（b）花序及花。

6. 浅蓝铁兰（*Tillandsia bergeri* Mez）

种加词“bergeri”来源于一位来自德国的多肉植物研究者A. Berger。中文名根据本种花的颜色为浅蓝色。

原产自阿根廷。分布在海拔0～75 m的区域，附生于岩石上。

植株有茎，较粗壮，开花时长可至18 cm。叶沿茎多列密生，叶最长可至14 cm，被覆贴生的灰色鳞片；叶鞘短；叶片近直立，为非常窄的三角形，宽约0.5 cm，叶面卷成槽形。简单花序；花序梗直立，很快向一侧弯曲；茎苞直立，在花序梗上呈覆瓦状排列，膜质，边缘透明状，浅玫红色，密被鳞片；花部圆柱形，长约7 cm，有花7～12朵，松散地排成多列，约与叶丛等长，有时伸出叶丛；花苞宽卵形，膜质，呈淡淡的胭脂红色，顶部被白色鳞片，顶端急尖，花序轴上部的花苞顶端近急尖。花近直立；萼片浅玫红色，透明状，近膜质，顶端宽并急尖，不等长，其中远轴的1枚萼片长约1.6 cm，离生，近轴的2枚萼片长约1.8 cm，合生约0.6 cm；花瓣近直立，长约3 cm，瓣爪线形，白色，花瓣上部展开，稍呈旋转状，浅蓝色，干后为玫红色，顶端呈不对称的微凹；雄蕊内藏，花丝稍折叠；花药长约0.2 cm。

植株极易萌发侧芽而丛生，但是不常开花，其中的原因尚无法确定，有一种说法是浅蓝铁兰需要经历一定的低温期才能促使植株开花；此外，当环境中光照强度不够时植株也很难开花。不过当浅蓝铁兰一旦开花，数朵晶莹剔透的浅蓝色花朵几乎同时开放，形成一簇清新雅致的花束。

浅蓝铁兰栽培较容易，喜光照充足并通风良好的环境，经常喷水和施肥能促进其更快生长。附生种植。通过分株繁殖。

图4-201 浅蓝铁兰

(a) 开花的大丛植株；(b) 花序及花。

7. 球茎铁兰(*Tillandsia bulbosa* Hook. f.)

种加词“bulbosa”意为“球茎状的”，指其叶鞘明显膨大，形成假球茎。

原产自墨西哥、西印度群岛，并穿过中美洲直至厄瓜多尔和巴西北部，分布范围非常广泛。分布在海拔0～1 350 m的区域，附生于灌木和树上。

植株近无茎，通常成群密生，株高7～22 cm，大小和颜色较为多变。叶8～15片，基生，一般超过花序，密被细小的灰白色贴生鳞片；叶鞘圆形，明显膨大，长2～5 cm，顶部突然收缩，形成卵形假球茎，绿色或白绿色，边缘有一条紫色或红色的窄边；叶片硬质，展开或不规则地向下弯曲，内卷成锥形并多少有些扭曲，长可至30 cm，直径0.2～0.7 cm，向上逐渐变细，最外围叶的叶鞘与叶片形成明显的折角。复合花序，偶尔为简单花序；花序梗直立；茎苞叶片状，超过花序，其中上部的茎苞鲜红色；花部长7.5～23 cm，有1级分枝，近密生，呈指状排成多列，橙红色或绿色；一级苞片如上部的茎苞，基部卵形，向上呈叶状，常超过腋生分枝，上部的一级苞片顶端急尖，比分枝短；一级分枝2～5个，展开，长2～5 cm，扁平，披针形，顶端急尖，有2～8朵花；小花序轴纤细，被覆鳞片；花苞直立，沿小花序轴两侧成覆瓦状排列，卵形，长约1.5 cm，超过萼片，是节间的2～3倍，近革质，背面呈龙骨状隆起，有贴生的细小鳞片，顶端急尖。花无梗；萼片长圆形，长约1.3 cm，光滑，顶部有细尖，近轴的2枚萼片多少有些合生；花瓣线形，形成管状花冠，长3～4 cm，蓝色或紫罗兰色，顶端急尖；雄蕊和雌蕊伸出。蒴果圆柱形，长约4 cm，顶端有短尖头。花期通常为冬季。

球茎铁兰分布范围较广，因此植株较为多变。其在原产地还具有与蚂蚁共生的现象，膨大的叶鞘为蚂蚁提供住宿场所，蚂蚁则为其提供防卫，所产生的食物残渣和排泄物也为植物提供营养。球茎铁兰因叶鞘膨大而使叶丛基部呈球茎状，加上叶和茎苞呈夸张的扭曲状，非常“有个性”，颇受空凤爱好者的喜爱。进入花期，整个花序都变成鲜艳的红色或橙红色，并可持续较长时间；花紫罗兰色，细管状，单花期1天。

球茎铁兰喜温暖湿润、半阴的环境，经常喷水并定期施肥可以促进其生长。花后形成数个侧芽，并形成丛生状态。

通过分株繁殖。

图4-202　球茎铁兰

(a) 开花的植株；(b) 不同植株间的株型差异对比；(c) 花苞为绿色的植株。

8. 虎斑铁兰（*Tillandsia butzii* Mez）

种加词“butzii”来源于德国人的姓氏“Butz”，中文名则根据叶上有斑点和斑纹的特征。

原产自墨西哥南部至巴拿马。分布在海拔1 000～2 300 m干旱且开阔的环境中，附生。

植株近无茎，高20～30 cm。叶少数，形成假球茎状叶丛，叶长约50 cm，有细小、贴生的浅色鳞片，叶缘有纤毛状的粗糙鳞片；叶鞘近圆形，膨大，在茎的基部形成假鳞球，直径2.5～4.5 cm，深棕色或紫色，常有许多浅绿色斑点，并连成深浅相间的斑纹；叶片内卷成锥形，常呈扭曲状，基部直径约3 cm，顶端线状变细。复合花序，有时为简单花序；花序梗直立，纤细；茎苞叶片状，覆瓦状排列；花部有少数穗状分枝，有时不分枝；一级苞片叶片状，基部宽卵形，呈鞘状，短于腋坐分枝，上部线形；一级分枝直立至展开，线形，非常扁平，长6～8 cm，开花时宽约1 cm，有5～8朵花，顶端急尖；花苞直立，覆瓦状排列，卵形，长2～2.8 cm，宽约1 cm，其中基部的1～2个花苞不育，可育花苞比萼片大很多，其长度是节间的3～4倍，近革质，被覆贴生的灰白色鳞片，有明显的脉纹，有时靠近顶部内卷或稍呈龙骨状，顶端急尖。花无梗，花托短；萼片狭椭圆形，长1.2～1.5 cm，近轴的2枚萼片合生约0.4 cm，革质，光滑，顶端窄而钝；花瓣直立，形成管状花冠，长3～3.5 cm，紫罗兰色；雄蕊和雌蕊伸出花冠。蒴果细圆柱形，长约3 cm，顶端钝，有短尖。

虎斑铁兰是一种小型、外形有些怪异的气生型凤梨，植株基部膨大成假鳞茎状，叶上有银星状斑驳的斑纹，叶片扭曲，花后易从基部萌发侧芽而形成丛生状态。

喜温暖湿润的半阴环境。附生种植，可用黏合剂固定于木块、小型枯枝或贝壳等物体上，栽培较为容易。

通过分株或种子繁殖。

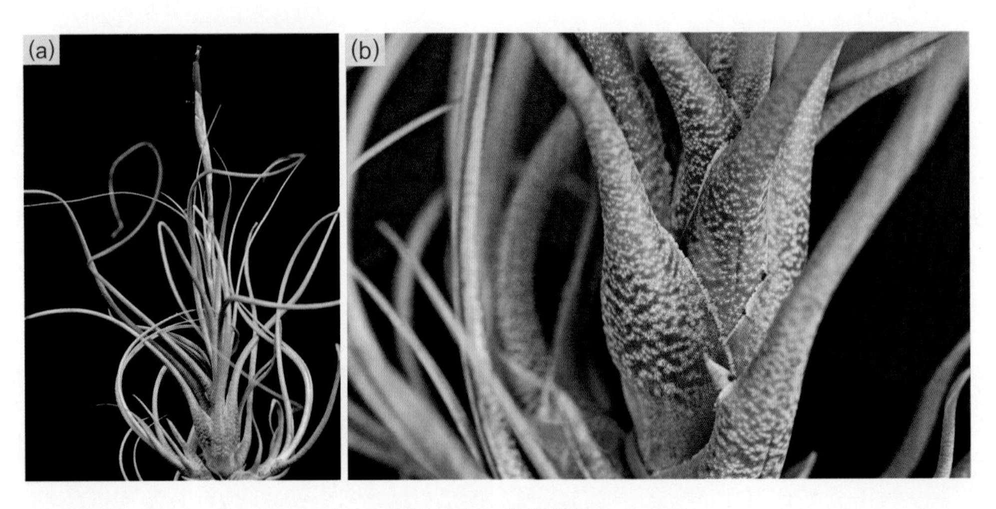

图4-203 虎斑铁兰
(a) 开花的植株；(b) 植株基部的叶鞘。

9. 深色铁兰（*Tillandsia caliginosa* W. Till）

种加词“caliginosa”意为“黑暗的”，指植株开花时花色较深。

原产自阿根廷(最北部)和玻利维亚。分布在海拔2 000～2 650 m的区域，附生。

植株有短茎，单茎或有分枝，开花时高20～40 cm。叶约10片，排成两列；叶鞘长约2 cm，宽约2.4 cm，绿色，光滑，有明显的脉纹；叶片展开或向下弯，密被灰色鳞片，叶缘向内卷，成线状锥形，长12～18 cm，宽0.2～0.5 cm，顶部渐细。简单花序，花序梗纤细，长10～15 cm，笔直或成明显的膝状弯曲，密被灰色鳞片；茎苞0～2枚，叶状。花部长约6 cm，宽0.5～1 cm，密被鳞片，有2～4朵花，非常松散地排成两列，花序轴可见，直立或弯曲；花苞直立，长1.5～2 cm，与萼片等长或比萼片短，基部裹住花序轴，棕绿色，密被灰色鳞片，背面不呈龙骨状隆起。花无梗，花托短；萼片密被灰色鳞片，近轴的2枚萼片在基部较短合生；花瓣小，顶端伸出花萼，并向后卷，深棕色，中间有黄褐色条纹；雌、雄蕊深内藏。

植株小型，全株密被鳞片而呈灰白色，毛茸茸的，叶也较为肉质，摸上去手感较丝滑。花瓣深色，不太显眼，花后萌发侧芽，并逐渐形成紧凑的丛生状。

植株较耐旱，喜光线充足、通风良好的环境，夏季注意降温。附生种植。

通过分株繁殖。

图4-204 深色铁兰
(a) 开花的植株；(b) 花序(局部)及花。

10. 蛇叶铁兰（*Tillandsia caput-medusae* E. Morren）

种加词意为“美杜莎的头”，形象地比喻其扭曲的叶片如希腊神话中蛇发女妖美杜莎的蛇形头发。

产自墨西哥及中美洲，分布非常广泛。生长在海拔40～2 400 m的区域；附生于树上。

植株近无茎，开花时高15～25 cm，有时可达40 cm。叶通常高于花序，被灰白色的粗糙鳞片；叶鞘宽卵形或椭圆形，明显膨大，形成卵形假鳞茎，并逐渐过渡至叶片；叶片线状三角形，最宽1.5 cm，边缘内卷成锥形，一般呈扭曲状，顶端逐渐变细。简单花序或复合花序；花序梗直立或斜出，纤细；茎苞叶状，密覆瓦状排列。花部不分枝或有2～6个指状花穗；一级苞片宽卵形，最基部的一级苞片顶端叶状，向上变短且无叶状顶端，急尖，通常为粉红色，被鳞片；一级分枝近直立或展开，常弯曲，线状披针形，长约18 cm，有花6～12朵，基部几个缩小的不育苞片；花序轴近直立，细长，光滑；花苞近直立或略展开，覆瓦状排列，卵状披针形，长约2 cm，等长于或稍长于萼片，顶端钝，但由于顶部边缘通常向内卷而呈急尖状，背面不呈龙骨状隆起，纸质，有明显的脉纹，光滑，呈红色、粉红色或绿色。花近无梗；萼片长圆形，顶端钝，近革质至纸质，有明显的脉纹，光滑，近轴的2枚萼片多少有些合生；花瓣线形，直立，形成细长的管状花冠，长3～4 cm，紫罗兰色；雄蕊和雌蕊伸长。蒴果细圆柱形，长3～4 cm，宽0.5～0. 6 cm。

蛇叶铁兰叶的较肉质，基部常膨大成卵形的假鳞茎，叶片扭曲并展开，非常妖娆，深受植物爱好者喜爱，爱好者们称之为“女王头”。不同来源的植株外形变化较大，通常产自干旱地区的株型较小；另外花苞的颜色有红色、粉红色或绿色，可能与栽培环境的光线条件相关，光线越强花苞颜色越红，有时叶缘也会出现紫红色的边，只有当环境适宜时植株才能呈现其最美的外观，即肉质的叶、天鹅绒般富有光泽的鳞片以及鲜艳的色彩。

蛇叶铁兰喜光线充足及湿润环境，宜附生种植，最初可用包塑的金属丝帮助其固定于枯木或树皮上，不久后植株就能长出大量根系将自己固定，此时便可将金属丝去除。

图4-205　蛇叶铁兰

（a）—（b）株型较大型的植株：（a）开花的植株；（b）花序。（c）—（d）株型紧凑的植株：（c）花序绿色的植株；（d）花序红色的植株。

11. 橘黄铁兰［*Tillandsia crocata* (E. Morren) Bake］

种加词“crocata”意为“具有藏红花般的颜色”，指开花时花为橘黄色。

原产自玻利维亚至巴西（南部）和乌拉圭。分布在海拔875～2 650 m的区域，附生于岩石上。

植株长15～35 cm；有根；单茎或有少数分枝，长约20 cm或更长。叶长3～10 cm，排成两列，密被细且反折的绒毛状鳞片；叶鞘宽卵形，除上部的背面有鳞片外，其余光滑；叶片展开或向后弯曲，线形，直径0.2～0.5 cm，向上渐细，边缘内卷成锥形。简单花序；花序梗顶生，直立或近直立，纤细，长5～15 cm，和叶片一样被覆倒毛，裸露或有一片叶状茎苞；花部披针形或椭圆形，长1～4 cm，有花2～6朵，密生并排成2列，顶端急尖，顶花有时不开花；花苞覆瓦状排列，卵形，长约2 cm，约和萼片等长，是节间长度的2～5倍，密被绒毛状鳞片，顶端渐尖。花有香味，无花梗，花托短，倒圆锥形，长约0.12 cm；萼片近披针形，质地较薄，有脉纹，密被贴生的鳞片，顶端宽且急尖或钝圆；形成高脚碟状花冠，花瓣长约2 cm，亮黄色，瓣爪直立，线形，檐部展开，近圆形，宽0.6～0.8 cm，顶端钝；雄蕊深藏，比雌蕊长。蒴果圆柱形，长约3 cm。花期春季。

橘黄铁兰株型娇小，叶面密被鳞片，常丛生。花亮黄色，有香味。有较高的观赏价值。

栽培相对容易，耐旱，喜光线充足、通风良好的环境。可直接悬挂于空中或固定于枯木或树皮上。

主要通过分株繁殖。

图4-206　橘黄铁兰

（a）开花的植株；（b）叶片上的鳞片；（c）花。

12. 双二列铁兰［*Tillandsia didisticha* (E. Morren) Baker］

种加词“didisticha”指花序上的2级分枝都排成两列的。

原产自秘鲁、玻利维亚、巴西（西南部）、巴拉圭、阿根廷。分布在海拔500～1 440 m的区域，附生于林中树上或岩石上。

植株近无茎，开花时高25～35 cm。叶多数，形成高10～30 cm、密生的莲座丛；叶鞘不明显，呈扁平状，靠近基部较光滑；叶片为细三角形，宽0.6～2 cm，直立并逐渐成拱形向下弯曲，被近贴生的银灰色鳞片，顶端逐渐变细，叶缘卷起、成槽形。复合花序；花序梗直立或向下；茎苞覆瓦状排列并遮住花序梗，椭圆形，密被鳞片，顶端急尖；花部呈金字塔形，长6～14 cm，有1级或2级分枝，分枝密生，排成多列，有时所有的分枝排在一个平面上，呈扇形；一级苞片直立，近覆瓦状排列，形如茎苞，较短，只及分枝基部；一级分枝基部直立，然后呈弯曲状展开，狭披针形，非常扁平，长3～8 cm；花苞覆瓦状遮住花序轴，基部有缩小的不育苞片，可育苞片卵形，长1.1～1.5 cm，与萼片等长，纸质，有明显的脉纹，通常密被灰色鳞片，有时光滑，最初为绿色有红晕，逐渐变成粉红色，背面呈龙骨状隆起，顶端急尖；花无梗，花托短；萼片狭披针形，长约1.1 cm，宽约0.4 cm，顶端渐尖，近轴的2枚萼片呈龙骨状隆起并在基部短合生；花瓣长1.5～2 cm，宽约0.3 cm，白色；雄蕊和雌蕊内藏，花丝靠近上部呈折叠状。

双二列铁兰叶硬质，弯曲，密被银灰色鳞片，莲座丛密生。粉红色的花序上分枝多且密生，排成多列或二列状，小花穗上白色的小花陆续开放，整个花期可长达4～5个月。

双二列铁兰长势较强健，喜光、耐旱，在通风良好的环境下生长旺盛。

主要通过分株繁殖。

图4-207 双二列铁兰

（a）开花的植株；（b）花序及花；（c）花的解剖。

13. 展穗铁兰（*Tillandsia divaricata* Benth.）

种加词“divaricata”意为“极开叉的”，指花序上的分枝以较大角度展开。

原产自厄瓜多尔（靠海）和秘鲁（北部）。分布在海拔50～2 850 m的干旱区域，附生于岩生上。

植株有茎，有时弯曲，开花时高可达60～100 cm；花后从花序基部长出腋生侧芽。叶沿茎多列密生，叶长20～25 cm，展开或略弯曲；叶鞘棕色；叶片狭三角形，宽约3 cm，较薄，叶上有贴生的灰色鳞片，不太明显，顶端丝状渐尖；复合花序；花序梗直立，明显比叶长；茎苞覆瓦状覆盖花序梗，被覆灰色鳞片，其中基部的茎苞绿色或顶部或边缘略呈红色，顶端有叶状并展开的长细尖，远超过节间，上部的茎苞淡红色，顶部细尖变短；一级苞片直立，不随腋生分枝展开；一级分枝11～14个，椭圆状披针形，长3.5～5 cm，宽约1 cm，成较大角度展开，排列松散，或在顶部排列较紧凑；花苞宽卵形，长1.5～2.3 cm，背面明显呈龙骨状隆起，顶端为绿色或红色，有光泽，顶端及边缘有稀疏的鳞片。花托圆柱形，长约0.4 cm，宽约0.4 cm；萼片长约1.2 cm，合生至1/2～2/3处；花瓣长约2.2 cm，略呈旋转状排列，玫红色，下半部及边缘白色；雄蕊分离，花丝薄片状，透明，顶端靠近花药处略褶皱，花药线形，近基着药。春季或冬季开花，

本种最初发表于1846年。在1896年，C. Mez将它作为宽叶铁兰的一个变种，即*T. latifolia* var. *divaricata*。Gouda（2017）将它恢复为独立的种。

展穗铁兰具长茎，株型较大，花序挺拔。

喜温暖湿润、光线充足的环境。

主要通过分株繁殖。

图4-208 展穗铁兰

(a) 开花的植株;(b) 花序;(c) 花萼及花冠(① 近轴的2枚萼片;② 远轴的1枚萼片);(d) 雌蕊和雄蕊。

14. 硬叶铁兰(*Tillandsia dura* Baker)

种加词“dura”意为“坚硬的”,指其叶质坚硬。

原产自巴西东南部。生长在近海平面至海拔800 m的热带雨林中;附生。

植株开花时高20～40 cm;有根系;茎很短或长可至14 cm。叶多数,排成多列,直或略成拱状弯曲,并朝一侧偏向生长,长15～23 cm,密生贴生的细小鳞片,后变成近光滑色;叶鞘卵形,一般不超过1 cm,栗褐色;叶片狭三角形,坚硬,大部分为栗褐色,其余干后为灰绿色,顶端锥状变细。简单花序;有明显的花序梗,但大部分被叶覆盖,纤细,直立或斜出;茎苞密生,呈覆瓦状排列,卵形,质地薄,密被贴生的细小鳞片,其中中部以下的茎苞顶端较硬,呈叶片状;花部线形,非常扁平,长7～13 cm,宽1～1.4 cm,红色,有14～26朵花,顶部急尖;花序轴稍成膝状弯曲,光滑,大部分被花苞覆盖;花苞直立,覆瓦状排列,长度是节间的3倍,卵形,长1.7～2 cm,超过萼片,近纸质,红色,有明显的脉纹,基部有凹槽,背面靠近顶部

图4-209 硬叶铁兰

(a) 开花的植株;(b) 花及花穗。

为圆形或呈龙骨状隆起，密被贴生的鳞片，顶端急尖并形成细尖，直或略向内弯。花无梗，花托短；萼片长圆状披针形，长0.8～1.1 cm，有明显的脉纹，无毛，顶端急尖，离生或等位短合生，其中近轴的2枚萼片背面呈龙骨状隆起，有时合生的部分超过其长度的一半；花瓣舌形，长约1.7 cm，蓝色；雄蕊内藏，花药线形，长约0.5 cm，顶端急尖，离基部1/4～3/5处背着药；雌蕊超过雄蕊；子房细卵形。花期春季。

植株小型，也有的较大型，叶质坚硬。生长较为缓慢，但易丛生。开花时红色的花序上开出蓝色的花。

喜光线充足的环境，较耐旱，栽培较容易。附生种植，可直接悬挂或绑在树皮或枯木上。

主要通过分株繁殖。

15. 树猴铁兰（*Tillandsia duratii* Vis.）

种加词“duratii”来源于一位姓Durat的意大利园丁（Baensch，1994），中文名则根据本种叶片的顶端呈卷曲状，并如猴爪一般缠绕树枝从而使植株固定在树上。

植株有茎，开花时高20 cm或超过100 cm；最初有根，后消失；通常单茎生长，花后萌发侧芽，茎粗壮，略弯曲，长可至30 cm或更长。叶沿茎排成多列，密生，被覆粗糙的贴生或近贴生的灰白色鳞片；叶鞘明显，宽卵形，长约2 cm；叶片为很窄的三角形，边缘内卷呈锥状，宽1～2 cm，叶质坚硬且厚质，叶尖部分能绕着树枝呈螺旋状向后弯曲，顶端尖锐。复合花序；花序梗直立，伸长，粗壮且光滑；茎苞覆瓦状紧紧地裹住花序梗，椭圆形，密被灰白色鳞片，其中基部的茎苞顶端呈线状薄片状，上部的茎苞顶端形成细尖；花部呈柱形或金字塔形，长6～60 cm，有1～2级分枝，分枝近直立或展开，有的向下弯曲；一级苞片形似上部的茎苞，直立并裹住分枝基部；分枝扁平，披针形至线形，基部的花苞内不育；花苞直立，卵形或椭圆形，长约1.4 cm，背面不呈龙骨状隆起。花有香味，无梗，花托倒圆锥形，长0.1～0.25 cm；萼片卵形或椭圆形，长约1.4 cm，等位合生，革质，光滑，顶端近钝；形成高脚碟状花冠，花瓣长约2.5 cm，瓣爪白色，檐部展开，近圆形，通常为蓝色；雄蕊深内藏，超过雌蕊。花期冬季。

树猴铁兰喜光线充足、通风良好的环境，较耐旱，也有一定的耐寒性。温度适宜时经常喷水和施肥能促进树猴铁兰快速生长并形成较大的植株。

通过分株繁殖。

15a. 树猴铁兰（*Tillandsia duratii* var. *duratii*）

这是树猴铁兰的原变种。原产自玻利维亚、巴拉圭、乌拉圭和阿根廷（北部）。分布在海拔300～1 310 m的干旱的树林中，附生。

花部有1级分枝，分枝直立，较短，几乎贴着花序轴；花苞密被鳞片。

15b. 岩生树猴铁兰［*Tillandsia duratii* var. *saxatilis* (Hassl.) L. B. Sm.］

为树猴铁兰的一个变种，变种加词“saxatilis”指植株具有岩生习性。

原产自玻利维亚、巴西（南部）、巴拉圭和阿根廷（北部）；生长在海拔200～3 000 m的干旱树林中，附生。

与原变种的主要区别在于该变种花部有1～2级分枝，分枝较长，展开并呈弯曲状，花苞光滑或近光滑。

图4-210　树猴铁兰

（a）开花的植株；（b）花部。

图4-211 岩生树猴铁兰
(a) 开花的植株;(b) 花;(c) 分枝。

树猴铁兰不仅叶尖卷曲并缠绕细的树枝,其长长的叶片在生长过程中还能通过发生角度的变化来帮助植株固定在树上,如新长的叶片直立,随后慢慢展开,最终在与叶鞘连接处下垂(如图4-211),从而使叶片夹住或挂住树枝,因此树猴铁兰具有很强的"攀爬"能力,往往生长在树林的林冠层。树猴铁兰的花序从形成至开花往往耗时数月,然而一旦开花则花香四溢,花色从紫色至浅紫色,非常淡雅,整个花序的花期可持续1个多月。

图4-212 树猴铁兰具攀爬功能的叶
(a) 叶尖呈卷曲状。(b)—(c) 叶片②的运动过程:(b) 叶片②呈展开状态;(c) 叶片②处于下垂状态。

16. 伊迪斯铁兰（*Tillandsia edithiae* Rauh）

种加词“edithiae”来源于一位名为Edith的德国女性，据说她种植的伊迪斯铁兰在人工栽培条件下首次开花。

原产自玻利维亚。分布在海拔2 700 m区域，附生生长在岩石上。

植株有茎，茎下垂或斜出，长约35 cm。叶多数，多列密生，叶长6～7 cm；叶鞘近圆形，与叶片连接处区分不明显；叶片三角形，厚质，基部宽2～2.5 cm，密被近展开的灰色鳞片。简单花序；花序梗直立，长3～5 cm，有时顶部弯曲；茎苞近叶片状，多列密生；花部呈紧凑的圆柱形或圆锥形，长约4 cm，宽约2 cm，有8～12朵花，排成多列；花苞超过萼片，背面无龙骨状隆起，基部绿色且光滑，顶部浅红色并密被鳞片，顶端近帽兜形，其中基部花苞有长0.5～1 cm的叶片状顶端，上部的茎苞长约2 cm，宽1～1.9 cm，顶端不呈叶片状。花无梗；萼片离生，长圆形，长约1.4 cm，宽约0.5 cm，白色，顶端红色，光滑或近光滑，近轴的2枚萼片背部有龙骨状隆起；花瓣直立，舌形，长约3 cm，宽约0.4 cm，顶部稍展开，花瓣基部白色，上部鲜红色；雄蕊和雌蕊内藏。

植株小型，茎逐渐伸长。开花时，鲜红色的花序从叶丛顶端伸出，虽然花序不大，但那鲜艳的色彩足以令人惊叹，国内爱好者称之为“赤兔”。

图4-213　伊迪斯铁兰
（a）开花的植株；（b）花序。

植株生长较为缓慢，喜冷凉、光线充足且通风良好的环境。附生种植。可直接将植株挂起，如果环境适宜，也会从茎的基部长出根系。

通过分株繁殖。

17. 长梗铁兰（*Tillandsia exserta* Fernald）

种加词“exserta”指植株有伸长的花序。

原产自墨西哥西北部。分布在海拔10～45 m的干旱树林或灌丛中，附生。

植株近无茎，开花时高20～70 cm，有时可达100 cm。叶多列密生，叶长30～50 cm，被覆粗糙的灰白色鳞片；叶鞘明显，卵形；叶片为非常细长的三角形，螺旋状向后弯曲，基部宽0.3～0. 4 cm，顶端有长长的细尖，叶缘内卷。简单花序或复合花序；花序梗直立，直径约0.3 cm，光滑；茎苞直立，覆瓦状排列，边缘内卷，其中基部的茎苞如叶片状，上部的茎苞椭圆形，密被贴生的鳞片，顶部急尖、有细尖。花部长18～42 cm，不分枝或有5～10个指状的一级分枝，花序轴纤细，光滑，深红色；一级苞片形如上部的茎苞，比腋生分枝短较多；一级分枝直立或稍展开，线状披针形，扁平，长5～14 cm，宽0.8～1.5 cm，顶部急尖，基部近无梗，有花约12朵，基部的几个花苞内不育；花苞直立，沿花序轴覆瓦状排成2列，密生，宽卵形，长2～2.3 cm，超过节间长度的3倍，在开花时明显比萼片短，背面直但不呈龙骨状隆起，近革质，红色，表面密被贴生的灰白色鳞片，顶端急尖。花长约6 cm，无梗，花托短，直立；萼片线状披针形，长可至2.6 cm，革质，表面平，玫红色，顶端急尖，近轴的2枚萼片背面呈龙骨状隆起并合生至一半处；花瓣直立，线形，形成管状花冠，长3.5～4 cm，紫罗兰色，基部为白色，透明状，顶端急尖，并向后卷曲；雄蕊非常纤细，伸出花冠，花丝基部扁平，并呈螺旋状缠绕在一起，上半部圆球形紫色，下半部白色，两轮花丝不等长，花药椭圆形，近基着药；蒴果细圆柱形，长约3 cm，顶部急尖。花期秋季。

长梗铁兰叶片修长并呈螺旋状向后弯曲，基部呈束状，叶色为灰白色，形如一股正在喷涌的白色喷泉，因此也有爱好者称其为"喷泉"。开花时花序高高挺起，花序梗及花序轴通常笔直或略有弯曲。可观叶观花。

植株长势较强健，对环境有很强的适应性，耐旱、耐热，喜光线充足的环境。附生种植。

通过分株繁殖。

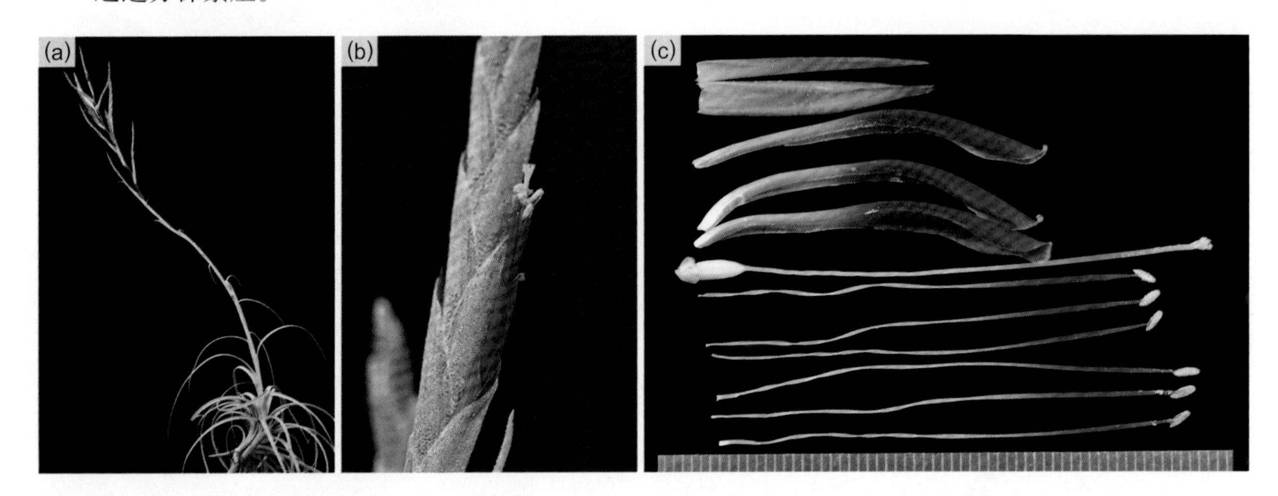

图4-214 长梗铁兰

（a）开花的植株；（b）花枝；（c）花的解剖。

18. 束花铁兰（*Tillandsia fasciculata* Swartz）

种加词"fasciculate"指其叶呈簇生状。

原产自墨西哥、中美洲、西印度群岛和南美洲的北部。分布在海拔0～1 350 m的树林中，附生。

植株近无茎，开花时高约55 cm。叶多数，呈灰白色，形成长30～40 cm的窄漏斗状莲座丛；叶鞘扁平且宽大，卵形，长3.5～7 cm，宽2.2～4.5 cm，大部分为深褐色或栗色，密被斑点状棕色鳞片；叶片直立或弯曲，有时偏向一侧，狭三角形，长20～35 cm，宽2～3 cm，两面都被贴生的灰白色细小鳞片，基部成不明显的龙骨状隆起，向上大多内卷呈锥状，顶端有长渐尖，非常尖锐。简单花序或复合花序；花序梗粗壮，直立或少数斜出，长10～25 cm，直径0.5～1 cm，光滑；茎苞直立，覆瓦状密生，超过节间并裹住花序梗，革质，被覆贴生的鳞片，其中基部的茎苞呈叶状，上部的茎苞宽卵形，红色或绿色略带红色，干时变成黄棕色，顶端有尾尖；花部长33～47 cm，不分枝或有1级分枝，呈指状排成多列，花序轴笔直，光滑；一级苞片形如上面的茎苞，直立，短于腋生分枝，被鳞片；一级分枝直立或展开，少数下弯，小花序轴被花苞完全遮住，分枝基部近无梗，覆盖着4～10个缩小且不育的花苞，有花的部分为披针形，扁平，长8～20 cm，宽2.3～3.5 cm，有花5～17朵，顶端急尖，顶部的数个花苞内花不发育；花苞直立，密覆瓦状排成2列，宽卵形或椭圆形，长4.5～5.5 cm，约是节间的5～8倍，超过萼片较多，硬革质，有宽的膜质边缘，除最顶端外其余无毛，绿色、有光泽，通常略呈玫红色或淡黄色，顶部表面平或有脉纹，背面呈龙骨状隆起，顶端急尖，稍弯曲，光滑或被鳞片。花直立，无梗，花托粗短，长约0.2 cm；萼片披针形，长3.3～4 cm，近革质，顶端急尖或钝，近轴的2枚萼片高位合生，背面呈明显的龙骨状隆起，顶端向内弯曲，光滑；花瓣直立，线形，形成管状花冠，最长至6 cm，蓝色、紫色或少数为白色，开花时仅花瓣顶端微向后卷，顶端圆；雄蕊和雌蕊伸出花冠，花丝细长，基部扁平，白色，露出的部分近圆柱形，为紫色，花药线形，长约0.6 cm，于2/5处背着药；子房细椭圆体形，花柱纤细，白色为主，露出部分为紫色，柱头倒圆锥形，为对折—螺旋型。蒴果圆柱形，刚超过萼片，长约4 cm，顶端变细并急尖或圆有短尖头。花期春夏季。

束花铁兰株型较大，叶丛密集，束状花序宽大，花期可长达2～3个月，具有很高的观赏价值，适合点缀枯木或直接悬挂于空气中，也可以种植于吊篮或四周有通气孔的容器中，用直径约5 cm树皮块、大颗粒的火山石或椰壳等介质将植株固定。

束花铁兰长势较为强健，能忍受全光照，较耐旱，适合光线充足并通风良好的环境，经常喷水并定期施薄肥以促进植株生长。

花后从叶腋萌发侧芽，待侧芽长大后可进行分株繁殖。

由于分布非常广泛，不同原产地的束花铁兰，其外形非常多变，包括原变种在内共有7个变种。

18a. 束花铁兰（*Tillandsia fasciculata* var. *fasciculata* Swartz）

这是束花铁兰的原变种。原产自墨西哥、中美洲、西印度群岛和南美洲北部，分布在海拔0～1350 m的树林中，附生。

一级分枝较直立，非常扁平，长度一般超过10 cm；花苞长约3.5 cm或更长，顶端表面平或有细微的脉纹。

图4-215　束花铁兰

（a）开花的植株；（b）花序。

18b. 棒穗束花铁兰（*Tillandsia fasciculata* var. *clavispica* Mez）

这是束花铁兰的变种，变种加词“clavispica”意为“具有棒状花穗的”。原产自美国（佛罗里达州南

图4-216　棒穗束花铁兰

（a）开花的植株；（b）花及花穗。

部）、古巴和墨西哥，分布在海拔0～1 000 m的树林中，附生。

一级分枝细长且排列较松散，棒槌形，长15 ～20 cm，基部特别纤细，由不育花苞覆盖，开花的部分一般不超过10 cm；花苞一般不超过2.5 cm。

18c. 密花束花凤梨（*Tillandsia fasciculata* var. *densispica* Mez）

这是束花铁兰的变种，变种加词“densispica”意为“花穗紧凑的”。原产自美国（佛罗里达州）、墨西哥、中美洲及西印度群岛。分布在海拔0～1 740 m的树林中，附生。

一级分枝排列紧凑，花穗一般不超过10 cm，基部有短梗；花苞不超过2.5 cm，革质，光滑。花瓣紫罗兰色。

分枝排列紧凑；花穗很少超过10 cm，基部有短梗；花苞不超过2.5 cm，革质，光滑。花瓣紫罗兰色。

图4-217 密花束花铁兰

18d. *热植*束花铁兰（*Tillandsia fasciculata*‘Tropiflora’）

这是束花铁兰的园艺品种，是来自美国佛罗里达州的Tropiflora Inc.公司于40多年前在牙买加收集到的一款大型的束花铁兰，株型比束花铁兰的原变种以及任何一个变种都大，也更粗壮，近几年逐渐在国内市场上流行。

叶长可达60 cm，莲座丛宽大且饱满，叶上密被贴生的灰白色鳞片。花序高度刚好超过莲座丛，粗短的花序梗支撑着10～20个肥厚、呈穗状的一级分枝，每个分枝长约20 cm，厚约2.5 cm，基部无梗，花瓣为紫罗兰色，花苞的颜色可保持达1年之久。有人认为‘热植’束花铁兰可能是束花铁兰和与扁穗铁兰（*T. compressa*）的自然杂交种。

图4-218 *热植*束花铁兰

（a）开花的植株；（b）花及花穗。

19. 旋叶铁兰(*Tillandsia flexuosa* Sw.)

种加词"flexuosa"意为"扭曲的",指叶片略呈螺旋状扭曲。

原产自美国(佛罗里达南部)、西印度群岛、巴拿马和南美洲北部。分布在海拔0～1 200 m的区域,附生。

植株近无茎,开花时高20～150 cm。从植株基部萌发侧芽,有时花序上也能长出不定芽。叶10～20片,直立,密生,基部略膨大,形成高20～35 cm、弯管状或窄漏斗状的莲座丛,叶长20～50 cm,常螺旋状扭曲,密被贴生的灰白色鳞片,并形成白色的宽横纹,最外围的叶只有叶鞘而无叶片;叶鞘较大,呈卵形,与叶片连接处区别不明显;叶片狭三角形,宽约2.5 cm,硬质,通常朝一个方向旋转,顶端逐渐变细,并形成刺尖。简单花序或复合花序;花序梗直立,纤细且光滑;茎苞直立,椭圆形,内卷成管状并裹住花序梗,被覆贴生鳞片,顶端急尖或钝;花部长45～88 cm,不分枝或有1级分枝,顶部不分枝;花序轴伸长,纤细并呈曲折状,大部分光滑,或被稀疏鳞片;一级苞片如上部的茎苞,紧抱住分枝;一级分枝2～6个,斜出,排列非常松散,长可至40 cm,光滑,花排列松散;花苞和花一起展开,椭圆形,长2～3 cm,与萼片等长或稍短,纸质,有明显的纹脉,顶端宽并急尖。花无梗,花托长可至0.7 cm;萼片狭椭圆形,长2～3 cm,宽约0.7 cm,离生,近纸质,有明显的脉纹,疏被鳞片或光滑,顶端钝;花瓣直立,线形,长约4 cm,形成管状花冠,并在离基部约0.8 cm处突然缢缩并弯曲,开花时花瓣上部打开并向后弯曲,基部白色,其余部分玫红色或紫色,顶部急尖;雄蕊伸出花冠,两轮花丝不等长;雌蕊比雄蕊略长,花丝顶端和花柱顶端都向下微弯。蒴果细圆柱形,长可达7 cm,顶端渐尖。

旋叶铁兰叶鞘宽大,基部稍膨大并略呈旋转状,开花时细长的花序梗从叶筒中伸出,花在花序轴或小花序轴上排列非常松散,花虽然不多,但一般相隔好几天才开一朵花,每朵花的单花期3～4天,因此整个花序的花期竟然也可持续数月。可观叶、观花。

喜半阴至全光照环境,耐旱,保持良好的通风。

主要通过分枝繁殖。

图4-219 旋叶铁兰

(a) 开花的植株;(b) 花;(c) 花的解剖。

20. 白鸽铁兰（*Tillandsia gardneri* Lindley）

种加词“gardneri”为纪念第一位收集该种并送去鉴定的G. Gardner教授（Isley, 2009）。本种拥有银白色且弯曲向上的莲座丛，开花时伸出粉红色、椭圆形的花序，如鸟头状，好似欲展翅飞翔的白鸽，中文名因此而得名。国内爱好者称之为“薄纱空气凤梨”。

原产自哥伦比亚至巴西东部。分布在海拔0～1 600 m区域，附生于树上或岩石上。

植株近无茎，开花时高12～15 cm。叶多数，形成密生的莲座丛，叶长10～27 cm；叶鞘发白，和叶片之间没有明显的区分；叶片窄三角形，宽1.5～2 cm，被覆粗糙且展开的灰白色鳞片，顶端线状变细。复合花序；花序梗近直立或向下弯，纤细，密被鳞片；茎苞覆瓦状排列，密生，其中基部的茎苞呈叶片状，上部的茎苞披针形，顶端有长渐尖；花部宽椭圆体形或球形，长4～6 cm，有1级分枝；一级苞片形如上部的茎苞，但较宽短，顶端有突尖，上部的一级苞片顶端急尖，长度不超过腋生分枝；一级分枝4～12个，呈穗状，密生，卵形至线状披针形，长3～5 cm，基部有长约0.5 cm的梗，有花3～12朵，排成2列，多少呈扁平状，顶端急尖；花苞卵形，超过萼片，密被鳞片，背面靠近顶部呈龙骨状隆起，顶端急尖。花无梗；萼片近卵形，长1～1.4 cm，宽约0.5 cm，密被鳞片，背面呈龙骨状隆起，顶端急尖或钝；花瓣舌形，长1.4～1.7 cm，宽约0.3 cm，上半部分玫红色或淡紫色，下半部分为白色，几乎呈透明状，花后花瓣变为白色或麦秆色，顶端钝或微凹；雄蕊内藏，花丝薄片状，透明，靠近顶部花丝略折叠。蒴果圆柱形，长3.5～4.5 cm。花期冬季或早春。

白鸽铁兰除花瓣外整株都密被灰白色鳞片，长势良好的植株通体洁白无瑕，叶片呈放射状展开，略向上弯曲。开花时，粉红色的花序从莲座丛的中央斜斜地伸出，花部略弯曲，姿态优美。

植株较喜光，但因其叶片较薄，夏季应避免正午的阳光直射。喜温暖湿润、通风良好的环境，可附生于枯枝、树皮或石头上，也可直接挂起。可自交结实，结实率非常高，同时也消耗母株过多养分从而导致植株长势衰弱，严重时无法萌发侧芽而导致植株死亡，因此建议花后应及时剪去花序，避免大量结实，或仅留少数果荚。

通过分株或种子繁殖。

图4-220 白鸽铁兰

（a）开花的植株；（b）花序。

21. 双星铁兰（*Tillandsia geminiflora* Brongniart）

种加词由“Gemini”（希腊语意为“双胞胎的”）加“flora”（意为“花”）组合而成，指花序的每个分枝上都有两朵花。国内爱好者称其为“绿薄纱空气凤梨”。

原产自巴西、巴拉圭、乌拉圭和阿根廷。分布在海拔0～1 400 m的区域；附生于树上。

植株近无茎，开花时高11～19 cm。叶多数，形成密生的莲座丛，约与花序等长；叶鞘与叶片间没有明显的区别，叶狭三角形，宽0.7～1.7 cm，表面平，被灰色鳞片，叶色为绿色或黄绿色，顶端线状变细。复合花序；花序梗直立或弯曲，红色，被覆鳞片；茎苞覆瓦状裹住花序梗，被覆贴生的鳞片，基部略膨大，顶端有线状细尖，其中基部的茎苞叶片状，黄绿色有红晕，上部的茎苞卵状披针形，淡红色，顶端绿色；花部呈球形或圆锥形，长5～12 cm，宽5～10 cm，多少被灰色鳞片，花序轴较直，有1级分枝，密生，在花序轴上排成多列；一级苞片呈茎苞状，绿色，淡红色或大部分为粉红色，其中基部的一级苞片超过分枝，向上逐渐缩小；一级分枝4～16个，基部有梗，有花2～4朵，小花序轴纤细，呈膝状弯曲；花苞卵形，比萼片短，背面呈龙骨状隆起，顶端急尖。花无梗；萼片披针形，长1.2～1.4 cm，近轴的2枚萼片在基部较短合生，顶端急尖；花瓣舌形，长1.5～1.8 cm，玫红色，顶部展开并向后弯曲，顶端钝；雄蕊内藏，花丝靠近顶端折叠；子房为粗壮的倒卵形。蒴果细圆柱形，长约3.5 cm。

双星铁兰叶绿色，密生成近球形的莲座丛。圆锥形的花序斜出或下垂，粉红色，分枝多且密生，玫红色的花朵常集中开放，非常美丽。不同产地的植株在外形上略有不同。

植株长势旺盛，喜温暖湿润及半阴环境，夏季应避免强光直射。对水质要求较高，当水中含可溶性盐的浓度过高时易造成叶尖变黑或枯梢，叶色暗黄、无光泽。

通过分株繁殖。

图4-221　双星铁兰

（a）—（b）株型较大、花序下垂、一级苞片为绿色的植株：（a）开花的植株；（b）花序侧面。（c）—（d）株型较小、花序斜出、一级苞片为粉红色的植株：（c）开花的植株；（d）花序俯瞰。

22. 精灵铁兰（*Tillandsia ionantha* Planch.）

种加词“ionantha”意为“具紫堇色花的”，指花色为紫罗兰色。

原产地从墨西哥至尼加拉瓜。分布在海拔450～1 700 m潮湿的雨林或干旱的地区，附生于树上或裸露的岩石上。

植株近无茎，少数有茎，通常形成密集的群生状。叶20～40片，肉质，密生，一般不超过6 cm，被覆粗糙且展开的灰色鳞片；叶鞘椭圆形，约为叶片的一半；叶片狭三角形，宽约0.5 cm，顶端锥状变细，外围

图4-222 精灵铁兰

图4-223 锥叶精灵铁兰

叶片绿色，进入花期时里面的叶变为红色，有时整株叶片都变为红色。花序表面上看起来是一个短的穗状花序，花排成多列，但实际上是一个缩小的复合花序，小花序轴退化，每个分枝减小为仅有单朵花；花序梗短或无；一级苞片披针状卵形，等长于或超过萼片，膜质，顶端急尖并被覆鳞片；花苞形如一级苞片，但比萼片短；花直立，无梗，花托短；萼片披针形，长约1.6 cm，膜质，顶端急尖，近轴的2枚萼片背面呈龙骨状隆起，并在基部短合生；花瓣直立，长舌形，长超过4 cm，紫罗兰色，形成管状花冠，开花时花瓣顶端向后反卷，顶端近急尖；雄蕊和雌蕊伸出花瓣，雌蕊略长。蒴果近圆柱形，长约3 cm，顶部急尖。花期通常在冬季。

精灵铁兰株型小巧玲珑，外形非常多变，来自不同产地的种群在植株大小、叶片形状及开花时叶色等特征都各不相同，叶直立或展开，叶质薄或厚质；开花时位于叶丛中央的叶先转为鲜红色、深红色或粉红色，有的转为黄色或白色，是名副其实的"百变小精灵"。由于形态变化太多，随之也带来了分类上的混乱。除原变种外，目前还有1个变型和3个变种。

精灵铁兰总体上栽培相对容易，易长出侧芽而呈群生状，对环境的适应性较强，耐旱、较耐寒，是适合新手入门的首选种类。喜光线充足、通风良好的环境。

22a. 锥叶精灵铁兰（*Tillandsia ionantha* forma *fastigiata* Koide）

变型的学名"fastigiata"意为"锥形的"，指叶丛的形状锥形的。

原产自墨西哥。分布在海拔2 000 m的区域，附生。

株型小且紧凑，易呈群生状，叶质厚，从外到内叶都保持直立而不展开。这些性状无论通过营养繁殖体还是用种子繁殖的实生苗中都保持稳定。*T. ionantha* 'Peanut' 为其异名，因此有国内爱好者称它为"花生米"。

22b. 巨大精灵铁兰（*Tillandsia ionantha* var. *maxima* Ehlers）

变种加词"maxima"意为"巨大的"。曾用名*Tillandsia ionantha* 'Huamelula'。

原产自墨西哥，分布在海拔约100 m的西海岸的火山石上。

这是精灵铁兰中株型最大的变种，通常是其他种群的3倍，高18～20 cm，直径8～10 cm。叶多数，莲座丛密生，翠绿色，开花时可整株变成鲜艳的红色或橙红色。然而这个"大个子"也很"懒"，不常开花。

图4-224　巨大精灵铁兰

（a）开花的植株；（b）巨大精灵铁兰（左）与普通精灵铁兰植株（右下）的对比。

22c. 直叶精灵铁兰（*Tillandsia ionantha* var. *stricta* hort. ex Koide）

变种加词“stricta”意为“笔直的”，指植株的莲座丛较直立。

原产自墨西哥，分布在海拔2 000 m的栎树林中，附生。

叶片窄、近线状，肉质，长大后叶片较直立，开花时叶色变红，植株高约8 cm。

图4-225　直叶精灵铁兰

（a）开花的植株；（b）植株俯瞰。

22d. 长茎精灵铁兰［*Tillandsia ionantha* var. *vanhyningii* M. B. Foste］

变种加词以其收集者O. C.Van Hyning的名字命名。

原产自墨西哥南部。附生于垂直的石灰质悬崖上。

植株有明显的茎，叶比其他的精灵铁兰更宽且厚，肉质，密被灰白色鳞片，叶色浅绿色至白色。生长较为缓慢，开花时叶片变成粉红色，花紫色。

此外，精灵铁兰还有数量众多、特征鲜明的栽培品种。

图4-226 长茎精灵铁兰

(a) 丛生状的植株;(b) 叶表覆盖的鳞片;(c) 开花的植株。

22e. ***德鲁伊*精灵铁兰(*Tillandsia ionantha*'Druid')**

该园艺品种是原产自墨西哥的小精灵铁兰中的一个白化品种,植株易萌发侧芽而形成丛生状态,并自然形成球形或半球形。叶色浅绿色至黄绿色,开花时变成黄色,光线充足时呈粉红色;花瓣白色,开花时花期一致,非常美丽。

22f. ***火地岛*精灵铁兰(*Tillandsia ionantha*'Fuego')**

叶较少,比直叶精灵凤梨更直且硬,并形成紧凑的莲座丛,株型较细长,叶红色或暗红色,开花时颜色变得更加鲜艳,并开出紫色的花。也有爱好者根据变种加词的音译,称其为"'福果'精灵"。

图4-227 *德鲁伊*精灵铁兰

图4-228 *火地岛*精灵铁兰开花的植株

23. 宽叶铁兰（*Tillandsia latifolia* Meyen）

种加词“latifolia”意为“叶宽阔的”。

原产自秘鲁和厄瓜多尔。分布在海拔0～2 900 m区域，地生或附生于树上和岩生上。

植株较为多变，通常有茎，呈匍匐状，通常有分枝，开花时高可达60 cm；从花序基部长出腋生侧芽，有时从花序上长出不定芽。叶长可达20 cm，被贴生灰色的鳞片；叶鞘不太明显；叶片通常展开或向后弯曲，狭三角形，宽约3 cm，顶端线状变细。复合花序；花序梗粗壮，直立，长于或短于叶丛；茎苞覆瓦状排列，展开或弯曲，被覆灰色鳞片，顶端细长；花部有1级分枝，少数不分枝，分枝直立，呈指状，密生或松散地展开；一级苞片形如茎苞，一般比腋生分枝短，顶端急尖或渐尖；一级分枝基部近无梗，披针形，有花6～12朵，排成两列；花苞覆瓦状排列，密生，宽卵形，长1.5～2.3 cm，与萼片等长或超过萼片，革质，表面平或近平整，密被灰白色鳞片，红色或玫瑰色，背部不总是明显具龙骨状隆起（Gouda，2017），顶端急尖。花无梗；萼片长1.2～2 cm，合生部分长约0.8 cm，表面近平整，被覆稀疏鳞片，近轴的2枚萼片背面呈龙骨状隆起；花瓣长约0.7 cm，顶端急尖；雄蕊内藏，花丝折叠，花药线形，顶端钝。蒴果棱柱形，顶端急尖。

宽叶铁兰形态较为多变，在自然界中存在多个外形上具明显不同的类群，大多为中大型，也有的种群植株矮小，高仅5～8 cm，但是分类学家暂时没有对其进行明确区分。Gouda（2017）也认为宽叶铁兰有可能是由多个物种组成的复合体，需要进行更多的研究。目前包括原变种在内共有3个变种。

23a. 宽叶铁兰（*Tillandsia latifolia* var. *latifolia*）

这是宽叶铁兰的原变种。原产自秘鲁。分布在海拔0～2 900 m的区域，主要生长在靠近海岸的岩石及沙地上。

花序上的分枝较直立，花苞不超过1.5 cm，颜色较暗。萼片长约1.2 cm。

除原变种外，宽叶铁兰在目前还有3个变种。

图4-229 宽叶铁兰

（a）开花的植株；（b）花序及花。

23b. 毛宽叶铁兰（*Tillandsia latifolia* var. *leucophylla* Rauh）

该变种加词意为“白叶的”，指叶上密被灰白色鳞片，叶色呈白色。

原产自秘鲁。生长在陡峭的岩石上。

叶丛展开，叶较肉质，密被灰白色鳞片，叶片顶端卷曲，略呈螺旋状。花序向下弯曲，一级分枝指状，花苞为玫红色，被覆白色鳞片。

宽叶凤梨植株大型或小型，花序上的分枝通常为指状，密生，分枝有光泽或被有鳞片，花期较持久，可观叶或观花。附生种植。

喜光线充足及通风良好的环境。植株较耐旱，长势较为强健。

通过分株繁殖。

图4-230 毛宽叶铁兰

(a) 开花的植株；(b) 花序及花（局部）。

24. 堇色铁兰（*Tillandsia leonamiana* E. Pereira）

种加词“leonamiana”以巴西植物学家Leonam de A. Penna的名字命名。中文名根据本种花瓣堇紫色的特征。

原产自巴西北部。生长在有季节性干旱的热带区域。

植株有茎，长约20 cm，明显弯曲。叶排成多列，弯曲，但不偏向生长，叶厚且坚硬，长约20 cm，宽约2.5 cm，顶端逐渐变细，呈线状，叶面明显下凹，密被灰白色鳞片。简单花序；花序梗直立，长约20 cm，绿色，光滑；茎苞长圆形，长约3 cm，被灰白色鳞片，顶端逐渐变细，其中下部的茎苞叶片状，上部的茎苞顶部变短为长渐尖；花部椭圆形，花少数，排成多列；花苞卵形，长约2.7 cm，超过萼片，紫色或玫红色，中部以上或顶端被覆灰白色鳞片，顶端急尖；花直立，长约3.5 cm，无梗；萼片披针形，长约2 cm，等位合生约0.1 cm，宽约0.3 cm，被灰白色鳞片，顶端有细尖；花瓣狭匙形，长约3.5 cm，开花时顶部展开，紫罗兰色；雄蕊内藏，花药长约0.3 cm；子房长约0.4 cm，胚珠顶端钝。

图4-231 堇色铁兰

(a) 开花的植株；(b) 花序侧面；(c) 花序正面。

叶上被明显的灰白色鳞片，花序伸出叶丛，较明显，花苞玫红色，开花时紫罗兰色的花瓣展开，清新而美丽，既观叶又观花。

喜光线明亮、通风良好的环境。

通过分株繁殖。

25. 禾穗铁兰（*Tillandsia loliacea* Martius ex Schultes f.）

种加词“loliacea”意为“像黑麦草的”，指本种花序的形态与黑麦草的花序非常相似。

原产自玻利维亚、巴西、巴拉圭、阿根廷。分布在从低海拔至超过1 500 m的半干旱环境中，附生于岩石或树上。

植株通常明显的茎，单生或有分枝，很少超过4 cm，开花时植株可长到17 cm，但通常没那么长；植株有根。叶多列密生，最长至4 cm，通常为2～3 cm，灰白色至暗褐色，密被粗糙的粉末状鳞片；叶鞘长约0.3 cm，稍宽于叶片，光滑，灰白色，近革质，有宽且透明的边缘，有脉纹；叶片直立至近直立，有时偏向侧弯曲，狭三角形，宽0.3～0.5 cm，坚硬，顶端长渐尖，但不呈丝线状。简单花序；花序梗顶生，直立或弯曲，长约10 cm，被覆鳞片；茎苞多数，约与节间等长，椭圆形，纸质，有脉纹，密被鳞片，顶端急尖。花部线形，长可至4 cm，花序轴明显呈膝状弯曲，被覆鳞片，花少数，最多时有花16朵，排成两列，形如黑麦草的花序；花苞卵形，长约0.8 cm，约为节间的1.5倍，等长或短于萼片，紧紧裹住腋生的花，薄质，有脉纹，密被鳞片，背面不呈龙骨状隆起，顶端急尖。花直立，无梗，花托短，紧贴着花序轴；萼片披针形，长约0.9 cm，光滑，有红褐色脉纹，等位短合生；花瓣长约1 cm，近线形，一般为黄色，开花时顶端展开，顶端急尖；雄蕊深内藏，超过雌蕊；子房短圆柱形，顶部突然收缩，花柱粗。蒴果细长，长约4.5 cm，顶端有突出的短喙。

株型微小，叶短而密生，叶丛高仅3～4 cm；花序轴呈膝状弯曲，黄色的小花开在花序轴上排成两列，形如黑麦草的花序。可自花结实，圆柱形蒴果细长，结实率高。

喜光线充足及湿度适中的环境。可用专用冷凝胶固定于树皮、枯枝或石头的表面。

通过分株或种子繁殖。

图4-232　禾穗铁兰

（a）开花的植株；（b）花序及花；（c）花的解剖。

26. 细茎铁兰（*Tillandsia mallemontii* Glaziou ex Mez）

种加词“mallemontii”来源于人名。

原产自巴西东部。分布在海拔0～800 m的低矮树丛或森林中；附生于树上或少数在岩石上。

植株有茎，非常纤细，长10～20 cm，有分枝，也有根系。叶排成多列，最长可至12 cm，灰色，密被粉末状的白色鳞片；叶鞘狭卵形，最长可至2 cm，膜质，基部光滑；叶片大多展开或下弯，并呈不规则状弯曲，线形，直径0.1～0.15 cm，顶端细长。简单花序；花序梗顶生，纤细如线，笔直或强烈弯曲，最长至13 cm，被鳞片；茎苞1～2枚，位于花序基部，少数在顶端还有1枚，形如花苞，有时呈叶状，顶端有长渐尖；花部狭披针形，扁平，长约2.5 cm，宽约0.4 cm，有花1～4朵，紧密地排成两列；花序轴光滑，扁平，稍呈膝状弯曲；花苞卵形，长约0.9 cm，密被鳞片，顶端急尖。花直立，无梗，花托短；萼片近长圆形，长约1.25 cm，光滑，有脉纹，等位短合生，顶端急尖；花瓣长约1.7 cm，形成高脚碟状花冠，瓣爪线形，白色，檐部近圆形，宽约0.65 cm，开花时展开，蓝色或紫罗兰色，顶端钝；雄蕊深内藏，超过雌蕊，花药长圆形，顶端钝，长约0.2 cm；子房圆柱形，顶部突然收缩并连接花柱。花期夏季。

植株常丛生，叶纤细，花色淡雅，开花时有香味。不同来源的植株在外形和花色等方面有所不同（图4-233）。

喜光线充足及通风良好的环境，栽培较为容易，但当植株形成大丛时更应注意内部通风，否则导致内部枝叶腐烂，可将其分成小丛。

主要通过分株繁殖。

图4-233 细茎铁兰（3个不同来源的植株）

（a）开蓝色花、花序绿色的植株；（b）开紫罗兰色花、花序褐色的植株；（c）开浅蓝色花、花序绿色的植株。

27. 微花铁兰（*Tillandsia minutiflora* Donadio）

种加词“minutiflora”意指花非常微小的。

原产自秘鲁、玻利维亚、巴拉圭和阿根廷。分布在海拔600～2 600 m的区域，通常附生于灌丛和小树上或附生于岩石上。

植株小型，根系短、有黏性；茎短，叶直立，在茎上螺旋状排成多列，覆瓦状密生，叶长0.55～0.6 cm，宽0.05～0.07 cm；叶鞘薄，透明状，长约0.2 cm，宽约0.17 cm，中间有3条脉纹；叶片短锥形，长0.35～0.4 cm，宽0.05～0.07 cm。花序顶生，仅有一朵花，并且部分隐藏于叶丛中；花序梗很短或缺失，蒴果成熟时花序梗也不伸长；茎苞2枚，叶状，但无叶状的顶部，有1条脉纹（罕有3条），长0.25～0.35 cm，宽0.12～0.14 cm；花苞薄，锥形，除顶端有鳞片外其余光滑，长0.25～0.3 cm，宽约0.15 cm，约至萼片的一半处。花微小，长约0.65 cm，花冠直径约0.15 cm，无梗；花萼披针形，有5条脉纹，有时4～7条，长0.48～0.55 cm，宽约0.12 cm，上半部密被鳞片；花瓣线状长圆形，长0.55～0.65 cm，宽约0.1 cm，黄色。雄蕊深内藏，长约0.26 cm，花丝长约0.15 cm，花药与柱头齐平，长约0.11 cm；雌蕊约0.2 cm，子房与花柱等长，柱头近头状，胚珠多数。蒴果细圆柱形，长约 2 cm，宽 0.05 ～ 0.1 cm，基部近无梗；种子多数。

微型种，常呈丛生状，叶较肉质，沿茎紧密贴生成圆柱形，从顶端开出非常微小的黄花，常因太小而被忽视，而花后长出细棍状的蒴果会提醒你，它其实已经开过花了。

喜光线明亮、通风良好的环境，较耐旱。可用专用冷凝胶水将植株基部固定在小块树皮或枯枝上。

通过分株或种子播种繁殖。

图 4-234　微花铁兰

（a）开花的植株；（b）已结实的植株。

28. 鼠尾铁兰（*Tillandsia myosura* Griseb. ex Baker）

种加词 “myosura” 意为“老鼠的尾巴”，指叶形如老鼠的尾巴状的，国内爱好者称之为“牛角铁兰”。

原产自秘鲁、玻利维亚、乌拉圭和阿根廷北部。分布在海拔 700 ～ 2 600 m 的干旱环境中，附生。

植株开花时高可至 30 cm，单茎或从同一个生长点长出数个分枝而呈群生状，有根。叶排成两列，长 5 ～ 17 cm；叶鞘明显，近圆形或肾形，长 1 ～ 1.5 cm，通常只有上半部密被鳞片，有时完全光滑，仅两侧有睫毛状的鳞片，叶鞘相互交叉，覆瓦状密生，遮住茎的大部分；叶片强烈向后弯曲，且多少有些扭曲，直径 0.3 ～ 0.5 cm，密被小型、近贴生或反折的粉末状鳞片，靠近基部叶面呈凹槽状，向上成圆柱形，顶端渐尖，成三角状锥形，新鲜时叶片肥厚，显得均匀圆润，干燥时叶面明显呈凹槽状。简单花序；花序梗通常明显，直立，顶生，最长可达 20 cm，被鳞片或光滑，无茎苞或仅顶端有一枚茎苞；茎苞披针形，边缘向内卷，被有鳞片；花部线形，长可至 8 cm，有花 1 ～ 8 朵，排列松散，密被灰色鳞片；花序轴纤细，弯曲或膝状弯曲；花苞相隔较远，紧紧地裹住花萼，宽卵形，长可至 2.1 cm，其中基部的花苞与萼片等长或超过萼片，向上明显变短，纸质，有许多脉纹，顶部急尖。花无梗，花托短，紧贴在花序轴上；萼片长圆状披针形，长

图 4-235　鼠尾铁兰

（a）开花的植株；（b）花；（c）果序。

0.9～1.5 cm，近离生，质地薄，有许多脉纹，通常被覆鳞片，顶端急尖或钝；花瓣线形，长约2 cm，浅黄色，近透明；雄蕊深内藏，超过雌蕊；花柱为短圆柱形，约与子房等长。蒴果圆柱形，顶端有短尖头，种子长3～3.8 cm，直径约0.3 cm。

鼠尾铁兰叶形奇特，叶圆柱形，硬质，展开并弯曲，顶端渐尖，呈鼠尾状。

喜光线充足且通风的环境，有较强的抗性，耐旱、耐寒。栽培较为容易。

通过分株或种子繁殖。

29. 黑鞘铁兰（*Tillandsia neglecta* E. Pereira）

种加词“neglecta”有“被忽略”的意思，指该种常因长得像细叶铁兰（*T. tenuifolia*）而被忽略。中文名则根据其叶鞘为黑色的特征。

原产自巴西。附生于花岗岩上。

植株有茎，开花时植株高约20 cm。叶丛偏向一侧生长，叶弯曲向上，被覆贴生的灰色鳞片，看上去较光滑，呈灰绿色；叶鞘深紫色甚至黑色；叶片狭三角形，弯曲并向上偏向，顶端锥状变细。简单花序；花序梗直立，被茎苞覆盖；茎苞狭披针形或卵状披针形，其中基部的茎苞呈叶片状，绿色，上部的茎苞基部有红晕，顶端绿色；花部呈倒锥形，有花6～10朵，排成多列；花苞阔卵形，与萼片等长或比萼片稍长，光滑或顶端被疏鳞片，其中基部的花苞绿色并有粉红色晕，顶端绿色，渐尖，上部的茎苞粉红色或红色，顶端急尖。花无梗，花托短；萼片披针形，长1.5～1.6 cm，基部合生约0.2 cm，顶端形成弯曲的短尖；花瓣匙形，长2.2～3 cm，蓝色，顶端展开；雄蕊内藏，长1.1～1.4 cm，花丝纤细，中部稍折叠；花柱长约1 cm，子房三棱形，长约0.4 cm，胚珠多数，顶端细尖。花期冬季。

叶较肉质，多而密生，萌芽能力强，能快速形成丛生状态。开花时湛蓝色的花朵非常醒目。

喜温暖湿润、光线充足环境，夏季应避免强光直射。

主要通过分株繁殖。

图4-236 黑鞘铁兰

（a）丛生的植株；（b）花序及花。

30. 银羽铁兰（*Tillandsia plumosa* Baker）

种加词“plumose”意为“羽毛状的”，指叶的表面密被纤毛状的银灰色鳞片。

原产自墨西哥中部。分布在海拔1 500～2 550 m的开阔地带，附生于树上或岩石上。

植株近无茎，常长成丛生状，开花时高12～18 cm，直径约15 cm。叶多数，基生，形成球形莲座丛，叶长约14 cm；叶鞘卵状长圆形，密生呈球茎状，长1～2 cm，宽约1 cm，质地薄；叶片为线状锥形，长5～12 cm，展开或向下弯曲，密被银灰色或铁锈色鳞片（鳞片边缘有一侧特别细长，翘起似纤毛）。复合花序；花序梗长6～11 cm，直径约0.2 cm，通常高于莲座丛，直立或近直立；茎苞密覆瓦状排列，基部卵形并裹住花序梗，略呈粉红色，上部叶片状，直立，密被纤毛状鳞片；花部成伞形，长约4 cm，宽2～3 cm，有1级分枝，密生；一级苞片如上部的茎苞，与腋生分枝等长或超过分枝，绿色或粉红色，背面被灰色鳞片；一级分枝3～10个，呈穗状，直立，宽披针形，扁平，长约3 cm，宽约1 cm，有花1～3朵，密生，排成2列，基部有不育的花苞；花苞卵状披针形，长1.4～1.7 cm，宽约0.7 cm，约和萼片等长，膜质，有明显的脉纹，基部绿色，顶端红色，背面呈龙骨状隆起，并被覆纤毛状鳞片，顶端急尖。花无梗；萼片狭披针形，长1.5～1.6 cm，宽约0.5 cm，质地薄，有脉纹，被鳞片，顶端渐尖，近轴的2枚萼片背面呈龙骨状，合生部分长约0.1 cm；花瓣长1.8～2 cm，宽约0.3 cm，黄绿色；雌雄蕊短于花瓣，开花时由于花瓣展开而可见。蒴果圆柱形，长约2 cm，有喙状短尖。花期春季。

株型娇小，纤细的叶片上密被纤细的银灰色鳞片，如披上了轻盈的羽毛，在阳光下熠熠生辉。

喜通风及光线充足的环境。对水质较敏感，当水中含盐量较高时可导致鳞片生长异常或脱落，建议使用雨水或纯水浇灌。

图4-237　银羽铁兰

（a）开花的植株；（b）花序及花。

31. 方角铁兰（*Tillandsia rectangula* Baker）

种加词“rectangula”意为“直角的、方形的”，指叶的形态。

原产自玻利维亚及阿根廷北部。分布在海拔500 m的区域，附生于带刺的灌木上。

植株小型，有茎，从茎的一个点产生多个分枝，丛生呈球形，叶丛高5～7 cm，开花时高10～13 cm；有根系。叶排成两列状，但由于茎的扭转和挤压而呈多列状，密生，叶长一般不超过2 cm；叶鞘明显，近圆形，长约0.6 cm，干膜质，除顶部外其余光滑，有数条叶脉，边缘宽，无叶脉，密覆瓦状着生在茎上，使茎显得更粗壮；叶片三角状锥形，直径约0.2 cm，展开或弯曲，多少扭曲成明显的角度，密被近贴生或反卷的灰色鳞片（鳞片近对称），叶背明显成龙骨状隆起，上半部分叶缘内卷，顶端变细。简单花序；花序梗通常顶生，明显或近无，直立至斜出，非常纤细，最长可至4 cm，但一般不超过2 cm，光滑，大部分裸露，有时中间有一片内卷的茎苞抱紧花序梗；茎苞披针形，顶端急尖或钝，有数条脉纹，近革质，表面平或偶尔被覆贴生的灰白色鳞片，通常有2枚，其中1枚位于花序梗的最基部，并被叶丛遮住，另外一片就在花序梗的顶端；花部仅有一朵花；花苞形如上部的茎苞，但较小，比萼片短很多。花无梗，基部有倒圆锥形的花托；萼片披针状椭圆形，最长至1 cm，等位合生约0.2 cm，或近轴的2枚萼片合生的部分稍长，萼片上有数条脉纹，纸质，表面平、光滑或疏被鳞片，顶部急尖或钝；花瓣黄色（深棕色），开花时花瓣的上部展开（并反卷），近菱形，长约0.45 cm，顶端钝；雄蕊内藏，花丝超过雌蕊，花药线形，顶端钝；子房近棱柱形，顶端渐窄，花柱粗，柱头呈头状。蒴果细圆柱形，长约2 cm，顶端形成短喙状突尖。花期冬季。

方角铁兰与忧郁铁兰（*Tillandsia funebris* Castellanos）长得非常相似，主要区别为前者叶形较短，叶长不超过2 cm，花序梗一般不超过2 cm，有时可至4 cm，花苞比萼片短，花序上只有1朵花；后者叶长可至5 cm，花序梗长约5 cm，花苞与萼片等长或超过萼片，花序上有1～2朵花。

方角铁兰植株小型，叶质坚硬，叶片大角度张开，形状有些夸张。纤细的花序梗顶端开出一朵棕色的花，花瓣顶部展开并向后卷曲，有光泽，非常别致。

喜光，耐旱，有一定耐寒性，栽培较容易。

通常分株繁殖。

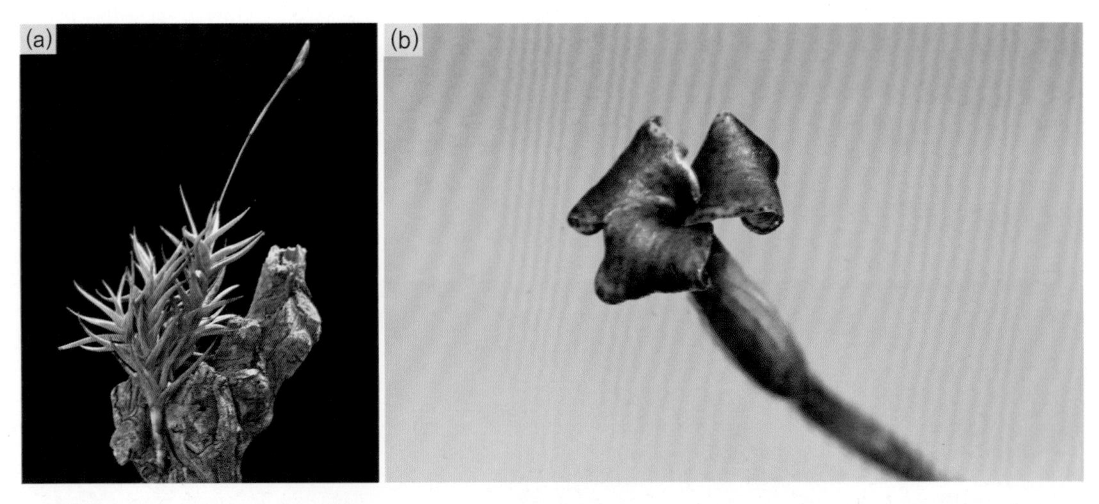

图4-238 方角铁兰

（a）植株；（b）花。

32. 弯叶铁兰（*Tillandsia recurvifolia* Hook.）

种加词“recurvifolia”意指叶向下弯曲的。

原产自巴西（东部）、巴拉圭、乌拉圭及阿根廷（东北部）。分布在海拔0～2 200 m的区域，附生。

植株近无茎，开花时高10～19 cm；有根系。叶多数，常向一侧弯曲，长9～12 cm，被灰色或浅铁锈色的鳞片（鳞片边缘近展开）；叶鞘窄而不明显；叶片狭三角形，宽0.5～1 cm，顶端纤细。简单花序；花序梗直立或呈拱状弯曲；茎苞覆瓦状覆盖花序梗，基部的茎苞形如叶片，上部的茎苞椭圆形，膜质，顶端有细尖。

图4-239 弯叶铁兰

（a）开花的植株；（b）花序。

花部长3～6 cm，有花少数并排成多列；花苞椭圆形，膨大，膜质，玫红色，至少上半部密被白色鳞片。花无梗，花托短；萼片离生，披针状卵形，长1～1.4 cm，膜质，顶端急尖并被鳞片；花瓣长1.8～2 cm，白色，顶端钝；雄蕊内藏，花丝靠近顶部折叠，花药线形。蒴果细圆柱形，长约3 cm。花期冬季或春季。

植株常丛生，叶多数并密被灰色的鳞片，开花时玫红色的花序顶生，花白色。可观叶、观花。

植株长势较为强健，喜光线充足及通风环境。可附生种植在树皮或枯木上，对盐分较敏感，水质不佳会造成叶片枯梢和叶色发黄。

主要通过分株繁殖。

33. 赖氏铁兰（*Tillandsia reichenbachii* Baker）

种加词“reichenbachii”为纪念德国植物学家H. Reichenbach。

原产自玻利维亚南部和阿根廷西北部。分布在海拔200～2 000 m的区域，附生于树上。

植株有茎，粗壮并弯曲，长2～5 cm；开花时植株可超过20 cm；有根系。叶排成多列，密生，长可至14 cm；叶鞘大，宽椭圆形或近圆形，除顶部被鳞片外其余光滑，有光泽，淡褐色；叶片狭三角形，宽约0.8 cm，叶质坚硬，被覆近贴生的灰色鳞片，顶端向后弯曲，但不呈螺旋状，叶缘内卷呈锥形。复合花序，有时为简单花序；花序梗直立，纤细；茎苞覆瓦状排列，内卷呈管状并包住花序梗，近披针形，有脉纹，被鳞片，顶端近急尖；花部长约7 cm，宽约4.5 cm，有1级分枝，密生，或不分枝；一级苞片形如茎苞，比腋生分枝短，顶端钝；一级分枝2～8个，直立至稍向下弯，线形，长约3 cm，宽约0.9 cm，基部近无梗，有花5～7朵，紧密地排成两列，呈扁平状，顶端急尖；花苞椭圆形，长约1.05 cm，裹住花，但露出小花序轴，比萼片短，近纸质，光滑，有脉纹，顶端急尖。花无梗，花托很短；萼片椭圆形，长约1.2 cm，背面不呈龙骨状隆起，近轴的2枚萼片合生部分长约0.2 cm，与远轴的萼片合生约0.1 cm，近革质，表面平，光滑，顶端圆；花瓣形成高脚碟状花冠，瓣爪线形，白色，喉部白色，檐部近圆形，长约0.7 cm，蓝紫色；雄蕊深内藏，超过雌蕊；单花期3～4天。花期夏季。

赖氏铁兰的叶上密被白色鳞片，叶片展开，较硬质，顶端变细并突然向下弯曲，花如张开的恶魔之爪；开花时蓝紫色的花瓣展开并下翻，花色淡雅，并且散发出阵阵花香。不同产地的种群间花序的大小和花色有所不同，花色从颜色较深的蓝紫色到浅蓝紫色或以白色为主、略带浅紫色。另外，该种与旋荚铁

图4-240 赖氏铁兰

(a)—(b) 开白花的植株：(a) 开花的植株；(b) 花及部分花序。(c)—(d) 开浅蓝色花的植株：(c) 开花的植株；(d) 花序及花。

兰(*Tillandsia streptocarpa*)长得非常相似,开花时也都能散发香味,但株型比旋荚铁兰小。附生种植。

喜光照充足且通风良好的环境,较耐寒。花后适当增加水肥供应,促进侧芽的生长。

通过分株繁殖。

34. 梦幻铁兰(*Tillandsia somnians* L. B. Smith)

种加词"somnians"意为"梦幻的"。

原产自秘鲁和厄瓜多尔。分布在海拔约600 m湿润的峡谷中,附生。

开花时植株高可达200 cm;花后从花序上的茎苞内长出不定芽;有根系。叶基生成莲座丛,有叶筒,叶长超过24 cm,叶质较软,绿色、暗红色或棕色,被覆不明显的鳞片;叶鞘宽椭圆形,长3～4 cm,与叶片同色;叶片舌形,宽约2 cm,顶端渐尖,干燥时顶端扭曲。简单花序或复合花序;花序梗细长;茎苞在花序梗上呈覆瓦状排列,密生,其中基部的茎苞呈叶状,上部的茎苞椭圆形,长5～6 cm,约和节间等长;花部长超过20 cm,光滑,有1级分枝,排列松散,顶端不分枝,形成顶生花穗,有时不分枝;一级苞片形如上部的茎苞,通常比腋生分枝短,与腋生分枝一起向下反折;一级分枝从基部强烈反折(图4-241c),线状披针形,长超过8 cm,宽约1.5 cm,基部有梗,基部的短花苞内不育,向上有花约12朵,紧密地排列在花序轴或小花序轴的两侧,形成扁平的花穗状,顶端急尖;花苞密覆瓦状排列,披针状长圆形,长约2 cm,与萼片等长或超过萼片,背部靠近顶部膨大,革质、表面光滑或近光滑,红色或绿色有红晕,顶端急尖,有时中间裂开。花长约1.8 cm;无梗,花托短;萼片披针状长圆形,长约1.7 cm,近轴的2枚萼片在基部较短合生,背面成龙骨状隆起;花瓣披针状椭圆形,形成管状花冠,基部略膨大,白色,露出的部分为紫罗兰色,顶端渐尖,稍展开;雄蕊稍短于花瓣,花丝不折叠;雌蕊比雄蕊短,位于花药下面。花期冬季或春季。

植株小型至中型,有叶筒,叶宽且软,叶表鳞片不明显。目前有绿叶型或红叶型两个类型,其中红叶型在光照充足的环境中时叶色变深,呈酱紫色,阴暗环境下偏绿,有红晕。花序梗细长,顶端略弯曲;花部的小花穗短而饱满,有光泽。

喜温暖湿润以及有明亮散射光的环境。可附生种植于树皮及枯木上。

通过分株繁殖。

图4-241 梦幻铁兰

(a) 开花的植株;(b) 花序上的不定芽;(c) 花序;(d) 花。

35. 绒球铁兰（*Tillandsia sprengeliana* Klotzsch ex Mez）

种加词“sprengeliana”为纪念德国植物学家Sprengel博士。中文名根据植株叶片上密被粗糙的鳞片且莲座丛成松软的球形的特征。

原产自巴西东部。分布在海拔0～300 m的低海拔地区，附生。

植株近无茎，开花时高6～9 cm；有根系。叶多数，大多向上弯曲，形成紧凑的球形或圆锥形莲座丛，有根系，叶长可至9 cm，排成多列，叶质柔软，灰绿色、红棕色或褐色，密被粗糙且展开的灰色鳞片；叶鞘宽椭圆形，与叶片连接处区别不明显；叶片狭三角形，长3～6 cm，基部宽约5 cm，叶面平或稍形成凹面，顶端渐尖。简单花序；花序梗直立，长约4 cm，光滑，约与叶丛等高；茎苞覆瓦状遮住花序梗，宽卵形，膜质，为粉红色，顶端形成线形细尖并被覆灰色鳞片，呈灰绿色；花部近球形，长约5 cm，光滑，有花4～8朵，排成多列，密生；花苞覆瓦状排列，宽卵形，长1～1.8 cm，超过萼片，宽0.8～1.2 cm，膜质，初为红色，逐渐变成粉红色，表面光滑，顶端急尖、有细尖。花无梗，长1.8～2 cm；萼片离生，披针形，长0.9～1.3 cm，宽约0.3 cm，淡绿色或粉色，顶端渐尖；花瓣倒披针形，长1.5～2 cm，宽0.25～0.35 cm，基部白色，上部粉紫色，顶端圆形并展开；雄蕊内藏，花丝直，长1.2～1.4 cm，白色，花药线形，基着药；花柱长约1 cm，白色，上部的约1/3为红色，柱头红色。花期冬季至翌年春季。

植株小型，莲座丛高仅5～6 cm，叶质柔软且稍肉质，被覆粗糙的鳞片，叶朝向一侧生长并形成偏斜的球形或圆锥形，毛茸茸且松松软软的，非常可爱，爱好者们通常将具有相似外形的气生型凤梨统称为“烧卖”，而本种则被戏称为“S烧卖”。绒球铁兰开花时形成几乎和莲座丛一样大的红色或粉红色的花序，着实让人惊艳。

虽然绒球铁兰株型娇小，但栽培却不难，并易从植株基部萌发数个侧芽而丛生。绒球铁兰较不耐运输，运输前保持植株干燥，收到后应及时放置于阴凉、通风的环境中，待植株自然苏醒数日后才能逐渐恢复水分的供应。

喜光线充足、通风良好的环境。可附生种植于多孔或木质松软的枯木或树皮上。

通过分株繁殖。

图4-242 绒球铁兰

（a）开花的植株；（b）花序。

36. 旋荚铁兰（*Tillandsia streptocarpa* Baker）

种加词“streptocarpa”意为“扭果的”，指蒴果开裂时种荚呈扭曲状。

原产自秘鲁、玻利维亚、巴拉圭以及巴西。分布在海拔60～2 300 m的雨林中，附生于岩石或树上。

开花时高10～50 cm；茎长约10 cm或近无茎。叶长8～50 cm，被覆纤细并展开的灰色鳞片；叶鞘沿茎密覆瓦状排列，宽卵形或近圆形，长1～2 cm；新叶直立，叶片逐渐展开或向后弯曲，线状三角形，基部宽约1.5 cm，顶端逐渐变细并向后弯曲，老叶顶端干枯，稍呈卷曲状，叶缘多少向内卷而形成锥形。复合花序，有时为简单花序；花序梗直立，纤细，近光滑；茎苞多数，呈覆瓦状排列，披针形，密被鳞片，有脉纹，顶端急尖，其中最基部的茎苞纤细如丝状；花部有1级分枝，呈穗状，少数不分枝；花序轴裸露，呈“之”字形；一级苞片直立，形如上部的茎苞，比腋生分枝短较多；一级分枝2～12个，线状形至椭圆形，扁平，直立，逐渐呈拱形展开，基部的花苞内不育，可育部分有花3～12朵；小花序轴裸露；花苞披针形，稍短于萼片，纸质，有脉纹，被鳞片或光滑，顶端急尖或近钝圆。花直立，无梗，花托倒锥形，长约0.2 cm；萼片长圆形，长1～1.3 cm，离生或合生的部分短，背部不呈龙骨状隆起，近革质，光滑，顶端宽急尖或钝；花瓣长约2.5 cm，形成高脚碟状花冠，檐部展开，圆形，蓝色或紫色；雄蕊深藏，超过雌蕊。蒴果圆柱形，纤细，长3～5 cm。花期冬季或早春。

植株叶色灰白色，叶片较直并展开，顶端非常纤细，花有香味，蓝色的花瓣展开，喉部白色。旋荚铁兰树猴铁兰较为相似，主要区别为其株型比树猴铁兰小，叶片顶端也没有树猴铁兰那么卷；此外，旋荚铁兰与赖氏铁兰也长得非常相似，但后者株型更小，叶呈爪状张开。

喜光线充足及通风良好的环境。适当的水肥供应可促使植株长得更快更大。

通过分株繁殖。

图4-243 旋荚铁兰

(a) 开花的植株(复合花序)；(b) 花；(c) 开花的植株(单花序)。

37. 卷叶铁兰(*Tillandsia streptophylla* Scheidw. ex C. Morren)

种加词“streptophylla”意指“叶片卷曲的”。

原产自墨西哥、危地马拉和洪都拉斯。分布在海拔0～825 m的区域，附生。

植株近无茎，开花时高30～45 cm。叶多数，叶长可至50 cm，被覆粗糙、展开的灰色鳞片，叶鞘膨大，形成直径约8 cm的假鳞茎，至少外围叶的叶片与叶鞘连接处向下弯曲；叶鞘宽卵形或椭圆形，长约10 cm；叶片狭三角形，宽2～3 cm，叶面较平，叶缘大部分不内卷，顶端渐细。复合花序；花序梗直立，直径0.7～0.8 cm，红色或粉红色；茎苞覆瓦状密生，呈叶片状，顶端细长，呈螺旋状弯曲或扭转，至少上部的茎苞基部为暗红色；花部呈松散的金字塔形，长约30 cm，有1级分枝，分枝呈穗状，排列松散，主花序轴鲜红色，密被灰白色鳞片；一级苞片形如上部的茎苞，向上逐渐减小；一级分枝8～12个，基部有短梗，花穗扁平，线形，长8～23 cm，宽1.5～1.8 cm，近直立或展开，有时弯曲，密被鳞片，基部几个缩小的花苞内不育，可育部分有花8～18朵；花苞近直立，椭圆状披针形，长2～3 cm，约为节间的3倍，并超过萼片，宽0.8～1.3 cm，黄绿色或白绿色，密被粗糙的鳞片，顶端急尖。花直立，长约5.3 cm，无梗，花托长约0.2 cm；萼片椭圆状披针形，长2～2.5 cm，宽约0.5 cm，近革质，表面平，光滑，顶部急尖；花瓣线形，直立，呈管状，长3.5～4 cm，宽约0.6 cm，淡紫色，顶端稍向外反卷；雄蕊和雌蕊伸出，雄蕊长约4.8 cm，雌蕊长约5.3 cm。蒴果近棱柱形，长约3.5 cm，顶端急尖。

卷叶铁兰的叶片常呈扭曲状，因此国内爱好者们形象地称其为“电烫卷”，本种还是一种蚁栖植物，其叶鞘膨大，莲座丛基部呈球形，在原产地可供蚂蚁居住，下垂的叶片常包裹在球形基部周围，使球形的假鳞茎看起来更加膨大。

喜光线明亮且通风良好的环境。有爱好者认为减少浇水可使卷叶铁兰的叶片变得更加卷曲，这一方法虽然有一定效果，但是也有一定风险，植株长期处于干旱状态可导致长势衰弱，有时还会弄巧成拙，有干死的风险。

通过分株繁殖。

图4-244　卷叶铁兰

(a) 未开花的植株（葛斌杰摄）；(b) 开花的植株；(c) 花。

38. 直叶铁兰（*Tillandsia stricta* Solander）

种加词“stricta”意为“劲直的”，指该种叶的形状和质地。

原产自委内瑞拉、特立尼达、圭亚那、苏里南、巴西、巴拉圭、乌拉圭及阿根廷北部。分布在海拔0～1 680 m的干燥或潮湿的森林中，附生。

植株有短茎；开花时高10～22 cm。叶多数，排成莲座状，有时候呈偏向生长，长6～18 cm，比花序短或超过花序，叶上被覆贴生的灰色鳞片；叶鞘窄而不明显；叶片狭三角形，基部宽0.4～1.1 cm，向上逐渐变细。简单花序；花序梗明显或短，直立或弯曲，纤细；茎苞覆瓦状排列，膜质，被鳞片，其中基部的茎苞叶片状，上部的茎苞椭圆形、顶端有细尖；花部椭圆形或狭椭圆形，长2～7 cm，宽1.5～3.5 cm，靠近基部较松散；花苞直立或展开，膨大，椭圆形，超过萼片，膜质，被覆鳞片或仅靠近顶端有鳞片，其余光滑，浅绿色、有光泽或亮玫红色，其中基部的花苞大，并超过花，顶端有长细尖，上部的花苞顶端的细尖变短或近急尖。花长约2 cm，无梗，花托短；萼片披针状卵形，长0.9～1.3 cm，等位合生0.2～0.4 cm，膜质，光滑，淡粉红色，顶端急尖；花瓣长1.5～2 cm，宽约0.3 cm，露出的部分为蓝色或紫色，基部白色，顶端钝或微凹；雄蕊约与瓣爪等长，花丝薄片状，中部折叠。蒴果细圆柱形，长约4 cm。花期春季、夏季或冬季。

由于原产地分布广泛，直叶铁兰的形态较为多变，叶质、花期及花序的大小和颜色等性状都有所不同。同一类群的花期较整齐，开花时形成一个美丽的玫红色花球，从花序露色至花全部开放历时约1个月，开花后期花苞逐渐褪色，花后易萌发侧芽而丛生。

喜温暖湿润、光线充足的环境，其中叶质硬且厚的类群要求光照充足的环境，而叶质较软而薄的植株则较耐阴，经常浇水并定期施肥有助于植株快速生长。可直接悬吊于空中。

通过分株繁殖。

图4-245 直叶铁兰

(a)—(b) 叶质较硬的类群：(a) 开花的植株；(b) 花序。(c)—(e) 叶质较软的植株：(c) 开花的植株；(d) 花序；(e) 花苞及花的解剖(① 花苞；② 花萼；③ 花瓣)。(f) 花苞为绿色的植株。

银叶直叶铁兰(*Tillandsia stricta* var. *albifolia* H. Hrom. & Rauh)

变种加词“albifolia”意为“叶为银白色的”，指叶上密被银白色的鳞片而使叶色成白色的。

原产自巴西。附生于树上。

植株有短茎，单株或丛生，开花时高18 cm。叶多数，形成直径约20 cm的莲座丛；叶鞘不明显，长可至1.5 cm；基部宽约2 cm，被灰色的鳞片；叶片窄三角形，最长可至10 cm，与叶鞘连接处宽约1 cm，叶面槽形，顶端有长渐尖。简单花序直立；花序梗长5～6 cm，直径约0.4 cm，裸露；茎苞呈叶状，基部近直立，顶部展开，密被银灰色或白色的鳞片；花部长约6 cm，开花时花部直径约4 cm，有10～12朵花，排列松散，花序轴裸露，淡绿色或浅粉红色；花苞椭圆形，粉红色，其中基部的茎苞顶端有绿色的长尾状渐尖，被鳞片，上部的茎苞顶端变短，急尖。花长约1.5 cm，无梗，花托倒圆锥形，不明显；萼片长0.8～1 cm，宽约0.5 cm，顶端渐尖，近轴的2枚萼片呈龙骨状隆起，合生的部分长约0.2 cm；花瓣长舌形，浅蓝色，长1.5～2 cm，顶部展开。花期为早春。

图 4-246　银叶直叶铁兰
(a) 开花的植株；(b) 花序及花。

39. 苏氏铁兰 (*Tillandsia sucrei* E. Pereira)

种加词 “sucrei” 为纪念巴西植物学家 D. B. Sucre。

原产自巴西。生长在海拔 50～500 m 的区域，附生于陡峭的岩石表面。

植株有短茎，开花时高 8～15 cm。叶多数，在茎顶端呈簇生状，明显偏向一侧；叶鞘宽 0.6～1 cm，和叶片区别不明显，除基部外密被鳞片；叶片狭三角形，长 3～5 cm，基部宽 0.4～0.7 cm，密被展开的白色鳞片，使叶色呈银白色，顶端锥状变细，边缘卷起。复合花序；花序梗直立，长 2～3 cm，暗红色，被白色鳞片；茎苞覆瓦状排列，基部的茎苞或多或少偏向一侧，绿色，基部鞘状，卵状长圆形，粉红色，上部则呈叶片状，卷成槽形，顶端锥状变细；上部的茎苞逐渐变短，粉红色。花部倒锥形，1.5～3.5 cm，宽 2.5～3 cm，伸出莲座丛，有 1 级分枝，顶端不分枝，除花瓣外密被白色鳞片；一级苞片卵形，内凹成船形，粉红色，约与腋生分枝等长或稍短些；一级分枝穗状，3～9 个，展开，长 2.5～3 cm，有 3～5 朵花；花苞卵形，长 1～1.4 cm，比萼片稍短，宽 0.5～0.8 cm，背面有钝龙骨状隆起，顶端急尖；花无梗，长约 2 cm；萼片披针形，长约 1.3 cm，顶端急尖，近轴的 2 枚萼片呈龙骨状隆起，合生部分长约 0.4 cm；花瓣倒披针形，长 1.5～2.3 cm，粉紫色，宽可至 0.65 cm，开花时顶部稍展开并向后弯曲；雄蕊内藏，花丝线形，扁平，中间折叠，花药线形，两端钝；子房近球形，有三棱，花柱圆柱形，伸长，柱头线形。花期春季。

植株小型，莲座丛紧凑，叶银白色，毛茸茸的叶丛偏向一侧生长，即便没有开花，也非常娇小可爱。开花时粉红色的花序在银白色叶的衬托下更显清新可人，而且粉紫色的花朵几乎同时开放，缀满花序。

喜光线充足且通风良好的环境，较耐旱，也有一定的耐寒性。

通过分株繁殖。

图 4-247　苏氏铁兰
(a) 开花的植株；(b) 花序俯视。

40. 细叶铁兰(*Tillandsia tenuifolia* L.)

种加词“tenuifolia”意为“细叶的”,指植株叶形纤细。最早发表于1759年,是凤梨科植物中最早被描述的种类之一。

原产地从西印度群岛至玻利维亚以及阿根廷,分布范围广泛。分布在海拔0～2 700 m的干燥森林中,附生。

植株或多或少有茎,最长可达25 cm,外形非常多变,通常易分枝而形成大丛。叶沿着茎多列密生,叶长5～10 cm,通常为绿色,密被贴生的鳞片;叶鞘小而不明显;叶片狭三角形,锥状变细,纵向卷成槽形,宽0.2～0.7 cm。简单花序;花序梗直立或斜出,短且纤细,大部分被叶遮住;茎苞直立,覆瓦状排列,椭圆形,膜质,玫红色,顶端具尾状细尖;花部卵形,约与叶丛等长,花4～8朵,排成多列,密生;花苞形如上部的茎苞,近圆形,远超过萼片,为明亮的粉红色,被覆斑点状鳞片并有明显的脉纹,尾尖较短。花直立,无梗,花托倒圆锥形;萼片披针形,长1.3～1.5 cm,光滑,膜质,顶端急尖,近轴的2枚萼片的背面呈龙骨状隆起,超过2/3合生,顶端稍向内弯;花瓣舌形,长约2.5 cm,蓝色、白色或玫红色,瓣爪线形,上部展开的部分为长圆形,顶端宽且钝;雄蕊位于花冠喉部,但不伸出花冠,超过雌蕊,花丝薄片状,较透明,在一半处折叠;花药长约0.3 cm;花柱细长,子房卵形,长约0.5 cm。蒴果圆柱形,长可至2.5 cm,超出花苞较多,顶端圆、有喙状短尖。

图4-248 不同形态的细叶铁兰

(a)叶绿色、细长、花序下垂的类型;(b)叶短、花序斜出的类型;(c)叶暗红色、花序下垂的类型;(d)花为蓝色的类型。

细叶铁兰的变种较多,包括原变种在内现有7个变种,加上不同年代出现的各个杂交品种,使不同来源的细叶铁兰在株型、叶质、叶色以及花形、花色等方面多少有些区别,增加了区分的难度。

40a. *翡翠森林*细叶铁兰(*Tillandsia*‘Emerald Forest’)

叶丛不偏向,叶纤细,叶色翠绿色,花序约与叶丛等长或略高于叶丛,花苞粉红色,花瓣白色。

喜明亮的散射光,夏季应避免强光直射。

40b. *古铜尖*细叶铁兰(*Tillandsia tenuifolia*‘Bronze Tip’)

株型矮小且紧凑,叶丛偏向,易萌发侧芽并形成丛生状态;开花时高约15 cm。叶短而硬质。花部长

图4-249 *翡翠森林*细叶铁兰

(a) 开花的植株；(b) 花序正面。

图4-250 *古铜尖*细叶铁兰

(a) 开花的植株；(b) 花序正面。

2.5～5 cm，花瓣上部展开，洁白的花瓣在深玫红色苞片的衬托下显得非常美丽。

喜光线充足、通风良好的环境。

41. 毛鳞铁兰（*Tillandsia tricholepis* Baker）

种加词“tricholepis”意指叶具有毛状鳞片。

原产自玻利维亚、巴西、巴拉圭和阿根廷。分布在海拔0～2 500 m的潮湿或半干旱的环境中，附生于树上或岩石上。

植株微型，有短茎，最初开花时茎很短，以后逐渐伸长并长出许多分枝，并密生成群，分枝最长可达22 cm；有根系。叶长一般不超过1.5 cm，多列密生；叶鞘明显，呈覆瓦状排列，宽卵形，膜质，光滑；叶片贴生或稍展开，狭三角形，向上呈锥状变细，叶缘内卷，密被铁锈色或灰白色软鳞片。简单花序；花序梗直或有些弯曲，最初顶生，随着茎的生长，很快变成假腋生状，长1～4 cm，直径0.03～0.05 cm，槽状，很快变光滑；茎苞披针形，长0.5～0.8 cm，与节间几乎等长，沿花序梗均匀分布，紧紧包裹住大部分花序梗，膜质，被鳞片，顶端急尖。花部窄披针形，长约1.7 cm，有花1～5朵，有时候顶端有不育的小花，花序轴纤细，光滑；花苞形如茎苞，宽卵形，长约0.6 cm，近一半的长度裹住花序轴，稍短于萼片，背面不呈龙骨状隆起。花直立，长可至0.9 cm，花无梗，基部有花托，与变细的花萼管一起呈花梗状；萼片披针形，长约0.65 cm，等位合生约0.15 cm，膜质，有脉纹，被稀疏鳞片或光滑，顶端急尖；花瓣线形，黄色，有灰白色斑点，开花时上部展开，顶端钝；雄蕊深内藏，长度不及花瓣的一半，超过雌蕊，花药线形，顶端急尖状，基着药；子房棱柱形，靠近顶端隆起呈环状，花柱短且纤细，开花时柱头位于花药的基部。蒴果细圆柱形，长约2 cm，顶端突然收缩成喙状；种子狭纺锤形，最长约0.3 cm，种缨长约1.4 cm。

植株微型，常成丛生状，如苔藓一般，叶片较肉质，长势良好的植株表面鳞片发达，毛茸茸的，非常可爱。

喜半阴及湿润的环境，同时保持较好的通风条件。可用专用的冷凝胶将植株基部固定在枯枝或树皮上。

通过种子或分株繁殖。

图4-251 毛鳞铁兰

（a）植株；（b）有果序的植株。

42. 松萝凤梨［*Tillandsia usneoides* (L.) L.］

种加词“usneoides”意指外形长得像松萝（*Usnea diffracta* Vain.，一种长在云杉、冷杉等高大树木的枝条上并呈条丝状下垂的地衣类植物），国内俗称“老人须”。

原产地从美国东南部直至阿根廷和智利中部。分布在海拔0～3 300 m的热带、亚热带的红树林、灌丛、雨林和云雾森林中，附生于大树枝条甚至电线上，常成丛从空中垂下，长可达8 m，最长记录达30 m。

植株有细长的叶状茎，直径小于0.1 cm；合轴分枝，每个茎节处都可长出分枝，每个分枝由2～3片叶组成；节间长3～6 cm，叶鞘裹住节间的基部，茎强烈弯曲。叶排成两列，长2～8 cm，叶上密被灰色或铁锈色鳞片；叶鞘椭圆形，内卷，长约0.8 cm，与叶片连接处变窄；叶片线形，呈拱状弯曲或展开，长1.5～6 cm，直径小于或约等于0.1 cm。花序缩小至仅有1朵花，少数有2朵；通常没有花序梗，仅有1～2枚叶状苞片，呈覆瓦状排列；花苞直立，卵形，比萼片短，膜质，表面平，干燥时有明显的脉纹，基部光滑，其余部分密被鳞片，顶端细尖或具尾。花有香味，基部有花托，呈短梗状；萼片卵状长圆形，长0.6～0.7 cm，等位短合生，膜质，干燥时表面有脉纹，顶端急尖；花瓣舌形，长0.9～1.1 cm，浅绿色或绿色，开花时上部展开或向后弯曲，顶端急尖或钝；雄蕊深内藏，超过雌蕊，花丝细长，花药基着药，花粉橘色；子房近球形。蒴果长约2.5 cm，圆柱形，顶端突然收缩成短喙状。花期5～6月。

松萝凤梨的根系仅在幼苗期才有，长大后即消失，依靠卷曲的茎和叶相互缠绕并悬挂于枝丫上，如千丝万缕的银色丝线从空中垂下，非常奇特。不同种群茎和叶的粗细及毛被的情况等均略有不同。

松萝凤梨是典型的气生型凤梨，也是凤梨科植物中分布范围最广的物种，对环境有着极强的适应性。喜温暖湿润且通风良好的环境，也较耐旱、耐寒，气温保持5℃以上便可安全越冬。

繁殖方法非常简单，只要将松萝凤梨的一段茎叶扯下重新挂起即可。当植株生长非常繁茂时，为了避免最中间的部位由于通风不良而导致枝叶腐烂，应视情况将长得太厚的部位进行抽稀。

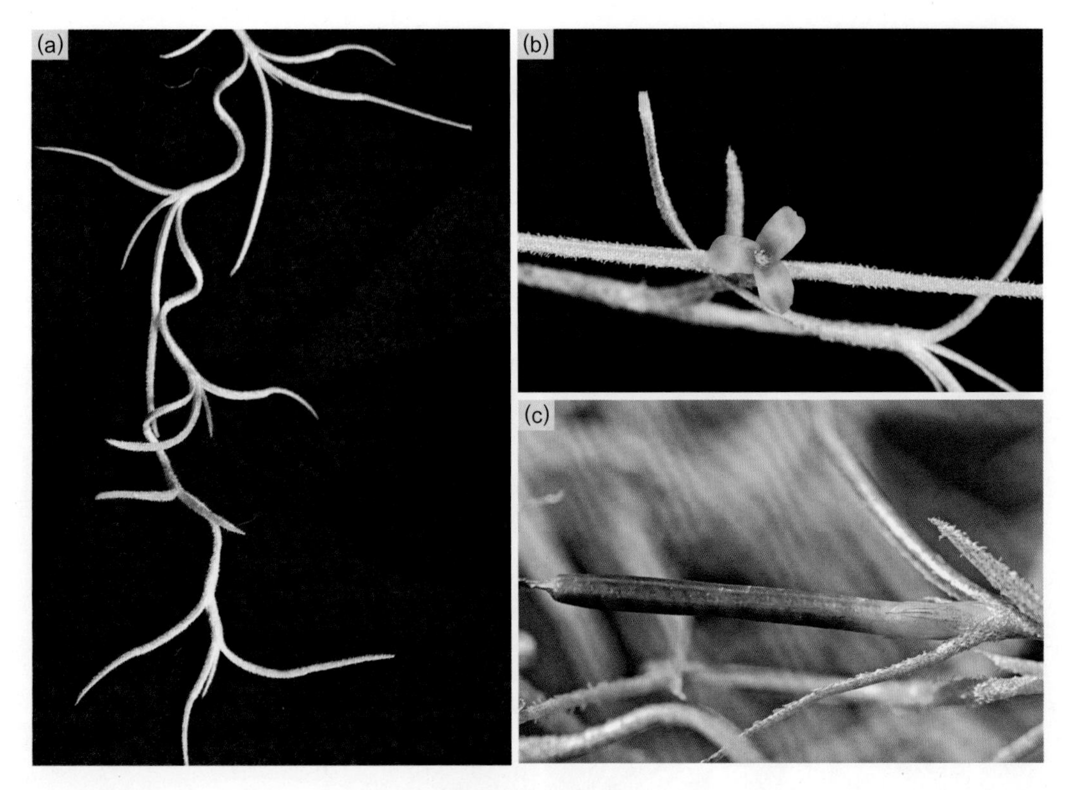

图4-252 松萝凤梨
（a）植株局部；（b）花；（c）果。

43. 霸王铁兰（*Tillandsia xerographica* Rohweder）

种加词由两部分组成，“xeros”意为“干旱的”，“graphicos”是“绘画”之意，指霸王铁兰生长在干旱的环境中，而其花苞的颜色就像是用粉彩笔画的一样。

原产自墨西哥南部、危地马拉及萨尔瓦多。分布在海拔200～600 m的沙漠地带，通常附生，少数地生。

植株近无茎，开花时高35～55 cm。叶多数，厚且坚硬，叶长可达65～70 cm，莲座丛的宽和高均可达25～30 cm；叶鞘灰白色，阔卵形或近圆形，多少有些膨大；叶片狭三角形，宽约4 cm，展开并向下呈拱状弯曲，有时叶片顶端卷曲，表面被覆灰色的鳞片，叶色呈灰白色。复合花序；花序梗直立，粗壮，光滑；茎苞覆瓦状排列，披针形，被贴生的鳞片，基部抱住花序梗，上部形成长的细尖并呈拱状弯曲，橙红色至粉红色；花部圆柱形或圆锥形，非常宽大，长约30 cm，有1级分枝；一级苞片卵形，比腋生分枝短很多，基部略膨大，被贴生的鳞片，其中基部的一级苞片顶端尾状渐尖，沿花序轴向上尾状渐尖缩短，上部的一级苞片顶端有细尖；一级分枝约10个，近直立，穗状，扁平，狭披针形至近线形，长10～15 cm，宽约1.5 cm，基部花苞内不育，可育部分大多有3～4朵花，小花序轴光滑；花苞披针形，长4～5 cm，超过萼片，是节间的4～6倍，覆瓦状覆盖小花序轴，表面平，革质，有光泽，顶端直，急尖或形成短尖，有透明的边，多少有脉纹。花长约10.5 cm，无梗，有狭倒锥形花托，长约1.3 cm；萼片线状披针形，长3～3.5 cm，除基部近革质外，其余较薄，有脉纹，顶端急尖，近轴的2枚萼片背面有龙骨状隆起，且合生的部分超过总长的一半；花冠呈细管状，直立，花瓣长5～6 cm，基部白色，中部以上为浅紫罗兰色，开花时仅顶端打开并稍向后弯曲；雌雄蕊都伸出花冠，雄蕊稍不等长，长约8 cm，花丝细长，基部扁平并呈螺旋状，白色，靠近顶端呈圆柱形，粉紫色，花药线形，长约0.33 cm，近基着药；雌蕊长约8.8 cm，柱头椭圆形，为对折—螺旋型，浅绿色。

相对于铁兰属其他种类，霸王铁兰植株大型，的确是铁兰属植物中的“霸王”。莲座丛灰白色，叶又长又宽，最长可达100 cm，呈拱状下垂，有时呈卷曲状，非常飘逸。开花时花序宽阔、挺拔，一级分枝呈指状密生，有很高的观赏价值，深受爱好者喜爱。然而在原产地，它们正面临濒临灭绝的威胁，因贸易导致的非法和过度的采集导致该物种在野外的分布数量骤减，因此被列入CITES第二批濒危动植物保护目录。

霸王铁兰喜光线充足及通风良好的环境，由于原产地雨水稀少，霸王铁兰唯一的水分来源是清晨由于日夜温差而形成的露珠，植株非常耐旱。生长较为缓慢，在原产地通常需要20年才能长成成熟的植株。人工栽培时适当的水肥供给可促进植株生长。但当环境通风条件不佳时，叶丛内长期积水会引起叶片上产生病斑，严重时导致整株死亡，因此应避免莲座丛内长时间积水。

花后植株一般会产生1～3个侧芽，一年以后待侧芽长大可进行分株繁殖。

图4-253 霸王铁兰

(a) 开花的植株；(b) 花和部分花序；(c) 花的解剖(① 近轴的两枚萼片；② 远轴的一枚萼片)。

4.34 羽扇凤梨属

Wallisia E. Morr. 2016，属于铁兰亚科铁兰族。

模式种：羽扇凤梨[*Wallisia lindeniana* (Regel) E. Morren 2016]

Barfuss(2016)将铁兰属中一类具有简单花序、花穗扁平、花瓣的展开部分大型、叶基部有红棕色叶脉的类群归到重新启用的羽扇凤梨属(*Wallisia*)，属学名以采集该物种的德国植物猎人G. Wallis的姓氏命名，属中文名则根据该属植物的花穗扁平，呈扇状，同时还暗指其雌蕊的柱头呈羽毛状细裂的特征。

产自厄瓜多尔和秘鲁，其中扁穗羽扇凤梨(*Wallisia anceps*)延伸至危地马拉、委内瑞拉东部、圭亚那和巴西北部。植株常附生，少数地生。目前一共有4个种，1个自然杂交种。

植物近无茎，莲座丛束状，无叶筒。叶鞘明显，叶片为狭三角形，基部叶脉红色至棕色，非常明显。简单花序，花穗扁平，轮廓为披针状椭圆形，少数近披针形；花苞明显地呈覆瓦状排列至几乎不排成覆瓦状。花无梗，排成两列；萼片对称；花瓣蓝色至紫罗兰色，少数淡蓝色至近白色，离生，形成高脚碟状花冠，檐部明显增大并展开，有的稍稍变大，花瓣基部无附属物；雄蕊比花瓣短，深藏于花冠中，花丝分离，花药近基生；雌蕊深藏于花冠内，子房 1/8～1/3 下位，花柱（不包含柱头）短于子房，柱头为对折—羽状全裂型，胚珠细圆柱形，顶端钝。种子顶端无附属物（Barfuss，2016）。

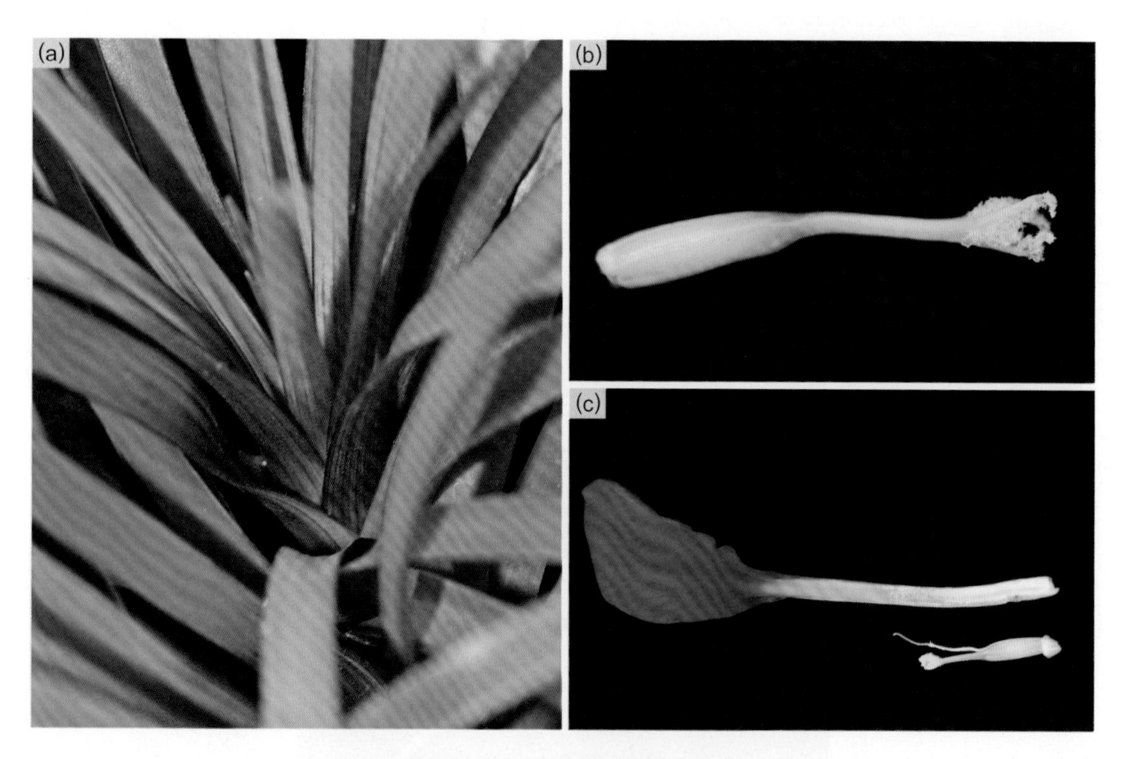

图 4-254　羽扇凤梨属植物的特征

（a）叶基部有暗红色纵向条纹；（b）羽裂状的柱头；（c）花瓣和雌雄蕊。

1. 蓝花羽扇凤梨（*Wallisia cyanea* Barfuss & W. Till）

种加词“cyanea”来源于希腊语，意为“蓝色的”，指花瓣的颜色。国内还有“紫花凤梨”“紫花玉扇”“粉玉扇”“粉扇铁兰”等不同的称谓。

原产自厄瓜多尔和秘鲁。分布在海拔 0～850 m 的森林中，附生。

植株近无茎，开花时不超过 25 cm。叶多数，近直立，上部略弯曲，基生，形成束状莲座丛，无叶筒，叶长约 35 cm，绿色，基部暗红色，并或多或少有红色的叶脉，被贴生的细小鳞片；叶鞘明显，椭圆形，长约 6 cm；叶片线状三角形，宽 1～1.5 cm，顶端逐渐变细。简单花序；花序梗直立，较短，隐藏在莲座丛中；茎苞密覆瓦状排列，其中最基部的茎苞呈叶片状，上部的茎苞椭圆形且顶端急尖；花部椭圆形，非常扁平，长 10～15 cm，宽 5～6 cm，顶端钝或宽并急尖，基部的几个苞片不育，可育部分有花约 20 朵，排成两列，覆瓦状密生；花苞椭圆形，超过萼片，革质，玫红色或粉红色，干后呈麦秆色，被不明显的浅色鳞片，中间呈对折状，形成尖锐的龙骨状隆起，顶端急尖。花无梗，长 6.3～7 cm，花托倒圆锥形；萼片离生，椭圆形，长 3～3.5 cm，顶端急尖或宽并急尖，近轴的 2 枚萼片背面呈龙骨状隆起；瓣爪直立，线形，长约 3.3～4 cm，白色，檐部展开，近宽菱形，长 2～2.5 cm，深紫罗兰色，顶端有细尖；雄蕊深内藏，超过雌蕊，花丝宽扁，下宽上窄，长 1.5～1.6 cm，彼此连着，花药线形，长约 0.6 cm，基着药；子房圆柱形，长 0.7～0.8 cm，宽约 0.28 cm，顶部变细，连接花柱，花柱长约 0.6 cm。花期夏季或秋季。

植株叶多且密，叶色深绿色，形成束状莲座丛；扁平的穗状花序呈玫红色，从两侧的花苞内陆续开出深紫罗蓝色的花，每朵花可持续 3～4 天，有很高的观赏价值。本种是目前商业生产中栽培最为广泛的种类之一。

喜温暖湿润、半阴的环境。盆栽时要求介质疏松透气，平时定期喷施低浓度叶面肥；也可附生栽种于软木板上，根系上可铺一层水苔进行保湿，平时多喷水以提高空气湿度。花后从外围叶的叶腋萌发数个侧芽成丛生状，长大后可同时开花，非常美丽。

分株繁殖，建议等到侧芽长大并与母株之间变得松散时再进行分株。

图4-255 蓝花羽扇凤梨

（a）丛生状的开花植株；（b）花序及花；（c）雌蕊和雄蕊。

2. 长梗羽扇凤梨［***Wallisia* × *duvalii* (L. Duval) Barfuss & W. Till**］

这是蓝花羽扇凤梨和羽扇凤梨的杂交种（*Wa. cyanea* × *Wa. lindeniana*），也可能存在于野外。*W. lindenii*为其异名。

植株近无茎，开花时高约50 cm。叶多数，形成密生莲座丛，叶长约40 cm，呈拱状弯曲，靠近叶的基部暗红色，并有红棕色的脉纹；叶鞘小，椭圆形；叶片线状三角形，宽1.2～1.8 cm，叶面近光滑，背面被微小、贴生的浅色鳞片，顶端逐渐变细。简单花序；花序梗直立，纤细并伸长，约与叶丛等高；茎苞直立，密覆瓦状排列，基部的茎苞形如叶状，上部的茎苞椭圆形，顶端急尖。花部椭圆形或长圆形，呈穗状，非常扁平，长约20 cm，宽约5 cm，花最多可达20朵，顶端钝，在两侧密生；花苞覆瓦状排列并遮住花序轴，长4～4.5 cm，稍超过萼片，呈对折状，背面形成尖锐的龙骨状隆起，近革质，有脉纹，绿色有红晕或呈玫红色。花直立，长约7 cm；萼片离生，椭圆形，长3.5～4 cm，常向内卷，革质，表面近光滑，背面不呈龙骨状隆起，顶端急尖；花瓣长约8 cm，瓣爪直立，线形，白色，檐部展开，近圆形或菱形，长可至4 cm，深蓝色，喉部白色；雌、雄蕊均深藏，雄蕊长约2.5 cm，雌蕊长约1.8 cm。

花序挺拔，穗状花序长椭圆形，玫红色或粉红色，大型的深蓝色的花瓣从下而上开放，非常美丽，花有香味，观赏期较持久。

喜温暖湿润及半阴环境。可盆栽或附生种植，栽培介质应疏松透气。

通过分株繁殖。

图4-256　长梗羽扇凤梨
（a）开花的植株；（b）花；（c）花的解剖。

Simth和Dawns（1977）根据花序梗的长度、花部的大小及形状、花瓣的颜色及花冠喉部是否为白色以及开花时花苞是否展开等性状作为分类的依据分为5个种；其中花序梗很短的种类倍归到蓝花羽扇凤梨（*Tillandsia cyanea*），具有长花梗的误作为羽扇凤梨的原模式种（*Tillandsia linenii*）（Barfuss，2016），然而事实却并没有这么简单。长期关注铁兰属及其近缘属植物分类的D. Butcher先生则在澳大利亚凤梨协会的网站上撰文认为我们现在所能见到的该属的物种多为19世纪欧洲经过人为杂交的后代，它们虽然从战争中存续了下来，但是没有留下任何有关杂交信息的记录，因此他认为，除非能够确认所拥有的植株真正来自野外，并符合原种的描述特征才能确认其学名，否则建议都作为杂交种看待，其中包括花序梗明显的或不明显的类群。

4.35　指穗凤梨属

Goudaea W. Till & Barfuss 2016，属于铁兰亚科鹦哥凤梨族粗柱凤梨亚族。

模式种：指穗凤梨［*Goudaea chrysostachys* (E. Morren) W. Till & Barfuss 2016］

原先归在鹦哥凤梨属，Barfuss 等人（2016）根据分子系统发育的研究结果结合新的形态特征将其从鹦哥凤梨属中分离出来，并以荷兰乌得勒支大学（Utrecht University）植物园的园长E. J. Gouda 教授的姓氏命名，属的中文名则根据该属植物花序上的顶生花穗及分枝细长、呈指状的特征。

原产自哥伦比亚和秘鲁（中部），附生或地生。现有2个种及2个种下分类单元。

株型中等，莲座丛漏斗状，有叶筒。叶片舌形，表面光滑。简单花序或复合花序，有1级分枝；花苞呈覆瓦状排列，完全覆盖萼片，背面不呈龙骨状隆起。花无梗，排成两列；萼片对称；花瓣直立，形成管状花冠，黄色或黄绿色，中部以下略膨大，基部合生部分较短，顶端呈帽兜状，几乎不展开，基部有附属物（大部分与花瓣贴生，顶端分离，边缘光滑或锯齿状细裂，黄色或略呈白色）；雄蕊比花瓣短或略短，藏于花冠中，比雌蕊长或近等长，花丝的基部贴生于花瓣上，花药近基着药；子房圆锥形，柱头为简单—直立型，有乳状突起（Barfuss，2016），胚珠顶端钝。

1. 指穗凤梨［*Goudaea chrysostachys* (E. Morren) W. Till & Barfuss］

种加词“chrysostachys”意指植株有金黄色穗状花序。

原产自特立尼达岛、哥伦比亚（东部）、秘鲁和玻利维亚（西部）。生于长于稀树草原和林地的地表或岩石上。

植株近无茎；花后从叶腋萌发侧芽。叶长30～50 cm；叶鞘椭圆形，密被铁锈色鳞片；叶片线形或披针形，有微小的斑点状鳞片。复合花序；花序梗细长，直立；茎苞覆瓦状排列，宽卵形，其中基部的茎苞顶端渐尖，上部的茎苞顶端钝；花部不分枝或有1级分枝；一级苞片短而不明显；一级分枝1～4个，穗状，线形，长10～60 cm，扁平，有花多数；花苞呈密覆瓦状排列，宽卵形，长2.5～3.5 cm，超过花，黄色，革质，背面不呈龙骨状突起，顶端三角状急尖。花长约2.5 cm，无梗，花托不明显；萼片披针状卵形，长1.5 cm；雄蕊内藏。

指穗凤梨包括原变种在内共有2个变种，其中原变种叶宽4～5 cm，叶片顶端圆形并有细尖或顶端渐尖；单花序或少数复合花序；花瓣黄色。另一个变种即窄叶指穗凤梨（*Goudaea chrysostachys* var. *stenophylla*），叶较窄，宽约1 cm，叶片顶端渐尖；简单花序，花瓣白色。

然而除了上述两个变种，指穗凤梨或多或少还存在着其他在外形上有所差异的类群，如（图4-257）所示的植株，曾经作为窄叶指穗凤梨被引入国内，植株较小型，开花时高29～40 cm。叶较宽短，叶长23～32 cm，宽2～3.7 cm，黄绿色，叶背靠近基部为红棕色或栗色，叶面被棕色鳞片，叶片上没有斑纹，顶端渐尖。简单花序，花苞橘红色。花长约2.4 cm；萼片披针状卵形，长约1 cm，透明状，有脉纹，顶端渐尖；花瓣直立，形成管状花冠，中部以下明显膨大，基部合生部分较短，顶端呈帽兜状，不展开，黄色，基部有2枚附属物（附属物与花瓣贴生的部分超过其总长的1/2，上部分离，边缘光滑，不细裂，顶端急尖）；雄蕊内藏，长约2 cm，花丝圆柱形，直径约0.1 cm，向上稍变细，花药长约0.55 cm，近基着药；雌蕊长约1.5 cm，子房长约0.5 cm。花期春季。

根据Luther（2012）的解释，来自厄瓜多尔和玻利维亚的植株较小，花苞可能是黄的，也可能是橘色的或红色的，花冠乳白色或浅黄色（www.bromeliad.org.au/pictures/Goudaea/chrysostachys.htm）。

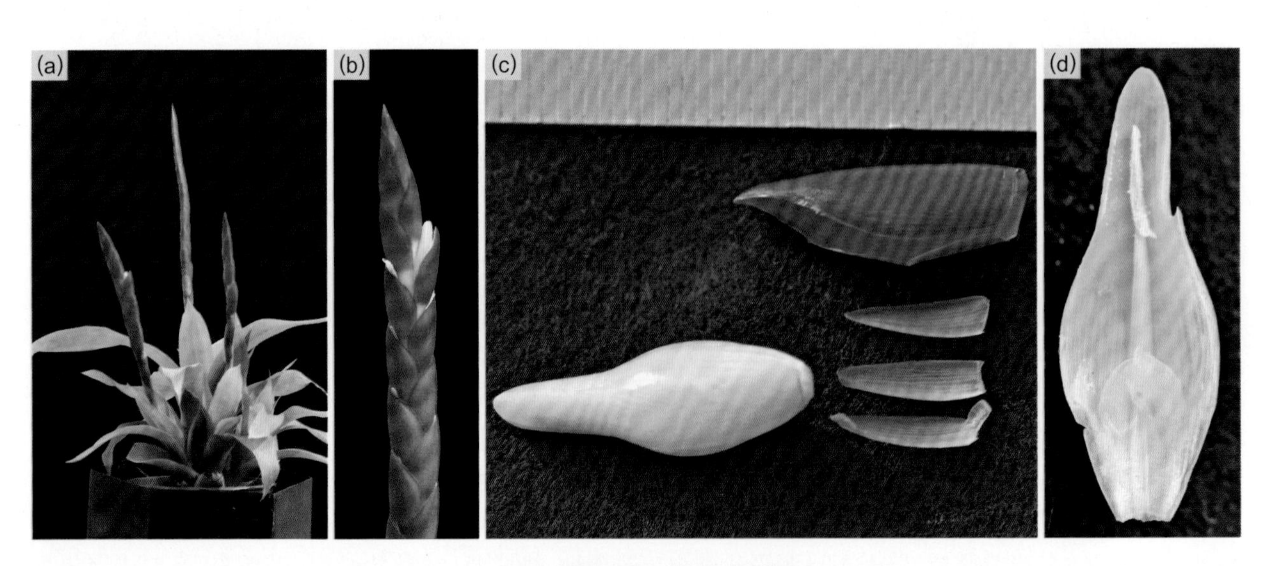

图4-257 指穗凤梨（矮生、红苞型）

（a）开花的植株；（b）花及部分花序；（c）花苞、花萼及花冠；（d）花瓣及对瓣雄蕊。

另外，根据一份现收藏于邱园并被鉴定为指穗凤梨的标本（标本条形码编号为K000976228A）标注其花苞为红色，该标本于1971年采集于巴西最西部的阿卡洲（Acre）雨林区域，但是其叶较长，叶长约51 cm，叶宽约4.6 cm，花序高约84 cm。

喜温暖湿润、半阴的环境，可附生栽种或盆栽。

通过分株繁殖。

2. 绿纹指穗凤梨［***Goudaea ospinae*** **(H. Luther) W. Till & Barfuss**］

种加词“ospinae”为纪念首位在自家庭院中种植该种的哥伦比亚植物收集者和园艺师S. B. H. de Ospina。

原产自哥伦比亚。生长在雨林边缘的半阴环境中，常成丛或成串攀爬于悬崖或巨石上（Tristram, 2017），附生。

植株外形多变，近无茎或有长长的茎；从叶腋处长出侧芽，偶尔也会从长茎上萌发不定芽。叶长18～25 cm，叶上有明显的深绿色、不连续的横纹；叶鞘椭圆形，长2～3 cm，被铁锈色鳞片；叶片长三角形，宽2.5～3.5 cm，覆盖微小的斑点状鳞片，浅绿色至黄绿色，镶嵌着深绿色或红色的细模纹，顶端渐尖。复合花序有时为简单花序；花序梗直立，纤细，大多隐藏在叶丛中；茎苞呈覆瓦状排列，卵形，顶部急尖；花部指状，有1级分枝，少数不分枝；一级苞片呈茎苞状；一级分枝1～5个，穗状，披针形或线形，非常扁平，顶部急尖，基部的3～9个苞片内不育；花苞密覆瓦状排成两列，宽卵形，长2.6～2.8 cm，亮黄色，稍有脉纹，背面呈尖锐的龙骨状隆起，顶端急尖且弯曲。花直立，长2.8～3 cm，无花梗，花托不明显；萼片披针形，离生，近轴2枚萼片呈龙骨状隆起，长1.4～1.5 cm，有脉纹；花冠管状，下部略膨大，花瓣线形，长2.6～2.8 cm，黄色，顶端钝，帽兜形，几乎不展开，基部有2枚附属物（与花瓣贴生，顶端分离，边缘呈锯齿状细裂）；雌雄蕊内藏，比花瓣短或略短。蒴果长约0.9 cm。花期春季。

图4-258　绿纹指穗凤梨

（a）叶丛；（b）花序及花；（c）开花的植株。

株型娇小，黄绿的叶片上布满精致的深绿色的细模纹，花序金黄色，可观叶、观花，给人以安静、雅致的感觉。

喜温暖湿润、半阴的环境，可盆栽或附生栽种。

通过分株繁殖。

2a. 大叶指穗凤梨[*Goudaea ospinae* var. *gruberi* (H. Luther) W. Till & Barfuss]

变种加词"gruberi"以哥伦比亚园艺师F. G. Gruber的姓氏命名。

原产自哥伦比亚。分布在海拔3～500 m阴暗潮湿的悬崖上，附生。

植株明显比原种大，有茎，开花时高35～65 cm。叶密生，形成阔的漏斗状莲座丛，叶长25～35 cm；叶鞘椭圆形，长6～10 cm，宽4～6 cm，密被铁锈色鳞片；叶片舌形至披针形，宽2～4.5 cm，浅绿色或黄绿色，有暗红棕色或紫色的方格状斑纹，背面颜色深，顶端宽并急尖，稍反折。通常为复合花序，黄色，与原种相似。

叶色斑驳，光照充足时叶上的斑块更明显，叶背的颜色更深。可盆栽或附生种植。

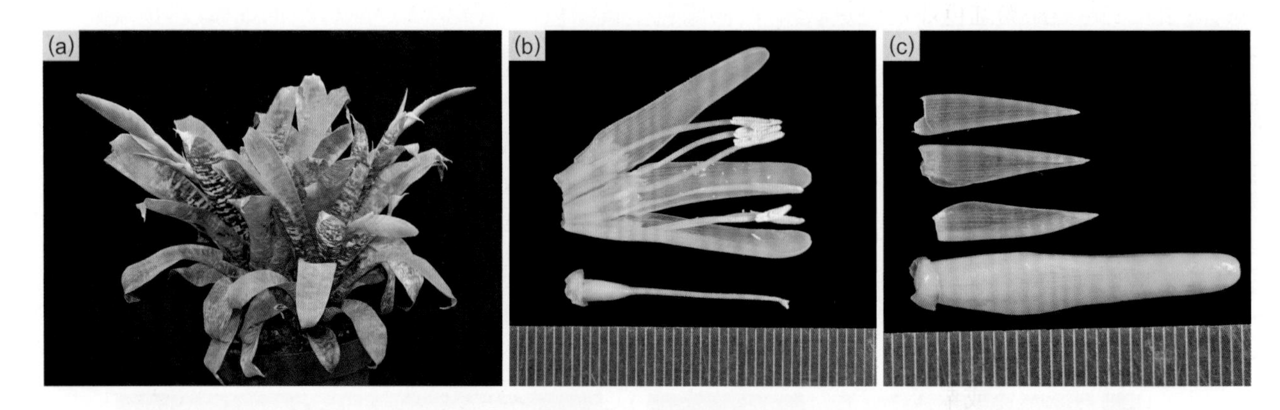

图4-259 大叶指穗凤梨

(a) 开花的植株；(b) 花瓣及雌雄蕊；(c) 花萼及花冠。

2b. *老虎提姆*指穗凤梨(*Goudaea* 'Tiger Tim')

为大叶指穗凤梨的栽培品种，株型比大叶指穗凤梨更加高大，叶色翠绿，叶片上有更多白色的斑纹，因此叶色更加明快亮丽。该品种的花序分枝更多，且小花穗更加粗壮，密生。

图4-260 *老虎提姆*指穗凤梨

(a) 开花的植株；(b) 花序形成初期。

喜光线充足的环境，长势较为旺盛。

喜半阴或光线充足的环境，长势较为旺盛。

4.36 丽穗凤梨属

Lutheria Barfuss & W. Till 2016，属于铁兰亚科鹦哥凤梨族粗柱凤梨亚族。

模式种：丽穗凤梨［*Lutheria splendens* (Brongn.) Barfuss & W. Till 2016］

属学名为纪念著名的凤梨专家、美国植物学家H. E. Luther。该属原先归在鹦哥凤梨属下，Barfuss等人（2016）将其独立出来并建立新属。

原产自南美洲北部。附生或地生。现有4个种及5个种下分类单元。

株型中等至大型，叶基生形成漏斗状莲座丛，有叶筒。叶片长舌形，有横纹或单色，有光泽。简单花序或具1级分枝的复合花序；花苞覆瓦状，完全覆盖萼片。花排成两列，开花时常偏向花序的一侧；萼片对称；花瓣红色、深粉红色或黄色，离生，成管状并向一侧弯曲，花冠稍呈两侧对称型，花瓣直立，顶部稍散开，远轴的两枚花瓣弯曲，基部有2枚附属物线形，顶端微钝；雄蕊比花瓣长，伸出花冠，花丝分离，花药近基生；花柱等于或稍长于雄蕊，伸出花冠；柱头为对折—螺旋型（Barfuss，2016）。

丽穗凤梨［*Lutheria splendens* (Brongn.) Barfuss & W. Till］

种加词“splendens”意为“有光泽的、光亮的”，指植株的花序有光泽的；因叶上有墨绿色的横纹，国内也有人称其为“虎斑凤梨”。

原产地从委内瑞拉东部至法属圭亚那。分布在海拔300～1 250 m的雨林中，地生或附生。

植株近无茎，开花时最高可达100 cm。莲座丛宽漏斗状，叶长40～80 cm；叶鞘不明显，密被棕色鳞片，基部内侧为深棕色或栗色；叶片呈拱状弯曲，舌形，宽4～6 cm，有宽阔的暗色不规则横纹，叶背更明显，两面疏被鳞片，顶端宽、急尖或圆形、有细尖。简单花序；花序梗直立；茎苞直立，呈密覆瓦状排列，紧紧裹住花序梗，宽卵形，长超过节间，但有时太窄而使花序轴部分露出，顶端逐渐变细并急尖或钝并形成细尖，至少顶部被鳞片；花部线形或披针形，长20～55 cm，宽2.5～6 cm，有花2～18朵，排成两列，密生，非常扁平，呈剑状，顶端宽并急尖或钝，花序轴被完全覆盖，基部的花苞内不育；花苞直立，密覆瓦状排列，卵状长圆形，长6～8 cm，比节间长4～8倍，是萼片的2倍，亮红色，光滑，对折背面呈尖锐的龙骨

图4-261　丽穗凤梨

（a）开花的植株；（b）花序及花。

状隆起，顶端渐尖状，近急尖，边缘膜质。开花时花偏向花序平面的一侧，花托呈短梗状，长约0.5 cm；萼片薄革质，长圆形或倒卵状披针形，长2.3～2.9 cm，合生的部分较短或近离生，黄色，靠近顶端有红色小点，背面光滑，里面被覆稀疏、贴生的棕色鳞片，顶端钝；花冠管状，略弯曲；花瓣舌形，长约8 cm，黄色，顶端钝，基部有2枚大型的舌形附属物（基部贴生于花瓣上，顶端分离，近全缘，有少量锯齿或截形）；雄蕊约与花瓣等长，花丝近圆柱形，靠近基部扁平状，花药线形，长约1 cm；雌蕊超过雄蕊，子房近圆柱形，长约0.8 cm，从基部向上逐渐变细。果实圆柱形，长3.5～4 cm，顶端圆形且有喙状突尖（Gouda，1987）。

丽穗凤梨拥有长且扁平的披针形红色花序，犹如一把闪耀着红色光芒的宝剑，叶片上还有明显的虎斑状横纹，可谓花、叶俱佳，它也是最早被带到欧洲的观赏凤梨之一。花期约一个月。

喜半阴及湿润的环境，可盆栽或附生种植，要求介质疏松透气。

通过分株繁殖。

***辉煌*丽穗凤梨（*Lutheria* 'Splendide'）**

这是丽穗凤梨与多歧丽穗凤梨（*Lutheria glutinosa*）的杂交种，株型较大，开花时株高约100 cm，莲座丛开展。花序挺拔，花部有少量1级分枝，分枝线形，顶端渐尖，花苞深红色；花冠明显弯曲（开花时偏向花序平面的一侧），露出部分为红色，其余为黄色或略呈黄色。花期春末至初夏。

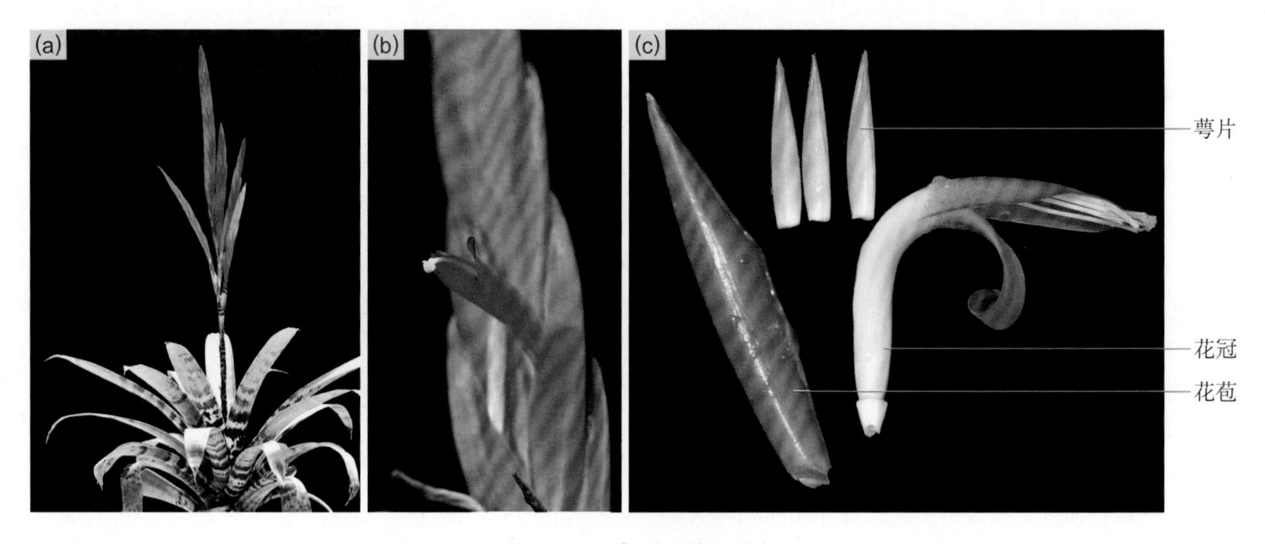

图4-262 *辉煌*丽穗凤梨

（a）开花的植株；（b）花和部分花序；（c）花苞及花。

4.37 卷瓣凤梨属

Alcantarea（E. Morren ex Mez）Harms 1995，属于铁兰亚科鹦哥凤梨族鹦哥凤梨亚族。

模式种：卷瓣凤梨［*Alcantarea regina* (Vell.) Harms 1995］

卷瓣凤梨属的属学名以巴西帝国的第二位国王——佩德罗二世（D. P. d'Alcântara）的姓氏命名，属中文名则根据该属植株开花时花瓣展开并明显向后反卷的特征。

原产自巴西东南部各州，为巴西特有植物。分布在海拔0～1 900 m的大西洋森林区域，生长在一座座孤立的岛状丘的悬崖峭壁上，少数生长在热带草原中露出地面的石英质岩石上（Versieux *et al.*，2010），附生或地生。目前全属有47个种（Gouda *et al.*，2023）。

开花时高0.4～5.5 m，有不明显的短茎。叶多数，50～100片，形成漏斗状莲座丛，少数为管状或束状，有叶筒，储水量因种而异，且差异悬殊，叶三角形至舌形，叶片和叶鞘区分明显，革质，顶端渐尖、急尖或钝，叶缘有时有突起的叶脉和酒红色的窄边。简单花序或复合花序；花序梗直立，少数近直立，粗壮或纤细；茎苞直立或展开，基部膨大，有的也能积蓄水分；花部圆锥形，通常有1级分枝，花沿小花序轴排成两列，开花前呈覆瓦状密生，开花时随着花轴的伸长而逐渐分开，开花时花与扁平的分枝保持在同一平面上，或向上转向并与分枝平面之间形成夹角。花大型，基部有粗壮的圆柱形花托，呈短梗状，白天或晚上开花，单朵花的花期非常短暂，有香味或无香味，萼片伸出花苞；花瓣长舌形，黄色或浅黄色，少数白色或酒红色，顶端急尖或钝，开花时花瓣展开，顶端向后卷曲，有的卷得较紧，有的较松，花瓣基部有两片发育良好的鳞片状附属物；雄蕊伸出，花丝聚拢在雌蕊周围呈束状，或以较大角度张开；上位子房，有室下蜜腺和室间蜜腺，花柱长；蒴果椭圆形，顶端渐尖，室间开裂；种子多数，两端都有铁锈色的种缨，顶端的种缨比基部的长，且颜色更深。花期通常为春季或初夏。

卷瓣凤梨属曾是鹦哥凤梨属下的一个亚属，1929年H. Harms曾经将其提升为属，但1935年C. Mez将其重新归到鹦哥凤梨属中，直到1995年J. R. Grant根据以下特征重新界定其为独立的属：① 地理分布集中在巴西东南部和东北部的石生生境；② 花瓣长而呈线形，花瓣的长度为宽度的10～15倍，向外反卷，较早枯萎；③ 种子同时发育有顶生和基生种缨（Gomes-da-Silva和Costa，2013）。

株型大小差异悬殊，有的莲座丛宽阔，莲座丛内可储存多达40升水（Versieux *et al.*，2010），开花时高可达5 m，如帝王凤梨；有的株型相对较小，如法尼卷瓣凤梨（*A. farneyi*），株高仅0.66～0.7 m，叶窄，叶筒内的储水量有限。

卷瓣凤梨属植物一般能产生两种类型的侧芽：① 从茎的基部或地下茎上萌发的不定芽，叶非常纤细，能较快长出属于自己的根系并独立生长，大部分卷瓣凤梨属的种类在幼株至植株成熟前都能产生不定芽；② 植株开花后从叶腋萌发的侧芽，其特点是芽体非常粗壮。得益于母株的营养输送而生长较为快速，除少数种类外，大部分卷瓣凤梨属植物都能产生腋生侧芽。由不定芽形成的侧芽需要较长时间的营养生长才能开花，相比之下腋生侧芽长得要快得多，有的种类由腋芽繁殖的植株只要3年便可开花。一般建议尽可能延长腋生侧芽保留在母株上的时间，当侧芽长大并拥有自己的根系时与母株之间的连接会变得松动，这时方才将侧芽分离。如果在侧芽和母株结合还非常牢固时就强行分离，可能导致侧芽基

图4-263　卷瓣凤梨属植物不同类型的侧芽

部形成较大的伤口，从而增加侧芽腐烂的风险。帝王凤梨一般只在开花前产生草状不定芽，开花后不产生腋生侧芽，因此被称为假一次结实植物（pseudo-monocarpic plant）。

卷瓣凤梨属植物较耐寒，但仍不耐霜冻，当气温低于0℃时植株也会出现明显的受冻症状。大部分卷瓣凤梨属植物能自交结实，种间杂交的结实成功率也较高，花后6～10个月种子成熟。种子数量众多，平均每个种夹能产生250～550粒种子。种子黄褐色至红棕色，纺锤形，细长，基部簇生的种缨较短，顶部的种缨长，散开。用种子繁殖是卷瓣凤梨属植物扩繁的最有效的方法之一。

1. 延展卷瓣凤梨［*Alcantarea extensa* (L. B. Smith) J. R. Grant］

种加词“extensa”意为“扩展的或伸展的”，指花序顶端的分生能力较强，分枝伸展的，是当时已知该属种类中花枝最长的物种。

原产自巴西东部。生长在崖壁突出的岩石上，附生。

植株有短茎，产生腋生侧芽或从短茎基部产生不定芽；开花时株高90～300 cm。莲座丛漏斗形，高50～70 cm、宽50～110 cm；叶多数，近直立，叶长60 cm；叶鞘长18～25 cm，宽13～17 cm，椭圆形至宽卵形，正面深棕色至浅棕色，背面浅棕色至发白，两面都密被棕色鳞片，革质，边缘膜质，黄色、透明状；叶片舌形，长32～75，宽5～12 cm，灰绿色，表面有灰白色蜡质粉末，顶部光滑或被疏鳞片，叶缘及靠近顶端呈紫红色，有时叶面有紫红色斑，顶端急尖或宽并形成细尖，常向后卷曲。复合花序；花序梗直立，粗壮；茎苞基部抱茎，上部展开，呈覆瓦状排列，其中基部的茎苞近叶片状，向上逐渐变短，上部的茎苞宽卵形，花序梗部分露出，茎苞两面都被覆蜡质粉末，基部、顶端和边缘都呈紫红色，顶端渐尖；花部椭圆形或金字塔形，长60～130 cm，宽30～50 cm，有1级分枝，顶端不分枝，或少数不分枝，花序轴光滑，绿色或浅棕色；一级苞片宽卵形至圆形，长4～10 cm，宽4～7 cm，远短于分枝基部的梗，绿色或有酒红色晕，被覆蜡质粉末，顶端钝、渐尖或形成细尖，边缘稍内卷；一级分枝最多时有11个，长约65 cm，最终可伸长至约100 cm，松散地沿花序轴排成多列，起初近直立，后逐渐展开，并最终下垂呈反写的“S”形，花苞沿花序轴或小花序轴排成两列，顶生花穗及一级分枝的基部有2～3个不育的苞片，开花时花展开并与分枝保持在同一平面上；花苞长3.6～4.2 cm，宽3.8～4.6 cm，阔宽卵形，明显比萼片短，黄绿色，基部棕色，变干时有明显的褶皱，花苞内有时会分泌出透明的胶状物，顶端钝，除顶部外其余隆起并内卷；夜间开花，花长14～15 cm，花托粗壮呈短梗状，长0.8～1 cm；萼片椭圆形，长4～4.3 cm，宽2.2～2.3 cm，对称，超出花苞约1.5 cm，顶部急尖；花瓣长舌形，长8～9 cm，宽约1 cm，稍不对称，正面黄色至橙黄色，背面栗色并有紫色细斑，基部为白色，从萼片处向后卷曲，有时呈螺旋状，顶端钝，花瓣基部有2枚鳞片状附属物，舌形（长3～3.5 cm，宽约0.4 cm，顶端急尖或钝，基部与花瓣贴生，顶端分离，边缘有不明显的锯齿）；雄蕊长11～13 cm，伸出花瓣，花丝彼此散开；花柱长8.2～10 cm，直径约0.2 cm，白色，顶端靠近柱头处有紫色的斑点，柱头为简单—直立型，顶部边缘呈细裂状，白色，子房长1～1.5 cm，宽约0.5 cm。蒴果纺锤形，长3.5～5.8 cm，宽1～1.3 cm，深棕色；种子长0.8～1.1 cm，宽约0.1 cm，深棕色，两端都有种缨，基部种缨长约0.8 cm，顶部种缨长约1.5 cm，都呈铁锈色。花期初夏。

延展卷瓣凤梨株型中大型，莲座丛宽且紧凑，叶上被覆明显的蜡质粉末，并形成宽窄不一的横条纹。成熟的植株一般于早春完成花芽分化，春季花序从莲座丛中伸出，茎苞及一级苞片起初呈叠瓦状密生，光线充足时苞片顶端呈深紫红色，有光泽，犹如一朵大型的含苞待放的玫瑰花。一般从6月上旬开始开花，晚上开花，第二天早晨开始逐渐萎蔫，温度越高花谢得越快；分枝顶端能较长时间地保持花芽分化并不断伸长，炎热的夏季停止开花，秋季重新开花，可持续至冬季。

植株长势强健，喜光。可盆栽或地栽，适合在大型展览温室、室外庭院或园林绿地中应用。栽培介质应具有良好的排水性和透气性。

通过分株或种子繁殖。

图4-264 延展卷瓣凤梨

(a) 花序形成初期;(b) 花及部分花序;(c)—(e) 花序上的分枝生长并伸长的过程;(f) 柱头。

2. 曲轴卷瓣凤梨[***Alcantarea geniculata*** **(Wawra) J. R. Grant**]

种加词“geniculata”意为“膝状弯曲的”,指植株的花序轴呈膝状弯曲。

原产自巴西。分布在海拔700～1 700 m的区域,生长在石英质岩的悬崖峭壁或石坡上,附生。

植株有短茎,产生腋生侧芽或从茎的基部产生不定芽;开花时株高150～200 cm。叶约30片,密生,形成高约80 cm的宽漏斗状莲座丛;叶鞘宽椭圆形,长约20 cm,宽约15 cm,两面密被棕色鳞片;叶片狭三角形,长约70 cm,靠近叶鞘处不变窄,宽8～10 cm,有时可至12 cm,绿色,革质,有光泽,顶端渐尖形成细尖并向后弯曲。复合花序;花序梗直立,长约100 cm,直径2～3 cm,坚硬,光滑,绿色或略呈红色,光线充足时为深红色;茎苞近直立,基部抱茎,上部展开,明显比节间长,顶端渐尖并向后弯曲,其中基部的茎苞呈叶状,绿色,上部的茎苞形如一级苞片,基部红色,向上过渡为白绿色,顶端为绿色;花部长圆锥形,长70～80 cm,直径30～40 cm,有1级分枝,花序轴的顶端也分枝,排列松散或近密生;一级苞片长4～9 cm,宽3.5～7 cm,明显超过腋生分枝基部的梗或等长,其中基部的一级苞片的基部宽椭圆形至近圆形,向上呈狭三角状突然变细并向后强烈弯曲,正面光滑,背面有不明显的棕色鳞片或近光滑,中部以下为红色,中部黄绿色,上部为绿色,沿花序轴向上一级苞片逐渐变短,除顶端为绿色外其余为红色,上部的一级苞片为宽卵形,全为红色,顶部急尖并形成明显的细尖;一级分枝20～30个,近展开,靠近花序轴顶端的分枝稍斜出,长12～25 cm,基部有长4～8 cm、直径0.7～0.8 cm的梗,梗上有1～2个不育的苞片(表面光滑,红色,背面呈明显的龙骨状隆起),小花序轴呈明显的膝状弯曲,直径0.3～0.5 cm,稍有棱角，光滑，绿色或有红晕，花苞在小花序轴上覆瓦状排成2列，近密生，宽6～7 cm（不含花瓣），有花8～14朵，开花时节间伸长至1 cm，花展开，并与分枝保持在同一平面上，不向上偏向；花苞宽卵形，长约2.7 cm，宽2.3～2.5 cm，约到萼片的一半处，薄质，白绿色，光滑，顶端近急尖，其中基部花苞的背面成明显的龙骨状隆起，上部的花苞不成龙骨状隆起。花长约9.5 cm，花托圆柱形，呈短梗状，长约0.6 cm，直径约0.8 cm；萼片近对称，狭卵形，长3～3.5 cm，宽1.3～1.6 cm，离生，背面光滑，不呈龙骨状隆起，里面被不明显的棕色鳞片，近基部革质，绿色，顶端钝，白色；花瓣长舌形，长8～9.5 cm，宽0.7～1 cm，金黄色，顶端钝，白天开花，有香味，开花时花瓣强烈向后弯曲，基部有2枚鳞片状附属物（舌形，长约2.5 cm，顶端钝）；雄蕊比花瓣短，开花时雄蕊露出，花丝不张开，聚拢在雌蕊周围成一束，花药线形，长约1 cm，近基着药；花柱超过花药，柱头为简单—展开型，白色。

植株较大型，叶色翠绿，莲座丛饱满；花序挺拔，光线充足时，花序轴及一级苞片为鲜红色，花瓣金黄色，向后卷曲，非常美丽，且花有香味，是卷瓣凤梨属植物中“身材高挑”但不失秀美的“大家闺秀”。

喜光线充足和通风良好的环境，夏季忌强光直射。盆栽或地栽，可孤植或丛植，搭配在庭院或花境中。要求土壤疏松透气，排水良好。

通过分株或种子繁殖。

图4-265 曲轴卷瓣凤梨

（a）花序形成中期；（b）开花的植株；（c）花序；（d）花。

3. 格拉齐卷瓣凤梨［*Alcantarea glaziouana* (Lemaire) Leme］

种加词“glaziouana”用于纪念一位曾于20世纪在巴西进行植物收集的法国人A. F. M. Glaziou。

原产自巴西的里约热内卢州。生长在近海平面的岩石崖壁的缝隙中。

植株有短茎，产生腋生侧芽或从短茎基部产生不定芽；开花时植株高150～170 cm。叶多数，形成宽漏斗状莲座丛；叶鞘宽椭圆形，长约25 cm，宽17～19 cm，浅绿色，两面都密被微小、贴生的棕色鳞片；叶片长舌形，长65～100 cm，基部不变窄，宽9～14 cm，被覆白色的蜡质粉末，并形成细横纹，顶端三角状渐尖并向后弯曲。复合花序；花序梗直立，粗壮，长约100 cm，直径2～3 cm，绿色、淡红色或红色，光滑；茎苞近直立，裹住花序梗，基部淡红色并被白色蜡质粉末，顶端绿色，基部的茎苞叶状，顶端渐尖，上部的茎苞形如基部的一级苞片；花部圆锥状，长70～90 cm，宽50～60 cm，有1级分枝，近密生，花序轴顶部也分枝；一级苞片宽卵形，远短于分枝基部的梗，顶部急尖；一级分枝25～30个，长20～30 cm，基部有梗（约成45°角斜出，长5～13 cm，直径约0.8 cm），梗上有1～3个不育的花苞，小花序轴在与梗连接处稍弯折，在开花后期呈膝状向下弯曲，直径0.5～0.7 cm，光滑，绿色，可育花苞沿小花序轴排成2列，呈穗状，宽8～10 cm（不包含花），有花12～20朵，开花前排列较紧密，开花时节间伸长至1～2 cm，花展开，与分枝保持在同一平面上，不向上转向，花穗近展开并稍下垂；花苞膨大，近圆形，长2.5～4 cm，宽2.5～3.7 cm，浅黄绿色或白色，顶端宽圆形、平截或裂开。花长9.5～10 cm，有香味，花托粗短，长约0.5 cm，直径1～1.2 cm；萼片对称，离生，宽椭圆形至倒卵形，长3.0～4.5 cm，宽1.8～2.2 cm，靠近基部绿色，向上呈黄绿色，顶端钝或近急尖，近白色；花瓣长舌形，长7～9.5 cm，宽0.9～1.3 cm，开花时向后弯曲，白色或乳白色，顶端钝，基部有2枚近线形的鳞片状附属物（长1.5～2.5 cm，宽0.4～0.5 cm，基部与花瓣贴生，上部分离，顶端近急尖至钝，边缘为不规则的齿裂）；雄蕊约与花瓣等长，开花时雄蕊露出，花丝不张开，聚拢在雌蕊周围成一束，花药线形，长1.5～1.8 cm，近

图4-266 格拉齐卷瓣凤梨

（a）开花的植株；（b）花的解剖；（c）花；（d）俯瞰时莲座丛的观赏效果；（e）开花的植株在园林中应用。

基着药；花柱稍超过花药，长约10 cm，柱头为简单—展开型。蒴果纺锤形，长约4 cm，宽约1.2 cm；种子两端都有红棕色种缨。花期春末至夏季。

植株较大型，易从基部萌发不定芽，花后则在叶腋产生多个侧芽；叶片修长，浅绿色，莲座丛饱满，从高处俯瞰时也有不错的观赏效果；花序以白绿色为主，花序轴淡红色，清新脱俗。一般于冬季或早春形成花芽，4～5月花序伸长，5月底、6月初开始开花，花瓣白色，花期可持续约2个月。

喜明亮的散射光，较耐阴，当光线太强时叶色偏黄。可地栽或盆栽，介质宜疏松透气、肥沃，且排水良好。适合用来营造银色花园。

4. 帝王凤梨［*Alcantarea imperialis* (Carrière) Harms］

种加词“imperialis”意为“帝王的、壮丽的”，为纪念巴西的第二位国王。

原产自巴西。分布在海拔600～1 500 m的大西洋森林中，生长在崖峭壁或岩石缝隙中，附生。

植株茎短且粗壮，可从茎的基部长出不定芽，但一般不产生腋芽，为假一次结实植物；开花时高150～500 cm。叶厚且硬质，基生，形成高70～170 cm、直径100～220 cm的宽漏斗状莲座丛，叶上有肋状突起，叶长可达160 cm；叶鞘宽椭圆形、长圆状椭圆形或近梯形，长21～42 cm，宽14～36 cm，浅绿色至浅棕色，密布暗红色斑点，两面都密被棕色鳞片，革质，叶缘膜质，透明状，有酒红色边；叶片宽舌形，长52～150 cm，宽13～22.5 cm，叶色较多变，从绿色至酒红色，叶面光滑，被覆白色表皮蜡，常形成横纹，叶缘酒红色或绿色，顶端被疏鳞片或光滑，有明显的叶脉，有时呈皱褶状，背面密被鳞片，顶端急尖、有长渐尖，直、向下弯曲或呈扭曲状。复合花序；花序梗粗壮，直立，长50～100 cm，直径5～10 cm，亮绿色，少数有酒红色的斑点，光滑，节间长2～6 cm；茎苞近直立，密覆瓦状覆盖花序梗，卵形至三角形，鲜红色或酒红色，革质，有光泽，基部抱茎，膨大，边缘卷起，形成船形，可储水，顶端急尖、渐尖并向后弯曲；花部狭金字塔型或椭圆体形，长100～200 cm，宽50～80 cm，有1级分枝，花序轴顶部也分枝；一级苞片形如上部的茎苞，宽卵形，长8～25 cm，宽5～12 cm，约与分枝基部的梗等长，向上逐渐变小，顶端有细尖并向后弯曲；一级分枝36～60个，基部有长12～31 cm、直径0.6～1.2 cm的梗（斜出，绿色，露出部分浅酒红色，光滑），梗上有2～3个不育的苞片，紧贴着梗，小花序轴长13～32 cm，多少呈膝状弯曲，展开，并随着开花逐渐成弓形向下弯曲，有花8～18朵，沿小花序轴排成2列，开花时花和苞片都稍向上偏向；花苞宽卵形，长2.2～4.5 cm，宽1.3～3.2 cm，约至萼片的一半处，向上逐渐变小，背面整个或上部约2/3呈龙骨状隆起，边缘内卷，中间绿色，基部酒红色，顶端急尖，边缘膜质，干后呈黄色透明状；花长12～15 cm，花托粗壮，呈花梗状，长约1 cm；萼片椭圆形，长3.5～4.6 cm，宽1.2～2.2 cm，被花苞包裹的部分为绿色，露出的部分有红晕，顶端钝；花瓣长舌形，长10～12.2 cm，从萼片处向后弯曲，顶部卷曲，浅黄色，顶端钝，基部有2枚大型鳞片状附属物（舌形，长约2.4～2.8，宽0.3～0.5 cm，下部与花瓣贴生，上部分离，乳黄色，顶端钝或呈不明显的钝锯齿状）；雄蕊群张开，花丝长9.8～10.3 cm，花药线形，黄色，近基着药；花柱长9.8～11 cm，子房狭椭圆体形，长约1.2 cm，直径约0.5 cm，白绿色，柱头为简单—展开型。蒴果椭圆形，长4.2～6.3 cm，直径0.9～1.4 cm，棕色，顶端急尖，并形成长喙状突尖；种子纺锤形，直或略弯曲，长0.6～0.8 cm，直径约0.1 cm，棕色，两端都有棕色种缨，基部种缨长0.4～0.7 cm，散开，顶部种缨长约1.6 cm，呈束状。花期初夏，种子翌年春季成熟。

帝王凤梨叶丛宽大、株型硕壮，光线充足且日夜温差较大时红叶类型帝王凤梨的叶色变成红色，高温季节叶色以绿色为主。植株开花时高大如树，是凤梨科植物中株型最大的种类之一，从幼苗长大至植株成熟并开花一般需要10年甚至更长时间。一般于冬季形成花芽，春季花序伸长，在花序伸长过程中，红色的茎苞和一级苞片沿着花序梗层层叠叠地多列轮生，形成非常粗壮的红色花柱，随着花序的伸长火红色的苞片逐渐分开，并最终从一级苞片的基部长出分枝，上海地区5月上中旬至6月上旬开始开花，一般可持续至7月末，如果环境适合，植株长势良好时则可持续至10月。花通常黄昏或夜间开花，第二天中午前后萎蔫，温度越高花谢得越早，天气凉快时可持续至下午2点前后，整个花序能陆续开出400～500朵花，甚是壮观。

帝王凤梨喜光线充足及通风良好的环境，能耐强光，较耐旱。栽培介质应肥沃且疏松透气，忌积水。通过分离草状不定芽繁殖，也可以利用种子播种繁殖，种子数量繁多，成熟后应尽快播种。

图4-267 帝王凤梨(红叶型)
(a) 花序形成过程中；(b) 花及部分花序；(c) 帝王凤梨在园林中的应用；(d) 花。

4.38 鹦哥凤梨属

Vriesea Lindley 1843，属于铁兰亚科鹦哥凤梨族鹦哥凤梨亚族。

模式种：鹦哥凤梨[*Vriesea psittacina* (Hook.) Lindl]

该属由英国植物学家J. Lindley于1843年建立，以荷兰植物学家W. H. de Vriese的姓氏命名。

原产自巴西(东部)、阿根廷(西北部)、玻利维亚(东南部)、秘鲁、委内瑞拉和大安的列斯群岛。大部分附生，偶尔地生，少数生长在岩石上。现有约214个种、41个种下分类单元(Gouda和Butcher, 2023)，是铁兰亚科中种类第二多的属。

植株近无茎，叶筒明显或不明显，少数没有形成叶筒，从叶的基部长出贴生的腋芽或有长的匍匐茎。叶片舌形，少数三角形，被覆呈中央对称的鳞片，但不明显，因此叶色通常为绿色，全缘。简单花序或复合花序；花序梗明显；通常有1级分枝，偶有2级分枝，花在花序轴或小花序轴上一般排成2列，少数呈螺旋状排成多列；花苞通常明显，排列松散或呈覆瓦状。花为完全花，无花梗，但大部分花托伸长并呈粗短的花梗状；萼片对称，通常离生；花瓣黄色(顶端通常绿色)、米黄色、棕色或红色，少数白色，基部短，合生或少数离生，形成管状或钟状花冠，基部几乎都有附属物，花瓣厚且直立，花后亦多少保持直立；雄蕊短于或长于花瓣，开花时内藏或伸出花冠，花丝直立，与花瓣较短贴生或少数离生；子房处于上位或近上位，花柱比子房长，内藏或伸出花冠，柱头为卷曲Ⅱ型，即3个柱头融合、明显加宽并卷曲，柱头整体呈漏斗状至伞状。胚珠多数，顶端具尾状附属物，附属物比胚珠短或等长，少数比胚珠长或顶端钝（无附属物）。蒴果；种子纺锤形，基生种缨明显（Smith和Downs，1977；Barfuss，2016）。

1. 红羽鹦哥凤梨［*Vriesea erythrodactylon* (E. Morren) E. Morren ex Mez］

种加词“erythrodactylon”意为“红色手指状的”，指花苞呈红色指状；中文名根据植株开花时花序的形状如凤凰的羽毛一般的特征。

原产自巴西东部。分布在海拔2～800 m的雨林中，地生或附生。

植株开花时高30～40 cm。叶10～20片，形成宽漏斗状叶丛，叶长20～40 cm；叶鞘宽椭圆形，明显比叶片宽，被微小的棕色鳞片，基部棕色，上部紫黑色；叶片长舌形，宽2～3 cm，除顶端为深紫色外其余为绿色，有的顶端也为绿色，叶面光滑，叶背被覆不明显的鳞片，顶端宽并急尖，或圆、形成细尖。简单花序；花序梗直立，直径约0.5 cm；茎苞密覆瓦状排列，其中基部的茎苞排成多列，宽椭圆形，紧紧裹住花序梗，顶部有细尖，上部的茎苞排成两列，逐渐展开并呈花苞状，质地薄，近光滑，浅绿色；花部长圆状倒卵形，非常扁平，长10～23 cm，宽7～10 cm，光滑，有花多数，密生；花苞密覆瓦状排成两列，基部覆盖花序轴和萼片，宽卵形，长6～7 cm，对折并形成尖的龙骨状，顶端有长长的三角状延伸，纸质，浅绿色，最上面的数枚苞片呈鲜红色。花直立，花瓣从花序的两侧伸出或从花序的一侧伸出（但非偏向），花托伸长成倒圆锥形，呈花梗状，长约0.3 cm；萼片椭圆形，长3～3.2 cm，背面不呈龙骨状隆起，顶端钝；花瓣舌形，长约4.2 cm，黄绿色或黄色、顶端钝，绿色，基部有2枚鳞片状附属物（倒卵形），顶端钝；雄蕊和雌蕊伸出。蒴果圆柱形，长约3 cm，顶端急尖。

不同的红羽鹦哥凤梨种群在形态上有所差异，其中一类叶色以绿色为主，叶鞘基部的黑紫色部分仅位于基部，不明显，叶尖绿色；花序较长，花部长约20 cm，长圆形，花苞仅基部稍呈覆瓦状覆盖花序轴，黄绿色，上部展开，绿色或浅绿色，花序轴顶端的几枚花苞为猩红色，犹如传说中凤凰的羽毛，非常美丽；花瓣黄色，顶端绿色。另外一类整个叶鞘都为紫黑色，非常明显，叶片顶端也为黑紫色；花序较短，花部长约12 cm，椭圆形，花苞密覆瓦状排列，苞片多为基部浅绿色、上部红色，花瓣为黄绿色顶端不为绿色。

喜温暖湿润及半阴环境。可盆栽或附生栽种。

通过分株繁殖。

图4-268　红羽鹦哥凤梨

（a）—（b）绿叶、长穗类型：（a）开花的植株；（b）花序。（c）—（d）黑鞘、短穗类型：（c）开花的植株；（d）花序及花（局部）。

2. 网纹鹦哥凤梨（*Vriesea fenestralis* Linden & André）

种加词“fenestralis”意为“似窗户的、小开口状的”，指其叶上的网格状饰纹。

原产自巴西东部；分布在沿海沙州至海拔1 700 m的地方，附生于岩石和树上。

植株近无茎，花后从叶腋长出侧芽；开花时高50～100 cm。莲座丛宽阔，叶长35～50 cm，成拱状弯曲；叶鞘宽椭圆形，宽10～12 cm，分布有红棕色的小点；叶片舌形，宽6.5～8 cm，浅绿色或黄绿色的叶片上布满深绿色的横向细线条，断断续续，排列不规则，纵向的线条则贯穿整个叶片，排列均匀而有规则，叶面光滑，叶背布满酒红色的斑点，顶端宽圆形并形成细尖。简单花序；花序梗直立，高于莲座丛，较粗壮，光滑，绿色；茎苞直立，椭圆形，约与节间等长或稍短，绿色，有红棕色的小点，顶部急尖或有细尖；花部狭三角形，长48～77 cm，宽7.5～9 cm，有花多数，松散地排成两列；花苞宽卵形，长约3 cm，覆盖住萼片基部，但比萼片短较多，绿色，有褐色斑点，光滑，背面不呈龙骨状隆起，顶端钝并向后弯曲，基部耳状下延；开花时花展开，花托延长呈短梗状，长0.9～1.1 cm、直径约0.9 cm；萼片椭圆形，长3.4～3.6 cm，宽约1.7 cm，绿色，有褐色斑点，背面不呈龙骨状隆起，顶端急尖；花冠钟形，花瓣倒卵形，长4.6～4.8 cm，宽约2 cm，白绿色，顶端微凹，晚上开花，开花时花瓣展开并略向后弯，基部有2枚大型鳞片状附属物（长约1.7 cm，基部与花瓣贴生约0.6 cm，宽约0.4 cm，上部分离，顶部急尖或长渐尖）；雄蕊群和雌蕊都靠近花冠的下方，其中雌蕊的柱头翘起，开花后期放下，约与雌蕊等长，花丝长约3.8 cm，基部窄，向上增粗，花药线形，全着药；雌蕊长约4.2 cm，子房长约0.7 cm，柱头为卷曲Ⅱ型。蒴果长约4 cm；种子长1.6～1.8 cm。花期冬季或初夏。

网纹鹦哥凤梨的莲座丛开展，株型饱满，叶片上布满精致的网格状斑纹，好似阳光透过树林冠层，在

图4-269　网纹鹦哥凤梨

（a）未开花的植株；（b）花；（c）开花的植株；（d）花及部分花序。

林下洒下斑驳的光影，光照充足时叶片上的紫红色斑点更加密集。花通常于夜间开放，并散发出类似大蒜的味道，可以吸引蝙蝠等夜行动物前来授粉，单朵花开花的持续时间受到气温的影响，冬季开花时通常可持续至第二天上午，夏季开花时凌晨2～3点花瓣就开始闭合，早上花已完全闭合。

喜温暖湿润、有明亮的散射光的环境。适合盆栽或附生，盆栽介质应疏松透气且排水良好。

分株繁殖，或播种繁殖。

3. 栗斑鹦哥凤梨（*Vriesea fosteriana* L. B. Sm.）

原产自巴西东南部。分布在海拔1 000 m左右的沿海森林的区域，生长在岩石山坡上，附生。

植株开花时高100～200 cm。叶多数，形成开阔的莲座丛；叶鞘大型，长圆状椭圆形，深栗色，密被贴生的微小鳞片；叶片舌形，宽可至7 cm，叶面光滑，绿色，背面有不明显的鳞片，叶片上有栗红色的不规则宽带，叶背特别明显，顶端宽并急尖或圆、有细尖。简单花序；花序梗直立，直径约1.2 cm，光滑；茎苞直立，裹住花序梗，披针形或卵形，密被紫红色斑点，顶端圆有细尖；花部线形，长超过40 cm，花苞沿花序轴密覆瓦状排成两列，有花多数，开花时间距拉开，花苞与花一起展开并向下弯曲，花序轴直立，粗壮，有凹槽；花苞宽卵形，膨大，长3～4 cm，不超过萼片，橙黄色或乳黄色，上面布满密集的紫红色斑点，革质，光滑或有细微脉纹，基部呈耳状下延，顶端宽并急尖。花长5～5.8 cm，直径约4 cm，花托粗壮，长约1.3 cm，直径约1.2 cm，呈短梗状；萼片长2.7～3.5 cm，椭圆形，绿色或黄绿色，革质，光滑，背面分布着浅紫色的斑点，顶端急尖；花冠呈钟状花，花瓣椭圆形，长约4.6 cm，宽约1.8 cm，超过雄蕊，顶端浅紫色，其余为黄绿色，靠近基部为白色，顶端圆、中间内凹，基部有2枚鳞片状、顶端急尖的附属物；雄蕊位于雌蕊

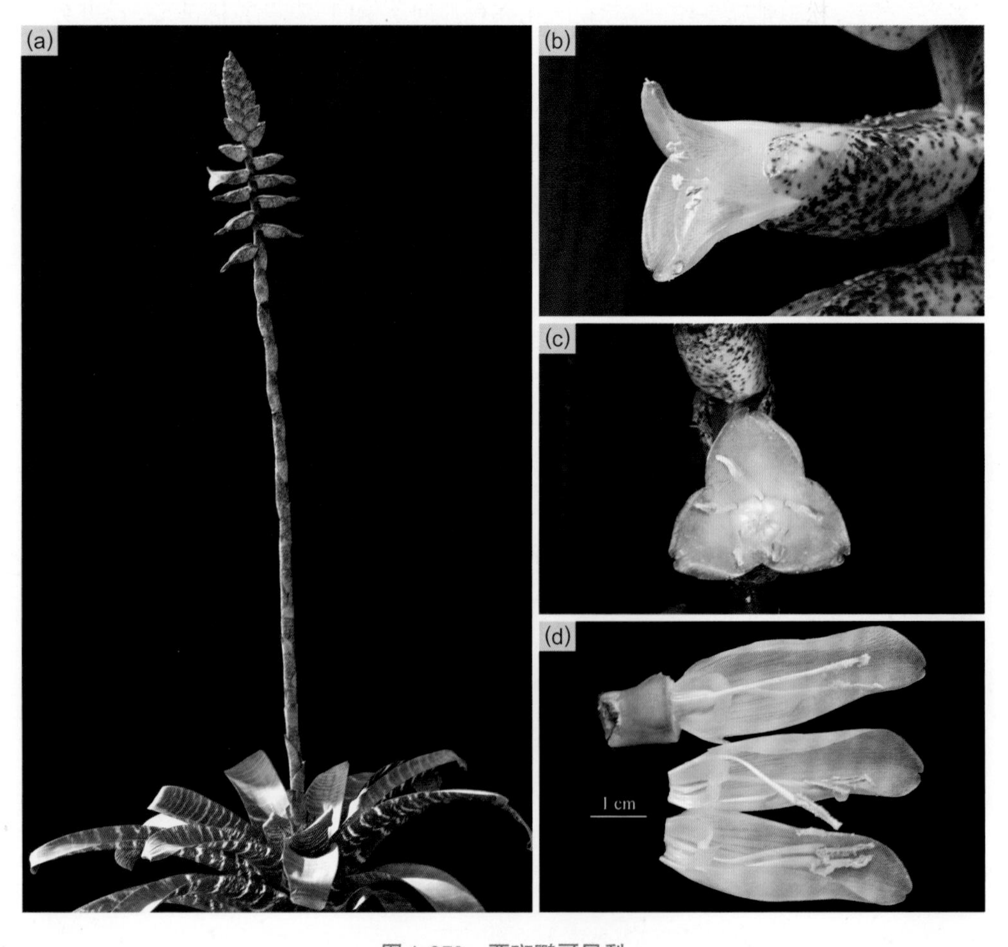

图4-270 栗斑鹦哥凤梨

（a）开花的植株；（b）花侧面；（c）花正面；（d）花解剖。

周围；柱头为卷曲Ⅱ型。蒴果粗壮，稍超过萼片。花期通常在冬季或早春。

栗斑鹦哥凤梨叶片宽厚，乳白色的细条纹与栗色的宽条纹相间形成精致的斑纹，是优良的观叶植物。花序粗壮、挺拔，花瓣肥厚，开花时花蜜具大蒜的味道。一般晚上开花，当天气凉爽时可推迟到次日中午甚至下午才闭合，当天气闷热时清晨花即闭合。

长势较强健，喜光照充足的环境，但夏季应避免中午前后的强光直射。可盆栽、地栽或附生栽种，栽培介质应疏松透气、排水良好。花后应及时将花序剪去，以免消耗母株太多养分，导致侧芽萌发失败而死亡。

通过分株或种子繁殖。

4. 高大鹦哥凤梨（*Vriesea gigantea* Gaudich.）

种加词“gigantean”意为“巨大的”，指植株株型高大。

原产自巴西东部。分布在海拔5～500 m的濒海森林中，地生或附生。

植株近无茎，花前和花后都能产生侧芽，但是侧芽数量较少；开花时高可达200 cm。叶多数，形成宽大的漏斗状莲座丛，叶长60～100 cm，两面都有贴生的微小鳞片；叶鞘大型，宽椭圆形，密被栗色鳞片；叶片舌形，宽6～9 cm，表面平展，绿色，叶脉墨绿色，形成乳白色与墨绿色相间的网格状图案，顶端宽并急尖并形成细尖。复合花序；花序梗粗壮，直立；茎苞呈叶状，近直立，呈密覆瓦状排列，顶部渐尖；花部呈金字塔形，长约100 cm或更长些，直径约40 cm，有1级分枝；一级苞片卵形，顶端渐尖；一级分枝约20个，展开，长度较相近，长约45 cm，基部有长梗，梗上有1～2个不育的苞片，小花序轴略呈波状弯曲，花多数，直立，松散地排成两列，开花时花和苞片向下偏向；花苞宽椭圆形，长可至3 cm，至萼片的约一半处，革质，背面凸出，但不呈龙骨状隆起，顶端近急尖；花长约5 cm，基部的花托长约1.2 cm，宽0.9～1 cm，呈粗壮的短梗状，萼片椭圆形，长可至3.7 cm，背面不呈龙骨状隆起，顶端近急尖；花瓣舌形，长3.8～5 cm，黄绿色，顶端钝，基部有2枚鳞片状附属物（长1.2～1.3 cm，宽0.2～0.25 cm，顶端渐尖或钝，全缘或略呈齿状）；雄蕊内藏，花丝基部细，向上变粗，基着药；花柱长约2 cm，子房圆锥体型，长约

图4-271　高大鹦哥凤梨

（a）莲座丛；（b）开花的植株；（c）一级分枝局部；（d）花瓣及雌雄蕊解析；（e）花（沈威懿摄）。

0.9 cm，直径约0.5 cm，柱头为卷曲Ⅱ型。蒴果圆柱形，长约4 cm，顶端急尖。

高大鹦哥凤梨以观叶为主，莲座丛宽大且饱满，叶色浅绿色至绿色，表面被覆白色的表皮蜡而使叶片略显蓝绿色，叶片上具有精致的白绿相间的网格状图案。植株生长较为缓慢，从种子发芽至开花需耗时一、二十年时间，花序挺拔，花仅在午夜开放，清晨即闭合。

喜温暖湿润、光线充足的环境，但应避免夏季强光直射；植株不耐霜冻。可盆栽、地栽或附生种植，介质应疏松透气并富含腐殖质。

主要通过分株繁殖。

绿玉高大鹦哥凤梨（*Vriesea gigantea* var. *seideliana* Roeth）

与原变种相比，本变种叶片上白色的部分更多些，纵向叶脉及不规则分布的横向条纹为翠绿色，在白绿色甚至有些半透明状的底色的衬托下显得格外明亮，而新叶的图案更加明快，观赏价值更高。美国的一些苗圃以常以“*Vriesea gigantea*‘Nova’”的品种名进行销售。

图4-272 绿玉高大鹦哥凤梨

（a）叶片上的斑纹；（b）叶丛。

5. 纤枝鹦哥凤梨（*Vriesea philippo-coburgii* Wawra）

种加词“philippo-coburgii”来源于一位德国萨克森-科堡-哥达王朝（Saxe-Coburg and Gotha）的Philipp王子。

原产自巴西东部的里约热内卢州至南里约格兰德州。分布在海拔2～1 200 m的沿海灌丛至高山悬崖和雨林中，附生于树上或岩石上。

植株近无茎，开花时高可达100～300 cm。叶多数，形成紧凑并展开的莲座丛，叶长50～80 cm；叶鞘椭圆形，比叶片宽，顶端深紫色，散布有微小的棕色鳞片；叶片长舌形，宽5～8 cm，绿色，被覆鳞片但不明显，顶端宽圆形并形成细尖，紫红色。复合花序；花序梗直立，比莲座丛短较多；茎苞叶状，呈密覆瓦状排列，略展开，向上茎苞变短，并为亮红色；花部圆锥形，光滑，花序轴纤细，略呈“S”形弯曲，靠近上部弯曲更明显，有2级分枝，分枝排列松散；一级苞片比分枝短，其中基部的一级苞片近叶状，宽大，形如上部的茎苞，卵形，鲜红色，顶端细尖，为深红色；一级分枝近直立，长约50 cm，基部有短梗，基部的分枝上有二级分枝，小花序轴纤细，上部略弯曲；花苞宽卵形，膜质，红色，顶端急尖。开花时花偏向一侧或向下，长约5.2 cm，基部的花托长0.5～1 cm、宽约0.5 cm，呈短梗状；萼片披针形或椭圆形，长约2.5 cm，黄色，顶端宽并急尖；花瓣长舌形，长3.0～4.5 cm，黄色，顶端急尖或圆钝、中间微凹，基部有2枚附属物（线形，长约1.2 cm，大部分贴生在花瓣上，顶部分离，黄色，顶端急尖）；雄蕊长约4 cm，伸出花冠，花丝基部窄，向上稍增粗，花药线形，长约0.5 cm，全着药；雌蕊长约4.5 cm，柱头为卷曲Ⅱ型。蒴果细长，稍超过萼片。

莲座丛宽阔，叶色翠绿，顶端常呈紫红色，且光线越充足颜色越明显，可观叶。花序宽大、分枝纤细，花序形成初期茎苞和一级苞片在花序顶端密生，顶部为紫红色；花序轴及小花序轴纤细，分枝繁密，花多数，开花时花偏向一侧或向下，犹如孔雀开屏般，非常美丽。

喜光线充足的环境，较耐寒，长势较为强健；侧芽萌发能力强，但不经常开花，栽培过程中常遇到只萌发侧芽却不开花的情况。可盆栽或附生。

常通过分株繁殖，也可播种。

图 4-273　纤枝鹦哥凤梨开花的过程

（a）花序形成初期；（b）花序逐渐伸长；（c）花序上长出侧枝；（d）花序上的侧枝逐渐伸长；（e）成熟后的花序；（f）花。

6. 桑德斯鹦哥凤梨［*Vriesea saundersii* (Carrière) E. Morren ex Mez］

种加词“saundersii”来源于一位名为Saunders的英国园丁。

原产自巴西东部。分布在沿海至海拔400 m的岩石斜坡上，附生。

植株开花时高50～60 cm。叶呈拱状弯曲，长20～30 cm，被贴生的小型鳞片；叶鞘宽椭圆形，明显比叶片宽，被覆栗色的鳞片；叶片近舌形，宽3.5～5 cm，顶端宽、急尖，形成细尖并明显向后弯曲，叶表被覆灰色鳞片，并有细小的酒红色或红色的斑点。复合花序；花序梗直立，粗壮且光滑；茎苞直立并抱住花序梗，椭圆形或卵形，被鳞片，顶端向后弯曲，有细尖，其中上部的茎苞与节间等长或比节间略长。花部圆锥形，长20～30 cm，花序轴直立或弯曲，有1级分枝，顶端不分枝；一级苞片近圆形，顶部细尖；一级分枝5～9个，排列松散，小花序轴直或略弯曲，花少数，排列松散；花苞排成两列，近圆形，长1.8～2 cm，宽约1.5 cm，背部靠近顶端呈钝龙骨状隆起，但不内卷，浅绿色或黄绿色，与花萼的颜色相同，顶端有微小的细尖。花长约5 cm，直立，开花时不偏向，黄色，花托形成粗壮的短梗状，长约1 cm；萼片狭椭圆形，长约2.1 cm，背面有明显的脉纹，顶端钝；花冠管状，花瓣长舌形，顶端钝圆、中间微凹，长约3.5 cm，黄色，有光泽，基部有2枚边缘呈钝齿状的鳞片状附属物；雄蕊与花瓣等长或稍伸出花冠。蒴果圆柱形，长约3.5 cm（包含顶端长约0.5 cm的喙状突尖），稍伸出萼片，宽约0.7 cm，花期春季或夏季。

叶宽且较厚质，表面略粗糙，灰白色的叶片上布满酒红色的斑点，弯弯的叶片形成饱满的莲座丛，可观叶。花序以黄色为主，可保持较长时间。

植株生长强健，喜光，较耐旱，光照不足可导致植株徒长，叶片瘫软而不呈拱状弯曲。可盆栽或附生种植，要求介质疏松透气。

通过分株和播种繁殖。

图4-274 桑德斯鹦哥凤梨

（a）叶丛；（b）花序（局部）；（c）开花的植株。

7. 垂梯鹦哥凤梨（*Vriesea scalaris* E. Morren）

种加词"scalaris"意为"梯状的"，指开花时花展开，与花序轴垂直，呈扶梯状。

原产自委内瑞拉和巴西东部。分布在海拔50～900 m的雨林中，附生。

开花时花序长约50 cm，有的可达110 cm。叶约15片，叶长约26 cm；叶鞘宽椭圆形，明显比叶片宽，被覆微小、贴生的棕色鳞片；叶片长舌形，宽约2.5 cm，基部明显变窄，叶面平，绿色或略呈棕紫色，顶端急尖或圆形有细尖，叶缘有大而展开的鳞片。简单花序；花序梗非常纤细，向下弯曲；茎苞直立并抱住花序梗，椭圆形，顶端急尖；花部长3.5～28.5 cm，有花3～11朵，排列非常松散；花序轴红色，纤细，呈波状弯曲；花苞椭圆形，长不超过3.5 cm，或为宽的一半，至萼片的一半处，包住花的基部，边缘仅稍相接，不重叠，红色，顶端略呈黄色或黄绿色，急尖。开花时花展开，长约9 cm，花托细长，呈长梗状，长1～2 cm，基部玫红色，上部黄白色；萼片椭圆形，长约4 cm，背部不呈龙骨状隆起，上部略膨大，顶端钝；花瓣舌形，长约5.6 cm，约1/3伸出萼片，开花时顶端展开并向后弯，花瓣大部分为黄色，顶端绿色；雄蕊和雌蕊伸出；柱头绿色，为卷曲Ⅱ型。花期冬季或早春。

植株小型，花序下垂，起初花苞与花序轴紧紧贴合，呈垂线状，近2个月后花苞和花逐渐展开，呈水平状交替排列于花序轴两侧，如垂梯状，花序颜色鲜艳，观赏期超过3个月。

喜温暖湿润、半阴的环境，适合种植在吊盆中，盆土要求疏松透气，也可附生栽种。

主要通过分株繁殖，也可用种子繁殖。

图4-275　垂梯鹦哥凤梨

(a) 花序（花和花苞未展开时）；(b) 开花的植株（花和花苞展开）；(c)—(d) 花。

8. 垂花鹦哥凤梨［*Vriesea simplex* (Vell.) Beer］

种加词“simplex”意为“简单的、不分枝的”，指其花序为单花序。

原产自哥伦比亚、委内瑞拉、特立尼达岛和巴西（东部）。分布在海拔600～1 350 m的雨林中，附生。

开花时花序长40～70 cm。叶10～15片，形成高25～30 cm的漏斗状莲座丛，叶长30～40 cm；叶鞘宽椭圆形，长7～10 cm，被微小的鳞片，叶片长圆状披针形，宽1.5～3.5 cm，叶面平，两面都为绿色或叶背为红色，鳞片不明显，顶端宽并急尖，或圆形有细尖。简单花序；花序梗非常纤细，向下弯曲；茎苞直立，抱住花序梗，宽椭圆形，纸质，红色，顶端黄色或绿色，顶端细尖；花部光滑，长20～30 cm，有花8～12朵，排列非常松散，花序轴非常纤细，波状弯曲或明显呈膝状弯曲，红色；花苞展开，宽卵形，长3.5～5 cm，宽是长的一半还多，红色或橙红色，纸质，完全覆盖住花的基部，基部边缘重叠，背部顶端呈龙骨状隆起。开花时花不偏向，长7.5～8 cm，花托细长，呈长梗状，长0.8～2 cm，直径约0.4 cm；萼片椭圆形，长3～4 cm，仅顶部伸出花苞，顶端钝；花瓣舌形，长约6 cm，约1/2伸出花萼，开花时花瓣顶端展开并向后弯曲，绿色，顶端钝，中间微凹；雌雄蕊都伸出花冠，柱头为卷曲Ⅱ型。花期春末或初夏。

垂花鹦哥凤梨外形与垂梯鹦哥凤梨非常相似，主要的不同点在于垂花鹦哥凤梨的花苞较长且宽，萼片大部分藏于花苞中，仅约1/4露出，花苞覆盖花的基部且边缘重叠；而垂梯鹦哥凤梨的苞片短，长度只及萼片的一半，苞片窄，基部边缘不重叠，在花基部稍靠接；此外垂花鹦哥凤梨的花期比垂梯鹦哥凤梨晚约2个月。

喜温暖湿润、半阴的环境。适合附生或吊盆种植。

主要通过分株繁殖。

图4-276 垂花鹦哥凤梨

(a) 开花的植株在园林中应用；(b) 花序；(c) 花与花苞；(d) 花。

9. 犀鸟鹦哥凤梨(*Vriesea schwackeana* Mez)

种加词"schwackeana"来源于人名，中文名则根据其暗红色的分枝形如犀鸟(又称大嘴鸟)的喙。

原产自巴西。附生于雨林中。

植株开花时高80～100 cm或更高。叶多数，形成宽漏斗状莲座丛，叶长40～60 cm；叶鞘明显，宽椭圆形，被覆微小、贴生的棕色鳞片；叶片舌形，宽3～4.5 cm，绿色或暗红色，叶片基部有红晕和细小的红色斑点(叶背更明显)，叶面光滑，叶背鳞片不明显，顶端近急尖或圆形有细尖。复合花序；花序梗直立，暗红色，直径约0.5 cm或更粗；茎苞呈覆瓦状排列，椭圆形，大部分抱紧花序梗，但靠近顶部展开，顶端细尖；花部长30～40 cm，有1级分枝，排成多列；一级苞片宽卵形，暗红色，顶端急尖；一级分枝4～6个，长圆形，扁平，长10～18 cm，宽2～3 cm，顶端急尖，基部有梗，裸露或只有一枚不育的苞片，有花8～14朵，密生，小花序轴近笔直，纤细，光滑；花苞呈覆瓦状排列两列，但没有完全覆盖小花序轴，宽椭圆形，长2.7～3.2 cm，超过萼片，宽2～2.4 cm，薄革质，有脉纹，背面明显呈龙骨状隆起，并内卷，顶端宽并急尖，稍被鳞片；开花时花不偏向，花托呈粗壮的花梗状，倒圆锥形，长0.5 cm；萼片椭圆形，长约2.5 cm，顶端钝或宽并近急尖；花瓣舌形，长3～4 cm，黄色，顶端钝，基部着生2枚顶端钝圆、鳞片状的附属物；雄蕊和雌蕊伸出花冠。花期春季。

图4-277 犀鸟鹦哥凤梨

(a) 开花的植株；(b) 花。

犀鸟鹦哥凤梨莲座丛宽阔，叶色呈暗红色，花序暗红色，分枝的外形与犀鸟长长的喙有几分神似。

植株长势强健，喜温暖湿润、光照充足的环境，可盆栽或附生栽种。

主要通过分株繁殖。

4.39 小花凤梨属

Brocchinia Schult. & Schult. f. 1830，属于小花凤梨亚科。

模式种：小花凤梨（*Brocchinia paniculata* Schultes filius）

属学名用来纪念意大利博物学家、矿物学家和地质学家G. B. Brocchi。

原产自委内瑞拉南部和圭亚那西部古老的圭亚那地盾，并延伸到哥伦比亚东部和巴西北部，大部分种类出现在圭亚那高原，覆盖平顶山（Tepuys）的广阔区域。地生，极少数附生，其中瘦缩小花凤梨和宽筒小花凤梨被认为具有食虫的习性。现有20个种。

植株为小型至大型草本植物，无茎或有茎，有的茎大型。叶形成莲座状叶丛；叶鞘相对较大但通常不明显；叶片线形或狭三角形，基部一般变窄，光滑至近光滑，通常全缘。复合花序；花序梗明显；花部大多宽大；花苞片不明显。完全花，微小，有梗；萼片离生，小，鳞片状，其中近轴的2枚萼片覆瓦状覆盖远轴的1枚萼片；花瓣离生，明显比萼片大，基部无附属物；开花时雄蕊内藏，花丝分别着生于萼片和花瓣上；子房1/3下位至完全下位，胎座线形，胚珠很少，合点处有长附属物。蒴果，室间开裂，极少数室背开裂。

瘦缩小花凤梨（*Brocchinia reducta* Baker）

种加词“reducta”意为“缩减的”，指叶的数量较少，形成细管状的叶丛。

原产自玻利维亚、委内瑞拉和圭亚那。分布在海拔900～2 200 m潮湿、多沙砾的稀树草原上，地生。

植株近无茎，开花时高50～60 cm。叶直立，少数，形成管状叶丛，叶长25～50 cm；叶鞘大，与叶片连接处分别不明显，密被鳞片；叶片长舌形，宽3～6 cm，浅绿色，两面都被不明显的斑点状鳞片，顶端圆形并形成细尖。圆锥花序；花序梗直立，直径一般不超过0.3 cm，基部白色，上部绿色；茎苞椭圆形，

图4-278 瘦缩小花凤梨

（a）植株；（b）花序；（c）花。

长不超过3 cm,有浅绿色边,顶端圆,有突尖,下面的茎苞近密生,上面的间隔较远。花部有2级分枝,排列松散,花序轴顶端不分枝,疏被浅色鳞片;一级苞片呈茎苞状,顶端渐尖;一级分枝细长呈棒状,长约10 cm,基部有裸露的梗,长约7.5 cm,向上梗变短;花苞卵形,长0.3～0.4 cm,被浅棕色絮状毛,顶端突然渐尖。花直立或近直立,长0.5 cm,有短梗;萼片椭圆状卵形,长0.3～0.4 cm,约和花瓣等长,绿色,光滑,顶端近急尖并有短尖;花瓣宽椭圆形,白色,瓣爪不明显;雄蕊基部分别着生在花萼和花瓣基部,对萼雄蕊比对瓣雄蕊长,花丝顶端微弯,花药丁字形着生,卵形,有短尖;子房细长,绿色,被覆绒毛,花柱粗壮,低于花药,柱头有柄,彼此分离。蒴果近圆柱形,纤细,长约2 cm(含顶端宿存的萼片)或约1.8 cm(不含宿存萼片),宽约0.3 cm。花期夏季。

植株具有修长的管状莲座丛,株型独特,加上其具有食虫习性,令植物爱好者们趋之若鹜。

喜凉爽、光线充足的环境。要求栽培介质具有良好的排水性,可用腐叶土或泥炭3份与1份粗沙混匀后种植,平时保持盆土湿润,也可以在盆下面垫一个较潜的水盘,盘中保持有水。

通过分株繁殖或播种繁殖。

4.40 细叶凤梨属

Bakerantha L. B. Smith 1934,属于鳞刺凤梨亚科。

模式种:细叶凤梨[*Bakerantha tillandsioides* (André) L. B. Sm.2018]

曾归属于刺叶凤梨属,Ramírez-Morillo等人(2018)根据质体和核基因组序列的分子标记证据,结合形态特征的分析,证实了细叶凤梨属的单系性,并重新启用L. B. Smith于1943年提出的*Bakerantha*作为其属学名,用来纪念英国植物学家J. G. Baker。

原产自墨西哥中部。生长在悬崖峭壁上,地生。现有5个种。

雌雄异株;植株近无茎或有茎,中型或大型,有些长大后呈草丛状。叶多数,莲座丛无叶筒;叶鞘方形、卵形或长圆形,光滑或背面有白色鳞片;叶片窄三角形或线状三角形,通常下垂,叶面光滑或有少量鳞片,叶背密被白色鳞片,有时顶端干枯并卷曲,全缘或有微小的锯齿。圆锥花序,顶生;花部线形,有1～2级分枝;花序梗及花序轴光滑;花排成多列。花有梗,花梗线形;萼片花瓣状,离生;花瓣离生,白色、粉色、天蓝色或淡紫色,膜质,有多条脉纹,开花时卷曲或反折,使雌雄蕊外露;雌株的退化雄蕊薄片状,雌蕊无花柱,柱头长且明显,上位子房,呈锥形;雄株的雄蕊直立,花丝薄片状,花药长圆形,被着药,退化雌蕊锥形,较明显。蒴果室间开裂,未成熟时直立,成熟时下垂并释放出微小的种子,果皮纸质,萼片和花瓣宿存;种子小且薄,纺锤形,长0.3～0.35 cm,宽0.056～0.067 cm,两端有翅。

伊达细叶凤梨(*Bakerantha hidalguense* K. Romero, C. T. Hornung & I. Ramírez)

种加词源于该种的原产地,位于墨西哥中东部的伊达尔戈州(Hidalgo)。

产自墨西哥。分布在海拔650～1 327 m的岩石峭壁和垂直墙壁上,地生。

植株近无茎,叶丛高20～30 cm,直径30～60 cm,开花时植株高度可超过200 cm。通常由2～10个或更多的莲座丛形成丛生状态,叶多数,弯曲;叶鞘卵形至宽长圆形,长2～5 cm,宽2～5.5 cm,白色或浅绿色,基部光滑,边缘及上部被白色鳞片;叶片线形至窄三角形,长15～55 cm,宽1.5～2.8 cm,肉质,浅绿色,叶面被覆银色鳞片,叶背密被白色鳞片,顶端渐尖或长渐尖,植株成熟时顶端常卷成圈,边缘有细锯齿。顶生圆锥花序;雄株花序长90～120 cm,雌株长55～120 cm;花序梗圆柱形,绿色,靠近顶部为淡紫色,雄株长17～20 cm,基部直径0.4～1 cm,雌株长38～77 cm,基部直径0.4～0.6 cm;茎苞三角形,直立,绿色或浅棕色,全缘,其中基部的茎苞比节间长,顶端长渐尖或渐尖,反折,上部的茎苞与节间等长或略短,雄株的茎苞长3.5～12 cm,宽1～1.6 cm,雌株的茎苞长1～13.1 cm,宽0.5～1 cm;花部为椭圆体形，雄株直立或成拱状弯曲，雌株直立，花序轴光滑，绿色或顶端淡紫色，雄株长60～100 cm，基部直径0.2～0.3 cm，雌株长33～54 cm，基部直径0.2～0.4 cm，雄株有1～2级分枝，雌株有1级分枝；一级苞片三角形，光滑，浅棕色，裹住小花序轴，边缘弯曲，顶端渐尖，全缘，雄株长0.3～2 cm，宽0.3～1.2 cm，雌株长0.4～1.5 cm，宽0.2～0.4 cm；一级分枝斜出，雄株有10～36枝，分枝长3～30.5 cm，雌株有7～24枝，分枝长1.5～17 cm，小花序轴基部扁平，浅绿色，靠近顶部浅紫色，雄株长0.5～2 cm，有的达4.2 cm，雌株长0.3～1.2 cm，雄株的分枝上有花14～146朵，雌株有花5～54朵，且顶端有未完全发育和败育的花蕾；雄株的二级苞片呈线状三角形，长0.2～0.25 cm，宽约0.1 cm，浅棕色，全缘；二级分枝长1～8.5 cm，直径约0.1 cm，浅紫色；雌株无二级分枝；花苞线状三角形，长0.1～0.25 cm，宽0.05～0.1 cm，浅紫色枝浅棕色，全缘。花有梗，浅紫色，直径约0.1 cm，雄株的花梗长0.25～0.7 cm，雌株的花梗长0.2～0.4 cm；萼片离生，卵形，革质，浅紫色，透明状，顶端急尖，全缘，雄株的萼片长0.15～0.22 cm，宽0.14～0.18 cm，雌株的萼片长0.16～0.24 cm，宽0.11～0.2 cm；花瓣离生，椭圆形，浅紫色至紫罗兰色，顶端急尖，雄株的花瓣长0.45～0.6 cm，宽0.1～0.3 cm，膜质，雌株的花瓣长0.4～0.55 cm，宽0.2～0.3 cm，开花时反折，革质；雄株的雄蕊长0.4～0.45 cm，花丝长0.27～0.4 cm，白色，花药长圆形，长0.1～0.16，基着药，绿色，花粉黄色；雌株的退化雄蕊长0.16 cm，白色；雄株的退化雌蕊锥形，长0.14～0.2 cm，宽0.1～0.15 cm，浅紫色；雌株为上位子房，卵形，长0.26～3 cm，直径0.2～0.22 cm，基部浅绿色，顶部浅紫色，或全部为浅紫色，柱头白色。蒴果卵形，后呈下垂状，长0.8～1.1 cm，宽0.4～0.5 cm，绿色或棕色，花瓣、萼片和退化雄蕊都在蒴果上宿存。花期4月上中旬。

伊达细叶凤梨常与蓝花细叶凤梨（*Bakerantha caerulea*）或细叶凤梨（*Bakerantha tillandsioides*）混淆。伊达细叶凤梨与蓝花细叶凤梨的区别在于后者植株有茎，叶较宽，可达4～8 cm，而前者的植株近无茎，叶窄，宽仅1.5～2.8 cm。伊达细叶凤梨与细叶凤梨的区别在于，后者叶缘有明显的锯齿，叶较长，可达60～185 cm，花梗较短，为0.1～0.4 cm，花瓣短，为0.35～0.4 cm，花色为玫红色到淡紫色，而前者的叶

图4-279　伊达细叶凤梨（雄株）

（a）开花的植株；（b）花（正面）；（c）花（背面）。

短，长仅15～55 cm，叶缘的锯齿很细，几乎感觉不到；花梗稍长，为0.2～0.4 cm，有时长可至0.7 cm，花瓣略长，为0.4～0.6 cm，花色为淡紫色到紫罗兰色。

植株叶形纤细，叶缘细锯齿近无感，叶片上被覆灰白色的鳞片使植株呈现银灰色的外观，叶密且紧凑，常呈丛生状，与银叶类铁兰有些相似。开花时花序宽大，纤细而松散的花枝上缀满淡雅的浅紫色或紫罗兰色的小花，非常美丽。

长势强健，栽培较容易。喜光照充足的环境，适合盆栽或地栽，栽培介质应具有良好的排水性。

通过分株繁殖。

4.41 鳞刺凤梨属

Hechtia Klotzsch 1835，属于鳞刺凤梨亚科。

模式种：鳞刺凤梨（*Hechtia stenopetala* Klotzsch）

属学名用于纪念德国植物收集者J. G. C. Hech。属中文名根据本属大部分种类叶缘锯齿的基部有一撮白色的鳞片的特征。

大部分种类原产自墨西哥，此外还延伸至美国西南部和尼加拉瓜北部。生长在干旱且多岩石的地方，土壤贫瘠，排水良好。通常为雌雄异株，少数为杂性同株（polygamomonoecious），花（特别是雄株的花）一般有香味。地生。现有91种。

多年生阳生草本植物，与丝兰、龙舌兰等拥有相同的生境，又因其外形酷似龙舌兰，因此也被称为“假龙舌兰”（Quinn，2006），国内又称猥凤梨。雌雄异株；有短茎或近无茎，叶呈莲座状密生，不形成叶筒；叶片通常呈拱状弯曲，顶端变细并形成尖刺，叶缘具有刺状锯齿，锯齿的腋部通常有一撮粗糙的鳞片，鳞片覆盖整株或仅存在于叶背。复穗状花序或圆锥花序，为腋生花序；花序梗发育良好，直立或斜出；下部的茎苞呈叶片状，上面的茎苞呈叶鞘状；花部圆锥形或圆柱形，通常有1级或多级分枝，有的种类分枝长，花分散排列，有的种类分枝短，花密生呈头形。花小，无花梗或花梗明显；花萼鳞片状，离生；花瓣通常离生，基部无附属物，有时中部与花丝联合形成环状；雄蕊内藏至伸出，花药多为卵形；子房光滑或被覆鳞片，完全上位或超过3/4下位。蒴果卵形或椭圆体形，室间开裂和室背开裂；种子多，长圆形，有狭翅或有时几乎无附属物，外表皮通常有刻纹。

鳞刺凤梨属植作为观赏植物而被人为栽培的种类并不多，少数作为外形奇特的多肉植物而被收集。大部分种类长势强健，喜强光，也非常耐旱，有些种类在强光下叶色呈美丽的亮橙色或紫红色，可与仙人掌及其他多肉植物一起营造岩石园或旱生植物景观。

1. 密叶鳞刺凤梨（*Hechtia epigyna* Harms）

种加词“epigyna”意为“花上位的”，即子房处于下位的。中文名根据植株叶多而密的特性。

原产自墨西哥。分布在海拔585～612 m的亚山地灌丛植被中，生长在不太陡峭的石壁和垂直的岩溶石壁上（Ramírez Morillo *et al*，2015），地生。

雌雄异株；开花时植株高可达100 cm或更高。叶多数，基生，形成紧密且开展的莲座丛，叶长35～40 cm；叶鞘亮棕色，宽卵形至方形，两面都有鳞片，成熟后变光滑；叶片线状三角形，基部宽2～3 cm，翠绿色，两面都密被皮屑状鳞片，逐渐变得光滑，顶端丝状变细，叶缘直到叶的顶部都密生坚硬的刺状锯齿，长约0.3 cm，间距约1.2 cm，顶端钩状，呈透明状，刺的腋部有一撮粗糙的鳞片。圆锥花序，腋生；花序梗直立，光滑，绿色至暗紫色；花部近圆柱形，通常有1级分枝，分枝排列松散，花序轴光滑，纤细，暗紫色；一级苞片阔卵形，长0.7～1.5 cm，质地薄，顶端渐尖；一级分枝直立或斜出，长3～7 cm，基部有短梗，花密生或松散；花苞宽椭圆形，长0.3～0.4 cm，膜质，白色，或顶部浅玫红色，顶端渐细。花展开或斜出，花梗细，圆柱形，靠近顶端稍增粗，雄株的花梗长0.6～0.7 cm，雌株的花梗长0.3～0.6 cm；花萼近卵形，长0.25～0.35 cm，浅棕色或玫红色，膜质，顶端钝或渐尖；花瓣宽椭圆形，开花时展开，长约0.5 cm，白色为主，中脉玫红色，顶端颜色略深，顶端钝，呈帽兜状；雄蕊与花瓣等长，花丝分离；子房（或其残留物）完全下位，三棱形，长0.5～1 cm，柱头展开并向后弯曲，胚珠多数，两头尖，为纺锤形。蒴果开裂时向下。花期早春。

植株叶密生，莲座丛展开，株型饱满、叶色青翠，叶缘有精致的弯钩状锯齿，近透明状，且锯齿的腋部有一小撮银白色的鳞片。花小而密集，花瓣白色略带玫红色，非常淡雅。

喜光线明亮的环境，较耐旱。可盆栽或地栽，适合旱生园的植物造景，栽培介质疏松透气，排水良好。

主要通过分株繁殖。

图4-280　密叶鳞刺凤梨

（a）叶丛；（b）叶缘锯齿；（c）雌花；（d）雌花序。

2. 银毛鳞刺凤梨（*Hechtia marnier-lapostollei* L. B. Sm.）

原产自墨西哥北部。

雌雄异株。叶少数；叶鞘近圆形，直径约2 cm，栗色，顶端密被鳞片，其他部分光滑，有光泽；叶片狭三角形，厚肉质，顶端有尖刺，叶缘有宽大的向上的弯刺，刺长约0.4 cm，雄株叶长约13 cm，基部宽约2 cm，两面都密被明显的灰白色毛状鳞片，雌株叶长18～40 cm，基部宽约3 cm，叶面近光滑，叶背密被白色毛状鳞片。圆锥花序，雄株花序腋生，雌株花序腋生或顶生；花序梗光滑，顶部直径约0.4 cm；茎苞基部宽卵形，顶端呈线状细尖，上部的茎苞超过节间；花部窄金字塔形或圆柱形，有1级或2级分枝，分枝沿花序轴排列松散，花序轴光滑；基部的一级苞片形如上部的茎苞，向上逐渐变短，纸质，通常比分枝短；一级分枝展开或下垂，长4～8 cm，雄株的分枝基部近无梗，雌株的分枝基部有长约3 cm的短梗，雄株的小花序轴圆柱形，雌株的小花序轴基部扁平，宽约0.2 cm；花苞宽卵形，约与萼片等长，边缘有缺刻，干时白色。雄花的花梗长约0.1 cm，雌花的梗长约0.2 cm；萼片形如花苞，长约0.2 cm；雄花的花瓣倒卵形，顶端圆，长约0.4 cm，约与雄蕊等长，雌花的花瓣狭三角形，基部有一大的胼胝体；上位子房，卵形，具三棱，表面光滑，花柱展开并向后弯曲。花期春季。

叶肥厚并布满毛茸茸的银白色鳞片，其中雄株的叶丛比雌株更加紧凑，叶表鳞片也更加浓密。开花时分枝呈圆柱形，展开或下垂，无论雄花还是雌花都非常精致。

栽培较容易，喜强光，耐旱，有一定的耐寒性。可盆栽，也适合岩石园或旱生园中地栽，栽培介质应有良好的排水性。

主要通过分株繁殖。

图4-281　银毛鳞刺凤梨

(a)—(c) 雄株：(a) 开花的植株；(b) 雄花花序；(c) 雄花及花穗。(d)—(e) 雌株：(d) 开花的植株；(e) 雌花花序。

4.42　美索凤梨属

Mesoamerantha I. Ramírez & K. Romero 2018，属于鳞刺凤梨亚科。

模式种：美索凤梨属［*Mesoamerantha guatemalensis* (Mez) I. Ramírez & K. Romero，2018］

属学名意指该属的原产地仅限于中美洲地区，属中文名则取自该学名前两个音节的发音。原产自伯利兹、危地马拉、洪都拉斯、萨尔瓦多、尼加拉瓜。分布在海拔100～1 800 m的区域，生长在岩石上或地面，地生。现有3个种。

雌雄异株，植株近无茎，开花时高可达200 cm，从茎的基部萌发侧芽而呈丛生状。叶丛高10～14 cm，直径20～150 cm。叶多数，向后弯曲，较肉质，叶鞘与叶片的区别较明显；叶鞘呈宽长圆形，光滑，仅在与叶片连接处有白色鳞片，全缘；叶片通常肉质，窄三角形，顶端渐尖，叶缘有刺，刺基部有一丛白色的鳞片。圆锥花序，顶生，有些种类的雌株为总状花序；花序梗圆柱形，表面被覆蜡质，向上节间逐渐拉长；茎苞宽长圆形或卵形，顶端窄三角形，有长渐尖或渐尖，其中基部的茎苞通常向后弯曲，长超过节间，上部的茎苞直立并变短；花部菱形或圆柱形，直立或呈拱状弯曲，不分枝或有1～2级分枝，分枝排列松散或紧密；花苞窄三角形或披针形。花有花梗，排成多列；萼片离生，通常为卵形，有3条脉纹，有的为三角形、椭圆形或披针形，顶端通常急尖，个别为渐尖；花瓣离生，椭圆形、长圆形或卵形，白色，少数花瓣顶端为红色；雄株的雄蕊通常伸出，花丝为锥形，白色，花药长圆形，直或稍弯曲，被着药，退化雌蕊长圆形或椭圆体形，柱头直立，雌株的退化雄蕊薄片状，子房3/4下位，柱头分离，为对折—展开型，白色。花瓣及萼片的基部与子房壁融合形成果皮，宿存，干后呈硬壳状，但上部分离的部分以及退化雄蕊和柱头不宿存，蒴果椭圆形，直立，有时下垂，室背开裂；种子纺锤形，棕色或略带红色，有短翅。

美索凤梨［*Mesoamerantha guatemalensis* (Mez) I. Ramírez & K. Romero］

原产自危地马拉至尼加拉瓜。分布在海拔100～1 600 m热带落叶林的开阔地带，生长在岩石质的土壤或石坡上，地生。

开花时高可达200 cm。叶多数，基生，形成莲座状叶丛，中间的叶直立，外围的叶拱状弯曲，叶长37～100 cm；叶鞘近圆形，宽4～8 cm，比叶片稍宽，全缘或有刺；叶片线状三角形，基部宽3～6 cm，叶面光滑，叶背密被一层均匀的白色鳞片，顶端尾状且无刺，叶缘有向上的钩刺，刺长0.3～0.4 cm，间距0.5～1.2 cm，刺腋处有一丛白色鳞片。圆锥花序顶生，直立；花序梗圆柱形，直径0.5～1.5 cm，雄株长30～68 cm，雌株长38～93 cm，光滑，绿色或酒红色；茎苞基部呈鞘状，方形或长方形，基部全缘，向上边缘有刺，上部呈叶状，三角形，其中基部的茎苞比节间长，并向后弯曲，上部的茎苞比节间短，直立；花部光滑，雄株的花部长100～150 cm，较宽，有1～2级分枝，分枝较长，顶端不分枝，雌株的花部长100～200 cm，不分枝或有1～2级分枝，分枝较短，有时在花序轴的一个点上簇生多个分枝，顶端不分枝，顶生花穗以及各分枝的顶端都有一个由不育花苞密生形成的圆锥状或圆柱形的不育小穗，棕色；一级苞片披针状三角形，绿色或红棕色，全缘或少数最基部的一级苞片顶部边缘有刺，雄株的一级苞片长1.5～11 cm，宽 0.6～1.5 cm，雌株的一级苞片长1.5～9 cm，宽0.4～1.2 cm；雄株有12～14个一级分枝，展开，长20～41 cm，基部有长2～10 cm的梗，开花直至顶部，雌株的一级分枝多数［或少数］，排列松散，展开，长7.5～53 cm，基部多数有长3～8.5cm的梗［其中簇生状分枝的基部近无梗］，小花序轴基部直径0.2～0.5 cm，浅绿色至乳白色；二级苞片三角形，浅棕色，光滑，膜质，有3条脉纹，顶端渐尖，全缘，其中雄株长0.5～1.5 cm，宽0.1～0.6 cm，雌株长0.2～0.7 cm，宽0.1～0.3 cm；雄株的二级分枝长5～20 cm，雌株长7～23 cm［雌株的二级分枝有时簇生在一级分枝的基部］；花苞绿色或棕色，雄株的花苞窄三角形，长0.15～0.6 cm，宽0.1～0.2 cm，有一条脉纹，顶端渐尖或急尖，全缘，雌株的花苞

图 4-282 美索凤梨

(a) 开花的雌株；(b) 雌花株花序；(c) 雌花的解剖；(d) 雌株顶端的不育花苞形成的小穗(红圈内)；(e) 开花的雄株；(f) 雄株的花及部分花序；(g) 叶缘的刺。

窄三角形或披针形，长 0.2 ～ 0.5 cm，宽 0.08 ～ 0.2 cm，顶端渐尖，全缘，有时有缺刻。雄株花梗细，长约 0.2 cm，雌株花梗粗，长约 0.1 cm；雄株萼片卵形或披针形，长 0.1 ～ 0.3 cm，宽 0.1 ～ 0.2 cm，白色、橙黄色或绿色，顶端急尖或有短尖，全缘，雌株萼片卵形或卵状三角形，长 0.15 ～ 0.32 cm，宽 0.12 ～ 0.25 cm，白色，顶端全部为绿色或有棕色点，顶端急尖或渐尖，有短尖，全缘；花瓣椭圆形或长圆形，长 0.3 ～ 0.6 cm，宽 0.1 ～ 0.2 cm，白色，开花时展开，顶端急尖；雄株的雄蕊长 0.18 ～ 0.45 cm，花丝长 0.15 ～ 0.4 cm，花药长 0.12 ～ 0.2 cm，黄色，雌株的退化雄蕊长 0.12 ～ 0.25 cm；雄株的退化雌蕊长 0.15 ～ 0.3 cm，柱头长 0.05 ～ 0.15 cm，雌株的子房 3/4 下位或几乎完全下位，卵形，长 0.3 ～ 0.4 cm，直径 0.1 ～ 0.2 cm（0.2 ～ 0.4 cm），表皮光滑，绿色，有时具白色的点，少数可见长 0.1 ～ 0.2 cm 的花柱，柱头长 0.15 ～ 0.3 cm，白色。蒴果宽椭圆形，长 0.5 ～ 1.1 cm，直径 0.3 ～ 0.5 cm，未成熟时绿色，光滑，有明显而不规则的脉纹，成熟时室背缓慢开裂；种子长 0.3 ～ 0.5 cm，棕色，两端有红黄色的翅状附属物。

莲座丛饱满，叶面光滑，叶背有银白色鳞片。开花时花序挺拔，为浅绿色，子房 3/4 或几乎完全下位。

植株喜强光，非常耐旱，适合旱生园种植。

通过分株繁殖。

4.43　刺蒲凤梨属

Puya Molina 1782，属于刺蒲凤梨亚科。

模式种：刺蒲凤梨（*Puya chilensis* Molina 1782）

属学名在印第安语中意为“尖刺”，指叶上有尖锐的刺。属中文名根据叶上有刺的特征并结合了属学名第一音节的发音。

原产地从中美洲南部至南美洲的南端，北起哥斯达黎加、委内瑞拉，跨越厄瓜多尔、秘鲁、玻利维亚，直至智利北部和阿根廷，分布中心在玻利维亚、秘鲁和厄瓜多尔。很多种类生长在安第斯山脉高海拔冷凉、干燥、多石的环境中，被称为“安第斯山脉的皇后”。大部分种类为一次结实植物，其中皇后刺蒲凤梨被认为是凤梨科植物乃至草本植物中株型最大的种类，其叶丛高达 3 m，开花时花序高更可达到 9 ～ 10 m。目前有 228 个种及 17 个种下分类单元。地生。

刺蒲凤梨属的种类为多年生草本植物，近无茎或大部分具长茎，单干或有分枝，茎粗壮，开花时通常高数米。叶莲座状密生，革质；叶鞘明显，大且较肉质；叶片狭三角形，与叶鞘连接处从不变窄，叶缘常具有粗大的刺状锯齿。花序大且明显，简单花序或复合花序。花为完全花，大而美丽；萼片呈旋转状排列，离生，比花瓣短很多，光滑至有短绒毛或绵毛；花瓣宽大，离生，无附属物或有一对纵向的胼胝体，开花时花瓣上部通常展开，花后花瓣呈螺旋状缠绕在一起；雄蕊一般比花瓣短，花丝分离，伸长；子房处于上位或稍下位，光滑，花柱细长。蒴果室背开裂，接下来室间也开裂。种子较大，翅状附属物位于种子背面并延伸至顶部。

可能是因为刺蒲凤梨属植物的叶缘都具有粗大且尖锐的锯齿，株型也颇为硕大，因此很少作为观赏植物收集和栽种。然而刺蒲凤梨属植物大多拥有高大挺拔的花序，花大型，花色为蓝色、绿色、紫色或紫红色，神秘且美丽，具有较高的观赏价值，有的种类的叶上常被银白色鳞片，形成密生的银灰色莲座丛，较美观，而且本属种类大多非常耐旱，也较耐寒，具有一定的园林应用价值，适合热带及亚热带地区的岩石园或旱生园的景观营造，国外也有一些成功的应用案例，如美国的加州大学伯克利植物园、汉廷顿植物园。

1. 疏花刺蒲凤梨（*Puya laxa* L. B. Sm.）

种加词“laxa”意指花序上的花排列稀疏。

原产自玻利维亚。分布在海拔约 1 500 m 干燥、多石的山坡上；地生。

植株有茎，开花时高可达 80 cm。叶长超过 27 cm；叶鞘近圆形，长约 3 cm，基部光滑，顶端密生锯齿；叶片狭三角形，叶上密被白色、粗糙的绒毛状鳞片，叶背更明显，顶端尾状变细并全缘，往下则疏生棕色、向上的细锯齿，刺非常尖锐，长约0.5 cm。圆锥花序；花序梗纤细，直径约0.4 cm，直立或略弯曲，大部分裸露，很快变得光滑；茎苞卵形，质地薄，顶端渐尖，全缘，其中基部的茎苞叶片状，向上变短，上部的茎苞比节间短很多；花部有1级分枝，排列松散，花序轴上被覆白色短绒毛；一级苞片阔卵形，长约2.5 cm，薄质顶端有细尖，全缘；一级分枝展开，直立或弯曲，非常细长，长约23 cm；花苞广卵形，长可至1.3 cm，稍超过花梗，膜质，顶部细尖，全缘。花深紫罗兰色，起初沿花序轴贴生，开花时花展开，花后反向弯曲；萼片披针状长圆形，长约1.7 cm，质薄，正面有沟槽，背面靠近基部稍呈龙骨状隆起，顶端细尖；花瓣长约3 cm，基部无附属物。花期春末夏初。

整株密被长长的绒毛状鳞片，叶丛呈银白色；花色奇特、花形较别致。可观叶和观花。

植株长势强健，喜光照充足的环境，可盆栽，也适合旱生园地栽，要求栽培介质有良好的排水性。

主要通过分株繁殖，也可用种子繁殖。

图4-283 疏花刺蒲凤梨

(a) 叶丛；(b) 花；(c) 开花的植株；(d) 花序(局部)。

2. 奇异刺蒲凤梨［*Puya mirabilis* (Mez) L. B. Sm.］

种加词“mirabilis”意为“惊奇的”，指其花大型。

原产自玻利维亚（中部）和阿根廷（西北部）。分布在海拔750～2 590 m的区域；生长在岩石的坡上，地生。

植株近无茎，开花时高30～150 cm。叶多数，长22～60 cm，基生呈簇生状；叶鞘厚，宽卵形，在植株基部形成球形，叶鞘上部边缘具锯齿；叶片线形，与叶鞘连接处不变窄，宽0.8～1.5 cm，绿色，叶缘有红褐色细小的倒钩刺，基部更明显。总状花序；花序梗直立并超过叶丛，光滑；茎苞直立，排列松散，比节间长，广卵形，其中基部茎苞呈叶状，顶端有长长的尖刺，沿花序梗向上茎苞顶端的尖刺变短。花部呈圆柱形，长8～30 cm，宽约16 cm，花少数，开花时常偏向一侧，顶部的花苞内不育；花序轴直立，粗壮，鳞片不明显，近光滑；花苞近直立至展开，宽卵状椭圆形，长3～4 cm，超过花梗，背部有脉纹，顶端渐尖，边缘具刺状锯齿，花苞早枯。花长10～11 cm，盛开时展开的花冠直径达5.5～6 cm，花梗长1.2～1.5 cm，开花时花梗近直立并逐渐向下弯曲；萼片厚革质，稍不对称，近三角形，长5.5～6 cm，基部宽约1.1 cm，背面不呈龙骨状隆起，厚革质，灰绿色，顶端有不太明显的短尖；花瓣舌形，长8～9.5 cm，宽1～1.8 cm，浅绿色或黄绿色，中脉颜色加深，顶端渐尖，基部无附属物，开花时花瓣上部展开，顶部向后弯曲，花后花瓣扭曲在一起；雄蕊长约8.4～8.9 cm，其中花丝长约7.4 cm，花药长1～1.5 cm，顶端渐尖，为基着药；柱头绿色，为对折—螺旋形，表面有乳突（图1-62f）；雌蕊稍短于雄蕊，长约8 cm，子房3/4上位，窄圆锥体形，高约2 cm，基部直径约0.7 cm，胚珠具翅。蒴果宽圆锥体形，长约2.8 cm，直径约1.9 cm；种子镰形，长0.2～0.25 cm，宽约0.05 cm，棕色，背部及底部具狭翅。

通常可以看到2种株型的奇异刺蒲凤梨，在叶丛大小、花序高度及茎苞的形态等方面都有明显的差异。类型一：株型较大：开花时高可达150 cm，叶丛高约60 cm，基部由叶鞘形成的假球茎直径约5.5 cm，叶长约91 cm，基部宽1.3～1.5 cm；花序梗直径约1 cm；茎苞呈叶状，基部为三角形，浅褐色，紧贴花序

图4-284 奇异刺蒲凤梨

(a)—(d) 株形低矮的植株：(a) 开花的植株；(b) 花序梗上的茎苞；(c) 花序梗上的茎苞和花；(d) 果实。(e)—(f) 高大的植株：(e) 开花的植株；(f) 花。(g) 花序梗上的茎苞。

梗，顶端有非常长的叶状细尖，向上细尖变短，略展开或展开；有花12～17朵，侧向一侧或不偏向一侧；花长约12 cm。花期夏季。类型二：株型较小，开花时高约55 cm，叶丛高约38 cm，基部假球茎的直径约4 cm，叶长55～65 cm，叶宽约1 cm；花序梗直径约0.6 cm，基部的茎苞叶片状，直立，但不贴生在花序梗上，长三角形或长椭圆形，初为绿色或浅绿色，不久变成黄白色或浅黄褐色，顶端有长细尖，绿色，向上细尖变短，茎苞如花苞状，椭圆形，顶端有长细尖；有花约12朵，偏向一侧；花长约10.5 cm。花期夏季或秋季。

叶色翠绿，叶形纤细，叶丛基部由叶鞘形成膨大的假球茎，因此也被爱好者作为多肉植物栽培收藏，此外其纤细的叶片从球形的基部长出并散开，好似一股绿色的清泉喷涌而出，形态优美，但需要小心其叶缘细密且尖锐的倒钩刺。开花时两种不同类型植株或花序挺拔，大型的绿色花朵略向下垂，或花姿优美，每一朵花都朝着一个方向开放，好像被风吹起的风铃一般。奇异刺蒲凤梨的花也有夜间开放的特性，当天气凉爽时也可持续至次日中午甚至下午。

该种是为数不多国内常见栽培的刺蒲凤梨属植物之一，长势非常强健，喜光线充足的环境，可盆栽或应用于岩石园、旱生园中。选用疏松肥沃且排水良好的介质。

通过播种或分株繁殖。

第5章
凤梨的栽培管理及繁殖方法

凤梨科植物生长在不同的生境中，原产地的气候、地质和水文等情况大相径庭，极大地影响着它们的外观和生态习性。要成功引种和栽培凤梨科植物，有必要事先了解它们在原产地的生境以及相应的生态习性。

与凤梨生长相关的主要环境因子包括温度、湿度、光照、通风条件，以及土壤等。

5.1 凤梨生长的主要环境因子

5.1.1 温度

凤梨科植物原产自美洲的热带和亚热带地区，一般不能忍受太低的温度，适宜温度为白天20～28℃，夜晚15～20℃，而过高或过低的温度都会导致植株生长阻滞，并产生花序畸形、分枝数量减少或花色变浅等现象，严重时可导致死亡。

不同种类的凤梨对温度的需求和耐受性都有所不同，主要与其原产地的纬度和海拔高度有关。通常来说，原产自北美洲北部、南美洲偏南部或较高海拔山地上的凤梨种类较耐寒，其中来自高海拔地区的凤梨对高温较敏感。例如，皇后刺蒲凤梨产自安第斯山脉海拔2 400～4 050 m的高山上，当气温超过28℃时，其幼苗的叶色就明显变黄；双花铁兰原产自中美洲和南美洲西北部海拔1 900～3 000 m雨林中，当气温高于30℃时也出现了叶片黄化现象；分布在美洲大陆热带低地雨林中的种类喜高温环境，如原产自法属圭亚那密林中的卧花凤梨（*Disteganthus basi-lateralis*）在气温低于18℃时其生长点附近的嫩叶就会变黑和腐烂，其他一些种类在低温环境下会出现叶斑或产生叶黄化枯萎的现象。高温除了导致敏感种类死亡外，还会导致部分种类花色变浅，例如**粉红**水塔葡茎凤梨（*Canistropsis billbergioides*‘Pink’）（图5-1）。

图5-1 温度对*粉红*水塔葡茎凤梨花色的影响

（a）冬季开花的花序；（b）夏季高温时开花的花序。

在高温季节采取催花措施时，其催花的成功率将有所降低，花序的畸形率也会明显增加。

凤梨科植物中有不少种类可以忍受5℃以上的低温，其中包括卷瓣凤梨属、水塔花属、雀舌兰属、鳞刺凤梨属等。对于大部分较耐寒的凤梨种类来说，0℃是植株产生明显冻害的临界点：在0℃以上时植株表面可能不会产生明显的冻伤症状；一旦气温低于0℃，叶片上便会出现沿着叶脉方向的水渍状冻伤，继而产生白斑。对于有叶筒的凤梨种类，叶筒中储存的水分可对叶筒中央的生长点起一定保护作用，即便表面结冰也可保证冰面下的生长点不低于冰点，但是若温度继续降低则中间的生长点也将受冻。此外，我国很多地方入秋后会出现霜，也会对大部分凤梨科植物产生明显的冻害。因此，在我国室外进行凤梨的周年应用时，应选择全年无霜的地区。

凤梨科植物的耐寒性除了与原产地的气候有关外，还与以下一些因素有关。① 植株所处的生长阶段：一般情况下，幼苗期植株比较幼嫩，更不耐低温。② 植株所处的小环境：若植株处在避风向阳处，或上方有遮挡物，受到低温的伤害也会少一些。③ 寒冷持续的时间：有些凤梨种类虽有一定的耐寒性，但无法忍受长时间的低温。笔者通过连续多年的观察，发现弯叶尖萼荷、二列尖萼荷、尾苞尖萼荷等少数种类可在上海的室外过冬而没有产生明显伤害或只有轻微冻伤。

5.1.2 相对湿度

相对湿度分为空气相对湿度和土壤相对湿度，其中前者指空气中的水汽实际含量与最大含量的比例，后者指土壤的实际含水量与其最大含水量的比例。除旱生种类外，大部分凤梨种类喜欢较高的空气相对湿度。例如，果子蔓属、鹦哥凤梨属中叶片薄、叶质地柔软的种类喜阴湿环境，适宜的空气相对湿度为70%～90%；当空气相对湿度低于50%时叶片表面易出现皱褶、向内卷曲或叶尖焦枯等现象，有些种类的包心现象也与空气相对湿度过低有关。中生型凤梨适宜的空气相对湿度为60%～75%；雀舌兰类、鳞刺凤梨类、刺蒲凤梨类以及叶表鳞片发达的银叶类铁兰属种类等旱生类型，空气相对湿度可降低至40%～60%。当空气相对湿度太高且通风不良时，叶片表面易滋生藻类，阻碍光线进入叶片，从而影响光合作用，严重时可引起植株长势衰弱，增加感染病菌的可能性，并导致叶丛烂心根茎基部腐烂等现象。一般来说，果子蔓属等生长在雨林中的凤梨类群，其幼苗期空气相对湿度可控制在80%～95%，栽培3个月后保持在75%～85%为宜。过高的空气湿度反而会造成叶片产生病斑。

地生型凤梨的水分主要来源于土壤，而当土壤相对湿度过低时，植株无法获得足够的水分而出现叶片皱缩或内卷并失去光泽，严重缺水时枯萎和死亡。但是，当土壤湿度过高时，土壤中的孔隙被水占据，土壤中的空气就会变少，根系因缺氧而出现呼吸作用减弱，导致根系生长衰弱。同时，土壤缺氧也会影响根系周围土壤中微生物的活性，进一步影响养分的转化，严重时会导致土壤中厌氧菌发酵而产生有害物质，致使植株根系和茎基部腐烂。因此，无论盆栽的是地生型凤梨还是兼性附生型凤梨，都应遵循土壤“见干见湿，干湿交替”的原则。

5.1.3 光照强度

光照是植物生长发育的重要环境因子之一，也对植株的形态产生很大的影响。不同凤梨种类对光照强度的需求不同。一般来说，叶质地薄而软、叶为绿色的凤梨属于阴生植物，如果子蔓属、鹦哥凤梨属、翠凤草属的大部分种类以及部分彩叶凤梨属种类，适宜的光照强度为15 000～25 000 lx；叶质地较厚且硬的凤梨属于中生植物，如大部分尖萼荷属、彩叶凤梨属、丽苞凤梨属和部分鹦哥凤梨属种类，适宜的光照强度为30 000～40 000 lx；生长在全光照环境下的种类通常叶片肉质，叶缘具尖锐的锯齿，叶表常覆盖发达的鳞片，属于喜阳植物，如强刺凤梨类、鳞刺凤梨类、雀舌兰类、刺蒲凤梨类（图5-2a）。此外，铁兰亚科中的一些叶质地坚硬、叶表鳞片浓密的种类，如银狐铁兰（图5-2b）、束花铁兰、霸王铁兰、喷泉铁兰，以及生长在光照充足的崖壁和石砾中的卷瓣凤梨属植物也能适应强光环境。

当凤梨植株长期处于光线不足的环境下会出现叶色变淡、斑点和斑纹消失，甚至叶片徒长、株型散乱

图5-2　具有灰白色叶片的阳性种类（潘向燕摄）

（a）生长在空旷荒漠地带的刺蒲凤梨属植物；（b）生长在岩石表面的银狐铁兰。

等现象（图5-3）。弱光条件往往导致凤梨常年不开花或花序细弱，但光照过强也会使不耐强光的凤梨种类的叶色变淡或发黄，或造成局部灼伤，严重时植株死亡。

图5-3　相同品种的水塔花在不同光照下生长时的形态差异

左侧为光照充足环境下生长的植株，右侧为弱光环境下生长的植株。

5.1.4　通风

通风可促进空气的流动，有利于叶片内外气体的交换，为植株及时补充二氧化碳从而促进光合作用。通风还能促进蒸腾作用，有利于植株对水分和矿物离子的吸收。凤梨科植物对环境的通风条件要求较高，大多数种类生长在通风条件优越的山地雨林和植被并不茂密的稀树草原等生境中，而植被茂密、闷热潮湿的亚马孙雨林反而较少有凤梨分布，这与通风条件不无关系。因此在人工栽培条件下，当环境高温高湿时，良好的通风对凤梨的正常生长尤为重要。通风不良会造成一些敏感的凤梨种类发生心腐病、叶斑病等现象，也容易发生蚧壳虫危害。

上述环境因子之间是相互影响的，例如光照能直接引起环境温度上升，通风也会直接或间接地影响环境中的空气湿度和温度。因此在凤梨栽培过程中需要综合考虑各个环境因子，如在温室中安装风扇、喷雾、遮阴网、湿帘风机降温系统等必要的设施和设备，并进行合理调控。

5.2　凤梨的主要栽培形式

本书第2.2.1条根据植物对水分和养分的获取途径将凤梨的生态类型简化为地生型、兼性附生型和专性附生型三大类。地生型凤梨的根具有完全吸收功能，植株必须依赖根系的吸收作用来获取土壤中的水分和养分，因此应采用地栽或盆栽的形式。兼性附生型凤梨大多具有叶筒结构，叶的基部或叶表被覆具有吸收功能的鳞片，对根系的依赖程度降低，但其根系仍具有吸收能力，也可采用盆栽或地栽的形式。专性附生型凤梨主要集中在铁兰属中，其根系几乎丧失了吸收功能，有的甚至完全退化，只能采取附生栽培的形式。

5.2.1 盆栽或地栽

地生型凤梨和兼性附生型凤梨都可采用盆栽或地栽的形式。应根据不同凤梨种类的生态习性和原产地土壤的性质，选择合适的土壤或栽培介质，其中主要考虑介质的透气性、保水和保肥性以及排水性。此外，凤梨的栽培周期较长，一般都在一年以上，要求栽培介质具一定的稳定性，降解速度不能太快。

图5–4 几种凤梨常用的盆栽介质

(a) 3种不同规格的泥炭；(b) 泥炭藓；(c) 鹿沼土；(d) 矿砂；(e) 珍珠岩；(f) 椰糠；(g) 大粒椰壳。

目前，凤梨科植物常用的栽培介质主要有泥炭、椰壳粉碎物、泥炭藓、树皮、粗砂、珍珠岩等，每种介质还有不同的规格（图 5-4），其中最常见的为前 3 种。泥炭（peat moss）又称草炭，主要是指沼泽生境中植物残体在长期淹水条件下形成的较稳定的有机堆积物，也是最常用的有机栽培介质之一，其有机质含量高，偏酸性，保湿性、保肥性较好。泥炭的透气性与泥炭中纤维的长短、粗细程度和含量等相关，纤维越粗且长、含量越高，透气性越好。但是，泥炭也有不足之处，即容易分解，且越细的泥炭分解越快。此外，泥炭是泥炭沼泽生态系统的重要组成部分，具有非常重要的生态功能，但由于人们近年来对泥炭地的过度开采给泥炭沼泽生态系统造成了难以逆转的破坏，因而各国纷纷出台措施保护泥炭地。为此，人们积极探索和开发可替代泥炭作为园艺栽培介质的材料，常见的替代材料有椰壳粉碎物、腐叶土、药渣、稻壳等。椰壳粉碎物正逐渐成为园艺栽培中主要的介质之一，也较适合用来种植凤梨，可部分或全部替代泥炭。泥炭藓（sphagnum moss）是从沼泽和湿地表面的活苔藓中采集并干燥后的园艺材料，具有保湿和透气的特点，可用作栽培介质或装饰材料，较适合铁兰亚科种类的播种和幼苗期的生长。由于来源于活的苔藓，收割后留下的部分仍可继续生长，泥炭藓被认为是一种环境友好型、可持续的园艺介质材料。

旱生型凤梨如雀舌兰属、鳞刺凤梨属、刺蒲凤梨属的种类，一般生长在富含砾石或沙质的土壤中，要求排水性较好，常用的栽培介质为中粗泥炭、粗砂或其他颗粒状介质的混合物。中生型凤梨如姬凤梨属、翠凤草属和卷药凤梨属的种类，通常生长在林下或山坡上，一般在栽培时采用砂质土壤和枯枝落叶的混合物，有较好的保水性和排水性；也可用中粗泥炭（或腐叶土）与粗砂（或珍珠岩）等介质混合，同时加入一定量的有机肥。

当兼性附生型凤梨采用盆栽或地栽时，由于栽培介质为植物根系提供稳定的湿度环境和较丰富的养分，凤梨植株生长更快，株型也更大，因此商业生产者都尽量选择盆栽的方式。在选择介质时要充分考虑它们在野外的附生习性，根系周围要疏松透气，应尽量避免使用颗粒过细的介质。一般来说，幼苗期的凤梨选用的介质可稍细一些，如纤维长度 10～30 mm 的中粗泥炭或中粒的椰糠，而中大苗期的凤梨可选用稍粗粒的介质，如纤维较长的粗泥炭或稍大一些的椰壳。

盆栽凤梨应根据凤梨苗的大小选择适宜尺寸的容器，并随着植株的生长逐渐更换更大的容器。如果苗小容器大，一次浇水后盆土较长时间不干，盆土湿度不容易把控，可引起根系生长不良或腐烂。地生型凤梨的根系发达，可适当使用大一号的容器；兼性附生型凤梨根系较弱，容器不宜过大。

此外，凤梨的种植不可太深，否则易导致植株生长不良，发生畸形、中央生长点死亡等现象（图 5-5），植株往往被迫提前萌发侧芽。同时，还应避免反复用力按压盆中介质，以免造成介质透气性不佳、排水不畅，影响植株后期生长。

图 5-5　种植深度对凤梨植株的影响

（a）种植过深造成生长点畸形；（b）种植深度示意图。

5.2.2 附生栽培

所有附生型凤梨都可采用附生形式进行栽培，即直接将植株固定在枯木、树皮（图5-6，5-7）或石块上，通常用金属丝、包塑的铁丝或麻绳等将植株的基部绑扎固定在被上述附着物的表面，也可用冷凝胶进行固定。兼性附生的凤梨的根茎基部可放置少许水苔，起到保湿和促进根系萌发的作用。当凤梨植株长出自己的根系并已牢牢固定在树皮上时，可将绑扎物拆除。

图5-6 国外一苗圃将鹦哥凤梨固定在枯木上进行销售

对于专性附生类凤梨，可采取各种形式的附生栽培方式（图5-8），根茎基部无须另外采取保湿措施，更不建议种植在介质中。常用的被附着物除软木树皮、枯枝外，还有贝壳（图5-8b）、石块等。人们还设计了形形色色的支架用于摆放大小不一的气生型凤梨（图5-8c，5-8d），还可将植株直接悬挂于空中（图5-8e，5-8f）。

附生型凤梨的栽培形式不需要任何介质和容器，省去了普通盆栽植物每隔一段时间就要进行盆土更换（翻盆）的工作，也不需要担心栽培介质中是否带有病菌、虫卵等“不速之客”，可谓“省心省力又节能环保”。同时，这种形式还提高了立体空间的利用效率，适合阳台和窗台等区域的绿化和美化，在家庭环境中具有很大的应用前景。

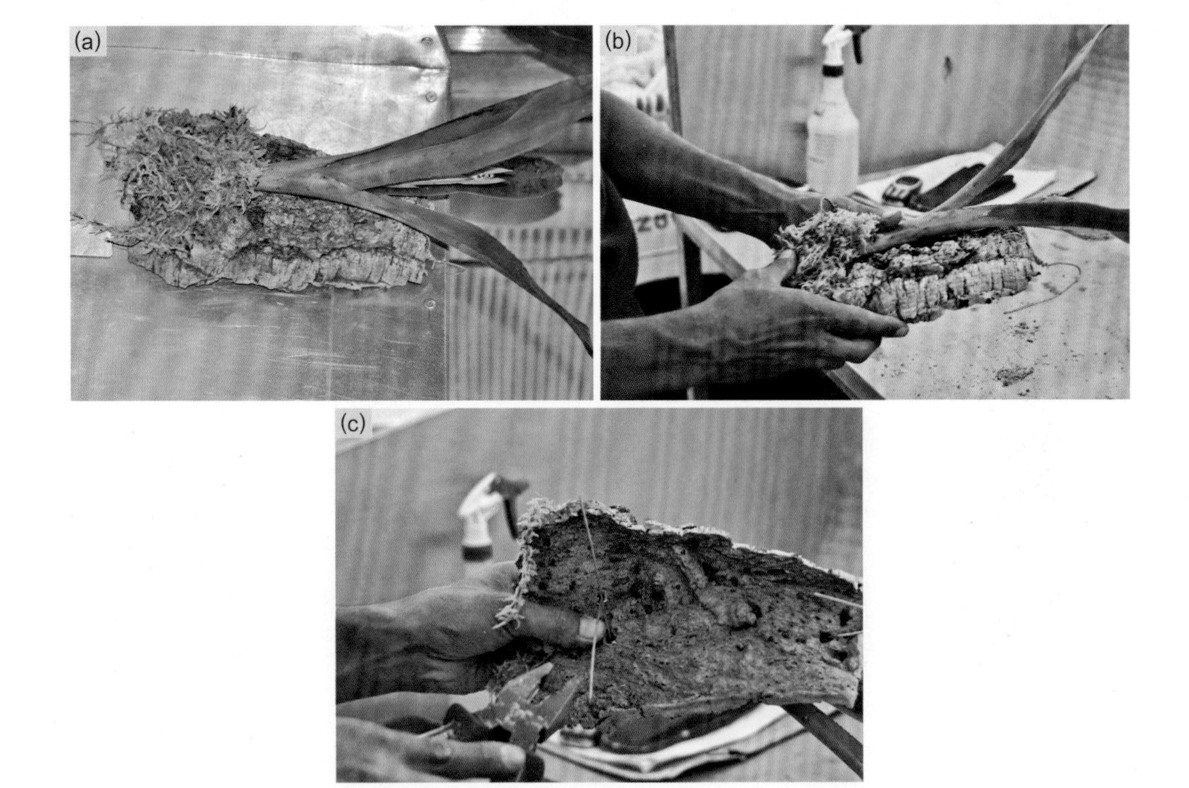

图5-7 附生型凤梨的绑扎

（a）找到大小合适的软木树皮，并在凤梨根茎基部放置水苔；（b）在靠近植株基部的叶筒两侧钻两个洞，用于走线；（c）用铁丝固定植株。

图 5-8　气生型凤梨的栽培形式

(a) 具有天然孔洞的仙人柱的木质茎；(b) 贝壳；(c)—(d) 摆放气生型凤梨的各类支架；(e)—(f) 用吊钩或鱼线直接悬挂于空中。

5.3 凤梨的水肥管理

5.3.1 水质

凤梨科植物对灌溉用水的水质较敏感。当水中可溶性盐或有害重金属离子的含量过高时，会使凤梨植株产生心腐、叶斑和叶枯等一系列生理性病害（图5-9）。对于有叶筒的凤梨，还应避免使用河水或淘米水等含有有机质的水源，以免滋生细菌而导致叶筒中的水发臭，甚至引起心叶腐烂。在通常情况下，可使用雨水或经反渗透装置处理的纯水；如果所处区域靠近海边或地处空气污染严重的化工区域，则不建议直接使用雨水，需对其进行处理并经测试为安全后才能使用。

图5-9 水质不佳对凤梨造成的伤害（左图、右图）

5.3.2 补水方案

不同类型的凤梨对水分的要求不同。例如，翠凤草属植物叶多且质地较薄，根系发达，需要栽培介质能为其根系提供持续的水分，因而在栽培翠凤草类时一般采用大盆，并保持介质的湿润；当翠凤草属中的落叶型种类处于落叶休眠期时应减少浇水，保持盆中介质微湿即可。卷药凤梨属、刺蒲凤梨属植物的叶片基部具有膨大的叶鞘，用于储存水分，因此植株较耐旱，在浇水时做到“见干见湿”即可。雀舌兰属、鳞刺凤梨属等旱生型凤梨有肉质的茎与叶，非常耐旱，浇水的间隔可适当加长，但是浇水时应遵循“不干不浇、浇则浇透”的原则，一些雀舌兰属的种类其实比我们想象中的情形更喜水，在栽培介质的排水性得到保证时可适当多浇水，否则植株严重缺水时会出现叶片皱缩、叶色变黄或变红且没有光泽等症状（图5-10a）。

图5-10 雀舌兰属植物缺水后的表现（图片中红圈内的植株）

（a）缺水后叶变红且无光泽；（b）浇水后植株恢复光泽。

另外，浇水量和浇水频率还与季节和植株摆放位置密切相关。如果植株摆放在光线充足、通风条件较好的区域，浇水则可频繁一些。

积水凤梨的叶筒大多呈漏斗状、柱状或瓶状，浇水时可直接浇在叶筒内，并且还应定期更新叶筒中的水，以免滋生藻类和细菌。积水凤梨盆栽时应保持盆土微湿，避免积水。

对于没有形成叶筒的气生型凤梨，通常采用喷水或用清水浸泡的方式补水。其中叶片肉质、叶片表面被覆较长鳞片的凤梨种类，宜采用喷水的方式或放入水中即刻拿出，并置于通风的地方风干，使叶表鳞片尽快干燥并及时打开，而浸泡时间过长或泡水后不能及时风干会增加植株腐烂的风险。一般来说，在夏季因为温度较高，可增加喷水的频率或用浸水的方式补水；在冬季气温较低的地区，可减少喷水的频率，喷水也只在晴天上午10点至下午2点之间进行，泡水频率可减少至每7～10天浸1次，并视天气情况延长或缩短补水间隔。

在家庭和中小型办公环境中，南侧阳台（包含东南侧和西南侧）光线较明亮，往往也是通风最好的地方，较适合栽培气生型凤梨。为了研究在阳台中气生型凤梨适宜的补水方案，2016年5月初—8月初，笔者曾在一处家庭阳台环境中进行了一项凤梨的栽培试验。该试验以松萝凤梨为试验材料，研究不同补水方式对其生长量的影响，以便从中筛选出最适合的补水方式。首先，每个处理称取20 g松萝凤梨，采取6种不同补水方式进行补水，其中A1—A3为浸泡组，都采用浸泡方式，分别为每天浸泡1次、隔天浸泡1次和每周浸泡1次，每次浸泡时间为10分钟；a1—a3为喷水组，都采用喷水方式，采取与浸泡组相同的间隔补水，每次喷水时以植株枝叶湿透并开始滴水为标准。然后，在处理3个月后，称量每个处理的凤梨鲜重，随后放入烘干机在80℃条件下烘干至恒重并称重，结果见表5-1。

表5-1 上海地区夏季阳台环境不同补水方式对松萝凤梨生长量的影响

	处理编号	补水方案	鲜重(g)	干重(g)
浸泡组	A1	每天浸泡1次	33.22 ± 0.56a	5.55 ± 0.18a
	A2	隔天浸泡1次	32.01 ± 0.28ab	5.47 ± 0.11a
	A3	每周浸泡1次	27.96 ± 0.8c	5.22 ± 0.13a
喷水组	a1	每天喷水1次	30.35 ± 0.74b	5.36 ± 0.25a
	a2	隔天喷1次	29.82 ± 0.28bc	5.26 ± 0.2a
	a3	每周喷1次	23.88 ± 1.26d	4.63 ± 0.24b

注：同列中不同小写字母表示处理间在0.05水平差异显著。

由表5-1可知，各个处理对松萝凤梨的鲜重和干重的影响呈现以下规律：① 总体上，A1>A2>a1>a2>A3>a3；② 在补水间隔时间相同的情况下，浸泡方式比喷雾方式更有利于植株鲜重和干重的增加；在相同的补水方式下，提高补水频率有助于植株鲜重和干重的增加。其中，每天浸泡（A1处理）的鲜重除与隔天浸泡（A2处理）的差异不显著外，与其他处理的差异都显著；一周仅浸泡1次（A3处理）的鲜重低于每天浸泡1次（A1处理）、隔天浸泡1次（A2处理）、每天喷水1次（a1处理）和隔天喷水1次（a2处理）的处理，除与a2处理的差异不显著外，与其余3个处理差异显著，生物量仅比每周喷水1次（a3处理）的处理更重，且差异显著；每周仅喷水1次，无论鲜重还是干重都显著低于其他各处理；虽然干重的变化规律与鲜重较一致，但除a3处理外，而其他各个处理之间的差异不显著，这可能是由于试验时间不够长所致。由此看来，在夏季高温时，松萝凤梨体内和叶表的水分蒸发很快，因而对于气生型凤梨来说，通过浸泡方式能使植株更有效地补充水分，补水频率也可高一些，而仅采用叶面喷雾的方法，植株吸收水分往往不充分，叶表水分很快被蒸发，因此植株比较干瘦。

此外，银叶类铁兰多采用景天酸代谢途径，叶表的气孔在晚上打开并进行气体交换。为了避免被沾湿的鳞片无法在夜间打开，从而遮住气孔影响气体交换，栽培时应尽量避免在夜间泡水，特别是在冬季气温较低时水分更不易蒸发。

当然，气生型凤梨的补水方式和补水频率与凤梨的种类、环境中的光线、通风条件以及季节等因素相关，需因种、因地制宜地进行。

5.3.3 施肥

通常来说，肥料中含有植物生长所必须氮、磷、钾等大量元素和微量元素，可促进凤梨植株的生长，使它长得更高大，花序更丰满，颜色更鲜艳。施肥的方式一般有两种：一种是在种植前就把肥料加入土壤或栽培介质中作为基肥（又称底肥），为植株整个生长期提供所需要的基础养分，具有养分缓慢释放的特点；另一种是在植株生长期对根部和叶面喷施的追肥，对具叶筒的凤梨可直接将稀释后的肥料倒入叶筒中。其中，基肥一般选用养分能维持较长时间并缓慢释放的肥料，大致分为有机肥和化学肥料（化肥）两类：前者需通过微生物的分解作用，缓慢降解为植物可吸收利用的小分子物质和无机盐等营养物质，从而被植物吸收；后者是肥料可溶性低、溶解过程较缓慢，且在土壤中移动性小的一类无机化合物，如磷肥、钾肥和一些微量元素，或者是将水溶性肥料经特殊技术处理成大颗粒状或棒状，或用外包膜将肥料包裹起来使内部的化学元素缓慢释。追肥是能被植物快速吸收和利用的水溶性有机肥或化肥，具备清洁、速效的特点，可根据植物不同的生长阶段调整其中的化学成分，如幼苗期以N肥为主，肥料浓度也尽量低一些；进入成苗期，肥料中N含量过高会导致叶片徒长或叶色偏绿，因此应平衡好N、P和K的比例——凤梨科植物是喜钾植物，K与N的比例最好大于2 ∶1。

如前所述，凤梨科植物对水中可溶性盐的浓度较敏感，并非浓度越高促进植物生长的效果就越好。丁久玲等人（2008）研究了不同浓度的氮肥对松萝凤梨生长的影响，结果表明，喷施氮肥可以显著促进松萝凤梨的生长，但并非浓度越高越有利于其生长。段九菊等人（2012）的研究也发现，当对凤梨叶筒施肥时，溶液的EC值大于1.6 mS/cm后，虽然植株长势旺盛、叶片浓绿，但易形成畸形苗，并易引发心腐病。因此栽培凤梨应遵循“薄肥勤施”的施肥原则，在生长季节低浓度的肥料可伴随每次浇水进行，而在低温季节或高温季节植株生长缓慢时，则应降低施肥的浓度和使用频率，或者停止施肥。

虽然施肥可以促进凤梨的生长，但对彩叶凤梨等以叶色或株型为主要观赏特征的凤梨类群来说，施肥可能反而会降低植株的观赏性（图5-11），如使植株出现叶片变长、株型松散、叶色偏绿、斑纹斑点减少等现象。因此对于这类凤梨，建议适当减少施肥浓度，特别是减少氮肥使用量，同时增加光线，促进株型变得更紧凑，叶色更加鲜艳。

图5-11 施肥对*唐娜*彩叶凤梨（*Neoregelia* 'Donna'）同一批次组培苗株型和叶色的影响

（a）未施肥的植株；（b）施肥的植株。

5.4　凤梨的花期及其人为调控

开花是被子植物一种独特且复杂的生理生化过程，由多种因素综合调控，一般可以概括为植物自身的内部因素和外部的环境因素两方面。

5.4.1　凤梨的花期

决定凤梨开花的内部因素包括遗传特性、植株的生长阶段和体内营养物质的积累情况等。每种凤梨都有其固有的生长繁殖周期（从种子萌发到开花），例如部分翠凤草属植物一般只要2～3年，果子蔓属和鹦哥凤梨属的多数种类需历时3～5年，卷瓣凤梨属植物则需5～10年甚至更长，而刺蒲凤梨属中的大中型种类甚至超过30年。然而，在适宜的人工栽培环境下，充足的水肥供应可促进凤梨生长，从而缩短植株成熟所需的时间，花期也可大大提前，如部分卷瓣凤梨属的种类在野外有时需40年才能开花（Versieux，2021），但在人工栽培条件下可缩短至约10年。

凤梨科的大部分种类长成后具有相对固定的花期，例如：弯叶尖萼荷的花期通常为每年的12月至翌年1月，美叶尖萼荷在夏季开花；火炬水塔花每年秋季开花；彩叶凤梨属的大部分种类在春季开花，也有部分种类在夏季或秋季开花；卷瓣凤梨属的花期大多集中在春末夏初，酒红卷瓣凤梨（*Alcantarea vinicolor*）略早些，在上海地区通常在3—4月开花；有些种类一年中可有两个开花季节，如猩红果子蔓的花期分别为春季和秋季。还有一些凤梨种类似乎没有固定花期，植株成熟后便进入花期，如红星果子蔓一年四季都有植株在开花。

环境因素会对凤梨的花期产生一定的影响。首先是光照。一般来说，低光环境不利于凤梨开花，使花期推迟或者始终开不了花。其次是温度。有迹象表明，一定的低温刺激可促使菠萝、部分果子蔓属和鹦哥凤梨属等属的部分物种形成花芽，导致早春或春季自然抽出花穗，打乱了果农和花卉生产企业的生产和销售计划，从而带来经济损失；低温也可使一部分凤梨种类推迟开花，如直叶铁兰（*Tillandsia strict*）经过低温预处理后花期推迟（王海珍，2013），而对于已经形成花芽的凤梨植株，低温可减缓花芽的生长从而推迟开花。

此外，有些凤梨种类在人工栽培环境下非常不易开花，即便植株看上去已经达到成熟株型，并从植株基部不断长出侧芽，但就是不开花，甚至数十年如一日，例如齿球凤梨、大花尖萼荷（*Aechmea macrochlamys*）、花叶华丽尖萼荷（*A. ornate* ‘Nationalis’）、浅蓝铁兰（*Tillandsia bergeri*）。当然，也有一些凤梨种类在默默生长十余年后突然开花，而后便定期地开花，例如双花尖萼荷于2002年从国外引入上海后，直至2016年才第一次开花，接下来几乎每年都有植株开花；类似的情况还有粉红球穗凤梨、古肯瓶状尖萼荷（*A. gurkeniana*）（图5-12）等，这可能是植物对生长环境逐渐适应的一种表现。

图5-12　古肯瓶状尖萼荷

5.4.2　凤梨花期的人为调控

由于凤梨科植物的栽培时间通常较长，大多需要2～3年甚至更长时间才能开花，而且花期不太整齐，因此商业上常使用外源激素对观赏凤梨进行催花，从而达到人为调控凤梨花期、提高开花整齐度的目的。目前生产上采用乙炔饱和水溶液和40%乙烯利水剂最为常见。对于有叶筒的凤梨种类，使用乙炔饱和水溶液的催花效果最好，最接近自然成花的品质，也较安全。虽然溶液中的乙炔易挥发，特别是在气温较高时乙炔挥发更快，可能影响催花效果，但可采取增加催花次数的方法提高催花成功率。对于菠萝、气生型凤梨等没有形成叶筒的凤梨种类，更适合选用乙烯利溶液作为催花剂，但应注意药剂的浓度：浓度太低催花不成功；浓度过高则会抑制凤梨的生长和发育，出现花序变小或畸形、侧芽异常增多、叶上产生斑点（俞信英等，2005）等现象，有的植株甚至发生生长点坏死的症状。因此，应在保证催花有效性的前提下，尽量降低药剂浓度，同时增加处理次数以提高催花成功率。

不同凤梨种类对外源催花激素的敏感性不同，通常叶片较厚的种类所需的激素浓度高于叶片较薄的种类。应针对不同的凤梨种类进行充分的前期预实验，从而确定适宜的药剂种类和浓度。为了提高催花成功率，从催花诱导至花芽形成期间的最低温度应保持在18～30℃之间。对于相同的凤梨种类，催花质量通常与株型大小相关，株型越大，养分积累越多，则催花形成的花序就越高大，开花品质越高。

凤梨从催花到成花所需时间也与种类有关。一般果子蔓类、鹦哥凤梨类从催花到出圃的时间为3～4个月，小红星果子蔓（*Guzmania lingulata* var. *minor*）仅需1个月，而部分彩叶凤梨类则需1～1.5个月心叶即可转红。同一凤梨品种在不同季节，催花所需时间也有所不同，例如部分果子蔓类和鹦哥凤梨类的观赏品种在9月催花耗时比在2月催花长47天（张超等，2014）。

5.5 凤梨的常见病虫害及其防治

5.5.1 生理性病害及其预防措施

凤梨科植物通常长势强健，病害少有发生。但是，当生长环境不适宜或肥水供应异常时，首先引起凤梨植株体产生生理性病变，然后引起继发的细菌或真菌感染。

5.5.1.1 包心现象

这是凤梨植株的心叶相互黏着呈管状而无法正常打开的现象（图5-13）。引起这种现象的原因，可能是环境中的空气相对湿度过低、叶筒缺水或缺乏某些营养元素等。

为了预防凤梨包心现象，可增加环境中的空气湿度、增施钾肥和含微量元素的肥料。对刚产生包心现象、叶片粘着不是很紧的凤梨植株，可用大水冲洗后轻轻用手或小木片将相互黏着的叶片拨开，并增加

图5-13 凤梨的包心现象

（a）铁兰属植物的包心；（b）果子蔓属植物的包心。

叶面喷水的频次。对于包得太紧、变形严重的凤梨植株，则只能丢弃或剪去卷在一起的心叶，然后等待植株重新萌发侧芽。

5.5.1.2　枯梢或叶片坏死现象

空气湿度太低、盆栽介质排水不畅、灌溉的水质不佳或通风不良等原因，都会引起凤梨的叶片没有光泽、枯梢或心叶腐烂等现象（图5-14）。水中的氯化物含量过高，或铅、铜等重金属离子超标会造成凤梨叶片出现枯斑，然后可能继发细菌或真菌感染，最终导致整棵植株腐烂。另外，通风不良或种苗经过长时间运输后，也会造成凤梨叶片坏死。当面对上述情况时，应从调整栽培环境的湿度和通风条件，改用疏松透气、排水良好的介质，并改善水质等方面着手，才能保证凤梨植株的正常生长。

图5-14　水质不佳引起的凤梨生理性病害

（a）叶片枯梢；（b）心腐的过程。

5.5.1.3　冻害

当温度低于植株能忍受的低温极限时，就会产生冻害。在受冻初期，植株的外围叶片出现水渍状，叶片变软，继而发白；更严重时，叶丛中央的叶片和生长点受冻，最后植株死亡（图5-15）。

图5-15　凤梨叶片受冻后的症状

（a）受冻初期，部分叶片上出现白斑；（b）受冻中期，中央叶片出现水渍状冻伤；（c）受冻后期。

5.5.1.4　光灼伤

光灼伤是指强光照射导致凤梨叶温迅速升高继而破坏叶片细胞，并形成黄褐色或白色的斑块的现象(图5-16)。光灼伤的产生与环境的温湿度及通风条件有关。夏季高温最容易产生光灼伤,有些凤梨种类虽然比较耐晒,但当叶片发生弯折并遭受光线垂直照射时会发生局部灼伤。此外,当环境通风条件不佳时,由于凤梨被强光照射部位产生的热量无法及时散去,往往会加重灼伤的程度。

不同凤梨种类对光照强度的需求与忍受程度不同。一般来说,叶片薄而质地较软、叶色绿的种类易受强光灼伤,如果子蔓类、鹦哥凤梨类及部分彩叶凤梨类等;反之,叶片质地厚而硬、叶缘有锯齿、叶片覆盖明显鳞片的种类比较能忍受较强的光照。栽培时采取一定的遮阴措施为凤梨提供合适的光照强度,以避免强光造成的伤害。

图5-16 凤梨叶的光灼伤

(a)叶片弯折处易受灼伤;(b)丽穗凤梨在户外强光下发生灼伤。

5.5.1.5 盐害

长期使用含可溶性盐分过高的水浇灌凤梨,不仅会造成盐分在植株体内积累,导致叶片枯梢,而且残留在叶片表面的盐还会造成银叶类铁兰叶表的鳞片组织呈斑块状或片状剥落(图5-17)。

图5-17 盐分过高造成气生型凤梨叶片表面的鳞片脱落(左图、右图)

5.5.1.6 重金属及农药的伤害

凤梨科植物对铜、锌等重金属离子非常敏感,当面临重金属离子含量超标时会出现叶片褪绿,叶缘、叶尖及嫩叶变白并枯萎的现象(图5-18)。因此,在日常凤梨的养护中,应对灌溉用水定期检测,还要仔细核对防治病虫害的药物中是否含有这些重金属离子。例如波尔多液、氢氧化铜、琥胶肥酸铜、噻菌铜等药剂均含有铜元素,应严禁对凤梨使用。

图 5-18　重金属对凤梨造成的伤害

(a)—(b) 喷施含铜离子的杀菌剂后产生的症状；(c) 叶片接触到镀锌钢管后产生的中毒症状。

除重金属外，有些药物的成分也会对凤梨科植物产生不利的影响。例如，烯唑醇是一种三唑类广谱性杀菌剂，具有保护、治疗的作用，但是会对铁兰属植物的生长产生明显的抑制作用，具体表现为植株生长停滞、叶腋萌生大量短而硬的侧芽（图 5-19），茎和根系增粗、畸形。这种状态可维持数年，在此期间稍有不慎植株便会死亡，仅少数能恢复生长。因此，为了避免产生不必要的损失，建议在对凤梨使用新的化学药剂进行病虫害防治时，应事先进行局部试验，确认安全后再扩大使用的范围。

图 5-19　铁兰属植物在喷施烯唑醇后的症状（左图、右图）

5.5.2　病原性病害及防治措施

当生长环境不利于植株生长或栽培措施不当而导致植株长势衰弱时，凤梨易受病原菌的侵害。此外，当凤梨受机械性损伤或害虫的吸食、啃咬时，病原菌可通过伤口或害虫的口器侵入到植株内部从而产生危害。

5.5.2.1　细菌性病害

凤梨的细菌性软腐病通常表现出叶腐、心腐两种症状。在叶腐病发病初期，凤梨的叶片出现暗绿

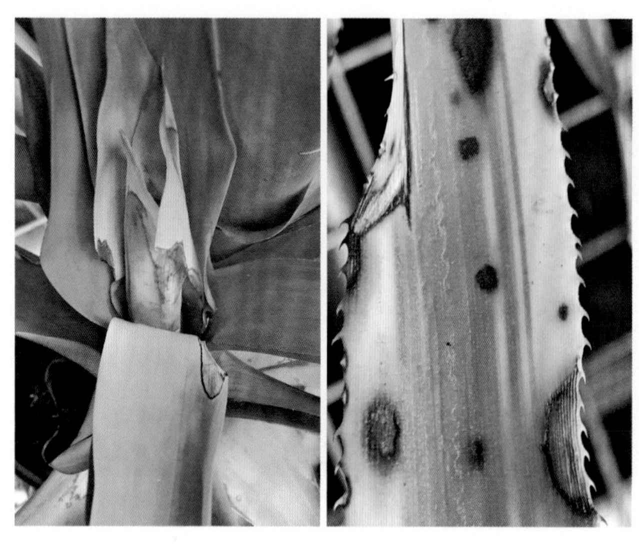

图5-20 凤梨的细菌性心腐病

图5-21 炭疽菌引起的凤梨叶斑病

色水渍状病斑，并逐渐沿叶脉扩展，染病组织变为褐色、软腐；在发病后期，凤梨的组织腐烂（图5-20），而且发生病害的部位通常伴有腐臭味，轻轻一拉就断，直至整株死亡。

当凤梨的植株刚出现细菌性病害的症状时应及时处理，如剪去已染病部位，并倒掉出现心腐症状的植株叶筒中的水分，喷施72%的农用链霉素、50%的敌磺钠等抑菌药物，将植株置于通风处，以便保持叶筒的干燥。

5.5.2.2 真菌性病害

由真菌引起的凤梨病害主要表现为心腐病、根腐病和叶斑病（图5-21）等。感染真菌的凤梨有时心叶呈褐色，并逐渐向外侧的叶片和茎的基部扩散；有时根尖呈黑褐色，长势变弱。引起这些病害的真菌种类很多，有时可能是多个菌种共同危害，往往还伴随着细菌的继发感染。

冯淑杰等人（2008）发现，炭疽菌和弯孢霉均可引起观赏凤梨的叶斑病。由炭疽菌引起的叶斑病在发病初期呈褐色，后转为黑色，微凹陷，表面密布小黑点（图5-22a，5-22b）。另外，在长势衰弱的凤梨植株上还发现了镰刀菌（图5-22c）和链格孢属真菌（图5-22d），但目前尚不清楚这些真菌对于凤梨的感染来说属于原发性感染还是继发性感染。

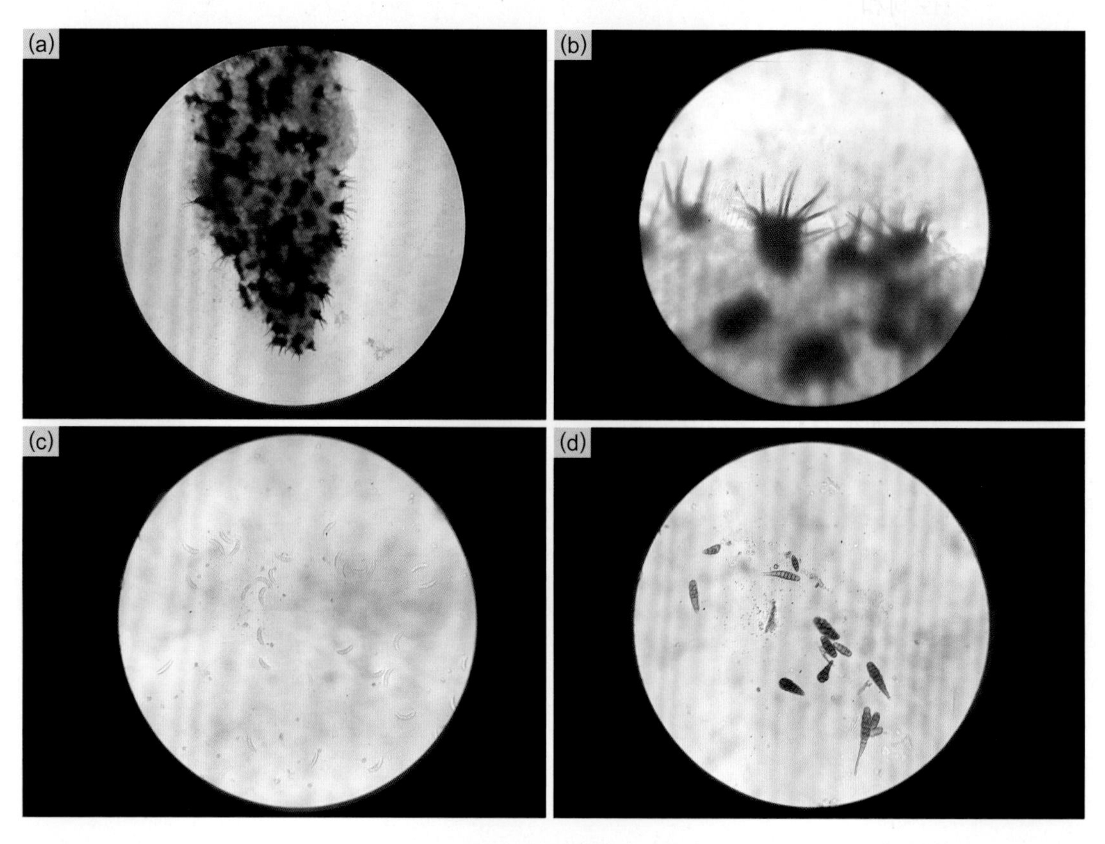

图5-22 凤梨上发现的真菌（王一椒摄）

（a）—（b）炭疽菌；（c）镰刀菌；（d）链格孢属真菌。

发现真菌感染的凤梨病株后应立即剪去有病灶的部位。如果出现的是心腐症状，则应倒去叶筒中的水分，喷施药物进行防治，并让叶筒尽量保持干燥。对于发生根腐的凤梨植株，应将其从盆土中取出，剪去腐烂的根系，喷洒药物后置于通风处阴干，如果是地生型凤梨1～2天后上盆，附生型凤梨则在新的根系开始生长后再上盆。当凤梨茎的基部发生腐烂时，应将受感染组织去除干净，直到露出白色的健康组织为止，并在伤口处抹上多菌灵粉剂等杀菌药物，或用1∶500的高锰酸钾溶液消毒伤口，然后置于通风阴凉的地方，平时只进行叶面喷水，并尽可能保持伤口部位干燥。对于地生型凤梨来说，由于发生茎腐的植株原有的根系已被清除，需等待从尚未受感染的地上茎重新萌发根系才能恢复生长，因此这一阶段应注意减少由于蒸腾作用而导致植株缺水，例如对于叶片较大但较薄的地生型凤梨（如翠凤草属植物），应修剪外围较大的叶片，于3～5天后再上盆，并保持盆土适当干燥，等新根开始出现时逐渐增加浇水。对于耐旱的地生型凤梨（如雀舌兰属植物），由于其肉质的叶片储存了一定水分，因此可等待1～2周，在伤口干燥、无渗出液时再上盆，且在上盆后仍需保持盆土适当干燥，直到根系恢复生长时才开始正常浇水。附生型凤梨不用急着上盆，在植株恢复生长前，附生的栽培形式比盆栽更安全，待根茎基部有根系长出时再上盆。

目前可防治真菌的药物种类很多，但针对真菌的种类不同，药物的防治效果会有所不同。冯淑杰等人（2008）发现，70%的甲基托布津对凤梨炭疽菌菌丝生长有较强的抑制作用，但对凤梨弯孢霉菌丝生长的抑制作用较弱；80%的代森锰锌对凤梨弯孢霉菌丝生长有较强的抑制作用，但对凤梨炭疽菌菌丝生长的抑制作用较弱；嘧菌酯（阿米西达）和苯醚甲环唑对凤梨炭疽病具有良好的防治效果。

无论要应对的是细菌还是真菌的病害，都应遵循“以防为主、预防在先”原则。首先，抓好环境管理，保持环境干净整洁，减少病原体的数量，同时减少虫害或机械性损伤等原因造成的伤口，降低病原体侵入的风险。其次，改善凤梨植株的生长环境，提供适合生长的温度、湿度、光照和通风条件，使用干净、含盐量低的水源，选择合适的栽培介质，并做好土壤和容器的消毒工作。在此基础上，设法建立一套观赏凤梨规模化生产的环境控制和养护标准体系，从而培育出长势健壮的种苗，从植株自身出发提高对病原体的体抗力。

5.5.3 虫害及防治措施

凤梨最常见的害虫主要是具刺吸式口器的蚧壳虫和蚜虫、具咀嚼式口器的蝗虫和夜蛾、具齿舌的蜗牛和蛞蝓，其次是有时出现的鼠妇、甲螨等。

5.5.3.1 具刺吸式口器的害虫

1. 蚧壳虫

蚧壳虫是同翅目蚧总科昆虫的统称，种类非常多，通过刺吸式口器吸食植株体内的汁液。危害凤梨的蚧壳虫主要有粉蚧类和盾蚧类。粉蚧类的虫体表面通常有絮状的白色或乳黄色蜡质覆盖物（图5-23），移动能力弱。粉蚧类主要危害凤梨的叶腋与侧芽基部、嫩芽、花序、果实，有时隐藏在土壤中危害凤梨根部；在危害初期较为隐蔽，在危害后期造成叶片发黄、枯死。另外，粉蚧的尾部会分泌蜜露，遗留在植株上后还会引起煤污病。虽然粉蚧的移动能力较弱，一般在小范围内危害，但蚂蚁为了持续享用粉蚧的蜜露，常常会将其搬运并扩散至别处，成为粉蚧的帮凶（图5-23f）。为了控制粉蚧的扩散速度，采取诱杀手段减少蚂蚁的数量，可起到事半功倍的防治效果。盾蚧类的虫体表面覆盖一层圆形或椭圆形的硬壳，危害凤梨的叶片，并在叶片上产生失绿的斑点（图5-24）。

蚧壳虫除了因刺吸植物组织导致叶片形成失绿斑点，还造成叶、节间、嫩芽、花和果实畸形，植株长势衰弱，同时其刺吸产生的伤口成为真菌、细菌和病毒入侵植株的缺口，增加植株染病的风险。

防治介壳虫的关键是把握其幼虫的孵化期，因为刚孵化的若虫表面还未形成蜡质的保护外壳，是进行化学防治的最佳时期。根据蚧壳虫孵化时间不尽相同的特点，每隔7～10天喷施一次杀虫剂，至少连续喷3次。在进行药物防治前，可先用牙刷等工具将植株上可见的虫体刷除。可选择的杀虫剂有啶虫脒、毒死蜱、杀扑磷、养花乐果、噻嗪酮等。为防止产生耐药性，可几种药物间隔使用。

图5-23 粉蚧引起的凤梨危害症状

(a)—(b) 危害的叶片;(c) 危害的果实;(d) 危害铁兰属植株基部导致茎基腐烂;(e) 危害凤梨的根;(f) 蚂蚁与粉蚧的互利共生现象。

图5-24 盾蚧危害症状

(a) 危害初期;(b) 危害后期。

2. 蚜虫

蚜虫是半翅目蚜总科昆虫的统称，靠口器插入植物组织中吸食植物汁液。蚜虫对凤梨的主要危害在花，常成群伏于花梗、花萼或花瓣上吸取汁液（图5-25），导致花序畸形、失色和萎缩或提早凋谢。防治上可用杜邦万灵2 000倍液，每周喷1次，连喷2次即可。

图5-25 雀舌兰花序上的蚜虫（左图、右图）

5.5.3.2 具咀嚼式口器的害虫

危害凤梨的具咀嚼式口器的害虫主要有食叶的蝗虫、螟虫和夜蛾。它们啃食凤梨的叶或花序梗，使叶片上产生缺刻或心叶腐烂，花序畸形或折断（图5-26）。对这些体型较大的食叶类害虫，除了喷洒化学药物，给温室安装防虫网是最经济环保的手段。

图5-26 食叶类害虫危害凤梨叶片的症状

1. 蝗虫

蝗虫是直翅目蝗科昆虫的统称，俗称蚂蚱，包括蚱总科（Tetrigoidea）、蜢总科（Eumastacoidea）、蝗总科（Locustoidea）的种类，全世界有10 000余种，我国有1 000余种。蝗虫为植食性昆虫，其触角呈短鞭状，拥有强而有力的后腿；体色有绿色和褐色，与种类无关，是适应生长环境的一种保护色（图5-27）。

图5-27 出现在凤梨上的蝗虫
(a)—(b) 短额负蝗;(c) 雏蝗类;(d) 疣蝗。

2. 夜蛾

夜蛾是鳞翅目夜蛾科昆虫的通称,成虫一般为暗灰褐色,幼虫具有植食性。夜蛾中最臭名昭著的要数斜纹夜蛾,它分布范围广,食量大,耐药性强,寄主非常广泛,部分凤梨种类的幼苗和叶质较薄的种类也是其危害对象(图5-28,图5-29)。斜纹夜蛾的幼虫体色变化大,呈淡绿色、黑褐色或土黄色,晚上出来取食,白天则隐藏在土壤中或盆底部。当发现叶片有被夜蛾啃食的新痕迹或有新鲜的幼虫粪便时,可及时在植株附近、叶丛基部或盆土的表面寻找夜蛾幼虫,也可使用黑光灯对成虫进行诱杀,或喷施农药。

图5-28 斜纹夜蛾的危害症状及幼虫
(a) 被危害的韦氏尖萼荷;(b) 斜纹夜蛾的幼虫。

图 5-29　危害铁兰属植物的某种夜蛾的蛹

(a) 被夜蛾危害的植株；(b) 夜蛾的蛹。

5.5.3.3　具角质齿舌的害虫

蜗牛和蛞蝓的口腔内具角质齿舌，用来刮削食物。它们常危害凤梨的幼苗、嫩叶、嫩茎、花序或啃食花瓣(图 5-30)，并在经过的地方留下银白色的粘液状痕迹，也有碍观瞻。这两类软体动物都喜欢生活在阴暗潮湿的地方，因此要尽量保持凤梨生长的周边环境干燥，并在它们可能的藏身处撒上生石灰。另外，除了人工捕捉，还可使用灭梭威或四聚乙醛颗粒等药物诱杀。

图 5-30　蜗牛和蛞蝓对凤梨的危害

(a) 蜗牛啃食翠凤草属植物的花序；(b) 蜗牛或蛞蝓啃食造成凤梨花序畸形；(c)—(d) 在同一凤梨植株上出现的蛞蝓和蜗牛；(e) 蜗牛或蛞蝓啃食后在凤梨叶片上留下的刮痕。

5.5.3.4 其他凤梨害虫

鼠妇又称西瓜虫、潮虫，受惊后常卷成圆球形，生长在阴湿环境中，具杂食性，常取食腐烂的枝叶，有时也危害幼芽和根系。成丛的铁兰属植株因通风不良、湿度大，内部存在枯枝烂叶，偶尔会吸引鼠妇前来取食。鼠妇啃食凤梨的根系和茎的基部，造成伤口并引发真菌感染，严重时凤梨整个植株因腐烂而死亡（图5-31）。喷施敌敌畏、氧化乐果或醚菊酯等药物防治鼠妇都非常有效。

图5-31 鼠妇的危害

（a）鼠妇幼虫滋生在绑扎气生型凤梨的枯木板上；（b）小精灵铁兰叶丛基部遭受鼠妇危害后发生腐烂。

在部分株型微小的凤梨植株上还发现了甲螨（图5-32），不过这种害虫通常伴随着粉蚧一起危害。甲螨数量密集，同时具有腐食性、寄生性、植食性、捕食性，取食真菌、苔藓、细菌和酵母菌等。它们对凤梨的具体危害尚不清楚，不排除只是在取食粉蚧危害后植株产生的腐烂物质。

图5-32 铁兰属植物上的甲螨

（a）花序上的甲螨；（b）粉蚧与甲螨共存。

5.6 凤梨的人工繁殖方法

凤梨科植物的人工繁殖方法主要有种子繁殖和营养繁殖两种。

5.6.1 种子繁殖

对大部分凤梨种类来说，利用种子进行扩繁是最廉价且最有效的人工繁殖方法之一，种子繁殖也是凤梨人工杂交育种的重要手段。由种子播种形成的实生苗通常长势健壮，抗性强，但这种方法的不足之处是，由于种子在形成过程中经历了雌雄配子的结合，遗传物质进行了交换和重组，有可能出现变异，特别对于杂交品种来说，后代会产生性状分离，不能完全保持母本的性状；如果植株在开放环境中开花，它还有可能与异种花粉杂交，造成种类不纯。此外，凤梨种子育苗所需的时间往往较长，如铁兰属的种子胚乳含量较低，种子萌发后生长缓慢，生长期通常长达3～5年甚至更长。

凤梨科植物的种子没有休眠期，成熟并采收后即可播种。一般在25℃条件下，7天即可萌发，有些凤梨的种子2～3天就开始萌动。凤梨种子的活力一般可持续数月，但是其萌发率会随着贮存时间的增加而降低。龚明霞等人（2008）研究了不同储存时间对杂交鹦哥凤梨种子萌发率的影响，发现在4℃冰箱中贮藏17天后，种子的萌发率显著下降。凤梨播种的适宜温度为20～30℃。当环境温度低、存放时间长、播种介质不适合时，凤梨种子发芽的时间会延长，发芽率和整齐度也会降低。

5.6.1.1 果实的成熟及采收

不同亚科的凤梨从开花到种子成熟所需时间有所不同。凤梨亚科的果实为浆果，其成熟大约需要3个月，成熟时为白色、红色、紫色或黑色，同时变软或呈透明状，但不同种类也有所不同。待浆果成熟后，将种子从果肉中挤出并洗净便可播种；当种子需储存时可拌入少量杀菌剂粉剂或浸泡于杀菌剂溶液中，阴干后放入冷藏室储存。

除凤梨亚科外的其他凤梨的果实都为蒴果。当凤梨蒴果的果皮变干、颜色呈褐色时即可采收。从开花到种子成熟，翠凤草亚科的种类需要 2～3个月，铁兰亚科的种类需要6～12个月。如果采收后要进行无菌环境下的培养基播种，则必须在蒴果尚未开裂前采收，否则会增加种子受污染的风险，影响种子后续消毒的成功率。

5.6.1.2 播种

播种介质应根据凤梨的不同种类做出相应的调整。

除铁兰亚科外的其他凤梨种类，播种可采用泥炭、珍珠岩或蛭石等常规介质（图5-33），其播种的基本步骤是：① 先在播种容器底部放置一些颗粒较大的介质；② 向上逐步变细，并用手指垂直轻压介质使表面平整；③ 最上面覆盖一层较细的介质，并用小木块轻轻按压；④ 最后均匀地撒上种子。水塔花属、强刺凤梨属及部分尖萼荷种类的种子较大，可在种子上面覆盖一层细土，以刚盖住种子表面为宜；翠凤草属和卷药凤梨属的种子非常细小，种子表面无须覆土。

图5-33 凤梨亚科种子在泥炭中发芽的情况

铁兰亚科的播种可选择水苔（图5-34a）、蛇木屑、珍珠岩等介质，也可以直接播种在树皮或蛇木板上（图5-34b）。铁兰亚科种子上的种缨无须去除，因为这些毛絮状附属物不仅帮助种子借助风力进行传播，还帮助种子固定在表面粗糙的物体上而不被风吹或水冲，同时有吸收水分、维持种子萌发所需的较高空气湿度的作用。这类种子在发芽期间要保持播种介质湿润。

图5-34 可用于铁兰亚科种子播种的介质
（a）水苔；（b）蛇木板。

为了得到无菌的凤梨外植体，或促进种子萌发和加速种苗生长，也可将种子播在培养基上（图5-35）。凤梨科植物的播种培养基以1/2 MS为宜。

图5-35 卷瓣凤梨属的种子在培养基上萌发

5.6.1.3 种子萌发

凤梨科植物的种子在萌发时，通常先由下胚轴开始长并突破种皮，形成主根（图5-36），当主根长到0.5～1 cm时便不再生长，然后由须根代替（Smith 和 Downs，1974）。铁兰亚科的种子萌发时，通常不长根或根很短（图5-37a），往往数周至数月后才长出根系（Benzing，2000），但该亚科的卷瓣凤梨属的种子在萌发时胚芽和胚根几乎同时伸长（图5-37b）。

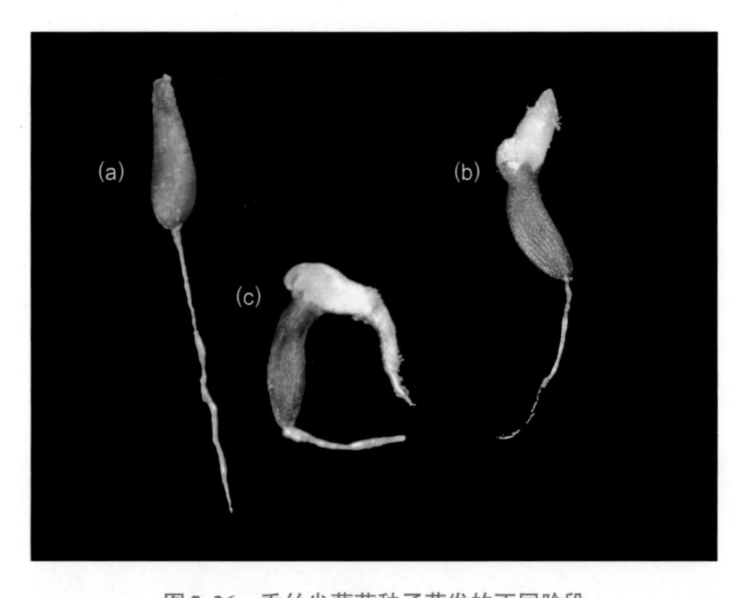

图5-36　垂丝尖萼荷种子萌发的不同阶段

(a) 种子萌发前；(b) 种子萌发时下胚轴先突破种皮；(c) 胚根伸长，第一片真叶从种皮下露出。

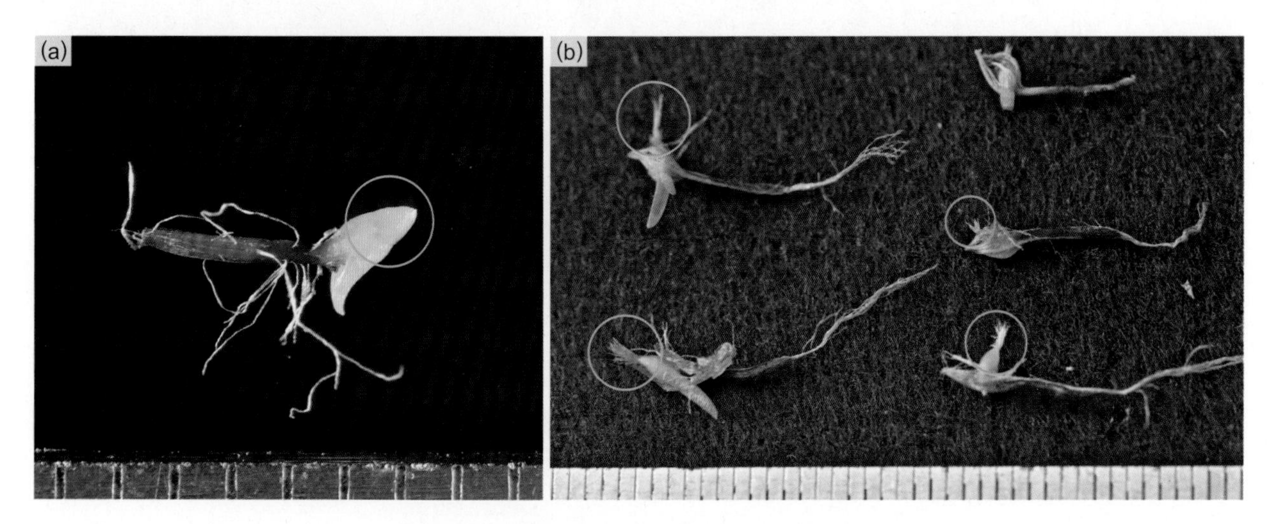

图5-37　铁兰亚科的种子萌发（绿圈内为根部）

(a) 铁兰属的种子萌发；(b) 卷瓣凤梨属的种子萌发。

5.6.2　营养繁殖

营养繁殖指由植物体的部分营养器官（根、茎、叶等）直接形成新个体（植株）的过程。凤梨科植物的营养繁殖方法主要为分株法（即分株繁殖）和组织培养法。

5.6.2.1　分株法

凤梨科中除小部分种类为一次结实植物外，大部分种类在生长发育过程中会从叶腋或茎的基部甚至花序上长出新芽。当这些新芽长到一定大小时，就可将其从母株上分离，从而形成新的植株。

为了保证凤梨分株繁殖时侧芽的存活率，应尽量使其在母株上留久一些，以便充分吸收母株输送的养分。判断适宜的分株时机通常有以下两个标准：① 母株长势变弱，如叶变黄或枯萎。此时应及时进行分株，因为长势衰弱的母株易受病菌侵染而腐烂、死亡，如果不及时将侧芽剥离，则病菌可能会进一步侵染侧芽。② 检查侧芽基部是否收缩、变细或扁平，侧芽已超过母株大小的1/3时：一般侧芽具匍匐茎的种类较易和母株分离，只要用剪刀将侧芽从木质茎处剪下即可；对于从叶腋长出的侧芽和从茎的基部萌发的贴生的侧芽,可将植株退盆后用手握侧芽基部并轻轻往下掰,感受侧芽是否松动,如果松动则表明侧芽已做好脱离母株的准备,可进行分离,分离时要让侧芽尽可能多地带一些自己的根系。

对于不同的凤梨种类,分株的繁殖系数有所不同,有的种类只能产生1～2个侧芽,有的则多达5～6个甚至更多。分株产生的时间也因种而异,有的种类从小就容易长侧芽,有的种类则只有在花后才长出侧芽。

分株法的优点是新植株能保持与母株相同的性状,简单易操作,生长周期短。在现代组织培养法流行前,分株法是凤梨最常用的人工繁殖方式,目前仍为普通凤梨收集与爱好者、中小型花卉生产企业所使用。分株法的缺点是繁殖系数较低,无法在短时间内大量繁殖,而且各个侧芽的大小差异大,得到的分株苗参差不齐(图5-38)。

图5-38 卷瓣凤梨属植株的侧芽

(a) 茎基部的侧芽;(b) 将侧芽从母株剥离后按大小进行分级。

5.6.2.2 组织培养法

利用组织培养法进行凤梨的大量繁殖是高效和快捷的技术途径,可应用于拥有优良性状、种子不育或萌芽较少的凤梨原生种和杂交品种。观赏凤梨的顶芽、侧芽、短茎、叶鞘、叶片、花蕾、果实等组织,或种子在无菌条件下培养出来的实生苗,理论上都可作为外植体的材料。然而,相对其他植物类群而言,凤梨的组织培养成功率不高,主要原因是大部分凤梨种类的叶筒内长期储水,不可避免地受到微生物感染,因此把好消毒关是凤梨组织培养的首要问题。

对于有叶筒的观赏凤梨,由于其顶芽长期生长在水中,易带菌且顶芽比较大,难以消毒,同时其茎尖的顶端优势已不明显,分生组织的分裂能力较弱,诱导后难以起动,应尽量选择叶腋处的侧芽:将用于采收侧芽的母株置于温室里单独管理;倒掉叶筒里的水并始终让其保持干燥,同时用杀菌剂淋一次根,以后只从根部浇水;侧芽长出后,应尽量避免将水浇到侧芽,以减少侧芽感染病菌的机会。

组织培养的主要步骤是:① 外植体材料的选取与消毒;② 外植体的诱导和分化;③ 继代培养;④ 根的诱导和完整植株的形成;⑤ 瓶苗的移栽。

第6章
观赏凤梨的应用

观赏凤梨种类繁多,形态多变,可观花、观叶、观果,观赏期长,通常被当作中高档的室内盆栽植物,也是非常优良的园林观赏植物。

6.1 观赏凤梨的应用形式

观赏凤梨的应用形式需要与其生态习性相符：附生型凤梨原则上采用附生的方式展示,兼性附生型凤梨可像普通地生植物一样用盆栽或地栽的方式展示,而专性附生型凤梨只能采取附生的形式展示。地生型凤梨具有发达的根系,一般采用盆栽或地栽的方式展示；若是强行将其以附生的形式展示,根系裸露在空气中容易干枯,失去吸收功能,而植株最终将干死。在各种展示活动中,经常可以看到姬凤梨类被当作附生型凤梨而绑在树枝上,虽然有时其根部会被覆盖一些苔藓用作保湿,但非长久之计。

6.1.1 组合盆栽

盆栽是观赏凤梨最常见的应用形式。株型较大且叶丛较开展的凤梨种类适合单株种植,而多株组合的植株不宜太大。凤梨组合盆栽的主景应以直立型的凤梨为主；其他组分可以是相同的种类,也可以是株型相近、颜色有异的不同种类,或者是株型和颜色各不相同的种类,还可搭配除凤梨之外的其他植物,实现植株高低错落,体现群体美(图6-1)。在进行组合时,选择合适的容器也很重要：容器的材质、大

图6-1　观赏凤梨的组合盆栽

(a) 单种凤梨的组合；(b) 直立型与垂花型鹦哥凤梨的组合；(c) 粉叶珊瑚凤梨与姬凤梨组合,并搭配气生型凤梨,还装饰枯木、小鸟模型等工艺品。

小、形状或颜色与凤梨的株型、颜色和质感相适应时，可起到相得益彰的效果；常见的容器有陶盆、瓷盆、花篮等。组合盆栽如果点缀枯木、奇石、鸟兽等装饰物，可发挥“小中见大”的作用，能营造不一样的意境（图6-1c）。

凤梨的盆栽展示既美观又不破坏根系，植株可长时间在容器中生长，观赏期非常持久，而且移动方便，适合展厅、机场候机楼、商场、宾馆大堂、办公场所、家庭客厅等室内的绿化装饰，也可放置在室外庭院环境，起到画龙点睛的作用（图6-2）。

图6-2 庭院中的盆栽观赏凤梨

（a）上海辰山植物园展览温室的凤梨组合盆栽；（b）—（c）美国长木公园室外庭院的凤梨组合盆栽（黄姝博摄）。

6.1.2 插花

凤梨科植物具有丰富多彩、质地不同的叶片、花序和果序，而且较为耐久，是制作插花的好材料（图6-3）。

图6-3 观赏凤梨插花作品（组图）（倪鸣春、蒋云和包睿洁制作）

6.1.3 雨林缸

雨林缸主要体现丰富多彩的热带雨林景观，可应用于家庭、宾馆、会议场所等室内空间，在近几年较为流行。凤梨雨林缸既可以是封闭的，也可以是半开放式的；体积可大可小；缸体既可以由玻璃制成（作多面观），也可以用砖石或水泥等砌成（主要作正面观）。根据造景需求，凤梨雨林缸内可放置山石、枯木，或鸟、青蛙等动物模型，形成一幅微缩的雨林景观，还可以结合水体营造水陆两栖雨林缸，水体中种植水草或放养鱼、虾或蛙类，让人足不出户就拥有亲近自然的感觉（图6-4）。

图6-4 凤梨雨林缸

（a）雨林缸营造出密林深处的景观效果；（b）雨林缸中艳丽的彩叶凤梨；（c）上海某商场内的雨林缸（摄于2020年）。

由于室内光线弱、通风条件不佳，空气相对湿度较低，因此安装人工补光、喷雾和通风循环装置就很有必要。即便安装了补光装置，室内的雨林缸的光线还是偏弱的，因此在挑选适宜的凤梨种类时首先要考虑较耐阴的种类，如叶质地较薄的彩叶凤梨类、鹦哥凤梨类、果子蔓类、姬凤梨类，以及翠凤草类，其中姬凤梨类为地生型凤梨，色彩鲜艳，株型较小，可作为前景；翠凤草类也为地生型凤梨，平时以绿色为主，开花时花序颜色艳丽，株型较大，可作为背景；彩叶凤梨心叶变色时色彩鲜艳夺目，可地栽或附生于枯木上，往往成为雨林缸的视觉焦点；鹦哥凤梨类和果子蔓类拥有挺拔而美丽的花序，也可采用地栽或附生于枯木的方式点缀在雨林缸中，形成造型多变、层次丰富的景观效果。光线较好的雨林缸可在中上层点缀一些银叶类的气生型凤梨，如在枯枝顶部点缀几缕松萝凤梨，营造朦胧且神秘的氛围。此外，缸内还可搭配苔藓、蕨类等阴生植物。

6.1.4　微型盆景、画框

中小型或微型的附生型凤梨与枯木、赏石或异形容器相结合，能形成造型独特且精致的凤梨微型盆景；也可以在画框内搭设枯枝、腐木，上面种植小型附生型凤梨，形成一幅幅生动有趣的凤梨画（图6-5）。

图6-5　凤梨微型盆景和画框

（a）—（b）凤梨微型盆景；（c）—（d）凤梨画框。

6.1.5　植物造型

一些株型中等且整齐的凤梨可借助园艺器材，形成凤梨花球、凤梨花柱或凤梨墙等造型结构。其中，常用的凤梨类型有观叶为主的彩叶凤梨类、观花为主的鹦哥凤梨类和果子蔓类等。

6.1.5.1　花球

铁兰属中有一些种类具有很强的侧芽分生能力，经多年的生长后，能自然地形成紧凑的圆形或椭圆形的球体，可用于悬挂展示，其中常见的种类有蓝花铁兰（图6-6a）、浅蓝铁兰、细叶铁兰、直叶铁兰（图6-6b）、凤尾铁兰（图6-6c）等。

将凤梨植株放入PP等塑料材质的圆形容器的孔穴中，能制成形状规则的圆形花球（图6-7），可悬挂在空中或在底部安装立柱进行支撑。为了便于后续养护，建议安装滴灌装置，在每个孔穴中插入滴管，并进行必要的叶面喷水，避免花球下部的植株因叶筒无法储水而干枯。

图6-6　自然成型的凤梨花球

（a）蓝花铁兰；（b）直叶铁兰；（c）凤尾铁兰。

图6-7　人工塑型的凤梨花球

（a）—（b）直立的凤梨花球；（c）—（d）垂吊的凤梨花球。

6.1.5.2　花环

姬凤梨类、小型的果子蔓类和银叶铁兰类是制作花环的常用物种（图6-8）。需要注意的是，姬凤梨类属地生型凤梨，其根系需从介质中吸收水分，否则植株容易枯死，因此在制作花环时中间应填充具吸水功能的介质，否则只能进行短期展示。银叶类铁兰属于气生型凤梨，只要将植株用冷凝胶固定在环形支架上，待冷凝胶干透后即可挂起，其中银狐铁兰、小精灵铁兰、细叶铁兰、直叶铁兰等都是制作花环的不错选择。

图6-8　凤梨花环

（a）花环制作过程；（b）不同种凤梨组成的花环（黄姝博摄）；（c）银狐铁兰花环。

6.1.5.3　凤梨花柱

用观赏凤梨制成大型花柱的效果较为壮观（图6-9）。制作凤梨花柱时，可以每个立柱用同种凤梨，也可不同种凤梨搭配，形成规则或不规则的图案。如果立柱较高，为了后期养护方便，应同时安装喷雾（对气生型凤梨）或滴灌（对盆栽凤梨）系统。

6.1.5.4　花墙

凤梨花墙的种植方式有自然式和规则式两种。自然式的种植方式是利用附生型凤梨脱离土壤仍能正常生长的特性，没有固定的种植穴，甚至没有栽培介质，只需将植株固定在由金属网片或由其他材料搭建的垂直墙面上即可（图6-10a，6-10b）。这种方式种植的凤梨物种可多样化，展示效果较为自然。规则式的种植方式则是利用垂直绿化中常用的骨架，成排成行地将凤梨种植在墙上的容器中，形成比较规则的凤梨花墙（图6-10c）；植物材料可以是单一凤梨种类，也可以是不同凤梨种类，或与其他植物如兰花和蕨类搭配。

图 6-9　凤梨花柱（组图）

图 6-10　凤梨花墙

（a）由附生型凤梨组成的自然式花墙；（b）由附生型凤梨与其他观叶植物组成的自然式花墙；（c）由彩叶凤梨和兰花组成的规则式花墙（潘向艳摄）。

6.1.6 园林应用

地生型凤梨和一些大中型的兼性附生型凤梨可采用地栽的形式应用于园林绿化中。根据植株大小和整齐度等特性，凤梨在园林中的配置形式主要有孤植、丛植、片植和立体种植等。凤梨在园林主要应用形式有岩石园与旱生园、花境、空中花园。

6.1.6.1 主要园林配置形式

1）孤植

一些株型较宽大的凤梨种类适合孤植。在空旷的园林绿地，例如大草坪或水池边、河岸、道路转角处，可以采取孤植的配置形式，展示这些凤梨种类的形体美（图6-11）。卷瓣凤梨属植物具有宽大且饱满的莲座状叶丛，即便不在花期也独具魅力，非常适合孤植。

图6-11 卷瓣凤梨属的大型种类的孤植

2）丛植

丛植是自然式园林中最常用的配置形式之一。花序挺拔的中大型凤梨种类适合丛植（图6-12），如泡果凤梨类、球穗凤梨类、部分尖萼荷类和鹦哥凤梨类。通过增加同种植株的数量可以增强整体的观赏效果，往往能成为园林中的视觉焦点。

图6-12 观赏凤梨的丛植

（a）泡果凤梨；（b）多枝尖萼荷。

3）片植

株型整齐的中小型凤梨可成片种植，呈现花坛、花带的景观效果（图6-13）。果子蔓类、鹦哥凤梨类、尖萼荷类、彩叶凤梨类、姬凤梨类都可采用这种配置形式。

图6-13 观赏凤梨的片植

（a）火炬水塔花；（b）*粉红鹦鹉*鹦哥凤梨（*Vriesea* 'Pink Cockatoo'）；（c）—（d）彩叶凤梨类；（e）姬凤梨类。

4）立体种植

立体种植是指利用一些凤梨的附生习性，将其固定在墙面、立柱、石壁的表面或绑扎于枯木上，形成立体景观（图6-14）。如前所述，凤梨科中一半以上的种类属于附生型。附生型凤梨不仅可以生长在乔木、灌木和岩石上，还可生长在仙人掌和空中电线上。因此，无论是小型枯枝、大型枯树，或形态各异的漂浮木、贝壳、石头，还是自然生长的树木，亦或是假山、石壁，都可成为附生型凤梨生长的载体，有助于营造层次丰富、生动且自然的立体凤梨景观。

图6-14 观赏凤梨的立体种植

（a）石墙上的凤梨；（b）大树树干上的凤梨；（c）枯树上的凤梨。

6.1.6.2 主要园林应用形式

1）岩石园与旱生园

凤梨科植物在扩散和进化过程中不断适应干旱环境，独立进化出一些非常耐旱的类群，如鳞刺凤梨属、雀舌兰属、单鳞凤梨属、刺蒲凤梨属、强刺凤梨属、直立凤梨属。它们生长在降水稀少的稀树草原、热带荒漠和高山荒原上，以及多岩石和砾石的土壤中。这些旱生凤梨常与仙人掌和多肉植物搭配，用来营造岩石园和旱生园景观（图6-15），其中刺蒲凤梨类、强刺凤梨类的株型较大，可孤植或三五成丛；雀舌兰类株型较小，适合丛植或片植；单鳞凤梨类株型低矮、匍匐，常成片密生，可营造高山垫状植物景观。

2）花境

花境是在园林绿地中模拟自然界林缘多种野花交错生长的景观，运用艺术设计手法，将植物按色彩、高度、花期等因素搭配在一起形成的带状绿化形式。花境一般沿花园的边界、林缘或路缘种植，具有植物多样、季相分明、带状分布等特点。虽然传统花境多采用宿根植物，但观赏凤梨种类丰富、株型各异且色彩斑斓，既可观花，又能观果，还可赏叶，每个季节都有不同的凤梨开花或结果，从它们可以感知四季更迭和季相变化（图6-16），因此也可以作为一类新型的花境材料。在我国南方，观赏凤梨可直接应用于室外的林缘绿地中；在我国北方，观赏凤梨通常应用于温室环境中，但在温度适宜的季节也可应用于室外展示。

尖萼荷属、球穗凤梨属、泡果凤梨属的部分种类，植株高大（高度一般为60～150 cm），直立，可作为花境的中景或后景。果子蔓属、鹦哥凤梨属、水塔花属的植株中型或低矮，高度一般为30～60 cm，可作为中景或前景进行配置。彩叶凤梨属、鸟巢凤梨属的莲座丛低矮而展开，花序通常不伸出叶丛，适合俯视，可作为前景的点缀。翠凤草属、卷药凤梨属的叶片成线形或长披针形，质地柔软，形如禾草，开花时花序挺拔、颜色艳丽，可根据植株高度和形态点缀在花境的中、后区域。大部分凤梨种类有相对固定的花期，因此在设计凤梨花境时，应注意合理搭配在不同季节开花的种类，努力形成“你方唱罢我登场”的自然景象，从而营造出种类丰富、错落有致、多姿多彩且四季可赏的主题花境。

图6-15　观赏凤梨岩石园和旱生园

(a) 鳞刺凤梨类和仙人掌类；(b) 疏花刺蒲凤梨；(c)—(d) 雀舌兰类。

图6-16　凤梨花境

(a)—(c) 室内林缘花境；(d) 室外花境。

此外，根据花境的面积大小和光照强度等环境条件，应匹配相适应的凤梨种类。例如，果子蔓属、鹦哥凤梨属、姬凤梨属，以及叶质地较薄的彩叶凤梨属、尖萼荷属的种类喜半阴环境，较不耐强光，适合林缘、室内（如温室）等场所的花境；叶片质地厚且坚硬的尖萼荷属、泡果凤梨属的种类，主要适合室外等光线充足的花境。

3）空中花园

凤梨空中花园是利用立体的配置手法，模拟凤梨在原生境中的附生景观，营造出的生动且多彩的景观（图5-10）。色彩斑斓的彩叶凤梨类、花序艳丽的果子蔓类、鹦哥凤梨类和尖萼荷类都是空中花园的好素材。部分身披白色"鳞甲"的银叶类气生型凤梨通常生长在极其干旱的环境中（如岩石坡地和沿岸沙地），或与仙人掌伴生，当被用来装点空中花园时也很壮观（图6-17b）。

图6-17 空中花园景观

（a）在树干上丛生的彩叶凤梨类；（b）银叶类气生型凤梨形成的空中花园；（c）附生于枯枝上、正在开花的花叶火炬水塔花；（d）—（e）新加坡滨海花园由凤梨其和他植物装饰的立柱（陈夕雨摄）。

6.2　观赏凤梨在国内园林中的应用案例

大部分观赏凤梨能忍受5℃以上的低温，有的种类甚至只要不低于0℃就不会出现明显的冻害，因此这些种类可以在我国南方的许多城市常年露地生长。观赏凤梨可在室外生长的月份，在长江流域是4月中旬至10月下旬，在黄河流域大致为5月初至10月上中旬。在这两个流域的其余月份，观赏凤梨要在有保温或加温的室内（例如温室）生长。总体来说，目前观赏凤梨在我国园林绿地中的规模化、系统化应用还不普遍，往往仅在一些大型植物园中才能看到。

地处南亚热带的中国科学院华南植物园（简称华南植物园）和热带的中国科学院西双版纳热带植物园（简称西双版纳植物园）分别设有室外凤梨专类园。北京植物园处于北温带，上海辰山植物园处于亚热带北缘，在冬季都有严寒，因此主要在温室中展示观赏凤梨。本节将重点介绍凤梨在这4个植物园中的应用案例。

6.2.1　华南植物园的观赏凤梨应用

华南植物园位于广州市天河区，属南亚热带海洋性季风气候，温暖多雨，光热充足，夏季漫长，冬季较短；最冷的时候一般是在12月下旬到翌年2月上旬，极端最低温度通常在0℃以上，适合大部分凤梨种类在室外生长。

华南植物园的凤梨展示分别位于室外的凤梨园（图6-18）和展览温室的珍奇植物馆（图6-19）。凤梨园位于华南植物园开放区域的最北侧，毗邻药用植物园，占地面积约16 000 m^2，是一座具有岭南风格的专类园，由入口区、门厅、花廊和两个玻璃温室组成。① 入口区有几株高大的香樟，门口设有一组具有南美风格并充满菠萝元素的木制图腾柱，地上种植了一大丛三色菠萝（由于上面的乔木树荫浓密，植株只呈现出白绿双色），对面是一面用大块岩石垒起来的景墙，石景墙最上面的一块方形岩石上刻有篆书

图6-18 华南植物园的凤梨园(黄向力摄于2018年)
(a)—(b) 入口;(c) 门厅;(d) 温室一内景;(e)—(g) 温室二内景。

“凤梨园”3个大字,墙缝中也种植了一些凤梨,所有的这些元素都揭示了该专类园的展出内容和特色,令人一目了然。② 门厅与温室之间的一条花廊(曲廊)将庭园一分为二,分别为阳生凤梨区和附生型凤梨区。园内的凤梨主要以地栽形式布展,在局部区域则设有几处枯木桩并以附生形式进行展示。③ 园内有两间在冬季不加温的玻璃温室:一间温室以油梨、露兜和低矮的棕榈等热带植物为骨架树种,室内小径蜿蜒,种植区内片植彩叶凤梨属和尖萼荷属等属的植物,枯树上有附生型凤梨;另一间温室完全以凤梨为主,室内道路呈几何形曲折并有矮墙稍作隔离,凤梨种类分别以盆栽、地栽、附生的形式展示。

华南植物园展览温室的珍奇植物馆入口处有一个集中展示凤梨的区域(图6-19a)。该区域以一面用火山石堆砌而成的景墙为背景,主要展示帝王凤梨和一些铁兰属的珍稀凤梨。

图 6-19　华南植物园珍奇植物馆中的观赏凤梨展区（摄于 2008 年）
（a）入口处的观赏凤梨景观；（b）帝王凤梨。

6.2.2　西双版纳植物园的观赏凤梨应用

西双版纳植物园位于云南省最南端的西双版纳傣族自治州，属于热带季风气候区，终年温暖湿润，干湿季分明，适合凤梨在室外周年生长。在西双版纳植物园，凤梨主要展示在其荫生植物园内（图 6-20）。荫生植物园建成于 2002 年，占地面积约 10 000 m^2，大部分由郁郁葱葱的大树形成比较荫庇的环境，林下分别种植蕨类、凤梨科、兰科、天南星科、姜科、苦苣苔科等科的植物。其中，凤梨的展区相对开阔，部分与兰科植物搭配展示。园内有一个小水塘，塘边用石头垒起一处小地形，或堆成矮墙。凤梨在该园的展示手法有地栽、附生于枯木或石缝中等。

图6-20 西双版纳植物园荫生园内的凤梨展示(组图)(黄天萍摄于2018年)

6.2.3 北京植物园的观赏凤梨应用

北京植物园位于北京海淀区香山脚下,为典型的北温带半湿润大陆性季风气候,夏季高温多雨,冬季寒冷干燥。该园的观赏凤梨展示位于展览温室的兰花凤梨食虫植物馆内,里面以榕树等观赏树木为骨架植物,林下种植色彩鲜艳的观赏凤梨(图6-21a,6-21b)。另外,展览温室的沙漠植物馆内展示了少量旱生型凤梨,包括强刺凤梨类、刺蒲凤梨类、雀舌兰类等(图6-21c)。

图6-21 北京植物园展览温室内的观赏凤梨

(a)—(b) 兰花凤梨食虫植物室内的观赏凤梨(摄于2018年);(c) 沙漠植物展区的旱生型凤梨(摄于2007年)。

北京植物园的热带展览温室内有一个以凤梨为主的热带雨林景观缸（图6-22），建于2016年10月，全长8.5 m，宽2 m，高3 m，是当时国内最大的雨林缸。该雨林缸展示了凤梨科、兰科、杜鹃花科、天南星科、蕨类等具代表性的热带雨林植物类群，其中凤梨科以彩叶凤梨属、水塔花属为主。缸内设有水系循环系统，水流从背景墙缓缓流下，模拟雨林中泉水从石缝中渗出的景象，瀑布、水潭和溪流形成一个流动的水循环系统；还安装了照明、喷淋、通风等设施，营造出高温、高湿和通风的环境，力求缸内植物能最大限度地实现自我更新。

图6-22　北京植物园热带雨林景观缸（于志强摄于2018年）

（a）整体景观；（b）—（c）局部。

6.2.4　上海辰山植物园的观赏凤梨应用

上海辰山植物园位于上海市松江区佘山镇内的佘山国家旅游度假区，属北亚热带季风湿润气候区，四季分明。该园的展览温室由热带花果馆、沙生植物馆和珍奇植物馆3个单体温室组成，其中面积5 521 m^2的热带花果馆是目前园内观赏凤梨应用和展示的主要场所。

位于热带花果馆中部假山区域的“凤梨山”景观建成于2019年，占地面积达1 452 m^2。“凤梨山”展区结合崖壁、山谷、山洞、山坡等原有假山地形，增加了人造的大型枯木、木制的吊脚廊亭和由风管道改造而成的圆亭等设施，全方位、多角度地展示种类丰富的观赏凤梨（图6-23）；展出的观赏凤梨包括尖萼荷属、卷瓣凤梨属、水塔花属、彩叶凤梨属、铁兰属、翠凤草属等十多个属的400多种（含品种），总计2 500余株，充分展现了凤梨科在物种数量和生态习性方面的多样性。

其中，凤梨山的南侧正对着的是热带花果馆南入口，光线较好。在南入口附近，用水泥、钢筋、金属网片等材料制成的人造枯树形态逼真，盘根错节地屹立于石壁间——“树体”看似苍老却仍旧遒劲有力。人造枯树的树干上，藤蔓飞渡；枝杈上、石壁上，一株株、一丛丛形态各异的彩叶凤梨类和尖萼荷类等喜阳凤梨点缀其间；树干基部旁边凸出的岩石上，种植着株型硕大的卷瓣凤梨类；枯枝间，一串串银灰色的

图6-23 上海辰山植物园的凤梨山景观(a图、b图)(摄于2020年)

松萝凤梨自然垂下,既起到柔化线条的作用,又将整个展区有机地连成一体。经过几年的生长,目前人造枯树上的凤梨不断长出侧芽,并已将自己牢牢地固定在上面。

凤梨山北侧呈现的是沟谷景观——凤梨谷(图6-24)。此处光线较暗,粗细不等的枯木倚靠在沟谷的山坡上,并附生着各种凤梨,展示出枯木逢春的景象。这里种植的凤梨主要是果子蔓类、鹦哥凤梨类、鸟巢凤梨类、水塔花类等比较耐阴的种类,而一些叶质柔软、非常耐阴的翠凤草类则作为地被种植在沟谷的道路两侧。

图6-24 上海辰山植物园的凤梨谷景观(组图)(摄于2017年)

凤梨山的内部有一个山洞，其最深处有一个半开放式的凤梨雨林缸（图6-25）。该雨林缸内用火山石堆砌成高低错落的地形，同时3组由粗细不等、形态各异的枯枝组成的枯木群不仅营造了雨林中枯木横斜的景观，而且成为支撑附生型凤梨的骨架。当这些枯枝被各式凤梨装扮后，一幅密林深处植物生机勃勃的景观便呈现在游客眼前。

由于山洞内的光线相对昏暗，因此在雨林缸的顶部安装了植物专用补光灯。此外，还安装了风扇以改善缸内通风条件。在距离补光灯 50 cm 和 100 cm 处测得的照度值分别约为4 600 lux 和2 000 lux，光合有效辐射约为70 μmol/（m^2・s）和30 μmol/（m^2・s）。这样的光照条件对大部分凤梨种类的生存来说不够的，因而一般在移入2～3周后，缸内凤梨的花和色便明显褪色。因此，需要不定期地对凤梨植株进行更换，以便维持雨林缸的景观效果。

图6-25　凤梨山内部山洞中的凤梨雨林缸场景（组图）（摄于2018年）

凤梨谷西侧的展示空间较为开阔，其中一座木制吊脚廊亭悬挂在温室北侧假山的崖口上（图6-26a），而与廊亭隔空相望的是用通风管道改装而成的圆亭（图6-26c）。在这个展区内，屹立着3根具有南美风情的图腾柱，增加了凤梨原产地的人文气息。廊亭和圆亭的顶部都种植了耐旱的气生型凤梨和丛生的彩叶凤梨类。廊亭的木质墙体上，装饰着三色铁兰（*Tillandsia tricolor*）、蓝花铁兰、束花铁兰等种类；临窗处，以枯木为载体，点缀着水塔花类、彩叶凤梨类、鹦哥凤梨类等积水的附生型凤梨，丰富了屋内景象（图6-26b）；屋顶下，多年自然长成球形的小精灵铁兰、海蓝铁兰、直叶铁兰等气生型凤梨被鱼线串起，形成一个"空凤走廊"；屋檐外，一串串垂落的松萝凤梨在微风吹拂下轻轻摇曳。这个独具特色的廊亭的西侧坡地上种植了大型的卷瓣凤梨类，并搭配彩叶凤梨类和尖萼荷类。游客站在廊亭对面的观光栈道上，不仅可将坡上景色尽收眼底，还能俯视那些大小不一、颜色各异的凤梨的莲座状叶丛。

热带花果馆内的"凤梨山"不仅是上海辰山植物园凤梨科种类的固定展示平台，也是目前国内规模最大的室内凤梨主题展区。

图6-26 凤梨山西侧的廊亭和圆亭（分别摄于2020—2021年）

（a）木制吊脚廊亭及其西侧的凤梨坡；（b）廊亭内部景象；（c）由通风管改造而成的圆亭。

6.3 观赏凤梨在国外园林中的应用案例

凤梨能适应大部分热带和亚热带地区的气候，既能在室外园林中进行应用，也适合冬无严寒、夏无酷暑、阳光充沛的地中海气候地区和亚热带海洋性气候地区。新西兰、澳大利亚、美国、泰国、新加坡等国具有较高园艺水平，因而非常注重凤梨种类的收集和展示：在温度适宜的地区，凤梨通常被种植在室外；在冬季寒冷的地区，凤梨在温室内展示。即便在凤梨的主要原产地之一的巴西，虽然野生凤梨在自然林地中随处可见，但一些观赏性强的种类也被人工扩繁后用于街头绿化（图6-27）。

图6-27　巴西里约热内卢街边绿化中的卷瓣凤梨类（摄于2004年）

6.3.1　奥克兰植物园的凤梨应用

奥克兰位于新西兰北岛中央偏北地带，属亚热带气候，夏季温暖湿润，冬季温和潮湿，因此大部分凤梨种类可在这里露地应用。

奥克兰植物园占地64 hm^2，于1982年对外开放。该园建有20多个主题花园，而凤梨展示主要在其中的岩石园和儿童园。

奥克兰植物园的岩石园入口处的几株针叶树下是凤梨的集中展示区域。该区域虽然面积不大，却以多种形式将凤梨种植在林缘、岩石上或附生于落叶树上，而且凤梨种类较为丰富（图6-28）。

图6-28　奥克兰植物园的岩石园内凤梨景观（摄于2013年）
（a）已形成花序的帝王凤梨；（b）大丛的合萼尖萼荷；（c）丛生的虎斑鹦哥凤梨（*Vriesea hieroglyphica*）。

在奥克兰植物园的儿童园的入口处和道路两侧，几根粗大原木搭建成门楼和倒“V”形的木架通道，形成一个简易的“抽象的雨林”区域（图6-29）。一些彩叶凤梨被种在这些原木上，用来向儿童展示凤梨科特殊的生长习性。木架周围的地上和一组倒置的枯树根上也分别种植了彩叶凤梨类、鹦哥凤梨类和卷瓣凤梨类等不同种类的凤梨（图6-30）。由于新西兰北岛强烈的阳光照射，加上日夜温差明显，这些在室外全光照下生长的凤梨呈现出亮丽的红色、黄色，叶上的彩色斑点非常明显，显得格外漂亮。

图6-29　奥克兰植物园的儿童园内凤梨景观（摄于2013年）

（a）儿童园入口；（b）儿童园内的“抽象的雨林”原木通道。

图6-30　奥克兰植物园的儿童园内观赏凤梨（摄于2013年）

（a）木架上附生种植的彩叶凤梨类；（b）地上种植的凤梨；（c）色彩鲜艳的彩叶凤梨。

6.3.2 悉尼皇家植物园的凤梨应用

澳大利亚的悉尼皇家植物园毗邻悉尼歌剧院和中心商务区,建成于1816年。该园收集和展示的热带和亚热带植物有7 000多种。由于当地气候条件适宜,凤梨能终年在室外生长。在该园,凤梨种类展示最集中的一片区域位于园内中心地带的一棵大树下,以叶片宽大的卷瓣凤梨类为主(图6-31);园内其他区域的各个角落也经常有凤梨的身影(图6-32)。植物园内还有一个面积不大的温室,主要用于展示一些比较珍稀的外来植物,如它的食虫植物展区分别展示了瘦缩小花凤梨和食虫粉叶凤梨这两种食虫凤梨(图6-33)。

图6-31 悉尼皇家植物园及其凤梨集中展示区域(摄于2010年)

(a) 植物园入口;(b) 凤梨展区远观;(c) 叶色紫红的帝王凤梨植株;(d) 格拉齐卷瓣凤梨。

图6-32 悉尼皇家植物园内分散展示的凤梨（摄于2010年）

（a）旱生型凤梨；（b）阳光下的帝王凤梨和叶色亮黄色一种尖萼荷属植物；（c）附生于树上的凤梨；（d）园中丛生的细枝泡果凤梨。

图6-33 悉尼皇家植物园温室中的食虫凤梨（摄于2010年）

（a）食虫粉叶凤梨；（b）瘦缩小花凤梨。

6.3.3 加利福尼亚大学伯克利分校植物园的凤梨应用

美国加利福尼亚大学（加州大学）伯克利分校植物园地处旧金山湾区东北部，属于地中海气候，冬暖夏凉，气候宜人。该植物园始建于1890年，占地面积约12 hm^2，收集了该州及世界各地的植物10 000多种，并在室外按地理分布进行展示。凤梨在园内的主要展区位于南美植物区内，并以产自智利沿海的刺蒲凤梨类为主。这些旱生的凤梨常成丛生长，有着粗犷的叶丛和银灰色的外观，花序高大挺拔，美丽的蓝色、紫色和绿色花朵沿花序次第开放，非常壮观，再现了它们在高山荒原中顽强生长的景象（图6-34）。

6.3.4 长木花园的凤梨应用

长木花园位于美国宾夕法尼亚州，是一家私人植物园。该园素来以精湛的园艺技术、优美的植物景观闻名于世。在该园的瀑布花园温室内，观赏凤梨分别以地栽、附生于墙面及在枯木上等方式展示（图6-35），营造与雨林环境相适应的凤梨景观。整个瀑布花园温室的环境非常干净、整洁，体现了长木花园一贯的精致和一丝不苟的作风。

图6-34　加州大学伯克利分校植物园内的刺蒲凤梨类（摄于2011年）

（a）秀丽刺蒲凤梨（*Puya venusta*）；（b）小花刺蒲凤梨（*P. micrantha*）；（c）—（d）蓝花刺蒲凤梨（*P. coerulea*）；（e）智利刺蒲凤梨；（f）绿松石刺蒲凤梨（*P. berteroniana*）。

在长木花园的展览温室群中，有一处以展示银叶类植物为主题的银色花园（Silver Garden）（图6-37）。在该花园内，松萝凤梨等叶表被灰白色鳞片覆盖的银叶类铁兰被用于装点温室的立面空间，叶上有白色或灰白色横纹的美叶尖萼荷则以地栽形式与其他银色系植物搭配在一起，既有质感上的变化又有色彩上的统一，共同营造如梦如幻的银色花园世界。

凤梨还被长木花园当作圣诞节的植物装饰材料，做成带状、球状或用来装饰圣诞树，并配合灯光营造节日氛围（图6-38）。

图6-35 长木花园瀑布花园温室内的凤梨展示（组图）（黄姝博摄于2013年）

图6-36　长木花园的银色花园温室（黄姝博摄于2013年）

（a）美叶尖萼荷（图左）与其他具银色叶片的植物搭配；（b）用银叶类铁兰装饰的门；（c）用银叶类铁兰装饰的树桩；（d）藤条上垂下的松萝凤梨和直叶铁兰。

图6-37　凤梨科植物用于圣诞节及新年的装饰（黄姝博摄于2013年）

（a）圣诞树上的霸王铁兰；（b）用银叶类铁兰做成的圣诞花带；（c）银叶类铁兰做成的圣诞花球与卷瓣凤梨及其他观赏凤梨组成的温室景观。

参考文献

鲍荣静，方敏彦，王山中，等.2013.中国引种的铁兰属阿拉提亚属植物抗寒性筛选试验.浙江农业科学，(11)：1521-1523.

陈昌铭，尚伟，林发壮，等.2016.外源物质抑制凤梨低温开花效应.东南园艺，4(04)：1-4.

陈香玲，苏伟强，刘业强，等.2012.36份菠萝种质的遗传多样性SCoT分析.西南农业学报，25(02)：625-629.

丁久玲，郑凯，俞禄生.2008.不同浓度氮肥对松萝凤梨生长的影响.安徽农业科学，(26)：11444-11445，11461.

段九菊，曹冬梅，康黎芳，等.2011.高硼胁迫对观赏凤梨植株生长和元素含量的影响.中国农学通报，27(02)：137-143.

段九菊，曹冬梅，王丽萍，等.2012a.乙炔催花对凤梨'丹尼斯'花芽分化及内源激素含量的影响.农学学报，2(05)：49-56.

段九菊，张超，曹冬梅，等.2012b.催花期施氮对观赏凤梨激素含量的影响.中国农学通报，28(22)：216-221.

段九菊，张超，康黎芳，等.2012c.叶杯施肥对营养生长期观赏凤梨生长及品质的影响.山西农业科学，40(06)：635-639.

多识团队.2024.多识植物百科.[2024-06-30].http://duocet.ibiodiversity.net/.

范眸天，陆富，彭钜源.1994.乙烯利对菠萝叶片氨基酸代谢的影响.云南农业大学学报，(04)：220-225.

冯淑杰，梁慧敏，张荣，等.2008.观赏凤梨叶斑病病原鉴定及其防治药剂筛选.安徽农业科学，(22)：9611-9612，9614.

葛亚英，张飞，沈晓岚，等.2012.丽穗凤梨ISSR遗传多样性分析与指纹图谱构建.中国农业科学，45(04)：726-733.

葛亚英，张飞，王炜勇，等.2013.丽穗凤梨杂交后代ISSR鉴定.分子植物育种，11(01)：85-89.

龚明霞，黎杨辉，周强，等.2008.影响观赏凤梨种子离体萌发的因素.种子，27(12)：42-45.

龚明霞，张志胜，方峰，等.2012.观赏凤梨远缘杂种离体再生体系研究.南方农业学报，43(05)：578-582.

郭飞燕，纪明慧，陈光英，等.2016.菠萝叶中防晒成分的超声提取及其稳定性研究.化学研究与应用，28(01)：55-62.

何业华，胡中沂，马均，等.2009.凤梨类植物的种质资源与分类.经济林研究，27(03)：102-107.

胡松华.2003.观赏凤梨.北京：中国林业出版社.

胡熙明，张文康.1999.中华本草.第8卷.上海：上海科学技术出版社.

黄筱娟，陈文豪，纪明慧，等.2015.菠萝叶的化学成分及生物活性研究.中草药，46(07)：949-951.

姜楠，王蒙，韦迪哲，等.2016.植物多酚类物质研究进展.食品安全质量检测学报，7(02)：439-444.

雷明，李志英，王加宾，等.2016.蜻蜓凤梨AfERF113基因的克隆与表达特性.西北农业学报，25(12)：1851-1860.

雷明，王加宾，李志英，等.2018.蜻蜓凤梨AfACO1基因的克隆及乙烯响应特性分析.西北农业学报，27(12)：1-9.

李华赐，陈志红，吴昭平.1987.几种隐花凤梨属观赏植物的组织培养(简报).亚热带植物通讯，(02)：44-45.

李娟，穆肃，丁曦宁.2009.绿色植物对室内空气中甲醛、苯、甲苯净化效果研究.科技资讯，(28)：119-120.

李俊霖，李鹏，王恒蓉，等.2013.特殊植物类群空气凤梨对大气污染物甲醛的净化.环境工程学报，7(04)：1451-1458.

黎萍，刘连军，彭靖茹，等.2011.不同催化剂对观赏凤梨催花试验初报.中国热带农业，(03)：44-45.

李萍，庄秋怡.2021.夏季全光照下3种大型卷瓣凤梨属植物光合日变化特征及与环境因子的关系.热带作物学报，42(09)：2579-2586.

李先源，智丽.2018.观赏植物学(第三版).重庆：西南师范大学出版社.

李渊林，曾小红，孙光明.2008.国外菠萝品种资源.世界农业，(01)：55-58.

李志英，符运柳，徐立.2019.铁兰液体振荡培养再生与快速繁殖.热带作物学报，(01)：92-97.

李志英，易籽林，丛汉卿，等.2012.Ca^{2+}调节剂在乙烯催花中对观赏凤梨CaM基因表达特性的调节作用.基因组学与应用生物学，31(01)：35-39.

李志英，张学全，张鲲，等.2015.蜻蜓凤梨中EIN3的克隆及其表达分析.分子植物育种，13(1)：139-144.

林惠端，付锡稳.1981.菠萝组织培养研究简报.中国果树，(02)：49-50+65-66.
刘琛彬.2017.遮光处理对观赏凤梨生理特性的影响.山西农业科学，45(10)：1591-1594，1605.
刘传和，贺涵，何秀古，等.2021.我国菠萝品种结构与新品种自主选育推广.中国热带农业，(04)：13-15，76.
刘国民，李传代，邱榆.2005.粉菠萝组培快繁的研究.海南大学学报(自然科学版)，(03)：250-256.
刘汉东，赖茂川，韦建宝.2004.影响丹尼斯凤梨组培快繁的主要因素探讨.广东农业科学，(04)：33-35.
刘焕云，张香美，王双振.2014.菠萝渣可溶性膳食纤维的提取工艺优化和功能特性分析.热带作物学报，35(04)：801-804.
刘建新，丁华侨，葛亚英，等.2017.擎天凤梨花色素合成关键基因CHS、F3'H和DFR的克隆及表达分析.分子植物育种，15(03)：805-813.
刘建新，沈福泉，田丹青，等.2009.擎天凤梨花器官全长cDNA文库的构建及EST分析.分子植物育种，7(6)：1137-1143.
刘静波.2016.不同栽培条件对观赏凤梨'吉利红星'生长状况的研究.南京：南京农业大学硕士学位论文.
刘荣光.1980.菠萝叶组织培养研究简报.广西农业科学，(11)：23.
刘卫国.2005.菠萝种质资源的AFLP分析与分类研究.长沙：湖南农业大学硕士学位论文.
陆时万，徐祥生，沈敏建.1991.植物学.北京：高等教育出版社.
罗轩，丛汉卿，李丽，等.2013.蜻蜓凤梨FLD同源基因的克隆及表达分析.分子植物育种，11(03)：371-378.
吕锐玲，周强，王欢，等.2016.植物远缘杂交中生殖隔离研究进展.湖北农业科学，55(24)：6337-6341.
马志远，段九菊，康黎芳，等.2011.不同光照强度对观赏凤梨生长发育的影响.中国农学通报，27(31):189-193.
梅贝坚，艾华.1989.水塔花属三种植物的组织培养快速繁殖.植物生理学通讯，(03)：49.
宁玉娟，周培林，张海明，等.2016.再生纤维素微球对菠萝蛋白酶吸附工艺研究.大众科技，(04)：38-41.
沈佩仪.2012.菠萝皮中多酚类物质的提取、纯化及抗氧化活性的研究.南昌：南昌大学硕士学位论文.
沈晓岚，王炜勇，葛亚英，等.2015.低温胁迫下观赏凤梨杂交后代的耐寒性评价.浙江农业科学，56(12)：1979-1983.
沈晓岚，王炜勇，毛碧增，等.2013.基因枪介导擎天凤梨遗传转化体系的建立.分子植物育种，11(1)：77-84.
石兰蓉.2005.观赏凤梨花芽分化形态发育及其生理生化的研究.儋州：华南热带农业大学硕士学位论文.
石玲玲，王之，李志英，等.2016.蜻蜓凤梨AfPIF4-1基因的克隆与遗传转化.分子植物育种，14(01)：66-71.
史俊燕.2010.菠萝果实膳食纤维等功能成分的研究.海口：海南大学硕士学位论文.
史清云，王姗，张荣良.2013.外源乙烯利、萘乙酸和赤霉素对3种空气凤梨开花性状的影响.江苏农业科技，40(02)：11-13，22.
孙伟生，刘胜辉，吴青松，等.2014.菠萝新品种金菠萝在广东湛江的引种表现.中国南方果树(02)：103-104.
孙伟生，吴青松，刘胜辉，等.2016.台农系列菠萝品种特性的比较分析.热带作物学报，37(11)：2050-2055
王凤产，高明乾，吕爱羲.2008.明清舶来植物的命名.中国科技术语，(05)：55-57.
王海珍.2013.空气凤梨的营养生长及花期调控研究.南京：南京农业大学硕士学位论文.
王红，邢声远.2010.菠萝叶纤维的开发及应用.纺织导报，(03)：52-54.
王健胜，贺军虎，陈华蕊，等.2015.不同分子标记在菠萝中检测效率的比较.湖北农业科学，54(11)：2676-2679.
王精明，李永华，黄胜琴，等.2004.CO_2浓度升高对凤梨叶片生长和光合特性的影响.热带亚热带植物学报，12(6)：511-514.
王娟，张伟，申晓锋，等.2016.菠萝皮中多酚的制备及其清除自由基研究.食品工业，37(4)：79-84.
王伟，丁怡，邢东明，等.2006.菠萝叶酚类成分研究.中国中药杂志，31(15)：1242-1244.
王炜勇，俞信英，沈晓岚，等.2007.主要观赏凤梨种类硼中毒症状试验.浙江农业科学，(02)：156-158.
王炜勇，俞信英，沈晓岚，等.2008.主要观赏凤梨种类锌中毒症状试验简报.上海农业科技，05：97.
王之，石玲玲，李志英，等.2016.蜻蜓凤梨AfAG基因的克隆、载体构建及遗传转化.分子植物育种，14(02)：389-395.
吴吉林，刘建新.2012.观赏凤梨烯醇酶基因的克隆及分析.西北植物学报，32(05)：876-880.
[清]吴其濬，著.张瑞贤，等校.2008.植物名实图考校释.北京：中国古籍出版社：532-533.
吴玉娴.2007.从明清文献看外来植物的引进与传播.广州：暨南大学硕士学位论文.
闫惠娜，赵丰，邢梦阳，等.2017.两种文物麻类纤维的鉴别研究.浙江理工大学学报(自然科学版)，37(02)：185-189.
杨筱静.2009.菠萝蛋白酶研究与应用.安徽农学通报，15(09)：40-42.
易籽林，李志英，何铁光，等.2011.4种钙素调节剂对乙烯诱导的紫花擎天凤梨花芽分化中钙和钙调素含量的影响.热带作物学报，32(04)：698-701.
易籽林，李志英，徐立，等.2010.4种钙素调节剂对紫花擎天凤梨花芽分化及内源激素含量的影响.西北植物学报，30(09)：1837-1843.
雍伟，徐立，胡珊娜，等.2014.蜻蜓凤梨FT1基因克隆与植物表达载体构建研究.分子植物育种，12(03)：451-455.
俞禄生，郑凯，张蕾，等.2011.5个空气凤梨品种生长适宜温度条件的研究.江苏农业科学，(04)：169-172.
俞少华，王炜勇.2011.金边凤梨Cu、Zn、B中毒症状.中国林副特产，(03)：31-32.

俞信英,俞少华,詹书侠,等.2018.不同遮阳处理对彩叶凤梨观赏性的影响.分子植物育种,16(22): 7564–7568.
俞信英,王炜勇,葛亚英.2005.6种药剂对丽穗凤梨的催花效果.浙江农业科技,(6): 457–458.
俞信英,王炜勇,沈晓岚,等.2007.莺哥凤梨名宝剑铜中毒试验.农业科技通讯,(08): 75.
詹姆斯・吉・哈里斯,米琳达・沃尔芙・哈里斯.2001.王宇飞,赵良成,冯广平,等译.图解植物学词典.北京: 科学出版社.
张超,段九菊,曹冬梅,等.2014.不同品种观赏凤梨周年生产催花方法研究.山西农业科学,42(09): 977–980,983.
张静,张学全,李志英,等.2015.蜻蜓凤梨AfAP2-1基因的克隆与表达载体构建.分子植物育种,13(06): 1276–1282.
张鲲,徐立,丛汉卿,等.2011.受乙烯诱导表达的蜻蜓凤梨MAPKK基因的克隆与序列分析.热带生物学报,2(02): 107–112.
张学全,张静,李志英,等.2015.蜻蜓凤梨AfPIN的克隆、载体构建及遗传转化.分子植物育种,(03): 567–573.
张应麟.1999.凤梨科花卉(Bormeliaceae).广东园林,(02): 13–27.
张智,王炜勇,张飞,等.2019.观赏凤梨种质资源及遗传育种研究进展.植物遗传资源学报: 20(03): 508–520.
郑桂灵,王思维,李鹏.2013.贝可利空气凤梨对铅的积累特征研究.西北植物学报,33(03): 0564–0569.
郑淑萍,戴伟峰,黄海良,等.2008.星花凤梨组培快繁及配套移栽管理技术.农业科技通讯,(03): 121.
《中国大百科全书》总编委会.2009.《中国大百科全书》(第二版).北京: 中国大百科全书出版社.
中国科学院中国植物志编辑委员会.1997.中国植物志: 第十三卷 第三分册.北京: 科学出版社: 64.
周俊辉,王国彬,曾浩森.2000.观赏凤梨嫩吸芽离体培养中褐化防止的初步研究.仲恺农业技术学院学报,(01): 5–9.
Abeles F B, Morgan P W, Saltveit M E Jr. 1992. Ethylene in plant biology. 2nd ed. San Diego: Academic Press.
Aguilar-Rodríguez P A, Krömer T, Tschapka M, *et al.* 2019. Bat pollination in Bromeliaceae. Plant Ecology & Diversity, 12 (1): 1–19.
Aguirre-Santoro S. 2017. Taxonomy of the *Ronnbergia* Alliance (Bromeliaceae: Bromelioideae): new combinations, synopsis, and new circumscriptions of *Ronnbergia* and the resurrected genus *Wittmackia*. Plant Syst. Evol., 5: 615–640.
Aguirre-Santoro S, Michelangeli F A, Stevenson D W. 2016. Molecular phylogenetics of the *Ronnbergia* Alliance (Bromeliaceae, Bromelioideae) and insights into their morphological evolution. Molec. Phylogen. Evol., 100: 1–20.
Alves E S, Moura B B, Domingos M. 2008. Structural analysis of *Tillandsia usneoides* L. exposed to air pollutants in São Paulo City-Brazil. Water, Air, and Soil Pollution, 1: 61–68.
Alves M, Marcucci R. 2015. Short Communication Nomenclatural correction in *Cryptanthus* Otto & A. Dietrich. (Bromeliaceae-Bromelioideae). Rodriguésia, 66 (2): 661–664.
Aradhya M K, Zee F, Manshardt R M. 1994. Isozyme variation in cultivated and wild pineapple. Euphytica, 79: 87–99.
Baensch U. 1994. Blooming Bromeliads. Nassau, Bahamas: Tropical Beauty Publishers.
Bally W, Tobler F. 1955. Hard fibres. Econ. Bot., 9: 376.
Barfuss M H J. 2012. Molecular studies in Bromeliaceae: implications of plastid and nuclear DNA markers for phylogeny, biogeography, and character evolution with emphasis on a new classification of Tillandsioideae. Vienna: University of Vienna: 244.
Barfuss M H J, Rosabelle S, Till W, *et al.* 2005. Phylogenetic relationships in subfamily Tillandsioideae (Bromeliaceae) based on DNA sequence data from seven plastid regions. American Journal of Botany, 92 (2): 337–351.
Barfuss M H J, Till W, Leme E M C, *et al.* 2016. Taxonomic revision of Bromeliaceae subfam. Tillandsioideae based on a multi-locus DNA sequence phylogeny and morphology. Phytotaxa, 279: 1–97.
Bartholomew D P. 2014. History and perspectives on the role of ethylene in pineapple flowering. Acta Horticulturae, 1042: 269–284.
Bastos W R, Fonseca M F, *et al.* 2004. Mercury persistence in indoor environments in the Amazon Region, Brazil. Environmental Research, 96: 235–238.
Beaman R S, Judd W S. 1996. Systematics of *Tillandsia* subgenus *Pseudalcantarea* (Bromeliaceae). Brittonia, 48: 1–19.
Benzing D H. 1980. Biology of the bromeliads. Califonia: Eureka, Mad River Press.
Benzing D H. 2000. Bromeliaceae: profile of an adaptive radiation. Cambridge: Cambridge University Press.
Benzing D H, Renfrow A. 1974. The Mineral Nutrition of Bromeliaceae. Botanical Gazette, 135(4): 281–288.
Betancur J, Salinas N R. 2006. El Ocaso de Pseudaechmea (Bromeliaceae: Bromelioideae). Caldasia, 2: 157–164.
Boym M. 1656. Flora Sinensis. Vienna.
Picado C. 1913. Les Bromeliacees epiphytes considerees comme milieu biologique. Bull. Sci. France Belg. Ser. 7, 47: 216–360.
Brighigna L, Ravanelli M, Minelli A, *et al.* 1997. The use of an epiphyte (*Tillandsia caput-medusae* Morren) as bioindicator of air pollution in Costa Rica. Sci. Total Environ., 198: 175–180.
Brown G K. 2017. Bromeliad systematics-stepping back to move forward. Journal of the Bromeliad Socity, 66 (3): 149–159.

Brown G K, Gilmartin A J. 1984. Stigma structure and variation in Bromeliaceae-Neglected taxonomic characters. Brittonia, 36: 364–374.

Brown G K, Gilmartin A J. 1986. Chromosomes of the Bromeliaceae. Selbyana, 9: 88–93.

Brown G K, Gilmartin A J. 1989. Chromosome numbers in Bromeliaceae. American Journal of Botany, 76: 657–665.

Brown G K, Terry R. 1992. Petal Appendages in Bromeliaceae. American Journal of Botany, 79(9): 1051–1071.

Burg S P, Burg E A. 1966. Auxin-induced ethylene formation: its relation to flowering in the pineapple. Science, 152(3726): 1269.

Butcher D, Gouda E J. 2014. Most *Ananas* are cultivars newsletter of the pineapple working group. International Society for Horticultural Science, 21: 9–11.

Büneker H M, Pontes C R, Soares K P, *et al.* 2013. Uma nova espécie reófita de *Dyckia* (Bromeliaceae, Pitcairnioideae) para a flora do Rio Grande do Sul, Brasil. Revista Brasileira de Biociências, 11: 284–289.

Calasans C F, Malm O. 1997. Elemental mercury contamination survey in chlor-alkali plant by the use of transplanted Spanish moss, *Tillandsia usneoides* (L.). Sci. Total Environ., 208: 165–177.

Cardoso-Gustavson P, Fernandes F F, *et al.* 2016. Tillandsia usneoides: a successful alternative for biomonitoring changes in air quality due to a new highway in São Paulo, Brazil. Environ. Sci. Pollut. Res., 23(2): 1779–1788.

Chase M, Soltis D E, Soltis P S, *et al.* 2000. Higher-level systematics of the monocotyledons: an assessment of current knowledge and a new classification, 3–16. // Wilson K L, Morrison D A. Monocots: systematics and evolution. Melbourne: CSIRO Publishing.

Chazaro M J, Mostul B L. 1996. *Tillandsia grandis*. A striking Bromeliad. Journal of Bromeliad Socity, 46: 99–102.

Chen L Y, VanBuren R, Paris M, *et al.* 2019. The bracteatus pineapple genome and domestication of clonally propagated crops. Nature Genetics, 51(10): 1549–1558.

Clark H E, Kerns K R. 1942. Control of Flowering with Phytohormones. Science, 95(2473): 536–537.

Clement C R, Cristo-Araújo M, D'Eeckenbrugge G C, *et al.* 2010. Origin and Domestication of Native Amazonian Crops. Diversity, 2: 72–106.

Collins J L. 1948. Pineapples in ancient America. Scientific Monthly, 67(5): 372–377.

Collins J L. 1949. History, taxonomy and culture of the pineapple. Economic Botany, 3: 335–359.

Costa A F, Gomes-da-Silva J, Wanderley M G L. 2015. Vriesea (Bromeliaceae, Tillandsioideae): a cladistic analysis of eastern Brazilian species based on morphological characters. Rodriguésia, 66: 429–440.

Cotias-de-Oliveira A L P, Assis J G A, Bellintani M C. 2000. Chromosome numbers in Bromeliaceae. Gen. Molec. Biol., 23: 173–177.

Crayn D M, Winter K, Schulte K, *et al.* 2015. Photosynthetic pathways in Bromeliaceae: phylogenetic and ecological significance of CAM and C3 based on carbon isotope ratios for 1893 species. Botanical Journal of the Linnean Society, 178: 169–221.

Crayn D M, Winter K, Smith J A C. 2004. Multiple origins of crassulacean acid metabolism and the epiphytic habitats in the neotropical family Bromeliaceae. Proc. Natl. Acad. Sci., 101: 3703–3708.

Cruz G A S, Filho J R M, Vasconcelos S, *et al.* 2020. Genome size evolution and chromosome numbers of species of the cryptanthoid complex (Bromelioideae, Bromeliaceae) in a phylogenetic framework. Botanical Journal of the Linnean Society, 192(4): 887–899.

D'Eeckenbrugge G C, Leal F. 2003. Morphology, Anatomy and Taxonomy // D. Bartholomew. The Pineapple: Botany, Production and Uses. Pineap. Bot. Prod. Uses: 13–33.

De Carvalho V, Dos Santos DS, Nievola C C. 2014. In vitro storage under slow growth and ex vitro acclimatization of the ornamental bromeliad *Acanthostachys strobilacea*. South Afr. J. Bot., 92, 39–43.

De Faria A P, Wendt T, Brown G K. 2010. A revision of *Aechmea* subgenus *Macrochordion* (Bromeliaceae) based on phenetic analyses of morphological variation. Bot. J. Linn. Soc., 162 (1): 1–27.

De Greef J A, De Proft M P, Mekers O, *et al.* 1989. Philippe, L., Floral induction of bromeliads by ethylene // Clijsters H, DeProft M, Marcelle R, *et al.* Biochemical and Physiological Aspects of Ethylene Production in Lower and Higher Plants. Boston: Kluwer Academic Publishers: 312–322.

Donadío S. 2011. A valid name for the taxon known as *Tillandsia bryoides* auct. (Bromeliaceae). Darwiniana, 49 (2): 131–148.

Dukovski D, Bernatzky R, Han S. 2006. Flowering induction of Guzmania by ethylene. Scientia Horticulturae, 110(1): 104–108.

Duval M F, Noyer J L, Perrier X, *et al.* 2001. Molecular diversity in pineapple assessed by RFLP markers. Theor. Appl. Genet.,

102: 83–90.

Duval M F, Buso G S C, Ferreira F R, *et al.* 2003. Relationships in Ananas and other related genera using chloroplast DNA restriction site variation. Genome, 46 (6) : 990–1004.

Elias C, Fernandes E A D N, Franca E L, *et al.* 2006. Seleção de epífitas acumuladoras de elementos químicos na Mata Atlântica. Biota neotropica, 6: 1–9.

Ellison A M, Adamec L. 2018. Carnivorous Plants Physiology, Ecology, and Evolution. Oxford: Oxford university press.

Espejo-Serna A. 2002. Viridantha, un género nuevo de Bromeliaceae (Tillandsioideae) endémico de México. Acta Botánica Mexicana, 60: 25–35.

Espejo-Serna A, López-Ferrari A. 1998. Current floristic and phytogeographic knowledge of Mexican Bromeliaceae. Revista de Biología Tropical, 46: 493–513.

Evans T, Jabaily R S, Faria A P G, *et al.* 2015. Phylogenetic relationships in Bromeliaceae subfamily Bromelioideae based on chloroplast DNA sequence data. Systematic Botany, 40: 116–128.

Favoreto F C, Carvalho C R, Lima A B P, *et al.* 2012. Genome size and base composition of Bromeliaceae species assessed by flow cytometry. Plant Systematics and Evolution, 298: 1185–1193.

Feng J T, Zhang W, Chen C J, *et al.* 2024. The pineapple reference genome: Telomere-to-telomere assembly, manually curated annotation, and comparative analysis. Journal of Integrative Plant Biology. 66(10): 2208–2225.

Ferreira D M C, Palma-silva C, Neri J, *et al.* 2020. Population genetic structure and species delimitation in the *Cryptanthus* zonatus complex (Bromeliaceae). Botanical Journal of the Linnean Society, 196 (1): 123–140.

Figueiredo A M G, Alcalá A L, Ticianelli R B, *et al.* 2004. The use of *Tillandsia usneoides* L. as bioindicator of air pollution in São Paulo, Brazil. J. Radioanal. Nucl. Chem., 259: 59–63.

Figueiredo A M G, Nogueira C A, Saiki M, *et al.* 2007. Assessment of atmospheric metallic pollution in the metropolitan region of São Paulo, Brazil, employing *Tillandsia usneoides* L. as biomonitor. Environmental Pollution, 1: 279–292.

Figueiredo A M G, Saiki M, Ticianelli R B, *et al.* 2001. Determination of trace elements in *Tillandsia usneoides* by neutron activation analysis for environmental biomonitoring. Journal of Radioanalytical and Nuclear Chemistry, 249: 391–395.

Filho G M, Andrade L R, Farinab M, *et al.* 2002. Hg localization in Tillandsia usneoides L. (Bromeliaceae) an atmospheric biomonitor. Atmospheric Environment, 36: 881–887.

Filho J A S, Marcelo T. 2006. Bromeliad species of the Atlantic forest of north-east Brazil: losses of critical populations of endemic species. Oryx, 2: 218–224.

Fish D. 1976. Structure and composition of the aquatic invertebrate community inhabiting epiphytic bromeliads in south Florida and the discovery of an insectivorous bromeliad. Florida: University of Florida.

Frank J H, O'Meara G F. 1984. The bromeliad *Catopsis berteroniana* traps terrestrial arthropods but harbors *Wyeomyia larvae* (Diptera: Culicidae). Florida Entomologis, 67 (3): 418–424.

Gardner C S. 1986. Inferences about pollination in *Tillandsia* (Bromeliaceae). Selbyana, 9: 76–87.

Gaume L, Perret P, Gorb E, *et al.* 2004. How do plant waxes cause flies to slide? Experimental tests of wax-based trapping mechanisms in three pitfall carnivorous plants. Arthropod Structure & Development, 33, 103–111.

Giampaoli P, Wannaz E D, Tavares A R, *et al.* 2016. Suitability of *Tillandsia usneoides* and *Aechmea fasciata* for biomonitoring toxic elements under tropical seasonal climate. Chemosphere, 2016: 14–23.

Gitaí J, Paule J, Zizka G, *et al.* 2014. Bromeliad chromosomes and DNA content. Bot. J. Linn. Soc., 176: 349–368.

Givnish T J, Barfuss M H J, Van Ee B, *et al.* 2011. Phylogeny, adaptive radiation, and historical biogeography in Bromeliaceae: insights from an eight-locus plastid phylogeny. American Journal of Botany, 98: 872–895.

Givnish T J, Burkhardt E L, Happel R E, *et al.* 1984. Carnivory in the bromeliad *Brocchinia reducta*, with a cost/benefit model for the general restriction of carnivorous plants to sunny, moist, nutrient-poor habitats. American Naturalist, 124 (4): 479–497.

Givnish T J, Millam K C, Berry P E, *et al.* 2007. Phylogeny, adaptive radiation and historical biogeography of Bromeliaceae inferred from ndh F sequence data. Aliso, 23: 3–26.

Gonzalez J M, Jaffe K, Michelangeli F. 1991. Competition for prey between the Carnivorous Bromeliaceae *Brocchinia reducta* and Sarraceniaceae *Heliamphora nutans*. Biotropica, 23 (4B): 602–604.

Gouda E J. 2017. A New Tillandsia Species from Pomacocha, Peru: Tillandsia cees-goudae. Die Bromelie , (2): 69–75.

Gouda E J, Butcher D. 2024 (cont. updated). The New Bromeliad Taxon List. University Botanic Gardens, Utrecht (accessed:

2024-07-25).

Gouda E J, Butcher D, Dijkgraaf L. 2024 (cont. updated). Encyclopaedia of Bromeliads, Version 5. Utrecht University Botanic Gardens (accessed: 2024-07-29).

Gowing D P, Leeper R W. 1955. Induction of flowering in pineapple by betahydroxyethylhydrazine. Science, 122: 1267.

Grant J R. 1993. True Tillandsias misplaced in Vriesea (Bromeliaceae: Tillandsioideae). Phytologia, 75: 170-175.

Grant J R. 1995a. Bromelienstudien. The resurrection of *Alcantarea* and *Werauhia*, a new genus. Tropische und Subtropische Pflanzenwelt, 91: 1-57.

Grant J R. 1995b. New combinations and new taxa in the Bromeliaceae. Phytologia, 79: 254-256.

Grant J R. 1996. Proposal to reject the name *Tillandsia* sect. Synandra so as to maintain *Tillandsia* sect. *Xiphion* (Bromeliaceae, Tillandsioideae). Taxon, 45: 693-694.

Harms H. 1930. Bromeliaceae // Engler & Prantl, Die Naturlichen Pflanzenfamilien ed. 2, 15a: 65-159.

Heller S, Leme E M C, Schulte K, *et al.* 2015. Elucidating relationships in the *Aechmea alliance*: AFLP analysis of Portea and the Gravisia complex. Systematic Botany, 40: 716-725.

Hmeljevski K, Wolowski M, Forzza R, *et al.* 2017. High outcrossing rates and short-distance pollination in a species restricted to granitic inselbergs. Australian Journal of Botany. 65: 315-326.

Horres R, Schulte K, Weising K, *et al.* 2007. Systematics of Bromelioideae (Bromeliaceae) — Evidence from molecular and anatomical studies. Aliso, 23: 27-43.

Horres R, Zizka G, Kahl G, *et al.* 2000. Molecular phylogenetics of Bromeliaceae: evidence from trnL (UAA) intron sequences of the chloroplast genome. Pl Biol. (Stuttgart), 2: 306-315.

Husk G J, Weishampel J F, Schlesinger W H. 2004. Mineral dynamics in Spanish moss, Tillandsia usneoides L. (Bromeliaceae), from Central Florida, USA. Sci. Total Environ., 321: 165-172.

Islair P, Carvalho K S, Ferreira F C, *et al.* 2015. Bromeliads in Caatinga: an oasis for invertebrates. Biotemas, 28(1): 66-67.

Isley Ⅲ P T. 2009. Tillandsia, the world's most unusual airplants. California: Botanical Press.

John O. 2014. Kew Gardens. The Bromeliad Society of Queensland Inc XLVIII, (4): 14-16.

Kato C Y, Nagai C, Moore P H, *et al.* 2005. Intra-specific DNA polymorphism in pineapple (*Ananas comosus* (L.) Merr.) assessed by AFLP markers. Genetic Resources and Crop Evolution, 51: 815-825.

Kessler M, Krömer T. 2000. Patterns and ecological correlates of pollination modes among Bromeliad communities of Andean forests in Bolivia. Plant Biol., 2: 659-669.

Krömer T, Kessler M, Lohaus G, *et al.* 2008. Nectar sugar composition and concentration in relation to pollination syndromes in Bromeliaceae. Plant Biol., 10: 502-511.

Lakshmi S. G, Singh R, Iyer C. 1974. Plantlets through shoot-tip cultures in pineapple. Current Science (India), 43(22): 724-725.

Larrauri J A, Ruperez P, Calixto F S. 1997. Pineapple shell as a source of dietary fiber with associated polyphenols. J. Agric. Food Chem., 45 (10): 4028-4031.

Lawn G. 1992. Neoregelia ampullacea Variants. Journel of Bromelia Society: 42(5): 195-196.

Leal F. 1990. On the validity of Ananas monstruosus. Journel Bromelidad Socity, 40: 246-249.

Leal F, D'Eeckenbrugge G C. 1996. Pineapple // Janick J, Moore JN. Fruit Breeding, Volume I: tree and tropical fruits. New Jersey: John Wiley & Sons.

Leal F, D'Eeckenbrugge G C, Holst B K. 1998. Taxonomy of the genera Ananas and Pseudananas — a historical review. Selbyana, 19: 227-235.

Leme E M C. 1997. Canistrum: Bromélias da Mata Atlântica. Rio de Janeiro: Salamandra-Marcos da Veiga Pereira.

Leme E M C. 1998. Canistropsis: Bromélias da Mata Atlântica. Rio de Janeiro: Salamandra-Marcos da Veiga Pereira.

Leme E M C. 2000. Nidularium: Bromeliads of the Atlantic Forest. Rio de Janeiro: Hamburg Donneley Editora Gráfica.

Leme E M C, Cruz G A S, Benko-Iseppon A M, *et al.* 2013. New generic circumscription and phylogeny of the "Cryptanthoid Complex" (Bromeliaceae: Bromelioideae) based on neglected morphological traits // Monocots V. New York: 5th International Conference on Comparative Biology of Monocotyledons (Abstracts).

Leme E M C, Forzza R C, Halbritter H, *et al.* 2019. Contribution to the study of the genus Fosterella (Bromeliaceae: Pitcairnioideae) in Brazil. Phytotaxa, 395 (3): 137-167.

Leme E M C, Halbritter H, Barfuss M H J. 2017a. Waltillia, a new monotypic genus in Tillandsioideae (Bromeliaceae) arises from a rediscovered, allegedly extinct species from Brazil. Phytotaxa, 299 (1): 1-35.

Leme E M C, Heller S, Zizka G, *et al.* 2017b. New circumscription of *Cryptanthus* and new *Cryptanthoid* genera and subgenera (Bromeliaceae: Bromelioideae) based on neglected morphological traits and molecular phylogeny. Phytotaxa, 318 (1): 1–88.

Leme E M C, Kollmann J C. 2016. A new Alcantarea species from Espírito Santo, Brazil. Journal of the Bromeliad Society, 65 (3): 156–165.

Leme E M C, Ribeiro O B C, Miranda Z J G. 2012. New species of *Dyckia* (Bromeliaceae) from Brazil. Phytotaxa, 67: 9–37.

Leme E M C, Siqueira-Filho J A. 2006. Taxonomia de bromélias dos fragmentos de Mata Atlântica de Pernambuco e Alagoas // Siqueira-Filho J A, Leme E M C. Fragmentos de Mata Atlântica do Nordeste-biodiversidade, conservação e suas bromélias. Rio de Janeiro: Andrea Jakobsson Estú-dio: 191–381.

Leme E M C, Zizka G, Paule J, *et al.* 2021. Re-evaluation of the Amazonian Hylaeaicum (Bromeliaceae: Bromelioideae) based on neglected morphological traits and molecular evidence. Phytotaxa, 499(1): 001–060.

Lin M T, Chen A M, Lin T S, *et al.* 2015. Prevention of natural flowering in pineapple (*Ananas comosus*) by shading and urea application. Hortic. Environ. Biotechnol. 56: 9–16.

Li X. 2014. Michel Boym: the first European who wrote about Chinese medicine. Journal of Traditional Chinese Medical Sciences, 1: 3–8.

Lobo M G, Paull R E, eds. 2017. Handbook of pineapple technology: Production, postharvest science, processing and nutrition. Chichester, UK, Hoboken, NJ: John Wiley & Sons.

Louzada R B, Wanderley M G L. 2010. Revision of *Orthophytum* (Bromeliaceae): the species with sessile inflorescences. Phytotaxa, 13: 1–26.

Louzada R B, Wanderley M G L. 2017. Re-establishment of Sincoraea (Bromeliaceae). Journal of the Bromeliad Society, 66: 6–19.

Luther H E. 1987. *Guzmania monostachia* var. *variegata* in Panama, a New Record. Journal of the Bromeliad Society, 37(4): 166–167.

Luther H E. 2014. An alphabetical list of Bromeliad Binomials. The Marie Selby Botanical Gardens, 14th eds. Sarasota, Florida: The Bromeliad Society International, Compiled by Michael Charters, The Eponym Dictionary of Bromeliads. www. calflora. net/bromeliadnames/index. html.

Luther H E. 1998. Misnamed Bromeliads No. 18: a Trio. Journal of the Bromeliad Society, 48(6): 244–246.

Maciel J R, Louzada R B, Benko-Iseppon A M, *et al.* 2018. Polyphyly and morphological convergence in Atlantic Forest species of *Aechmea* subgenus *Chevaliera* (Bromeliaceae). Botanical Journal of the Linnean Society, 188: 281–295.

Maciel J R, Sousa G M, Wanderley M G L, *et al.* 2019. A new genus of Bromeliaceae endemic to Brazilian Atlantic Forest. Systematic Botany, 44: 519–535.

Magalhães R, Mariath J. 2012. Seed morphoanatomy and its systematic relevance to Tillandsioideae (Bromeliaceae). Plant Systematics and Evolution, 298: 1881–1895.

Manzanares J M. 2002. Jewels of the jungle Bromeliaceae of Ecador Part Ⅰ. Bromelioideae. Quito, Ecaudor: Imprenta Mariscal.

Manzanares J M. 2005. Jewels of the jungle Bromeliaceae of Ecador Part Ⅱ. Pitcairnoideae. Quito, Ecaudor: Imprenta Mariscal.

Mapes M. 1973. Tissue culture of Bromeliads. Int. Plant Propagations Socity, 23: 47–55.

Marchant C J. 1967. Chromosome evolution in the Bromeliaceae. Kew Bulletin, 21: 161–168.

Marcusso G M, Alexandre K, Monro A K, *et al.* 2020. *Acanthostachys calcicola* (Bromeliaceae, Bromelioideae), a new species from a limestone outcrop in Tocantins State, Brazil. Phytotaxa, 472: 201–206.

Martinelli G. 1994. Reproductive biology of Bromeliaceae in the Atlantic rainforest of southeastern Brazil [PhD Dissertation]. Saint Andrews, UK: University of Saint Andrews.

Martinelli G, Vieira C M, Gonzalez M, *et al.* 2008. Bromeliaceae da Mata Atlântica brasileira: lista de espécies, distribuição e conservação. Rodriguésia, 59: 209–258.

Martínez-Correa N, Espejo-Serna A, López-Ferrari A R. 2014. Una nueva especie de Catopsis (Bromeliaceae, Tillandsioideae, Catopsideae) de México. Acta Botanica Mexicana, 1: 129–147.

Martins J P R, Martins A D, Pires M F, *et al.* 2016. Anatomical and physiological responses of *Billbergia zebrina* (Bromeliaceae) to copper excess in a controlled microenvironment. Plant Cell, Tissue and Organ Culture, 1: 43–57.

Matallana G, Godinho M A S, Guilherme F A G, *et al.* 2010. Breeding systems of Bromeliaceae species: evolution of selfing in the context of sympatric occurrence. Plant Syst. Evol., 289, 57–65.

Mathews V H, Rangan T S. 1979. Multiple plantlets in lateral bud and leaf explant in vitro cultures of pineapple. Scientia

Horticulturae, 11: 319–328.

Mathews V H, Rangan T S. 1981. Growth and regeneration of plantlets in callus cultures of pineapple. Scientia Horticulturae, 14(3): 227–234.

Mathews V H, Rangan T S, Narayanaswamy S. 1976. Micro-propagation of Ananas sativus in vitro. Z. Pflanzenphysiol., 79: 450–454.

Matuszak-Renger S, Paule J, Heller S, *et al*. 2018. Phylogenetic relationships among *Ananas* and related taxa (Bromelioideae, Bromeliaceae) based on nuclear, plastid and AFLP data. Plant Systematics and Evolution, 7: 841–851.

Maurer H R. 2001. Bromelain: biochemistry, pharmacology and medical use. Cell Mol. Life Sci., 58: 1234–1245.

Ming R, VanBuren R, Wai C M, *et al*. 2015. The pineapple genome and the evolution of CAM photosynthesis. Nat. Genet., 47: 1435–1442.

Mollo L, Martins M C M, Martins V F, *et al*. 2011. Effects of low temperature on growth and non-structural carbohydrates of the imperial bromeliad *Alcantarea imperialis* cultured in vitro. Plant Cell, Tissue and Organ Culture, 107: 141–149.

Morren E. 1873. Catalogue de Bromeliacées cultivées au Jardin Botanique de l'Universite de Liege. Liege: Cat. Brom. cult. Jar. Bot. Univ. Liege.

Mota M R, Pinheiro F, Leal B S d S, *et al*. 2020. From micro- to macroevolution: insights from a Neotropical bromeliad with high population genetic structure adapted to rock outcrops. Heredity, 125: 353–370.

Müller L B, Zotz G, Albach D C. 2019. Bromeliaceae subfamilies show divergent trends of genome size evolution. Scientific Reports, 9: 5136.

Nakazato R K, Esposito M P, Cardoso-Gustavson P, *et al*. Efficiency of biomonitoring methods applying tropical bioindicator plants for assessing the phytoxicity of the air pollutants in SE, Brazil. Environmental Science and Pollution Research, 25: 19323–19337.

Olsen J. 2014. Kew Gardens. The Bromeliad Society of Queensland Inc. (XLVIII): 14–16.

Overbeek J V. 1945. Flower Formation in the Pineapple Plant as Controlled by 2, 4–D and Naphthaleneacetic Acid. Scince, 102 (2659): 621.

Padilla V. 1966. Bromeliads in color and their culture. Los Angeles: The Bromeliad Society, Inc.

Palací C A. 1997. A systematic revision of the genus *Catopsis* (Bromeliaceae) [PhD. Dissertation]. Laramie: Department of Botany, University of Wyoming.

Palací C A, Brown G K, Tuthill D E. 2004. The seeds of *Catopsis* (Bromeliaceae: Tillandsioideae). Syst. Bot., 29: 518–527.

Pedroso A, Lazarini R, Tamaki V, *et al*. 2010. In vitro culture at low temperature and ex vitro acclimatization of *Vriesea inflata*: an ornamental bromeliad. Revista Brasileira de Botânica, 33: 407–414

Picado C. 1913. Les Bromeliacees epiphytes considerees comme milieu biologique. Bull. Sci. France Belg. Ser., 7, 47: 216–360.

Pereira M S, Heitmann D, Reifenhauser W. 2007. Persistent organic pollutants in atmospheric deposition and biomonitoring with *Tillandsia usneoides* (L.) in an industrialized area in Rio de Janeiro state, southeast Brazil e Part II: PCB and PAH. Chemosphere, 67: 1736–1745.

Pickersgill B. 1977. Taxonomy and the origin and evolution of cultivated plants in the New World. Nature, 268 (5621): 591–595.

Pignata M L, Gudiño G L, Wannaz E D, *et al*. 2002. Atmospheric quality and distribution of heavy metals in Argentina employing *Tillandsia capillaris* as a biomonitor. Environ. Pollut., 120: 59–68.

Pittendrigh C S. 1948. The bromeliad-Anopheles-malaria complex in Trinidad. I — The bromeliad flora. Evolution, 2: 58–89.

Plachno B J, Adamec L, Lichtscheidl I K, *et al*. 2006. Fluorescence labelling of phosphatase activity in digestive glands of carnivorous plants. Plant Biol., 8: 813–820.

Pontes R A S, Calvente A, Versieux L M. 2020. Morphology and distribution support *Pseudaraeococcus* (Bromeliaceae, Bromelioideae) as a new genus from the Atlantic forest of Northeastern Brazil. Plant Now, 1(2): 43–51.

Quinn K. 2006. Bromeliads in the desert. Cactus and Succulent Journal, 78 (1): 26–29.

Ramírez-Morillo I M. 1991. Systematic revision of *Neoregelia* subgenus *Hylaeaicum* (Bromeliaceae). St. Louis , Missouri: University of Missouri-St. Louis.

Ramírez-Morillo I M. 1998 Five new species of *Cryptanthus* (Bromeliaceae) and some nomenclatural novelties. Harvard Papers in Botany, 3: 215–224.

Ramírez-Morillo I M. 2000. *Neoregelia* subgenus *Hylaeaicum*// Benzing DH. Bromeliaceae: Profile of an adaptive radiation. Cambridge: Cambrigde University Press: 545–550.

Ramírez-Morillo I M, Brown G K. 2001. The origin of the low chromosome number in *Cryptanthus* (Bromeliaceae). Syst. Bot., 26: 722–726.

Ramírez-Morillo I M, Carnevali G, Pinzón J P, *et al.* 2018a. Phylogenetic relationships of *Hechtia* (Hechtioideae; Bromeliaceae). Phytotaxa, 376: 227–253.

Ramírez-Morillo I M, Hornung-Leoni C T, González-Ledesma M, *et al.* 2015. A new species of *Hechtia* (Bromeliaceae: Hechtioideae) from Hidalgo (Mexico). Phytotaxa, 221 (2): 157–165.

Ramírez-Morillo I M, Romero-Soler K, Carnevali G, *et al.* 2018b. The reestablishment of *Bakerantha*, and a new genus in Hechtioideae (Bromeliaceae) in Megamexico, Mesoamerantha. Harvard Papers in Botany, 23: 301–312.

Ranker T A, Soltis D E, Soltis P S, *et al.* 1990. Subfamilial relationships of the Bromeliaceae: evidence from chloroplast DNA restriction site variation. Syst. Bot., 15: 425–434.

Rauh W, Hromadnik L. 1987. Bromelienstudien — I. Neue und wenig bekannte Arten aus Peru und anderen Ländern — XIX. Mitteilung. 1. Abromeitiella. Tropische und subtropische Pflanzenwelt, 60: 5–8.

Richardson B A. 1999. The bromeliad microcosm and the assessment of faunal diversity in a Neotropical forest. Biotropica, 31, 321–336.

Richter W. 1977. Bromeliads. California: Kerr Printing.

Rios R, Khan B. 1998. List of ethnobotanical uses of Bromeliaceae. J. Bromel. Soc., 48: 75–87.

Rodriguez A G. 1932. Influence of smoke and ethylene on the fruiting of the pineapple (*Ananas sativus* Shult). The Journal of Department of Agriculture of Puerto Rico, 16: 5–18.

Romero-Soler K J, Ramírez-Morillo I M, Carnevali G, *et al.* 2022. A Taxonomic Revision of the Central American Genus *Mesoamerantha* (Bromeliaceae: Hechtioideae). Annals of the Missouri Botanical Garden, 107: 64–86.

Royal Botanic Gardens, Kew. 1897. Hand-list of tender monocotyledons, excluding Orchideae, cultivated in the Royal Gardens, Kew. London: Eyreand Spottiswoode.

Ruas C F, Ruas P M, Cabral J R. 2001. Assessment of genetic relatedness of the genera *Ananas* and *Pseudananas* confirmed by RAPD markers. Euphytica, 119 (3): 245–252.

Rzedowski J. 1991. Diversidad y orígenes de la flora fanerogámica de México. Acta Botanica Mexicana, 14: 3–21.

Sajo M G, Rudall P J, Prychid C. 2004. Floral anatomy of Bromeliaceae, with particular reference to the evolution of epigyny and septal nectaries in commelinid monocots. Plant Systematics and Evolution, 247 (3): 215–231.

Santos V N C, Freitas R A, Deschamps F C, *et al.* 2009. Ripe fruits of *Bromelia antiacantha*: investigations on the chemical and bioactivity profile. Brazilian Journal of Pharmacognosy, 19 (2A): 358–365.

Santos-Silva F, Venda A K L, Hallbritter H M, *et al.* 2017. Nested in chaos: insights on the relations of the ‘Nidularioid Complex’ and the evolutionary history of *Neoregelia* (Bromelioideae-Bromeliaceae). Brittonia, 69 (2): 133–147.

Sass C, Specht C D. 2010. Phylogenetic estimation of the core bromelioids with emphasis on the genus *Aechmea* (Bromeliaceae). Molecular Phylogenetics and Evolution, 55: 559–571.

Schulte K, Barfuss M H J, Zizka G. 2009. Phylogenyof Bromelioideae (Bromeliaceae) inferred from nuclear and plastid DNA loci reveals the evolution of the tank habit within the subfamily. Molecular Phylogenetics and Evolution, 51: 327–339.

Schulte K, Horres R, Zizka G. 2005. Molecular phylogeny of Bromelioideae and its implications on biogeography and evolution of CAM in the family (Poales, Bromeliaceae). Senckengergiana Biologica, 85: 113–125.

Silvestro D, Zizka G, Schulte K. 2014. Disentanglingthe effects of key innovations on the diversification of Bromelioideae (Bromeliaceae). Evolution, 68: 163–175.

Smith L B. 1955. The Bromeliaceae of Brazil. Smithsonian Miscellaneous Collections, 126 (1): 1–290.

Smith L B, Downs R J. 1974. Pitcairnioideae (Bromeliaceae) // Flora Neotropica Monograph 14 (1). New York: Hafner Press.

Smith L B, Downs R J. 1977. Tillandsioideae (Bromeliaceae) // Flora Neotropica Monograph 14 (2). New York: Hafner Press.

Smith L B, Downs R J. 1979. Bromelioideae (Bromeliaceae) //Flora Neotropica Monograph 14 (3). New York: The New York Botanical Garden.

Smith L B, Spencer M A. 1992. Reduction of Streptocalyx (Bromeliaceae, Bromelioideae). Phytologia, 72(2): 96–98.

Smith L B, Till W. 1998. Bromeliaceae // K. Kubitzki, ed. The families and genera of vascular plants, vol. IV. Alismatanae and Commelinanae (except Gramineae). Springer-Verlag Berlin, Germany.

Souza E H, Versieux L M, Souza F V D, *et al.* 2017. Interspecific and intergeneric hybridization in Bromeliaceae and their relationships to breeding systems. Scientia Horticulturae, 223: 53–61.

Spencer M A, Smith L B. 1993. *Racinaea*, a new genus of Bromeliaceae (Tillandsioideae). Phytologia, 74: 151–160.

Strehl T, Beheregaray R C P. 2006. Morfologia de sementes do gênero Dyckia, subfamília Pitcairnioideae (Bromeliaceae). Pesq. Bot., 57: 103–120.

Sun G M. 2011. Pineapple production and research in China. Acta Hort., 902: 79–85.

Sutton K T, Cohen R A, Vives S P. 2014. Evaluating relationships between mercury concentrations in air and in Spanish moss (*Tillandsia usneoides* L.). Ecological Indicators, 36: 392–399.

Taussig S J, Batkin S. 1988. Bromelain, the enzyme complex of pineapple (Ananas comosus) and its clinical application: an update. J. Ethnopharmacol., 22(2): 191–203.

Terry R G, Brown G K, Olmstead R G. 1997. Examination of subfamilial phylogeny in Bromeliaceae using comparative sequencing of the plastid locus ndhF. Amer. J. Bot., 84: 664–670.

Till W. 1992. Systematics and evolution of the tropical-subtropical *Tillandsia* subgenus *Diaphoranthema* (Bromeliaceae). Selbyana, 13, 88–94.

Till W. 1993. *Tillandsia paleacea* vs. *T. marconae*. Journal of the Bromeliad Society, 43 (2): 69–72.

Tristram P. 2017. In Honour of Franz Georg Gruber (Part 1): In search of a very special bromeliad *Goudaea ospinae* var. *gruberi* Luther. Journal of the Bromeliad Society, 66 (2): 102–116.

Ulloa C U, Acevedo-Rodríguez P, Beck S, *et al.* 2017. An integrated assessment of the vascular plant species of the Americas. Science, 358: 1614–1617.

Valles D, Furtado S, Cantera A M B. 2007. Characterization of news proteolytic enzymes from ripe fruits of *Bromelia antiacantha* Bertol. (Bromeliaceae). Enzyme Microb. Tech., 40: 409–413.

Varadarajan G S. 1990. Patterns of geographic distribution and their implications on the phylogeny of *Puya* (Bromeliaceae). Journal of the Arnold Arboretum, 71: 527–552.

Varadarajan G S, Brown G K. 1988. Morphological variation of some floral features of the subfamily Pitcairnioideae (Bromeliaceae) and their significance in pollination biology. Bot. Gaz., 149: 82–91.

Varadarajan G S, Gilmartin A J. 1988. Phylogenetic relationships among groups of genera of the subfamily Pitcairnioideae (Bromeliaceae). Systematic Botany, 13: 283–293.

Versieux L M. 2021. Alcantarea: giant bromeliads from Brazil. Natal: Capim Macio.

Versieux L M, Elbl P M, Wanderley M D G L, *et al.* 2010. *Alcantarea* (Bromeliaceae) leaf anatomical characterization and its systematic implications. Nordic Journal of Botany, 28 (4): 385–397.

Vervaeke I, Parton E, Deroose R, *et al.* 2002. Controlling prefertilization barriers by in vitro pollination and fertilization of bromeliaceae. Acta Horticulturae (ISHS), 572: 21–28.

Vervaeke I, Parton E, Maene L, *et al.* 2001. Prefertilization barriers between different Bromeliaceae. Euphytica, 118: 91–97.

Wang R H, Hsu Y M, Duane P B, *et al.* 2007. Delaying natural flowering in pineapple through foliar application of aviglycine, an inhibitor of ethylene biosynthesis. HortScience, 42: 1188–1191.

Wendt T. 1997. *Aechmea nudicaulis*. Botanical Journal of the Linnean Society, 125: 245–247.

Wendt T. 2007. The correct name for *Aechmea guarapariensis*. Journal of Bromeliad Society, 57 (4): 159–161.

White R P, Murray S, Rohweder M. 2001. Pilot analysis global ecosystems grassland ecosystems. Washington, DC: World Resources Institute.

Williams B E. 1990. Growing Bromeliads. East Roseville: Kangaroo Press.

Wolowski M, Freitas L. 2015. An overview on pollination of the Neotropical Poales. Rodriguésia, 66 (2): 329–336.

Witte E Th. 1894. Catalogue de Bromeliacées cultivées au Jardin Botanique de l'Université a Leide (2e edition, revue et augmentée). Leiden: Cat. Brom. Hort. Lugd. Bat.

Zanella C M, Janke A, Silva P, *et al.* 2012. Genetics, evolution and conservation of Bromeliaceae. Genetics and Molecular Biology, 35 (4): 1020–1026.

Zheng G, Pemberton R, Li P. 2016. Bioindicating potential of strontium contamination with Spanish moss *Tillandsia usneoides*. Journal of Environmental Radioactivity, 152: 23–27.

Zhou L, Matsumoto T, Tan H W, *et al.* 2015. Developing single nucleotide polymorphism markers for the identification of pineapple (*Ananas comosus*) germplasm. Horticulture Research 2, 15056.

Zizka G, Schimidt M, Schulte K, *et al.* 2009. Chilean Bromeliaceae: Diversity, distribution and evaluation of conservation status. Biodivers. Conserv., 18: 2449–2471.

后 记

笔者从事凤梨科植物的收集、保育和应用方面的工作已20余年，经历了国内观赏凤梨起步期的狂热、发展期的喜悦和如今维持期的不愠不火。虽然观赏凤梨作为著名的室内盆栽花卉早已被国内消费者所熟悉，但是“年年岁岁花相似”的窘境始终困扰着国内凤梨产业的发展。笔者认为，这种状况与凤梨科植物所具有的物种多样性和很高的观赏性不相匹配。

一直以来，笔者希望能与大家分享在观赏凤梨各方面积累的素材、经验和成果，以便有助于推动国内凤梨产业发展，但碍于自身水平，担心对其了解尚不深入和全面而不敢轻易下笔，一拖再拖。时光飞逝，转眼就到2015年8月。此时，笔者之一的李萍毅然放弃上海植物园的中层管理岗位来到上海辰山植物园，潜心研究凤梨科植物，凤梨书稿的撰写工作终于同步启动。在三年多的初稿写作过程中，笔者查阅了国外大量的凤梨相关文献，特别关注凤梨系统分类学的最新进展，并对其成果进行梳理。笔者决定先从原种入手，共介绍43个属的原种、变种和相关品种288个，涵盖国内当时所能见到的大部分凤梨类群。

然而随着写作的深入，笔者发现，想要理清身边已收集和栽种多年的凤梨种类困难重重，面临“剪不断、理还乱”的尴尬境遇。首先，凤梨种类繁多，分布广泛，地理种群容易发生变异 。其次，有些凤梨种类在发表之初就因模式标本不完整或材料缺失导致描述不完整甚至错误，加上传统形态学分类方法的局限性、当前分子系统发育研究的取样范围有限等原因，导致凤梨科下某些类群间的系统发育关系尚未明确，属间界定尚不清晰。再次，在凤梨的栽培、人为杂交和传播过程中，种类原始信息发生丢失或混乱，对凤梨的分类工作如同雪上加霜。

笔者在对上海辰山植物园等苗圃中所收集的部分凤梨植株材料的性状与该物种发表时的原始描述进行核对时，发现有明显不一致的情况。鉴于此，笔者不仅查询了大量国外与凤梨相关的网站，还与国内外凤梨专家和同行进行探讨，结果发现有些凤梨的种类混淆现象在国外苗圃时就已发生。例如，在齿苞尖萼荷（*Aechmea serrata*）的原始描述中，最明显的特征是植株的花苞边缘有锯齿，但很多苗圃收集的植株却拥有全缘的花苞；蒙大拿铁兰在物种发表时的原始描述，花瓣为紫色，但目前常见的植株多为白色；小花尖萼荷（*Aechmea leptantha*）、埃默里光萼荷（*A. emmerichiae*）、马劳尖萼荷（*A. marauensis*）、乌莱亚彩叶凤梨（*Neoregelia uleana*）等种类的性状也与原始描述大相径庭。此外，观赏价值越高、栽培时间越长的种类，名称混乱程度越严重，例如姬凤梨属、雀舌兰属的种类。

在国内，凤梨种类或人工栽培品种混淆的现象似乎更严重。一方面，国内大部分凤梨种类来源于国外的园艺苗圃，原始引种信息常常不全，而且一部分植株在国外苗圃时就已发生品种混淆或种源不明的情况，有的苗圃将人为杂交或在同一个栽培场所内自然杂交的种子发芽后当作原种销售。另一方面，国内部分种植者对保留正确的植物学名和引种植物原始信息的意识不强，甚至为了便于销售而随意起个商品名取而代之，造成凤梨种类和品种名称、来源等信息越发混乱。此外，凤梨科植物被引入国内后，在繁殖、交换等过程中也容易发生品种混淆，而我国从事凤梨分类研究的专业人员比较少，难以在观赏凤梨的物种鉴定、命名规范等方面及时进行权威、科学的纠正和引导。对于这种情形，从事多年凤梨科植物分类和栽培品种国际登录的D. Butcher先生曾经写道："永远不要（只）相信标牌上的名字！一直要去查证。"（Never trust the name on the label. Always check it out）。

笔者撰写本书意在抛砖引玉，希望有助于提高广大专业人士、植物爱好者和公众对凤梨科的关注度，让这些有着广阔应用前景的植物在我国生根发芽，并造福大众。

李 萍 胡永红

2024年10月2日

致　谢

在凤梨的引种栽培研究、资料收集和书稿撰写过程中，笔者得到上海辰山植物园（中国科学院上海辰山植物科学研究中心）各位同仁的大力支持和配合。黄卫昌副园长为园内凤梨资源圃的建设和发展提供了稳定的支持和保障，同事庄秋怡（工程师）为园内各种凤梨的生长保驾护航，这都为书稿的完成奠定了坚实的物质基础和写作条件。

在书稿写作过程中，秦俊总工程师、汪远（时任科研中心工程师）、钟鑫、葛斌杰、杜成、刘夙研究员等上海辰山植物园的同事，分别从内容结构、专业术语、植物名称、文献检索等方面给与指导和帮助；黄卫昌副园长、黄姝博、黄向力、黄天萍、于自强、潘向燕、陈夕雨、王一椒等同志无私提供相关照片；倪鸣春、蒋云和包睿洁特别制作了凤梨插花，为读者展示观赏凤梨非同寻常的美丽。在此一并对他们表达笔者最诚挚的感谢！

在书稿写作过程中，国际凤梨协会名誉董事，曾经负责国际凤梨品种登记（1998—2008）的国际著名凤梨专家Derek Butcher先生向笔者分享了他多年收集的珍贵文献和资料，给本书后期的种类校对带来许多方便，笔者心中充满感激。然而在2024年上半年，笔者惊闻他已于今年1月在澳大利亚昆士兰去世，深感悲痛。笔者谨以此书向这位在凤梨分类和普及方面做出卓越贡献的植物学家致敬。

李　萍　胡永红

帕奇菠萝(*Ananas* 'Pacifico')

棉花糖铁兰(*Tillandsia* **'Contton Candy'**)